"十二五"普通高等教育本科国家级规划教材

普通高等教育"十一五"国家级规划教材

植物生物技术

（第三版）

张献龙　主编

科　学　出　版　社

北　京

内 容 简 介

植物生物技术发展迅速，依生命科学发展而生又支撑生命科学发展。本书根据近期该领域发展情况，系统地介绍了植物生物技术的理论和方法。在编写过程中，既注重反映基本理论知识，又注重反映该领域新的技术和成果。本书在前两版的基础上，对有些章节进行了删减，在内容上进行了较大修改，较充分地反映了最新研究进展。全书共 15 章，把细胞工程、基因工程、基因编辑和分子标记选择与育种等内容有机地衔接起来，使读者对生物技术的知识和技术体系有一个全面的了解。

本书是植物生产类专业的教材，主要用于农林院校相关专业本科生、研究生教学。本书也可以作为植物生物技术研究人员的参考书。

图书在版编目（CIP）数据

植物生物技术/张献龙主编．—3 版．—北京：科学出版社，2023.6
"十二五"普通高等教育本科国家级规划教材　普通高等教育"十一五"国家级规划教材
ISBN 978-7-03-075306-9

Ⅰ．①植…　Ⅱ．①张…　Ⅲ．①植物-生物技术-高等学校-教材
Ⅳ．①Q94

中国国家版本馆 CIP 数据核字（2023）第 053023 号

责任编辑：丛　楠　韩书云 / 责任校对：严　娜
责任印制：赵　博 / 封面设计：图阅社

科学出版社 出版
北京东黄城根北街 16 号
邮政编码：100717
http://www.sciencep.com

固安县铭成印刷有限公司印刷
科学出版社发行　各地新华书店经销
＊

2004 年 6 月第 一 版　开本：787×1092　1/16
2023 年 6 月第 三 版　印张：22 1/4
2025 年 3 月第五次印刷　字数：570 000
定价：69.80 元
（如有印装质量问题，我社负责调换）

《植物生物技术》（第三版）编写委员会

第三版前言

距离《植物生物技术》（第二版）教材出版已经整整 10 年时间，在这 10 年中，不断出现的新理论、新技术推动了生物技术迅猛发展。在植物生物技术领域，以下三个方面的理论创新和技术进步影响尤其深远。

一是植物细胞再生分子机制解析拓展了植物组织培养、遗传转化的应用范围。植物细胞组织培养、遗传转化是植物生物技术的核心内容，而成熟的细胞、组织培养再生体系是进行遗传转化的先决条件。当前在主要农作物中进行遗传转化遇到的主要瓶颈是能够高效进行离体培养再生的基因型很少，外植体选择受限，进而严重限制了植物细胞培养和转基因的效率。例如，在小麦中进行遗传转化，对基因型、外植体及培养体系的依赖性强，国内很多单位都严重依赖外国公司的专利，主要小麦品种还不能进行细胞培养再生和遗传转化；玉米的遗传转化对基因型也有很严格的要求，而且只有未成熟胚可作为外植体进行细胞培养和遗传转化，而未成熟胚的获得非常受限制；尽管水稻的遗传转化体系相对成熟，但依然存在着基因型限制的影响，籼稻明显要比粳稻转化困难、效率低、时间长，还有很多野生资源和农家品种转化困难；棉花、油菜和大豆这三种双子叶作物的细胞再生和遗传转化的基因型依赖更加明显。而近年来随着对植物再生分子机制的深入解析，人们发现植物激素响应相关基因 *ARF7*、*ARF19*、*YUC2*、*YUC4*、*WUS* 和 *WOX5*，体细胞胚发育路径相关转录因子 LEC1、LEC2、AGL15、FUS3 和 ABI3 等，可通过激活内源生长素合成基因的表达，刺激体细胞来启动细胞全能性，进而诱导体细胞胚胎发生。因此，可以通过超表达一个或多个再生相关基因来实现再生能力弱物种（顽拗基因型）的再生及遗传转化，已经打破了部分基因型限制的瓶颈。例如，同时超表达 *BBM* 和 *WUS* 基因能够显著提高细胞再生效率并打破外植体的限制；小麦的叶片、玉米的成熟籽粒和叶片也可以用于细胞培养和遗传转化；在小麦中的研究表明，过表达 *TaWOX5* 基因不但显著提高了模式生物小麦基因型的转化效率，而且显著提高了 22 个小麦推广品种或重要种质资源的转化效率，在提高转化效率的同时克服了基因型的限制，而且 *TaWOX5* 对小麦愈伤组织分化和再生植株根系生长没有副作用。上述理论和应用研究为今后拓展组织培养、遗传转化的应用范围奠定了重要基础，必将迎来植物细胞培养、遗传转化研究新一轮的热潮。

二是高通量基因组测序为生物技术应用绘制了"施工图"。DNA 测序技术迄今经历了三代的发展，其成熟于 20 世纪 70 年代中后期，在随后的 20 多年间，人们利用第一代测序技术拼接了不少简单的小型基因组。自 1990 年人类基因组计划正式启动之后，第二代测序技术——高通量测序技术诞生。近年来，纳米孔测序（nanopore sequencing）和单分子实时测序（single molecule realtime sequencing，SMRT）等第三代测序技术已被成熟使用，预示着测序技术的应用范围将更广，测序的成本更低。1977 年，Sanger 发明了著名的双脱氧法（又称链终止法），标志着第一代测序技术已经成熟。2010 年，以 Illumina 公司开发的测序平台为主要代表的第二代测序技术开始广泛应用，第二代测序仪具有高准确性、高通量、高灵敏度和低运行成本等突出优势，可以同时完成传统基因组学研究（测序和注释）及功能基因组学研究（基因表达及调控、基因功能、蛋白质/核酸相互作用）。例如，对还没有基因组参考序列的物种进行从头测序，获得该物种的参考序列，为后续研究和分子育种奠定基础；对有参考序列的物种进行全基因组重测序，在全基因组水平上扫描并检测突变位点，发现个体差异的分子基础。第三代测序技术具有测序速度快、读长长、精度高的特点，在基因组测序中能降低测序后的重叠群（contig）数量，明显减少后续的基因组拼接和注释的工作量，节省大量的时间。

第二代、第三代测序技术使得基因组组装成本与第一代测序技术相比急剧下降，以人类基因组测序为例，20 世纪末进行的人类基因组计划花费 30 亿美元解码了人类生命密码，而第二代、第三代测序技术使得人类基因组测序已进入万（美）元基因组时代。如此低廉的测序成本使得我们可以实施更多物种的基因组计划，从而解密更多生物物种的基因组遗传密码。同时在已完成基因组序列测定的物种中，对该物种的其他品种进行大规模的全基因组重测序也成为可能。海量测序结果将为植物功能基因挖掘、基因编辑靶标设定、脱靶检测及全基因组分子设计育种提供高质量的"施工图"。

三是基因编辑技术为植物生物技术飞速发展提供了巨大的推动力。2013 年，CRISPR/Cas9 技术正式登上历史舞台，成为 21 世纪最有影响力的生物技术，给生命科学领域带来了巨大变革，相关研究成果频频登上 *Cell*、*Nature*、*Science* 等顶级学术期刊，促进了基础科研、农业、基础医学及临床治疗的发展，为疾病治疗、疾病检测、遗传育种等领域的研究提供了便捷、快速、精准、高效的技术手段。在植物方面，基因编辑已被成功地应用于水稻、小麦、棉花、大豆、玉米、高粱、大麦、油菜、番茄、柑橘、香蕉、烟草、草莓、苹果、猕猴桃等 60 多种主要的农作物、园艺作物上，用于提高作物的产量、品质与抗性，相比较传统的转基因技术，基因编辑技术更加精准、高效、安全。未来基因编辑技术将在基因定点插入、高效/低脱靶单碱基编辑、无须组织培养的递送系统研发、大片段删除（诱导非整倍体、染色体重排等）、高通量编辑体系等领域持续突破，必将为植物全基因组设计育种提供更加强有力的工具！

生物技术领域日新月异的进步，需要有相应的专业教材为广大科研工作者和学生介绍本领域的前沿知识，因此我们在《植物生物技术》（第二版）出版 10 周年之际，启动了第三版的修订。本次修订由原来的 13 章增加到 15 章，调整过程中考虑到本科生对知识点的要求、用书单位反馈的意见，以及本教材的使用范围，对有些章节进行了调整，同时根据学科的发展趋势，新增加了"植物离体细胞分化与发育机制"和"植物基因编辑的原理、方法与应用"两章，以满足学生对该学科前沿理论、技术的需求。

本次修订共有 9 个单位的教师参与。浙江大学的祝水金教授编写第一章；四川农业大学的刘坚教授编写第二章；武汉大学的张蕾教授编写第三章；河北农业大学的马峙英教授编写第四章；华中农业大学的张献龙教授编写前言、绪论和第五章；刘继红教授编写第六章；林拥军、周菲教授编写第十章除叶绿体转化外的部分和第十三章；林忠旭教授编写第十四章；杨细燕教授编写新增章节第八章；金双侠教授编写新增章节第十二章及第十、十一章中的叶绿体转化部分；浙江理工大学的孙玉强教授编写第七章；上海交通大学的左开井教授编写第九章；中国科学院微生物研究所的吴家和研究员编写第十一章除叶绿体转化外的部分；中国农业大学的孙传清教授编写第十五章。张献龙对本书全部内容进行了通读和修改。在此对各位编写人员所付出的劳动表示感谢。由于篇幅所限，每章仅列出了主要参考文献，请读者与同行加以理解。值此第三版交付印刷之际，我们也十分感谢第一版、第二版参编人员为本书编写打下的良好基础。

由于编者业务水平的限制，疏漏之处在所难免，希望各单位在教学实践过程中对本书提出宝贵意见和建议，以便再版时修正。

编　者

2022 年 10 月

第一版前言

绿色革命在 20 世纪的作物生产中发挥了重要作用，绿色革命的成功依赖于重要矮秆种质资源的发现和利用。随着现代分子生物学的发展，生物界动物、植物、微生物之间的基因交流成为可能，人类未来植物育种的材料来源再不会仅局限于挖掘现有资源，而更重要的是开拓本作物甚至植物以外的基因资源。可以预期，21 世纪将是基因革命的世纪，育种工作者要在传统育种方法的基础上注重基因的组装。20 世纪 90 年代以来，一些功能基因被分离并在生产上得到广泛应用。转基因作物的种植面积从 1996 年的 170 万公顷发展到 2002 年的 5870 万公顷，6 年间增加了近 34 倍。这一发展趋势预示着转基因作物有着广阔的应用前景。

基因已经成为一种重要的战略资源，具有重要的经济、社会、政治意义。但获得功能基因以后，必须使其在植物中遗传下去，才能为人类服务，所以细胞培养为基础的植物离体操作技术与植物转基因技术有着密切的联系。

除转基因改良植物外，随着分子生物学的发展，各种植物的分子标记被相应开发出来，多种植物或主要农作物的分子标记连锁图止逐渐完善，很多重要农艺性状的分子标记被标定。特别是一些性状的精细定位，一方面为分子标记辅助选择改良植物奠定了基础，另一方面为基因的克隆提供了指导。可以说，目前的学科发展已使植物基因克隆、分子育种和植物细胞培养紧密地联系了起来，逐步形成了一个新的领域：植物生物技术。

随着科技发展和社会市场对人才需求的改变，传统农学的种植业领域无论在研究和生产上都在进行着不断调整，以吸收新理论、新方法，发展该学科，因此，传统的农学专业正在实现向植物科学技术专业的转变，将传统专业与新兴学科实行优势互补，适应社会发展的需要。植物生物技术是农林院校一门重要的专业基础课，是作物育种学等相关学科的基础，本书在编写过程中注意细胞培养、基因克隆和分子育种等方面的知识综合，将全书分为三大部分：植物组织培养、植物基因工程和分子标记辅助选择育种，各章内容相互衔接，使学生在学习的过程中有循序渐进的感觉。

本书是由 6 个院校分工编写的。浙江大学祝水金教授编写第一、二章；武汉大学何光存教授、谭光轩博士编写第三章；华中农业大学刘继红博士编写第五章，张献龙教授编写第四、六、十、十三章，吴家和博士参加了第十、十三章的编写工作，孙玉强博士参加了第六章的编写工作，包满珠教授组织了第七章的编写，林拥军博士负责第十一、十二章的编写，林兴华教授编写了第十五章，余四斌教授编写第十四、十六、十七章；中国农业大学李建生教授、汤继华博士参与了第十六章的编写工作；复旦大学唐克轩教授和上海交通大学左开井博士共同承担了第八、九章的编写。本书完稿后，由郑用琏教授校稿。

编　者

2003 年 12 月

目　　录

绪 论

生物技术是 20 世纪中后期兴起的高新技术，20 世纪末得到了快速发展，并显示出广阔的应用前景，引起世界各国普遍重视，因此人们普遍认为 21 世纪是生物科学的世纪。生物技术为解决人类面临的食品短缺、疾病防治、人口膨胀、环境污染、能源匮乏等一系列问题带来了希望。进入 21 世纪以来，生物技术发展更加迅猛，21 世纪的前 10 年，有关生命科学、生物技术及相关领域的论文总数占全球自然科学论文的 50% 以上。随着越来越多的生物基因组测序完成和干细胞的研究取得进展，人类对生命世界的认识发生了质的变化，科学家已经把目光从对单个基因功能的认识转向了对基因网络的认识。基因网络的操控必然使人类更接近实现对生物整体操控的目标。21 世纪的第二个 10 年，随着高通量测序技术、合成生物学的快速发展及基因编辑技术的诞生，生物技术研究的深度、广度发生了革命性变化，生物技术对人类生命健康、现代农业发展的贡献越来越大。生物技术包括的内涵和外延也更加广阔，本书讲述的生物技术主要指以植物为对象的现代生物技术。

一、生物技术的定义、产生和植物生物技术的发展

（一）生物技术的定义和产生

1. 生物技术的定义　　生物技术（biotechnology）有时也称为生物工程（bioengineering），是指人们以现代生命科学为基础，结合先进的工程技术手段和其他基础科学的原理，按照预先的设计改造生物体或加工生物原料，为人类生产出所需要的产品或达到某种目的的一系列技术。

先进的工程技术手段是指基因工程、细胞工程、酶工程、发酵工程和蛋白质工程等技术手段。改造生物体是指获得优良的动物、植物或微生物品系。生物原料则是指生物体的某一部分或生物生长过程所能利用的物质，如淀粉、木质素、纤维素等有机物，也包括一些无机化学物，甚至某些矿石。利用先进的工程技术手段，为人类生产出所需的包括粮食、医药、食品、化工原料、能源、金属等各种产品，以达到保障粮食安全，缓解和解决能源危机，预防、诊断和治疗疾病，冶炼金属，检测和治理环境污染等目的。

生物技术有传统生物技术和现代生物技术之分。传统生物技术是指旧有的制造酱、醋、酒、面包、奶酪、酸奶及其他食品的传统工艺；现代生物技术则是指 20 世纪 70 年代末、80 年代初发展起来的，以现代分子生物学研究成果为基础，以基因工程为核心的一系列技术。

2. 生物技术的产生　　同 20 世纪大部分应用技术的产生一样，现代生物技术也是建立在一系列基础科学取得的重大进展基础上的，其中包括生物化学、生物大分子晶体结构学、量子力学、工程和信息科学等领域的工作。

现代生物技术以 20 世纪 70 年代 DNA 重组技术的建立为标志。1944 年，Avery 等证明了 DNA 是遗传信息的携带者。1953 年，Watson 和 Crick 提出了 DNA 双螺旋结构模型，阐明了 DNA 的半保留复制模式，从而开辟了分子生物学研究的新纪元。由于一切生命活动都

是包括酶和非酶蛋白质等生物大分子行使其功能的结果，因此遗传信息与蛋白质的关系就成为研究生命活动的关键问题。1953～1955 年，Watson 和 Crick 提出了基因自我复制和指导蛋白质合成的中心法则。1961 年，Nirenberg 等证实了三联体遗传密码，至 1969 年，64 个遗传密码全部被破译，揭示了 DNA 编码的遗传信息是如何传递给蛋白质的这一秘密。基于上述基础理论的发展，1972 年，Berg 首先实现了 DNA 体外重组，标志着生物技术的核心技术——基因工程技术的开端。它向人们提供了一种全新的技术手段，使人们可以按照意愿在试管内切割 DNA、分离基因，并经过重组后导入其他生物或细胞，借以改造作物或畜牧品种；也可以直接导入人体内进行基因治疗；还可以导入细菌等简单的生物体，由此生产大量有用的蛋白质或其他化合物，如药物、疫苗、工业化酶、生物色素等。显然，这是一项技术上的革命，以基因工程为核心，带动了现代发酵工程、酶工程、细胞工程及蛋白质工程的发展，形成了具有划时代意义和战略价值的现代生物技术产业。

进入 21 世纪以来，特别是 2010 年以后，高通量测序技术的迅速发展，为生物技术的开发应用绘制了前所未有的"蓝图"，而以 CRISPR/Cas9 为代表的基因编辑技术则是描绘这张蓝图的工艺精良的"画笔"，它们共同推动着生物技术进入了一个全新的发展阶段！

（二）植物生物技术的发展

植物生物技术是指生物技术在植物（尤其是农作物）上的应用，主要是指植物基因工程和与之相关的植物组织细胞培养技术、分子标记辅助育种技术等。1983 年，首批转基因植物（烟草、马铃薯）问世。1986 年，首批转基因植物（抗虫和抗除草剂）进入田间试验。1994 年，美国 Calgene 公司培育的延熟保鲜的转基因番茄被批准商品化生产，1996 年开始大规模商品化种植（当年种植面积为 170 万 hm^2），之后迅猛发展。2019 年，全球转基因植物种植面积达 1.9 亿 hm^2，较 1996 年增加了约 111 倍；全世界 29 个国家 1700 万农民种植转基因作物，且发展中国家的种植面积超过了发达国家；美国转基因作物的种植面积在全球最大，达到 7150 万 hm^2，玉米、大豆、棉花等农作物转基因品种的种植面积超过了播种面积的 90%。截至 2020 年，全球商业化种植的植物达到 11 种，包括大豆、玉米、棉花、油菜、马铃薯、苜蓿、番木瓜、茄子、甜菜、南瓜、苹果，其中转基因大豆、玉米、棉花、油菜的面积位居前四位。这些商业化的转基因植物包含的性状主要包括除草剂抗性、抗虫性、抗病毒及复合性状（多种性状的结合）。近年来，巴西、阿根廷、加拿大和印度转基因作物种植发展很快，种植面积分别居全球第 2～5 位。转基因作物所产生的效益十分可观，转基因作物于 1996～2018 年在全球产生了大约 2249 亿美元农业经济收入，其中 47%是由于种植转基因抗虫或抗除草剂品种而减少生产成本（减少劳动力的投入）的收益，53%来自产量提高的收益，其中美国获得 959 亿美元的收益，其次是阿根廷 281 亿美元、巴西 266 亿美元、印度 243 亿美元、中国获益 232 亿美元，居第五位。我国转基因植物的研究始于 20 世纪 80 年代初，1986 年，863 计划实施后发展速度大大加快；1993 年，我国第一例转基因作物抗病毒烟草进入了大田试验；1997 年，第一例转基因耐储存番茄获准进行商业化生产；2000 年，我国转基因抗虫棉种植面积超过 550 万亩[①]；2020 年，仅转基因棉花种植面积就在 4500 万亩以上。继转基因耐储存番茄、抗虫棉、抗病番木瓜等作物后，2009 年，我国又批准了抗虫水稻和转植酸酶基因玉米的安全证书，2015 年转基因水稻和转植酸酶基因玉米再次获得转基因安全证书，截至 2020

---

① 1 亩≈666.7m²

年，我国批准了 7 种转基因作物的安全生产证书：转基因抗虫棉、抗病番木瓜、抗虫水稻、转植酸酶基因玉米、耐除草剂大豆、耐除草剂玉米等，但目前国内商业化种植的仅有转基因抗虫棉和抗病番木瓜。尽管转基因水稻和玉米还没有应用于生产，但可以预期这两大农作物在应对我国人口增长对粮食的需求方面将发挥积极作用。

为了全面推动转基因技术在农业生产中的应用，我国从"十一五"开始，实施了"转基因生物新品种培育"国家重大科技专项，物种涵盖了主要作物（水稻、小麦、棉花、大豆、玉米）和牲畜（猪、牛、羊）。《国家中长期科学和技术发展规划纲要（2006—2020 年）》将生物技术作为科技发展的 5 个战略重点之一。我国在"十二五"生物技术发展规划中，明确了生物技术基础研究的重点是农业科学、人口与健康科学、工业生物科学；并拟在包括动植物品种设计、生物信息技术、生物制药、一系列组学技术等方面进行关键技术开发；计划在生物医药、农业生物产品、生物能源、生物环保、生物制造等方面形成产业化。2022 年 1 月，农业农村部制定并公布了《农业用基因编辑植物安全评价指南（试行）》，这一指南为基因编辑作物育种的商业化铺平了道路，标志着中国将开始批准基因编辑作物进行商业化生产，对我国生物育种技术研发与产业推动具有里程碑意义。

二、植物生物技术与农业革命

在世界农业发展史上，曾经发生过两次大的农业革命。一次是 20 世纪 50～60 年代，被称为"绿色革命"：以高秆变矮秆为标志，优质、高产的矮化小麦和水稻良种的全面推广使全世界粮食产量跃上了一个新的台阶。另一次就是 70 年代初，我国杂交水稻的培育成功，并大面积应用于生产，使水稻单产增长了 20%～30%，创造了农业生产奇迹。现代生物技术在农业生产诸多领域中已得到了广泛的应用，并初步取得了显著的成效，对农业生产实现新技术革命起到了有力的推动作用。因此，科学家预言：植物生物技术将带来一场新的农业产业革命。

人们利用植物生物技术的新方法能有效地分离出决定重要植物表型的一系列基因，利用转基因手段把已知功能的基因有目的地转入其他植物，并在新植物中表达出来。这样可以改变或再造农作物的品质、提高作物的产量和抗逆性，培育出高产、优质、高效和抗逆性强的作物新品种，生产足够的粮食以保障人类的生存和发展。植物生物技术在农业中的应用主要表现在以下几方面。

1. 植物组织细胞培养　运用植物组织细胞培养技术实现植物育种是获得新品种的一条有效途径。人们既可以通过花粉培养、未授粉子房及胚珠培养等诱导形成单倍体植物，也可以通过植物愈伤组织培养中普遍存在的体细胞无性系变异实现植物突变育种。另外，还可以通过细胞融合（尤其是原生质体融合）、胚拯救及体外受精技术获得远缘杂种；通过茎尖培养能够产生无病毒原种，用于无性繁殖植物脱毒，解决生产实践中植物病毒危害问题。植物组织培养技术还可应用于快速繁殖某些花卉和园艺植物、经济作物及药用植物等。对珍贵的植物物种，可以通过超低温保存（建立超低温种质库）予以体外保存。

植物组织培养除了其本身可以作为生物技术应用于植物改良，它还是转基因技术实现其应用目标的基础技术。人们需要利用组织培养将优良的基因转入细胞，然后将转基因细胞进行培养和分化，再生植株后，才能获得转基因种子，从而使外源基因随受体基因组向后代遗传。植物组织培养与分子标记辅助育种也有密切联系，很多植物利用花药培养获得性状分离并纯合的双单倍体群体，然后进行分子标记分析，为育种或基因的图位克隆提供参考。

2. 转基因作物　　自从 1983 年世界上首次成功地获得第一株转基因植物以来，植物基因工程技术在作物抗病虫、抗除草剂、改善品质、修饰代谢途径、创造雄性不育材料等方面得到了广泛应用，并得到了迅速的发展。近年来，转基因抗干旱、高温、冷害，耐盐碱等方面取得突出进展，显示出巨大的应用价值。

植物转基因技术突破了物种间的界限，使远缘植物之间可以进行基因的交换，为创造新的生命类型开拓了无限广阔的前景。通过转基因技术还可以获得生物的定向变异，即需要哪种性状，就可以将有此性状的目的基因转移到受体细胞，从而可以定向地获得所需要的变异。

转基因技术也是作物功能基因组研究的重要手段，可以利用转移 DNA（transferred DNA，T-DNA）插入创造突变体，为重要经济性状的基因克隆寻找目标基因。功能基因的验证离不开转基因技术，往往需要用基因的过量表达载体和抑制表达载体转化作物，观察基因表达带来的性状变化，从而验证基因的功能。

经典的农杆菌介导的转化仍然是转基因的主体技术，但也发展出了很多新技术，新发展的技术往往是针对作物的特点制订的。例如，超声波辅助的农杆菌介导的转化，对提高转化效率具有积极作用。除核转化外，随着叶绿体基因组测序的发展，近 10 年发展起来的叶绿体转化技术逐渐成熟，分别在土豆、棉花、烟草等十几种植物上取得成功。叶绿体转化被认为有很多优势，它可以大幅度提高外源基因的表达量，不存在转基因沉默，可以作为蛋白质生产工厂；它还可以防止由花粉扩散造成的基因漂移。

3. 基因编辑作物　　以 CRISPR/Cas9 为代表的基因编辑技术，是 21 世纪最重要的生物技术突破。到目前为止，在人细胞系和多种模式生物如酵母、果蝇、线虫、斑马鱼、小鼠、大鼠、猪和猴等生物中已经完成感兴趣基因的编辑，并在此基础上建立了多种疾病模型，为阐明疾病发生的分子机制和药物筛选提供了重要平台。自从 2012 年获得第一株基因编辑［使用转录激活因子样效应物核酸酶（transcription activator-like effector nuclease，TALEN）技术获得］的植物以来，植物基因编辑技术在改良作物品质、提高抗性、抗除草剂、创造单倍体材料和新型不育系及塑造理想株型等领域取得了巨大成绩，已被成功地应用于水稻、小麦、棉花、大豆、玉米、高粱、大麦、油菜、番茄、柑橘、香蕉、烟草、草莓、苹果、猕猴桃等60 多种主要的农作物、园艺作物上。

植物基因编辑技术是在传统转基因技术上发展起来的新兴功能基因组研究及分子育种的工具之一。基因编辑技术应用于作物遗传改良主要有两种方式：一是通过靶向敲除目标性状负调控基因，造成该基因功能缺失，以改良目标性状；二是通过对目标性状控制基因进行定点替换，导致该基因功能发生改变，从而获得新的目标性状。

4. 分子标记及基因组选择育种　　自限制性片段长度多态性（restriction fragment length polymorphism，RFLP）分子标记被应用以来，分子标记在 40 多年的时间里发展非常迅速。尤其是基于聚合酶链式反应（polymerase chain reaction，PCR）的分子标记发展最快，涌现了很多简单易用的分子标记类型。近些年，随着基因组测序，特别是第二代测序技术的发展，高通量的分子标记技术，如单征多态性（single feature polymorphism，SFP）、多态性芯片技术（diversity array technology，DArT）和限制性内切酶位点标签（restriction-site associated DNA，RAD）等标记发展很快。分子标记发展的第二个趋势是由"匿名"标记向功能标记的转变。随着转录组、表达谱研究的开展及全基因组测序的进行，人们对基因组结构的认识越来越深入，分子标记的开发更是着眼于基因组的表达区，从而促进了功能标记的发展。从检测手段上来看，分子标记正从以凝胶电泳为主的检测手段向以芯片为基础的高通量、自动化检测技术发展；另外，基因组测序完成之后，有了参照基因组序列之后，基于重测序的检测技术测序分型（genotype by sequencing）已成为分子标记的主流检测手段。

　　随着分子标记的不断发展，遗传作图在许多作物中得到了迅速发展，水稻、玉米、棉花、油菜、小麦、大麦等多种作物的分子图谱已经建立。分子图谱的建立一方面有助于追踪目标基因及进行全基因组的背景选择，高通量分子标记及基于二代测序的分子标记将使分子标记辅助选择更加高效、快捷；另一方面可对数量性状基因（QTL）进行遗传剖析，它可将数量性状拆分，分别估计各个位点的表型效性，进而对其定位，甚至图位克隆相应基因。此外，基于全基因组的高通量单核苷酸多态性（single nucleotide polymorphism，SNP）芯片和基于测序的检测技术已成为全基因组关联分析（genome wide association study，GWAS）的有效工具，在农作物遗传进化、选择驯化、QTL 定位、基因发掘等领域做出了重要贡献。

　　随着高通量分子标记的发展，基因组选择育种应运而生。基因组选择的概念最早由 Meuwissen 教授等于 2001 年提出，其核心定义为："利用覆盖全基因组的高密度分子标记，结合表型记录或系谱记录对个体育种值进行估计，假定这些标记中至少有一个标记与所有控制性状的突变处于连锁不平衡状态。"全基因组选择可以被简单地理解为最新、最准确的育种技术，涉及育种芯片、大数据、高性能计算等，是育种技术里新一代的"高、精、尖"技术。如果把育种技术带来的遗传改良速度与交通工具类比，传统育种技术则相当于"马车"和"蒸汽机车"的速度，而全基因组选择则是"高铁"的速度。全基因组选择作为最新的"高、精、尖"育种技术，能够从基因本质上区分优秀个体，涉及分子标记、基因、连锁不平衡、参考群和候选群构建等基本分子生物学技术。

　　与传统育种方法相比，全基因组选择最突出的优势是：快、准、高。

　　"快"是指生产性能提升更快。尤其对于生育期长的作物品种，其新品种（系）的育成时间明显缩短。

　　"准"是指所选群体中的优秀个体选得更准。因为这种技术对遗传评估的准确性更高，给待选个体的"好与坏"排队排得更准。

　　"高"是指育种收益高，就是育种收益与育种投入比例高。因为选得准、进展快、辅助减少生产性能测定成本等，所以育种收益要远高于传统育种收益。

　　全基因组选择育种开辟了植物遗传研究和分子育种的新领域，也是未来植物生物技术育种的新方向。

三、展望与挑战

　　新一轮科技革命和产业变革进一步提速，现代生命科学和生物育种技术创新加快突破。特别是近十年来，随着基因组测序成本大幅降低，基因组等生物信息大数据海量产生，基因克隆效率大幅提高，基因编辑使育种实现精准定向化，全基因组选择显著提高了育种效率，品种培育进入分子设计育种时代；基因编辑、合成生物学、全基因组选择等生物技术（BT）与大数据、人工智能等现代信息技术（IT）交叉融合，形成以"BT＋IT"为典型特征的高效农业生物技术育种技术体系，驱动现代生物技术快速变革迭代，正在改变全球生物种业格局和农产品供给方式，也为解决制约人类发展的食物、环境、资源和健康等问题提供了重大机遇。发展生物技术已成为国家战略，经济合作与发展组织的《2030 年生物经济：制定政策议程》报告预测，到 2030 年，生物技术产出将占全球农业产出的 50%，生物经济将引发世界经济格局的重大调整和国家综合国力的重大变革。例如，美国将生物技术作为中美科技竞争前沿，将精准育种列为美国农业重大发展方向；欧盟、日本等发达国家和地区也把生物技术确定为国家发展战略。生物技术研发及应用水平成为衡量一个国家农业核心竞争力的重要标志。与世界先进水平相比，我国农业关键核心生物技术存在诸多的弱项、短板，核心育种"底盘"资源、分子设计育种前沿核心技术、基因编辑技术等核心专利受制于人；玉米、大豆优异种质知识产权多由国外掌控。第六次国家技术预测工作显示，我国农业领域技术领跑仅占10%，农业原始创新基础依然薄弱。必须瞄准生物技术的国际最前沿，加强农业与生命科技变革性领域重大基础科学问题和关键技术攻关，取得战略性重大农业科技成果，突破农业产业"高、精、尖"技术壁垒，构筑国家农业创新发展新优势。

随着分子生物学、基因工程等现代生物技术的快速发展与广泛应用，生物育种产业的技术变革也在不断深化。基因组选择技术、基因编辑技术、合成生物学技术等新兴技术正在与传统育种技术结合，成为提升生物育种效率的先进技术。

（一）基因编辑技术蓄势待发

基因编辑技术，特别是 CRISPR/Cas9 介导的基因组编辑系统，以其定向精确、简易高效和多样化等特点，成为农业领域最为有效的生物技术育种工具之一。近年来，其发展日新月异，并不断升级换代。基因编辑技术能够对生物体的基因组及其转录产物进行人为操控。相对于常规分子育种技术，基因编辑技术更加简单、高效、精准，已成为生物种业领域的核心技术。目前广泛使用的 CRISPR/Cas9 基因编辑技术的"核心"专利掌握在欧美国家及生物种业国际巨头手中。在技术层面上，包括单碱基精准编辑系统、同源重组介导的精准插入系统在内的已有基因编辑技术效率还很低；在应用层面上，除了模式植物，如何利用基因编辑技术大规模创造优良的等位变异为生物育种服务，还没有取得实质性进展。此外，植物基因编辑技术还依赖高效的遗传转化技术。玉米、小麦、棉花、大豆、油菜等大田作物及主要园艺作物的遗传转化十分依赖于受体基因型，仅有少数农艺性状较差的自交系、品种、品系虽然能够实现转化，但不能直接应用于商业化育种。在突破基因型限制的作物遗传转化研究上，国外科迪华公司利用植物形态发生调节基因，对难以转化的骨干自交系成功进行了转化，而国内不受基因型限制的转化研究不足。不限基因型的遗传转化和针对任意序列的基因编辑是当下急需突破的"卡脖子"技术。

（二）智能设计育种技术方兴未艾

过去几十年，全球粮食产量的增加主要源自农业生产耕作技术的进步与作物遗传改良所带来的产量潜力的不断提升两方面。现代育种在经历了育种 1.0、2.0 及 3.0 之后，已经朝着"先纯系后选择，先预测后验证"的工程化育种方向发展，并快速向以基因组智能设计育种的育种 4.0 迈进。育种 4.0，也称为智能育种，是由前沿遗传技术与信息技术融合驱动的高效聚合有利功能变异进行定向改良的前沿育种模式。育种 4.0 包括高效工程化种质资源智能化创制、优良性状和优异等位基因的生物大数据采集与挖掘，以及优良品种的人工智能算法预测与智能验证三个主要部分。目前，各个作物在育种 4.0 的三个方面都取得了一定的进展，但是都没有建立系统化的体系。人们利用以杂交育种为代表的传统育种技术培育了一批优异的品种，极大地促进了我国农业产业的发展。传统育种技术取决于育种家的经验，农业新品种培育的趋势是满足特定人群的个性化需求，以经验为基础的传统育种技术效率低且目标性不强，不能满足未来育种的多样化需求。当前，基因组和功能基因组的研究取得巨大突破，解析性状的遗传基础及基因作用的调控机制，并在此基础上创造新的等位基因型，构建特定的调控网络，基于大数据算法和人工智能设计并快速培育具有特定性状的品种是急需突破的技术。未来通过开发农业生物全基因组功能元件的芯片技术，基于全基因组选择、调控途径聚合及最优等位基因组合等，进行定向选择育种；基于生物多维度、多尺度及大数据，开发人工智能算法，定向设计满足国家重大需求的新品种。发展基于深度学习的人工智能理论，开发针对农业生物基因组设计育种的核心算法，突破基础算法的技术瓶颈。阐明基因组功能元件的多维度、多尺度及调控网络，解析重要性状形成功能基因和调控网络；开发人工智能应用在基因编辑、合成生物学等技术的算法模型和平台软件，突破交叉融合应用的短板技术，定向设计满足人类需求的新物种与新品种，推动"传统育种"向"智能设计育种"转变。

（三）合成生物学技术引领未来农业生产

合成生物学技术采用工程学的模块化概念和系统设计理论，改造和优化现有自然生物体系，或者从头合成具有预定功能的全新人工生物体系，不断突破生命的自然遗传法则，标志着现代生命科学已从认识生命进入设计和改造生命的新阶段。

农作物培育是进化、驯化和人工选配的过程，依赖于自然界存在的基因资源的随机组合。设计满足人类营养、健康需求的作物和畜禽水产新品种将突破基因资源限制，实现耐逆境、抗病害、高产优质等多种优良特性于一身，极大地提升农业生产效率，降低对土地的要求。

未来可以利用合成生物学的理论和技术整合农业生物染色体重要的结构和调控模块信息，探索人工生物系统的设计原理，开发生物 DNA 和蛋白质器件合成及组装新技术，建立动植物底盘细胞高效遗传操作与编辑技术，进行底盘动植物基因组、基因线路和代谢通路的设计、合成与改造，实现在更复杂的层面上认知生命的设计和构造原理，理解生命运行的本质规律，培育、创造全新的农作物和畜禽产品。合成生物学技术在未来农业领域的应用将十分广泛，为生物转化（生物质资源化）、未来合成食品（人造蛋白质等）、提高光合作用效率（高光效固碳）、提高生物氮利用效率（节肥增效）、生物抗逆（节水耐旱）等世界性农业生产难题提供了革命性解决方案。

随着植物生物技术研究不断向深度和广度发展，农业将成为其应用最广阔、最活跃、最富有挑战性的领域。它可使农业生产和科学技术发生质的飞跃，出现革命性变化。植物生物技术的发展也会面临很多挑战：一是应努力把理论研究成果转化为实际应用；二是国家在政策层面上应科学合理地对成熟的转基因和基因编辑农产品的监管，充分利用现代生物技术带来的利好；三是应采取切实有效的措施加强生物技术知识产权的保护，尤其应有知识产权的国际竞争意识，保证我国生物技术产业的健康发展；四是加强生物安全和生物技术知识的科学普及、教育，使全民了解生物技术，并认识到生物技术的重要性。

主要参考文献

美国国家科学院，美国国家工程院，美国国家医学院，等. 2021. 遗传工程作物：经验与展望. 张启发，林拥军，译. 北京：科学出版社

农业农村部. 2021. "十四五"全国种植业发展规划. http://www.moa.gov.cn/govpublic/ZZYGLS/202201/t20220113_6386808.htm [2022-06-20]

农业农村部. 2022. 农业用基因编辑植物安全评价指南（试行）. http://www.moa.gov.cn/ ztzl/zjyqwgz/sbzn/202201/t20220124_6387561.htm[2022-06-20]

肖景华，陈浩，张启发. 2011. 转基因作物第二次绿色农业革命. 文明，9：32-43

张献龙. 2012. 植物生物技术. 2 版. 北京：科学出版社

第一章　植物组织培养的基本技术

第一节　植物组织培养实验室建设

一、植物组织培养实验室的设置

植物组织培养实验室与其他实验室的主要区别是要求无菌操作，避免微生物及其他有害因素的影响。其面积大小和装备取决于两个因素：一是实验性质和研究内容，二是能承受的经费能力。一个标准的植物组织培养实验室必须具备下列条件：①能清洗和储存玻璃器皿、塑料器皿和其他实验器皿；②能配制、灭菌和储存培养基；③植物材料能无菌操作；④可控温度、光照、湿度等条件，以便对材料进行体外培养；⑤在培养物生长发育过程中能对其进行显微观察。因此，植物组织培养实验室至少需要三间独立的房间：第一间用于玻璃器皿的清洗和储存，以及培养基的制备（称为培养基室）；第二间用于无菌操作（称为接种室）；第三间用于放置培养物（称为培养室）。此外，如果条件许可，应配备能对组织和细胞生长进行显微观察的细胞学实验室。

（一）培养基室

功能和要求：培养基室应具备清洗和储存玻璃器皿，以及配制培养基的功能。条件允许的话，清洗区应单独在一个房间，如果培养基的制备和器皿的清洗是在同一个房间内进行，清洗工作不能干扰培养基的制备，严格防止洗液溅入培养基内。

主要仪器和设备：①工作台，其高度应方便工作，要求表面平整、耐高温，水平放置。②冰箱，用以储存药品、试剂和短期储存储备液。有需要超低温储存的药品和植物材料还需要配备超低温冰箱。③天平，1/100 和 1/10 000 各一台。④电热磁搅拌器，用以溶解化学药品。⑤电炉或微波炉，用于加热溶化琼脂或固态胶。⑥pH 计或 pH 试纸。⑦吸气机或真空泵，用以辅助过滤灭菌。⑧高压灭菌锅，用以培养基灭菌。⑨干燥箱或烘箱，用以烘干器皿和用具。⑩其他用于培养基制备和器皿清洗的用具。

（二）接种室

功能和要求：接种室也称无菌操作室，分为更衣间、缓冲间及操作间三部分。更衣间用以更换衣服、鞋子及戴帽子和口罩。缓冲间位于更衣间与操作间之间，目的是保证操作间的无菌环境。操作间则用于无菌操作，安装有紫外线杀菌设备，墙壁光滑无死角，以便清洗和消毒。接种室为密闭式，一般用紫外线灯进行空气消毒。

主要仪器和设备：超净工作台、紫外线灯，以及无菌操作的各种用具。

（三）培养室

功能和要求：是植物组织和细胞培养的场所，根据工作量来设置空间大小。因此，培养室要求：①温度，必须是可控的，一般用空调或热风机使温度保持在设定温度［（25～32℃）±2℃］。②光照，植物组织培养对光照有要求，可采用发光二极管（LED）光源，一般光照强度为1000～3000lx。并根据实验需求，光源可由自动定时开关控制。原生质体等材料需暗培养时，可加盖黑布或设置特殊暗房。③湿度，应控制在相对湿度80%左右，当培养室的相对湿度降到50%以下时，应采取措施增加湿度，以免培养基变干。如果湿度太高则应除湿，以防控污染。

主要仪器和设备：①培养架，用以放置培养物。培养架大小一般为1200mm×600mm×400mm，层数根据培养室的空间高度而定，在每层培养架上或是安装平板玻璃，或是安装刚硬的铁丝网，以便顶层的灯光能透射到下层的培养物上。为了防止灯光造成的热气在培养架各层间聚集，在每层顶面一端可安装一个小风扇。②摇床，用以液体悬浮培养。摇床可以是平动式的，也可以是旋转式的。必要时可购置温光可控式摇床。③空调，用以培养室控温。④发电机，安装于实验室外，以便停电时使用。⑤光照培养箱，用以单细胞和原生质体培养等，可安装在培养室之外任何方便和安全的地方。

二、植物组织培养实验室的主要仪器和设备

植物组织培养实验室所需的实验仪器和设备视实验目的而异，一般需配备以下一些实验设备。

（一）超净工作台

超净工作台是植物组织培养实验室最主要的设备之一，是进行无菌操作所必需的。植物组织培养实验室一般使用两种净化工作台：一种是侧流式或称为垂直式；另一种为外流式或称为水平层流式。两者的基本原理大致相同，都是将室内空气经粗过滤器初滤，由离心风机压入静压箱，再经高效空气过滤器精滤，由此送出的洁净气流以一均匀的断面风速通过无菌区，从而形成无尘、无菌的高洁净度工作环境。两种超净台的气流方向不同，侧流式工作台空气净化后的气流由左或右侧通过工作台面流向对侧；外流式（水平）工作台是使净化后的空气吹向操作者。

超净工作台使用注意事项：①超净工作台应安装在清洁无尘的房间内，以免尘土过多使过滤器阻塞，降低净化效果，缩短使用寿命。②新安装的或长期未使用的工作台，工作前必须对工作台周围环境用真空吸尘器或不产生纤维的工具进行清洁，再采用药物灭菌法或紫外线灭菌法进行灭菌处理。③每次使用工作台时应先用70%乙醇擦洗台面，并提前30～50min开启紫外线灯处理。在关闭紫外线灯后启动送风机使之运转30min后再进行操作。④净化工作区内不应存放不必要的物品，以保持洁净气流不受干扰。⑤必须经常注意工作区上方微压表的指示。当指针从绿色区进入红色区时说明高效空气过滤的容尘量趋于饱和，一旦感到气流变弱，如酒精灯火焰不动，加大电动机电压也不见情况改变，则说明滤器已被阻塞，应及时更换。⑥每次使用超净工作台要及时清除工作台面上的物品，并用乙醇擦洗台面使之始终保持洁净。

（二）显微镜

倒置显微镜是植物组织培养实验室必需的仪器，用其观察并掌握细胞的生长情况和污染

情况。若能配置带有照相系统的高质量相差显微镜，以便随时摄影、记录细胞的情况，将有助于开展科研工作。若有条件，还可添置解剖显微镜、荧光显微镜、数码摄影系统和录像系统等。

（三）培养箱

一般培养室的条件难以达到单细胞培养或原生质体培养的要求，如要进行单细胞培养或原生质体培养，必须配备可控光温的恒温箱。培养箱要具有较高的灵敏度。一般应选用隔水式或晶体管自控培养箱，这些培养箱比一般普通培养箱的灵敏度高，温度也较稳定。培养箱内空气必须保持清洁，定期用紫外线灯照射或乙醇擦拭消毒。同时尚需保持箱内的相对湿度为100%，防止培养液蒸发，箱内要放置内为无菌蒸馏水的水槽。

（四）干燥箱

干燥箱用以植物组织培养器械、器皿的烘干，以及玻璃器皿的干热消毒。常用的干燥箱是鼓风式电热干燥箱。其优点是温度均匀、效果较好，缺点是升温过程较慢。干热消毒时，一般需达到160℃，有时可致包裹的纸或棉花烧焦，需要特别注意。消毒后，不能立即打开箱门，以免骤冷而致玻璃器皿损坏，应该等候温度自然下降至100℃以下时方可开门。

（五）水纯化装置

植物组织培养，特别是细胞培养和原生质体培养对水的质量要求很高，而且用量大，配制的各种培养液及试剂等均需使用双蒸水，即使玻璃器皿也需用蒸馏水进行冲洗。水纯化时可采用离子交换纯水装置或蒸馏器。离子交换纯水时，尚不能有效去除有机物，因此用水时需再蒸馏。目前使用较多的有自动双重纯水蒸馏器（石英管加热），使用方便、安全、蒸馏速度快。但使用这种蒸馏器必须注意维护，不可采用普通自来水蒸馏，以免蒸馏器内很快结满水垢。配制培养液的水应在配液前蒸馏，不宜使用存放数日的蒸馏水，以免影响培养用水的质量。

（六）冰箱

植物组织培养实验室必须配备普通冰箱或冷藏箱，最好有一台低温冰箱（−20℃）。前者用于储存培养液、母液、试剂和药品等培养用的物品及短期保存组织标本。−20℃低温冰箱则用于储存那些需要冷冻保持生物活性的物质及较长时期存放的制剂等。植物组织培养实验室的冰箱应专用，不得存放易挥发、易燃等物质，且应保持清洁。

（七）冷冻储存器

植物组织培养工作中常需储存细胞，常用的是液氮容器。液氮容器有不同的类型及多种规格。选择购置液氮容器时需考虑容积大小、取放使用是否方便及液氮挥发量（经济）三种因素。液氮容器可为25～500L，可以储存1mL的安瓿瓶250～15 000个。总的来说，其可分为窄颈瓶和宽颈瓶两大类，前者主要用来运输液氮，液氮挥发慢，故较经济，一般能维持1个月，但取放不方便；后者取放方便，但挥发率上升3倍，只能维持7～10d。另外，还有一种专供输送临时使用的液氮瓶，称为杜瓦瓶。液氮温度很低，使用时要防止冻伤。由于液氮不断挥发，应注意观察停留液氮情况，及时定期补充液氮，避免挥发过多而致细胞受损。

（八）离心机

进行组织和细胞培养时，常需要制备细胞悬液、调整细胞密度、洗涤和收集细胞等，因此要使用离心机。配置 4000r/min 的国产台式离心机，离心速度 1000r/min 即可。另外，可根据需要添加其他类型如大容量或可调节温度的离心机等。

（九）天平

天平是必不可少的设备，常用的有两种：1/100 天平，用于大量元素、蔗糖和琼脂等药品与材料的称重；1/10 000 天平，用于微量元素、激素等药品的称重。一般用电子天平，但需进行定时计量校正。

（十）高压蒸汽消毒锅

高压蒸汽消毒锅是植物组织培养实验室及其他生物实验室必备的实验设备，用于培养基、器皿和用具的高温灭菌。条件好的实验室可采用全自动高温高压灭菌锅，它是微电脑控温、容量大、使用方便，但价格比较昂贵。因此，许多实验室仍使用手提式高压蒸汽消毒锅。手提式高压蒸汽消毒锅的控制系统为机械装置，可能会出现控制失灵的情况，使用时应严格按操作规程执行。

（十一）消毒器

植物组织培养采用的培养溶液常含有维生素、蛋白质、多肽、生长因子等物质，这些物质在高温或射线照射下易发生变性或失去功能，因而需采用过滤器消毒除菌。目前常用的滤器有 Zeiss 滤器、玻璃滤器和微孔滤膜滤器。

Zeiss 滤器为不锈钢的金属结构，中间夹有一层石棉制成的一次性纤维滤板。滤板具有一定的厚度，可承受一定的压力，因此是过滤黏稠液体较理想的滤器。滤板有不同规格，进口的型号有 EKS_1、EKS_2、EKS_3 等，国产的有甲$_1$、甲$_2$、甲$_3$ 等，其中以 EKS_3 及甲$_3$ 过滤除菌的效果较好，但因孔径很小，速度较慢。Zeiss 滤器可分为抽滤式或加压式滤器。抽滤式滤器与抽滤瓶相连，真空泵抽气形成负压以过滤液体，其效率不如加压式滤器。加压式滤器的容器为密闭式，加入待过滤的液体后，通以气体（常用 N_2、O_2 或 CO_2），形成压力将液体滤过，效果较佳。使用压强不超过 $0.2kg/cm^2$。

玻璃滤器为玻璃结构，以烧结玻璃为滤板固定于玻璃漏斗上，可用于过滤各种培养液体，只能采用抽滤式。根据滤板孔径的大小，分为 G_1～G_6 六种规格型号，其中只有 G_5 及 G_6 可用来过滤除菌，一般都使用 G_6 型，但其过滤速度较慢。玻璃滤器的使用方法与 Zeiss 抽滤式滤器相同，但清洗过程比较烦琐。

微孔滤膜滤器的基本结构与 Zeiss 滤器相同，为金属结构，其中间为一种一次性的特制混合纤维素酯滤膜，可用于各种培养液体的过滤除菌，速度较快，效果较好，现已为许多实验室所使用。滤膜的规格很多，主要根据滤器的直径大小而划分其型号，可按待过滤液体的量来选择适当的型号。过滤大量培养液时，一般多用直径 10cm（容器量为 500mL）及直径 15cm（容器量为 2000mL）两种规格。过滤小量培养液时，可选用 2.5cm 直径滤器，以注射器推动为压力而过滤。

另外，还有一种一次性小滤器，过滤较多液体时可连接在加压蠕动泵上，如过滤少量液体，可直接接在注射器上，使用非常方便。

（十二）培养用器皿

供植物组织培养和接种、生长等用的器皿，可由透明度好、无毒的中性硬质玻璃或无毒而透明光滑的特制塑料制成。玻璃培养器皿的优点是易于清洗、消毒，可反复使用，并且透明便于观察，但易碎，清洗时费人力。塑料制成的培养器皿是一次性使用器皿，厂家已消毒灭菌并密封包装，打开包装即可用于培养操作，非常方便，但费用较高。

使用一次性塑料器皿或带螺口盖的玻璃器皿，方便之处是无须另外配盖。若使用试管或培养瓶，传统的封口办法是用棉塞，有时在棉塞外再包上一层纱布。聚丙烯塑料试管帽可进行高压灭菌，盖顶有一层薄膜，它可以阻止试管内水分的丢失，但不影响内外的空气交换，是普遍采用的封口方法。常用的培养器皿有：①培养瓶，由玻璃或塑料制成，主要用于培养、繁殖植物组织和细胞。进行培养时，培养瓶瓶口以螺旋盖或胶塞盖住，胶塞用于密封培养。国产培养瓶的规格常以容量（mL）表示，如 250mL、100mL、25mL 等；进口培养瓶则多以底面积（cm^2）表示。②培养皿，由玻璃或塑料制成，用于培养、繁殖植物组织和细胞，也用于单细胞分离、同位素掺入、细胞繁殖等实验。常用的培养皿规格有 10cm、9cm、6cm 和 5cm 等。③多孔培养板，为塑料制品，可供细胞克隆及细胞毒性等各种检测实验使用。其优点是节约样本及试剂，可同时测试大量样本。每块培养板有多孔，常用的规格有 96 孔、24 孔、12 孔、6 孔、4 孔等。④储液瓶，主要用于存放或配制各种培养用液体如培养液和试剂等，有各种不同规格，如 1000mL、500mL、250mL、100mL、50mL、5mL 等。其也可用生理盐水或葡萄糖液瓶、血浆瓶或青、链霉素瓶代替。

其他培养常用的用品有：用于吸取、移动液体或滴加样本的加样器，可根据需要调节量的大小，吸量准确、方便，尤其是微量加样器，可保证实验样品（或试剂）含量精确，重复性良好；收集细胞用的离心管；放置试剂或临时插置吸管用的试管；装放吸管以便消毒的大玻璃筒；用于存放小件培养物品便于高压消毒的铝饭盒或贮槽；套于吸管顶部的橡皮吸头；封闭各种瓶、管的胶塞、盖子；冻存细胞用的安瓿瓶或冻存管；不同规格的注射器、烧杯和量筒、漏斗等；以及用于解剖、取材、剪切组织及操作时使用的器械等。

（十三）特殊设备

植物组织培养实验室除应配备上述常用基本设备外，如有条件，可添置一些特殊或先进的设备和仪器，使实验室工作更有效、更精确、更深入。

有关的特殊或先进设备如下：酶联免疫检测仪，可用于进行免疫学测定及细胞毒性、药物敏感性检测等；超低温冰箱，如 -70℃ 以下的冰箱，以便于储存某些试剂及标本；旋转培养器，用于某些特殊细胞或需要收获大量细胞的培养；荧光显微镜，进行荧光染色样本的观察；更精确及快速检测细胞用的流式细胞仪等。

第二节　培养基配制

在离体培养条件下，不同种植物的组织、器官对外界营养有不同的要求，同一种植物不同部分的组织、器官对营养的要求也不相同，只有满足了它们各自的特殊要求，培养物才能良好地生长。因此，在建立一个新的培养系统时，首先必须找到一种能满足该组织特殊需要的培养基。

早期研究的植物组织培养基，如 White（1943）提出的根培养基和 Gautheret（1939）提出的愈伤组织培养基，都是由先前用于整体植物栽培的营养液发展而来的。White 培养基是由 Uspenski 和 Uspenskaia（1925）提出的藻类培养基演化而来的，而 Gautheret 培养基则是建立在 Knop（1865）提出的营养液基础上的。而以后所有的各种培养基又都是建立在 White 培养基和 Gautheret 培养基基础上的。

虽然某些愈伤组织（如胡萝卜组织、黑莓组织和多数瘤状组织）能够在简单培养基（其中只含有各种无机盐和一种能被利用的糖）上生长，但对多数其他愈伤组织来说，培养基中则必须补加若干性质不同和数量不等的维生素、氨基酸和生长调节物质。此外，在植物组织培养基中还常常加入复杂的营养物质混合物，如酵母浸出物、椰子汁（液体胚乳）等。化学成分已知的培养基称为"合成培养基"，而取自动植物体液、化学成分并不清楚的培养基称为"天然培养基"。天然培养基尽管具有某种特殊的培养效果，但由于成分复杂、变化较多等，培养结果难以重复。然而，即使是合成培养基，我们所知道的也只是已经加入了什么化合物，而某些化合物如蔗糖和维生素等在高压灭菌过程中可能会发生分解，不同化学组分之间在培养基制备过程中也可能发生互作，这些都会导致培养基最终成分的变化。

培养基中的无机成分和有机成分的浓度一般都是以质量（mg/L）表示的，国际植物生理学协会则建议使用物质的量（mol），即用 mmol/L 表示植物组织培养基中大量元素和有机物质的浓度，而用 μmol/L 来表示微量元素、激素、维生素和其他有机组分的浓度。

一、培养基成分

（一）无机营养成分

无机元素在植物生长发育中非常重要，镁（Mg）是叶绿素分子的一部分，钙（Ca）是细胞壁的组分之一，氮（N）是各种氨基酸、维生素、蛋白质和核酸的重要组成部分。此外，铁（Fe）、锌（Zn）和钼（Mo）等是某些酶的组成部分。除碳（C）、氢（H）和氧（O）外，已知还有 12 种元素对于植物的生长是必需的，它们是氮、磷（P）、硫（S）、钙、钾（K）、镁、铁、锰（Mn）、铜（Cu）、锌、硼（B）和铝（Al）。其中前 6 种元素需要的数量较大，因此称为大量元素或主要元素。后 6 种元素需要的数量较小，因此称为微量元素或次要元素。按照国际植物生理学协会的建议，植物所需的浓度大于 0.5mmol/L 的元素为大量元素，小于 0.5mmol/L 的元素为微量元素。

对于植物组织培养来说，整株植物生长所需的 15 种元素都是必需的。当某些营养元素的供应不足时，愈伤组织生长和发育会出现一些特殊的症状。例如，缺氮会使某些组织表现出一种很引人注目的花色素苷的颜色，愈伤组织不能形成导管；缺钾或磷会使细胞过度生长，形成层组织减退；缺硫时，愈伤组织明显地褪绿；缺铁时，细胞分裂停止；缺硼时，细胞分裂停滞，细胞伸长；而缺锰或铜则会影响细胞伸长。

各种常用培养基之间在无机营养组成上的主要差别在于各种盐或离子数量上的不同。除个别植物种类对于某种元素的敏感性不同外，各种植物组织所需要的无机营养种类是相当一致的。无机盐在水中溶解以后形成离子。培养基中的活性因子就是这些离子，而不是它们的化合物。一种类型的离子可由一种以上的盐提供。例如，MS 培养基（Murashige and Skoog，1962）中，NO_3^- 既由 NH_4NO_3 提供，也由 KNO_3 提供，而 K^+ 既由 KNO_3 提供，也由 KH_2PO_4 提供。因此，比较两种培养基中各种类型离子的总浓度可以了解两种培养基的营养状况。

White 培养基是最早的植物组织培养基之一，其中包含了所有必需的营养成分，但无机盐浓度较低，被广泛用于根的离体培养。而现在广泛应用的各种培养基中，多数都含有浓度较高的无机盐。此外，Heller（1953）在其培养基中加入了铝和镍（Ni），但这两种元素的必要性并未得到证明，因此已被后来的研究者所省略。钠、氯化物和碘化物的必要性迄今也还没有得到证明。

Heller（1953）曾经做过一项详细的研究，其中特别着重研究了铁和氮。在 White（1943）原来的培养基中，铁是以 $Fe_2(SO_4)_3$ 的形式加入的，但 Street 及其合作者在根培养基中以 $FeCl_2$ 代替了 $Fe_2(SO_4)_3$，这是因为在 $Fe_2(SO_4)_3$ 中含有 Mn 和其他某些金属离子杂质。然而，$FeCl_2$ 也并不是一种完全令人满意的铁盐，因为以这种形式存在的铁只有在 pH 为 5.2 左右时才能被组织所利用。已知在根的培养中，接种后一周之内，培养基的 pH 即会由原来的 4.9～5.0 上升到 5.8～6.0，于是根开始表现缺铁症状。为了解决这个问题，现在多数培养基中铁是以一种螯合形式，即 Fe·EDTA（ethylenediamine tetraacetic acid，乙二胺四乙酸）提供的。以这种形式提供的铁直到 pH 为 7.6～8.0 仍然可以被植物组织所利用。与根不同，愈伤组织培养物直到 pH 为 6.0 时仍可利用 $FeCl_2$，这是因为愈伤组织能分泌自然的螯合剂，而螯合剂可与铁离子相结合。Fe·EDTA 可用 $FeSO_4·7H_2O$ 和 $Na_2·EDTA$ 进行制备，或者从市场上直接购买 Na-Fe·EDTA。

此外，培养基中无机氮的供应可以有两种形式：一种是硝酸盐，另一种是铵盐。当作为唯一的氮源使用时，硝酸盐的作用比铵盐要好得多，但在单独使用硝酸盐时，培养基的 pH 会向碱性方向漂移。如果在硝酸盐中加入少量铵盐，则会阻止这种漂移。因此，许多培养基中都有硝酸盐和铵盐。

（二）有机营养成分

虽然大多数培养物都能合成所有必需的维生素，但合成能力有限，其数量显然不足。为了能使组织很好地生长，在培养基中常常必须补充维生素和氨基酸。其中硫胺素（维生素 B_1）一般认为是一种必需的成分，其他各种维生素中，已知吡哆醇（维生素 B_6）、烟酸（维生素 B_3）、泛酸钙（维生素 B_5）和肌醇也都能显著地改善所培养组织的生长状况。在单细胞培养、花粉培养、小孢子培养和原生质体培养中，除上述维生素外，还必须加 A、C、D、E、H 族维生素，以及更多种类的氨基酸。

为了促进某些愈伤组织和器官的生长，有时还使用很多种成分不明的复杂营养混合物，如水解酪蛋白、椰子汁、玉米胚乳、麦芽浸出物、番茄汁和酵母浸出物等。但这些物质（特别是果实提取物）在样品间的差异将会影响实验结果的可重复性，这类提取物所含的生长促进成分的质和量常因组织的年龄和供体植株的品种而变化。因此，应尽量避免使用这类物质，外加某种氨基酸可能可以有效地取代这些天然物质。例如，在玉米胚乳植物愈伤组织培养中，Straus（1960）只用 L-天冬酰胺即取代了酵母浸出液和番茄汁的作用。同样，Risser 和 White（1964）证明，L-谷氨酰胺可以取代早先 Reinert 和 White（1956）在白云杉（*Picea glauca*）组织培养中所用过的 18 种氨基酸的混合物。

（三）碳源

离体植物细胞难以合成足够的营养物质，它们只能依赖于外界碳源生存，属于异养型。绿色组织也会在培养过程中逐渐失去它们的叶绿素，即使是在培养期间由于某些突然变化或被置于特殊条件下而获得了色素的组织，也不是碳素自养的。如果在培养基中加入一种合适的碳源，即使是已经充分分化了的绿色幼茎也会生长得更好。因此，在培养基中加入一种可被利用的碳源是十分必要的。

最常用的碳源是蔗糖，使用浓度为 2%~5%。葡萄糖和果糖的效果优于蔗糖，特别是对于容易褐化的植物组织效果更好。Ball（1953，1955）证实，对于红杉属（*Sequoia*）植物愈伤组织的生长来说，经过高压灭菌的蔗糖优于过滤灭菌的蔗糖，即高压灭菌能使蔗糖水解成为更能被有效利用的糖，如果糖和葡萄糖。一般来说，以蔗糖作碳源时，离体的双子叶植物的根生长得最好，而以右旋糖（葡萄糖）作碳源时，单子叶植物的根生长得最好。植物能够利用的其他碳源还有麦芽糖、半乳糖、甘露醇和乳糖等。红杉属植物和玉米胚乳的植物组织培养物甚至可以利用淀粉。

碳源除作为植物生长发育所需的营养物质外，另一重要的功能是调节培养基中的渗透压。例如，在水稻花药培养中，花丝和药壁组织常比花粉粒更易诱导产生愈伤组织。在培养基中增加蔗糖的含量（15%）可有效地抑制花丝和药壁组织产生愈伤组织。另外，单细胞培养、小孢子培养和原生质体培养时，培养基的渗透压对于培养成败是至关重要的，一般均采用糖或糖醇类物质加以调节。

（四）激素

除营养物质外，为了促进组织和器官的生长，通常还有必要在培养基中加入一种或一种以上的生长调节物质（激素）。植物组织培养常用的激素有生长素和细胞分裂素两类，另外还有赤霉素、脱落酸、水杨酸等。不过，对这些物质的要求因组织的不同而有很大变化，主要取决于它们的内源激素水平。此外，研究结果表明，生长素和细胞分裂素之间的比例决定着愈伤组织分化的类型，生长素/细胞分裂素值高时，愈伤组织分化出不定根，而该比值低时则分化出不定芽。

1. 生长素　　生长素会影响植物茎和节间的伸长、向性、顶端优势、叶片脱落和生根等现象。在离体植物组织培养中，生长素被用于诱导细胞分裂和根的分化。在植物组织培养中常用的生长素有吲哚乙酸（IAA）、吲哚丁酸（IBA）、萘乙酸（NAA）、萘氧乙酸（NOA）、对氯苯氧乙酸（P-CPA）、二氯苯氧乙酸（2,4-D）和三氯苯氧乙酸（2,4,5-T）。其中 IBA 和 NAA 被广泛用于生根，并能与细胞分裂素互作促进茎的增殖。2,4-D 和 2,4,5-T 对于愈伤组织的诱导和生长非常有效。生长素一般溶于 95%乙醇或 0.1mol/L 的 NaOH 中，后者的溶解效果更好。

2. 细胞分裂素　　细胞分裂素会影响植物细胞分裂、顶端优势的变化和茎的分化等。培养基中加入细胞分裂素，主要是为了促进细胞分裂和由愈伤组织形成器官，分化不定芽。由于这类化合物有助于解除顶端优势对腋芽的抑制作用，可用于茎的增殖。比较常用的细胞分裂素有苄氨基嘌呤（BAP）、6-苄基腺嘌呤（6-BA）、异戊烯氨基嘌呤（2-ip）、激动素（KT，呋喃氨基嘌呤）和玉米素（ZT）。细胞分裂素一般溶于 0.5mol/L 或 1.0mol/L 的 HCl 或 NaOH 中。

3. 赤霉素（GA）　　赤霉素有 20 多种类型，其中植物组织培养中常用的是 GA_3。据报道，赤霉素能刺激在培养中形成的不定胚发育成小植株。赤霉素易溶于冷水，每升水最多可溶解 1000mg 赤霉素。GA$_3$ 溶于水后不稳定，容易分解，故最好以 95%乙醇配成母液在冰箱中保存。

4. 脱落酸（ABA）　　ABA 在植物组织培养中对培养物有间接的抑制作用，它可抑制外植体形成体细胞胚状体。加 ABA 形成的抑制剂，如硝酸银，银离子与 ABA 的前体相结合，抑制了 ABA 的形成。此外，有时胚状体形成过程过快，会产生畸形胚，加一定量的 ABA 后，可延缓胚状体形成时间，使其形成正常的体细胞胚。

5. 水杨酸（SA）　　水杨酸能抑制 ABA 的形成，有利于胚状体的形成。

（五）琼脂

琼脂是一种从海藻提取获得的多糖类物质，一般使用浓度是 0.7%～1.0%，若浓度太高，培养基会变得很硬，营养物质就难以扩散到培养的组织中。由于在这种半固体培养基上所建立的培养物便于保存，而且对于多种目的的实验来说都能得到令人满意的结果，因此琼脂固化培养基得到了广泛的应用。但琼脂并非培养基中的一种必需成分。对于某些实验体系来说，液体培养基的效果可能比琼脂固化培养基更好。应当特别指出，当进行营养需求研究时，应注意不要使用琼脂，因为几乎所有琼脂都含有杂质，特别是含有 Ca、Mg 和微量元素。另外，不同批次的琼脂质量及成分变化较大，在采购时应注意。

（六）水

水是植物组织培养所必需的。细胞生长所需的化学成分、营养物质都必须用水溶解才能被细胞吸收。在植物组织培养中所用的水必须非常纯，特别是单细胞培养、小孢子培养和原生质体培养。因为细胞在体外培养时对水的质量非常敏感，普通自来水含有大量离子及其他杂质，对细胞生长不利或不可重复，在配制培养基时必须用高纯度的水。

实验室用的纯化水一般有两种：蒸馏水和离子交换水。细胞培养主要用蒸馏水，离子交换水中还存在着一些非离子物质及有机物，所以一般在细胞培养中用得不多。外购或自制蒸馏水大部分为金属蒸馏器所制备，往往会混有金属离子，所以仍需经过玻璃蒸馏器重新蒸馏，才能用于培养用液的配制。蒸馏水的储存和储存容器开启次数对保证水的质量有很大影响。因此蒸馏水不宜储存过长时间，且应尽量减少与外界的接触。对于单细胞培养、小孢子培养和原生质体培养，应使用新鲜蒸馏的双蒸水。

二、常用培养基及其特点

已发表的植物组织培养的培养基配方很多，但被广泛采用的培养基并不太多，许多培养基是由这些被广泛采用的基础培养基经改良而发展起来的。几种被广泛采用的基础培养基配方见表 1-1。

表 1-1　常用植物组织培养的培养基配方

成分	White[1]	Heller[2]	MS[3]	ER[4]	B$_5$[5]	Nitsch[6]	N$_6$[7]
NH$_4$NO$_3$/（mg/L）	—	—	1650	1200	—	720	
KNO$_3$/（mg/L）	80	—	1900	1900	2527.5	950	2830

续表

成分	White[1]	Heller[2]	MS[3]	ER[4]	B5[5]	Nitsch[6]	N6[7]
$CaCl_2 \cdot 2H_2O$/（mg/L）	—	75	440	440	150	—	166
$CaCl_2$/（mg/L）	—	—	—	—	—	166	—
$MgSO_4 \cdot 7H_2O$/（mg/L）	750	250	370	370	246.5	185	185
KH_2PO_4/（mg/L）	—	—	170	340	—	68	400
$(NH_4)_2SO_4$/（mg/L）	—	—	—	—	134	—	463
$Ca(NO_3)_2 \cdot 4H_2O$/（mg/L）	300	—	—	—	—	—	—
$NaNO_3$/（mg/L）	—	600	—	—	—	—	—
Na_2SO_4/（mg/L）	200	—	—	—	—	—	—
$NaH_2PO_4 \cdot H_2O$/（mg/L）	19	125	—	—	150	—	—
HCl/（mg/L）	65	750	—	—	—	—	—
KI/（mg/L）	0.75	0.01	0.83	—	0.75	—	0.8
H_3BO_3/（mg/L）	1.5	1	6.2	0.63	3	10	1.6
$MnSO_4 \cdot 4H_2O$/（mg/L）	5	0.1	22.3	2.23		25	4.4
$MnSO_4 \cdot H_2O$/（mg/L）	—	—	—	—	10	—	—
$ZnSO_4 \cdot 7H_2O$/（mg/L）	3	1	8.6	—	2	10	1.5
$Zn-Na_2 \cdot EDTA$/（mg/L）	—	—	—	15	—	—	—
$Na_2MoO_4 \cdot 2H_2O$/（mg/L）	—	—	0.25	0.025	0.25	0.25	—
MoO_3/（mg/L）	0.001	—	—	—	—	—	—
$CuSO_4 \cdot 5H_2O$/（mg/L）	0.01	0.03	0.025	0.0025	0.025	0.025	—
$CoCl_2 \cdot 6H_2O$/（mg/L）	—	—	0.025	0.0025	0.025	—	—
$AlCl_3$/（mg/L）	—	0.03	—	—	—	—	—
$NiCl_2 \cdot 6H_2O$/（mg/L）	—	0.03	—	—	—	—	—
$FeCl_3 \cdot 6H_2O$/（mg/L）	—	1	—	—	—	—	—
$Fe_2(SO_4)_3$/（mg/L）	2.5	—	—	—	—	—	—
$FeSO_4 \cdot 7H_2O$/（mg/L）	—	—	27.8	27.8	—	27.8	27.8
$Na_2 \cdot EDTA \cdot 2H_2O$/（mg/L）	—	—	37.3	37.3	—	37.3	37.3
$Na-Fe \cdot EDTA$/（mg/L）	—	—	—	—	28	—	—
肌醇/（mg/L）	—	—	100	—	100	100	—
烟酸/（mg/L）	0.05	—	0.5	0.5	1	5	05
盐酸吡哆醇/（mg/L）	0.01	—	0.5	0.5	1	0.5	0.5
盐酸硫胺素/（mg/L）	0.01	—	0.1	0.5	10	0.5	1
甘氨酸/（mg/L）	3	—	2	2	—	2	2
叶酸/（mg/L）	—	—	—	—	—	0.5	—
生物素/（mg/L）	—	—	—	—	—	0.05	—
蔗糖	2%	—	3%	4%	2%	2%	5%

注：1. White，1943；2.Heller，1953；3. Murashige and Skoog，1962；4. Eriksson，1965；5. Gamborg et al.，1968；6. Nitsch，1969；7. 朱至清等，1975

三、培养基的改良

在建立一个新的实验体系时，为了能研制出一种适合的培养基，最好先由一种已被广泛采用的基本培养基（如 MS 或 B₅）开始。当通过一系列的实验，对这种基本培养基做某些定性和定量的小变动之后，即有可能得到一种能满足实验需要的新培养基。在改动一种培养基时，无机成分和有机成分应当分别处理。

在植物组织培养基中最常改动的因子是生长调节物质，尤其是生长素和细胞分裂素。开始时，可以选择一种基本培养基，用不同浓度的激素进行比较试验，获得最适的激素浓度。例如，用 5 种不同浓度（0μg/L、0.5μg/L、2.5μg/L、5μg/L 和 10μg/L）的某种生长素（如 NAA）和某种细胞分裂素（如 BAP）。这两种激素 5 种浓度的所有可能组合，即构成了一个具有 25 项处理的实验。由这 25 项处理中选出最好的一个，然后在保持浓度不变的情况下，再试验其他种类的生长素和细胞分裂素。当改变细胞分裂素的种类时，保持生长素不变，反之亦然。另外，虽然高浓度盐分培养基对若干实验体系都已证明效果很好，但某些培养物在低浓度盐分培养基上生长得更好。因此，还有必要试验一下在保持生长调节物质最佳组合不变的情况下，1/2 和 1/4 水平的基本培养基盐分的效果。最后，还要进行一系列的实验以确定适合的蔗糖浓度。通过以上这些实验，常常就能够研制出一种合适的培养基。不过，为了对这种培养基做进一步的改良，还有很多其他可能性值得探讨。

为了能给一个新的实验体系选出一种合适的培养基，de Fossard 等（1974）介绍了一种"广谱实验法"。与上面介绍的方法相比，这个方法比较复杂。在这个广谱实验法中，把培养基中的所有组分分为四大类：无机盐、生长素、细胞分裂素和有机营养物质（蔗糖、氨基酸和肌醇等）。对每类物质再选定 3 个浓度，即低（L）、中（M）和高（H）。4 类物质各 3 种浓度的各类不同组合即构成了包括 81 个处理的实验。在这 81 个处理中最好的一个可用 4 个字母表示。例如，一个包含中等浓度无机盐、低浓度生长素、中等浓度细胞分裂素和高浓度有机营养物质的处理即可表示为 MLMH。达到这个阶段以后，即可再试验不同类型的生长素和细胞分裂素，以找到它们的最好类型。注意，有些实验系统对于生长素和细胞分裂素这两类生长物质的具体形式非常敏感。

四、培养基的制备

现在配制培养基最简单的方法是用市售培养基干粉，其中含有无机盐、维生素和氨基酸。把这种干粉溶解在蒸馏水里（要比培养基的最终容积少 10%），加上蔗糖、琼脂和其他必要的补加物，最后再加入蒸馏水使之达到最终的容积。最后调节 pH，高压灭菌，就可制成所需要的培养基。国内外均有厂家制作和销售这种干粉培养基。

配制培养基的方法有两种：一种方法是按照配方规定的数量分别称量出各种成分，分别使它们溶解于水，然后将它们混合在一起。另一种广泛采用的方法是先配制一系列的浓缩贮备液（母液），如大量元素（浓缩 20 倍）、微量元素（浓缩 200 倍）、铁盐（浓缩 200 倍）和蔗糖之外的有机物质（浓缩 200 倍）等，再取一定量的各种浓缩液配制培养基。在制备这 4 种贮备液时，应使每种成分分别完全溶解，然后把它们彼此混合。各种生长调节物质的贮备液应当分别配制，如果它们是不溶于水的，则应先把它们溶解在很少量的适当溶剂中，然后加蒸馏水到最终容积。激素必须单独配制成浓缩液，浓缩强度取决于所要求的生长调节物质的水平。所有的贮备液都应贮存于适当的塑料瓶或玻璃瓶中，置冰箱中保存。铁盐贮备液必须贮存于琥珀色玻璃瓶中，在贮备椰子汁（液体胚乳）时，要先把从果实中采集到的汁液加热煮沸并过滤其中的蛋白质，然后置于塑料瓶中贮存于−20℃的低温冰箱内。使用这些贮备液之前必须轻轻摇动瓶子，如有沉淀悬浮物或微生物污染则不能使用。

在制备贮备液和培养基时，应当使用蒸馏水或无离子水，以及高纯度的化学试剂。培养基配制的步骤如下。

（1）称出规定数量的琼脂和蔗糖，加水直到培养基最终容积的 3/4，在恒温水浴中加热使之溶解。在配制液体培养基时则无须加热，因为蔗糖甚至在微温的水中也可以溶解。

（2）分别按配方逐个加入各种贮备液，包括生长调节物质和其他的特殊补加物。如果由于特殊原因有必要在高压灭菌之后再加入维生素和生长素，那么在调节了 pH 之后，可使这些物质的溶液通过孔径为 $0.22 \sim 0.45 \mu m$ 的微孔滤器消毒。

（3）加蒸馏水直至培养基的最终容积。

（4）充分混合之后，用 0.1mol/L NaOH 和 0.1mol/L HCl 调节培养基的 pH。一般来说，植物组织培养适合的 pH 为 5.8，当 pH 高于 6 时，培养基将会变硬，低于 5 时，琼脂就不能很好地凝固。

（5）把培养基分装到所选用的培养容器中，每个 25mm×150mm 的试管约装 15mL 培养基；每个 150mL 锥形瓶约装 50mL 培养基。

如果在步骤（2）～（5）期间培养基开始凝固，应将装培养基的锥形瓶置水浴中加热，只有当培养基为均匀的液态时才能分装。

（6）用包在纱布中的棉塞（它能阻止微生物污染，但可使气体自由交换），或其他适宜的塞或盖封严培养容器口。

（7）把已装入了培养基的培养容器装在铁丝篮子里，外面包上一层铝箔以防止棉塞在高压灭菌时吸湿，在 120℃（$1.06kg/cm^2$）下灭菌 20min。如果所用的是已灭过菌的不耐高温的塑料培养容器，培养基可装在 250mL 或 500mL 的锥形瓶中，以铝箔或牛皮纸封住瓶口，进行高压灭菌（也可用 1000mL 锥形瓶，只是大锥形瓶在分装时不太方便）。灭菌后使培养基冷却到大约 60℃，然后在无菌条件下将其分装到塑料容器中。

（8）对于不能用高压灭菌的药品，等到高压灭菌的培养基冷却到大约 60℃时，将经过滤灭菌后的药液在超净工作台上加入培养基中，摇匀。可用恒温水溶，以免培养基温度下降过快而凝固。

（9）使培养基在室温下冷却，置冰箱中在 4℃条件下保存。当用试管制备琼脂固化培养基时，根据试验目的把培养基做成斜面，可为组织的生长提供一个较大的表面积。

注意，为了尽量减少人为的误差，必须严格按上述各个步骤进行操作。应当把培养基中的各种成分都写在纸上，加进去一个以后即划掉一个。所有装着培养基的试管、玻璃罐、玻璃瓶和培养皿等都应当清楚地做上标记。

第三节　植物组织培养离体操作技术

一、培养用具的清洗和包装

（一）清洗

在植物组织培养中，细胞对任何有害物质都十分敏感，因此对新的或用过的培养用具都要严格清洗。植物组织培养用具清洗的要求比较高，每次实验后用具都必须及时清洗，不同的用具，其清洗方法和程序也有所不同，必须分别进行处理。

1. 玻璃器皿　　供细胞生长的玻璃表面不但要清洗干净，而且要带适当的电荷。清洗后的玻璃器皿不仅要求干净透明、无油迹，而且不能残留任何毒性物质。为了保证清洗的质量，一般玻璃器皿的清洗分为以下 4 个步骤。

1）浸泡　　新的玻璃器皿在生产过程中常使玻璃表面呈碱性，并带有一些如铅和砷等对细胞有毒的物质，同时常有许多灰尘干涸在上面，使用前必须彻底清洗。先用自来水初步刷洗，在 5% 稀盐酸溶液中浸泡过夜，以中和其碱性物质。应将使用后的玻璃器皿立即浸入清水中，避免器皿内蛋白质干涸后黏附于玻璃上难以清洗。浸泡时要将器皿完全浸入水中，使水进入器皿内且无气泡空隙遗留。

2）刷洗　　经浸泡后的玻璃器皿尚需刷洗，一般多用毛刷和洗涤剂或洗衣粉进行刷洗，以去除器皿内外表面的杂质。刷洗时有两点需注意：一是为防止损坏器皿内表面的光洁度，以免影响细胞生长，应选择软毛毛刷和优质的洗涤剂，刷洗时用力不要过猛；二是不能留有死角。刷洗后要将洗涤剂冲净，晾干。

3）清洁液浸泡　　清洁液由浓硫酸、重铬酸钾及蒸馏水配制而成，具有很强的氧化作用，去污能力很强，对玻璃器皿无腐蚀作用。经清洁液浸泡后，玻璃器皿残留的未刷洗掉的微量杂质可被完全清除。

几种常用清洁液的配制和使用方法见表 1-2。

表 1-2　几种常用清洁液的配制和使用方法

清洁液种类	配制方法	使用方法
铬酸洗液	将研细的 20g 重铬酸钾，溶于 40mL 水中，慢慢加入 360mL 浓硫酸	用于浸泡玻璃器皿，去除器壁残留油污。洗液可重复使用
浓盐酸洗液	—	用于洗去玻璃器皿中的水垢、碱性物质及某些无机盐沉淀
碱性洗液	10%氢氧化钠水溶液或与乙醇溶液混合	水溶液加热（可煮沸）使用，去除器皿中残留油污，碱-乙醇洗液不要加热
碱性高锰酸钾洗液	将 4g 高锰酸钾溶于水中，加 10g 氢氧化钠，用水稀释至 100mL	清洗油污或其他有机物质，洗后容器沾污处有褐色二氧化锰析出，再用浓盐酸或草酸洗液、硫酸亚铁、亚硫酸钠等还原剂去除
草酸洗液	将 5～10g 草酸溶于 100mL 水中，加数滴浓盐酸	可洗去高锰酸钾的痕迹；必要时可加热使用
30%硝酸溶液	—	洗涤 CO_2 测定仪及微量滴管，洗滴定管时，可先在滴定管中加 3mL 乙醇，然后沿管壁缓缓加入 4mL 浓硝酸，盖住管口洗涤
碘-碘化钾溶液	将 1g 碘和 2g 碘化钾溶于水中，用水稀释至 100mL	洗涤用过硝酸银滴定液后留下的黑褐色沾污物，也可用于擦洗粘过硝酸银的白瓷水槽
5%～10% Na_2·EDTA 溶液	—	加热煮沸可洗涤玻璃器皿内壁的沉淀物
尿素洗液	—	用于洗涤盛蛋白质制剂及血样的容器
有机溶剂	苯、乙醚、丙酮、乙醇等	用于洗涤油脂、脂溶性染料等污痕。用二甲苯可洗去油漆等污垢

4）冲洗　　玻璃器皿经浸泡后必须用流水冲洗，每个器皿用流水灌满、倒掉，必须重复 10 次以上，直至清洁液全部被冲净，不留任何残迹为止。再用蒸馏水漂洗 2～3 次，在烤箱内烘干备用。

2. 玻璃滤器　　玻璃滤器以烧结玻璃为滤板，固定在一个玻璃漏斗上。其主要用于各种培养用液的过滤除菌。因容易堵塞滤板小孔,不宜用其单独过滤黏稠液体。此种滤器只能连接真空泵在负压条件下抽滤,不能施加正压。在每次使用后清洗也特别麻烦,整个清洗过程约需一周,具体方法如下:①用洗衣粉擦洗(用手,不能用毛刷),自来水漂洗,滴滤过夜。②用自来水抽滤 3~5 遍至无白沫,自来水滴滤过夜。③用清洁液抽滤一遍,清洁液滴滤过夜。④用自来水漂洗抽滤 5 遍,自来水滴滤过夜。⑤用蒸馏水抽滤 3 遍,蒸馏水滴滤过夜。⑥烤干备用。

3. 胶塞、盖子等杂物　　植物组织培养中使用的胶塞、培养瓶盖子、针头都不能用清洁液浸泡。清洗过程中,新的胶塞因带有滑石粉,应先用自来水冲洗干净,再进行常规清洗;用后的胶塞、盖子应及时浸泡在清水中,用洗涤剂刷洗。针头需用自来水冲洗干净,然后置入 2% NaOH 中煮沸 10~20min,冲洗干净;再以 1%稀盐酸浸泡 30min,冲洗,用蒸馏水漂洗 2~3 次,晾干备用。

4. 塑料器皿　　植物组织培养使用的塑料器皿主要有培养板、培养皿及培养瓶等。这些产品为一次性商品,已消毒灭菌并密封包装,打开包装就可以使用。如想继续使用,需要经过清洗和消毒灭菌。通常的清洗方法是:用后立即以流水冲净或浸入清水中,防止干涸。在超声波清洗机上加入少量洗涤剂清洗,用流水冲洗干净,浸泡在清洁液中过夜,用流水冲洗干净,蒸馏水漂洗 2~3 次,晾干备用。也可采用下述步骤:器皿经冲洗干净后,晾干,用 2% NaOH 浸泡过夜,自来水冲洗,5%盐酸浸泡 30min,流水彻底冲洗,蒸馏水漂洗。

（二）包装

植物组织培养的器皿要清洗,晾干。在消毒前必须进行包装,以便消毒及储存,防止落入灰尘及消毒后再次被污染。一般用皱纹包装纸、硫酸纸、牛皮纸、棉布等作为包装材料,对培养瓶、滤器、存放培养液用盐水瓶、装吸管和胶塞(或培养瓶盖子)的消毒管等的瓶口部分作局部包装密封,再用牛皮纸或布包起来备用。对比较小的培养皿、加样器吸头等可以全包装封闭。注射器、金属器械可直接装入铝饭盒内。对重复使用的培养板则用优质塑料纸严密封口。

二、灭菌和消毒

植物组织培养基由于含有高浓度蔗糖,能供养很多微生物如细菌和真菌。一旦接触培养基,这些微生物的生长速度一般都比培养组织快得多,最终将把组织全部杀死。这些污染微生物还可能排泄对植物组织有毒的代谢废物。因此,在培养容器内部保持一个完全无菌的环境是必需的。

培养基的污染有几个可能的来源:①培养容器;②培养基本身;③外植体;④接种室的环境;⑤操作用的器械;⑥培养室的环境。可从以下灭菌措施防止或减少污染源。

（一）培养基灭菌

装有培养基的瓶子,其瓶口要用防菌棉塞塞严,或用耐高温的封口膜封口,置于高压灭菌锅中灭菌。灭菌时间一般从培养基达到要求温度时起消毒 15~40min。所需的时间随着要进行消毒的液体的容积而变化。当冷却被消毒的溶液时必须十分当心,如果压力急速下降,超过了温度下降的速率，就会使液体滚沸，从培养容器中溢出。另外，只有当高压灭菌锅的压力表指针回到零（温度不高于 50℃）时，才能打开灭菌锅。

某些生长调节物质（如 GA$_3$、玉米素、IAA、ABA）、尿素及某些维生素等，遇热时容易分解，不能进行高压灭菌。当使用这类化合物时，可将除这种遇热分解的化合物之外的全部培养基装于一个锥形瓶中进行高压灭菌，然后置于超净工作台的无菌条件下冷却。热分解化合物溶液的灭菌是通过滤膜过滤进行的，然后将之加入高压灭菌过的培养基中。如果是要制备一种半固态培养基，须待培养基冷却到大约 40℃时（即恰在琼脂凝固之前），再加入这种无菌的热分解化合物；如果是要制备一种液体培养基，则要待培养基冷却到室温后再加。使用孔径为 0.45μm 或更小的细菌滤膜对溶液进行过滤消毒，但必须进行过滤器的灭菌。过滤器灭菌温度不应超过 121℃。

（二）器皿、用具灭菌和消毒

玻璃培养容器常常与培养基一起灭菌。若培养基已先灭菌，而只需单独进行容器灭菌时，可采用高压蒸汽灭菌法，也可将它们置于烘箱中在 160～180℃条件下干热处理 3h。有些类型的塑料器皿也可进行高温消毒。聚丙烯、聚甲基戊烯、同质异晶聚合物等可在 121℃条件下反复进行高压蒸汽灭菌。聚碳酸盐（polycarbonate）经反复的高压蒸汽灭菌之后，其机械强度会有所下降，因此每次灭菌的时间不应超过 20min。

对于无菌操作所用的各种器械，如镊子、解剖刀和解剖针等，一般的消毒办法是把它们先在 95%乙醇中浸一下，然后在火焰上灼烧，待冷却后使用。这些器械不但在每次操作开始前要这样消毒，在操作期间也要再消毒几次。

（三）外植体灭菌和消毒

植株各部分的表面携带着各种污染微生物。为了消灭这种污染源，在把植物组织接种到培养基上之前必须进行彻底的表面消毒；已受到真菌或细菌感染的组织应淘汰。

植物组织采用杀菌剂浸泡方法进行消毒。常用的外植体消毒剂有近 10 种，其中氯化汞和次氯酸钠溶液使用较普遍，见表 1-3。例如，用 2%的次氯酸钠溶液处理可使大多数组织得到消毒。必须注意，表面消毒剂对于植物组织也是有害的，应当正确选择消毒剂的浓度和处理时间，以尽量减少组织的伤害。

表 1-3　一些表面消毒剂的使用方法

消毒剂种类	使用浓度	消毒时间/min	消毒剂种类	使用浓度	消毒时间/min
次氯酸钙	9%～10%	5～30	硝酸银	1%	3～30
次氯酸钠	2%	3～30	氯化汞	0.1%～1%	2～10
过氧化氢	10%～12%	5～15	抗生素	4～50mg/L	30～60
溴水	1%～2%	2～10			

某些植物组织也可用乙醇或异丙醇进行表面消毒（不要使用甲醇）。把材料浸泡数秒后，放在超净工作台上使乙醇或异丙醇蒸发掉。

较大、较坚硬的外植体容易操作，可直接用杀菌剂进行处理。例如，消毒大戟属植物成熟种子或成熟胚乳时可对整个种子进行处理。然而，如果要培养未成熟胚珠、胚或胚乳，习惯用的办法是分别把子房或胚珠进行表面消毒，然后在无菌条件下把外植体解剖出来，这样做就可以使柔软的接种组织不至受到杀菌剂的伤害。同样，若要培养柔嫩的茎尖或花粉粒，须分别把茎芽或花药进行表面消毒，然后在无菌条件下取出外植体。在用杀菌剂处理之前先把植物材料在 70%乙醇中浸 30s，或在消毒溶液里加上几滴表面活化剂，如 Triton-X 或 Tween-80，会提高杀菌的效果。在进行茎尖培养时，只要在解剖时十分当心，即使不对茎芽进行表面消毒处理，也能得到频率很高又不受污染的培养物。在表面消毒处理之后，必须在无菌水中把材料漂洗 3～4 次，以除掉所有残留的杀菌剂，但若是用乙醇消毒，则不必漂洗。

如果外植体表面污染很严重或有泥土，须先用流水冲洗 1h 或更长的时间，或者先通过种子培养得到无菌种苗，然后用其无菌组织或器官。

（四）接种室、培养室灭菌和消毒

接种操作过程中，当培养容器敞着口时，必须防止任何污染物进入容器。为此，所有的操作都必须在严格的无菌条件下进行。虽然接种操作均在超净工作台上进行，但接种区灭菌仍非常重要。

在开始实验前要制订好实验计划和操作程序，有关数据的计算要事先做好。根据实验要求，准备各种所需器材和物品，清点无误后将其放置于操作场所（培养室、超净工作台）内，然后开始消毒。这样可以避免实验开始后，因物品不全往返拿取而增加污染机会。

接种室和培养室每天都要用 0.2%的新洁尔灭或 2%～5%来苏儿拖洗地面一次（拖布要专用），紫外线照射消毒 30～50min，超净工作台台面每次实验前要用 70%乙醇擦洗，然后用紫外线消毒 30min。在工作台面消毒时切勿将培养组织和培养溶液同时照射紫外线，消毒时工作台面上的用品不要过多或重叠放置，否则会遮挡射线降低消毒效果。一些操作用具如移液器、废液缸、污物盒、试管架等用 70%乙醇擦洗后置于工作台上，同时用紫外线照射消毒。

三、无菌操作技术

由于体外培养细胞没有抗感染能力，因而防止污染是培养成功的首要条件。即便使用设备完善的实验室，若实验者粗心大意，技术操作不规范，也会导致污染。因而，为在一切操作中尽最大可能地保证无菌，每一项工作都必须做到有条不紊和完全可靠。

1. 人员消毒　　操作人员进入接种室必须彻底洗手并按外科手术要求着装，帽子和口罩每次实验后都要清洗消毒。开始操作前要用 70%乙醇消毒手和前臂。培养室外最好准备好几套经紫外线照射 30min 的工作服，便于随时进入培养室穿用。

2. 准备工作　　做到实验中所用物品均需事先消毒，实验过程保持无菌操作。工作台面上的用品放置有序、布局合理。酒精灯在中间，右手使用的物品在右侧，左手使用的物品在左侧。操作前 30min 开启超净工作台和紫外线灯。

3. 无菌操作　　先关掉紫外线灯，并点燃酒精灯。操作时忌忙乱；组织、细胞及培养板在未做处理和使用前，不要过早暴露于空气中，应分别使用不同吸管吸取营养液、磷酸缓冲液（PBS）、细胞悬液及其他各种用液，不能混用。用吸管、注射器进行转移液体操作时，吸管、注射器针头不能触及瓶口以防止细菌污染或细胞的交叉污染。一切操作如安装吸管帽、打开或封闭瓶口等，都应在火焰近处，操作工具要经过烧灼灭菌。但要注意，金属器械不能在火焰中长时间烧灼，以防退火。烧灼过的器械要冷却后才能使用，如镊子应冷却后才能夹取组织，否则可能造成组织细胞损伤，已吸过培养液的吸管不能再用火焰烧灼，因残留在吸管内的培养液如蛋白质等烧焦后会产生有害物质，吸管再用时会将其带到培养基中。开启、关闭长有培养物的培养瓶时，火焰灭菌时间要短，以防止温度过高烫死培养物。另外，胶塞、橡皮头过火焰时也不能时间过长，以免被烧焦而产生有毒气体。在操作过程中，检查每个操作环节，注意标签、封口等细节。完成操作后，关闭超净工作台，盖灭酒精灯，清理各类物品和用具后，将培养物移至培养室。

主要参考文献

陈劲枫，张俊莲. 2019. 植物组织培养. 北京：中国农业出版社

陈世昌，徐明辉. 2016. 植物组织培养. 3 版. 重庆：重庆大学出版社

巩振辉. 2013. 植物组织培养. 2 版. 北京：化学工业出版社

夏海武，陈庆榆. 2008. 植物生物技术. 合肥：合肥工业大学出版社

张献龙. 2012. 植物生物技术. 2 版. 北京：科学出版社

朱至清，王敬驹，孙敬三，等. 1975. 通过氮源比较实验建立一种较好的水稻花药培养基. 中国科学，（5）：484-490

Eriksson T. 1965. Studies on the growth requirements and growth measurements of cell cultures of *Haplopappus gracilis*. Physiologia Plantarum, 18 (4): 976-993

Gamborg O L, Miller R A, Ojima K. 1968. Nutrient requirements of suspension cultures of soybean root cells. Experimental Cell Research, 50 (1): 151-158

Heller R. 1953. Recherches sur la nutrition minérale des tissus végétaux cultivés *in vitro*. Annales Des Sciences Naturelles-Botanique Et Biologie Vegetale, 14: 1-223

Murashige T, Skoog F. 1962. A revised medium for rapid growth and bioassays with tobacco tissue culture. Physiologia Plantarum, 15 (3): 473-497

Nitsch C. 1969. Haploid plant from pollen grains. Science, 163 (3862): 85-87

第二章　植物胚培养

植物胚培养（embryo culture）是植物组织培养的一个重要领域。植物胚培养是指对植物的胚（种胚）及胚器官（如子房、胚珠）进行人工离体无菌培养，使其发育成幼苗的技术。广义的胚培养还包含胚乳培养和离体授粉。本章介绍的主要内容包括胚培养、胚珠培养、子房培养、胚乳培养和离体授粉。

第一节　胚　培　养

被子植物的受精过程是双受精（double fertilization），这与其他的植物不同。被子植物的雄配子体形成的两个精子，一个与卵子融合形成二倍体的合子，另一个与中央细胞的两个极核融合形成初生胚乳核。双受精后，合子发育成胚，而初生胚乳核发育成胚乳，为胚发育提供营养，最终逐渐解体和消亡。在一些情况下，植物的胚在幼胚发育时期败育或者种子中成熟的胚不易萌发，只有采用胚培养技术，才能获得下一代种苗。因此，早在 20 世纪初就有研究者进行了这方面的研究。1904 年，Hanning 最早进行了无菌条件下的离体胚培养实验，他将萝卜属（*Raphanus*）和岩荠属（*Cochlearia*）的两种植物的未成熟胚放在含有糖、无机盐、氨基酸和植物提取物的培养基上培养，并成功地获得了这两种十字花科植物的成熟胚。到 20 世纪 80 年代，已有 100 多种植物通过胚或胚器官离体培养获得正常的植株。此外，离体条件下的植物胚培养技术为研究胚在各个发育时期的营养需求、生理代谢过程和基因表达提供了一个很好的技术平台，利用它也可对胚及其各部分的再生潜力进行深入研究。

一、胚培养的应用和意义

（一）克服杂种胚的败育，获得稀有杂种

植物胚培养的最大用途之一是获得种间或属间杂种。在很多种间和属间杂交中，受精作用能正常完成，胚也能进行早期的发育。但是，由于两套基因组的表达不协调，杂种胚和胚乳发育不正常，因而不能形成有发芽能力的种子。在此类难以成功的杂交中，杂种胚乳往往最先败育，而杂种胚常常具有正常生长的潜力。Laibach（1925）首次将离体胚培养技术用于种间杂交研究，在无菌条件下对从亚麻属的种间杂交形成的不能正常发育的种子中剥离出的未成熟杂种胚进行培养，并成功获得了亚麻属的种间杂种，证实了这种方法在植物育种中的实用价值。自此以后，离体胚培养技术被广泛地用于远缘杂交研究。胚培养在植物育种中的应用已有半个多世纪的历史，也被广泛应用于我国的农作物育种工作。

作为粮食和饲料主要来源的禾谷类作物，在育种中常常采用远缘杂交，这在提高作物对生物和非生物胁迫的抗性、改善品质和增加生物学产量等方面起重要作用。小麦、大麦、水稻和玉米等作物在与它们的近缘种属杂交时，会受到杂种胚发育不全等因素的影响，这时采

用胚培养是一个有效的方法。Brink 等在 1944 年首次采用胚培养的方法获得了大麦和黑麦的属间杂种。1960 年，Davies 为培育耐寒和抗白粉病的大麦品种，曾试图用大麦（*Hordeum vulgare*）和球茎大麦（*H. bulbosum*）进行杂交，但颖果缺乏胚乳，胚在种子成熟之前死亡，最后通过将授粉后 14～28d 的杂种胚取出培养，获得了幼苗。Iyer 和 Govilla 在 1964 年采用一种含有 10%完全培养基（CM）和 0.1%麦芽浸出物的琼脂培养基对 10～25d 的水稻（*Oryza sativa*）种间杂种胚进行培养，并最终获得了成熟植株。胚培养技术也在其他作物的杂交育种中被广泛应用。在棉花育种中，常用陆地棉（*Gossypium hirsutum*）与亚洲棉（*G. arboreum*）进行种间杂交，目的是使亚洲棉的早熟、抗性等优良性状转移到陆地棉中，以培育早熟、丰产、优质和抗逆的品种。但在杂交后，由于胚乳发育不正常，仅形成少量的胚乳，并提前解体，以致幼胚不能获得足够营养而死亡。1940 年，Beasley 从授粉后 20d 至成熟期的不同成熟度棉铃中取出幼胚进行离体培养，结果从 30d 的胚珠中取出的胚能顺利生长，并形成幼苗。Lofland（1950）和 Mauney（1961）建立了成熟的棉花幼胚培养技术体系。在柑橘、芒果、葡萄等果树育种中，应用离体培养方法可使杂种胚正常发育，并长成幼苗。对于珠心胚的柑橘类植物，离体培养杂种胚更有特殊的意义。由于珠心和杂种的合子胚同时生长，而杂种胚往往生长能力较弱，还受到珠心胚的排挤，难以进一步发育。在花卉、蔬菜等作物育种中，通过幼胚培养也获得了远缘杂交幼苗。对于那些由于受精后障碍不易杂交成功的远缘杂交而言，胚培养是获得植物种间和属间杂种的有效方法。

（二）获得单倍体

单倍体已在植物遗传与育种研究中得到广泛应用，特别是在作物自交系选育研究方面。因为用常规育种方法选育自交系平均需要几年时间，而单倍体育种直接利用配子体进行选择，甚至一季就可能获得新的自交系，极大地缩短了自交系选育年限。但是目前获得单倍体的途径有限，效率也亟待提高。通过远缘杂交，结合胚培养技术是获得单倍体的有效方法之一。在栽培大麦×球茎大麦和小麦×玉米的杂交中，受精作用几乎完全正常，但由于两者的细胞分裂周期不同，合子胚在经过几次有丝分裂以后，父本的染色体被淘汰从而形成单倍体。然而，由于这种单倍体胚生长相当缓慢，且受精后不久胚乳逐渐解体，自然条件下难以获得单倍体。因此，为了得到大麦或小麦的单倍体植株，必须把幼胚剥离出来进行培养。

（三）打破种子休眠，促进胚萌发和缩短育种周期

种子的休眠期因植物的种类而异，种子长时间休眠会拖延育种研究工作。很多园艺植物的种子都具有休眠特性，甚至过了休眠期的种子在合适的温度、氧气、湿度条件下也不能萌发。虽然通过物理和化学药剂处理可以在一定程度上提高萌发率及缩短萌发时间，但效果有限，育苗周期仍然较长。而胚培养技术常常可以克服这类种子发育上的障碍，促进胚的生长发育，可不经休眠而长成发育良好的幼苗，还不受季节限制。苹果属的一些品种，种子播种后在土壤中需几个月才能萌发，离体培养的胚却能在 48h 后萌发。南方红豆杉（*Taxus chinensis var. mairei*）和短叶红豆杉（*Taxus brevifolia*）的种子在自然条件下需要几年才能萌发，且种子的萌发率和出苗率很低，采用胚培养技术可获得较高的萌发率和出苗率。

在育种实践中，有的品种需要较长的育种周期，为加快育种进程，可采用离体胚培养的方法缩短育种周期。通过胚的离体培养，可以使鸢尾属（*Iris*）的生活周期由 2～3 年缩短到 1 年以下。利用胚培养技术可将濒危植物毛茛科芍药属大花黄牡丹（*Paeonia ludlowii*）的成

苗周期从两年缩短到 3 个月，且种子成苗率从自然状态下的 5%提高到了 70%。

（四）种子活力的快速测定

一般的萌发试验测定休眠种子的生活力所需时间很长，有的还必须预先进行后熟处理。但木本植物种子的后熟期长，打破休眠常常需要较长时间的层积处理。一些木本植物的种子，在经过层积处理和没有经过层积处理的情况下，其种胚在离体培养时，萌发速率基本一致。因此，取胚进行萌发实验，被认为是快速检测种子，尤其是检测休眠期种子活力的有效方法。目前，这种方法已被广泛应用于种子活力测定，与染色法相比，离体胚培养技术对于种子生活力的检测更可靠且更精确。

（五）快速繁育特殊植物

果实成熟初期，由于胚仍然未发育成熟，种子不能萌发。利用胚培养也可以对这些植物的不育种子进行培养。椰子（*Cocos nucifera*）的胚乳是液体型胚乳。有一种椰子的变异类型不能形成液体胚乳，取而代之的是软质胚乳（椰肉），这一特性深受消费者喜爱。这些果实被称为"makapuno"（软肉椰子），但其种子在自然条件下不能发芽，因而十分稀罕。de Guzman 等（1971）应用离体胚培养技术，成功获得了"makapuno"植株。一种著名的龙眼（*Dimocarpus longan*）——焦核龙眼，其果实在胚发育过程中受阻，果实成熟时，因种子皱缩、肉厚、含糖量高而表现出较好的品质。胚胎学研究表明，这种龙眼的胚发育初期正常，但授粉后 40d 左右开始败育，种子的胚干涸，逐渐坏死，种皮皱缩，果实成熟前种胚坏死，种子丧失生活力。若在开花后 60～70d 剥离胚进行离体胚培养，20d 左右就可获得焦核龙眼的幼苗。薛建平等（2019）利用胚培养技术快速为软籽石榴（*Punica granatum* cv. Yushizi）大规模种植提供了种苗。

（六）诱导胚性愈伤组织及筛选抗性材料

转基因技术在基础研究和育种中的应用越来越广泛，植物的转化再生体系是基因遗传转化的一个关键环节。胚性愈伤组织的获得会极大地影响遗传转化规模。而胚是人工诱导胚性愈伤组织的优良外植体。在主要农作物中，通过成熟胚培养获得胚性愈伤组织在水稻上已建立完整的体系，通过幼胚培养获得胚性愈伤组织在玉米和小麦上也建立了成熟的技术体系。

二、胚培养的类型及发育途径

根据胚的发育时期不同，离体胚培养又可分为成熟胚培养和未成熟胚培养。成熟胚培养是指对子叶期以后的胚进行离体培养，在此时期的胚不仅储备了能够满足自身萌发和生长的养料，还能从培养基中吸收无机盐和糖，并通过自身的生理代谢合成其生长所需的一些物质，因而培养起来较为容易，所需培养基成分相对简单，这段时期又叫自养期。未成熟胚培养是指对子叶期以前具有胚结构的胚进行离体培养，远缘杂交所采用的离体胚培养主要是指幼胚培养。这时的幼胚主要吸收周围组织的有机营养物质。进行幼胚培养时，必须通过培养基向其提供足够的营养物质，并提供适宜的培养条件，因此心形期前的幼胚培养难度大，这段时期又叫异养期。

离体胚培养时，胚的发育有以下几种常见的途径：①胚发育途径，幼胚经过心形期，再发育到鱼雷形期，然后进入子叶期，最后萌发成苗（图2-1）；②胚性发育途径，在胚培养时幼胚增大到正常胚的大小，甚至超过正常胚，但是不能萌发成幼苗，这时可通过调节渗透压或生长素等成分使胚正常生长；③早熟萌发途径，幼胚在培养过程中越过正常胚发育阶段，萌发生长成幼苗，由于未达到生理和形态成熟，这样的幼苗往往很弱小，组织不健全，难以成活；④产生愈伤组织途径，幼胚培养过程中细胞脱分化产生愈伤组织，经植株再生同样可得到远缘杂种。据报道，由胚培养产生的愈伤组织较其他外植体容易得到再生植株。

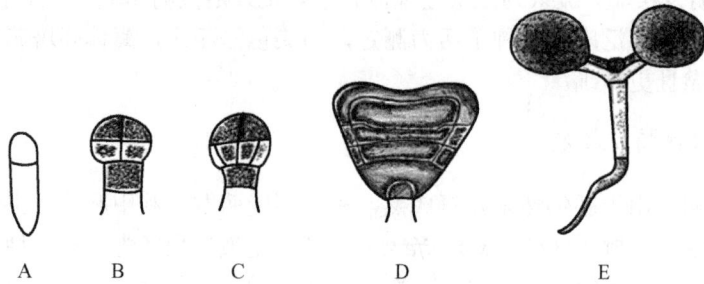

图 2-1　细胞原胚发育成幼胚（苗）模式图
A. 二细胞原胚；B. 八分体原胚；C. 球形期胚；D. 心形期胚；E. 幼苗（胚）

三、胚培养的方法

（一）取材和消毒

离体胚培养的材料选择因植物类型和实验目的而异。如果是培养成熟胚，一般应该选择大粒饱满的种子，利于培养。如果实验目的是对远缘杂交的胚进行培养以获得植株，则必须在杂种胚夭折之前，将胚或种子剥离下来进行培养。如需获取在特定发育时期的胚，首先要了解该物种的开花和结实习性，以便保证取到所需材料。例如，在获取禾谷类作物玉米的幼胚时，同一个穗上胚的大小有一定的差异，穗中部胚的发育要较两端早。

对外植体消毒时，应先把整个胚珠进行表面消毒，消毒的方法和消毒剂应根据外植体的大小、表面特性等情况来确定。一般可以先采用洗涤剂漂洗，然后使用自来水冲洗，再用75%的乙醇进行几秒的表面消毒，0.1%氯化汞灭菌10～30min，最后在无菌条件下把胚剥离出来。由于大多数植物的胚处在珠被和子房壁的双重保护下，在剥离之前一直处于天然的无菌环境中，因此不需要再进行表面消毒，即可直接置于培养基上培养。某些物种只能进行胚珠培养，则把整个蒴果进行表面消毒，然后在无菌条件下取出胚珠，接种在培养基上。

（二）胚的剥离

胚的成功剥离是进行胚培养的前提，一般是将灭菌后的材料在无菌条件下切开子房壁，用镊子取出胚珠，剥离珠被，再取出完整的胚。在操作过程中需要根据植物类型和实验目的进行胚的剥离。一般来讲，成熟胚的剥离较为容易，但有些植物的种皮较硬，在进行胚的剥离前需要进行软化处理，如浸泡在水中。在剥离过程中要注意保持无菌和尽量减少对胚的损伤。幼胚的剥离比较复杂，有的需要在解剖镜和特制工具的辅助下才能完成。

单子叶禾本科作物玉米（*Zea mays*）幼胚的剥离方法是将从田间取回的玉米穗（授粉后9～12d）逐层剥去苞叶，每剥去一层苞叶后用75%的乙醇喷洒表面，在超净工作台的无菌风口剥去最后一层苞叶，然后迅速放入超净工作台内。用手术刀将玉米种子顶部从大约三分之一处切去，然后用镊子尖部从侧面种皮与胚乳的结合处插入将玉米幼胚挑出（图 2-2）。单子叶植物小麦胚的发育如图 2-3 所示。

（三）接种

从胚珠中取出胚后要迅速接种到培养基上，以免影响其生活力。进行玉米幼胚培养时要注意胚的盾片向上。

（四）看护培养

在进行幼胚离体培养时，很多植物的幼胚在一般的人工培养基上很难培养成功，尤其是培养

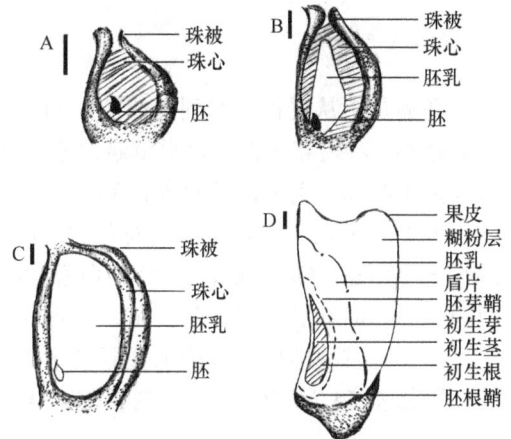

图 2-2　玉米胚和胚乳的形态建成
A. 授粉后 4d；B. 授粉后 10d；
C. 授粉后 18d；D. 授粉后 45d。标尺＝1mm

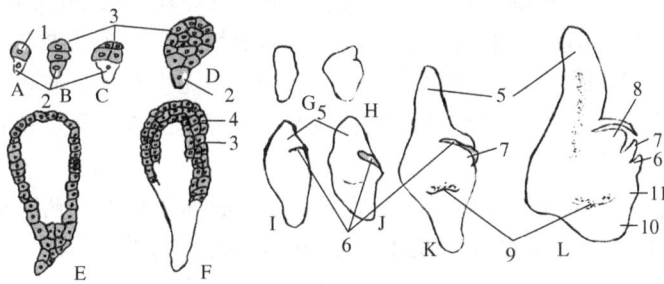

图 2-3　单子叶植物小麦胚的发育
A～F. 小麦胚发育初期时的纵切面，示发育的各个时期；G～L. 小麦胚发育过程的图解。
1. 胚细胞；2. 胚柄细胞；3. 胚；4. 子叶发育早期；5. 子叶（盾片）；6. 胚芽鞘；
7. 第一片营养叶；8. 胚芽生长锥；9. 胚根；10. 胚根鞘；11. 外子叶

图 2-4　看护培养示意图

杂种胚时。Ziebur 和 Brink（1951）发现将大麦幼胚放在另一个大麦种子的胚乳组织中培养，比放在培养基中的效果好。Kruse（1974）把大麦和黑麦属间杂交未成熟胚放置到培养的大麦胚乳上进行培养，能够显著提高成功率。研究表明，培养基中含有同一物种或相近物种的离体胚乳对胚的生长发育有明显的促进作用。李登科等（2021）以枣（*Ziziphus jujuba*）的幼胚为材料，利用胚乳看护培养降低了畸形苗的发生率，提高了幼胚培养效率（图 2-4）。

四、影响胚培养效果的因素

在胚培养的过程中，影响培养成功的因素很多，其中主要有胚龄、营养成分和培养条件等。

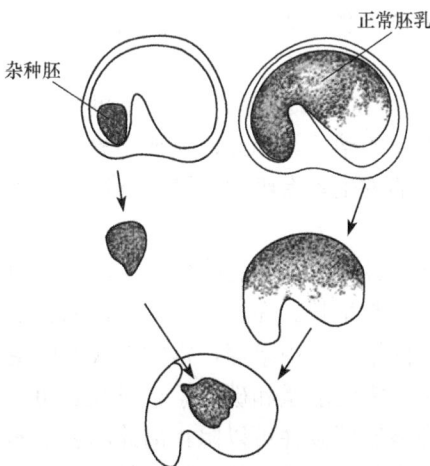

（一）胚龄

胚龄是指从授粉开始到离体的时间。胚发育的时期不同对培养的要求也不同，一般来说，胚龄越小，对培养条件的要求就越严格，进行培养时难度越大。胚龄大小与成活率呈正相关，特别是子叶期以前的幼胚培养，其成功与否很大程度上取决于胚的大小。早期的研究结果表明，小于 0.5mm 的幼胚很难进行培养，因为幼胚细胞分化不完全，细胞可以逆转。陈冉光在进行一个葡萄（*Vitis vinifera*）品种白香蕉的胚培养时发现，受精 15d 的幼胚很难发育成幼苗，而受精 30d 的幼胚则可正常成苗，并可移栽成活。潘俨（2006）在对 4 个葡萄品种的杂交胚进行培养时发现即使不同的杂交胚处于相同的培养环境，出现最高发育率和萌发率的取胚时间少则相差 5d（无核白），多则相差 15d（全球红）。

（二）营养成分

胚培养成功与否的关键之一是能否为胚的发育提供合适的营养。胚龄的大小不同，对培养基的要求不同，培养的胚对外源营养的要求随着胚龄的增加而渐趋简单。成熟胚培养时只要求含有无机营养元素、几种维生素和少量激素的基本培养基。Hanning（1904）进行十字花科的成熟胚培养时，只使用了一种无机盐和蔗糖营养液培养。而未成熟胚一般不能在这类简单培养基上生长，它们对营养的要求更为复杂，必须考虑无机营养、有机营养、生长调节物质等方面的因素。另外，对于幼胚培养，也必须考虑培养基的渗透压、植物浸提物和胚乳看护培养等因素。

1. 基本培养基　胚培养的基本培养基主要分为成熟胚和未成熟胚培养基。前者主要有 Tukey（1934）、Randilph 和 Cox（1934）、White（1963）等的培养基，后者主要有 Rijven（1952）、Rappaport（1954）、Norstog（1963）、Murashige 和 Skoog（1962）与 Nitch（1953）等的培养基。

2. 氨基酸　在培养基中加入氨基酸或其复合物，均能刺激胚的生长。最初 Hanning（1904）认为天冬氨酸对促进胚的生长最有效。但后来的研究表明，对离体胚生长最有效的氨基酸是谷氨酰胺。谷氨酰胺的常用浓度为 500mg/L。除氨基酸外，水解酪蛋白也被广泛用作胚培养的附加物。其使用浓度因植物种类而异。例如，曼陀罗（*Datura stramonium*）的最适浓度为 50mg/L，栽培大麦的最适浓度为 500mg/L。除氨基酸的作用外，水解酪蛋白对培养基渗透压的调节作用对于胚培养也十分重要。

3. 维生素　维生素一直被用作植物离体胚培养，一般对于幼胚培养是必不可少的。但对于特定维生素的作用，文献报道不尽相同，甚至有相反的结论。因此，需要实验证实其在胚培养中的必要性后，再在培养基中加入维生素。常用的维生素有维生素 B_1、维生素 B_2 和烟酸等。

4. 蔗糖　在离体的成熟胚和未成熟胚培养中，一般都需要适量的蔗糖。在培养基中加入蔗糖有两个目的：一是保持适当的渗透压以刺激胚的正常生长。在自然条件下，原胚是被具有高渗透压的胚乳液所包围的，离体后若在低渗透压的培养基中培养，常常造成幼胚生长停顿，甚至死亡。二是可以作为一种碳源为胚生长提供所需的能量和碳元素。研究表明，蔗糖对于植物幼胚的离体发育具有一定的刺激作用，而高渗透压条件可以阻止离体幼胚早熟萌发。也有研究表明，高糖浓度会诱导产生较多的胚性愈伤组织，从而导致不定胚的形成。然而，Raghavan 等认为胚在离体条件下的生长和分化在很大程度上并不依赖于渗透压的大小，而主要取决于某些生长调节物质的存在与否。何松林等（2019）的研究结果表明，当培养基中蔗糖质量分数为3%时，牡丹（*Paeonia suffruticosa*）品种'凤丹白'和芍药（*Paeonia lactiflora*）品种'粉玉奴'间的杂交种胚的膨大率、发芽率和发芽势相对较高。除蔗糖外，也有的使用甘露醇和果糖等作为碳源。

5. 植物浸提物　　van Overbeek等（1942）在培养曼陀罗时发现，在培养基中添加不经高压灭菌的椰子汁，可以使原来不能发育的心形期胚正常成苗。研究表明，椰子汁中存在对胚培养有促进作用的因子，这些因子也称为"胚因子"。"胚因子"的发现是胚培养史上的一个转折点，此后在很多类植物的幼胚培养中都使用了"胚因子"。刘晓青（2006）在研究大花蕙兰（*Cymbidium hybrid*）胚培养时发现10%椰子汁有利于培养。除椰子汁外，其他植物提取物也能用于离体胚的培养，如水解酪蛋白、干酵母、脱脂牛奶、胚乳浸提物、土豆提取物和被子植物种子浸提物等。

6. 激素　　不同植物和不同时期的胚培养对激素的需求很不一致。对于成熟胚培养来讲，培养物已成为组织，可自己合成生长发育所需要的激素，但未成熟的胚培养过程中会受激素类型和配比的影响。最近的研究表明，离体幼胚自身合成的内源激素不能满足其正常发育的需要，这是早期幼胚培养不易成功的原因之一。离体培养过程中加入一定量的生长素、细胞分裂素和脱落酸可以刺激组织的发育。

诸多植物激素中，生长素常被用于诱导体细胞胚发生、细胞分裂和根的分化。大量的研究表明，不同浓度的2,4-D会影响大麦、短柄草、小麦和水稻等植物成熟胚的出愈率。郭春华等（2014）在大麦（*Hordeum vulgare*）成熟胚培养时发现，0.5～2.0mg/L的2,4-D可以有效提高成熟胚的出愈率。

细胞分裂素可以促进也可以抑制体细胞胚发生，浓度常为0.5～30mg/L，大多数植物的适宜浓度是1～2mg/L。王力超（1995）在大花君子兰（*Clivia miniata*）的幼胚培养中发现，在NAA浓度相同时，低浓度的细胞分裂素有利于发芽成苗，KT的发芽率高于同浓度的6-BA，且出芽快。周健等（2008）在茶幼胚的培养中发现，细胞分裂素的最适浓度是0.1mg/L，较高浓度的细胞分裂素对茶幼胚的萌发具有抑制作用，且使用的激素种类对于胚的再生途径有较大的影响。

ABA对于胚培养具有显著影响。Ahn等（1978）发现，随着大豆（*Glycine max*）胚的成熟，减少ABA会使胚培养的离体能力增强。内源ABA可使胚正常发育成熟及抑制过早萌发。在未成熟胚培养中，外源ABA能加速形成某些特殊贮藏蛋白质。近年来的一些研究表明，未经处理的种子含有大量的ABA和微量的赤霉素类物质。在低温处理过程中，ABA含量降低并消失。另有研究表明，6-BA可促进ABA的降解。

7. 活性炭　　有研究表明，活性炭可通过间接的吸附作用改变培养基中生长调节剂的有效浓度，通过吸附对外植体分化发育有害的物质，而在培养过程中发挥积极作用。卜学贤（1988）的研究表明，1mg的活性炭大约能吸附10μg的生长调节剂。活性炭最常用的浓度为0.02～10g/L。朱际君等（1983）发现，在培养基中加入活性炭能促进早熟桃的胚萌发成正常苗，且促进根系生长，幼苗健壮，提高试管苗的质量。崔波（2007）在进行红头兰（*Tuberolabium quisumbingii*）胚培养时发现，活性炭对红头兰胚的萌发有重要的影响，未添加活性炭时，其萌发率不但低于添加活性炭的，而且圆球茎和小植株易发生褐化。侯小改等（2020）在进行凤丹白牡丹（*Paeonia ostii*）成熟胚培养时发现，添加1.0g/L活性炭处理组的成苗率最高。

8. pH 培养基的 pH 对胚培养也十分重要，合适的 pH 能确保其正常生长发育。在一般情况下，pH 为 5.0～7.5。对于不同的植物，胚的生长有其最适的 pH。例如，大麦的最适 pH 为 5.0～9.0，水稻的最适 pH 为 4.9～5.2。研究表明，当 pH 在 5.2 以上时，大麦胚虽能生长，但不发生明显的分化。培养基的 pH 也常会受一些因素的影响。例如，高压灭菌会使 pH 下降 0.4～1.0，为了弥补高压灭菌过程中 pH 的变化，在配制培养基时可以将 pH 上调 0.5。

（三）培养条件

1）温度　　大多数植物的离体培养温度为 25～30℃。不同的植物类型对温度的要求也不相同，有的需要较高的温度，有的需要较低的温度。起源于低纬度地区的喜温植物要求较高的温度，而起源于高纬度地区的耐低温植物所需的温度相对较低。例如，马铃薯的最适温度为 20℃，棉花的最适温度为 32℃。也有研究表明，在昼夜采用不同的温度有利于胚培养。Ayotte 等（1987）报道，对于花椰菜（*Brassica oleracea* var. *botrytis*）的胚培养应采取白天 20℃、夜间 16℃的培养条件。

2）光照　　幼胚培养对光照的需求因植物种类而异，光对一些植物的胚发育并不是很重要，但对另一些植物却有很大的影响。黄仕周（1992）在进行无籽蜜橘的幼胚培养时发现，接种后置于光下比事先暗培养 9d 再转入光下培养的生根率高。赖钟雄等（1997）在龙眼胚性细胞系建立的研究中，采用完全黑暗培养，认为这样可避免酚类物质的毒害。汤浩茹（2000）将胡桃（*Juglans regia*）No.120 幼胚接种后置于黑暗下的培养获得了成功。不同植物对光质的反应也不同。桂耀林（1985）进行的烟草（*Nicotiana tabacum*）胚培养的试验表明，诱导烟草愈伤组织形成芽，其关键的光质是蓝光，红光没有效应。此外，光强对于胚培养有重要影响。不同植物对光强的反应也不同。有研究表明，香雪兰幼胚需 1800lx 的光照强度，梨的幼胚需要 2500lx 的光照强度。

（四）胚柄的作用

在被子植物中，胚柄是指受精卵第一次分裂形成的基部细胞经几次分裂构成的组织，位于原胚的胚根一端，存在时间较短。胚柄对于胚早期的正常生长发育是必不可少的。胚柄对胚培养的作用可能是胚柄细胞内富含原生质，可以为胚提供营养物，还能分泌一些激素促进胚的发育，胚柄中还具有较高的赤霉素活性。例如，红花菜豆心形期胚柄中的赤霉素活性比胚体高 30 倍。Cionini 等（1976）发现，在幼胚培养中去掉胚柄会显著降低成苗率。也有研究表明，在培养基中添加一定浓度的赤霉素能有效地取代胚柄的作用。

第二节　胚珠和子房培养

一、胚珠培养

胚珠为子房内着生的卵形小体，是种子的前体，由珠柄、珠被、珠孔和珠心组成。胚珠培养（ovule culture）是指将胚珠从母体植株上分离出来，在无菌条件下进行离体培养，使其生长发育形成幼苗的技术。胚珠培养可分为未受精的胚珠培养和受精的胚珠培养两种类型。胚珠培养技术可以用于杂种的培养，防止杂种胚早期败育，克服幼胚培养的困难，拯救远缘杂交种胚，获得杂种植株；通过未受精的胚珠培养，可为离体受精提供雌配子体，克服远缘杂交不亲和性；也可用来打破种子的休眠；未受精的胚珠也可以诱发大孢子发育成单倍体植株；还可以建立胚珠离体培养的遗传转化体系。

White（1932）最早开始进行胚珠培养的研究，有些植物如兰科的成熟胚很小，采用胚珠培养较易成功，也能达到使胚发育成幼苗的目的。Withner（1942）培养了一些兰属（*Cymbidium*）胚珠，缩短了从授粉到种子成熟的时间，加速了幼苗生长。Maheshwari（1958）将授粉 5～6d 的罂粟（*Papaver somniferum*）胚珠进行离体培养，得到了种子。罂粟授粉 5d 的胚珠仅为合子胚或只有 2 个细胞的原胚（受精后进行一次分裂）。目前，胚珠培养已在葡萄（*Vitis vinifera*）等果树方面取得了较为广泛的应用，利用胚珠培养技术使一些无核葡萄培养成苗，为培育无核葡萄新品种提供了新的方法和思路。

心形期以前的未成熟胚培养，因胚失去生长发育的自然环境而难以成功，而采用胚珠培养的方法可使这类未成熟胚培养的成功率得到显著提高。此外，在棉花种间杂交中，通过胚珠培养可以防止杂种胚随棉铃的脱落而丧失。因此，受精后的胚珠培养较幼胚培养易成功，培养要求也不如幼胚培养严格。

二、子房培养

子房是指雌蕊基部膨大的部分，由子房壁、胎座和胚珠组成。子房将来发育成果实。子房培养（ovary culture）是指将子房从母体取出，放在无菌的人工环境中，让其进一步生长发育，最后成苗的过程。子房培养可分为授粉子房培养和未授粉子房培养。培养授粉子房可以用来挽救子房内杂种胚的发育，培养未授粉子房的目的是通过子房内单倍体细胞的发育而获得单倍体植株。子房培养研究最早是在 1942 年，对番茄等授粉小花进行培养，结果是子房增大而且花柄生根。Nitsch 发展了较为完整的子房培养技术，并在 1949 年和 1951 年进行番茄、菜豆和小黄瓜等授粉前后的子房培养，其中已授粉的黄瓜和番茄的子房在简单培养基上获得了有种子的成熟果实，未授粉的番茄子房在添加生长素的培养基上只获得了较小的无籽果实。赵卫星等（2020）从未授粉的甜瓜（*Cucumis melo*）子房培养中得到了单倍体、二倍体、三倍体和混倍体等多种类型的植株。目前，很多植物（如水稻、小麦、大麦、烟草、向日葵和杨树等）通过未授粉子房培养已获得单倍体植株，有些已在育种中得到应用。

三、胚珠和子房的培养方法

受精后的子房需要表面消毒后再接种，未受精的子房可将花被消毒后，在无菌条件下剥取子房。从子房中就可剥取胚珠。子房培养所需的培养基较为简单，如 MS、White 和 Nitsch 等培养基，可以不添加或添加少量有机成分和激素。但胚珠培养对培养基的要求更复杂，一般需要在培养基中添加激素、糖和维生素等成分。

四、影响胚珠和子房培养的因素

1. 基因型　　无论是受精还是未受精的胚珠或子房，不同植物及同种植物不同品种之间的诱导率和发育情况大部分表现出较大差异。

2. 发育时期 总体上来说，与幼胚培养相似的是发育程度低的时期所需的培养基更复杂，培养更困难，随着发育程度的增加，对营养的要求降低，培养会变得容易。因此在培养时选择合适的时期对提高培养效率至关重要。

3. 附带组织 花被有利于授粉后的子房培养。例如，单子叶禾本科植物保留颖片有利于胚的发育。带有胚座组织或部分子房组织有助于受精后的胚珠离体培养。

4. 附加成分 子房培养只需较简单的培养基。在培养基中加入生长调节剂能促进子房的生长，但对胚珠和胚的发育有不利影响。如果需要诱导子房产生愈伤组织或胚状体再生植株，需要添加适当的外源激素。在胚珠的培养过程中添加一些生长调节剂或天然营养物质对培养有利。

第三节 胚 乳 培 养

胚乳培养（endosperm culture）是指在无菌的条件下以胚乳组织为外植体，通过离体培养获得不同倍性的再生植株的技术。在裸子植物中，胚乳是由未受精的大孢子发育形成的单倍体雌配子体组织；在被子植物中，胚乳是双受精后由两个中央极核和一个精核结合发育而成的三倍体组织。胚乳的主要功能是为发育中的胚提供营养，因而随着胚的生长，胚周围的胚乳细胞会不断解体和消亡。在种子发育过程中，如果胚乳的生长量大于胚的生长量，将来形成的种子就成为有胚乳种子。反之，胚乳的生长量小或在胚发育中停止生长，胚乳贮藏的养分不足以供应种子形成期间胚的生长，就形成无胚乳种子，在这种情况下，种子大部分会被子叶所占据。例如，豆科植物的胚在发育过程中可以把胚乳完全消耗掉，因此在这些植物的成熟种子中没有胚乳。而另外一些禾谷类的作物，如水稻、小麦和玉米的胚乳在种子成熟时依旧存在，并在其中储存了大量的营养物质，在种子萌发和前期发育过程中，这些物质被转化用于幼苗的早期生长。

早在 1933 年，Lampe 和 Mills 就进行了玉米胚乳培养的一些尝试。1949 年，LaRue 进行了胚乳组织在离体培养中的生长和分化的广泛研究，并首次报道了由玉米未成熟胚乳建立起能够不断生长的愈伤组织，但未能分化出器官。在此之后，Straus、Sternheimer、Tamaoki 和 Sehgal 等继续对玉米胚乳培养进行了研究，遗憾的是研究都未能有所突破，只得到同 LaRue 相类似的结果。在这段时间前后，人们也对其他一些植物进行了胚乳培养，如巴婆（*Asimina triloba*）、黑麦草（*Lolium perenne*）、黄瓜（*Cucumis sativus*）和蓖麻（*Ricinus communis*）等的胚乳培养，也都未能分化出正常器官。1965 年，Johri 和 Bhojwani 在一种檀香科寄生植物柏形外果（*Exocarpus cupressiformis*）中发现，成熟胚乳培养可直接分化出三倍体茎芽，从而有力地推动了胚乳的深入研究。1973 年，印度学者 Srivastava 首次在被子植物印度假黄杨（*Putranjiva roxburghii*）的成熟胚乳培养中获得了三倍体胚乳再生植株。

我国学者在 20 世纪 70 年代初开始进行植物胚乳培养的研究。据不完全统计，目前已获得超过 50 种植物的胚乳愈伤组织，其中 30 余种有不同程度的器官分化，20 余种再生成完整的三倍体植株，10 余种再生植株移栽成活（表 2-1）。这些植物分别属于 20 多个科，在这些科中，除了禾本科和百合科属于单子叶植物，大部分都属于双子叶植物（成熟种子多数无胚乳）。从中也可以看出，植物胚乳培养再生植株的难度较大。

表 2-1 胚乳培养的植物

科名	种名	培养结果	作者
大戟科	蓖麻（Ricinus communis）	愈伤组织	Srivastava et al.，1971
	波氏巴豆（Croton bonplandianus）	愈伤组织	Bhojwani，1966，1971
	琴叶麻风树（Jatropha pandurifolia）	愈伤组织	Srivastava，1971
	变叶木（Codiaeum variegatum）	愈伤组织	Chikkannaiah et al.，1974
	粗糠柴（Mallotus philippinensis）	愈伤组织	Syde et al.，1992
	印度假黄杨（Putranjiva roxburghii）	移栽成苗	Srivastava，1973
	余甘子（Phyllanthus emblica）	成活	Syde，1992
檀香科	檀香（Santalum album）	成活	Lakshmi et al.，1980
	沙针（Osyris wightiana）	愈伤组织	Johri et al.，1965
	柏形外果（Exocarpus cupressiformis）	愈伤组织	Johri et al.，1965
芸香科	葡萄柚（Citrus paradisi）	愈伤组织	Gmitter et al.，1990
	柚（Citrus grandis）	移栽，未成活	王大元等，1978
	甜橙（Citrus sinensis）	嫁接，成活	Gmitter et al.，1990
		成活	赵咏望等，1992
	红江橙（Citrus sinensis cv. Hongjiangcheng）	嫁接，成活	陈如珠等，1991
	椰子（Cocos nucifera）	愈伤组织	Kumar et al.，1985
	柑橘（Citrus reticulata）	愈伤组织	李海林等，2019
蔷薇科	苹果（Malus pumila）	分化，成株	母锡金等，1978
	河北梨（Pyrus hopeiensis）	成活	赵慧祥，1983
	桃（Prunus persica）	移栽，未成活	孟新法等，1981
		再生	吴清等，2002
	枇杷（Eriobotrya japonica）	分化	陈振光等，1983
			彭晓军等，2002
			庄故萃等，1982
		移栽	林顺权，1985
禾本科	黑麦草（Lolium perenne）	愈伤组织	Norstog，1956，1969
	大麦（Hordeum vulgare）	分化	孙敬兰等，1981
	玉米（Zea mays）	愈伤组织	Lampe et al.，1933
			LaRue，1949
			Straus et al.，1954
			Sehgal，1969
			Shannon et al.，1977
		移栽，未成活	李文祥等，1992
	小麦（Triticum aestivum）	愈伤组织	Sehgal et al.，1975
		分化	赵世绪等，1984
	水稻（Oryza sativa）	成活	Nakano et al.，1975
			Bajaj et al.，1980
			李朝灿等，1982
			王敬驹等，1982

续表

科名	种名	培养结果	作者
禾本科	高粱（*Sorghum bicolor*）	分化	田立忠等，2000
	毛竹（*Phyllostachys edulis*）	分化	袁金玲等，2015
	黑麦（*Secale cereale*）	分化	赵世绪等，1984
番荔枝科	巴婆（*Asimina triloba*）	愈伤组织	Lampton，1952
	番荔枝（*Annona squamosa*）	愈伤组织	Sreelata et al.，1986
猕猴桃科	中华猕猴桃（*Actinidia chinensis*）	成活	黄贞光等，1982
			桂耀林等，1982
			Gui et al.，1993
	硬毛猕猴桃（*Actinidia chinensis*）	分化	桂耀林等，1982
	猕猴桃种间杂交	分化	Mu et al.，1990
	软枣猕猴桃（*Actinidia arguta*）	分化	Machno，1997
	早金猕猴桃（*Actinidia chinensis* cv. Hort 16A）	愈伤组织	刘永立，2018
茄科	宁夏枸杞（*Lycium barbarum*）	成活	贾淑荣等，1985，1987，1991
			王莉等，1985，1986
	马铃薯（*Solanum tuberosum*）	分化	刘淑琼等，1981
葫芦科	黄瓜（*Cucumis sutivus*）	愈伤组织	Nakajima，1962
毛茛科	黑种草（*Nigella damascena*）	愈伤组织	Rangasawamy，1976
葡萄科	葡萄（*Vitis vinifera*）	愈伤组织	母锡金等，1977
伞形科	荷兰芹（*Petroselinum hortense*）	愈伤组织	Maseda et al.，1977
山榄科	人心果（*Achras sapota*）	愈伤组织	Bapat，1977
桑寄生科	叶状槲寄生（*Phoradendron tomentosum*）	愈伤组织	Bajaj，1970
	白花梨果寄生（*Scurrula pulverulenta*）	愈伤组织	Bhojwani et al.，1970
	短梗钝果寄生（*Taxillus vestitus*）	愈伤组织	Johi et al.，1970
	楔叶钝果寄生（*Taxillus cuneatus*）	愈伤组织	Nag et al.，1971
	印度五蕊寄生（*Dendrophthoe falcata*）	愈伤组织	Nag et al.，1971
	澳洲火树（*Nuytsia floribunda*）	愈伤组织	Nag et al.，1971
松科	马尾松（*Pinus massoniana*）	愈伤组织	徐刚等，2021
西番莲科	鸡蛋果（*Passiflora edulis*）	分化	唐军荣，2018
	西番莲（*Passiflora caerulea*）	成活	Antoniazi，2018
石蒜科	虎耳兰（*Haemanthus albiflosc*）	成活	Yoichiro，2020
奎乐果科	奎乐果（*Gomortega keulec*）	成活	Muñoz，2016
花荵科	小天蓝绣球（*Phlox drummondii*）	成活	Razdan，2014
芭蕉科	大蕉（*Musa sapientum*）	愈伤组织	Robin，2016

一、胚乳培养的意义

对于胚来说，胚乳是主要的营养组织；对于研究来说，胚乳组织是一种极好的实验材料。因为胚乳细胞是一种均质的薄壁细胞组织，完全没有微管成分的分化，所以对实验形态发生学研究来说，胚乳培养是一个很好的途径。很多研究已经充分肯定了胚乳细胞在离体条件下完全无限增殖和进行器官分化的能力。在自然条件下，胚乳细胞以淀粉、蛋白质和脂类的形式储存着大量的营养物质，以供胚发育和种子萌发之需。因此，胚乳培养对于研究某些天然产物如淀粉、蛋白质和脂类的生物合成与调控具有重要的意义。Keller 等（1972）的研究表明，培养的咖啡属（*Coffea*）胚乳能够合成咖啡因。他们还注意到培养 2 周后，这种生物碱在胚乳愈伤组织中的含量增加了 2 倍，培养 4~5 周后增加了 5 倍。

胚乳在被子植物中是双受精的产物，属于三倍体组织。种子败育是三倍体植株的主要特征，对于以种子生产的植物来说，三倍体是有害无益的。然而在另一种情况下，无籽正是人们所追求的目标。若能通过三倍体植物胚乳培养获得再生植株，就可以产生无籽果实。尤其是在果树育种中，果树多为无性繁殖的多年生植物，胚乳培养能固定三倍体的优良性状，并使其稳定地保持并遗传下去，能够在生产中长期利用。胚乳培养作为通过三倍体获得无籽果实植物的一种有效手段，早就引起国内外育种家的广泛兴趣。1982 年，桂耀林对中华猕猴桃（*Actinidia chinensis*）的胚乳进行培养，成功获得了三倍体植株。中国农业科学院郑州果树研究所也成功地将中华猕猴桃胚乳培养技术用于优良单株的扩繁。

三倍体在植物产量与品种改良中也具有十分重要的意义。有些具有重要经济价值的植物，如苹果、香蕉、甜菜、茶和西瓜等植物的三倍体已在生产中得到利用，并显示出较好的经济效益。对于园艺植物来讲，三倍体是一个良好的育种途径。对于以营养体为生产对象的植物，一般三倍体的性状比二倍体好。三倍体毛白杨的生长速度快，是制造纸浆较好的原料。

事实上，胚乳培养在形成三倍体植株的同时，可以产生大量不同倍性的混合体和非整倍体，如通过三倍体可获得附加一条同源染色体的三体，这种三体个体对于二倍体植物基因定位具有重要作用。三倍体植株加倍可产生同源六倍体。同源六倍体在植物育种上也具有重要的价值。

二、影响胚乳培养效果的因素

胚乳培养主要有带胚培养和不带胚培养两种方式。一般情况下，带胚培养的胚乳比不带胚培养的更容易诱导形成愈伤组织。胚乳培养的一般过程与胚培养的过程大致相同，首先是选择适宜发育时期的胚乳作为外植体进行培养，筛选合适的培养基和培养条件。在胚乳培养的过程中，能直接从胚乳组织分化出器官的植物很少，大都是先形成愈伤组织，然后在分化培养基上进行胚状体或不定芽的分化。胚乳培养具有较大的难度，主要受到材料的基因型、胚乳的发育时期和类型、营养成分和培养条件等因素的影响。

（一）基因型

越来越多的研究表明，供体植株的基因型是影响胚乳培养的关键因素之一，不同基因型的胚乳对培养基的反应不同，对营养成分和培养条件的要求也有所不同。其表现在胚乳培养力上的差异，如愈伤组织诱导率、分化率、胚状体诱导率和植株诱导率等，不同材料对同一种培养基反应的差异较大，有的甚至没有反应。如在猕猴桃属中，不同种之间的愈伤组织诱导率在相同培养基上存在明显差异，硬毛猕猴桃愈伤组织的诱导率为 87.9%，而中华猕猴桃为 56%。

（二）胚乳的发育时期和类型

胚乳是由受精极核（初生胚乳核）分裂开始发育，首先形成游离的胚乳核（游离核型期），然后发育产生细胞壁，形成许多小的细胞（细胞型期）。按时间上来说可分为早期、旺盛生长期和成熟期。接种时胚乳的发育时期与愈伤组织的发生及其频率有密切关系。无论是核型还是细胞型的胚乳，处于发育早期的胚乳，不但接种操作不方便，而且诱导愈伤组织的频率很低。游离核或刚转入细胞期的核型胚乳很难诱导愈伤组织。例如，芸香科柑橘属（*Citrus*）发育前期胚乳的愈伤组织诱导率低于发育后期。青果期的枸杞（*Lycium chinense*）胚乳愈伤组织的诱导率显著低于变色期和红果期。一般情况下，处于旺盛生长期的胚乳，在进行离体培养诱导愈伤组织时，诱导率最高。处于生长旺盛期的苹果胚乳愈伤组织的诱导率可以达到90%。因此，胚乳旺盛生长期是取材的最佳时期。根据这一特点，水稻的最佳取材时期在授粉后5～7d，玉米和小麦在授粉后8～12d，大麦在授粉后10～20d，黑麦草和黄瓜在授粉后7～10d，小黑麦在授粉后7～14d。但接近成熟或完全成熟的胚乳，愈伤组织的诱导率很低，甚至不能产生愈伤组织。例如，种子发育中后期的苹果胚乳，其愈伤组织诱导率不超过5%。接近成熟的葡萄胚乳几乎不能产生愈伤组织。完全成熟的猕猴桃种间杂种胚乳在离体条件下不能生长和增殖。授粉后超过12d的玉米和小麦胚乳及授粉后21d的小黑麦胚乳产生愈伤组织的能力极低。水稻及一些大戟科、桑寄生科和檀香科植物是例外，它们的成熟胚乳表现出较高的愈伤组织诱导率和一定的器官分化能力，甚至能产生完整的再生植株。

被子植物胚乳的发生方式又可分为核型、细胞型和沼生目型。核型是指精核与极核受精后，只以核的分裂方式增殖（图2-5）。细胞型是指受精后以细胞分裂的方式增殖。沼生目型是指受精后以核分裂和细胞分裂两种方式混合增殖。胚乳发生的类型也直接影响胚乳愈伤组织的产生和诱导率。

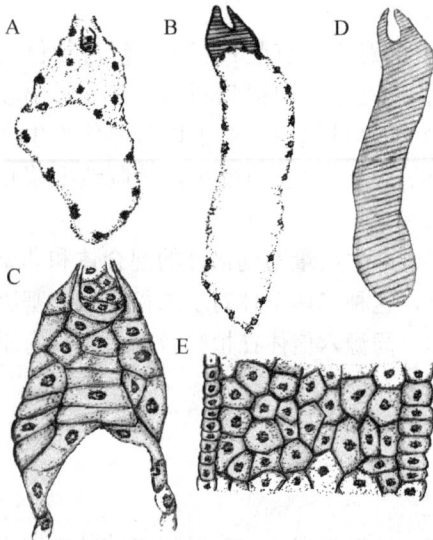

图2-5　小麦核型胚乳的发育（引自高荣岐，2009）
A. 胚乳游离核期；B. 原胚周围形成胚乳细胞，示细胞化从珠孔端向合点端发展；C. B图的珠孔端放大；D. 胚乳全部形成细胞；E. D图的放大，示胚乳组织最外层为糊粉层

（三）基本培养基

选择合适的基本培养基是胚乳培养的重要环节。在胚乳培养中，常用的基本培养基有White、B_5、LS、MS和MT等，其中MS培养基使用频率最高。此外，为了促进愈伤组织的产生和增殖，在培养基中经常会添加一些有机物，如水解酪蛋白或酵母浸提物等。据报道，进行小麦、变叶木和葡萄的胚乳培养时，在培养基中添加一定数量的椰子汁有助于愈伤组织的诱导和生长。LaRue（1949）培养玉米胚乳时，在培养基中尝试添加了很多种补充成分，如番茄汁、葡萄汁、青玉米汁、酵母提取物或牛奶等，其中含20%番茄汁的效果最好。随后的研究表明，酵母提取物可以在很大程度上取代番茄汁的作用。Straus（1960）发现一定量的天冬酰胺的作用比番茄汁或酵母浸出液的效果更好。有机添加物对胚乳愈伤组织茎芽分化的

效果因植物种类而异。例如，水解酪蛋白对于印度假黄杨愈伤组织的分化是必不可少的，但对于枸杞胚乳愈伤组织的分化具有抑制作用。

胚乳培养可使用蔗糖作为碳源，有研究表明，2%～4%的蔗糖对玉米和蓖麻胚乳愈伤组织生长的效果最好。8%的蔗糖浓度有利于小黑麦愈伤组织的形成。阿拉伯糖、纤维二糖、半乳糖和乳糖等则表现出抑制作用。

不同植物种类胚乳培养的最适 pH 有一定的差异，因植物类型而异。例如，玉米的最适 pH 为 6.1～7.0，核子木的最适 pH 为 5.6，苹果的最适 pH 为 6.0～6.2，琴叶麻风树（*Jatropha pandurifolia*）的最适 pH 为 5.2，巴婆的最适 pH 为 4.0，蓖麻的最适 pH 为 5.0。

（四）外源激素

诱导愈伤组织的植物不同，对激素种类和水平的要求也不同。Nakajima（1962）从实验中发现，必须在培养基中使用生长素、细胞分裂素、有机氮源（酵母提取物或水解酪蛋白）才能使黄瓜胚乳组织正常生长。越来越多的研究表明，除基本培养基和有机添加物外，植物激素对胚乳愈伤组织的诱导和生长起着十分关键的作用。大麦在有 2,4-D 存在的条件下才能产生愈伤组织，猕猴桃在有 ZT 的条件下效果最好，而荷兰芹（*Petroselinum hortense*）在没有任何激素的培养基上也能形成愈伤组织。培养基中的激素种类及配比与胚乳愈伤组织的分化也密切相关。水稻胚乳愈伤组织在含有 KT（2.0mg/L）和 IAA（4.0mg/L）的培养基上分化频率高于只含有单一生长素的培养基。枸杞胚乳愈伤组织在含有 BA 或 BA＋IAA 的培养基上，其茎芽分化频率达 80%左右，但在含有 ZT 或 ZT＋NAA 的培养基上则不能分化。

另外，外源激素的种类和水平还对培养材料的倍性水平有明显影响。例如，对猕猴桃的胚乳培养，培养基中含有 2,4-D 或 NAA 时，产生的植株具有不同的倍数，前者中多数是三倍体，后者中多数不是三倍体。

（五）胚因子作用

胚因子（embryo factor）是指胚在萌发时产生的某种物质，这些物质有利于胚乳的培养。到目前为止，有关胚在胚乳培养中的作用还不明确，具体的作用成分也不完全清楚，不同实验的结果也不一致。总的来说，胚乳培养中是否有原位胚的参与，主要与接种时胚乳的生理状态和成熟度有关。未成熟胚乳，尤其是处于旺盛期的未成熟胚乳，很多植物的胚乳在诱导培养基上无须胚的参与就能形成愈伤组织。在采用成熟种子的胚乳进行培养时，由于这时整个种子的生理活动十分微弱，胚乳的生理活动更是几乎停止，在诱导其脱分化前，必须在原位胚的萌发帮助下才能使其活化。活化所需时间的长短因植物种类而异。有些植物如番荔枝等，成熟胚乳的活化需要原位胚的萌发和 GA$_3$ 的协同作用。在进行枸杞、葡萄和桃等植物胚乳培养中，带胚的胚乳产生愈伤组织的频率比不带胚的要高。在进行桃的未成熟胚乳培养时，有胚存在的情况下，可以提高愈伤组织的诱导率 35%左右。大戟科的成熟胚乳培养，最初的愈伤组织诱导需要胚的存在。

Bhojwani（1968）用波氏巴豆（*Croton bonplandianus*）、Srivastava（1971）用核子木和蓖麻为实验材料，将成熟胚乳组织在培养之前用不同浓度的 GA$_3$ 或 IAA 分别进行浸泡处理。发现用一定量 GA$_3$ 浸泡过的核实木胚乳组织，在无胚的情况下，可形成愈伤组织并分化出绿色芽体，因此，赤霉素具有部分代替"胚因子"的作用。同时这也说明植物激素对胚乳的增殖和分化具有作用。

（六）培养条件

胚乳愈伤组织诱导和生长的最适温度为 25℃ 左右，喜温植物略高，耐寒植物略低。光照条件因植物种类不同而异。例如，玉米胚乳适合暗培养，蓖麻胚乳培养时需要连续光照条件。

三、植株再生途径

胚乳愈伤组织的分化和植株再生主要与植物的种类有关，总体来说，胚乳培养的器官分化和植株再生的难度要远高于愈伤组织的诱导。胚乳培养诱导产生的愈伤组织的分化和植株再生一般有两种途径，即器官发生途径和胚胎发生途径。

（一）器官发生途径

在胚乳培养中，器官发生是一种较为常见的植株再生方式。Johri 和 Bhojwani（1965）在进行檀香科的柏形外果胚乳培养时发现了胚乳组织分化器官的现象。在含有 IAA、激动素和水解酪蛋白的培养基上，有些种子的胚乳部位长出了芽。在随后的研究中发现很多植物的胚乳组织分化出了芽，而且有些获得了再生植株。在被子植物胚乳培养中，最先出现器官分化的是大戟科植物巴豆和麻风树，前者分化出根，后者分化出三倍体的根和芽，但均未能进一步形成正常的植株。之后，在印度假黄杨、苹果、梨等植物的成熟胚乳愈伤组织上也先后分化出芽，并形成三倍体的再生植株。关于单子叶植物，Nakano 等最早报道水稻未成熟胚乳愈伤组织在含有 IAA 的培养基上分化出茎芽，但未得到植株。胚乳愈伤组织通过器官发生途径再生成完整植株的物种有 10 余种，其中包括苹果、梨、枇杷、马铃薯、枸杞、水稻、玉米、大麦、印度假黄杨、黄芩、石刁柏、猕猴桃和杜仲等。

（二）胚胎发生途径

胚乳愈伤组织也可以通过胚胎发生途径获得胚乳再生植株，与器官发生途径相比，通过胚胎发生途径获得再生植株的报道较少。柑橘是通过胚胎发生途径获得胚乳再生植株的首例报道。通过胚胎发生途径获得再生植株的植物有柚、檀香、橙、桃、枣、核桃和猕猴桃等。

胚乳愈伤组织的胚胎发生途径再生植株也与培养基中的激素类型、配比有关，在多数情况下，并不是一种培养基能同时诱导胚状体和再生植株。王大元（1978）进行柑橘胚乳培养时，采用 MT＋1.0mg/L GA$_3$ 的培养基分化出球形胚状体，但在同一培养基上不能进一步发育，只有在无机盐浓度加倍，并逐渐提高 GA$_3$ 浓度的情况下，才能通过以后各个发育阶段。甜橙也需要通过类似方法才能获得胚乳再生植株。Lakshmi（1980）进行檀香（*Santalum album*）胚乳愈伤组织培养时，在 MS＋GA$_3$（1～2mg/L）培养基上可形成胚状体并能逐步发育成熟，但只有降低培养基中无机盐浓度，胚状体才能成苗，枣的胚乳胚状体成苗也有类似要求。由此可见，为了促进胚状体的发育和成苗，需对培养基中的激素种类和水平进行调节，有时还需调节培养基中无机盐浓度。

在胚乳培养中，2,4-D 对多数植物胚状体的发生有明显的诱导作用，但对胚状体的发育和萌发又有抑制作用。GA$_3$ 对胚状体的发育和成苗具有重要作用。此外，核桃和枣的胚状体在成苗之前必须通过一段低温休眠期。

（三）再生植株的染色体倍性变异

研究表明，在植物体内，胚乳细胞常常出现高度的多倍化和各种不规则的有丝分裂现象。例如，核型胚乳在游离核发育时期常常发生无丝分裂、核融合及异常有丝分裂等现象，产生的愈伤组织往往是多种倍性细胞及非整倍体细胞的嵌合体。在进行胚乳培养的过程中也发现了同样的现象。Straus（1954）经研究发现，在玉米的胚乳培养中，多倍体、亚倍体和非整倍体普遍存在。

胚乳再生植株染色体不稳定性的原因可能有以下几种。①胚乳细胞本身：用作外植体的胚乳组织本身就是一个多种倍性细胞的嵌合体，由此产生的愈伤组织和再生植株不可能只是三倍体。②胚乳愈伤组织发生部位：不同部位的胚乳细胞染色体组成情况有所不同。例如，苹果合点端胚乳各种异常有丝分裂及无丝分裂现象比珠孔端更为普遍。③外源激素诱导：研究表明，某些外源激素可诱导细胞产生染色体数目和结构的变异。例如，猕猴桃胚乳在含有ZT（3.0mg/L）和 IAA（0.5mg/L）的培养基上再生的植株大多不是三倍体，而在含有 ZT（3.0mg/L）和2,4-D（1.0mg/L）的培养基上产生的再生植株多数是三倍体。

胚乳愈伤组织及再生植株的染色体数目常常发生变化。苹果（$2n=34$）的胚乳再生植株的染色体数是 $29\sim56$，其中大多数是 $37\sim56$，真正的三倍体细胞只占 $2\%\sim3\%$；枸杞、梨、玉米和大麦等的胚乳再生植株的染色体数也不稳定。此外，胚乳再生植株常出现同一植株不同倍性细胞的嵌合体。因此，必须对胚乳再生植株做细胞遗传学的鉴定，以确定其染色体数和倍性。

第四节　离体授粉

开花植物的受精过程开始于花粉落到柱头表面，萌发出花粉管，随后花粉管携带精细胞进入柱头并通过花柱，接着花粉管改变生长方向，沿着胚柄组织生长进入珠孔，将精细胞释放出来并完成受精。有性杂交是最常用的植物育种方法。植物育种家把不同品种或不同物种的性状结合在一起，创造出优良的植物新品种或新类型。然而，因柱头和花粉具有特殊的识别机制，种间和属间的花粉很难在自然条件下完成双受精过程。这种受精障碍包括：①花粉在柱头上不能萌发；②花粉管不能进入胚珠，其原因可能是花柱太长，或是由于花粉管生长速度太慢，花粉管还未达到时子房已脱落；③花粉在花柱中破裂。植物的离体授粉（*in vitro pollination*）也叫离体受精或试管受精，是指在人工控制条件下通过对离体的胚珠或子房授粉，使其受精并最终发育成种子的过程。

把花粉粒直接送入子房以实现受精作用是绕过受精障碍的重要途径。Dahlgren（1926）最早在卵形党参中应用了这一技术。Kanta（1960）、Kanta 等（1963）通过子房内授粉提高了 5 种罂粟科植物（虞美人、罂粟、花菱草、蓟罂粟和淡黄蓟罂粟）的结实率。Maheshwari等提出了克服受精障碍的另一种方法，称为试管受精，并在罂粟中获得成功。在离体条件下通过在裸露的胚珠上授粉而结实的方法称为试管受精，而通过在培养的整个雌蕊的柱头上或去了柱头的子房上授粉而结实的方法称为离体授粉。严格地说，真正的试管受精应是离体的卵细胞和精子在体外的融合。因此，本节采用"离体授粉"这一术语，其含义包含花粉授于离体胚珠、离体胎座和离体柱头等。

一、离体授粉的意义

（一）克服远缘杂交的不亲和性

离体授粉对于克服种间和属间杂交不亲和性是一种十分有效的方法。因受精后障碍而引起的杂交失败，可以采用胚培养、胚珠培养或子房培养技术来解决。因为不能受精而引起的远缘杂交失败，可以避过柱头和花柱的障碍，让花粉直接与胚珠接触，从而实现受精，并使种子发育和成熟。它克服了花粉在柱头上不萌发、萌发后花粉管不能伸入花柱、花粉管在花柱中生长缓慢等受精障碍，使异源配子能够实现雌雄配子的融合，进而实现异种或异属甚至异科植物间的遗传物质交流。研究结果表明，通过胎座授粉，可以在范围较广泛的远缘杂交中实现受精，获得杂交种。

Inomata（1979）利用离体授粉子房培养成功获得油菜与甘蓝种间杂种。Vantuyl 等（1996）针对离体子房授粉形成种子比率低的问题发展了柱头嫁接法和嫁接子房法，这些方法已被应用于以麝香百合（*Lilium longiflorum*）、亚洲百合（*Lilium asiatica hybrids*）和东方百合（*Lilium oriental hybrids*）为亲本的远缘杂交中。Zenkteler 等（1978）和 Zenkteler（1980）曾用胎座授粉方法进行种间、属间和科间的杂交，获得了女娄菜（*Melandrium apricum*）×德氏烟草（*Nicotiana goodspeedii*）的杂交种子，其中含有具生活力的胚。

（二）克服自交不亲和性

自交不亲和物种自身的花粉在柱头上不能萌发，或虽花粉萌发但花粉管不能进入子房，造成自交不结实。Rangaswamy 等（1967，1971）的研究结果表明，自交不亲和植物进行胎座授粉，受精和结实大都能正常进行。利用离体授粉方法可以克服腋花矮牵牛（*Petunia axillaris*）的自交不育性。刘清琪等（1983）应用离体胎座授粉克服了地黄（*Rehmannia glutinosa*）的自交不亲和性。Casta 等（2000）通过对菊苣（*Cichorium intybus*）的单个胚珠授粉，获得了有生活力的种子，但其形成率只有 0.76%。Popielarska（2005）建立了一套向日葵（*Helianthus annuus*）的离体胚珠自交授粉体系。

（三）诱导孤雌生殖

对于运用花药培养、未授粉子房培养等技术仍然难以获得单倍体的植物，可通过离体授粉技术诱导产生单倍体。通过离体授粉技术，用异源花粉粒授粉诱导卵细胞、助细胞和反足细胞等，以及进入胚囊的精核细胞等单倍体细胞产生单倍体胚，进而发育成单倍体植株。Hess 等（1974）将蓝猪耳（*Torenia fournieri*）花粉授于锦花沟酸浆（*Mimulus luteus*）的裸露胚珠上，从中获得了锦花沟酸浆的单倍体。Germanà 等（2001）首次报道通过给克里曼丁红橘（*Citrus clementina*）的离体柱头授以三倍体柚子栽培品种 'Oroblanco' 的花粉，后期结合胚珠培养获得了柑橘的单倍体植株。目前已通过此方法诱导产生了大麦、烟草和小麦等植物的单倍体。

（四）植物受精机制和胚发育机制

在人工控制条件下完成雌雄配子受精，可以系统地研究植物受精机制和受精规律，研究雌雄配子在受精过程中的生物学特点。离体授粉的整个过程是在稳定的、可控制的环境中进行的，有利于进行胚早期发育生理生化分析及研究。郝慧等（2005）在进行枣（*Ziziphus jujuba*）的离体子房授粉研究时发现，随着培养时间的增加，胚珠及胚的败育情况不断加深。子房愈伤组织化虽然不利于子房的膨大，但可延缓甚至阻止胚珠的褐化和死亡。胚的发育程度是影响胚挽救成功率的关键因素。Wang 等（2001）的研究结果表明，水稻离体授粉后的胚发育途径与体内自然发育途径基本相同，而合子和初生胚乳核首次启动分裂及以后的发育均较延缓，但最终也能萌发成幼苗。

二、植物离体授粉的方法

（一）胚珠试管受精

胚珠试管受精是指对离体培养未受精的胚珠进行人工授粉，并最终获得成熟的种子。一般的操作过程如下。①无菌胚珠的获取：对子房进行表面消毒，在无菌条件下将子房壁剥掉，除去花托，取出带胚座的裸露胚珠，放在培养基上。②人工授粉：主要有两种方法，一种是在接种好的胚珠表面授以无菌花粉，另一种是先将花粉撒播在培养基上，再将胚珠接种到培养基上。

（二）子房离体受精

子房离体受精是指通过人工的方法把花粉直接引入子房，使花粉粒在子房腔内萌发并完成受精。它可以有效地避免柱头和花柱的障碍而获得远缘杂种。具体操作方法有两种：一种是直接引入法，用刀切开子房顶端，把花粉悬浮液滴入切口处；另一种是注射法，在子房上切两个注射孔，分别在子房顶端和基部，用注射器将花粉悬浮液从基部孔注入，当从另一个孔溢出时停止，然后采用凡士林密封两个孔，接种于培养基上培养。

（三）雌蕊离体授粉

雌蕊离体授粉是一种较为接近自然授粉情况的体外授粉技术。一般的操作方法是取出母本花蕾，消毒后在无菌条件下除去花瓣、雄蕊，保留萼片，将整个雌蕊接种于培养基上，然后在其柱头上授以无菌的父本花粉。

三、影响离体授粉结实率的因素

离体授粉技术在很多植物上已经获得成功，但结实率与自然授粉相比，还有较大的差距。还有很多因素会影响离体授粉的结实率。

（一）外植体的发育程度及生理状态

植物在开花时，大部分的雌配子体都已发育成熟，但有些植物是在开花前发育成熟的（如葡萄等），还有些在开花后才成熟（如烟草等）。在进行植物的体外受精时，与胚和胚乳培养相似，外植体的发育时期不同，即胚珠和子房的发育阶段不同，对培养的反应各异。受精胚珠和子房的接种时期有一个较广的范围，不过接近成熟的胚囊较易培养成功。有的植物如大麦各个发育时期都可以产生雌核发育胚，不过成熟期的诱导率较高。有研究表明，开花前和开花后取雌蕊、子房及胚珠授粉，其结实率均比开花当天的授粉材料更高。一些母体组织或器官的存在会在一定程度上有利于培养，胎座不仅影响胚珠培养的结果，而且对离体授粉也有十分重要的影响。例如，只有当腋花矮牵牛（*Petunia axillaris*）的胚珠都原封不动地连在完整的胎座上时，离体授粉后的花粉萌发、受精作用，以及种子形成的整个过程才能正常进行。Wagner 等（1973）报道，去掉花柱对矮牵牛（*Petunia hybrida*）胎座授粉结实率有不利影响，胎座授粉结实率不如柱头授粉。玉米连穗轴组织上的子房比单个子房离体授粉效果更好，减少外植体上的子房数目不影响受精作用，但对籽粒的发育会产生有害的影响。还有研究表明，保留颖片的小麦离体柱头和带有一段枝梗的水稻颖花的受精率更高。

Balatkova 等（1977）在烟草中发现从已自花授粉或授了苹果属植物花粉的烟草雌蕊中剥离出来的未受精胚珠，比从未授粉的雌蕊中剥离出来的胚珠，经烟草花粉离体授粉后的结实率更高。

此外，柱头和胚珠的物理与生理状态对离体授粉也具有明显的影响。操作时尽量避免柱头、胎座或胚珠表面形成水膜，可促进花粉萌发。例如，柱头表面的水分会导致花粉管的破裂，直接影响花粉萌发，从而引起结实率降低。

（二）培养基

植物的雌雄配子对外界的营养条件非常敏感，基本培养基的类型、激素的种类和浓度、渗透压及 pH 等均会影响离体授粉过程。离体授粉方法涉及两个主要过程：①花粉粒的萌发和花粉管的伸长；②授粉后的胚珠发育为成熟的种子。因此，离体授粉的培养必须满足这两个过程的营养需求，不但要能促进花粉的萌发和花粉管的生长，还要能保持离体胚珠高度成活率和受精力。满足花粉萌发和花粉管生长并不困难，只要培养基具有较高的渗透压和一定的营养成分，就可使花粉粒萌发和生长。离体培养的培养基最重要的作用在于保障和促进受精胚珠的正常发育。为此，在进行离体授粉实验之前，先要对准备用作母本的植物幼龄胚珠所需的营养成分和激素组成有所了解，以增加成功率。离体授粉的基本培养基一般采用 MS、Nitsch 或 B5 培养基，以 Nitsch 培养基更为普遍。Sladky 等（1976）曾试验过几种不同的基本培养基，包括 White、MS 和 Nitsch 培养基等，结果表明，不同培养基对离体授粉的反应无显著差异。

与胚珠培养一样，培养基的渗透压对胚珠发育也有影响，特别是对幼嫩胚珠的影响更为明显。离体授粉培养基中的蔗糖浓度一般为 4%～5%，但也有报道使用更高浓度蔗糖的。Dziedzic 等（1999）曾使用 15% 的蔗糖浓度培养李属（*Prunus*）的杂交授粉胚珠。

目前关于在基本培养基中添加各种植物生长调节剂及其他附加物对离体培养中种子发育影响的研究报道较少。Balatkova 等（1977）研究了 IAA、激动素、番茄汁和椰子汁等对烟草胎座授粉后种子发育的效果，发现椰子汁、番茄汁和酵母浸出液对种子发育有抑制作用，10μg/L IAA 或 0.1μg/L 激动素能显著提高每个子房的结实数，但高浓度的激动素（1.0μg/L）则表现出抑制作用。有研究表明，葱蒲莲（*Zephyranthes grandiflora*）胚珠需在 Nitsch 培养基中添加椰子汁或酪蛋白水解物，白车轴草（*Trifolium repens*）的胚珠需添加黄瓜或西瓜果汁才能发育成熟。

（三）培养条件

培养条件如光照、温度、湿度等对离体授粉过程中子房和胚珠发育及坐果率等影响的详细报道很少。一般情况下，离体授粉子房、胚珠培养期间，温度要求为22～26℃，最好能模拟自然界中该植物授粉季节的温度，离体授粉后的胚珠都是在黑暗中或近乎黑暗中进行培养。温度可以影响离体授粉的结实率。Balatkova 等（1977）的研究表明，在较低温度（15℃）下进行水仙属（*Narcissus*）植物离体授粉的结实率比常温（25℃）时高。然而，对于喜温的罂粟来讲，低温培养并不能提高结实率。

（四）杂种鉴定

离体授粉是否成功可以采用标记的方法来鉴定。最方便的标记方法是性状标记。例如，具有"胚乳直感"现象的性状是离体授粉的优良标记性状。选用具有紫色胚乳（显性）的玉米品种为父本，白色胚乳（隐性）的玉米品种为母本。如果种子的胚乳表现紫色，证明试管受精成功，但标记性状存在不稳定的现象。如果没有标记性状时，可采用简单序列重复（simple sequence repeat，SSR）、插入缺失（insertion-deletion，InDel）和单核苷酸多态性（single nucleotide polymorphism，SNP）等分子标记来鉴定。

主要参考文献

高荣岐. 2009. 种子生物学. 北京：中国农业出版社

杨弘远，周嫦. 1998. 被子植物离体受精与合子培养研究进展. 植物学报，40（2）：95-101

张献龙. 2012. 植物生物技术. 2版. 北京：科学出版社

周维燕. 2002. 植物细胞工程原理与技术. 北京：中国农业大学出版社

Chen J F, Cui L, Malik A A, et al. 2011. *In vitro* haploid and dihaploid production via unfertilized ovule culture. Plant Cell, Tissue and Organ Culture, 104: 311-319

Faurec J E, Digonnet C, Dumas C. 1994. An *in vitro* system for adhesion and fusion of maize gametes. Science, 263 (5153): 1598-1600

McVoy J J, Smith L Y. 1986. Interspecific hybridization of perenial *Medicago* species using ovule embryo culture. Theoretical and Applied Genetics, 71 (6): 772-783

Susaki D, Suzuki T, Maruyama D, et al. 2021. Dynamics of the cell fate specifications during female gametophyte development in *Arabidopsis*. PLoS Biology, 19 (3): e3001123

Takamura Y, Takahashi R, Hikage T, et al. 2021. Production of haploids and doubled haploids from unfertilized ovule culture of various wild species of gentians (*Gentiana* spp.). Plant Cell, Tissue and Organ Culture, 146: 505-514

Thorpe T A, Yeung E C. 2011. Plant Embryo Culture. Clifton: Humana Press

Tuyl J, Diën M P V, Creij M, et al. 1991. Application of *in vitro* pollination, ovary culture, ovule culture and embryo rescue for overcoming incongruity barriers in interspecific lilium crosses. Plant Science, 74 (1): 115-126

第三章　植物愈伤组织的诱导与分化培养

课程视频

植物组织培养的基础是植物细胞具有全能性，而体现植物细胞全能性的中心环节是愈伤组织的诱导与分化。植物细胞的全能性（totipotency）是指植物的体细胞或性细胞具有在特定条件下再生成新个体的潜能。对于一个已经分化的细胞，其全能性的表达首先经历一个脱分化形成愈伤组织的过程，然后经历一个再分化形成组织或器官的过程，最终发育成为一个新个体。植物愈伤组织诱导（callus induction）就是使那些已经分化的细胞在人工培养基上，经多次细胞分裂失去原来的分化状态，进而形成愈伤组织（callus）或细胞团的过程。这种使已分化的植物细胞回复到未分化的分生状态的过程，称为脱分化（dedifferentiation）。通过离体培养形成的处于脱分化状态的愈伤组织或细胞，可以再度分化成不同类型的细胞、组织和器官，甚至最终再生成完整的植株，这一过程称为再分化（redifferentiation），简称为分化（differentiation）。

自从 1902 年 Haberlandt 提出植物细胞全能性理论，1958 年由胡萝卜韧皮部细胞培养得到完整植株以来，植物离体培养技术日趋完善和成熟。大量研究表明，植物离体的器官（如根、茎、叶、花、未成熟的果实、种子）、组织（如形成层、花药组织、胚乳、皮层）、细胞（如体细胞、生殖细胞）、胚（如成熟和未成熟的胚）等，在无菌和适宜的人工培养基及光照、温度等条件下，均可被诱导出愈伤组织、不定芽、不定根，最后形成完整的植株。

第一节　愈伤组织的诱导与继代培养

愈伤组织最初是指植物受到创伤刺激后，在愈合伤口处长出的一团瘤状突起，与成熟体细胞相比，该瘤状突起内的细胞处于脱分化的状态。在植物生物技术领域，愈伤组织指的是植物体的某个部分在适宜的培养基上产生的一团脱分化的无序生长的薄壁细胞。愈伤组织的特点是具有增殖能力和分化的潜力。愈伤组织的诱导与继代培养是植物组织培养领域中最基本的内容。在花药与花粉培养、胚培养、细胞悬浮培养、原生质体培养及植物转基因过程中，一般都需要经历愈伤组织生长阶段。愈伤组织的诱导与继代培养的主要用途包括：①提供起始材料，包括原生质体培养、细胞悬浮培养、次生代谢产物生产、植物转基因等；②提供研究植物细胞分裂、分化及代谢的实验材料；③无性繁殖，用于种质资源保护及快速繁殖。

一、愈伤组织的诱导

（一）愈伤组织诱导的条件

植物组织培养获得理想愈伤组织的影响因素包括外植体类型、培养基及培养条件。在具体培养过程中，需要根据外植体的类型，综合考虑培养基和培养条件，找到针对某一特异外植体理想化的培养基和培养条件。

1. 外植体的类型　植物组织培养中作为离体培养材料的某个部分称为外植体（explant），如根、茎、叶、果实、子房、花粉、花瓣等各种器官或组织。理论上，所有的植物器官或组织均具有诱导产生愈伤组织的潜能，但研究显示，愈伤组织主要来源于一类特化的成熟干细胞群（类似于动物中的干细胞），而并非所有的植物细胞。已有的研究结果表明，外植体诱导愈伤组织主要起始于中柱鞘或类中柱鞘细胞。拟南芥的根和下胚轴在诱导愈伤组织的培养基上，其木质部的中柱鞘细胞分裂形成愈伤组织，同时叶片和花瓣外植体的愈伤组织也起始于维管周围特异表达中柱鞘标志基因的细胞（类中柱鞘细胞）。

在选择诱导愈伤组织的外植体时，应遵循以下原则：①选择细胞分化程度低的器官或组织；②选择幼嫩的带有分生组织的部位；③选择不含有或者含有少量生长抑制剂的部位。

对于大部分植物，幼嫩的叶片和茎是获得愈伤组织较为常用的外植体。水稻等禾本科植物的种胚尤其是幼胚，是诱导愈伤组织最为常用的外植体。棉花愈伤组织的诱导则常使用无菌苗的下胚轴。

2. 培养基　植物组织培养的培养基种类很多，其中常用的是 MS、B_5、N_6 培养基等。培养基的基本成分包括大量元素、微量元素、维生素和碳源。当外植体体积较大时，一般选用还原态氮水平较高的培养基，如 MS、HB 培养基等；当外植体体积较小或者活力不高时，一般选用铵离子水平较低的培养基，如 N_6 或者 B_5 培养基。在诱导水稻成熟种子产生愈伤组织的实验中，一般选择 N_6 培养基。利用棉花下胚轴诱导愈伤组织的实验中，还会选择有 MS 和 B_5 组合成分的 MB 培养基（MS 无机成分＋B_5 有机成分）。

根据组织培养的具体要求，在培养基中添加不同种类和配比的植物激素。常用的植物激素包括生长素（如 2,4-D、IAA、NAA 等）和细胞分裂素（如 KT、6-BA、ZT 等）。生长素是促使细胞进入分裂状态的因子，对于诱导细胞分裂、生长和增殖是必要物质，而细胞分裂素是促使细胞进入保守分化状态的因子，多表现为抑制细胞分裂，在愈伤组织诱导中往往是非必需的物质，常用于诱导愈伤组织分化。在组织培养过程中依不同的供试材料选择合适的激素种类和配比。例如，诱导水稻等禾本科植物愈伤组织时常在培养基中添加 1~2.5mg/L 2,4-D；而诱导双子叶植物的愈伤组织时常常需要添加一定剂量的细胞分裂素。

3. 培养条件　在植物愈伤组织诱导过程中，一般采用 25~28℃ 的培养温度。诱导禾本科植物愈伤组织时一般不需要光照，但是诱导双子叶植物愈伤组织时则需要辅以适当的光照，一般光周期为 12~16h，光照强度为 1500~2000lx。

（二）愈伤组织形成的过程

从单个细胞或外植体上脱分化形成典型的愈伤组织，需大致经历三个时期：启动期、分裂期和形成期（Petru，1974）。

1. 启动期　启动期（initiation stage）又称为诱导期（induction stage），是愈伤组织形成的起点。通常情况下，诱导愈伤组织的外植体细胞处于静止状态，不进行分裂。但静止细胞并未丧失其分裂潜能，在分化过程中产生的抑制物质暂时阻碍 DNA 复制，抑制了其分裂的能力。去除抑制物质能使分化的细胞恢复分裂活力。某些刺激因素可以解除抑制作用，使静止状态下的细胞重新进入分裂周期。例如，机械损伤和外源激素诱导可在一定程度上解除抑制作用，使外植体细胞启动脱分化进入分裂状态。这时在外观上虽然未见明显变化，但实际上细胞内一些大分子代谢动态已发生了明显改变，细胞正积极为下一步分裂作准备。此时，细胞的合成代谢活动加强，迅速进行蛋白质和核酸等物质的合成。例如，在菊芋的体外培养过程中，在培养开始后 10～12h，DNA 合成变得活跃，此后 8h，约有 40%细胞吸收了 ^{3}H-胸腺核苷。培养 20h 左右，细胞核分裂指数增加，并且达到高峰，待数小时后，可以看到细胞数急剧升高。

2．分裂期　　分裂期（division stage）是指外植体切口边缘开始膨大，外层细胞通过一分为二的方式进行分裂，从而形成一团具有分生组织状态细胞的时期。外植体细胞一旦经过诱导，其外层细胞便开始细胞分裂，使细胞脱分化。这时组织细胞代谢十分活跃，发生了一系列生理生化及形态的变化。培养组织的细胞中，其 RNA 及一些成分随着细胞的不断分裂而开始减少，最后细胞内这些成分的积累又和分裂达到一种协调状态，细胞的体积不再减小，内无大液泡，细胞核大，核仁明显。在这个持续分裂、RNA 减少的过程中，DNA 含量始终保持不变。由于细胞分裂的速率大大超过了细胞的生长速率，每个细胞体积显著减小、鲜重下降，但细胞的数目迅速增加。例如，胡萝卜组织经过 7d 的培养后，细胞数可增加 10 倍。这些变化表明，原来已分化的细胞已经回复为具有分生状态的脱分化的细胞，这些大量分生状态的细胞团形成了愈伤组织。

3．形成期　　形成期（formation stage）是指外植体的细胞经过诱导、分裂形成了具有无序结构的愈伤组织的时期。这个时期的特征是细胞大小不再发生变化，愈伤组织表层的分裂逐渐减慢和停止，接着内部组织细胞开始分裂，细胞数目进一步增加。细胞分裂以平周分裂为主，从而使创伤形成层的细胞呈辐射状排列。在组织表面细胞分裂减缓和内部较深处细胞开始分裂的同时，分裂面的方向发生了改变，大量分裂的细胞冲出表层细胞，出现了类似于维管束或顶端分生组织的瘤状结构外表，从而使活跃生长的愈伤组织形成一种"泡状"增殖状态。

在愈伤组织的形成过程中，尽管在形态上可以划分出启动、分裂和形成三个时期，但实际上这些时期的界限并不是十分严格，尤其是分裂期和形成期，它们往往可以在同一组织块上被观察到。越来越多的证据显示，愈伤组织的形成并不是细胞简单地从分化状态转到未分化状态的过程，而是涉及一系列细胞重编程、激活细胞周期等过程，并受到多种转录因子、激素信号及表观遗传等的调控，具体内容将在第八章阐述。

（三）愈伤组织的形态

来自不同植物外植体的愈伤组织，其质地和物理性状差异很大。有的紧密坚实，有的疏松脆弱或呈胶质状；有的呈淡黄色，有的呈白色或淡绿色等。愈伤组织在长期的培养过程中能够形成分生组织区、管胞和色素细胞，或者形成体细胞胚。这种能够形成体细胞胚的愈伤

图 3-1　水稻成熟种胚诱导的胚性
愈伤组织

组织称为胚性愈伤组织（embryonic callus，EC）。一般胚性愈伤组织质地较坚实，颜色有乳白色或黄色，表面具球形颗粒，生长缓慢，细胞较小，原生质浓厚，无液泡，常富含淀粉粒，核大，分裂活性强。胚性愈伤组织又可分为致密型胚性愈伤组织和易碎型胚性愈伤组织。这两类胚性愈伤组织都能在分化培养基上再生完整植株。非胚性愈伤组织的分化能力差，组织结构疏松，细胞相对巨大，内含一大液泡，几乎无细胞器，多呈水浸褐化状。在禾本科植物组织培养中，经常可以见到紧密的、不透明的、白色到淡黄色的胚性愈伤组织，这种愈伤组织表面光滑光亮、呈球状，不久由球状变为杯状结构（图 3-1）。

诱导条件不同，愈伤组织的形态和物理性质也有一定的变化。例如，在猕猴桃愈伤组织诱导过程中，在培养基中添加 2,4-D，会使愈伤组织变为黄白色、脆弱并易于分散。在柑橘子叶培养过程中，附加 1mg/L NAA 和 0.2mg/L 6-BA 的 MS 培养基上形成的愈伤组织紧密、坚实，呈瘤状，而附加 0.2mg/L 2,4-D 和 0.2mg/L 6-BA 的 MS 培养基上形成的愈伤组织则疏松易脆。2,4-D 的浓度同样影响胚性愈伤组织的形成。例如，在油茶体外培养过程中，1.5mg/L 2,4-D 可以诱导胚性愈伤组织的形成，降低 2,4-D 浓度到 0.75mg/L 则可以大幅度提高胚性愈伤组织的比例（Zhang et al.，2021）。质地不同的愈伤组织，有时可以相互转变，有时则是不可逆的。一般情况下，培养基中加入高浓度的生长物质，可使坚实的愈伤组织变得松脆；反之，减少或除去生长物质，则松脆的愈伤组织可转变为坚实的愈伤组织。

即使是同一块愈伤组织，由于与培养基接触面积的不同，其细胞在形态和机能上各不相同。在固体培养时，处于最表层部位的细胞与处于最下层靠近培养基的细胞，其生长环境有着明显差异，代谢活动和生长形式也不同。在不与琼脂培养基接触的表面，细胞的蛋白质合成能力较强，富含细胞质，膜系统发达，其外缘区迅速增殖形成近表面瘤状物。而与培养基接触的细胞则极少发生增生，细胞中蛋白质的合成能力较弱，液泡巨大，生长缓慢，细胞分化形成紧密的组织块。

二、愈伤组织的继代培养

随着培养时间的延长，愈伤组织的细胞在增殖过程中会不断消耗其培养基中的营养物质。同时，培养基中的水分会逐步散失，在组织细胞生长过程中，次生代谢物质则不断积累，这些情况必将严重影响培养中愈伤组织的继续生长。因此，在愈伤组织培养一段时间后必须将其转移到新鲜培养基上以保持培养物的正常生长，更换一次培养基称为一次继代培养（subculture）。第一次继代培养的时间取决于愈伤组织的生长速度。一般情况下，初代愈伤组织生长到直径 2～3cm 时可将其与外植体分离，并将其打散或切成小块转移到新鲜培养基上继代培养。如果愈伤组织的大小或形状不规则，则可选取生长迅速的部位作为继代培养的初始材料。通常情况下，生长迅速的愈伤组织，其外表多呈浅色、质地松散、易分散。

一般情况下，培养中的愈伤组织需要每 4～6 周继代一次。如果长时间不进行继代培养，积累的代谢产物会产生毒害作用，就会使愈伤组织变成黑褐色，称为褐化（browning）。如有褐化发生，继代培养时应切除褐色的愈伤组织。有些褐色的愈伤组织经多次继代培养也能恢复活力而正常生长。因此，通过继代培养维持愈伤组织生长，是一种长期保存愈伤组织的方法。如果将愈伤组织转移到液体营养基中，可以通过不断摇动液体培养基进行悬浮培养（suspension culture）。这个过程也同样需要反复地继代培养，以建立悬浮培养细胞系。这种方法可用于单细胞繁殖、原生质体分离及再生植株的研究。

三、悬浮培养

植物细胞悬浮培养是将游离的植物细胞或小的细胞团置于液体培养基中进行培养和生长，它是在愈伤组织液体培养的基础上发展起来的一种培养技术。愈伤组织液体培养是将一些生长旺盛的小块愈伤组织放入液体培养基中进行振荡培养，从而使愈伤组织块变成具有良好分散性的细胞和小的细胞聚集体。

与固体培养比较，悬浮培养的优势在于：①悬浮培养可以增加培养细胞与培养液的接触面积，改善营养供应条件；②在振荡条件下可避免有害代谢产物的局部积累对细胞自身产生的毒害；③振荡培养可以适当改善气体的交换状况；④愈伤组织通过悬浮培养能产生大量的比较均一的细胞，而且细胞增殖速度快，适宜进行大规模的细胞培养。

因此，植物细胞悬浮培养技术不仅为研究细胞的生长和分化提供了一个独特的实验系统，也为在植物细胞水平上筛选突变体提供了基本技术条件。同时，植物细胞培养也可用于次生代谢物质的生产，特别是在植物产品工业化生产上具有巨大的应用潜力。

（一）悬浮培养的起始

悬浮培养通常是从已诱导成功的愈伤组织转移到液体培养基中开始的。在悬浮培养过程中，液体培养基要进行搅拌或振荡，使培养细胞悬浮于培养基中。虽然与固体表面培养相比，液体培养的各个细胞均处于比较一致的生活环境中，但由于悬浮培养物并不是完全由单个细胞组成的，其多半是游离的单个细胞与大大小小的细胞团块相混合，造成悬浮培养物在生长速度及其他性质上存在差异。另外，在长期的体外培养条件下，除会产生细胞大小、形态和代谢的不均一外，不同细胞也会出现遗传上的不一致性。理想的悬浮培养要求其组成的细胞在形态和生理生化上都应趋于一致。成功的悬浮培养体系应满足以下三个条件，即悬浮培养物的分散性良好；均一性好，细胞生长时期较为一致；生长迅速。

为建立良好的植物细胞悬浮培养体系，一般从以下几方面入手。

（1）选择易于分散的细胞类型，同时在培养过程中创造利于分散的条件。一般选用疏松的愈伤组织材料进行悬浮培养。例如，有人把菜豆、豌豆、大豆和甘薯的愈伤组织块转移到液体培养基中，得到初始的悬浮培养材料后，每隔 7d 处理一次并保留容器上部含悬浮细胞的液体，经过 40d 连续培养后，培养液中只有游离细胞和很小的细胞团块，形成新细胞的速率比最初的悬浮培养液显著提高。

（2）选择合适的培养基。培养基的组成影响悬浮培养细胞的分散程度。N_6、MS 或 B_5 等培养基常用于单子叶植物，而 MS、B_5、LS 和 SL 等培养基适合双子叶植物。适合双子叶植物（如蔷薇和番茄）的培养基，并不一定适合单子叶植物（如玉米）和裸子植物（如银杏）的培养。对于不容易分散开的组织，可以通过调整培养基成分来改进，如加入适量果胶酶来解离细胞间的连接。

（3）培养基中植物激素种类及其浓度也常常会明显地影响细胞的分散度。一般情况下，生长素较多则细胞分散得好，较少则差。但同时需要注意，过高或者过低的生长素浓度对于悬浮培养均有一定的影响。例如，在禾本科植物中，2,4-D 的浓度过低会导致悬浮细胞生根，而浓度过高会抑制悬浮细胞的生长及胚性的丧失。

（4）为了保证悬浮培养细胞的均一性，一般采取以下方式对培养细胞进行均一化处理。

A. 分选法：是指根据细胞体积大小，将细胞分级分离的方法。该方法简单，在处理过程中能够维持细胞的自然状态、保持细胞生活力。例如，梯度离心法、借助流式细胞仪的筛选方法等均属于分选法。

B. 饥饿法：是指在培养基中除去细胞生长的基本成分，导致细胞饥饿，引起细胞分裂受阻并停留在某一分裂时期，重新加入缺乏的基本成分，饥饿的细胞重新开始分裂增殖，从而达到均一化的效果。例如，当培养基中缺少 P、N、C 时，细胞处于 G_1 或 G_2 期。

C. 抑制剂法：该方法采用 DNA 合成抑制剂处理细胞，使其滞留在 DNA 合成前期，从而获得处于同一细胞周期——G_1 期的同步化细胞的方法。常用的抑制剂有 5-氟脱氧尿苷、羟基脲等。通过该方法获得的同步化细胞基本处于同一个细胞周期。除去抑制剂后，细胞不需要分选，可以直接进行培养。另外一类抑制剂能通过抑制细胞纺锤体形成而将细胞阻断在分裂中期，如秋水仙素。抑制剂法的主要缺点是药物毒性相对较大，处理时间过长或者浓度过高时，得到的悬浮细胞则不能恢复正常的细胞周期。

　　D. 低温处理法：是指采用低温处理细胞以获得均一化细胞的方法，如低温处理胡萝卜和红豆杉细胞。低温处理细胞的最佳时期为指数生长期，此时细胞的生活力强，耐受各种处理的能力也较强。

（二）悬浮培养中的继代培养

　　随着培养时间的延长，常常要更换新的培养液以满足细胞生长的需要。根据在培养过程中更换新鲜培养液的方式，将悬浮细胞继代培养分为成批培养（batch culture）和连续培养（continuous culture）。

　　1. 成批培养　　成批培养是指离散的细胞在一个含有固定体积液体培养基的密闭容器中培养，此时仅气体和挥发性代谢产物可以同外界空气进行交换。液体培养基需要进行适当搅拌或振荡以维持游离细胞和细胞团的均匀分布，并促进它们与大气进行气体交换。在一个含有固定体积的液体培养体系中，在一定时间内，培养细胞的数量将迅速增加，并达到最大产量程度。此时，液体培养基营养的消耗或某些其他因子（如有毒物质）的积累会使细胞的增殖生长停止，只有通过更换新的液体培养基才能维持培养细胞的持续增殖生长。对于成批培养的悬浮细胞，进行继代培养的方法是使用吸量管或移液器吸取一定量的含有悬浮细胞的液体，然后转接到含有新鲜液体培养基的容器中进行下一批的悬浮细胞培养。

　　在成批培养的整个过程中，随着培养时间的不同，细胞数目会不断发生变化，呈现出一定的细胞生长周期。培养细胞的生长周期是指从细胞悬浮培养开始，到细胞分裂增长停止为止的时期。在整个生长周期中，细胞数目的增加情况大致呈 S 形曲线（图 3-2）。初期是细胞数目增长缓慢的时期，称为延迟期（lag phase），此期是代谢变化最激烈的时期，蛋白质和 DNA 的合成旺盛，其含量在细胞内显著提高。中期为生长最快的时期，称为指数生长期（ex-ponential growth phase），这是一个持续时间相对较短的时期，但是总的细胞数目、细胞干重和细胞蛋白质均以一定的速率增长。然后是直线生长期，细胞数目继续增加。随着细胞数目的增加和代谢物质的积累，培养基中的营养物质逐渐消耗殆尽，细胞的增殖生长减慢直至趋于停止。此时进入成批培养的后期，即静止期（stationary phase）。

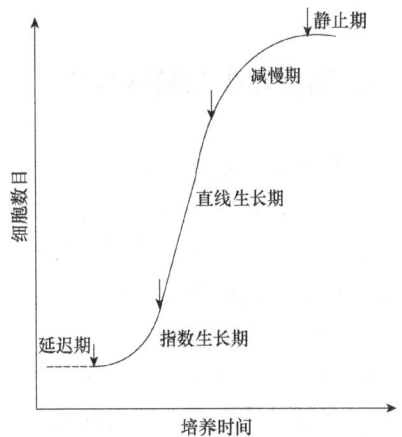

图 3-2　悬浮培养中每单位体系中细胞数目与培养时间的示意图

进入静止期后，细胞数目不再增加，细胞的生物产量也不再上升。细胞中小液泡彼此汇合成大液泡，占据着细胞的绝大部分容积。静止期的细胞利用细胞内的储存物质或利用自溶细胞中释放出的代谢产物，进行非常弱的细胞代谢活动，仍可在此培养液中存活一段时间。如果细胞保持在静止期的时间过长，会引起细胞大量死亡。若要重新恢复细胞的增殖生长，则必须更换新鲜液体培养基进行继代培养。

2. 连续培养 连续培养是指在悬浮细胞培养过程中，不断抽取悬浮培养物并注入等量的新鲜培养基，悬浮细胞在培养液中不断得到营养物质的补充，同时培养体积不变的培养方式。

和成批培养比较，连续培养的优势如下。

（1）连续培养的营养物质得到不断更换，保证了养分的充分供应。

（2）连续培养中悬浮培养物产生新细胞的速率正好补偿了被排出的细胞，从而使细胞长久地保持在指数生长期中。

（3）连续培养过程中，细胞的密度、生长速度、化学成分和细胞的代谢活性都维持恒定，因此，可以形成一个稳定的培养状态。

（4）可以把培养基流动与培养特点（如光密度及培养基 pH 等）的改变直接联系起来建立稳定系统，以用于大规模工业化生产。

第二节　愈伤组织的分化与植株再生

在植物愈伤组织培养中，细胞的分裂常常以无规则的方式发生并产生无明显形态或极性的无结构组织团。将愈伤组织转入分化培养基中，愈伤组织可以再分化完成形态发生（morphogenesis），从而产生具有芽根结构的分生组织或胚状体，这些有结构的组织进而发育成完整的植株。植物细胞离体培养中的形态发生可通过器官发生（organogenesis）和体细胞胚胎发生（somatic embryogenesis）两种途径形成再生植株。研究植物细胞离体培养过程对于阐明植物细胞的全能性、形态变化的可塑性、组织分化和器官形成有着十分重要的意义。

一、器官发生与植株再生

植物离体培养中分化出的不同组织能形成各种器官，如根、茎、叶和芽等。根据起源不同，可将器官发生分为两种方式：一种方式是器官由切下的外植体中已存在的器官原基直接发育而成；另一种方式是从外植体脱分化形成愈伤组织，由愈伤组织诱导产生一些分生细胞团，随后由这些分生的细胞团分化成不同的器官原基进而发育成器官。

通常器官原基的发生起始于一个细胞或一小团分化的细胞，经分裂后由它们产生类分生组织细胞团。在形态上，类分生组织细胞具有稠密的原生质和显著增大的核。类分生组织的进一步活动使构成的器官在纵轴上出现单向极性并表现出器官的分化。在很多情况下，类分生组织的细胞团也可继续形成愈伤组织或只分化成维管组织结节。

（一）愈伤组织通过器官发生再生植株的方式

一般情况下，通过愈伤组织分化形成芽和根而再生植株的方式可分为以下三种类型。

第一种类型是在愈伤组织上先产生芽，待芽伸长后，在其茎基部直接生根而形成完整的小植株，这是组织培养中较为普遍的一种植株再生方式。在这种类型的分化培养中，人们常常把诱导出芽与诱导生根分两步进行。首先把培养基上的愈伤组织诱导产生芽，待芽长成一定大小的苗后，再把小苗转入生根培养基上诱导生根。

第二种类型是在愈伤组织上先分化出根，再从根基部分化出芽而形成小植株。这种形式在双子叶植物中较为普遍，而在单子叶植物中相对较少。

第三种类型是在愈伤组织的不同部位分别形成芽和根，然后二者结合起来形成一株完整的小植株，而且只有当芽和根的维管束相通时，才能得到成活的植株。这种方式发生在多种植物组织培养中，它们的芽和根的分化可以是同时的，也可以略有先后。

（二）器官发生过程中芽的分化

大量的组织学观察表明，在短期培养中，新形成的分生组织，即器官原基的位置常常与原来所在外植体的组织保持一定联系。芽原基多起源于培养物的组织表层细胞，大部分是外起源的。例如，烟草茎切段的芽原基大多由接近表面的外韧皮部产生；菊苣的芽原基来自形成层的细胞；一品红幼苗下胚轴上形成的芽起源于皮层；白皮松子叶上的不定芽是由表皮部分细胞发育而来的；旋花的根切段在靠近原生木质部的细胞中发育出茎叶或芽。

对于培养时间较长而且经愈伤组织阶段再分化出芽的类型，在大多数情况下，器官原基是从培养物的薄壁组织细胞部分产生的。在罗汉松和葡萄桉离体茎培养中，从皮层启动发生的愈伤组织表面再经片状分生细胞团形成分生组织，可进一步分化出叶原基形成芽。在这种情况下，芽的起源和发生与分生组织结节或维管结节没有联系。但也有芽的再生与维管结节有关联的情况。例如，在红杉的愈伤组织表面有苗端分生组织发生时，可看到其内方有一维管组织结节，而且它的形成层细胞向外延伸与苗端分生组织相连。在有些情况下，由愈伤组织再分化出芽的过程中，两种起源的芽同时存在。例如，烟草花萼体外培养愈伤组织上诱导的芽既有外起源的，也有内起源的。

（三）器官发生过程中根的分化

根原基发生于组织的深处，即与整体植株一样是内起源的。不论是在木本植物油橄榄或红杉的组织培养中，还是在禾本科植物水稻的培养物中，根原基的发生与维管组织结节均有联系。

（四）器官发生的调控机制

在器官发生过程中，不管是先分化出芽还是先分化出根，都存在器官原基决定的过程。在形成器官原基之前，拟分化为芽或者根的细胞的早期脱分化可能是相同的。1965 年，Torrey 曾提出，组织培养中的器官均起源于一团未分化的细胞或分生细胞团。根据刺激的性质和方向的不同，可以使它们分化形成芽、根或胚状体。按照这一观点，早期的根和芽原基应该是没有区别的，器官分化的类型是稍晚的时候才决定的。近些年分子生物学的研究结果表明，器官发生这一过程也受到多种基因的调控，这些基因包括芽（根）特异基因（*WUSCHEL*、*SCARECROW*、*SHORTROOT* 和 *PLETHORA 1* 等）、激素信号转导相关基因、创伤反应基因等，具体内容将在第八章进行阐述。

二、体细胞胚胎发生与植株再生

（一）体细胞胚

在正常情况下，植物发育到一定阶段，精子与卵结合形成合子，合子进一步发育成胚（embryo），胚发育成为植株。这是一种由性细胞结合形成的胚。在组织培养中，离体的组织和细胞首先进行脱分化，之后再分化，或者向器官发生途径方向发展，形成单极性的芽或根；或者向具有两极性的胚状体（embryoid）方向发展。这里的胚状体是植物未经过有性生殖直接在体外组织培养过程中产生的胚状结构。由于培养的植物组织细胞一般是体细胞，因而将由离体培养的组织细胞分化出的胚状体称为体细胞胚（somatic embryo）。在离体组织细胞培养形成胚状体的过程中，体细胞分裂增殖并依次通过原胚期、球形期、心形期、鱼雷形期和子叶期5个时期，进而形成完整的植株（图3-3）。这与植物中受精卵的发育过程极为相似。但在具体的培养过程中，体细胞胚的发育进程在不同植物中有一定的差异。

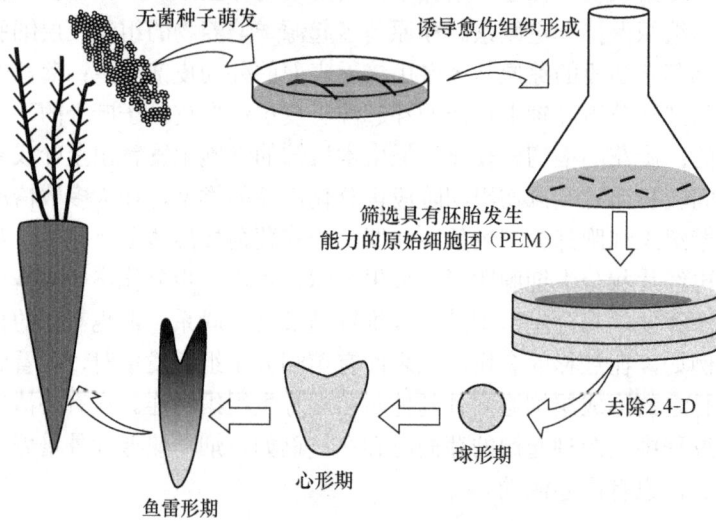

无菌种子萌发　诱导愈伤组织形成

筛选具有胚胎发生
能力的原始细胞团（PEM）

去除2,4-D

球形期

心形期

鱼雷形期

图 3-3　胡萝卜体细胞胚胎发生（Zimmerman，1993）

在短花药野生稻组织细胞学观察中发现，当胚性愈伤组织转为分化培养时，愈伤组织首先增殖形成淡黄色、干燥而紧密的结构，其表面的细胞小而排列紧密，随后出现许多球形胚（图 3-4A）。在光照条件下继续培养时，胚性愈伤组织逐渐出现绿色或白色区域，26d后出现绿芽点或白芽点。切片观察结果表明，在未分化之前，这些类原形成层的分生组织细胞随机排列，细胞进行平周分裂（periclinal division），形成辐射区域（图 3-4B）。靠近中间的细胞虽小而排列紧密，但内含物少、染色淡，分裂已不旺盛，除一些类原形成层区域外，大多数细胞趋于老化。辐射组织的出现表明细胞由内向外生长呈极性，是形态发生的标志。在平周分裂过程中，分生组织中的细胞由于生长活性不同，形成的周缘不整齐，进而形成多个瘤状突起，因而胚性愈伤组织外观凹凸不平。在胚性愈伤组织顶部，未与培养基接触的胚性愈伤组织分化形成干燥区域。这一区域的胚性愈伤组织颜色明显有别于其相邻组织，常出现在胚性愈伤组织的顶部，形成一些瘤状突起。从组织切片可以见到，干燥区域内组织致密，细胞排列紧凑，细胞小而胞质浓，染色较深，内部有一着色深的原形成层束的结构（图 3-4C）。干燥区域组织进一步分化时，即引起器官发生，形成簇生的白色叶状物，表面疏松，呈珊瑚状，有时部分细胞含叶绿素，呈绿白相间的簇生结构。一些胚性愈伤组织表层分化组织呈极性生长，产生突起，形成许多瘤节，此即子叶型胚（图 3-4D）。体细胞胚进一步发育生长，即分化产生根芽结构（图 3-4E），最终发育成完整的小植株（图 3-4F）。

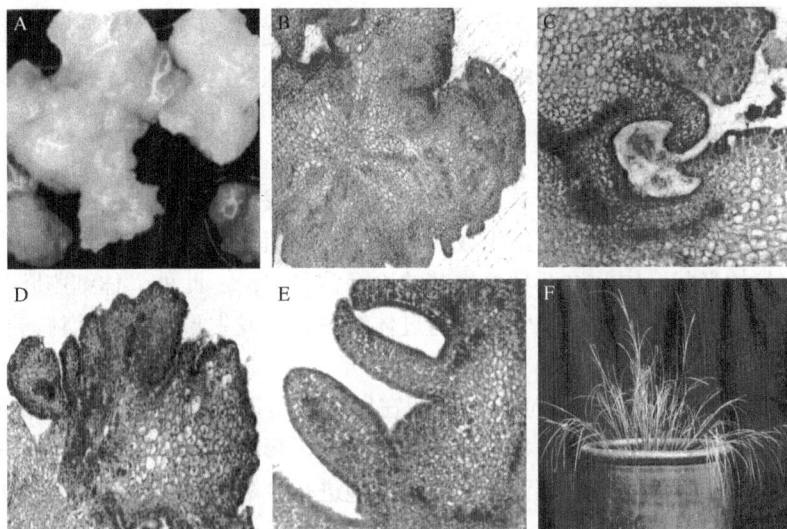

图 3-4　短花药野生稻的胚性愈伤组织分化及其再生植株（谭光轩等，2002）

（二）体细胞胚产生的方式

胚状体既可由愈伤组织间接形成，也可由外植体的细胞直接形成。直接形成胚（directly embryoid formation）是指在外植体某些部位直接分化出胚状体。例如，山茶子叶培养后，直接从子叶基部的表皮细胞产生体细胞胚。间接形成胚（indirectly embryoid formation）是指在外植体上先分化出胚性愈伤组织，然后由胚性愈伤组织再分化形成胚状体。直接体细胞胚胎发生和间接体细胞胚胎发生途径的主要区别在于起始细胞不同。经直接发生形成的体细胞胚来自一些尚未完全分化的幼小分生细胞。这些细胞发育的可塑性较大，能对外界环境的诱导产生反应，继而引起发育途径的逆转。这类细胞称为预胚性决定细胞（pre-embryogenically determined cell，PEDC）。这种细胞的胚胎发生潜力是已经决定了的，外界的生长调节因子和适当的条件仅仅是促进细胞进入胚胎发生的轨道而已。间接胚胎发生的方式较复杂。Maheswaran 等（1985）认为它要经历分化细胞的脱分化、愈伤组织的增生和胚胎发生的重新决定。这种方式的起始细胞称为诱导的胚性决定细胞（induced embryogenically determined cell，IEDC）。

研究表明，大多数植物的体细胞胚的形成多通过间接途径产生。不同来源的外植体在诱导形成胚状体时的方式不同。例如，在对白金花体外培养过程中发现，根可以在不添加激素的培养基中直接诱导体细胞胚的形成，并且此时的体细胞胚是单细胞起源；而将叶片作为外植体诱导体细胞胚形成时，则需要在培养基中添加激素，此时先在叶片周围分化出胚性愈伤组织，然后再分化成为胚状体，即间接形成胚状体。通常幼嫩的生殖器官作为外植体诱导体细胞胚时，多采用直接胚胎发生的方式，而幼嫩的营养器官作为外植体则多通过间接方式产生胚状体。

体细胞胚发生起源于单细胞还是多细胞？已有研究结果表明，间接发生的体细胞胚起源于多细胞。在拟南芥愈伤组织诱导体细胞胚过程中，茎顶端分生组织的关键基因 *WUS* 最先在一小团细胞中特异表达，随后 *CLV3* 在球形体细胞胚形成阶段诱导表达，根顶端分生组织关键调控因子 *WOX5* 和 *PLT2* 在胚根分生组织表达。其中 *WOX5* 与 *WUS* 在胚性愈伤组织的表达区域基本重叠，暗示愈伤组织诱导体细胞胚是由多细胞起始的。而外植体直接诱导体细胞胚胎发生是由单个细胞还是多个细胞直接发育成体细胞胚，目前尚不清楚。

（三）胚胎发生与器官发生的比较

在植物组织培养中，如何区别早期的芽和胚状体是我们常常碰到的一个问题。由于胚状体发生和器官发生均可起源于愈伤组织或者直接来自外植体，特别从外观上，它们常常有光滑、似圆形突起的形状，因此这两种再生苗的途径常易混淆。此外，体细胞胚和器官往往同时发生在同一个外植体中。在组织学上，通过体细胞胚胎发生形成的胚状体与直接发育形成的器官具有明显不同的特征。

第一，胚状体具有两极性（polarity），即在发育的早期阶段，从其方向相反的两端分化出茎端和根端。胚性细胞第一次分裂多为不均等分裂，形成顶细胞和基细胞。其后由较小的顶细胞继续分裂形成多细胞原胚，而较大的基细胞进行少数几次分裂成为胚柄部分，这在形态上就具有了明显的两极性。其发育过程与合子胚相似，结构完整，就像一颗种子。体细胞胚一旦形成后，大多可生长为小植株，成苗率高。人们将发育至一定时期的体细胞胚制作成人工种子，以达到快速繁殖优良种质的目的。

第二，在组织学上，胚状体的维管组织分布呈独立的"Y"字形，与外植体的维管组织无解剖结构上的联系，出现所谓的生理隔离（physiological isolation）现象。在体细胞胚胎发生过程中，细胞开始分裂时很快就形成明显的细胞界限，到2细胞全多细胞原胚期，细胞壁加厚，与其他细胞隔开，而且随着体细胞胚的发育，周围细胞似乎处于解体状态，使隔离更加明显，因而很容易与原组织分离。这表明体细胞胚与合子胚相似，从一开始便是一个完整的植物体雏形。它处于相对独立的状态，可能便于细胞分化和全能性表达。体细胞胚可通过根端或类似胚柄的结构从外植体或愈伤组织中吸取营养，在适宜条件下长成一个独立的植株。与胚状体的发育不同，器官发生具有单极的芽和根，往往与母体植株或愈伤组织中形成的维管组织相连接。

第三，体细胞胚胎发生过程中具有典型的胚形态发生过程，而器官发生途径中无胚形态，分生中心直接分化为芽或者根。同时，由胚状体发育的小苗具备根和芽，但是器官发生途径中一般先长芽后生根或者先生根后长芽。

表3-1总结了两种再生途径的区别。

表3-1 植株再生通过体细胞胚胎发生与器官发生两种途径的主要区别（薛庆善，2001）

体细胞胚胎发生途径形成的植株	器官发生途径形成的植株
细胞内出现方向相反的两极分化，具有根端和芽端两个分生中心	单向极性，单个分生中心
不定胚维管组织与外植体维管组织不相连	不定芽和不定根与愈伤组织的维管相连
具有典型的胚形态发生过程	无胚形态，分生中心直接分化为器官
形成的幼苗具有子叶	不定芽的苗无子叶
胚状体发育的苗，其根和芽齐全	一般先长芽后长根，或先长根后长芽

据不完全统计，在做过离体培养研究的1000多种高等植物中，植株的再生绝大多数是通过体细胞胚胎发生途径形成的。除植株的体细胞外，其他细胞（如小孢子等）在离体培养条件下也可以被诱导产生胚状体结构，并可进一步发育成为单倍体植株。植物的不同器官、组织及二倍体和单倍体细胞均有可能诱导胚状体结构而完成形态发生过程。

体细胞胚胎发生途径比器官发生途径再生植株有着明显的优点：①体细胞胚状体是一种具有根尖、芽尖的两极结构物，它具备发育成植株所必需的两种分生组织。在器官发生上，根与叶的发育经常是相互排斥的，所以为了获得完整的再生植株，培养过程中需要变换培养基以分别满足叶和根生长的需要。但细胞或者组织的转移相当耗费人力、物力，并且会增加污染概率。②体细胞胚状体产生的数量比器官发生形成的不定芽的数量多，能够繁育出大量的植株。③胚状体可制成人工种子，便于保存和运输。

（四）影响体细胞胚胎发生的内在因素

植物培养材料的体细胞胚胎发生与植物材料本身的内在因素有关，也与培养基成分及外部的培养条件有密切的关系。

1. 植株基因型的影响　　一般来说，外植体的基因型是影响体细胞胚胎发生的内在因素。培养个体的遗传基础决定了离体培养的反应能力。不同种的植物甚至同种植物的不同品种（或不同地理来源）个体之间，基因型的差异决定了其体细胞胚胎发生能力。例如，紫苜蓿、红车轴草、胡萝卜三种植物愈伤组织的胚胎发生能力明显不同。在棉属中，陆地棉部分品种、野生棉（戴维逊氏棉、克劳茨基棉等）较易通过体细胞胚胎发生，而海岛棉和亚洲棉较难通过体细胞胚胎发生；不同基因型的棉花品种，其体细胞胚胎发生频率有显著的差异。在稻属中，栽培稻一般比野生稻易于培养再生植株；在栽培稻两个亚种之间，粳稻的培养力显然比籼稻的好，易于被诱导出愈伤组织并再生成植株。在野生稻离体培养实验中也发现，不同地理来源的普通野生稻之间，其愈伤组织胚状体的发生能力也不相同。在芸香科植物珠心组织的培养中，不同植物的珠心组织细胞均具有发育成胚状体的潜力，但种间和品种间表现出发育形成胚状体的能力却有明显的差异。因此，针对不同基因型的植株，应研究出相应的适合该材料的胚性愈伤组织分化的培养方案。基因型对于诱导体细胞胚的影响并不是绝对的，在油茶诱导体细胞胚胎发生实验中发现，不同品种的油茶在体外诱导胚状体的频率并无明显差异。

越来越多的分子生物学证据表明，基因表达和调控对于植物体细胞胚胎发生起着非常重要的作用。合子胚胎发生和种子发育的关键调控因子在体细胞胚胎发生过程中同样发挥作用，如 *LEAFY COTYLEDON 1*（*LEC1*）、*LEAFY COTYLEDON 2*（*LEC2*）、*FUSCA3*（*FUS3*）、*AGAMOUS-LIKE15*（*AGL15*）、*BABY BOOM*（*BBM*）转录因子，相关基因的具体内容将在第八章进行阐述。利用育种方法已经把一些调节植物再生能力的基因转移到有重要商业价值的农作物品种中。例如，在玉米、水稻和高粱等单子叶植物转基因过程中，利用 *BBM1* 或者 *WUS* 基因表达可以促进体细胞胚胎发生的功能，提高遗传转化效率。这种借助 *BBM1* 和 *WUS* 基因表达的转化方法称为形态发生基因辅助转化技术（morphogene-assisted transformation，MAT）。

2. 外植体来源及其生理状态的影响　　从理论上说，植物体细胞均具有全能性，由同一种植物的不同器官或组织所形成的愈伤组织，在形态及生理上差别并不大。例如，在烟草和水稻的根、茎、叶和种子等不同器官组织离体培养时，均能在同样的条件下诱导形成愈伤组织并分化形成芽、根器官，随后长成小植株。但是，在一些植物中，器官分化类型与离体培养的器官或组织类型密切相关，其分化过程具有一定的倾向性。例如，在莎草科植物的组织培养中，由根的愈伤组织分化成根的比例明显高于形成其他器官的比例；而芽的愈伤组织会分化形成较多的芽。甜菜花芽和花茎切段的愈伤组织能分化形成芽，而根切段的愈伤组织不能形成芽器官。大多数植物的花器官较营养器官的愈伤组织容易分化成苗和根。例如，油菜的花器官比叶和根更容易分化成苗，水稻和小麦的幼穗与苗的分化频率比其他器官高。在野生稻不同外植体离体培养中，成熟种胚、茎节和幼穗的愈伤组织胚状体发生能力不同，其中以幼穗的胚状体形成及再生植株的频率最高。

在同一外植体上不同部位切取的组织及组织块的大小都会对其再生器官的能力有不同的影响。在适宜激素的培养条件下，外植体的不同组织之间存在着差异，表皮及其皮下组织无一例外地分化形成芽，而根总是由皮下薄壁组织分化形成。在兰花原球茎和马铃薯块茎的组织培养中，所取外植体太小则不利于微繁殖，适当大小的外植体可以快速形成芽。在百合科植物叶组织的培养中也发现能形成芽的外植体临界大小，幼叶至少为1mm×1mm，成熟叶片至少为3mm×3mm。

外植体的不同发育阶段，即生理状态对胚状体及其器官发生也有非常明显的影响。例如，在烟草组织培养的花芽分化研究中，对已处于开花阶段的植株，其中上部茎组织在离体培养时能诱导形成花芽，而较下部营养生长植株的茎组织和由其产生的愈伤组织均不能诱导直接形成花芽。油菜植株茎切段培养结果表明，下部茎段分化形成器官的频率低；越往上部，苗的分化频率越高。水稻同一叶片的不同切段也有类似结果。一般而言，使用未成熟种子或胚比成年植株诱导形成的愈伤组织更易于分化形成胚状体或不定芽等器官。在进行水稻幼穗的培养中，人们试验了通过幼穗直接再生和通过愈伤组织两种植株再生方式，发现处于不同发育时期的幼穗，其分化能力具有明显的差异，愈伤组织的获取和植株再生率随幼穗发育时期均呈现低→高→低的变化。两种植株再生方式均在第一次枝梗原基分比期幼穗获得了最高的植株再生率（表3-2）。事实上，在禾谷类植物的组织培养中，通常先选取生理代谢旺盛且分化程度较低的组织。年龄较幼的外植体，不仅易于诱导形成愈伤组织，也容易诱导分化形成植株。因而花序、幼胚、幼叶和幼根是诱导愈伤组织及其分化培养最合适的材料。

表3-2 水稻'珍汕97'不同发育时期幼穗培养植株再生率的差异（谭光轩等，1997）

幼穗发育时期	通过愈伤组织再生			通过幼穗直接再生		
	接种愈伤组织数/块	植株再生数/丛	植株再生率/%	接种幼穗数/个	植株再生数/丛	植株再生率/%
1	0	0	0	20	0	0
2	14	13	92.9	49	38	77.6
3	21	18	85.7	64	40	62.5
4	20	18	90.0	43	11	25.6
5	18	2	11.1	31	7	22.6
6	15	0	0	12	1	8.3
7	0	0	0	12	0	0

注：1. 第一苞原基分化期；2. 第一次枝梗原基分化期；3. 第二次枝梗原基和颖花原基分化期；4. 雌雄蕊原基形成期；5. 花粉母细胞形成期；6. 花粉母细胞减数分裂期；7. 花粉内容物充实期

3. 愈伤组织的生理状态 愈伤组织或悬浮培养物长期继代培养，由于生理状态的改变，其胚性逐步丧失，从而导致植株再生能力的下降。因此，在组织培养中要及时转移已形成的愈伤组织或悬浮培养细胞进行分化培养，这样可大大提高植株的分化频率。例如，烟草愈伤组织继代培养一年半后，其再生根的能力丧失；培养两年后，其再生茎的能力也丧失。禾谷类作物植株的再生频率同样随愈伤组织的继代次数增多而下降，一般继代培养10代左右，分化再生植株的能力几乎全部丧失。所以，选取旺盛生长的愈伤组织有利于器官分化的形成。

在继代培养过程中，愈伤组织或悬浮培养物细胞中的染色体发生改变已成为一个十分普遍的现象。有研究认为，愈伤组织或悬浮培养物再生能力的完全丧失可能与细胞中染色体数目和结构的变化有关。例如，在蚕豆愈伤组织培养中观察到其细胞中存在着大量的染色体畸变，有多倍体、单倍体、断裂、微核和染色体环；在烟草髓部发生愈伤组织的多年培养物中也观察到染色体数目的变异。但也有继代愈伤组织再生力下降与染色体变异无关的研究结果。因此，其机制仍有待阐明。

愈伤组织长期继代后的分化能力在不同植物之间有很大的差异。例如，疣粒野生稻幼穗产生的胚性愈伤组织继代培养两年后，仍有很好的分化再生植株的能力；应用继代培养 7 年的茄子愈伤组织进行分化培养，经诱导仍能分化形成胚状体及其再生小植株；胡萝卜愈伤组织培养一至数年后，也能分化形成小植株。实践表明，通过选择再生能力高的愈伤组织进行继代培养，剔除部分退化的愈伤组织，是保持愈伤组织再生能力的有效方法。

（五）影响体细胞胚胎发生的外部因素

植物组织培养的研究与实验最先是从易于培养的植物中取得突破的，然后向其他植物（包括重要经济植物）拓展。因此，突破基因型的限制一直是植物组织与细胞培养的主攻方向。其中，研究和优化培养条件是最重要的手段之一。

1. 培养基中化学成分的影响　植物组织细胞培养中所用培养基的化学成分可分为生长调节物质、无机营养成分、有机营养成分、附加物和天然添加物五大类。这里主要介绍生长调节物质、无机营养成分和有机营养成分的影响。

1）培养基中生长调节物质的影响　在培养基的各种营养成分中，植物激素对组织培养中愈伤组织的诱导、培养和植株再生起着重要的调节作用。

植物生长素的主要作用是使植物细胞壁松弛，从而使细胞增长，在许多植物中还能增加 RNA 和蛋白质的合成。1946 年首次分离到了天然植物生长素吲哚乙酸（IAA）。在对吲哚乙酸化学结构和生理活性深入研究的基础上，人工合成了与生长素化学结构及生理效应相类似的有机化合物，统称为人工合成生长素，常用的包括 2,4-D、NAA 和 IBA 等，所需浓度依生长素类型和愈伤组织的来源而有不同。

早在 20 世纪 60 年代就有学者建立了胡萝卜体细胞胚胎发生体系，在含有 2,4-D 的 MS 培养基中可诱导愈伤组织的形成。将愈伤组织转移到无 2,4-D 的 MS 培养基中，可诱导体细胞胚的形成与发育。这表明培养基中促进组织增殖的激素 2,4-D 并不适合胚状体的分化。在矮牵牛茎、叶组织切块的培养中，用同一浓度（1mg/L）、不同种类的生长素处理可得到不同的结果。IAA 只引起愈伤组织有限的生长。NAA 可引起根的大量形成。2,4-D 则促进愈伤组织产生，培养 2 周后还有胚状体发生等。用 2,4-D 做进一步的浓度试验发现，2,4-D 的浓度为 0.1~0.5mg/L 时可有效诱导所有材料形成胚状体；当提高 2,4-D 浓度至 2mg/L 时，愈伤组织虽生长良好，但却抑制胚状体的形成，使诱导频率明显降低。在枸杞胚性愈伤组织形成后，如不及时降低或去掉 2,4-D，则胚性细胞不能正常发育。在三叶草、芹菜的组织培养和细胞悬浮培养中诱导体细胞胚胎发生后，如不及时降低 2,4-D 的浓度，球形胚就产生次生胚，从而抑制了体细胞胚的正常发育。为了促进培养物分化，在继代培养时必须及时降低或去掉 2,4-D，胚性细胞才能正常发育。因此，在诱导胚状体的过程中，是否使用 2,4-D 及使用多大浓度，需要根据实验材料具体分析。

细胞分裂素（cytokinin）是一类促进细胞分裂、诱导芽的形成并促进其生长的植物激素。

1955 年，Miller 和 Skoog 等在做烟草髓部组织培养时发现，在酸性条件下高温高压处理后的 DNA 具有促进细胞分裂的活性，随后分离得到了活性物质并将其命名为激动素（kinetin，KT）。1956 年，Miller 等进一步纯化并鉴定出激动素的化学结构，即 6-呋喃氨基嘌呤（6-furfurylaminopurine）。1964 年，从幼嫩的玉米种子里分离出一种细胞分裂素（cytokinin），将其命名为玉米素（zeatin，ZT）。细胞分裂素都是 N6 位置上的 H 被其他基团取代的嘌呤衍生物。除了天然的促进细胞分裂的物质，还用化学方法人工合成了一些类似激动素的物质，通常也统称为细胞分裂素。在植物组织培养中常用人工合成并且活性较强的 6-苄基腺嘌呤（6-benzylaminopurine，6-BA）。细胞分裂素对促进体细胞胚的成熟有显著作用，特别有利于子叶的发育。不同种类的细胞分裂素在调控体细胞胚胎发生时具有一定的专一性。例如，只有 ZT 能促进胡萝卜体细胞胚胎发生过程，而 6-BA、KT 无促进作用。

在多数植物组织培养中，外源生长素和细胞分裂素是细胞离体培养所必需的激素。两者不同浓度和比例或先后配合的应用不但可诱导细胞分裂和生长，而且能控制细胞分化和形态建成。早在 20 世纪 50 年代就有学者发现腺嘌呤/IAA 值是控制芽和根形成的重要条件之一。IAA 对芽形成的抑制作用可以被腺嘌呤或腺苷所克服，而腺嘌呤/IAA 值高时，利于形成芽；其比值低时，则形成根。后来发现由激动素代替腺嘌呤诱导芽的效果更好。在诱导单子叶植物小麦的体细胞胚胎发生时，不仅需要高浓度的 2,4-D（2～8mg/L），还需要细胞分裂素（如 KT）的配合使用。在含有 2mg/L 2,4-D 和 0.5mg/L KT 的 MB（MS 大量元素、B5 微量元素）培养基上诱导普通小麦幼胚的愈伤组织，经过多次继代后，仍能在含有 0.5mg/L ZT 和 0.2mg/L NAA 的 MS 培养基上获得较好的再生能力。青杆（*Picea wilsonii*）胚性愈伤组织在含有 2,4-D 和 KT 浓度均为 1mg/L 的改良 59 继代培养基上继代培养 3 年后，仍能保持旺盛的增殖能力。该胚性愈伤组织转入含有 1mg/L ABA 的 1/2 改良 59 分化培养基上，约 3 个月可分化出大量体细胞胚，而且遗传十分稳定。一般情况下，较高浓度的生长素利于根的形成而抑制芽的发生；相反，较高浓度的激动素则促进组织芽的发生而抑制根的形成。但在水稻愈伤组织的器官分化中，当愈伤组织转移到不加任何生长物质的培养基上时，可同时分化出芽和根。这一情况的发生可能与材料本身的生理状态，尤其与内源激素的合成和代谢有密切关系。

在其他植物激素中，一般认为在培养基中加入赤霉素（GA3）不利于器官发生或胚状体的形成，这在胡萝卜、烟草、水稻等多种植物中已得到证实。在菊芋的块茎组织培养中，人们发现 GA3 单独使用时对菊芋组织并无明显作用，而与 NAA 一起使用时，在黑暗培养中则明显促进根的大量形成，但在光照的条件下却表现出抑制作用，即形成少量的根。尽管赤霉素在多数情况下对器官和胚状体的形成表现出抑制作用，但对已形成的器官或不定胚的生长却有促进作用。例如，在檀香、柑橘、珍珠粟、玉米胚培养中，GA3 对胚成熟、发根和次生生长都是有益的。在花菱草的培养中，GA3 的使用可解除其体细胞胚的休眠。

脱落酸（abscisic acid，ABA）是一种抑制生长的植物激素。在种子胚发育过程中，内源性 ABA 可使种子胚正常发育成熟及抑制过早萌发。研究表明，ABA 在体细胞胚胎发生过程中同样发挥着重要作用，ABA 通过影响愈伤组织中生长素的合成、极性运输和极性分布从而调控体细胞胚胎发生（Su et al.，2013）。在早实核桃体细胞胚胎发生研究过程中发现，1.0mg/L ABA 处理可以降低体细胞胚的畸变率，同时提高体细胞胚的发生率。培养基中适量添加 ABA 可以促进杂交鹅掌楸体细胞胚的分化和成熟。0.5～1.5mg/L ABA 可加快体细胞胚的发育；添加 2.0～2.5mg/L ABA 时，体细胞胚的分化率明显提高，但同时畸形胚的比例增加。ABA 影响棉花体细胞胚胎发生过程中下胚轴的脱分化和再分化。浓度低于 0.04μmol/L 的 ABA 能促进棉花球形胚的生长，浓度高于 0.2μmol/L 的 ABA 则抑制球形胚的发育。有研究表明，脱落酸通过调节棉花体细胞胚胎发生相关标记基因（如 *BBM*、*AGL15*、*LEC1*、*FUS3* 和 *ABI3* 等）的表达，进而调控愈伤组织形成和胚性愈伤组织的分化。在拟南芥体细胞胚胎发生过程中，100nmol/L ABA 能抑制拟南芥体细胞胚的产生；外源添加内源 ABA 合成抑制剂氟啶酮（fluridone）能显著抑制拟南芥的体细胞胚胎发生。可见，ABA 在体细胞胚胎发生中的作用具有两面性，并且在不同植物体细胞胚中的作用浓度稍有不同。在实际工作中，需要根据植物材料的特殊性选择合适的浓度。

2）培养基中无机营养成分和有机营养成分的影响　　培养基中无机营养成分和有机营养成分能在一定程度上影响体细胞胚胎发生。例如，在胡萝卜的细胞培养中，培养基中高含氮量可促进胚状体的发生。同时不同的氮源对胚状体形成有不同的作用效果，NH_4^+ 对诱导胚状体形成常优于其他氮源，但在烟草花药培养诱导胚状体的过程中并没有发现 NH_4^+ 对胚状体的形成有促进作用。

目前，已发现一些金属离子在植物组织培养中对促进体细胞的形态发生有十分重要的作用，在培养基中加入合适浓度的金属离子可提高体细胞胚胎发生的频率。钾离子对体细胞胚胎发生是必需的。同时，铁盐也是影响体细胞胚胎发生的一个重要元素。例如，在以小麦胚的外胚叶和盾片为材料进行胚性愈伤组织诱导实验中，铁元素对胚性愈伤组织的诱导和分化是必需的。在烟草花药培养诱导胚状体形成过程中，EDTA 螯合型铁盐的培养效果最好。在缺铁的情况下，胚不能从球形期发育到心形期。其他金属元素，如锌和锰等均不能代替铁的作用。在未用任何激素处理的条件下，在添加有 $CoCl_2$、$NiCl_2$、$CuCl_2$、$ZnCl_2$ 和 $CdCl_2$ 的 MS 培养基上可以诱导胡萝卜体细胞胚的形成，其中 $CoCl_2$ 的效果最佳。在小麦愈伤组织诱导体细胞胚胎发生中，也发现 Zn^{2+}、Cu^{2+}、Co^{2+} 和 Mn^{2+} 等具有重要的促进作用，不仅可提高诱导频率，而且可以加速胚性愈伤组织的形成。

培养基中维生素、核酸碱基和氨基酸等有机化合物可为植物的生长发育提供营养物质。这些有机化合物来源于水解酪蛋白或水解乳蛋白、麦芽汁、酵母提取物和椰子汁等一些天然复合物，能促进培养物的器官或胚状体的形成。研究表明，这些天然物质中影响生长和分化的有效成分是细胞激动素类物质和肌醇（一种水溶性维生素）等。例如，在培养基中直接加入肌醇（维生素 B_8）和硫胺素（维生素 B_1）同样有益于植物组织的培养。在紫雪花茎切段的培养中发现，腺嘌呤不但能促进芽的形成，而且可以增强细胞激动素对芽形成的促进作用；后来证明腺嘌呤的这一效应不能被其他嘌呤及其嘧啶类所替代。此外，部分有机营养物为植物细胞的生长发育提供碳源和氮源，在添加适量激素的条件下，增加无机磷、酪氨酸和苯丙氨酸，或两种氨基酸结合使用，可促进烟草组织培养中器官的形成。在有些情况中，某些氨基酸或酰胺类物质（如甘氨酸、天冬酰胺、谷氨酰胺）同样有益于器官的增殖。

培养基中糖类物质对诱导植物体细胞胚胎发生也是不可缺少的重要成分，常用的糖类是蔗糖、葡萄糖和果糖。在枸杞的体细胞胚胎发生的实验中，3%～6%的蔗糖浓度可以使体细胞胚的诱导频率维持在较高的水平。但当蔗糖浓度达到 9% 时，由于影响到细胞生长的渗透势，因而体细胞胚的诱导频率显著下降。胡萝卜体细胞胚的发育在高浓度的葡萄糖（6%～10%）条件下更有利。半乳糖能够促进柑橘胚珠愈伤组织的体细胞胚的发育。

器官和胚状体的发生受多种因素的制约，可以肯定的是培养基成分中激素的作用最为明显。但是需要指出的是，所有这些影响因素与器官和胚状体发生之间的关系，是科学工作者在不同种类植物的组织培养实验中得出的，带有一定的经验性质。因此，在实际应用过程中，应根据不同属、科和种的植物，在诱导器官分化和胚状体发生过程中考虑多种影响因素并选择合适的培养条件。

2. 培养基物理性质的影响　　培养基的物理性质包括培养基是固体还是液体状态、培养基的渗透压和 pH 等。

1）固体培养基和液体培养基对体细胞胚生长的影响　　培养基是固体还是液体状态对离体组织或细胞的生长发育，甚至器官分化的影响较大，而对体细胞胚形成和发育的影响很小。例如，在进行烟草植物组织细胞培养时，当把其愈伤组织由液体培养基转到固体培养基中时，它立即分化出苗。在胡萝卜和石刁柏的组织培养过程中，需要通过改变培养基的形式才能顺利分化出苗。研究者认为，第一阶段诱导形成愈伤组织，应在固体培养基上进行；第二阶段细胞和胚状体的增殖，需在液体培养基中完成；第三阶段由胚状体发育成可移栽的植株，又应转移到固体培养基上进行培养。

固体培养基中的琼脂浓度影响水稻愈伤组织的诱导和植株再生。琼脂浓度过高，会导致培养基太硬，外植体获取的养分和生理活性物质也会减少，从而抑制组织细胞的生长。

同时，琼脂中所含的杂质会对细胞的生长造成不良影响。在烟草花药培养中，由于活性炭能吸附酚类及花药释放的 ABA 和乙烯等抑制体细胞胚胎发生的物质，加入适量活性炭于培养基中，可显著提高胚状体形成的效率。

2）培养基渗透压对体细胞胚生长的影响　　培养基中渗透压的高低通常由蔗糖、葡萄糖、果糖、甘露醇和山梨醇等糖类物质来调节，其渗透压的改变会影响愈伤组织中胚状体或器官的分化形成。例如，油菜花药只有先放在高糖浓度（9%～10%）培养基中培养，才能有利于细胞增殖和胚状体的形成。胡萝卜和水防风的细胞悬浮培养时，在无生长素的 MS 基本培养基中能诱导形成胚，但在 MS 培养基中若加入 12%蔗糖或其他能提高渗透压的物质（如甘露醇和山梨醇），形成的胚发育得比较小，其形态比正常的 MS 培养基上的更像合子胚，这种影响类似于在胚培养中所观察到的现象。

3）培养基 pH 对体细胞胚生长的影响　　在培养过程中，培养基中的 pH 常常随着培养基中水分的丧失和养分的消耗，会发生一定的变化，难以保持恒定。通常把培养基中的 pH 调整到 5.6～6.0，过高或者过低都会对培养物造成不利影响，以培养基中 pH 为 5.8 时效果最佳。

3. 培养的环境条件　　植物组织培养的外部环境条件包括环境湿度条件、光照条件、温度条件和气体成分。在这些条件中，对器官和胚状体形成有较大影响的主要是光照和温度。环境中的气体成分一般不易控制，所以较少被人们研究。

1）环境湿度　　在干燥地区或干燥季节，由于培养基迅速丧失水分，从而改变了培养基的渗透压。通常认为，在水稻组织培养中，适当的脱水处理有助于愈伤组织恢复紧密、颗粒状的组织结构特征，是一种提高植株再生率的培养方法。Jain 等（1996）对水稻愈伤组织进行干燥处理，植株再生率比对照提高了 3 倍，并显示 24h 脱水处理的效果最好。干燥处理在野生稻组织培养中也取得了较好的效果（谭光轩等，1997）。

湿度和气象条件对植株组织培养材料的影响仅有较少的研究。一般要求培养室的相对湿度为 70%～80%，并保持良好的空气质量。湿度过高易引起棉塞生长霉菌，造成污染。有资料表明，氧气浓度过高可促进胡萝卜悬浮培养细胞胚状体的形成，过低则利于愈伤组织的生长和根的分化发育，但也有人持相反观点。

2）光照条件　　在植物组织细胞离体培养中，光照的作用并不仅仅是提供光合作用的能源，因为最初培养的组织细胞是处在异养条件下的,培养基中已有足够的碳源(蔗糖)供利用。离体培养中的光照对于植物组织细胞的作用是一种诱导效应,诱导植物组织细胞脱分化与再分化。

在各种植物组织培养中,植物组织细胞的脱分化和再分化对光照的要求是不同的。在烟草、荷兰芹的组织培养中,器官的发生不需要光照,百合、虎头兰的小鳞茎和原球茎的生长发育也不依赖于光照。但多数植物组织细胞的培养都需在一定的光照下进行。例如,在进行菊芋块茎组织培养时,发现光照对根形成有促进作用,最佳光照强度在4000lx左右。对于体细胞胚发生,在普通烟草的胚培养中,其体细胞胚的形成需要高光照;而在胡萝卜属的胚培养中,胚能在完全黑暗的条件下完成较正常的胚成熟。

通常情况下,在诱导器官形成时,对光照强度没有特殊的要求,而由器官或胚状体分化形成小植株,较强的光照有利于其以后移至土壤存活及生长。光照强度及光周期对有正常光周期植物的影响非常明显。例如,对短日照敏感的葡萄品种茎切段培养中,仅在短日照培养条件下,茎切段才能形成根;对于日照不敏感的品种,对光照的要求则不严格,在任何光周期下均可产生根。在对长日照植物菊苣的根段进行培养时,长日照条件下可以诱导根段形成花芽。而在对短日照植物紫雪花的茎节培养时,仅在短日照条件下才能诱导节间组织形成花芽,在长日照条件下无此作用。

早在1969年就发现蓝光对烟草愈伤组织分化形成小植株有促进作用,在白光或蓝光下形成相当多的芽,而远红光和红光则没有促进作用。光质对根的形成作用正好与芽相反。在菊芋块茎组织培养中,观察到红光对根的形成有促进作用。在促进对根的形成作用上,远红光和红光有较强的促分化作用,日光次之,蓝光和黑暗则有抑制作用。

3)温度条件 温度会影响细胞内的代谢水平,影响酶的活性,从而影响细胞分裂和细胞生长速率。在植物组织细胞培养中,一般都采用24~28℃的恒温条件进行培养。通常在这样的温度条件下都可使植物组织细胞较好地生长,并能再分化形成芽和根。但是也有资料表明,有些植物组织细胞甚至需要更低或更高的温度。例如,培养温度在18℃时,对烟草组织培养时苗的形成有良好的促进作用,高于33℃和低于12℃对苗的形成都不利。

对于不同植物,体外培养过程中根和芽的分化对于温度有不同的要求。例如,白天26℃和夜间15℃的变温条件会促进菊的芽和根的形成。因此,培养室的温度最好能保持有一定的昼夜温差。15~18℃能促进秋海棠离体叶片的芽的形成,而27℃或超过27℃的高温时,芽的形成就会完全被抑制,却能迅速形成大量的根。低温处理过的菊苣的根切段愈伤组织易分化形成花芽,而在25℃条件下培养则利于分化形成营养芽。所以,对于一些要求有季节温差的植物,温度处理能够快速促进器官分化使之成为小植株,从而打破植株休眠,利于正常生长。

综上所述,要进行器官分化及建立高效的植株再生体系,除了寻找各种适宜的培养方法及最佳的培养因子,植物种类、基因型、不同地理环境来源、外植体的来源、培养组织的大小及其所处的生理状态、愈伤组织继代培养时间等问题也应该引起足够的重视。

第三节 试管苗的移栽与护理

一、试管苗与自然苗的区别

试管苗在形态和生理上不同于田间生长的自然苗,这是由于试管苗一般在高湿、弱光、恒温、无菌的环境中异养生长，形成了根、茎、叶特有的形态结构和生理特性。

（一）根

有些试管苗的根是通过愈伤组织形成的，与茎、叶的维管束不相通，导致水分及养分的运输能力相对较差，而且这样的次生根容易在与愈伤组织的连接处折断。有时需要将芽切下转移到生根培养基上长根，使根与茎的维管束连通，移栽才能成活。另外，生长在培养基内的试管苗根系没有根毛或根毛很少。上述形态结构造成了试管苗根系的吸收能力和转运能力差。例如，葡萄试管苗根系吸收能力仅为沙培苗的 1/18。根系吸收的水分难以满足蒸腾作用的消耗，试管苗体内的水分难以达到平衡，故极易萎蔫、干枯。

（二）叶

在试管内高湿、弱光和异养条件下生长的叶主要有如下特点：①叶面保护组织，如叶表角质层、蜡质层不发达甚至完全缺失，易于失水萎蔫。②一些植物试管苗的叶无表皮毛或极少。与自然苗相比，黑色醋栗试管苗叶表皮无毛，或只有球形有柄毛和多细胞黏液毛，其保湿、反光性较差（Donnelly et al.，1986），叶片易失水。③试管苗叶组织间隙大，栅栏组织薄，易失水，加之茎的输导系统发育不完善，供水不足，易造成萎蔫，干枯死亡。④试管苗气孔数目少，同时不能关闭，开口过大。⑤试管苗叶的光合作用能力极低。Desjardins（1995）认为试管苗叶片类似于阴处生长的植物，栅栏细胞稀少而小，细胞间隙大，影响叶肉细胞中 CO_2 的吸收和固定。又因试管苗气孔存在反常功能，气孔一直开放，导致叶片脱水而对光合器官造成持久的伤害。用白桦试管苗和温室实生苗进行对比试验，光强由 $200\mu mol/（m^2 \cdot s）$ 增加到 $1200\mu mol/（m^2 \cdot s）$，前者净光合强度未增加，但后者净光合强度却增加了 2 倍。

（三）组织

试管苗组织幼嫩，结构较松散，细胞含水量高，内含物含量低，机械组织很不发达，容易发生机械损伤，对病虫害特别敏感，因此稍有不慎，就会发生茎、叶甚至整株腐烂。

二、试管苗移栽时应注意的事项

（一）试管苗驯化（炼苗）

在组织培养实践中，由于试管苗根、茎、叶特有的形态结构和生理特性，移栽不成功的情况经常会发生。为了完成从异养到自养、从试管封闭环境到自然环境的过渡和转变，试管苗需要有一个逐步适应的过程。在移植前要对试管苗进行适当的锻炼，使其对外界环境的适应能力增强，提高移栽成活率。这个过程称为试管苗驯化或炼苗。为了提高移栽效果，驯化（炼苗）是非常必要和有效的措施。

试管苗从试管内移到试管外，由异养变为自养，由无菌培养变为有菌培养，由恒温、高湿度、弱光照培养条件转变为自然变温（昼夜温差）、低湿度、强光照的培养条件。因此，试管苗的驯化应考虑温度、湿度、光照及有无菌等要素。试管苗的驯化有以下两个阶段。

第一阶段：瓶内强光驯化，即试管苗出瓶之前，将培养容器置于较强的光照下，逐步打开封口增加通气，最后完全打开瓶盖，使试管苗逐渐适应外界环境。试管苗驯化炼苗的时间、时机和方式依植物种类、生根状态而异。一般来说，试管苗转到生根培养基上培养，待根系较发达时，将试管苗连同培养容器从培养室取出，打开封口进行适应性锻炼。但要把握瓶内炼苗开口时间，若时间太长，培养基易感染杂菌，反而降低移栽成活率。

第二阶段：瓶外驯化。将试管苗从培养瓶移出定植到育苗容器或苗床，经过一段保湿、遮光生长阶段。试管苗经过一定阶段的瓶内驯化以后，对自然环境有了一定的适应能力，驯化成功的标准是试管苗茎叶颜色加深，此时可以将其移栽到瓶外保湿的空间。

从培养瓶移出试管苗时，手一定要轻，不能用力过猛，防止扯断苗根。如果培养基太干燥，可以先浸水浸泡一段时间再取苗。黏附于试管苗根部的培养基应清洗干净，以免生霉菌。清洗时一只手轻轻捏住苗的根茎上部，另一只手轻揉根部，将附于其上的琼脂和松散的愈伤组织清理掉；如果根过长可剪掉一段，蘸生长素（50mg/L NAA）或生根粉后移入苗盘。移栽基质以疏松、排水性和透气性良好者为宜，如蛭石、河沙、珍珠岩、过筛炉灰、腐熟锯末、草炭、腐殖土等，最好使用彻底消毒过的理化性状良好的复合基质。试管苗移栽时的空气湿度和光照条件是重要的影响因子，最好选在无风、阴湿的天气移苗。试管苗植入苗床后，应在清洁、控温的条件下生长，空气湿度要大（约 90%）。基质的湿度不宜太高，基质水分过多会通气不良而影响长根，容易导致烂苗。有条件的可采用微喷技术控制空气湿度。对于刚移栽的小苗，应该进行短期遮阴。经过 1~3d 的生长，才能逐步加强光照，使小苗慢慢适应自然环境条件。移栽约 1 周后，应该进行适量的叶面追肥，最好使用 1/4 MS 或 1/2 MS 培养基大量元素的混合液。

驯化时间以 1 周左右为宜。欧洲甜桃在温室自然光下炼苗 5~10d，葡萄、枣树一般为 2 周左右。

试管苗在移栽过程中经历了由无菌到有菌、由恒温到变温、由弱光到强光、由高湿到低湿、由自养到异养的变化，通过灭菌、降温、增光、控水、减肥等驯化措施，使试管苗逐渐适应外界环境，在生理、形态、组织上发生相应的变化，使之更适应自然环境，从而保证试管苗顺利地移栽并成活。

（二）移栽大田苗圃

选疏松肥沃、排灌水方便、距温室较近、日照良好的地块作为苗圃地。经过驯化后的试管苗按一般营养钵苗进行移栽及管理即可。移栽于苗圃地的小苗应保证有 3 个月的生长期，精心管理，以利于加粗生长和枝芽成熟。只要试管苗健壮、前期炼苗适当、带土移栽，一般成活率都在 90% 左右。

主要参考文献

谭光轩，古红梅，陈龙. 1997. 普通野生稻幼穗离体培养的研究. 信阳师范学院学报(自然科学版)，(4)：32-35

谭光轩，舒理慧，何光存. 2002. 短花药野生稻的离体植株再生及其组织细胞学观察. 植物生理学通讯，(3)：217-220

许智宏，张宪省，苏英华，等. 2019. 植物细胞全能性和再生. 中国科学：生命科学，49：1282-1300

薛庆善. 2001. 体外培养的原理与技术. 北京：科学出版社：999-1196

张献龙. 2012. 植物生物技术. 2 版. 北京：科学出版社

Aregawi K, Shen J, Pierroz G, et al. 2022. Morphogene-assisted transformation of *Sorghum bicolor* allows more efficient genome editing. Plant Biotechnology Journal, 20(4): 748-760

Boutilier K, Offringa R, Sharma V K, et al. 2002. Ectopic expression of BABY BOOM triggers a conversion from vegetative to embryonic growth. Plant Cell, 14(8): 1737-1749

Gordon-Kamm B, Sardesai N, Arling M, et al. 2019. Using morphogenic genes to improve recovery and regeneration of transgenic plants. Plants (Basel), 8(2): 38

Iwase A, Mitsuda N, Koyama T, et al. 2011. The AP2/ERF transcription factor WIND1 controls cell dedifferentiation in *Arabidopsis*. Current Biology, 21(6): 508-514

Nelson-Vasilchik K, Hague J, Mookkan M, et al. 2018. Transformation of recalcitrant *Sorghum* varieties facilitated by Baby Boom and Wuschel 2. Current Protocols in Plant Biology, 3(4): e20076

Neves M, Correia S, Cavaleiro C, et al. 2021. Modulation of organogenesis and somatic embryogenesis by ethylene: an overview. Plants (Basel), 10(6): 1208

Shin J, Bae S, Seo P J. 2020. *De novo* shoot organogenesis during plant regeneration. Journal of Experimental Botany, 71(1): 63-72

Zimmerman J L. 1993. Somatic embryogenesis: a model for early development in higher plants. Plant Cell, 5 (10): 1411-1423

根据细胞全能性学说，植物体的每一个细胞都具有相同的遗传信息，由它们分化再生的植株在遗传上应当相同，仍保持母体植株的遗传特性。然而越来越多的研究表明，不论诱变剂存在与否，由组织培养产生的再生植株后代存在大量的遗传变异（图 4-1）。Sacristan 和 Melchers（1969）首先注意到烟草长期继代培养的愈伤组织再生植株出现各种形态学变异，细胞学检测结果表明变异株的染色体数目异常。Larkin 和 Scowcroft（1981）把这种源于外植体的、经组织或细胞培养脱分化和再分化过程而在再生植株中表现的变异称为体细胞无性系变异（somaclonal variation，SV）。

图 4-1　体外培养郁金香再生植株花的变异（引自 Podwyszynska，2005）

A．BP-A 株系正常花色；B．BP-B 花色变异；C．Pr-A 植株正常花型；
D．Pr-D 窄花瓣变异；E．Pr-D 异常花型；F．Pr-D 百合花型变异

彩图

尽管在组织、细胞培养中产生变异的原因很多，目前也没有固定的模式，对组织培养过程中产生的各种变异的机制也不了解，但因为体细胞无性系变异绝大多数可以遗传，所以对于育种学家来说，通过组织培养产生可遗传变异，进而选育植物新品种仍具有重要意义。相反，对于生物技术学者特别是转基因研究者来说，则需要尽量避免体细胞无性系变异的发生。因为一旦发生，很难确定其是属于体细胞无性系变异还是外源基因插入诱变。另外，对于某些特殊细胞学材料（如单倍体、多倍体、非整倍体等）的无性繁殖保存，也需要避免变异的产生。因此，体细胞无性系变异一直为众多科学研究者所关注。

第一节　体细胞无性系变异的分类与特点

一、体细胞无性系变异的分类

（一）依据变异来源进行分类

1. 自发型变异　　人们经常发现，在离体茎、叶或芽等培养中，由胚状体或原生质体产生的再生植株会出现某些形态、性状等方面的变异，如株高、分蘖、穗长和千粒重等。据报道，这种自发变异的产生，可能与取材部位及同一部位不同细胞自发变异有关，也可能与组织培养条件下培养基组成物质及含量有关。此外，机械损伤和温度等物理因素及细胞代谢产物等也可引起自发突变。嵌合体是自发变异的重要来源，由不同遗传组成的组织和细胞构成，嵌合体分离将会导致变异出现。不定芽发生是导致嵌合体分离的主要原因，通常被认为是起源于单细胞或特定组织的少数细胞。

2. 诱导型变异　　在植物组织培养过程中，如果有目的地利用物理、化学因素对培养组织或细胞进行处理，诱发其遗传性状发生变异，然后根据育种目标对变异材料进行筛选鉴定和加工，以培育新品种或新种质，称为诱导无性系变异育种（图4-2）。在实际中常用的诱变因素包括物理诱变和化学诱变，其中物理诱变包括紫外线、γ射线、中子、质子等，化学诱变包括甲基磺酸乙酯（EMS）等。化学诱变与物理诱变相比，具有损伤小、诱导频率低、有利突变多等特点。诱变是创造变异和获得无性系突变体的重要途径，其频率受培养基的激素配比、外植体基因型、嵌合性及其发育时期、染色体倍性水平、继代次数、选择压力、诱变剂等因素的影响。

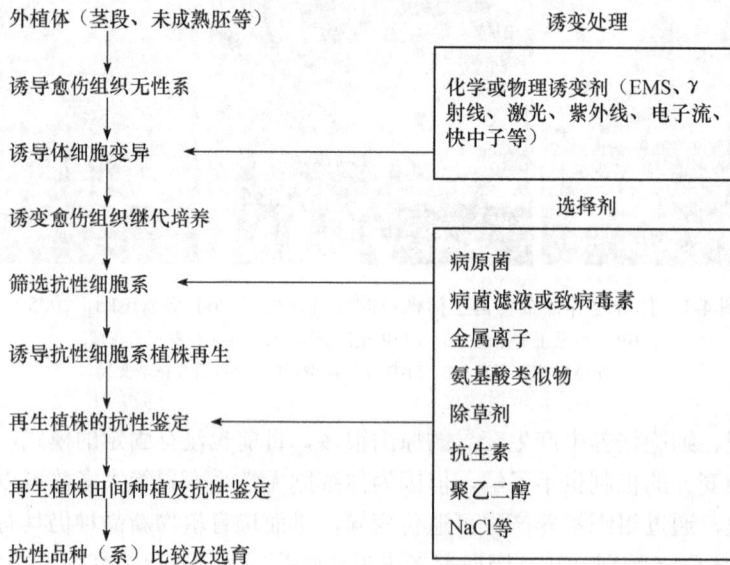

外植体（茎段、未成熟胚等）　　　　　　　　　　诱变处理

↓

诱导愈伤组织无性系　　　　　　　　化学或物理诱变剂（EMS、γ
　　　　　　　　　　　　　　　　　射线、激光、紫外线、电子流、
↓　　　　　　　　　　　　　　　　快中子等）

诱导体细胞变异　←

↓

诱变愈伤组织继代培养　　　　　　　　　　　　　选择剂

↓　　　　　　　　　　　　　　　　病原菌

筛选抗性细胞系　←　　　　　　　　　病菌滤液或致病毒素

↓　　　　　　　　　　　　　　　　金属离子

诱导抗性细胞系植株再生　　　　　　　氨基酸类似物

↓　　　　　　　　　　　　　　　　除草剂

再生植株的抗性鉴定　←　　　　　　　抗生素

↓　　　　　　　　　　　　　　　　聚乙二醇

再生植株田间种植及抗性鉴定　　　　　NaCl等

↓

抗性品种（系）比较及选育

图4-2　诱导无性系变异育种程序（引自李思经和姜国勇，1995）

（二）依据变异能否遗传进行分类

1. 外遗传变异　　外遗传变异也称发育变异（developmental variation），是外部影响导

致基因表达发生改变，从而引起表型变异，一般在有性世代和无性世代都不能稳定传递。常见的外遗传变异有：①组织培养中的复幼现象。其是指在离体培养条件下，取自成龄植株的外植体会由于生长环境变化而向幼龄方向改变，组织培养物变为幼龄状态的一种，再生植株也会因培养物所到达的发育阶段不同而表现不同的发育状态。这种状态可能经过一段时间后仍然保持，也可能消失。②细胞驯化作用（habituation），即细胞失去对生长调节剂的异养（或需求）状态，变为自养。③移栽后植株的强生长势。这种变异可能与幼态性逆转或病毒脱除有关。④短暂矮化现象（transient dwarfism）。这种变异可能与植株体内残存的生长调节物质有关，但一般在两个生长季节后即可恢复正常，不能稳定遗传。

2. 可遗传变异　　可遗传变异是指可以在有性世代和无性繁殖世代稳定保持的变异。对于可遗传变异而言，又可根据无性系变异在 SC_2 代是否分离而分为纯合变异和杂合变异。纯合变异在 SC_2 代及以后世代均不再出现分离，而杂合变异在 SC_2 代出现分离，但一般在以后世代可以稳定传递。对于可遗传变异，一般认为由其遗传基础所引起。

二、体细胞无性系变异的特点

在组织培养再生的体细胞无性系中存在很多变异植株，利用这些变异体进行植物育种工作具有明显的优越性，原因在于该类变异具有下列特点：①变异频率高。其一般为 1%～3%，最高可达 100%。②变异类型广泛。其包括数量性状、质量性状、染色体数目和结构变异、DNA 扩增和减少、生化特性变化等，其中以数量性状变异为主，如株高、叶型、穗型、熟期、粒型、分枝特性等。③后代稳定快。一般无性系二代即可获得稳定株系，从而缩短育种年限。④能保持原物种的优良特性。仅改变 1～2 个性状，可针对现有品种的个别缺点进行筛选，特别是对于熟性、矮秆、粒型等性状非常有效，可避免基因重组带来的不利影响。⑤潜在隐性性状和显性性状的活化。无性系变异后代中，不但出现显性性状改变，还出现隐性性状的变异，如雄性不育、矮秆等。⑥绿苗率高、取材方便。植物的未成熟胚、成熟胚、幼穗、下胚轴、子叶、幼芽等幼嫩部位均可作为外植体，且再生绿苗率高，白化苗少。⑦起点高、效率高。可选用当前最好的品种（系）为起始材料，一旦选育出苗头材料便可能超过现有品种，不需要多年的适应性试验。

三、体细胞无性系变异的常用符号

在体细胞无性系研究中，对于再生植株和随后的自花授粉后代，Sibi（1976）用"P"作为再生植株代表字符，在"P"下添加下标以代表再生植株的群体。Chaleff（1981）引进 R_1，R_2，R_3……来代表再生植株当代，自交得到的第一代、第二代……并逐渐广泛运用。随后 Larkin 和 Scowcroft（1983）提出一套新的命名体系 SC_1，SC_2，SC_3……（对应于 R_1，R_2，R_3……）

第二节　体细胞无性系变异的普遍性

迄今，体细胞无性系变异几乎发生在所有能通过细胞和组织培养的植物中，如水稻、小麦、玉米、棉花、大麦、燕麦、高粱、谷子、大豆、马铃薯、油菜、柑橘、甘蔗、菠萝、苜蓿、胡麻、芝麻、番茄、辣椒、芦苇、鸭茅、猕猴桃、甜菜、薄荷等。因此，其具有广泛性和普遍性。

一、大田作物

（一）水稻

Oono（1978，1981）以水稻花粉植株种子为材料，获得了由成熟胚诱导愈伤组织后再生的无性系 1121 个，其中 59%出现表型变异，推测 SC_1 代有 71.9%发生了一个以上的基因变异。Fukai（1983）对来源于一块愈伤组织的 12 个再生植株的 SC_2 代进行观察，结果发现，存在矮秆、提前抽穗、白苗和不育性 4 种隐性变异。孙立华等（1994）通过粳稻体细胞无性系变异筛选出一个广亲和的隐性高秆突变体，并将其运用于杂交稻育种改良中；又从幼穗、花粉、成熟胚、种子诱导愈伤组织及原生质体中发现了大量变异体，其染色体出现多倍体和非整倍体变异，同时出现诸多表型变异，如矮化、白化、无分蘖、抽穗期提前、育性高、抗白叶枯病、抗稻瘟病、抗金属离子和耐盐等。另有资料表明，20 世纪 90 年代以来，我国利用体细胞无性系变异已育成'黑珍米''中组 1 号''组培 2 号''组培 7 号'和'组培 11 号'等多个水稻品种。

（二）小麦

胡含等（1978，1980）分析了 444 个小麦花粉再生植株后发现，有 10.8%出现分离，主要表现在个别性状上，可能是基因突变的结果。Larkin 等（1984）通过观察未成熟胚分化来的数百株再生植株后代分离情况，发现了一系列形态学、生化和数量性状变异，且可遗传到下一世代。朱至清等（1989）以纯合花粉植株幼穗为材料，经愈伤组织诱导再生植株发现了广泛变异；对其中一株进行研究发现，34 株 SC_2 代有株高、穗形、叶色、芒性和蜡质性状的分离；连续几代选择，在 SC_5 代得到 79 个稳定株系，种子蛋白质含量为 12%~21%，可用于品质改良。王炜等（2014）利用 3 个小麦材料的幼胚为外植体，经愈伤组织诱导与分化获得再生植株，筛选出 12 份综合性状表现优异的材料，其中无性系变异材料"4-8"对小麦条锈病呈现出较好的抗性。

（三）玉米

目前，已发现多种玉米体细胞培养再生植株表型变异，表现为植株变矮、叶片和果穗对生排列、双生苗、苗色变化、苗期致死突变、育性不正常、雌雄花变异、籽粒变异等。郑银洲等（1990）通过培养玉米纯系幼雄穗组织，获得了正常结实的再生植株，其后代出现了分蘖、分枝、叶型、叶鞘颜色、粒形、粒色、穗形及生育期等广泛变异。Beckert 等（1983）在玉米再生植株中发现了控制可遗传性状，如矮秆、皱叶和叶绿体缺失等的单基因。值得注意的是，在玉米无性系变异中还观察到了线粒体基因变异的存在。得克萨斯细胞质雄性不育系的不育基因存在于线粒体染色体，对叶斑病菌（*Drechslera maydis*，T 小种）敏感的基因也存在于线粒体中。人们发现在培养该种玉米愈伤组织时，若以 T 毒素为选择压，可获得一种既抗叶斑病又可育的体细胞突变体，对线粒体 DNA 内切酶酶切图谱进行分析后发现，突变体缺失了一段 6.6kb 的片段。

（四）棉花

棉花组织培养植株再生过程中的各个时期均存在广泛变异，变异类型涉及数量性状和质量性状、农艺性状和经济性状、表型变异和内在生理生化变异等。在这些变异中，多数是不利的，少数属于有利变异。其中，育性变异最为明显，但大多属于生理型变异，一般在再生植株当代就可恢复正常；株型、成熟期、产量性状和纤维品质变异则大多属于可遗传变异。郭香墨等（1988）通过观察陆地棉下胚轴愈伤组织悬浮系发现，四倍体占多数（47.7%），单倍体、二倍体、三倍体和六倍体分别占 8.4%、27.8%、12.1% 和 2.0%，五倍体和少于 13 条染色体的细胞则各占 1.0%。另有学者通过观察 'Coker201' 品种的胚性愈伤组织发现，染色体数目在 16～78 条，且出现染色体环和染色体桥，在有丝分裂间期还出现了多核和微核现象。

二、其他植物

（一）甘蔗

Heinz 和 Mee（1969，1971，1973）首先报道在幼叶和幼茎愈伤组织再生无性系中观察到形态学、细胞学和同工酶谱的变异，并将这些变异用于选育甘蔗品系。Krishnamurthi 等（1974）以 3 个病害敏感甘蔗品系为材料，筛选获得了抗斐济病毒病和霜霉病的无性系，再生植株多数表现抗病性增强，有的兼抗两种病害。Heinz（1976）经过培养对斐济病高度敏感的品种材料发现，735 个再生植株中有 18% 表现不同程度的抗性，同时还观察到一些抗眼斑病的再生植株。Larkin（1983）从当地不抗眼斑病的甘蔗栽培品种无性系中也发现了许多抗病材料。Liu 和 Chen（1976，1978）对 8 个甘蔗品种无性系进行研究后发现，许多性状发生变异，包括茎秆产量、糖产量、茎秆数、茎秆直径、纤维含量、叶耳长度和顶叶状态等，并选育出了一些产量高、抗病性强的甘蔗新品系。

（二）马铃薯

Shepard 等（1980）对马铃薯叶肉原生质体再生的 1000 个以上无性系进行分析后发现，几乎找不出一个和原植株完全相同的无性系；植株生长习性、成熟期、块茎大小和整齐度、块茎颜色、光周期和产量等均发生了变异，同时还发现了一些抗早疫病和晚疫病性状明显优于原品种的无性系材料；对其中 65 个选系进行田间评价，生物统计学分析结果表明，这些无性系至少在一个特性上显著不同于供体植株，甚至有一个无性系的 17 个性状不同于供体材料。邹雪等（2015）以马铃薯品种 '米拉' 为材料，经逆境胁迫筛选其试管薯切片再生植株，获得无性系变异材料 "M-13"，其试管苗和试管薯质量明显提高，根冠比和叶绿素含量也较野生型对照明显升高。

（三）药用植物

药用植物在中国传统医学中发挥着极其重要的作用，如何保护现有药用资源及培育药用成分显著改良的新品种是当前的重要课题。慈忠玲等（1995）以防风的幼嫩茎节为外植体，经诱导愈伤和愈伤分化获得体细胞胚与再生植株，经进一步研究发现，存在多种染色体变异类型，其中包括非整倍体变异、整倍体变异如单倍体和四倍体等，且随培养时间延长，无性系变异频率进一步升高，可达90%以上，且染色体数目和形态变异同时发生。薛启汉等（1995）研究了薄荷品种'73-8'离体培养体细胞无性系变异，结果发现，150个无性系变异材料在开花期、分枝数、单株鲜重、出油率和薄荷醇含量等各方面存在较大差异。

（四）草坪草

草坪草通常是指构成草坪植被的一类草本植物，因其具有保持水土、改造自然和美化环境等功能，因而在改善城市环境和营造休闲场所等方面发挥着重要作用。有学者对多花黑麦草离体培养体细胞无性系变异进行研究后发现，再生植株中存在株高、叶耳长度、开花时间等方面的变异类型（Jackson，1989）。向佐湘等（2012）利用假俭草的种子为外植体，经继代培养获得胚性愈伤组织，愈伤组织分化后出现矮化、花叶等多种无性系变异类型。另有学者经研究狗牙根的体细胞无性系变异后发现，再生植株中有株高、叶长、叶宽和茎节数等方面的变异类型（Goldman and Hanna，2004）。

第三节　体细胞无性系变异的遗传基础

一、细胞学遗传基础

（一）外植体细胞预存的变异

在大多数被子植物的体细胞再分化过程中，经常发生染色体多倍化现象。多倍化的程度因组织而异，同一组织内的细胞之间也不一致。对于这些多倍体变异，目前有一种解释是产生于植物体内已有的多倍体细胞的启动分裂。由于在进行分化的植物组织中，DNA不断周期性复制而不进入有丝分裂，结果就产生了很多多倍体细胞。这些细胞在正常情况下不再分裂，但在离体培养条件下却能诱导分裂，从而导致愈伤组织细胞的多倍体变异。在葱属和豌豆属中采用放射自显影技术证明，所培养的外植体中，原有的多倍体细胞开始启动有丝分裂。另外，在烟草、玉米等植物中也有同样的现象。例如，在玉米胚乳培养中，即使培养基中没有生长素，多倍体细胞也能诱导分裂。

（二）染色体数量变异

除少数植物如还阳参、向日葵的培养细胞可完全或基本保持二倍体外，绝大多数植物愈伤组织都会呈现不同程度的染色体变异。其中，再生植株的染色体数量变异，被认为是无性系变异发生最主要的证据和来源，也是人们最容易鉴别和接受的变异类型。染色体数量变异包括非整倍体（aneuploid）、单倍体（monoploid）、多倍体（polyploid）、双二倍体（amphidiploid）和混倍体（mixoploid），其中以非整倍体发生的频率最高。Amato（1985）认为，在体细胞培养过程中，由于有丝分裂的纺锤体出现异常，细胞内的染色体发生不均匀分离，或移向其中一极，或分离延迟，或不能聚集，进而使得染色体数目和结构发生变异。

大麦、小麦、玉米、水稻、马铃薯、甘蔗等组织培养的愈伤组织、再生植株或原生质体中出现了大量的染色体数量变异。Singh（1986）在大麦愈伤组织培养中观察到单倍体（$2n=X=$

7)、三倍体（$2n=3X=21$）、四倍体（$2n=4X=28$）和八倍体（$2n=8X=56$）的细胞，说明愈伤组织细胞的遗传组成具有明显的多态性。另外，不同植物属间杂种的再生植株中也能够产生双二倍体和部分二倍体的变异，但变异频率较低。对于这些非整倍体变异，若是外源染色体有选择性丢失的，那么这些材料在遗传分析和育种实践上将有很大价值。例如，在栽培大麦和芒颖大麦草的杂种再生植株中，发现有 5%～10% 的单倍体或近等单倍体，所丢失的染色体均为外源染色体，而且在丢失之前已与大麦染色体发生相互易位。

混倍体（又称镶嵌现象）也是一种常见的染色体数量变异类型，它可能是植株表型镶嵌变异的遗传基础，但表型的镶嵌性变异并非由混倍体现象引起。关于混倍体产生的机制目前主要是来自组织学（histology）的研究结果。一般认为，在体细胞胚胎发生和直接器官发生形成再生植株的两种途径中，后一种途径中由多细胞芽分生组织所形成的再生植株个体有一些将成为混倍体。王关林等（1989）在培养小麦和中间偃麦草杂交后代 F_2 再生植株时，获得了一株混倍体，该变异体能够自交结实，所得的种子均具有相同的 $2n$ 染色体数。

（三）染色体结构变异

在植物组织培养中，除可以发生染色体数量变异外，还可以发生染色体结构变异。它是所有无性系变异中最有应用前景的一种类型，是产生体细胞变异的主要机制，也是最难阐明的一种变异类型。大量的染色体结构变异起源于离体培养过程。通过对不同物种再生植株的花粉母细胞减数分裂进行检查发现，相互易位、缺失、倒位、重复、着丝粒和无着丝粒片段交联、等臂染色体、端着丝粒染色体、双着丝粒染色体、双随体染色体和超级常染色质片段等变异类型大量存在。

染色体结构变异很容易造成遗传物质的重排和丢失，这可能也是引起再生植株表型变异的原因之一。结构变异不仅使染色体断裂处的基因受到影响，而且会使邻近的基因特别是调节转录的基因受到干扰。染色体结构变异中的易位、倒位、重复和缺失会由于基因位于一个新的位置而诱导一种新的表型，这种"位置效应"的间接遗传学效应可以改变基因表达的时间和组织特异性，且能彻底改变基因的表达程度。遗传上的重排也可导致一些基因的丢失和"静止"基因的活化，还可丢失或在一些情况下关闭某个显性基因从而使隐性基因表达。另外，双着丝粒染色体还能够通过有丝分裂过程中的"断裂-桥-融合"，产生不对称姐妹染色单体的交换，从而周期性地产生缺失-重复。

一般来说，在体细胞无性系变异再生植株中，染色体数目和结构变异越多，其代谢损伤就越严重，生长也就越弱，其育种实际利用价值也就越低。但是，也有不少研究人员发现，在马铃薯、甘蔗、小麦和水稻的多种表型变异无性系中，染色体结构和数目并没有发生变化，说明细胞学遗传变异仅能解释少数的、较极端的无性系变异类型，而更多的无性系变异可能是生物体内 DNA 分子水平的变异。

二、分子遗传学基础

随着分子生物学的发展，特别是分子标记技术在体细胞无性系变异研究中的应用，人们逐渐认识到体细胞无性系 DNA 水平的变异可能有基因突变、碱基修饰、基因重排（核基因重排和核外基因组重排）、DNA 总量变化、转座因子的激活、细胞器 DNA 修饰等类型，从而为无性系变异的深入研究提供了分子遗传学基础。

（一）基因突变

基因突变是指基因序列中的碱基发生改变，导致基因由一种遗传状态转变为另一种遗传状态，被认为是体细胞无性系变异的重要来源。植物组织和细胞在离体培养过程中，经过愈伤组织脱分化和再分化过程，常常会引起基因突变，其中单基因突变在许多植物上都已表现出来，且大多数可稳定遗传。对玉米、烟草和水稻的研究表明，单基因突变的再生植株后代呈现典型的孟德尔隐性遗传。在番茄无性系的 230 个再生植株中，有 13 个变异是由单基因点突变造成的，突变频率高达 5.7%（Evans and Sharp，1983）。

利用分子生物学技术可以检测上述单基因突变。Brettell（1986）从 645 株玉米杂种胚培养的再生植株中，利用 Southern 印迹法，发现一个稳定遗传的 *Adh1*（玉米乙醇脱氢酶）位点突变体，表现为孟德尔单基因遗传控制；对突变基因 *Adh1-Usv* 进行克隆和序列分析发现，该突变基因第 6 号外显子发生单碱基对的改变，编码谷氨酸的三联体密码 GAG 中的 A 转换为 T，使肽链中的谷氨酸转变为缬氨酸。Dennis 等对玉米组织培养中的突变体 *Adh1-ls* 等位基因进行碱基分析，结果发现，该基因发生了无义突变，编码赖氨酸的密码子 AAG 突变为终止密码子 TAG，使原肽链不能合成。

目前，对于体细胞无性系变异中的单基因突变，一般采用分子生物学技术进行检测。但对于多基因突变来说，检测比较困难。而植物中的许多重要性状诸如品质、产量等均由多基因控制，可以通过基因组测序分析多基因突变。

（二）碱基修饰

有些植物组织、器官经一段时间的离体培养后，基因组中的碱基会发生某种化学修饰（如甲基化作用），从而影响细胞内基因的表达。DNA 甲基化（DNA methylation）是细胞中最常见的一种 DNA 共价修饰形式，是基因表达调控的一种方式。在真核生物 DNA 中，有 2%～7% 的胞嘧啶（C）存在着甲基化修饰，这种修饰作用广泛分布于基因组的各序列中。甲基化发生的位点通常是基因 5′端的 5′-CpG-3′（偶尔为 5′-CpNpG-3′）胞嘧啶碱基。

对 DNA 甲基化的研究，一般采用 *Hpa*Ⅱ 和 *Msp*Ⅰ 两种甲基化敏感的限制性内切核酸酶。这两种酶的切割位点都是 CCGG 序列，*Hpa*Ⅱ 识别并切割未甲基化的 CCGG 序列，但对甲基化的 CG 对（CmG）则不起作用；*Msp*Ⅰ 识别并切割所有的 CCGG 序列，故可用于识别 CCGG 序列的存在与否。大豆 5S RNA 基因在染色体上呈线性排列，内含 2 个 CCGG 内切酶位点，经 *Hpa*Ⅱ 分析，在整体植株中胞嘧啶被甲基（—CH$_3$）所修饰；但在经过短期培养后的细胞中则发生了去甲基化，而一些经长期培养的细胞系又会发生再甲基化。

植株再生过程中，甲基化能够抑制相关基因的表达，然而，甲基化/去甲基化在基因活性调控中的意义又会随生物的不同而不同。Brown（1989）发现，玉米体细胞无性系的某些再生植株与对照相比是超甲基化的，有些更容易被 *Hpa*Ⅱ 切割，这说明甲基化的趋势发生了改变，而且在玉米组织培养中，甲基化变化在基因组中的分布并不随机。Devaux 等（1993）通过比较大麦由组织培养得到的 DH 群体和由球茎大麦染色体消失法所得 DH 群体的甲基化差异发现，由甲基化引起的限制性片段长度多态性（RFLP）变化有 96% 来自组织培养得到的 DH 群体，说明组织培养能引起甲基化，甲基化对无性系变异起着重要作用。

将短期培养的甜瓜愈伤组织及其再生植株的核 DNA 用限制性内切核酸酶 *Hpa*Ⅱ 和 *Msp*Ⅰ 消化，核酸印迹和杂交实验结果表明，360bp 密集重复序列的甲基化水平较高，与供体植株具有完全相同的甲基化模式，甲基化可能与 DNA 修复和染色体结构的维持有关，以此保证植物遗传的相对稳定。然而，也有相反的例子，如对马铃薯和亚麻无性系植株的研究中则没有检测到甲基化变化，对水稻再生系用多种探针和酶组合分析，也没有发现甲基化的变化，而且在基因表达调控上游区，甲基化敏感酶和不敏感酶的结果相近，而该区域在理论上应是甲基化变化较大的区域。

（三）基因重排

基因重排是 DNA 分子内部核苷酸顺序的重新排列，在组织培养过程中有时发生，一般发生在细胞脱分化时期，这也是导致无性系变异的另一原因。Das（1990）在玉米栽培系'A188'的培养细胞中发现，玉米贮藏蛋白基因座位有高频率的基因重排现象发生，重排起源于 DNA 复制过程中的同源染色体重组、缺失、倒位和插入。

由于植物基因组比较大，研究基因重排较困难，因此目前主要研究线粒体 DNA（mtDNA）和叶绿体 DNA（cpDNA）的重排。mtDNA 和 cpDNA 具有很大的保守性，其中 cpDNA 的保守性更高，因而变异较少。组织培养技术可使 mtDNA 产生较大变异。对多种植物限制性片段进行分析后发现，来自整体植株和培养细胞的 mtDNA 存在很大的不同。Hartmann（1989）通过比较小麦幼胚愈伤组织继代 1 次和 6 次后获得的再生植株发现，后者 mtDNA 发生重排，且培养时间越长，再生植株 mtDNA 的变异程度越高。有研究表明，培养 2 年的油菜细胞 mtDNA 也存在基因重排，至少有 2 个倒位和 1 个比较大的重复。在整体植株中具有 1 个 11.3kb 的线性 mtDNA 片段，但在培养细胞中则未出现。对小麦花粉培养后的再生绿苗和白苗 cpDNA 限制性片段比较后发现，白苗个体中的 cpDNA 出现大段缺失。

（四）DNA 总量变化

DNA 总量变化主要是通过基因扩增和基因丢失实现的。基因扩增是细胞内某些特定基因拷贝数专一性增加的现象，是细胞在短期内为满足某种需要而产生足够基因产物的一种调控手段；基因丢失是在细胞分化过程中通过丢失某些碱基序列而失去基因活性的现象。研究表明，在正常的组织培养条件下，植物基因组也会发生基因扩增和丢失现象。在抗性选择过程中，受选择剂抑制的某些合成酶基因也经常发生扩增，使合成酶水平相应提高，从而维持细胞的正常生长。例如，在草甘膦致死浓度（20mol/L）条件下筛选出的烟草抗性细胞系，其 DNA 与 3-烯醇丙酮酸莽草酸盐-5-磷酸合成酶（EPSP，草甘膦可抑制其活性）的 cDNA 杂交表明，细胞的耐受水平与 EPSP 的 mRNA 稳定性间存在正相关，参与该酶合成的至少两个基因发生了扩增现象，从而导致细胞内 EPSP mRNA 水平增加，且基因扩增程度随细胞耐受水平的提高而增加。

在水稻中，一些重复序列在组织培养中也有明显的选择性扩增，愈伤组织 DNA 的重复序列与叶片相比，有 5～70 倍的拷贝数差异，而不同品种叶片间的差异只有 2～3 倍。Wang 等（1990）将从栽培稻及其悬浮培养物中提取的 DNA 转移到硝酸纤维素膜上，与同位素标记的 DNA 高度重复序列探针进行杂交，通过检测发现在未分化培养细胞中的这些高度重复序列扩增至 75 倍。另有研究表明，体细胞无性系变异中的核糖体 DNA（rDNA）及其间隔序列和一些重复序列还很容易发生序列丢失。Brettell（1986）观察到小黑麦再生植株 1R 染色体上 rDNA 间隔区序列减少了 80%。在水稻愈伤组织或花药培养中发现有大量 DNA 片段拷贝数减少或大片段叶绿体 DNA 丢失的现象。目前还不清楚在体细胞无性系中 DNA 序列减少对细胞脱分化、再分化及植株再生有何生物学意义。

（五）转座因子的激活

转座因子是引起体细胞无性系变异的又一重要原因。在组织培养过程中，由于细胞处于高速分裂状态，因此染色质复制出现滞后，导致细胞分裂后期形成染色体桥和染色体断裂。在断裂部位 DNA 修复过程中，属于异染色质的转座子会发生去甲基化而被激活，并发生转座作用，从而引起一系列结构基因的活化、失活和位置变化，导致无性系变异的出现。转座因子根据转座机制可分为两类：第一类称为转座子，是经典遗传学的转座因子，它们在转座酶作用下从原位置解离，并整合到新位置而达到转座目的，如玉米 Ac/Ds、Spm/En 因子和金鱼草 Tam 因子等。第二类称为反转录因子，其转座过程是原位置 DNA 先转录成 RNA，再经过反转录形成 DNA 并整合到新位置，但原有 DNA 并不离开原位置。

McClintock 在自交玉米后代中首先发现了转座子，随后在玉米体细胞无性系再生植株中也检测到激活的转座子存在，且认为转座子激活可能起源于染色体断裂和重排及碱基的去甲基化，并提出碱基去甲基化可能是激活转座子（活性 Ac）的一个结果，而不是原因。有研究表明，在组织培养过程中，玉米 3 个转座系统 Ac、Spm 和 Mu 均表现出活性。转座子一旦被激活，就可在基因组中从一个位点跳跃到另一个位点，其插入和解离将直接影响相邻基因的表达，因而导致基因组产生一系列明显变化。有学者利用无 Ac 活性的玉米为材料，在组织培养的无性系再生植株中发现 3% 植株的 Ac 被激活，而对照 Ac 未被激活；进一步研究 Ac 被激活的植株后代，分离到与 Ac 活性共分离的 30kb 的 *Sst*Ⅰ和 10kb 的 *Bgl*Ⅱ两个 Ac 同源限制性片段，并认为其中包含经组织培养活化的 Ac 因子。

Tos17 是水稻的一种反转录因子，对 *Tos17* 的 9 个插入位点的研究表明，其中 5 个为结构基因编码区，*Tos17* 的插入与解离，导致所在基因发生变异；而且随培养时间的延长，*Tos17* 拷贝数增加，进而增大了无性系变异的频率。在苜蓿的组织培养后代中也观察到由转座因子活化而引起的花色变异。

实际上，利用转座子来解释体细胞无性系变异现象，在很多方面比较吻合：①高等植物中存在多种转座因子系统，在组织培养中由于外源激素等因子诱导激活转座因子，有关基因的表达出现了广泛变异，由此可以找出有些体细胞无性系变异不仅频率高、变异范围广，而且致死突变频率低的原因。②转座因子具有使不活动基因活化或使活跃表达基因失活的特性，由此可说明体细胞无性系变异中，不仅有隐性基因被激活，也有显性基因被激活，表现出显性基因突变频率远高于物理化学因子诱发的变异率。③转座因子可诱发位于中度或高度重复序列的多拷贝基因中不表达的拷贝活化，提高这些基因的表达强度。因此体细胞无性系变异中，这类基因如 rDNA 表现明显的基因扩增，同时 rRNA 表达量也增加，引起核糖体增加，从而为蛋白质合成提供丰富的场所，以适应离体培养中细胞分裂和分化的需要。

第四节　体细胞无性系变异的筛选与检测

一、体细胞无性系变异的筛选

植物细胞在组织培养过程中会因多种因素的影响而产生变异，但为了增加突变频率，一般需要进行诱变处理。但具体使用多大剂量和处理多长时间才能达到较好的诱变效果，则应根据具体试验材料而定。目前常用的筛选细胞突变体的方法包括以下几种：①肉眼观察法。对于那些色素异常或形态发生明显变异的细胞，直接采用肉眼观察进行选择。②正向选择法。通过添加不同的选择剂类型，利用正选择系统筛选出不同抗性水平的细胞。③负向选择法。对于营养缺陷型的突变细胞，则可利用其生长不良的特性，采用负选择系统进行筛选。④分子标记选择法。利用分子标记，如限制性片段长度多态性（RFLP）、随机扩增多态性 DNA（RAPD）、扩增片段长度多态性（AFLP）、简单序列重复（SSR）、序列特异扩增区域（SCAR）等进行突变细胞的选择。

如果采用正向选择法，还可考虑两种选择方案，即"一步筛选法"和"多步筛选法"。①一步筛选法。将培养物接种在含有最低全部致死剂量的培养基，将在该培养基仍然生长良好的培养物再转移到含有抑制剂的新鲜培养基进行培养。可见，这种方法的原则是首先设定一个高筛选压力，使不抗的细胞（如野生型细胞）完全不可能生长，而在该压力下能够生长的细胞即为耐（抗）性细胞系。在使用该方法时，有时会出现细胞在超过最低全部致死浓度时全部死亡的现象，或有的细胞在单个状态下不能生存，因而使用范围有限。②多步筛选法。首先使用半致死剂量对细胞进行筛选，随后将生长良好的细胞系继续转移到筛选压力逐渐提高的新鲜培养基中。在这种筛选机制下，抗性细胞应该比野生型细胞的生长繁殖速度快，因此，通过逐步增加筛选剂水平的方法，最终筛选出在抑制剂超过最低全部致死浓度压力下也能旺盛生长的细胞系，并且很容易获得在某一抑制剂水平下，细胞稳定生长的细胞系。但是，这种方法也有一个问题，即去除抑制剂后抗性培养物的稳定性问题，分析其抗性丢失的原因可能有很多，其中包括细胞对抑制剂的生理适应。

李晓敏（2012）以两个大蒜品种的蒜瓣芽基部为外植体，采用紫斑病菌粗毒素为筛选压力，分别通过一步筛选法（30%粗毒素浓度一次筛选）和多步筛选法（10%、20%和30%粗毒素浓度逐级筛选）筛选抗病无性系变异材料，结果发现，采用一步筛选法获得的抗性植株由于不能适应外界环境条件，在移栽过程中被淘汰，而通过多步筛选法获得的抗性植株最终能够形成试管小鳞茎；进一步采用离体接种粗毒素和活体喷施粗毒素的方法鉴定植株抗病性发现，与野生型对照相比，其抗病性有所提高。

需要注意的是，在进行突变体筛选之前，首先应确定所采用的抑制剂浓度，即利用多大剂量的筛选剂比较合适，所以需要做一个抑制剂量的实验。由于多数筛选是利用细胞悬浮培养进行，故以悬浮培养为例来说明筛选压力的确定方法。具体做法是：每瓶接种一定质量的愈伤组织（如 0.25g），用不同浓度的抑制剂处理，培养一定的时间（如 10d），收集培养细胞并称重，计算相对鲜重增长率：

$$相对鲜重增长率 = \frac{X_n - X_0}{X_c - X_0} \times 100\%$$

式中，X_n 为浓度是 n 的均重；X_c 为对照均重；X_0 为接种量。

根据上述计算结果作图，找出半致死剂量及使全部细胞致死的最低剂量，一般选择近于杀死全部细胞的剂量来进行突变体的筛选。

二、体细胞无性系变异的检测

（一）形态学检测

形态学检测是一种传统的检测方法，是实际育种工作中最直接、最简便的方法。某些变异在试管苗阶段即能检测，如叶、茎、根，有些则需要到大田条件下，如花序、穗数、株高等。Israe 和谢志南（1992）在 7 个香蕉品种的体细胞无性系中发现了株高、异常叶、假茎颜色、宿存花序及果实开裂等形态学变异。然而，该方法有时会受到外界环境因素的影响，从而影响鉴定结果的可靠性；并且，该方法由于一般需要在田间或温室条件下建立相对成熟的检测体系，因而需要消耗一定的人力和物力。

（二）细胞学检测

该种方法主要通过染色体形态配对分析对变异植株染色体数目和结构变异进行鉴定，常采用染色体压片法、去壁低渗法等。陈可咏等（1994）用 EMS 处理芦苇的胚性愈伤组织，诱导分化后获得能在含 10.0g/kg NaCl 的 MS 培养基生长的耐盐变异植株，经细胞学检查变异植株发现，染色体数目在 33～100。Ahloowalia 等（1985）发现，小麦体细胞无性系 SC_4 代再生植株的形态及产量均发生了明显变异，经细胞学检测发现无性系染色体数目发生了变化，表现为非整倍体、多倍体和混倍体。但也有表型发生变异但染色体结构和数目并未发生变化的情况。

（三）生理生化检测

Sandoval 等（1995）分析了香蕉品种的无性系变异材料，结果发现，存在赤霉素含量差异，其中矮化变异材料的 GA_3 含量为 811ng/g，而正常植株和巨型变异材料的 GA_3 含量则分别比矮化材料高 3.6 倍和 4.6 倍；同时发现，巨型材料中的 GA_{20} 含量为 68ng/g，分别比正常植株和矮化植株高 4.6 倍和 7.3 倍，说明香蕉株高的变异与赤霉素合成代谢有关。Pardha 和 Alia（1995）检测了银合欢变异植株体内的二氧化碳吸收潜能，结果发现，变异植株比野生型对照具有更高的二氧化碳吸收潜能。另外，也有学者将叶绿素、类胡萝卜素及花青素等作为检测体细胞无性系变异的指标。例如，Mujib（2005）通过检测凤梨的无性系变异植株发现，其叶绿素含量显著降低；而 Wang 等（2007）经检测发现，无性系变异植株与野生型对照相比，其类胡萝卜素含量存在较大差异。

同工酶是由染色体上不同基因位点或同一位点等位基因编码的，是基因型的生化表现型，因此可在蛋白质水平检测无性系变异的存在。Ryan 等（1987）在 149 株小麦幼胚愈伤组织再生植株中发现 22 株存在麦粒 β 淀粉酶的带型变化；Davies 等（1986）在 551 株小麦再生植株中，发现 17 株的 Adh2 酶谱发生了变异。冯建荣等（2000）对 3 个草莓品种愈伤组织诱导苗的过氧化物酶同工酶变异情况进行分析，发现变异频率为 10%～20%。另外，麦醇溶蛋白和谷蛋白也可作为标记来研究无性系变异，在变异植株中也多次检测到这两种酶谱的质量和数量变化。但是，植株的农艺性状有时也出现变化，而同工酶谱带未检测到变异的情况。因此，利用同工酶技术检测突变体也存在一定的局限性。

（四）分子生物学检测

分子生物学检测技术可直接对变异 DNA 进行分析，因而比其他方法更能直接反映无性系真实的变异情况。

1. RFLP 检测技术　　RFLP 可反映群体内同源 DNA 序列中核苷酸排列顺序的差异，因而从无性系的 RFLP 变化可以反映真实变异的存在。若采用特异识别甲基化碱基的限制性内切核酸酶，则对检测 DNA 甲基化状态改变引起的体细胞无性系变异尤为有用。Muller 等

（1990）利用 5 种探针分析水稻愈伤组织再生植株 RFLP 变化，愈伤组织培养 67d 的再生植株中有 23%表现 RFLP，培养 28d 的有 6.3%表现 RFLP，说明培养时间的延长可增加无性系变异。陈受宜等（1991）发现，在水稻抗盐突变体植株的第 7 对染色体有两个基因连锁位点发生突变。杨长登等（1996）采用分布于水稻 12 条染色体的 121 个 RFLP 探针对组培突变体"黑珍米"及其供体亲本进行分析，结果发现，有 24.8%的 RFLP 探针检测到多态性，通过进一步研究发现，其中有 77.8%是由点突变引起的。

2. RAPD 检测技术　　RAPD 常用于检测模板 DNA 引物同源序列间发生的片段插入、缺失及引物结合位点内的核苷酸变异。李继红等（1999）利用 RAPD 技术在 60 个随机引物中找到 4 个可用于鉴定 4 个番茄品种体细胞无性系变异的引物。邢朝斌等（2006）利用 6 个 RAPD 引物扩增刺五加愈伤组织及其野生型对照，结果在 56 个位点中有 48 个属于多态性位点，平均每个引物可产生 8 个多态性位点。

3. SSR 检测技术　　SSR 能够检测出由引物退火位置或重复次数改变而引起的体细胞无性系变异。将 SSR 引入组织培养体系，可准确、快捷地鉴定离体培养下的各材料基因型，确定其遗传背景和来源。王炜等（2016）利用 30 对 SSR 引物分析了 3 个小麦品种共 194 份体细胞无性系材料，结果发现，体细胞无性系变异在不同品种间存在差异，并且扩增片段迁移率变异类型出现频率高于片段缺失或新增的频率；通过进一步分析还发现，SSR 位点变异频率和无性系的表型变异频率间没有直接的相关性。刘星月等（2020）利用 38 对 SSR 引物检测多子芋品种'江芋 2 号'及其体细胞无性系变异材料'江芋 4 号'，结果发现，两份材料间的遗传相似系数为 0.97。

4. AFLP 检测技术　　AFLP 技术因结合 RFLP 和 PCR 技术的优点，被广泛应用于植物遗传育种研究。李晓玲等（2016）利用 19 对 AFLP 引物检测了星星草体细胞无性系变异材料及其野生型对照，结果发现，925 条扩增条带中有 16 条呈现多态性，经过进一步分析发现，变异材料中的多态性位点包括条带缺失与新增，且以野生型条带缺失类型更为普遍。田韦韦等（2017）通过拟原球茎诱导途径获得 10 份文心兰体细胞无性系突变体，其叶色呈现绿色与浅绿色相间条纹，经 AFLP 技术检测其变异发现，28 对引物组合在突变体和野生型间扩增出 192 条多态性条带，不同突变体的变异频率为 12.3%～19.9%。

5. SNP 检测技术　　SNP 是指存在于生物基因组中的单个核苷酸变异，因其具有其他分子标记所不具备的优势（如数量庞大、多态性丰富等），成为近年来检测生物多样性最重要的标记类型。Wang 等（2019）采用简化基因组测序技术（specific-locus amplified fragment sequencing，SLAF-seq）检测兰花品种'Milliongolds'离体培养体细胞无性系变异，获得了大量的 SNP，证实该技术可在没有参考基因组序列的情况下实现不同物种体细胞无性系变异的检测。

6. 其他检测技术　　除上述检测技术外，有学者还采用简单重复序列间区标记（ISSR）、相关序列扩增多态性（SRAP）、转座子间扩增多态性（IRAP）和甲基化敏感扩增多态性（MSAP）等技术检测植物体细胞无性系变异，其中 ISSR 常被用于检测两个相距较近、方向相反的 SSR 序列间的 DNA 多态性，SRAP 被用于检测内含子及启动子区的多态性，IRAP 被用于检测逆转座子插入位点间的序列多态性，MSAP 被用于检测基因组甲基化的多态性。聂琼等（2017）分别利用 ISSR、SRAP 和 IRAP 检测了火龙果体细胞无性系变异。巩檑等（2011）采用 ISSR 和 SRAP 技术检测了石蒜体细胞无性系变异。田田（2015）采用 ISSR 和 MSAP 技术检测了樱桃新品种离体培养体细胞无性系变异。利用这些方法，进一步提高了植物体细胞无性系变异多态性检测效率。

第五节　体细胞无性系变异的影响因素及育种应用

一、体细胞无性系变异的影响因素

（一）基因型

基因型不同，体细胞无性系变异的频率也不同，引起这种差异的原因可能与材料遗传背景及基因型对外界因素的敏感程度有关。赵成章（1993）提出了不同作物基因型的变异频率，小麦为 15.4%，水稻为 71.9%～75.8%，玉米为 11.6%，甘蔗为 18.0%，烟草为 7.5%，马铃薯为 100%。周朝鸿（1997）分析了 3 种百合再生植株体细胞染色体数量变异后发现，淡黄花百合变异类型为三倍体和四倍体，百合变异类型为三倍体。朱秀英等（1990）对 20 个水稻品种成熟或未成熟胚无性系变异后代进行研究后发现，品种间无性系变异频率不同，其中'808'无性系变异的频率最高，而'金早 4 号'无性系变异的频率最低。

（二）外植体来源

外植体来源不同，对体细胞无性系变异的影响也不同。一般来说，离器官分化生长中心越远，体细胞无性系变异的频率就越高。果树组织培养研究表明，茎尖、腋芽等具有分生组织的外植体，其变异频率明显低于叶片、根段和茎段等未分化形成分生组织的外植体。当外植体来源于嵌合体时，嵌合体的分离就会导致高频率变异的出现。McPheeters 和 Skirvin（1983）经研究发现，来源于有刺黑莓的无刺嵌合体，在组织培养后可获得半数短刺或无刺的再生植株。另外，外植体的生理状态也会影响变异频率，伤口外植体比未受伤的变异频率要高。倍性高或染色体数目较多的外植体发生变异的频率一般也较高。

（三）再生途径

在植物组织培养过程中，从外植体到分化成苗一般有两种再生途径，这两种途径的主要区别在于是否形成愈伤组织。第一种途径为间接成苗：外植体诱导愈伤组织，再由愈伤组织分化成苗。第二种途径为直接成苗：外植体不经愈伤组织诱导阶段而直接分化成苗。有研究表明，第一种途径由于经历了愈伤组织这一脱分化过程，因而增加了细胞染色体变异的概率，从而导致体细胞无性系变异产生的频率明显增加。第二种途径由于越过了愈伤组织阶段，因而无性系变异的频率降低。

（四）培养基成分

培养基的选择是组织培养过程中的重要环节，培养基成分尤其是生长调节剂的种类和含量会诱导植物材料发生不同程度的变异。当培养基中含有多种激素时，其变异频率要大于仅使用一种激素。2,4-D 常用于愈伤组织诱导，但含有 2,4-D 的培养基要比含 IAA、NAA、激动素的培养基具有更强的诱变作用。李士生等（1990，1991）对小麦愈伤组织染色体跟踪的研究表明，6-BA、$AgNO_3$、高浓度 2,4-D 均可诱发愈伤组织姐妹染色单体发生交换，且 2,4-D 能提高变异频率，$AgNO_3$ 能降低变异频率，6-BA 的影响不明显，但高浓度 6-BA 可加大长期培养愈伤组织的超倍性体细胞频率。另外，培养基的蔗糖浓度也会影响体细胞无性系变异，金真等（2015）经研究发现，高浓度的蔗糖容易导致草莓再生植株发生无性系变异。

（五）继代时间与次数

继代时间与次数是影响体细胞无性系变异的重要因素，继代次数越多，变异频率就越大，继代时间越长，变异频率就越大。陈秀铃等（2002）对继代培养 12.5 年的小麦愈伤组织染色体结构变异进行研究，经与继代 1.5～8.6 年的进行比较发现，染色体结构变异类型发生改变，并认为长期继代培养不仅能引起染色体数目和结构变异，同时可导致基因消失或表达的改变。Muller 等（1990）利用 RFLP 研究不同培养时间对无性系变异的影响发现，培养 9 周的愈伤再生植株 RFLP 为 23%，而培养 4 周的 RFLP 为 6.3%，说明长时间培养可增加体细胞无性系 DNA 的多态性。

另有研究表明，在水稻花药培养过程中，继代 20 周的再生植株发生形态学性状改变的比例达 88%，而继代 4～6 周的再生植株发生性状改变的比例为 63%；从染色体水平来看，愈伤组织的继代时间不同，再生植株内染色体组的倍性变化也不同。在不进行继代培养而分化成苗所形成的再生植株中，单倍体、二倍体和多倍体的比例分别为 57%、43% 和 0%；愈伤继代 4～6 周的再生植株中，3 种倍性植株的比例为 20%、84% 和 3%；愈伤继代 20 周的再生植株中，3 种倍性植株的比例为 7%、85% 和 11%（Yoshida，1998）。

二、体细胞无性系变异在植物育种中的应用

种质资源匮乏严重影响植物育种和农业生产的发展，科学家一直期望通过各种手段来诱发、创造自然基因库中没有的种质资源，为品种改良提供中间材料。Skirvin 等（1994）认为，体细胞无性系变异发生的频率为 1%～3%，远高于自然变异发生的频率，因而体细胞无性系变异作为一个变异广泛、稳定快、效率高的新途径，可为植物改良、代谢途径研究、基因突变位点分析提供资源，已成为细胞工程育种的重要组成部分（图4-3）。研究人员将外植体，

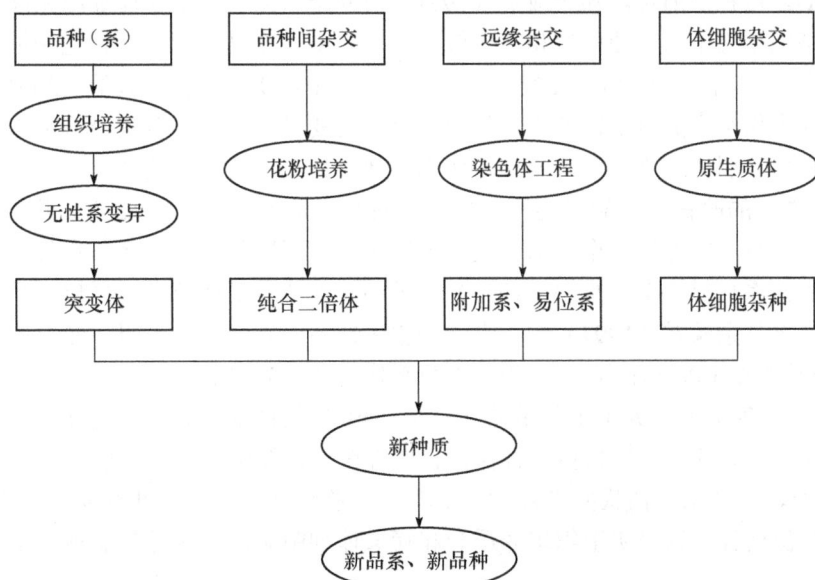

图 4-3 植物细胞工程育种技术

如叶片、茎秆和种子等，在实验室通过无性繁殖发生变异，然后通过分化手段得到再生植株，由此获得发生变异的新品种。例如，兰花作为重要的观赏植物，其很多新品种就来自组织培养过程中发生的体细胞无性系变异。同时，很多抗病的香蕉优良品系和部分高产优质的草莓新品种也来自无性系变异。因此，由体细胞无性系变异选育而成的植物新品种已在农业生产中发挥重要作用。目前，我国在体细胞突变体筛选和利用方面也已达到较高水平，有一批农艺性状良好的新品种（系）应用于杂交育种和生产。

（一）农艺性状改良方面的应用

1. 株高突变体的筛选与应用　　株高是重要的农艺性状，过高易引起倒伏减产，过矮则由于不能充分利用光能而影响产量，株高改良一直是植物育种的重点之一。黄道强等（2001）采用幼穗培养诱导愈伤组织，经2次继代获得了无性系，其矮秆变异频率显著提高，变异体的株高降幅达10～15cm。郭秀平等（2002）以同源四倍体水稻为材料，通过花药培养得到新种质 'H2558'，该变异体株高30cm、茎粗、分蘖穗粒数多、剑叶短宽、株型紧凑，可在育种中作为矮源加以利用。孙立华等（1994）利用半矮秆、广亲和、粳稻种质 '02428' 进行组织培养，获得了由隐性单基因控制的高秆突变体 '02428h'；若将该突变体的高秆基因导入半矮秆、广亲和系，则有利于解决亚种间的杂种植株太高的问题。刘选明等（2002）以水稻不育系株 '1S' 的幼穗和成熟胚为外植体，经组织培养获得了愈伤组织，继代25d后转移到高浓度2,4-D培养基，经分化培养获得绿苗，随后进行多代种植，获得了配合力强、受一对基因控制的矮秆新不育系材料。刘宪虎等（2006）研究了5个水稻品种（系）的体细胞无性系变异，结果发现，各品种（系）的无性系变异材料均有株高变矮的趋势。

2. 生育期性状的改良　　李文雄等（1996）的研究表明，通过胚离体培养获得的无性系后代，多数表现出的早熟性变异可以遗传。余毓君（1997）对小麦体细胞变异的研究表明，抽穗期一般提早0.3～5.0d，具有获得优良突变体的可能性。胡尚连等（1996）对普通小麦再生植株的25个单细胞无性系的研究表明，从后代分离到了熟期提早的变异类型，且提早幅度较大（5～8d），可稳定遗传。郑企成等（1991）对9个基因型的小麦体细胞无性系进行研究后发现，各基因型实生苗的抽穗期相对比较集中，其中4个基因型 SC_1 代植株抽穗期的变异较大，变幅为3～4个等级；SC_2 代植株抽穗期的变异范围更大。黄道强等（2001）也发现在幼穗培养诱导愈伤组织的再生植株中，生育期提早的变异体较多，有些个体可提早5～7d成熟。这些研究均表明体细胞无性系变异是作物早熟品种改良的有效途径。

3. 产量性状的改良　　胡尚连等（1997）对小麦单细胞培养的研究表明，穗部性状的变异范围较广，有利的变异类型在第4代稳定遗传，并可繁殖到第8代，有可能直接筛选出应用于生产的株系材料。李文雄等（1996）通过胚培养获得了穗粒重明显超过对照材料的小麦胚培稳定株系。余毓君（1997）对小麦体细胞无性系变异的研究表明，变异体的穗部性状变优，平均穗长增加1.0cm左右，每穗的小穗数平均增加1.5～2.0个，平均单株穗数增加0.5～1.0个。谢戎等（2002）研究了水稻早熟恢复系 '402' 的体细胞无性系变异，结果发现，与野生型对照相比，无性系变异材料在谷粒性状如谷粒长、谷粒宽、谷粒厚、谷粒长/谷粒宽和谷粒长/谷粒厚，以及米粒性状如米粒长、米粒宽、米粒厚、米粒长/米粒宽和米粒长/米粒厚等方面存在广泛变异。这表明组织培养诱导和筛选体细胞无性系变异是品种产量性状改良的一种重要手段。

4. 育性性状突变体　　在植物体细胞无性系变异研究中，也观察到有育性性状的变异情况。据统计，在棉花组织培养过程中，其组培当代再生植株在育性方面存在明显差异，约有 25%的再生植株表现不育，且有少部分变异单株的不育性可通过有性过程传递给后代，属于可遗传变异。曾寒冰等（1996）对小麦未成熟胚离体培养的研究表明，后代变异表现在小孢子形成和发育过程中，对成熟花粉粒进行观察时能看到多种异常情况，如空瘪、小型及多萌发孔等类型。郑企成等（1991）的研究表明，SC_1 代单株育性的变异很大，育性普遍下降，基因型间有一定的差异，其中'丰抗 8 号''京花 8 号'和'8425'分别出现 3.8%、5.3%和4.3%的全不育单株，可用于雄性不育系的选育。

5．优良恢复系突变体　范树国等（1999）用野败型不育系'珍汕 97A'幼穗为外植体，获得了能恢复不育系育性的可恢复株，说明采用体细胞无性系变异来获得育性恢复突变体的方法可能对于那些难以获得恢复系的不育系来说，是创造恢复源的一种有效途径。沈圣泉等（2003）对引进的中籼品系'3027'进行 ^{60}Co-γ 射线诱变处理，而后结合幼穗培养技术，从诱发产生的变异后代中成功选育出优异恢复系突变体'R3027'，并配制出强优势杂交水稻新组合'Ⅱ优 3027'，该组合于 2000 年 4 月通过浙江省品种审定委员会审定。石太渊等（2006）利用高粱恢复系'0-30'为材料，经离体培养幼穗结合 ^{60}Co-γ 辐照处理，筛选出恢复系'011'；进一步利用该恢复系配制杂交种，获得了产量高且抗病的高粱杂交种'7050A/011'。

（二）品质改良方面的应用

1．蛋白质含量变异体　蛋白质含量是衡量籽粒营养品质的重要指标。胡尚连等（1996）、Ryan 等（1987）的研究表明，小麦体细胞无性系种子的蛋白质含量存在较大变异，出现了蛋白质含量显著高于亲本的无性系材料。王培等（1995）的研究表明，从同一单倍体的幼穗、成熟胚、继代花药愈伤组织和种子植株幼穗获得的无性系，其早代蛋白质含量的变幅很大，并从单倍体幼穗无性系中获得了 5 个蛋白质含量提高的冬小麦新品系。刘锦红等（1997）对小麦体细胞无性系再生植株后代籽粒的蛋白质含量进行分析后发现，有的株系蛋白质含量在 16%以上，显著超过未经培养的亲本，并具有稳定的可遗传性。

2．贮藏蛋白变异体　醇溶蛋白和麦谷蛋白是小麦籽粒胚乳中主要的贮藏蛋白，二者占种子蛋白质的 80%以上，与小麦品质密切相关。小麦体细胞无性系醇溶蛋白和麦谷蛋白的变异，不仅为育种者提供了变异源，而且为无性系变异提供了分子水平发生变异的证据。所出现的高分子质量和低分子质量蛋白质谱带（亚基）增加或缺失，尤其是高分子质量亚基发生的变化，可应用于小麦品质改良。张怀刚等（1995）在未加诱变剂的情况下，通过小麦幼胚、幼穗离体培养获得了 4 个 HMW 2GS 变异株。胡尚连等（1998）的研究表明，小麦胚培无性系后代醇溶蛋白和麦谷蛋白的谱带发生了改变，变异类型丰富，且亲本和无性系间有很大差异，不同株系表现也不同。朱至清等（1992）的研究表明，小麦单倍体花粉植株的幼穗培养再生植株后代的麦谷蛋白电泳图谱也发生了变异，既有某些新带的出现，又有谱带迁移率的变化。

3．氨基酸含量变异体　氨基酸代谢受末端产物反馈抑制的调控，因此，通过筛选对某种氨基酸的反馈抑制不敏感的突变体，就有可能获得体内该种氨基酸含量提高的材料。Carlson（1973）通过筛选抗蛋氨酸类似物的烟草突变体发现，蛋氨酸含量比对照高 5 倍。有学者利用不同植物为材料，分别进行抗缬氨酸、苏氨酸、赖氨酸、蛋氨酸、脯氨酸、苯丙氨酸与色氨酸等氨基酸类似物的筛选，经对氨基酸含量分析发现，氨基酸含量可提高 6~30 倍，其中苏氨酸含量提高 75~100 倍。以 S-2-氨乙基半胱氨酸（AEC）为选择剂，从未经诱变的玉米单倍体胚性细胞团中也筛选到抗 1mmol/L AEC 的胚性细胞团。罗士韦（1982）在进行烟草突变体筛选研究时，利用赖氨酸的类似物"氧化赖氨酸"作选择剂，成功获得高赖氨酸烟草突变体。

（三）抗性改良方面的应用

1. 抗病突变体的筛选　用病菌毒素或病菌毒素结构类似物为选择剂，已筛选出抗烟草野火病，抗马铃薯晚疫病，抗油菜黑胫病，抗甘蔗鞘枯病、斐济病和毛霉病，抗小麦根腐病菌毒素，抗甜菜褐斑病，抗胡麻叶斑病，抗水稻白叶枯病，抗小麦赤霉病，抗番茄早疫病等多种材料。郭丽娟等（1987）曾开展过诱发抗玉米小斑病突变体的研究，利用单倍体胚性无性系为材料，以小斑病菌产生的致病毒素为选择剂，在短期内诱发和筛选到抗小斑病的突变体。周嘉平等（1990）进行烟草抗黑胫病突变体的细胞筛选，建立了在细胞水平筛选抗黑胫病突变体的技术体系。张献龙等（1994，1995，1998）、姚明镜等（1994，1995）成功筛选到抗枯、黄萎病的棉花突变体，其再生植株在病圃中表现出较好的抗性。赵海岩等（2001）用水稻成熟胚、花药作外植体获得了愈伤组织，并在培养基上添加稻瘟病菌粗毒素提取液，随后将具较强活力的愈伤组织转到含稻瘟病菌粗毒素提取液的分化培养基中，经田间接种和天然疫圃种植鉴定，获得了两个抗性提高的稳定品种'辽农 2 号'和'辽农 7 号'，其抗病性较原品种提高了 1~3 个等级。

2. 抗除草剂突变体的筛选　近年来，采用离体培养的方法筛选抗除草剂突变体的研究较多，目前已获得烟草、胡萝卜、番茄、苜蓿、橙、油菜、玉米、棉花、小麦、大豆、白车轴草、南洋金花等植物的抗除草剂突变体。Chaleff 等在含有毒莠定的培养基中培养烟草细胞，筛选出 7 个抗性细胞系，其中 4 个具有再生能力，并得到种子，在自交后代中，抗性和敏感的分离比例为 1:1，对这 4 个抗性突变体的分析结果表明，其中 3 个由单一显性等位基因传递，另 1 株由单一半显性等位基因传递。绿磺隆（chlorsulfuron）是一种高效、广谱性的磺酰脲类除草剂，它在植物细胞中的作用位点是乙酰乳酸合成酶（acetolactate synthase，ALS），该酶是分支氨基酸合成代谢中的关键酶。该类除草剂对人畜无害，不污染环境，是麦田应用的最佳除草剂。但在不同的自然条件下（尤其是 pH 和降雨量），其安全性差异很大，对后茬敏感作物的药害时有发生；小麦、水稻对其抗性较大，而玉米却属于高敏感作物。王延峰等（2001）将玉米自交系产生的胚性愈伤组织接种到添加有半致死浓度除草剂绿磺隆的培养基上，经过筛选获得了抗除草剂的愈伤组织，并在加有除草剂的分化培养基上分化得到再生植株，对再生植株后代进行除草剂抗性鉴定表明，再生植株是可遗传的抗除草剂突变体。

3. 耐盐突变体的筛选　我国有盐碱地约 3000 万 hm^2，主要分布在西北、华北、东北内陆和东部滨海地区。因此，培育耐盐作物新品种，配合采取相应的栽培措施，是这些地区作物获得高产的关键。目前为止，筛选出的耐盐细胞系已超过 20 种，所获得的抗盐再生植株也表现出一定程度的抗性，特别是郑企成等筛选获得的小麦抗盐突变体，已在黄淮海地区进行试种。郭岩等（1997）以水稻花药为材料，经 EMS 处理或未处理，在 NaCl 胁迫条件下筛选耐盐突变体，所获得的变异体耐盐性可稳定遗传，F_2 代耐盐性呈 3:1 分离，表明其受一个主效基因控制。米海莉等（2001）以小麦'宁春 4 号'为材料进行组织培养，成熟胚在诱导培养基产生胚性愈伤组织后，再将经 0.5% NaCl 继代培养存活的愈伤组织转入含有 0.05% NaCl 的分化培养基，再生植株种子通过大田盐地（含盐量为 0.3%~0.4%）种植，收获的种子用盐水培养，15d 后其幼苗生长量、植株相对含水量、叶绿素含量等生理指标均有明显差异，最终获得耐盐突变体。由于植物耐盐的生化背景非常复杂，对其抗性机制了解得还很少，耐盐性可能是通过非专一性的机制实现，从而增加了抗盐突变体筛选工作的难度。

4. 抗旱突变体的筛选　　随着节水农业的发展，培育抗干旱作物新品种已成为当前育种的重要目标，而通过离体培养筛选抗旱突变体也成为首选方法。Handa 等用聚乙二醇为选择剂，虽然选出了具耐旱性的番茄细胞系，但是细胞的耐旱特性逐渐丧失。Smith 等用高粱愈伤组织作为筛选材料，获得了比对照植株耐热、耐干的再生植株和种子，解剖学观察表明，耐旱株系角质层的蜡质含量比对照植株要高，但其经济学性状明显降低。陈凌等（2010）采用 EMS 诱变结合体细胞无性系变异，筛选抗旱越橘属（*Vaccinium*）突变体，最终获得 9 株抗旱能力明显提高的变异材料。

5. 抗寒突变体的筛选　　前人曾对小麦、甘蔗、烟草、辣椒等植物愈伤组织或悬浮系进行耐寒性筛选，获得了不同程度的耐寒细胞系。金润洲等（1996）将来自 11 个基因型幼穗的愈伤组织，在 15℃条件下继代培养，在粳稻体细胞无性系中获得了大量可遗传的耐冷变异体；遗传力分析表明，变异体可以在 SC_2 代进行选择，这对耐冷育种具有重要的参考价值。茄（*Solanum melongena*）是喜温作物，多数品种在环境温度低于 5℃时就会表现明显的冷害症状，产量和品质显著下降。赵富宽等（2003）用花药低温胁迫培养获得了茄细胞变异体，对抗冷植株进行 RAPD 检测表明，抗寒突变株的扩增产物与对照存在多态性差异，证明诱导产生的抗冷性与植株 DNA 某些区域的微细变化有关，且抗寒突变株的有性繁殖一代仍表现较强的抗性。

6. 抗金属离子胁迫突变体的筛选　　酸性条件下，土壤中的铝、锰等金属和重金属离子会对植物发生毒害，在改良土壤的同时，培育耐金属离子胁迫新品种是提高酸性土壤作物产量的重要措施。已有实验证明，大麦和小麦的耐铝性受单基因控制。在此基础上，进行了耐铝番茄细胞系和耐铝烟草、胡萝卜再生植株的研究，结果表明离体筛选的突变细胞系在耐铝性状上比较稳定，再生植株可将耐铝特性通过自交传递给子代。通过对大麦的花药和幼胚培养物进行耐铝突变体筛选，得到了能够适应酸铝土壤的耐铝再生植株；另外，有学者已筛选获得抗镉的番茄细胞系和水稻植株、抗铜的水稻细胞系和烟草植株、抗汞的矮牵牛细胞系和烟草植株。

尽管体细胞无性系变异在育种中已有应用，但仍存在一些缺点或不足：①产生的变异多，变异类型复杂，并非所有的变异都可以稳定遗传，离体选择只对那些在离体培养和移栽到大田环境条件下都可以表现的性状表型变异有效。②变异方向难以控制，预测困难，负向变异多，或有一个性状表现优良，但其他方面则呈现负向，且变异类型并不都是新的。③筛选出的突变性状随世代的增加，存在逐渐丧失的可能性与趋势，一些抗性突变体的筛选与丰产性之间存在一定的矛盾。④植物细胞群体和微生物相比，除原生质体外，难以像微生物那样获得完全是单细胞的群体；离体培养时的增殖速率也远低于微生物，且多次继代后，特别是经过相应胁迫因子的筛选，很容易丧失分化能力。⑤无性系变异选择并非对所有作物都有效，可能更适合营养繁殖作物。

今后，随着分子生物学技术的迅速发展，加强从分子水平进一步深入研究植物体细胞无性系变异的遗传机制，探讨各影响因素的作用机制，将有利于对植物组织培养中的变异进行定向诱导和更有效的选择，使其在作物品种改良、新品种选育和种质资源创新中发挥更大的作用。

主要参考文献

陈纯贤, 孙敬三. 1994. 植物体细胞无性系变异研究进展. 生物学杂志, 3: 4-6

陈军营, 何盛莲, 陈新建, 等. 2005. 体细胞无性系变异在小麦育种中的应用. 麦类作物学报, 25 (2): 112-115

丰先红, 李健, 罗孝贵. 2010. 植物组织培养中体细胞无性系变异研究. 中国农学通报, 26 (14): 70-73

李思经, 姜国勇. 1995. 植物体细胞突变体筛选与品种改良. 中国农学通报, 11 (6): 6-8

陆维忠, 蒋宁, 周楠, 等. 1995. 小麦抗赤霉病无性系变异的研究与应用. 农业生物技术学报, 3 (2): 7-11

舒庆尧, 许德信, 高明尉, 等. 1999. 育成国际首例体细胞无性系变异杂交水稻组合汕优371. 中国农业科学, 32 (1): 108-109

张献龙. 2012. 植物生物技术. 2 版. 北京: 科学出版社

Larkin P J, Scowcroft W R. 1981. Somaclonal variation—a novel source of variability from cell cultures. Theoretical and Applied Genetics, 60 (4): 197-214

Pawełkowicz M E, Skarzyńska A, Mróz T, et al. 2021. Molecular insight into somaclonal variation phenomena from transcriptome profiling of cucumber (*Cucumis sativus* L.) lines. Plant Cell, Tissue and Organ Culture, 145: 239-259

Podwyszynska M. 2005. Somaclonal variation in micropropagated tulips based on phenotype observation. Journal of Fruit and Ornamental Plant Research, 13: 109-122

Wang C X, Tian M, Zhang Y, et al. 2019. Molecular spectrum of somaclonal variation in PLB-regenerated oncidium revealed by SLAF-seq. Plant Cell, Tissue and Organ Culture, 137: 541-552

第五章　单倍体细胞培养

单倍体（haploid）是指具有配子染色体数的个体或组织，即体细胞染色体数为 n。由于物种的倍性不同，可以把单倍体分成两类，即一倍单倍体（monohaploid），这类单倍体起源于二倍体物种；多倍单倍体（polyhaploid），这类单倍体起源于多倍体（如 $4X$、$6X$ 等）。典型的单倍体只能从多倍体植物，如小麦、烟草、三叶草等植物中产生，二倍体植物产生的单倍体只有在加倍后形成双单倍体才能存活下来。

第一节　单倍体及其应用价值

一、单倍体的起源

单倍体可以自发产生，也可诱发产生。能自发产生单倍体的植物有很多，包括番茄、棉花、水稻、咖啡、甜菜、大麦、亚麻、可可、油菜、小麦和芦笋等。自发形成单倍体的频率极低，仅为 0.002%～0.02%。因此，通过人工方法获取单倍体成为主要手段。

主要有 5 种方法可以诱发植物产生单倍体：①种间和属间杂交。远缘杂交中，异种植物虽然不能与母本授粉、受精，但因远缘花粉的诱导作用，卵细胞可以在没有受精的情况下受刺激发育成胚。远缘杂交诱发单倍体的现象在土豆、大麦、小麦、玉米中都有发生。②物理照射和化学诱变。花粉用射线照射后会失去受精能力，然后与母株授粉，卵细胞在花粉的刺激作用下进行孤雌发育，从而产生单倍体。这方面的例子可在烟草、小麦、金鱼草中发现。③双生苗的筛选（selection of twin）。有些植物可产生多胚种子，即两个或多个胚被共同的种皮包裹着，这些种子可产生单倍体-单倍体、二倍体-二倍体和单倍体-二倍体植株。通过双生苗筛选单倍体在玉米、棉花、辣椒等植物中获得成功。④未授粉的子房或者胚珠培养，这一方法已在胚培养章节介绍过。⑤花药和花粉培养。这一方法是本章将具体介绍的方法，培养的花药或花粉直接产生单倍体胚，或先诱导产生单倍体愈伤组织，再经适当的途径产生单倍体植株。

二、单倍体的特点及遗传行为

（一）单倍体的特点

单倍体植株含有本物种配子染色体数及其全套染色体组，也就是有生命必需的全套基因，因此在适宜条件下能正常生长。但因为所含染色体仅是正常体细胞的一半，一般表现为：①植株一般比较矮小纤弱；②由于细胞核内的染色体为奇数，进行减数分裂时会发生联会紊乱，无法产生性细胞，几乎不能形成种子（配子），所以单倍体植株高度不育；③染色体一经加倍，即得到纯合的正常二倍体植物。

（二）单倍体的遗传行为

一倍单倍体只有一个染色体基数（X），减数分裂时染色体不能配对，分离极不正常，但具有一定同源关系的染色体可以部分配对，从而可以对染色体的演化过程进行研究。在中期 I，纺锤丝高度紊乱，后期 I 染色体随机分向两极。起源于同源或异源多倍体的多倍单倍体在减数分裂时染色体的行为大不相同，如 $AAAA$ 的单倍体为 AA，而 $AABB$ 的单倍体为 AB，前者具有正常的染色体减数分裂行为，后者类似于一倍单倍体。对于小麦（$AABBDD$）来说，由于 A、B、D 三个染色体组之间具有部分同源关系，其单倍体 ABD 可以出现明显的异源染色体配对现象。

三、单倍体的应用价值

花药或花粉培养诱导单倍体的技术在应用上有一定优势，表现为：技术简单；对一些植物物种来说易于诱导未成熟花粉的分裂；可以进行大群体研究；可以迅速而大量地产生单倍体。单倍体在遗传和育种研究中有如下应用价值。

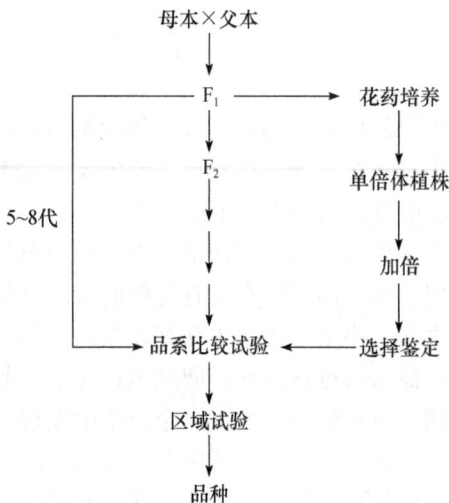

（一）缩短育种周期

常规育种在杂交 F_5、F_6 代开始选择；通过在 F_1 或 F_2 代进行单倍体花药培养可迅速产生纯系，在异花授粉作物中，可用单倍体产生双单倍体（doubled haploid，DH），从中筛选纯合自交系用于杂交制种。由于此法可加速纯合，从而缩短了育种周期 $3 \sim 5$ 年（图 5-1）。由于单倍体应用于育种存在这一优势，欧盟、美国和加拿大的很多育种公司将单倍体育种作为主要的育种方法，快速出品种，以应对市场竞争的压力。

图 5-1 常规杂交育种与单倍体育种的周期比较

（二）提高目标基因型的选择效率

花粉单倍体是纯合配子体，从来源于配子体的植株中选择某一种基因型的概率是 $(1/2)^n$，而从常规杂交 F_2 代群体中选择某一基因型的概率为 $(1/2)^{2n}$，故单倍体育种的选择效率为常规育种的 2^n 倍。

例如，某一性状受一对基因（A，a）控制，F_2 中纯合 AA 个体只有 1/4，若 F_1 采用花药或花粉培养，产生的后代中 AA 个体占 1/2，是常规杂交育种效率的 2 倍。如属两对基因控制，即亲本为 $AAbb$ 和 $aaBB$，F_1 基因型为 $AaBb$，F_2 中我们要选出 $AABB$ 个体的概率只有 1/16，若 F_1 采用花药或花粉培养，$AaBb$ 只产生 4 种花粉：AB、Ab、aB、ab，加倍后 $AABB$ 个体的概率为 1/4，是常规杂交育种效率的 4 倍。

（三）排除杂种优势对后代选择的干扰

对于杂交育种来讲，由于低世代很多基因位点尚处于杂合状态，会有不同程度的杂种优势表现，对个体的选择会造成一定误差。采用 DH 群体进行选择育种，由于各基因位点在理论上均处于纯合状态，选择到的变异能更大程度上代表真实变异。

（四）遗传研究的良好实验材料体系

单倍体植株中基因不受显隐性的影响，每一个基因的作用均能表现出来，是进行数量遗传学和发育遗传学研究的良好实验材料。单倍体在作物的遗传研究，如基因相互作用的检测、遗传变异的估计、连锁群的检测、影响数量性状的基因数目的估计及多基因的定位等中有较大的用途。DH 群体也是分子标记作图的良好群体，可作为一种永久群体，与 F_2 群体相比，DH 群体可以多年、多地点对同一群体进行重复试验，从而使结果更加准确，而且保证了研究的延续性。单倍体可用来创造非整倍体材料，用单倍体与二倍体杂交，可创造一系列的附加系用来研究染色体的遗传行为和功能。单倍体小孢子还是发育遗传研究的良好材料，可以用来研究细胞的分裂及分化、小孢子发育途径的转变，以及与转变有关的基因的表达与调控。

（五）突变体的筛选

由于单倍体的每个基因都是单拷贝的，在诱变育种中能在当代及时获得突变个体，染色体加倍后成为稳定的纯系，从而大大提高突变体的筛选效率。对花药进行离子束、γ 射线和 X 射线照射或者用甲基磺酸乙酯（EMS）等处理，然后对花药愈伤组织或幼胚进行筛选以获得理想的突变体。利用这一体系已在油菜、大麦、小麦、烟草、白菜、辣椒等作物中获得多种突变体。

（六）消除致死基因

带有致死基因的单倍体个体即使加倍后形成双单倍体也会由于基因的纯合而被消除，而致死基因在自然群体里常常因为杂合体的存在而不易被彻底消除。

（七）选育新型自交系

对双亲或多亲杂交的杂种一代进行花药或花粉培养，获得的双单倍体实际上是纯合的自交系，在杂种优势利用育种中有很大的用途。

（八）遗传转化的受体材料

在转基因育种中，如果用体细胞作为受体，经常会遇到转基因后代材料分离的问题，经多代选择才能稳定下来。如果用单倍体细胞作为受体，获得的转基因材料经加倍后，会很快达到纯合状态，所以很多育种家对该方面的研究很重视。转基因受体材料可以是小孢子、单倍体原生质体、单倍体胚或单倍体植株。

（九）克服远缘杂交后代不育

远缘杂交作为一种育种手段能引入不同种、属的有用基因，为改良现有品种提供了一条重要的途径。然而在远缘杂交的过程中，却存在着远缘杂种不育或育性低和杂种后代性状"疯狂"分离、不易稳定等问题。远缘杂种的花粉中也有少数有发育能力，或者早期是正常的，这样可以通过花药（花粉）培养获得单倍体植株，然后进行加倍再利用，以克服上述困难。

第二节 离体花粉/小孢子发育途径

一、花粉的发育阶段

花粉是花粉粒的总称，花粉粒是由小孢子发育而成的雄配子体。为了了解培养条件下小孢子的发育，有必要先了解小孢子的正常发育情况。

以被子植物为例，正常条件下雄蕊的花药中可分化出孢原组织，孢原组织进行平周分裂形成造孢细胞，再进一步分化为小孢子母细胞（通常称花粉母细胞，染色体数为 $2n$），花粉母细胞经减数分裂由一个细胞形成 4 个细胞（四分体时期）。每个细胞就是一个单倍的小孢子（单核花粉），四分体的 4 个单倍体细胞彼此分离，形成 4 个具有单细胞核的花粉粒，此时的细胞含有浓厚的细胞质，核位于细胞中央，即单核居中期；之后单核小孢子的核由于细胞质的液泡化，被大液泡挤压到萌发孔相对的一边，这就是单核靠边期；紧接着进行第一次有丝分裂，成为二核小孢子，其中稍大的一个为花粉管细胞核（营养核），较小的一个为生殖核，第二次有丝分裂是生殖核的分裂。这样就形成了有三个核的成熟花粉粒（雄配子体）（图 5-2）。植物的种类不同，第二次有丝分裂的时间也不同，一些植物在开花、授粉之前只进行一次有丝分裂，只发育到二核花粉时期，它们的第二次有丝分裂在授粉后、花粉管萌发、生殖核进入花粉管后才进行分裂。

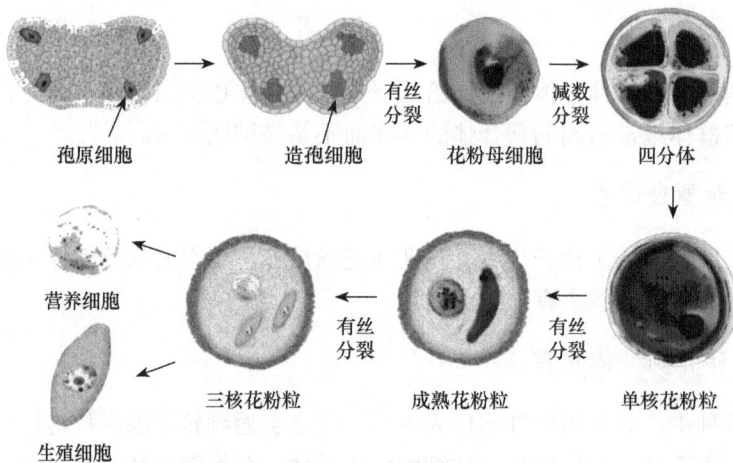

图 5-2 被子植物花粉发育的阶段

二、离体小孢子的发育途径

在正常条件下，花粉发育过程都要经过一次不均等的胞质分裂，形成一个较小的生殖细胞和一个较大的营养细胞，称为花粉不均等分裂途径（A 型途径）。在离体条件下，由于外界环境的改变，小孢子的首次分裂除了出现不均等分裂，偶尔也发生不对称分裂的机制受到破坏的情况，即花粉第一次有丝分裂时，细胞核在比较靠近小孢子的中心开始有丝分裂，从而发生对称的胞质分裂，最终产生两个大小相等的花粉粒。这种对称胞质分裂的异常发育类型称为花粉均等分裂途径（B 型途径），在大麦、烟草等作物的花药培养中可以见到。

（一）花粉不均等分裂途径（A 型途径）

当小孢子的第一次有丝分裂为不均等分裂时，形成一个较小的生殖细胞和一个较大的营养细胞，在培养条件下，由于改变了花粉原来的生活环境，花粉的正常发育途径受到抑制，花粉的第二次分裂不再像正常花粉发育那样由生殖核再分裂一次形成两个精子核，而是像胚细胞一样持续分裂增殖。这时花粉的分裂增殖方式有以下 4 种类型（图 5-3）。

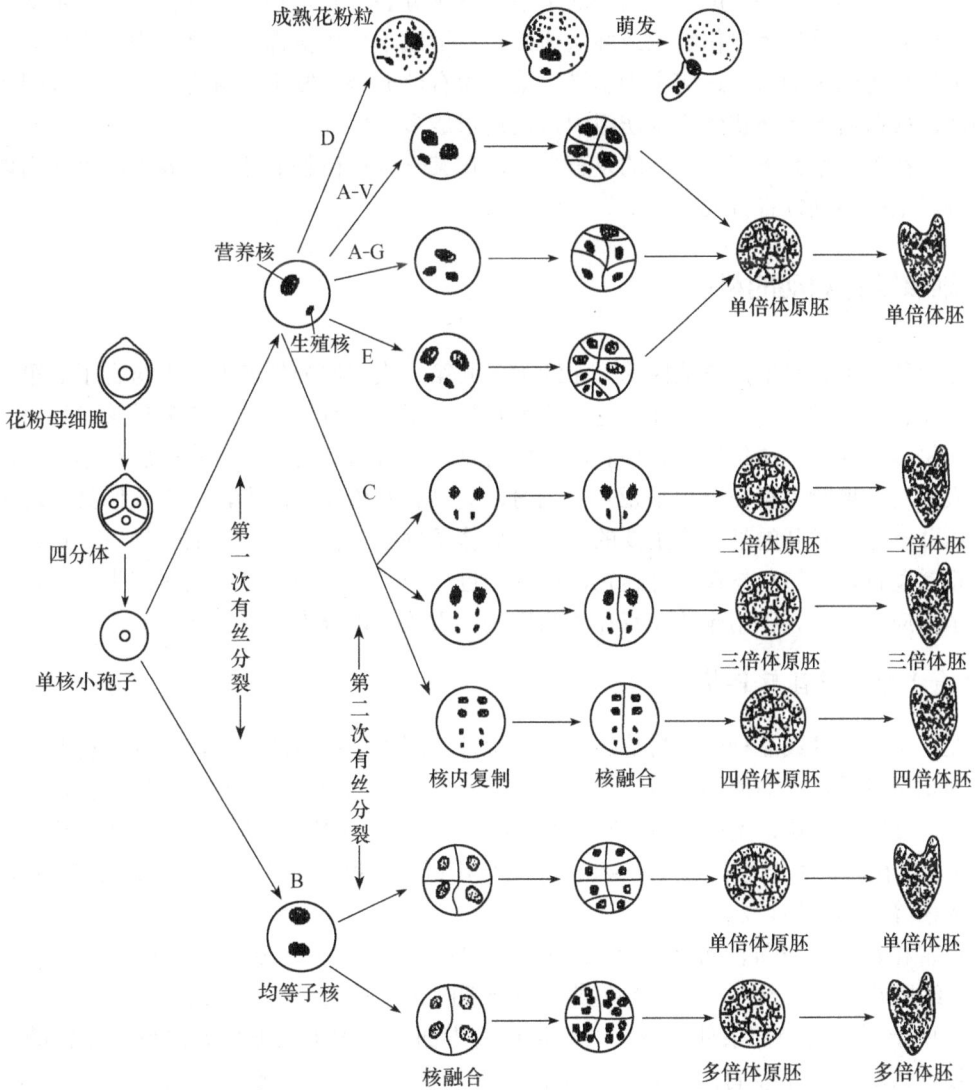

图 5-3 小孢子正常发育途径（D 型途径）和培养条件下胚发育途径的比较（Reinert，1977，略有修改）

1. 营养细胞发育途径（A-V 途径） 花粉经第一次有丝分裂形成不均等的营养核和生殖核，其生殖核较小，一般不分裂或分裂几次就退化，而较大的营养核经多次分裂而形成多细胞团，并迅速增殖突破花粉壁形成胚状体或愈伤组织，最后再生成单倍体植株。

2. 生殖细胞发育途径（A-G 途径） 营养核分裂一次或两次后退化，而生殖核经多次分裂发育成多细胞团，最后再生成单倍体植株。

3. 营养细胞和生殖细胞并进发育途径（E途径）　营养核与生殖核各自分裂形成单倍体愈伤组织或胚状体，最后形成单倍体植株。

4. 营养核与生殖核融合发育途径（C途径）　营养核与生殖核融合后再分裂，最后形成二倍体或多倍体植株。

（二）花粉均等分裂途径（B型途径）

花粉进行均等分裂形成两个均等的子核，这种分裂方式也存在两种情况：一是均等的子核各自分裂形成单倍体愈伤组织或胚状体，最后形成单倍体植株；二是小孢子均等分裂形成两个大致相等的子细胞，这两个细胞进行第二次有丝分裂后发生核融合，并继续分裂形成多细胞团，破壁后形成胚状体或愈伤组织，最后形成多倍体胚。

花粉在离体培养下存在不同的发育方式，在某一具体植物的花药培养中，可能出现一种或两种以上的不同发育方式。

三、雄核发育启动的机制

花粉是产生花粉单倍体植株的原始细胞，其第一次有丝分裂在本质上与合子的第一次孢子体分裂相似，把花粉形成植株的途径称为花粉孢子体发育途径，也称为雄核发育途径。为了对单倍体诱导进行遗传操作和控制，人们对雄核发育启动的机制一直很感兴趣。在研究早期，人们发现植物中存在一种不正常的花粉，其具有胚胎发生潜力，后来人们又发现不正常的花粉并不是花粉胚的唯一或主要的来源。离体条件下，在外界环境的诱导下，花粉可以改变其正常发育途径转入雄核发育途径，在这个过程中，细胞内的基因表达和生理生化反应均发生了相应的变化。归结雄核发育启动的机制，大致可以分为以下三点。

（一）雄核发育与P-花粉

在一个植物种或品种的花粉群体中出现两种不同类型花粉的现象，称为花粉的二型性。一类为正常花粉，它们的细胞质较浓，发育较一致，染色较深；另一类为异常花粉，这类花粉较小，细胞质较淡、染色较浅，发育迟缓，具体细胞胚胎发生潜能，称为P-花粉，又称为S-花粉、E-花粉、不染色花粉（NS-花粉）或小花粉。花粉二型性在烟草、曼陀罗、牡丹、小麦、水稻等植物中均有发现。

正常花粉的发育阶段可分为单核小孢子早期、单核小孢子晚期、花粉第一次有丝分裂期、二细胞花粉早期和二细胞花粉晚期（成熟期）5个时期。在正常条件下，也有少数活体小孢子由于所处的局部条件的变化（包括遗传方面或生理上的变化）改变了它们的正常发育途径，形成不正常发育的花粉。这类花粉一般在单核小孢子晚期开始分化，其中大部分逐渐停止发育，少数（不超过1%）可在体内启动雄核发育途径，如果在适当时期将这些小孢子进行培养，这些小孢子比其他正常发育小孢子更易于接受培养条件的影响，在离体条件下形成花粉胚。其雄核发育的潜能是在培养前由作用于活体的因素所预先决定的，离体培养只是起到孢子体发育的触发作用和维持相继的生长作用。异常花粉并不是花粉胚唯一或主要的来源，但是自然发生的异常花粉与离体培养诱导的发育早期的花粉胚具有明显的相似性。

（二）逆境处理对雄核发育的诱导

处于诱导适宜期的小孢子在受到胁迫因素诱导时，正常的花粉发育途径即会改变而转向雄核发育途径。大麦、油菜、小麦和烟草被认为是研究胁迫诱导雄核发育的模式植物。从这些模式系统的研究中可以看出，改变小孢子发育命运的胁迫诱导因素常取决于物种和物种内的基因型。

1. 热激处理　　热激处理在甘蓝型油菜中应用最普遍，32℃处理 8h 以上才能有效地诱导孤雄生殖，如果在 32℃ 的条件下处理不到 4h 就转移到较低的温度下培养，孤雄生殖的诱导过程会被中断。32℃ 的温度处理对甘蓝型油菜是必需的，这个温度几乎接近花粉的致死温度（一般致死温度为 35～37℃ 或 37℃ 以上）（Smykal et al., 2000）。一般来说，供体植株生长的温度与花药培养时热激处理的温度至少应有 5℃ 的差异，这个差异越大，热激处理的效果越明显。对于十字花科植物，高温处理有效地提高了小孢子核对称分裂的频率，使部分小孢子在第一次核分裂过程中偏离原配子体的发育模式而向孢子体方向发育。尽管已经发现逆境有促进孤雄生殖的效果，但对其机制了解甚少。发现一种小热激蛋白（smHSP）在热激处理时转录增加，可能与热激诱导孤雄生殖有关。高温处理小孢子能够引起小孢子膜脂理化性质的改变，增加膜的流动性，从而影响植物体外雄核发育。

2. 物理或化学处理　　γ 射线等物理处理对小孢子胚胎发生也具有刺激作用，尤其是与热激处理相结合。最有效果的处理是 5rad/min 的低照射率，总剂量为 500rad。花药培养前用 γ 射线照射促进花粉愈伤组织形成和花粉胚胎发生在烟草、小麦、水稻和油菜中均有报道。秋水仙素处理比 γ 射线处理的效果明显，但不及热激处理，在培养基中添加 25～50μmol/L 秋水仙素，对小孢子和花粉处理48h，可以收到很好的效果（Zaki et al., 1995）。秋水仙素扰乱了微管细胞骨架的排列，影响不对称分裂，使单核花粉的细胞核移向中央，导致均等分裂。

3. 低温处理　　低温是另一种促进小孢子胚胎发生的方法，对多数物种来讲，花药/花粉在低温（4～13℃）条件下处理一段时间再转移到 25℃ 环境中培养，能促进孤雄生殖。最适低温处理时间的长短随温度、花粉发育时期和基因型的变化而变化。在水稻的花药培养中，通常需要将取回的幼穗在 4℃ 或其他较低的温度下处理一段时间，再进入培养程序，能获得较理想的效果。

低温预处理的作用机制可能有以下几个方面：①低温处理可能引起花药、花粉内源激素、mRNA、糖类、蛋白质含量发生变化，从而阻断了花粉原来的发育方向，使其由配子体的发育途径转向孢子体的发育途径。②提高小孢子的生活力，增加小孢子的分裂频率，促进小孢子细胞核从不对称分裂向对称分裂转变，从而提高了诱导率。③引起小孢子孤立化，即小孢子从花药中分离。因为在低温处理过程中，花药内薄壁细胞和绒毡层逐渐退化，从而切断了母体组织与小孢子之间的联系。无论哪种机制，结果均是预处理能促进花粉启动，提高诱导率和再生率。④产生特定的蛋白质。冷处理时，在玉米花药中产生并积累了一种分子质量为 32kDa 的 MAR32 蛋白。冷处理 7d 后，MAR32 的积累量与随后的胚状体产量呈正相关。

4. 营养饥饿处理　　营养饥饿处理也是促进小孢子胚胎发生的一种方法，在 25℃ 条件下对烟草小孢子进行营养饥饿处理能促进小孢子胚胎发生。糖饥饿处理能促进烟草、大麦的小孢子在培养过程中启动孤雄生殖途径。肌醇、钙和脱落酸胁迫均能促进大麦小孢子胚胎发生。而且，糖饥饿与热激处理结合具有一定的加性效应。有研究表明，对花粉进行营养饥饿处理可能使雄配子体细胞质受抑制，启动营养细胞分化，使营养细胞脱离 G_1 状态而进入细胞周期的 S 期，这一过程是小孢子向胚性发展所必需的。渗透胁迫可减少花药中细胞分裂素和赤霉素等的含量，短期内低含量的激素对于小孢子发育途径的转变是必要的。

5. 重金属胁迫　重金属胁迫能够提高玉米花药培养效率。将玉米花药接种在添加 $0.25\sim1.0mmol/L$ 的 $NiCl_2$、$CdCl_2$、$ZnCl_2$ 的诱导培养基中处理 $1\sim14d$，然后转移到正常诱导培养基中，结果表明，对具有花药培养能力的基因型而言，三种重金属盐均能明显影响其培养效率，其中以 $0.5mmol/L$ 处理 $1d$ 的效果最好，但对无花药培养能力的基因型无效。

（三）雄核发育启动的分子机制

植物雄核发育机制的研究主要集中在作物育种的应用基础方面，有关诱导雄核发育过程的信号转导途径则研究得较少。雄核发育过程涉及小孢子胚性潜力的获得、细胞分裂的启动和单倍体胚的产生。这一过程是一系列基因在时空顺序上表达调控的结果。这些基因可能是某些具有形态发生能力的性母细胞基因，离体培养条件抑制配子专一性基因表达，而激发孢子体发育中的胚专一性基因表达。这些基因包括胚能力获得相关调节基因（如 *BBM*、*LEC*、*AGL15*、*SERK*、*PKL* 等）、激素调控相关基因、细胞分裂相关基因、细胞保护相关基因、蛋白水解酶基因、与蔗糖-淀粉代谢有关的基因等，具体内容将在第八章进行阐述。

在适宜的小孢子发育时期，通过体外诱导处理可以有效改变小孢子的发育途径，启动雄核发育过程。大麦、油菜、小麦和烟草被认为是研究胁迫诱导雄核发育的模式植物。外部刺激几乎是所有植物实现这一过程的基本条件。对这些植物雄核发育系统的研究表明，雄核发育可以在一个相对宽的范畴发生。不同类型的胁迫处理，如高温、低温、营养饥饿、射线处理等都可以有效诱导雄核发育，说明可能存在多条雄核发育的信号途径。当然不同胁迫也可能启动同一条下游途径。这一过程与体细胞胚胎发生类似，受到多种体内、体外因素的调节，涉及多种基因的表达调控，具体内容将在第八章进行阐述。

第三节　花药培养与花粉培养

花药培养是指将花粉发育至一定阶段的花药培养在人工培养基上，诱导其花粉粒改变发育进程，形成花粉胚或愈伤组织，进而分化成苗的过程，属于器官培养的范畴。花粉培养也称为小孢子培养，是指将发育至一定阶段的花粉从花药中分离出来成为分散或游离状态，通过培养使花粉粒脱分化，进而发育成完整植株的过程，属于细胞培养的范畴。

一、花药培养的操作技术

（一）确定花粉的发育时期

由于花粉发育时期和植株的某些外部形态特征之间具有相关性，因此可以利用这些外部标志选择符合条件的花蕾，经镜检确定花粉发育的准确时期，并找出花粉发育时期与花蕾长度或幼穗大小、颜色等特征之间的相应关系。烟草中单核后期的花药较易培养成功，此时烟草花蕾的花冠大约与萼片等长；而水稻中花药培养的最佳时期是单核靠边期，此时水稻的颖壳已接近成熟呈现黄绿色，雄蕊长度接近颖片长度的 1/2；对甘蓝型油菜来说，用处于单核后期的花粉诱导单倍体植株较好。

（二）材料消毒及培养

在确定取材时间之后，在合适的植株上选定花蕾，用一种适当的杀菌剂进行表面消毒，用无菌水冲洗 3~4 次，然后在无菌条件下把花药轻轻地从花丝上摘下，水平地放在培养基上进行培养。不同材料的接种方式稍有不同。对于禾本科作物，首先剪去剑叶，用 70%~90% 乙醇擦洗表面，剥出幼穗，去芒，在 0.1% $HgCl_2$ 或含 1%有效氯的次氯酸钠溶液中消毒，无菌水冲洗干净后，将花药取出接种。对于棉花、油菜等作物，应去掉花蕾上的苞片，用肥皂水洗后冲干净，在 70%乙醇中停留 1min，然后浸入 $HgCl_2$ 或其他消毒剂消毒后用无菌水冲洗干净，剥开花冠，取出花药培养。在取花药时要特别小心，以确保花药不受损伤，丢弃损害的花药，因为花药受损伤后常常会刺激花药壁形成愈伤组织，同时这种损伤可能会使花药产生一些不利于花药培养的物质。

花药培养一般是先在暗处培养，待愈伤组织形成后转移到光下促进分化。光照时间和培养温度视培养材料而定。当再生植株长出几片真叶后将它们一个个分开，转移到生根培养基上诱导生根。然后将已生根的植株转入土钵中，并配合适当的保湿方法促进幼苗成活。

评价花药培养体系的好坏需要一些技术指标，通常使用的有：压片或切片观察，计算启动分裂的小孢子数/总小孢子数（图 5-4A）；或计算愈伤组织块数（胚数、植株数）/花药（花蕾）数（图 5-4B）；或计算一定时间内尚有活力的小孢子数/总小孢子数。

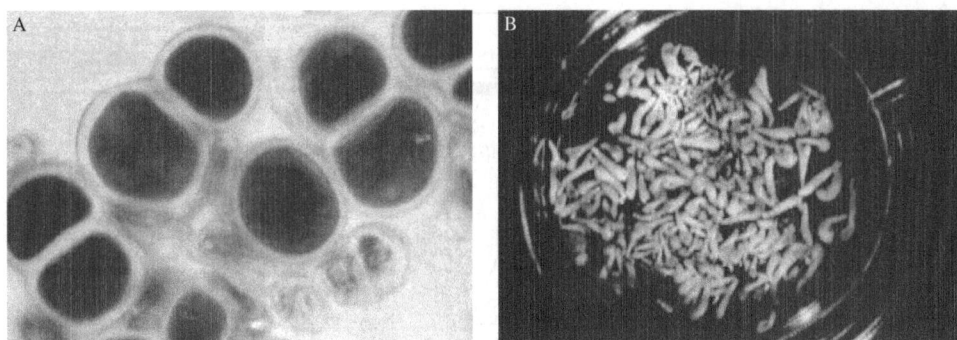

图 5-4 油菜的花药培养（Dixon，1991）

A. 醋酸洋红染色的小孢子，示培养条件下高频率的分裂；B. 一个花蕾来源的 6 个花药产生的胚，总产量约 1000 个

二、花粉培养的操作技术

（一）分离花粉的方法

1. 自然释放法 有些物种的花蕾经消毒后在无菌条件下取出花药，放在液体或固体培养基上培养，花药会自然开裂，将花粉散落在培养基里（上），然后将花药壁去除，进行花粉培养。这种方法在油菜和几种禾本科植物里有所应用，但由于效率低，一般不采用。

2. 剖裂释放法 这一技术需要借助一定的工具剖裂花药壁，使花粉、愈伤组织或胚释放出来，而不是自然释放。这种方法最早在烟草里尝试过，后来在御谷里成功应用。显然，这种方法比自然释放法费时。

3. 研磨过滤收集法   这种方法在茄科和油菜里有成功的应用案例（油菜小孢子分离技术程序见拓展资源 5-1）。将花蕾消毒后放入含培养基或分离液的无菌研磨器中研磨，使花粉（小孢子）释放出来，然后通过一定孔径的网筛过滤，离心收集花粉并用培养基或分离液洗涤，然后用培养基将花粉调整到理想的培养密度，移入培养皿培养。

拓展资源 5-1

4. 超速旋切法   通过搅拌器中的高速旋转刀具破碎花蕾或者花药，使小孢子游离出来，此方法应用最广。

（二）花粉/小孢子培养方法

1. 液体浅层培养法   这一方法类似于原生质体液体浅层培养法，分离的花粉经洗涤纯化后，将花粉以一定的浓度悬浮于液体培养基中，根据培养皿的大小，在培养皿底部形成很薄的一层，封口进行培养。待愈伤组织或胚状体形成后转移到分化或胚发育的培养基上生长。这种方法在培养过程中易于添加新的培养基。

2. 平板培养法   分离的无菌花粉可以直接接种在平板培养基上进行胚状体的诱导。

3. 看护培养法   看护培养法是用一定的母体组织作为看护组织来进行目标组织培养的方法。在花粉培养过程中，这一方法是将消毒后完整的花药直接接种在固体培养基上，上面放一张灭菌的滤纸片，待滤纸片充分浸透染上培养基后，再将分离的花粉放置在滤纸片上进行培养（图 5-5）。看护培养法有利于增加植板率，一般用于其他培养方法不易成功的材料。

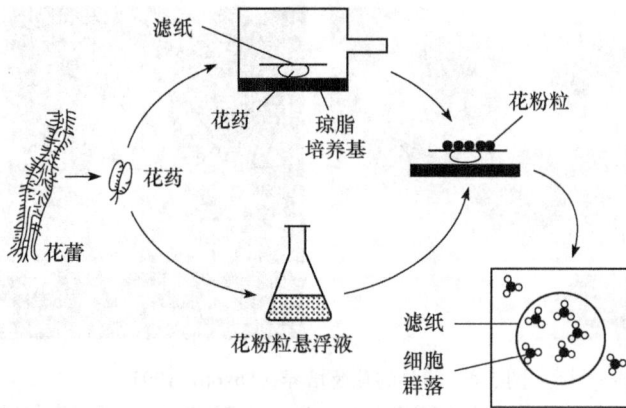

图 5-5   花粉看护培养

4. 微室悬滴培养法   将花粉悬浮在液体培养基中，制成每滴含有 50～80 粒花粉的液滴，并将其滴于中间有凹穴的载玻片上，然后在其四周滴一圈液体石蜡，再在两侧各放置一张盖玻片，将第三张盖玻片置于左右两张盖玻片上面，中间形成一个微室（图 5-6）。Kameya 等（1970）用此法培养甘蓝×芥蓝 F_1 的成熟花粉获得了植株。

5. 条件培养法   在合成培养基中加入失活的花药提取物，然后接入花粉进行培养。首先将花药接种在合适的培养基上培养一定时间（如 1 周），然后将这些花药取出浸泡在沸水中杀死细胞，用研钵研碎，倒入离心管离心，上清液即花药提取液。将提取液过滤灭菌后加入培养基中，再接种花粉进行培养。由于失活花药的提取液中含有促进花粉发育的物质，有利于花粉培养成功。

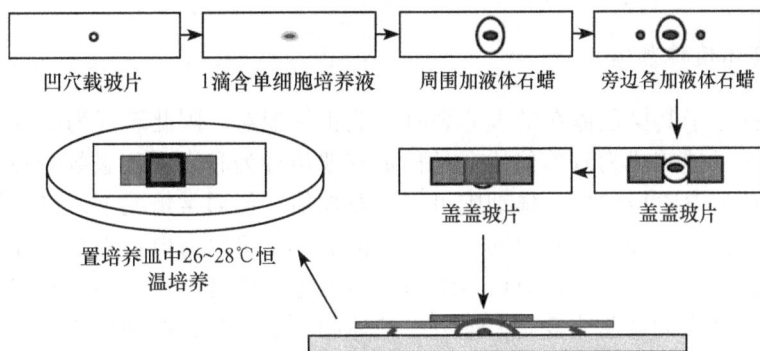

图 5-6 花粉微室悬滴培养

三、单倍体植株再生、鉴定及加倍

（一）单倍体植株再生

将花药培养 2～3 周后，花药中的小孢子经大量分裂形成胚或愈伤组织，并逐渐使花药壁破裂，表面上看似从花药表面形成的突出物。烟草的花药在 25～28℃的条件下培养 1 周，即可看到部分花粉粒膨大，但内部不积累淀粉。2 周后，这类花粉粒进行细胞分裂，成为二细胞的"原胚"，并继续分裂形成多细胞的球形胚。随着培养时间的延长，球形胚逐渐发育成心形胚、鱼雷形胚等。3 周后，将其转到光下培养，胚状体见光由淡黄色转绿，并逐渐发育成小苗。并非所有植物的花药培养都遵循胚胎发生途径，许多种植物的花药在培养时并不形成胚状体，而由花粉分裂形成愈伤组织，然后在分化培养基上诱导形成芽、根器官，并形成植株。大部分禾谷类植物，如水稻、小麦、大麦、玉米等是通过器官发生途径产生单倍体植株的。单倍体胚萌发成单倍体植株往往需要特定的处理，才能获得较高的萌发率。例如，冬油菜获得单倍体胚后转移到 B_5 固体培养基上，在 1℃处理 14d 可以达到 70%以上的萌发率。

（二）单倍体植株鉴定

1. 染色体直接计数法　通常取根尖、茎尖等分生组织区进行制片，直接计数染色体数目。

2. 间接鉴定

（1）流式细胞仪倍性鉴定。主要测定叶片单个细胞中 DNA 的含量，确定细胞的倍性，材料的使用量可少到 $1cm^3$。

（2）细胞形态学鉴定法。叶片保卫细胞大小、单位面积上的气孔数及保卫细胞中叶绿体的大小和数目与倍性具有高度的相关性。

（3）植株形态学鉴定法。单倍体植株瘦弱，叶片窄小，花小，柱头长，花粉粒小，不结种子。

（4）自交或测交鉴定法。根据自交或测交后代分离情况确定二倍体植株是来自小孢子还是体细胞。

（5）分子标记鉴定。包括生化标记（如同工酶标记）和分子标记（如 RFLP、RAPD、AFLP 等）。

（三）单倍体植株加倍

单倍体植株由于其染色体在减数分裂时不能正常配对，因此表现为高度不育。对单倍体进行加倍处理，使其成为双单倍体，是稳定其遗传行为和为育种服务的必要措施。在培养过程中，不同发育阶段的单倍体细胞可以自发加倍，但通常情况下，自然加倍率很低，通过人工加倍提高加倍频率是必要的。自发加倍的植株可以来自核内有丝分裂，也可以来自花粉核的融合。一般情况下，单倍体细胞在培养过程中是不稳定的，并有一种经核内有丝分裂（没有核分裂的染色体复制）形成二倍体细胞的趋势。这种趋势可能与培养基中的生长素有关。单倍体细胞的融合也可产生加倍植株，不同倍性水平花粉植株的存在充分说明了这一机制的存在。

秋水仙素处理是诱导染色体加倍的传统方法，由于单倍体植株的产生经历离体培养、植株诱导与生长发育等多个时期，因此诱导花粉植株加倍可在各个时期实施。在烟草中一般使用 0.4%的秋水仙素溶液。具体方法是：把幼小的花粉植株浸入过滤灭菌的秋水仙素溶液中 96h，然后转移到培养基上使其进一步生长。秋水仙素处理也可通过羊毛脂进行，即把含有秋水仙素的羊毛脂涂于上部叶片的腋芽上，然后将主茎的顶芽去掉，以刺激侧芽长成二倍体的可育枝条。秋水仙素可以使细胞加倍，但它同时又是一种诱变剂，可以造成染色体和基因的不稳定，也很易使细胞多倍化，出现混倍体和嵌合植株。为解决这一问题，需要使处理植株经过一到几个生活周期并加以选择才能获得正常加倍的纯合植株。一些研究人员认为，用秋水仙素处理单个单倍体细胞，如果处理的时间很短，可以降低混倍体和嵌合体的频率。如果单核小孢子在第一次有丝分裂之前被加倍，获得正常单倍体的频率便会增加。Zamani 等（2000）在进行小麦花药培养之前，首先在含有 0.03%秋水仙素的诱导培养基里于 29℃条件下对花药培养 4d，然后将其转移到不含秋水仙素的新鲜培养基里于同样条件下继续培养，获得了大量的可育植株。可见，秋水仙素处理时要注意处理的时间和剂量。对不同的组织、细胞，不同的发育阶段，在处理方式上可能需要适当的调整。

四、花粉培养与花药培养的比较及花粉培养的优越性

（一）花粉培养与花药培养的比较

花粉培养与花药培养有共同点，也有差异。其共同点表现在：二者培养的目的一样，都是要诱导花粉细胞发育成单倍体细胞，最后发育成单倍体植株。其差异表现在：从概念来看，花药培养是把发育到一定阶段的花药接种到培养基上，来改变花药内花粉粒的发育程序，使其分裂形成细胞团，进而分化成胚状体，形成愈伤组织，由愈伤组织再分化成植株；花粉培养是指把花粉从花药中分离出来，以单个花粉粒作为外植体进行离体培养的技术，由于花粉已是单倍体细胞，诱发它经愈伤组织或胚状体发育而成的植株都是单倍体，且不受花药的药隔、药壁、花丝等体细胞的干扰。从培养层次来看，花药培养属于器官培养，花粉培养属于细胞培养。从培养过程来看，花药培养相对较容易，技术比较成熟，但最后需要对培养成的植株进行染色体倍数检测；花粉培养尽管不受花药壁、药隔等二倍体细胞的干扰，但这种特殊单倍体细胞的培养技术难度较大，目前只在少数植物上获得了成功。

花药培养与花粉培养的比较见表 5-1。

表 5-1　花药培养与花粉培养的比较

比较内容	花药培养	花粉培养
发展历史	1964 年首次成功	1973 年首次成功
培养范畴	器官培养	细胞培养
外植体	花药	小孢子
预处理	需要	不需要
选蕾标准	单核早期至单核晚期	单核晚期至双核早期
培养基状态	固体	液体
操作培养程序	简单	复杂、精细
培养途径	愈伤组织	胚状体
单倍体纯度	不能排除母体组织的影响，可能成为单倍体、二倍体和非整倍体	排除了母体组织的影响，为单倍体
胚胎学、遗传学机制研究及诱变筛选情况	因母体细胞组织的干扰，研究不方便	单细胞的离散性好，群体大，研究方便
单倍体产量及稳定性	低且不稳定	较高且较稳定

（二）花粉培养的优越性

花粉培养在某些方面比花药培养有一定的优势：①花药培养有时会由于花药中的有害物质而不能诱导花粉小孢子启动第一次分裂，花粉培养则不存在这一问题。②花药小孢子已是单倍体细胞，诱发后经愈伤组织或胚状体发育成的小植株都是单倍体植株或双单倍体，不含有因药壁、花丝、药隔等体细胞组织的干扰而形成的体细胞植株。③由于起始材料是小孢子，不管它是二倍体还是三倍体，获得的材料总是纯合的；花药培养可观察到由单个细胞开始雄核发育的全过程，是一个很好的遗传与发育研究的材料体系。④由于小孢子能均匀地接触化学的和物理的诱变因素，是研究吸收、转化和诱变的理想材料。

五、影响花药/花粉（小孢子）培养的因素

（一）供体植株的生长条件

供体植株的生长条件对培养效果有重要影响，有时只有在控温、一定光周期和光强的环境中，其花药才能有反应。不同植物对环境条件的要求不同，所以没有一个固定的环境控制模式。在烟草中，短光周期（8h）和高光强（16 000lx）较有利。而对大麦，低温（12℃）和高光强（20 000lx）较好。对于芸薹属的一些种（油菜），高光强和一定的温度变化较有利，对于甘蓝型冬油菜来讲，植株在 15℃条件下生长比在 20℃条件下的效果好。对烟草植株进行氮饥饿处理可以提高花药培养效果。大田和温室中生长的及不同季节生长的玉米，在花药培养效率上有差异，应尽量使供体植株的种植标准化，即种在生长室或控温室里。最佳条件是：日/夜温度为 25～30℃/18～20℃，16～18h 光照，用高压钠灯补充光照，适当浇水和施肥，尽量避免使用杀虫剂。

（二）供体植株的年龄

有些物种供体植株的年龄会影响小孢子胚胎发生，多数情况下幼年植株优于老年植株，

但甘蓝型油菜却相反。Takahata 等（1991）和 Burnett 等（1992）的研究表明，从老年的、看上去病弱的甘蓝和白菜型油菜分离的小孢子，比从幼年、健康植株上分离的小孢子有更高的胚产量。

（三）花粉发育时期

用于培养的花蕾，其花药内花粉发育时期对培养效果有较大的影响，但因物种而异。在烟草中，处于第一次有丝分裂期的花粉效果最好，而在禾本科和芸薹属中，单核早期最好。甘蓝型油菜单核小孢子最易形成单倍体胚，二核小孢子可能向培养基中分泌毒性物质，降低小孢子胚胎发生频率，并形成不正常和生长停滞的胚，油菜花粉发育时期对小孢子胚发育的影响见表 5-2。

表 5-2　油菜（*Brassica napus* subsp. *oleifera*）花粉发育时期对小孢子胚诱导的影响（Dixon，1991）

花粉发育时期	培养花蕾数	培养花药数	花蕾诱导率/%	花药诱导率/%	产胚花蕾比例/%	产胚花药比例/%	总胚数	胚数/花药
单核早期	26	130	73.1	48.5	26.9	26.9	421	3.24
单核中期	31	155	83.9	42.6	19.4	19.4	504	2.61
单核晚期	86	430	72.1	43.0	9.3	9.3	100	0.23
第一次有丝分裂期	15	75	53.3	29.3	6.7	6.7	2	0.03

诱导胚胎发生的最佳花粉发育时期因物种而异，一般从单核早期到双核早期。花药在接种以前，一般需先用醋酸洋红压片法进行镜检，以确定花粉的发育时期，并找出花粉发育时期与花蕾或幼穗大小、颜色等特征之间的相应关系。可以根据花蕾和花药的长度判断花粉发育时期，从而为取材提供参考。一般而言，烟草中取花冠大约与萼片等长的花蕾用于诱导单倍体较易成功，此时烟草的花药处于单核后期。水稻中取孕穗期幼穗苞大而不破的幼穗，剑叶与倒二叶的叶枕距为 8~13cm，颖片已接近成熟呈黄绿色，此时剥出的花药也呈淡绿色，如果花药白色则过嫩，黄色或黄绿色则偏老。对甘蓝型油菜来说，4.5mm 以下的花蕾较适合于花药培养，花蕾、花药长度与花粉发育时期和培养效果的关系见表 5-3。

表 5-3　油菜花蕾、花药长度与花粉发育时期和培养效果的关系（Polsoni et al.，1988）

花蕾大小/mm	花药长度/mm	胚数/皿[a]	细胞学时期[b]	花蕾大小/mm	花药长度/mm	胚数/皿[a]	细胞学时期[b]
2.1	1.4	0	四分体	3.6	2.4	6495	单核晚期
2.4	1.6	0	单核早期	4.0	2.6	2898	单核晚期和营养-生殖核期
2.5	2.1	0	单核中期	4.7	2.9	0	营养-生殖核期
3.1	2.3	396	单核晚期	5.0	3.9	0	营养-生殖核期

注：a. 每皿为来自 5 个花药的小孢子；b. 固定一个花药进行细胞学观察

（四）花蕾和花药的预处理

对于有些物种，培养前对花药和花蕾进行预处理能显著提高培养效果。例如，大麦花药在 4℃预处理 28d 或 7℃预处理 14d 能收到最好的效果。4℃被认为是小麦和大麦最合适的预处理温度，而 8℃处理对玉米、水稻和甘蔗比较合适。在肌醇溶液中，10℃对大麦花药处理 4d 可以促进单倍体胚胎发生。可以对整穗、小穗，甚至分离的花药施加预处理，但应注意预处理期间不要与水接触以免污染。也有人将花药接种后放在低温下预处理。不同材料需不同的预处理方式，没有一个固定模式。除温度处理以外，其他一些因素的预处理有时也能收效。例如，用激素处理供体植株可以提高土豆花药单倍体的形成能力。用 EMS、乙醇、射线、降低气压、调整渗透压进行预处理也有报道。

预处理有可能在小孢子培养的初始期打乱细胞骨架。研究人员发现，在油菜小孢子培养的最初 6～24h 进行秋水仙素处理增强了小孢子胚形成的能力，使将要进行胚胎发生的小孢子细胞微管均匀分布，而没有诱导反应的小孢子微管呈极性分布。

（五）供体植株的基因型

供体植株的基因型是影响花药培养和花粉培养的关键因素，不同基因型的植株对培养的反应不同，表现为是否可诱导胚状体的生成、生成胚状体的多少，以及由胚再生成植株的能力大小。大麦花药培养时胚形成能力在基因型间的差异可达 60%以上。大麦、小麦和水稻的花药愈伤组织诱导率、绿苗再生率和每个花药的绿苗产量在不同的基因型间有很大差异。在油菜的花药培养中，冬油菜比春油菜易于获得小孢子胚，冬、春油菜的杂种 1 代具有很强的胚胎发生能力。花药培养的反应能力受主基因或多基因控制，而且可以向不具有反应能力的品种杂交转育。小麦的单倍体产量至少受 3 个独立的基因控制，在 1D 和 5BL 染色体上的基因影响胚胎发生频率。有些物种的细胞质基因对花药培养有一定的影响。

遗传分析表明，在玉米花药培养中只有很少的基因参与单雄发育反应的决定，而且胚状体的形成和随后的植株再生没有关联，是由不同的基因决定的。单雄发育反应的加性遗传方差大于非加性遗传方差，即数量性状遗传。

（六）培养基

究竟使用固体还是液体培养基应根据培养材料的要求而定。MS 培养基、N_6 培养基及土豆培养基在禾谷类作物中用得较多（表 5-4）。花药培养时往往需要一定的渗透压，有的要求低浓度的蔗糖（2%～4%），有的要求高浓度的蔗糖（8%～12%）。蔗糖对雄核发育的必要性最初是由 Nitsch（1969）在对烟草的培养中发现的，后来又被 Sunderland（1974）在培养南洋金花时所证实。虽然 Sharp 等（1971）曾报道，烟草花粉在完全不含蔗糖的培养基上也能发育成胚，但在这样一种简单培养基上发育只能进行到球形胚阶段。组织培养时蔗糖是必需的，但不一定总需要高浓度的蔗糖。在大麦花药培养中，Clapham（1971）最初使用 12%的蔗糖，但后来发现并不需要这么高的蔗糖浓度，建议使用 3%的蔗糖。不过欧阳俊闻等（1973）在小麦组织培养时发现，6%的蔗糖能促进花粉形成愈伤组织，但会抑制体细胞组织的增殖。与此相似，根据能形成花粉胚的花药数判断，在马铃薯中 6%的蔗糖也显著优于 2%或 4%的蔗糖。成熟花粉是 2 细胞结构的植物往往需要低浓度的糖，而成熟花粉为 3 细胞结构的植物往往需要高浓度的糖（高渗条件）。例如，油菜小孢子培养时糖的浓度为 13%～17%。

表 5-4　禾本科植物常用的几种花药、花粉培养基（Hu and Guo，1999）

培养基成分	培养基					
	MS	FHG	N_6	C_{17}	BAC	土豆培养基*
KNO_3/（mg/L）	1 900	1 900	2 830	1 400	2 600	1 000
NH_4NO_3/（mg/L）	1 650	165		300		
$(NH_4)_2SO_4$/（mg/L）			463		400	100
KH_2PO_4/（mg/L）	170	170	460	400	170	200
$CaCl_2 \cdot 2H_2O$/（mg/L）	400	440	166	150	699	
$MgSO_4 \cdot 7H_2O$/（mg/L）	370	370	185	150	300	125
$NaH_2PO_4 \cdot H_2O$/（mg/L）	—	—			150	
$FeSO_4 \cdot 7H_2O$/（mg/L）	27.8		27.8	27.8	—	27.8
$Na_2 \cdot EDTA \cdot 2H_2O$/（mg/L）	37.3	40	37.3	37.3	—	37.3
氨基酸螯合铁/（mg/L）					40	
KCl/（mg/L）	—	—	—	—	—	35
$MnSO_4 \cdot 4H_2O$/（mg/L）	22.3	22.3	4.4	11.2	5.0	
$ZnSO_4 \cdot 7H_2O$/（mg/L）	8.6	8.6	1.5	8.6	2.0	
H_3BO_3/（mg/L）	6.2	6.2	1.6	6.2	5.0	
KI/（mg/L）	0.83	0.83	0.8	0.83	0.83	
$NaMoO_4 \cdot 2H_2O$/（mg/L）	0.25	0.25	—		0.25	
$CuSO_4 \cdot 5H_2O$/（mg/L）	0.025	0.025		0.025	0.025	
$CoCl_2 \cdot 6H_2O$/（mg/L）	0.025	0.025		0.025	0.025	
肌醇/（mg/L）	100	100			2 000	
盐酸硫胺素/（mg/L）	0.4	0.4	1.0	1.0	1.0	1.0
维生素 B_6/（mg/L）	0.5	—	0.5	0.5	0.5	
烟酸/（mg/L）	0.5	—	0.5	0.5	0.5	
甘氨酸/（mg/L）	2.0		2.0	2.0	—	
谷氨酰胺/（mg/L）	—	730	—	—	—	500～1 000
水解酪蛋白/（mg/L）			500	300		
蔗糖/（mg/L）	30 000	—	60 000	90 000	60 000	90 000
葡萄糖/（mg/L）			—	—	17 500	
麦芽糖/（mg/L）		6 200				
Ficoll-400/（mg/L）		200 000	—	—	300 000	
pH	5.7	5.6	5.8	5.8	6.2	5.8

*土豆培养基含 10%土豆水提物

　　培养基中激素的种类、使用量和配比对诱发小孢子启动分裂、生长和分化常常起决定作用，而其他成分一般只起次要的辅助作用。因此，在花药培养时进行细致的激素方面的实验是必要的。一旦筛选出比较合适的激素组合，会大大提高研究效率。在生长素中，2,4-D 对许多作物花粉的启动、分裂、形成愈伤组织和胚状体起着决定性的作用。以不同浓度的 2,4-D 诱导小麦花药产生愈伤组织的试验结果表明，2,4-D 浓度从 0.2mg/L 起，随着浓度提高，花粉愈伤组织出现频率有增高的趋势。但在几种籼稻花药培养中，当 2,4-D 的浓度增加后，其诱导频率反而降低，当 2,4-D 浓度增加到 20mg/L 时，'珍珠矮'与'平朝九号'都不产生愈伤组织。但应该注意的是，2,4-D 对启动分裂和愈伤的增殖往往有刺激作用，但对分化却有抑制作用，在诱导单倍体愈伤分化时，应及时降低或去除 2,4-D。有些植物可以不需要激素。例如，烟草、矮牵牛在无激素的培养基上可诱导单倍体胚胎发生。有些植物，如水稻、小麦等依赖于植物激素。

氮素的量和各种氮素的比例对培养效果有明显的影响。朱至清等（1974）在水稻花药培养中证实，改变培养基中无机氮源可以显著改变花粉形成愈伤组织的频率，随后又能影响由愈伤组织分化绿苗的频率。在他们所研制的 N_6 培养基中，供试的 3 个水稻品种花粉出愈率分别为 37.7%、32.2%和 7.5%，而在 Miller 培养基上分别只有 15.5%、10.8%和 0。N_6 培养基的特点是铵离子浓度较低。中国学者研制的 N_6 培养基为禾本科作物的花药培养做出了重要贡献。随后，进一步降低铵盐和硝酸盐的浓度，同时附加生物素，研制出 C_{17} 和 W_{14} 培养基，可以大幅度提高小麦的花药出愈率。

有机物质在花药培养中可能起重要作用。在大麦和小麦的花药培养中，谷氨酰胺对小孢子胚形成具有明显的促进作用。培养基中所添加的维生素对培养效果可产生重要影响，培养前应做条件试验。对于某些植物来讲，添加某种植物的提取物或椰汁可以改善培养效果。3mg/L 丙氨酸能大大提高籼稻和籼粳杂交后代愈伤诱导率和绿苗分化率，培养力平均可提高 3.8 倍。

有些作物的花药对培养基的 pH 有一定的要求。在曼陀罗的花药培养中观察到，随着 pH 的变化，产生胚状体的花药百分率增加，当 pH 达到 5.8 时效果最好，当 pH 增至 6.5 时，花粉不形成胚状体，镜检发现花粉不发生细胞分裂。在油菜的小孢子培养中，通常采用 6.2 的 pH 效果较好。

培养基中添加乙烯抑制剂抑制乙烯的合成对甘蓝（*Brassica oleracea*）的花药培养有利。Dias 和 Martins（1999）采用 3 种 $AgNO_3$ 浓度对 27 种不同形态类型的 *B. oleracea* 进行花药培养研究，发现培养基中加 $AgNO_3$ 能显著增加大多数材料花粉胚的产量。可是大麦的花药培养正相反，培养的花药向培养基中释放乙烯达到一定程度可以刺激胚胎发生。对于一些易产生酚类物质的植物，培养基中加入活性炭可以吸附酚类及其他毒性物质，提高花药培养效果。

培养基中加入活性炭可以使烟草雄核发育的花药数由 15%增加到 45%。Bajaj 等（1977）做了进一步完善，将 2%的活性炭附加到培养基中，烟草雄核发育的花药百分率可由 41%增加到 91%。而且每个花药产生的植株数量增加，并加速了花药再生植株。0.5%的活性炭使玉米花药中愈伤组织或胚状体的诱导频率提高了 3 倍左右，在分化培养基上加入 0.5%的活性炭，还能促使分化的幼苗健壮、根系发达。对活性炭提高雄核发育的机制了解甚少，可能是活性炭吸附了蔗糖由于高温消毒而产生的 5-羟甲基糠醛，也可能是活性炭调节了内源和外源生长物质水平。

（七）培养条件

多数植物在 25℃条件下培养能诱导愈伤组织，可某些植物，尤其是芸薹属在高温 35℃条件下处理几天，然后进入 25℃培养能收到最好的培养效果。而玉米需要在 14～15℃培养 4d 再转到 27～28℃的条件下培养效果较好。花药培养一般在暗处进行，直到愈伤组织或胚状体形成后再转入光下培养。此外，接种花药的外植体的放置方向、培养密度等有时对培养效果也有影响。培养密度对花粉培养有较大的影响，对花药培养似乎影响不大。甘蓝型油菜花粉培养胚胎发生的最低培养密度为 3000 个花粉/mL，但若想获得最好的培养效果，密度需要达到 10 000～40 000 个花粉/mL（Huang et al.，1990），这种密度只在开始培养的几天重要，培养 2d 后将密度降到 1000 个花粉/mL 并不会降低胚胎发生频率。

第四节　植物单倍体育种

单倍体植物最早由 Dorothy Bergner 于 1921 年在曼陀罗自然群体中发现，起源于植物单性生殖。之后，Tulecke（1950）首次成功地培养了数种裸子植物的成熟花粉粒，发现少量花粉在一定的培养条件下可以形成愈伤组织。1964 年，Guha 和 Maheshwari 首次在被子植物曼陀罗花药离体培养中获得了单倍体植株，此后，越来越多的植物花药/花粉培养技术获得成功，单倍体育种技术也获得了广泛的应用。20 世纪 50 年代，在玉米的商业育种中已经开始单倍体育种技术的开发。20 世纪 70 年代，Thompson 等利用单倍体育成了油菜新品种 'Maris Haplona'。Nakamura 等（1974）通过 MC-1610×Coker-139 杂种的花药培养得到了 3 个优良的烟草品系。Wark（1977）应用花药培养的方法育成了产量高、烤烟品质好、抗病性强的烟草双单倍体品种，其育种过程所用的时间比常规育种法短得多。目前，通过花药/花粉培养单倍体育种技术已在多种作物如烟草、小麦、大麦、油菜、水稻、玉米等中获得了育种亲本或者品种。

通过花药/花粉培养进行单倍体育种的技术路线见图 5-7。

我国学者在花药/花粉培养研究中有突出贡献，他们无论在培养基和培养技术上都有创新性研究，至少从 30 个种或杂交种在国际上首次通过花药培养、花粉培养或子房培养获得单倍体或双单倍体。我国花培育种技术走在世界前列，育成各种农作物新品种几十个，有的已推广应用了很大面积，在生产上发挥着重要作用。

我国是最早进行水稻单倍体育种技术应用的国家，我国水稻花培育种技术也处于世界领先地位。水稻花培育种最突出的成就是李梅芳等育成的 '中花 8 号' '中花 9 号' '中花 10 号' 和 '中花 11 号' 等系列粳稻品种。其他花培水稻品种还有 '朝花矮' '宁糯 1 号' '宁糯 6 号' '单 209' '浙粳 66' '京花 101' '京花 103' '中花 12' '花汕优 63' '花 8504' 等品种，产生了广泛的社会和经济效益。花药培养技术在三系杂交稻的提纯和选育上也有广泛应用。我国多家单位利用花药培养技术进行三系杂交稻的提纯和选育工作。四川农业大学水稻研究所通过花药培养先后育成了恢复力强、配合力高的 '花广 518'

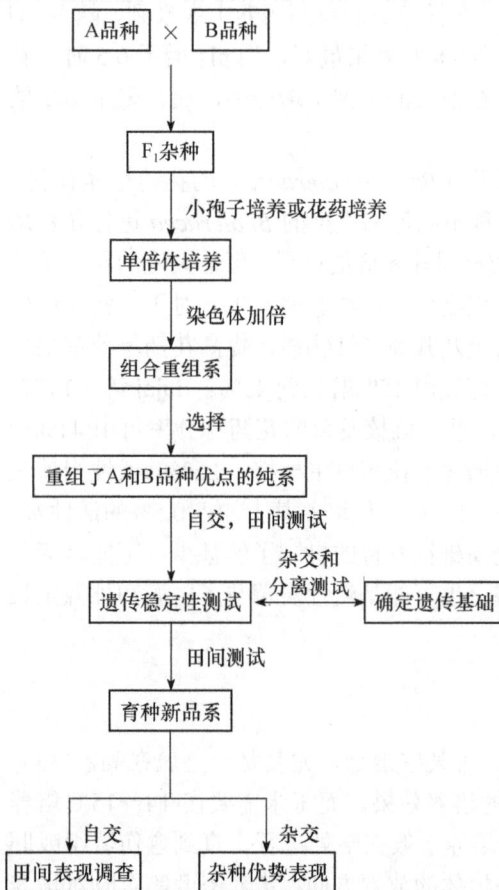

图 5-7　单倍体细胞培养及育种技术路线

'花广 549''花广 1357'和'蜀恢 162'等广亲和恢复系。由'蜀恢 162'配组的'Ⅱ优 162'和'D优 162'组合通过品种审定,其中'Ⅱ优 162'丰产性很好,在长江中上游有很大的推广面积。花培技术在两系杂交水稻育种上也有重要应用。花药培养技术可以快速稳定光温反应特性,大大简化育种程序,其基本原理在于以原有的光温敏不育系与性状优良的品种(系)杂交,F_1 代或 F_2 代花药培养,H_1 代淘汰全生育期都不育的单株,H_2 代分期播种,选出育性转换特性明显的株系,再生稻既可以直接进入人工气候箱做鉴定,也可收种子在下一代进行严格的光温生态鉴定。应用这一方法已选育出具有良好育性转换的光温敏不育系'HS-1''HS-2''1103S''H1286S''1647S''ZNDBS'和'培 MS-1'等。

我国在小麦花培技术的研究和应用方面也处于国际前列,小麦花药培养中应用最广泛的培养基 N_6、C_{17}、W_{14} 等均为我国科学家所研制。'京花 1 号'是第一个在世界上大面积种植的小麦花培品种(1984 年)。此后,我国学者又育出了'京花 3 号''京花 5 号'和'花培 764'等品种。截至 2018 年,利用花培技术育成的小麦品种有 50 多个,其中有 43 个为我国育种单位育成。

国际上玉米单倍体育种技术的研究起始较早,但玉米花培技术成功较晚。自 1975 年,谷明光等首次获得玉米花粉植株以来,我国学者利用花药离体培养技术在快速获得玉米纯系等方面取得较大进展,育种家先后育成'桂三 1 号''桂花 1 号''玉单 358''花单 1 号'和'山农花糯 1 号'等一系列玉米品种。'桂三 1 号'于 1992 年通过审定,是世界上第一个采用花培育种手段培育成的玉米杂交种。然而玉米的花药培养效率较低,难以获得足够的选择群体而使花药培养技术在玉米育种中的应用受到严重限制。在单倍体育种中,玉米花培技术的应用较少,而是主要使用遗传诱导的方法获得大量单倍体,该方法也在水稻、小麦植物中进行应用。

我国油菜花药培养始于 1975 年,先后在白菜型油菜和甘蓝型油菜获得了花粉培养植株。油菜小孢子培养是油菜育种的重要辅助手段。由于小孢子培养群体大,便于选择,可以有效地缩短育种周期。华中农业大学利用小孢子培养与常规育种相结合,培育出'华双 3 号'双低(低硫苷、低芥酸)油菜品种,累计推广面积达 3000 万亩。'华双 3 号'的选育是在复合杂交回交的基础上将其高世代材料进行小孢子培养,获得 DH 系,然后进行选择培育而成(拓展资源 5-2)。'华双 3 号'的育成是小孢子培养技术辅助育种获得成功的典型事例,该品种解决了双低油菜品种的优质与产量和抗性之间的矛盾,同时解决了复合杂交育种因分离广泛而存在的育种周期长的问题,加速了分离世代的纯合,缩短了育种周期。

拓展资源 5-2

花药/小孢子培养已经被育种家认为是缩短育种周期、提高选择效率、获得遗传材料和有用突变体的一个重要途径,只要某一作物的花药/小孢子培养技术已建立,就与应用相距不远。尽管已在多种植物中建立了花药/花粉培养技术,花培育种也取得了突出的成绩,但仍有很多问题有待解决:①单倍体的诱导具有很强的基因型依赖性,一些物种的花药培养仍然十分困难,如大豆和棉花;②对于多数植物来讲,能形成有活力的胚的花药百分率偏低;③花药或花粉离体培养时产生的花粉胚早期易败育;④花药培养在产生单倍体的同时也产生二倍体或四倍体,且在混倍性的材料中很难分离出单倍体;⑤单倍体加倍并不总能产生纯合体,纯合体的双单倍体有时表现出后代分离;⑥禾本科作物花药/花粉培养中常常出现大量的白化苗,尽管有相关研究进行技术优化,但白化苗难以避免;⑦尽管某些物种的花药、花粉培养技术已很成熟,甚至在育种中已成功应用,但我们对小孢子胚胎发生的生理、生化及分子机制了解得还很少。随着科学研究的发展，多种作物都能依据各自的特性，加强花药离体培养、再生及加倍机制等方面的研究，建立最适的再生方法和加倍条件；另外，基因编辑等技术也在水稻、玉米、小麦等作物的单倍体诱导中发挥了重要作用（拓展资源5-3），使单倍体育种技术更好地运用于规模化和商业化育种中。

拓展资源 5-3

主要参考文献

王炜，叶春雷，杨随庄，等. 2018. 花药培养技术在小麦种质资源创制及育种中的应用. 中国种业，000（011）：25-29

张献龙. 2012. 植物生物技术. 2 版. 北京：科学出版社

Dixon R A. 1991. Plant Cell Culture: A Practical Approach. London: IRL Press

Forster B P, Heberle-Bors E, Kasha K J, et al. 2007. The resurgence of haploids in higher plants. Trends in Plant Science, 12 (8): 368-375

Germanà M A. 2011. Gametic embryogenesis and haploid technology as valuable support to plant breeding. Plant Cell Reports, 30 (5): 839-857

Hadziabdic D, Wadl P A, Reed S M. 2010. Haploid cultures. *In*:Trigiano R N, Gray D J. Plant Tissue Culture:Development and Biotechnology. New York: Taylor & France Group, LLC: 385-396

Hu H, Guo X. 1999. *In vitro* induced haploids in plant genetics and breeding. *In*: Woony-Young S, Sant S B. Morphogenesis in Plant Tissue Cultures. London: Kluwer Academic Publishers: 329-359

Kyum M, Kaur H, Kamboj A, et al. 2021. Strategies and prospects of haploid induction in rice (*Oryza sativa*). Plant Breeding, 141(1): 1-11

Lv J, Yu K, Wei J, et al. 2020. Generation of paternal haploids in wheat by genome editing of the centromeric histone CENH3. Nature Biotechnology, 38 (12): 1397-1401

Maheshwari S C, Tyagi A K, Malhotra K, et al. 1980. Induction of haploidy from pollen grains in angiosperms-the current status. Theoretical and Applied Genetics, 58 (5): 193-206

Polsoni L, Kott L S, Beversdorf W D. 1988. Large-scale microspore culture technique for mutation-selection studies in *Brassica napus*. Canadian Journal of Botany, 66: 1681-1685

Reinert J. 1977. Anther culture: haploid production and its significance. *In*: Reinert J, Bajaj Y P S. Plant Cell, Tissue, and Organ Culture. Berlin: Springer-Verlag: 251-267

第六章 原生质体培养

植物细胞主要由细胞壁、细胞膜、细胞质和细胞核组成。原生质体（protoplast）是指采用机械或酶解法去掉了细胞壁的裸露细胞。由于去掉了细胞壁，细胞膜就成为细胞活物质与外界环境的唯一屏障。自 1971 年植物原生质体培养成功以来，对原生质体的研究在植物中不断增多，研究的结果也逐渐显示出它在作物遗传改良中具有较大的应用潜力。

第一节 原生质体研究的发展和原生质体的应用

一、原生质体研究的发展

Klercker 首先采用机械法分离植物的原生质体，他于 1892 年用利刃切割发生质壁分离的细胞，获得了少量的原生质体。应用此法，人们还得到了甜菜、洋葱、萝卜和黄瓜的原生质体，但通过此法分离的原生质体数量极为有限，因而其培养也就较难，很少有成功的例子。只在葫芦藓（*Funaria hygrometrica*）中获得了由机械法分离的原生质体经培养再生的植株。

1960 年，英国诺丁汉大学的植物生理学家 Cocking 教授用一种由疣孢漆斑菌（*Myrothecium verrucaria*）培养物制备的高浓度纤维素酶处理番茄幼根，成功制备出大量具有高度活性且可以再生的原生质体，第一次证实了采用酶解法可以获得大量的原生质体，为以后原生质体的研究奠定了坚实的基础。原生质体研究发展速度快并取得很大进展是从 1968 年开始的，这是因为当时已经可以生产商品纤维素酶和离析酶并将其投放市场了。

1968 年，Takebe 等第一个采用商品酶分离得到烟草叶肉原生质体，他们采用两步法（two step method 或 sequential method），先用离析酶或果胶酶处理组织使细胞彼此分开，然后加入纤维素酶得到原生质体。翌年，Power 等采用一步法（one step method），直接用酶的混合液处理组织也得到了原生质体。1971 年，Takebe 等通过培养叶肉原生质体，成功地再生了植株。之后，植物原生质体的研究取得了很大的发展。原生质体培养研究的主要进展表现为原生质体培养成功的作物不断增多，培养的方法不断改进。尽管烟草等作物的原生质体很容易培养再生植株，但禾谷类作物的原生质体培养在很长时间内都未能取得突破，直到 1985 年才有较大的突破，日本学者 Fujimura 等率先从水稻原生质体培养获得再生植株，之后玉米、小麦等相继取得突破。1986 年，单个原生质体培养获得成功，为在单细胞水平上研究单个原生质体的生理特性、细胞间相互作用，以及在单细胞水平进行遗传操作提供了条件。迄今为止，大部分粮食作物（水稻、小麦、玉米、马铃薯等）、油料作物（油菜）、经济作物（烟草、棉花、林木）、园艺作物（柑橘、马铃薯、矮牵牛等）和一些药用作物（绞股蓝、毛曼陀罗等）的原生质体培养均已获得成功。

以上简述了原生质体研究发展的主要大事件。原生质体研究发展的年代记事见表 6-1。

表 6-1 原生质体研究发展的年代记事

年份	人物	事件
1880	Hanstein	提出"原生质体"的概念
1892	Klercker	采用机械法分离出少量植物［如水卫士（*Stratiotes aloides*）］的原生质体
1909	Küster	首次开展原生质体的融合工作，但未成功
1960	Cocking	使用纤维素酶从番茄（*Lycopersicon esculentum*）的幼根得到大量的原生质体
1968	Takebe 等	纤维素酶和果胶酶投入市场；首先用商品酶进行烟草原生质体分离
1971	Takebe 等	首次获得烟草叶肉原生质体培养的再生植株
1972	Carlson 等	采用 $NaNO_3$ 融合方法从烟草中获得第一个种间体细胞杂种
1974	Kao 和 Michayluk	首次将聚乙二醇（PEG）应用于植物原生质体融合
1978	Melchers 等	获得第一个番茄＋马铃薯属间体细胞杂种
1980	Dudits 等	获得首例欧芹＋烟草非对称杂种
1981	Zimmerman 和 Scheurich	首次开展了原生质体电融合工作
1982	Krens 等	开展原生质体吸取外源 DNA 的研究
1985	Fujimura 等	获得第一例禾谷类作物水稻原生质体培养的再生植株
1986	雷鸣等；王光远和夏镇澳	我国水稻原生质体再生完整植株取得重要突破
1986	Spangenberg 等	油菜单个原生质体培养获得成功
1989	陈志贤等	棉花原生质体培养获得再生植株
2004	夏光敏等	筛选出高产、耐盐、抗旱的小麦体细胞杂种新品种'山融 3 号'
2004	Sun 等	栽培陆地棉与野生二倍体种融合获得棉花体细胞杂种
2015	郭文武等	原生质体融合培育出柑橘无核新品种'华柚 2 号'

二、原生质体的应用

由于没有细胞壁，原生质体是作物遗传改良和植物学研究极为有利的试验材料。原生质体可以用于下面几种研究。

（一）种质资源保存

作为种质资源保存的原生质体主要用于超低温保存，植物原生质体超低温保存开始于 20 世纪 70 年代。目前，原生质体已应用于胡萝卜、烟草、毛曼陀罗、颠茄、玉米、杏、大豆、小麦、大麦、燕麦和柑橘等植物的超低温保存。提高原生质体活力及培养后的再生能力是今后原生质体超低温保存的重点研究目标。

（二）原生质体融合

原生质体培养成功为开展体细胞杂交奠定了基础，可以通过不同类型的原生质体融合克服传统育种方法所面临的生殖障碍（reproductive barrier），创造新的种质材料，并且可以实现不同材料的核质基因重组。此外，与有性杂交相比，它可以实现两种材料的胞质重组。自 1972 年首次获得植物体细胞杂种以来，原生质体融合发展较快，并获得了大量的新种质，从中可筛选出优良新品种。

（三）筛选突变体

由于原生质体在培养过程中能够产生体细胞无性系变异，可以从中选出具有优良性状的变异体，因此可成为农作物改良的重要遗传资源。在马铃薯、苜蓿、水稻、猕猴桃、柑橘和烟草原生质体再生植株中均存在体细胞无性系变异。采用原生质体培养结合离体诱变还可以加速突变体的获得。例如，采用 UV 照射单倍体烟草叶肉原生质体，用缬氨酸选择得到了抗缬氨酸的烟草突变体。

（四）遗传转化

Krens 等（1982）最早在烟草上开展原生质体吸取外源 DNA 的研究，并取得了成功。原生质体作为遗传转化的受体系统具有以下几个优点：第一，同一组织可以产生大量遗传上基本一致的原生质体；第二，如果原生质体具有再生能力，容易获得转化植株；第三，由于去掉了细胞壁，原生质体容易摄取外源遗传物质，如细胞器、细胞核、细菌、病毒、质粒和各种 DNA 分子等；第四，原生质体转化后采用固体包埋培养，可以避免转化嵌合体（chimera）的发生。目前，原生质体转化研究获得了大豆、柑橘、小麦、水稻、诸葛菜、玉米、结缕草、甘薯和牛尾草的转基因植株。

（五）生物学研究

基于原生质体的瞬时转化体系可用于蛋白质亚细胞定位、转录激活、基因组编辑和蛋白质互作等研究。其中蛋白质亚细胞定位被研究得最广泛，该研究主要涉及叶肉原生质体的分离及瞬时转化体系的优化。此外，原生质体还用于转录组测序和单细胞测序。前者主要用于探究细胞再生机制，而后者可鉴定单细胞水平的基因表达差异，从而构建植物细胞图谱，目前已成功解析了拟南芥根和叶片的细胞图谱。

（六）基础研究

原生质体可以用于研究细胞壁再生、膜结构、细胞膜的离子转运及细胞器的动态表现、光合作用、呼吸作用、物质跨膜转运等。此外，还可以采用原生质体研究气孔开关机制、物质储运、细胞膜的作用和病毒侵染机制及复制动力学等。原生质体还被用作进行抗寒性、抗热性测定的材料，并且认为在原生质体水平上的抗性与在植株水平上的抗性一致，从而为早期筛选抗性植株提供了材料。

第二节　原生质体的分离和纯化

原生质体培养的前提之一是获得大量有活力的原生质体，如第一节所述，原生质体分离（protoplast isolation）方法较多，但现在用得最广的是酶解法，本节主要对酶解法分离原生质体进行介绍。

一、原生质体的分离

（一）外植体来源

生长旺盛、生命力强的组织和细胞是获得高活力原生质体的关键，并影响着原生质体的复壁、分裂、愈伤组织形成乃至植株再生。用于原生质体分离的植物外植体有叶片、叶柄、茎尖、根、子叶、茎段、胚、愈伤组织、悬浮培养物（suspension culture）、原球茎、原丝体、花瓣和叶表皮等。其中植物幼嫩的叶片、萌发种子的胚轴、子叶、愈伤组织和悬浮培养物等均是原生质体的良好来源，尤其是叶片，因为从叶片中一次可以分离出大量均匀一致的细胞。培养的愈伤组织和悬浮细胞系由于生长快速、稳定，受环境条件的影响不大，容易获得大量高质量的原生质体。

（二）取材

叶片可以取自田间、温室或光照培养箱中生长的植株，也可以取自试管苗（*in vitro seedling*），但以后者为佳，因为田间或温室生长植株的叶片在分离原生质体前要进行灭菌。如果是试管苗，一般在叶片充分展开时取材较好。愈伤组织和悬浮细胞取材通常在细胞的指数生长期，前者一般在继代培养的10～20d，后者在继代培养的3～7d。但是长期培养的愈伤组织和悬浮细胞容易丧失再生能力，并且较容易发生体细胞无性系变异。因此，在这两类材料继代到一定时间后，应在固体培养基上再次选择具有再生能力的颗粒状胚性愈伤组织。同时，每次继代愈伤组织和悬浮细胞时应注意选择胚性细胞团转移到新鲜培养基中，以尽量减少变异细胞的出现。

（三）酶液组成和浓度

用来分离植物原生质体的酶制剂主要有纤维素酶、半纤维素酶、果胶酶和离析酶等，酶解花粉母细胞和四分体小孢子时还要加入蜗牛酶。纤维素酶的作用是降解构成细胞壁的纤维素；果胶酶的作用是降解连接细胞的中胶层，使细胞从组织中分开，以及细胞与细胞分开。有的植物只采用纤维素酶和果胶酶就能够分离出原生质体，但有的植物和材料要添加半纤维素酶或离析酶才能得到较多的原生质体。

常用的酶制剂有：纤维素酶 Cellulase Onozuka R-10、Cellulase Onozuka RS、Cellulase Worthington、Cellulase、Driselase 等，果胶酶 Pectolyase Y23、Macerozyme、Pectinase 等，半纤维素酶 Rhozyme Hp-150 等。

表 6-2 为几种作物原生质体分离的酶液组成，从表中可以看出，不同植物用于分离原生质体的酶液浓度可能不同，有的纤维素酶浓度高，有的果胶酶浓度高。大多数植物分离原生质体时，纤维素酶浓度为 1%～3%，果胶酶浓度为 0.1%～1%，但也有很多例外。例如，在苎麻原生质体分离的酶液中，纤维素酶浓度高达 6%。同时，同一植物不同基因型或者不同外植体所用酶的种类和浓度也会不同。例如，在药用植物中，幼嫩的叶片一般去壁相对容易，1%～2%的 Cellulase Onozuka R-10、2%左右的 Macerozyme 添加少量的 Driselase 就可以达到要求，而愈伤组织和悬浮细胞则需要活性较强的酶和较高的酶浓度，如 Cellulase Onozuka RS、Pectolyase Y23、Rhozyme Hp-150 等。

表6-2 一些作物所用的酶解溶液

材料	酶液组成								pH
	$CaCl_2 \cdot 2H_2O$/(mg/L)	KH_2PO_4/(mg/L)	MES/(mg/L)	纤维素酶	果胶酶	离析酶R-10	半纤维素酶	甘露醇/(mol/L)	
I	1470	95	600	RS 2%	Y23 0.2%	—	—	0.55	5.6
II	1470	95	600	R10 1% RS 0.5%	Y23 0.1%	1%	—	0.4	5.6
III	1470	95	600	RS 3%	Y23 0.1%	0.5%	0.5%	0.5	5.6
IV	3600	—	1200	R10 1%	Serva 2%	—	—	0.7	5.6

注：I为小麦悬浮细胞，II为水稻悬浮细胞，III为玉米悬浮细胞，IV为柑橘悬浮细胞；MES. 2-（*N*-吗啉）-乙磺酸 [2-（*N*-morpholino）-ethanesulfonic acid]；—为无数据

在配制酶液时通常加入一些化学物质，以提高酶解效率或增强酶解原生质体的活力。酶液中添加适量的 $CaCl_2 \cdot 2H_2O$、KH_2PO_4 或葡聚糖硫酸钾（dextran sulfate potassium），有利于提高细胞膜的稳定性和原生质体的活力，加入 MES 可稳定酶液的 pH，加入牛血清白蛋白（bovine serum albumin，BSA）能够减少酶解过程中细胞器的损伤。酶液 pH 一般在 5.6～5.8，过高或过低均不适于原生质体分离。酶液配好后不能进行高温灭菌，只能采用微孔滤膜过滤灭菌，常用的微孔滤膜孔径有 0.22μm 和 0.45μm，一般先用 0.45μm 的滤膜过滤，再用 0.22μm 的滤膜过滤一次，以保证能够将细菌全部滤去。

原生质体由于没有细胞壁的保护，对外界环境条件中的渗透压较为敏感，如果酶液的渗透压与细胞内的渗透压相差过大，则容易导致原生质体收缩或膨胀，最终导致原生质体的死亡。因此，在酶液中应保持一定的渗透压，达到该目的的方法是使用渗透压调节剂（osmoticum），常用的物质为一些糖或糖醇，如葡萄糖、果糖、蔗糖、山梨醇、甘露醇等，浓度在 0.6mol/L 左右。此外，采用盐溶液也能起到调节渗透压的目的。

（四）酶解条件

酶解过程一般在 25～28℃条件下进行，通常采用混合酶液一步完成。植物材料与酶解液按一定比例混合，有时还要加入培养基。某些材料需要放在低速摇床上，以保证材料能够酶解充分。在酶解时应尽量避光，尤其是强光照。酶解时间为几小时到十几小时，依不同植物和不同外植体而定。但如果原生质体在酶液中的时间过长，对其活力和以后的生长发育不利，因此一般酶解时间应尽可能短（2～6h），多数植物的酶解时间不超过 24h。在酶解过程中要经常进行观察，当看到有大量原生质体时，即可停止酶解，转入纯化工作。

值得提出的是，现在已有不少研究者试图寻找简单有效的原生质体分离方法，并已取得了初步成功。Aoyagi 和 Tanaka（1999）发现了一种简单的原生质体分离方法，将植物细胞（如悬浮系愈伤组织）进行排气处理，然后将处理的细胞与藻酸钠滴入分离原生质体的酶液中，原生质体分离和胶的固化同时进行，此法可以明显缩短时间，而且原生质体的活力较高。Wu 等（2009）发展了一种"胶带-拟南芥三明治"的叶肉原生质体分离新方法，使用两种胶带分别粘在分离叶片的上下表皮，将下表皮揭去后再进行酶解，此法既能缩短时间，又大大提高了原生质体的产量。

二、原生质体的纯化

植物材料与酶解液混合后，得到的产物为原生质体、多细胞团、未酶解的组织和细胞碎片。如果此时直接将这样的材料进行培养，结果不会理想，必须进行原生质体纯化（protoplast purification），以去掉酶液，并且除去未酶解的组织和碎片及多细胞团，才能进行培养。

酶解的原生质体产物首先通过不锈钢网或尼龙膜过滤，通常是双层钢网，孔径分别为 400 目和 200 目，过滤时要加入一些培养基进行清洗，常用的原生质体清洗培养基为 Cocking 教授等采用的 CPW 盐溶液，其成分为 KH_2PO_4 27.2mg/L、KNO_3 101mg/L、$CaCl_2 \cdot 2H_2O$ 1480mg/L、$MgSO_4 \cdot 7H_2O$ 246mg/L、KI 0.16mg/L、$CuSO_4 \cdot 5H_2O$ 0.025mg/L，pH5.6。在滤液中主要是原生质体，然后采用上浮法和下沉法两种纯化方法。上浮法是将酶解的原生质体与蔗糖溶液（23%左右）混合；下沉法是先将原生质体与 13%的甘露醇混合，然后加到 23%的蔗糖溶液顶部形成一个界面。两种方法中均在 100g 条件下离心 5～10min，会在蔗糖溶液顶部形成一条原生质体带。用吸管将带轻轻地吸出来，用培养基悬浮离心，然后稀释到 $10^4 \sim 10^5$ 个/mL，用于培养。

三、原生质体活力测定

原生质体培养前通常要进行活力（viability）检查，以便知道其状态是否正常。测定原生质体活力的方法主要有观察胞质环流（cytoplasmic streaming）、测定呼吸强度和 FDA 染色，其中最常用的是 FDA 法。FDA 是荧光素双乙酸酯（fluorescein diacetate），常用丙酮配制成 2mg/mL 溶液，在冰箱（4℃）中保存。FDA 本身没有极性，无荧光，可以穿过细胞膜自由出入细胞，在细胞中不能积累。在活细胞中，FDA 经酯酶分解为荧光素，后者为具有荧光的极性物质，不能自由出入细胞膜，从而在细胞中积累，在紫外线照射下，发出绿色荧光。相反，如果是死细胞，则不会发出绿色荧光。但是，荧光的强度受到细胞状态的影响。

四、影响原生质体分离的因素

虽然已有很多种植物的原生质体分离取得成功，但并不是在任何情况下均能得到大量活力好、质量高的原生质体。原生质体分离受较多因素的影响，包括基因型、外植体来源及生理状态和酶液及酶解方法等。

（一）基因型和外植体

原生质体的产量很大程度上取决于基因型和外植体。基因型对原生质体分离的好坏与否具有较大的影响，此方面的研究在甘蔗、香蕉等作物中均有报道。Assani 等（2002）分离了 7 个基因型的原生质体，只有 2 个基因型原生质体的分离效果较好。外植体影响原生质体分离表现为多方面，如外植体来源、外植体生理状态等。采用同样的酶液、同样的外植体，如果外植体来源不同，原生质体的分离效果也可能不同。例如，用酶液 Cellulysin 1.0%＋Macerase 0.5%能分离得到洋麻离体苗的原生质体，却不能分离出室外苗的原生质体。通常情况下，从叶片中容易分离到大量遗传上一致的原生质体，但有时产量偏低，在玫瑰、枣、中国李、苹果和野生杏等植物中发现，悬浮培养系分离原生质体的效果均比叶片和子叶好。来源于连续强光照下培养的试管苗原生质体的产量和质量都显著高于在弱光下培养的试管苗，在完全黑暗下培养的试管苗不能分离出原生质体。4℃、黑暗中预处理无菌苗有利于原生质体的分离。用于分离原生质体的外植体年龄会影响分离效果，从大麦幼苗分离原生质体时，生长 5d 的幼苗比生长 4d 和 6d 的幼苗更容易。云南红豆杉（*Taxus yunnanensis*）的产量与愈伤组织的年龄有关，20d 愈伤组织的产量最高。

采用某些手段对外植体进行预处理会影响原生质体的得率。例如，用 PEG 处理甘蔗胚性愈伤组织可以成倍地提高所分离原生质体的产量（林俊芳等，1996）。特定的预处理措施对得到大量有活力的玫瑰原生质体是必要的，如在预培养基中加入生长素、选用生长时期适合的悬浮系。

（二）酶液及酶解方法

很多研究表明，酶液成分、浓度和 pH 等均能影响原生质体的分离。通常情况下，酶液浓度越高，分离效果越好，但高浓度的酶液对分离出的原生质体具有一定的毒害作用，会影响其活力。酶液浓度不高，但酶解时间过长，也会影响原生质体的活力。因此，在酶解时应尽量避免高浓度的酶液与短酶解时间或低浓度的酶液与长酶解时间组合。此外，高纯度的纤维素酶（如 Cellulase Worthington）能减少自由基的产生，可获得高活力的原生质体（Papadakis and Roubelakis-Angelakis，1999）。酶液中一些附加成分对原生质体分离具有较大程度的影响。例如，有研究表明添加较高浓度的 Ca^{2+} 有利于原生质体分离，加入抗氧化剂［如聚乙烯吡咯烷酮（PVP）］对原生质体的分离具有较为明显的促进效果，并且原生质体的活力也得到了增强。酶液 pH 也影响原生质体的分离。例如，娄和林等（1990）研究 8 种不同 pH 的酶液对樱草原生质体分离的影响，结果表明只有 pH 为 5.6 的酶液效果最好。林俊芳等（1996）比较了 3 个甘蔗基因型胚性愈伤组织的原生质体分离，结果表明基因型之间存在着明显的差异。酶解的方法较多，不同方法之间原生质体分离的效果也会不同。酶解时将叶片放在真空进行渗透处理有利于原生质体分离。

第三节　原生质体培养及植株再生

一、原生质体培养方法

原生质体的培养方法较多，大多数与细胞培养相似。主要的培养方法有 3 种，即液体浅层培养、固体培养、固液双层培养，不同学者在上述方法的基础上发展了一些其他的方法，如饲喂层培养、看护培养、悬滴培养等。

（一）液体浅层培养

液体浅层培养（liquid thin layer culture）是目前较常用的原生质体培养方法，一般适用于容易分裂的原生质体。原生质体纯化后，将原生质体悬浮于液体培养基中；再取少许在培养皿底部形成很薄的一层，封口进行培养。此法的特点是操作简单，在培养过程中容易添加新的培养液。但其不足是原生质体容易发生粘连，难以定点观察，由于需经常加入新鲜培养基，容易造成污染。此外，与细胞培养相似，原生质体自身释放的有毒物质会影响原生质体的再生。有学者由液体培养方法发展起来另一种较为精细的培养方法，即液滴培养（droplet culture），该方法是将原生质体悬浮在培养基中，再取少许（如 0.1mL）置于培养皿中，每个培养皿放 5～7 滴。悬滴培养与此类似，只是将培养皿翻转过来的一种培养方法。此方法有利于对原生质体的生长和发育进行观察，但原生质体容易聚集于液滴的中央，并且培养基容易蒸发，不利于原生质体的生长。

（二）固体培养

固体培养（solid culture）也称为琼脂糖平板法（agarose plate culture）或包埋培养（embedding culture），将原生质体悬浮于液体培养基后，与凝固剂［主要是琼脂或低熔点琼脂糖（LMT agarose）］按一定比例混合，在培养皿底部形成一薄层，凝固后封口培养。Nagata 和 Takebe（1971）首次在烟草叶肉原生质体培养中采用此法，它可以定点跟踪和观察原生质体。由于原生质体被固定在相应的位置，所释放出的有毒物质不易扩散，从而有利于对原生质体再生和发育过程进行详细的观察，减少了原生质体自身释放的有毒物质的影响。所用的凝固剂中琼脂的熔点（45℃）较高，会使原生质体受到高温伤害而影响其生长发育，主要是采用低熔点（30℃）琼脂糖作为包埋剂。有研究表明，琼脂糖对多种植物原生质体的分裂和再生有促进作用。此外，在有的作物原生质体培养中还用到藻酸盐微珠（alginate bead）、钙-琼脂糖和钙-藻酸盐。

（三）固液双层培养

固液双层培养（liquid over solid culture）结合了液体浅层培养和固体培养的优点，在培养皿底部先铺一层固体培养基，待凝固后再在其上进行液体浅层培养。固体培养基中的营养成分可以被液体层中的原生质体吸收利用，而原生质体产生的有毒物质可以被固体培养基吸收。

（四）饲喂层培养和看护培养

植物原生质体对培养密度较为敏感，一般为 10^5～10^6 个/mL 比较合适，如果低于 10^4 个/mL 可能不分裂。为了解决低密度培养的问题，一些学者在双层培养的基础上发展起了饲喂层培养（feeder layer culture）和看护培养（nurse culture）。饲喂层培养是指将原生质体与经射线照射处理不能分裂的同种或不同种原生质体混合后进行包埋培养，或将处理的原生质体包埋在固体层，待培养的原生质体在液体层中培养。这种方法培养的原生质体密度可以比正常的密度低。看护培养是将原生质体与其同种或不同种的植物细胞共同培养以提高其培养效率的一种方法，主要用于低密度原生质体培养、原生质体培养难再生的植物。研究表明，这两种方法可以提高原生质体培养的植板率（plating efficiency）（即形成愈伤组织的原生质体数量占所培养原生质体总数的百分比），其可能的机制是饲喂层细胞或看护细胞为待培养原生质体提供了促进生长的物质，或是吸收了待培养原生质体释放的有毒物质，减轻对它的影响。

二、原生质体培养基

原生质体培养基在很大程度上影响到原生质体再生和其后的分化及器官形成。不同作物的培养基不尽相同，即使同一作物不同基因型用的培养基也可能不同。一般来说，能用于细胞和组织培养的培养基通常只需进行一定的变化即可用于原生质体培养，最常用的培养基是改良 MS 培养基、B_5 培养基和 KM_{8p} 培养基等，其他培养基均是在这几种培养基的基础上发展起来的。例如，常用于小麦原生质体培养的培养基有 KM_{8P}、MS、N_6、WPMI 等，常用于木本植物原生质体培养的培养基有 MS、MT、B_5、DCR、KPR、WPM、K_{8p} 和 KM_{8p}。表 6-3 列出了一些常用的原生质体基本培养基及其化学组成。

表 6-3 一些常用的原生质体基本培养基及其化学组成（Fowke and Constabel，1985）

成分	V_{47}	KM_{8p}	V-KM	MS	B_5	WB
大量元素/（mg/L）						
NH_4NO_4	144	600	1444	1650	134	384
KNO_3	1480	1900	1480	1900	2500	3000
$CaCl_2 \cdot 2H_2O$	735	600	735	440	150	780
$MgSO_4 \cdot 7H_2O$	984	300	934	370	250	500
$(NH_4)_2SO_4$	—	—	—	—	134	—
$NaH_2PO_4 \cdot H_2O$	—	—	—	—	150	150
KH_2PO_4	68	170	68	170	—	—
KCl	—	300	—	—	—	—
$FeSO_4 \cdot 7H_2O$	28	—	28	28	28	28
$Na_2 \cdot EDTA$	37	—	37	37	37	37
氨基酸螯合铁	—	28	—	—	—	—
微量元素/（mg/L）						
H_3BO_3	2	3	3	6.2	3	3
$MnSO_4 \cdot H_2O$	5	10	10	22.3	10	10
$ZnSO_4 \cdot 7H_2O$	1.5	2	2	8.6	2	2
$NaMoO_4 \cdot 2H_2O$	0.1	0.25	0.25	0.25	0.25	0.25
$CuSO_4 \cdot 5H_2O$	0.015	0.025	0.025	0.025	0.025	0.025
$CoCl \cdot 6H_2O$	0.015	0.025	0.025	0.025	0.025	0.025
KI	0.25	0.75	0.75	0.75	0.75	0.75
糖/（g/L）						
蔗糖	9	0.25	0.25	30	34	20
甘露糖	—	0.25	0.25	—	—	—
葡萄糖	9	68.4	108.9	—	—	—
果糖	—	0.25	0.25	—	—	—
核糖	—	0.25	0.25	—	—	—
木糖	—	0.25	0.25	—	—	—
鼠李糖	—	0.25	0.25	—	—	—
纤维二糖	—	0.25	0.25	—	—	—
山梨醇	—	0.25	0.25	—	—	45
甘露醇	81.9	—	0.25	—	—	45

成分	V$_{47}$	KM$_{8p}$	V-KM	MS	B$_5$	WB
维生素和有机酸/（mg/L）						
肌醇	100	100	100	100	100	100
烟酸	4		1	0.5	1	1
烟酰胺	—	1	—			—
烟酸吡哆素	0.7	1	1	0.5	1	1
泛酸钙	4	10	1	0.1	10	10
叶酸	0.4	0.4	0.4	—	—	—
氨基苯甲酸	—	0.02	0.02			
生物素	0.04	0.01	0.01			
氯化胆碱	—	1	1			
维生素 C	—	2	2			
维生素 A	—	0.01	0.01			
维生素 D$_3$	—	0.01	0.01			
维生素 B$_{12}$	0.02	0.02	—			
甘氨酸		2				
丙酮酸钠	—	20	20			
柠檬酸		40	40			
苹果酸		40	40			
延胡索酸		40	40			
有机添加物/（mL/L）						
水解乳蛋白	—	—	—	10	—	—
水解酪蛋白	—	250	250		—	250
椰子汁	—		20			
激素/（mg/L）						
2,4-D	—	0.2	—		2	2
异戊烯基腺嘌呤	—		—			0.2
萘乙酸	1.5	1	1.5	—	—	—
吲哚乙酸	—		1			
玉米素	—	0.5				
激动素	—	—	—	3	0.75	1
6-苄基腺嘌呤	0.4	—	0.4			

三、原生质体培养与植株再生过程

（一）细胞壁再生

原生质体培养后经过一段时间会再生出细胞壁，原生质体在培养初期仍然为圆球形，随着培养时间的延长，逐渐变为椭圆形，此时表明已经开始再生细胞壁。不同植物原生质体培养再生细胞壁所需时间不同，从几小时到几天。例如，香蕉原生质体培养 24h 可以再生细胞壁，而梨原生质体细胞壁再生则需要 12~13d。研究原生质体再生细胞壁的方法较多，如质壁分离法、冷冻-融化法、低渗冲击法、出芽法、荧光增白剂（calcofluor white）染色法和十二烷基硫酸钠（SDS）溶膜等，其中最为理想的是六胺银染色电镜观察法、扫描电镜法，尤其是冰冻蚀刻法的效果最佳。现在常用的一种简单方法是荧光增白剂染色法，采用的荧光增白剂有 ST 和 VBL 两种，前者染壁后，细胞壁在荧光显微镜下呈蓝色荧光，后者则呈绿色荧光。

原生质体再生细胞壁发生在细胞分裂之前，是细胞分裂的先决条件。在没有细胞壁时，虽然能够看到有丝分裂，但胞质不发生分裂。如果在原生质体培养基中加入一些细胞壁再生抑制剂，则没有细胞分裂现象发生。

（二）原生质体培养中的粘连现象

在植物原生质体液体培养中，经常观察到原生质体发生自然粘连现象（aggregation），这一现象在柑橘、胡萝卜、谷子、荔枝等植物原生质体培养中会发生。发生粘连现象并不表明培养基中的原生质体密度特别大，实际上在 10^4~10^6 个/mL 均可能观察到粘连现象的发生。发生粘连对有的植物的原生质体具有正面影响，而对有的植物则具有抑制作用。例如，在柑橘原生质体中，观察到在容易发生粘连的原生质体培养中，往往是那些发生了粘连的细胞能够正常分裂、生长和再生成植株，而未粘连的原生质体却难以持续分裂。但在荔枝中，原生质体粘连则容易导致培养失败。原生质体粘连并不是发生于所有植物的原生质体培养中，如高密度（10^6 个/mL）烟草原生质体培养未观察到粘连现象。李莉等（1995）的研究表明，造成原生质体粘连的根本原因是原生质体表面的负电荷，如果原生质体表面的负电性弱（如胡萝卜和谷子），则容易出现粘连；相反，表面负电性强的原生质体（如水稻和烟草）不容易发生类似的粘连现象。粘连现象可以通过加入增加表面负电性（如 ABA）或减轻表面负电性（如 Ca^{2+}）的物质得到调节，加入 ABA 会使粘连减轻，加入 Ca^{2+} 则会使粘连现象得到进一步的加剧。

（三）细胞团形成和植株再生

再生细胞壁之后不久就会恢复第一次分裂，不同植物、不同基因型或不同来源的原生质体恢复第一次分裂的时间不一样，有的只需 1~2d（如落叶松），有的则需要 4~7d（如柿、树梅、洋麻、百脉根、柑橘），有的则需要 10d 以上甚至更长时间（如高粱）。具有再生能力的原生质体会不断分裂，形成多细胞团。此时，要注意加入新鲜培养基以适应细胞生长的需要。当细胞团进一步发育成为肉眼可见的小愈伤组织（minicallus）时，要及时将其转移到分化培养基（differentiation medium）中。分化培养基包括胚状体诱导培养基、生芽培养基、生根培养基等。愈伤组织被转入分化培养基后，通常会经历两种途径再生成植株，一种是器官发生途径（如水稻、苹果、梨、杨树、悬铃木等），另一种是体细胞胚胎发生途径（如柑橘、棉花、香蕉）（图6-1）。

（四）影响原生质体培养及植株再生的因素

影响植物原生质体培养的因素较多，有原生质体来源、基因型、培养基、原生质体培养程序等。

1. 原生质体来源　典型的例子是禾本科植物的原生质体，水稻原生质体培养早期主要是叶片分离的原生质体，但很难培养成功，而采用幼胚或成熟胚诱导的胚性愈伤组织或胚

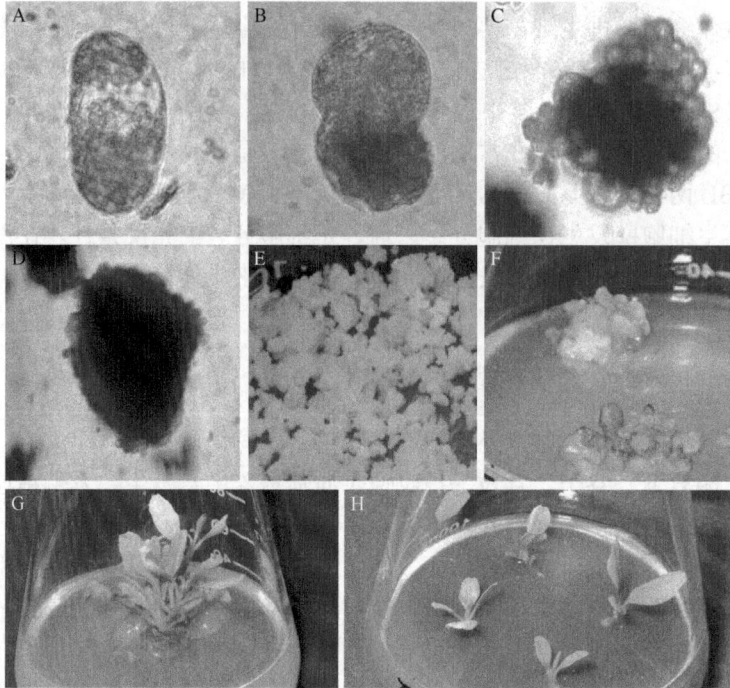

图 6-1　柑橘原生质体培养与植株再生过程
A. 变椭圆的原生质体；B. 第一次分裂；C. 多次分裂后；D. 肉眼可见的细胞团；
E. 愈伤组织；F. 愈伤组织再生胚状体；G、H. 再生丛芽和单芽

性悬浮细胞系游离原生质体取得了突破。有报道称经低温预处理的外植体分离的大豆原生质体培养 10～15d 时植板率高达 40%，分裂高峰可持续 20d 左右；而对照植板率只有 15%～25%，分裂高峰在第 10d 前后，之后就下降，并且出现了褐化。分离原生质体所用外植体的生理状态与原生质体的质量和其后的分裂频率有着密切的关系。例如，在小麦原生质体培养中，从 3～6 月龄的悬浮细胞系分离的原生质体分裂率比 1 月龄的原生质体高。番茄叶肉原生质体再生的愈伤组织比悬浮系原生质体再生的愈伤组织分化早两个星期。从黄瓜胚性悬浮培养物分离的原生质体在 4～5d 恢复第一次分裂，而愈伤组织原生质体则需要 7～8d。

2. 基因型　　研究表明，基因型与原生质体培养及形态分化有一定的关系，同一植物不同基因型的原生质体脱分化与再分化所要求的条件不同，造成不同品种在相同条件下的再生能力也会不同。基因型影响原生质体的持续分裂和植株再生的现象已在甜菜、水稻、棉花、柑橘和油菜等植物中观察到。例如，吴家道等（1994）用 16 个品种的水稻原生质体进行培养，只有 3 个品种得到了再生植株。Hu 等（1999）采用饲喂层培养芸薹属及相关属共 6 个类型，即甘蓝型油菜（*Brassica napus*）、芸薹（*B. campestris*）、芥菜（*B. juncea*）、诸葛菜（*Orychophragmus violaceus*）、菘蓝（*Isatis indigotica*）和新疆野生油菜（Xinjiang wild rape）的 36 个基因型的原生质体，其中芸薹和新疆野生油菜不能再生植株，其他类型均能再生出植株。Olin-Fatih（1996）培养芸薹、甘蓝（*B. oleracea*）和甘蓝型油菜原生质体，其中芸薹再生的植株最少。基因组类型也会影响到原生质体再生。例如，不同基因组的芸薹属植物原生质体培养时，*AA* 基因组植物的再生能力最低，*CC* 基因组植物的再生能力最高，*AACC* 基因组植物的再生能力居中。

3. 培养基　　即使来源于同一种基因型的原生质体，在不同培养基中的再生能力也不

一样。采用 MS、V-KM 和 MS-KM 三种培养基培养番茄的原生质体，在最后一种培养基中的植板率最高。采用 D_2、DCR、KM_{8P} 和 TE 四种培养基培养火炬松（*Pinus taeda*）的原生质体，在 DCR 培养基中植板率最高，体细胞胚胎发生反应最强，而在 D_2 和 TE 培养基中不能形成胚状体。培养基除影响培养效果外，在有的作物原生质体培养中会影响分化类型。例如，许智宏等（1982，1984）发现在形成细胞团的数量上，KM_5P 和 KM_5 都不如 B_5P 培养基，但对细胞的持续分裂来说，KM_5P 和 KM_5 又优于 B_5P 培养基。

培养基中的附加物质也会影响原生质体的培养效果。例如，培养基中的内源激素对原生质体分裂和再生有较大的影响，以烟草试管苗叶、美味猕猴桃、毛花猕猴桃子叶愈伤组织及玉米叶片为材料，进行了内源激素水平的测定和原生质体培养的研究，结果表明，高水平内源玉米素核苷（ZR）和高 ZR/IAA 值有利于原生质体分裂，但高水平的 ABA 对原生质体的分裂起着抑制作用。在猕猴桃和葡萄原生质体培养中，同样发现基本培养基中加入 NAA 和 BA 能够提高原生质体的分裂频率。油菜小孢子原生质体在无生长激素的培养基中，有 14.5% 的原生质体发生了分裂，但只形成出芽状的多细胞结构，只有在添加了 2,4-D 和 NAA 的培养基中才能形成小愈伤组织。除激素外，其他成分也会对培养产生影响。水解酪蛋白（casein hydrolysate）可以较大程度上提高紫草原生质体的分裂频率，谷氨酰胺和羟脯氨酸能使水飞蓟原生质体的分裂频率达到 35%。柠檬酸能够促进菠菜原生质体分裂。谷胱甘肽能诱导烟草叶肉原生质体去分化，而脱氢抗坏血酸则抑制了原生质体分裂（Potters et al.，2010）。Wardrop 等（1996）在粳稻［Japonica rice（*Oryza sativa* cv. Taipei 309）］的原生质体培养基中加入氧化全氟（oxygenated perfluorochemical，PFC）液体，可以使植板率增加 5 倍，苗的再生效率增加 12%。Hu 等（1999）报道在芸薹属不同类型原生质体再生培养基中加入 6μmol/L 和 30μmol/L 的硝酸银可以将苗的再生频率分别提高到 25.4% 和 52.2%，而对照只有 7.3%。加入硝酸银还能诱导没有反应能力（non-responsive）的基因型再生苗。值得提出的是，影响原生质体培养效果的无机盐成分主要是 NH_4^+，早在 1975 年就有学者发现 NH_4^+ 能抑制马铃薯原生质体的分裂。之后，又有更多的报道称高浓度的 NH_4^+ 对构树、李、杏等植物的原生质体培养不利。

4. 培养条件和培养方法　　培养环境的光质会影响原生质体细胞壁再生。例如，在绿豆原生质体培养时，红光培养下的原生质体细胞壁再生率最高，其次为白光，在蓝光中培养的原生质体细胞壁再生比例最低。并且红光和白光对绿豆的第一次分裂有明显的促进作用，蓝光的促进作用小甚至没有。Sun 等（1998）发现将甘蓝型油菜（*Brassica napus*）品种 'Topas' 原生质体连续培养在 32℃ 而不是 25℃ 中有利于细胞开始分裂和细胞增殖，但不利于植株再生。培养方法不同，其结果也会不一样。例如，在黄花烟草叶肉细胞原生质体培养中，固液双层培养的原生质体比固体培养的原生质体要提前一个星期形成细胞团和愈伤组织。Dovzhenko 等（1998）采用藻酸盐凝胶薄层技术培养烟草叶肉原生质体，可以高频率、快速获得再生芽，最快的只需要两个星期，采用生根培养基只需 10d 即可诱导根的形成。尽管研究者认为看护培养可以促进原生质体再生，但看护培养细胞的类型也影响原生质体再生的效果。例如，水稻 Indica rice 品种 'IR36' 的原生质体只能在多花黑麦草（*Lolium multiflorum*）作为看护培养细胞的滤纸膜培养程序中才能再生细胞团，而用野生稻（*Oryza ridleyi*）和 Japonica rice（*O. sativa* cv. Taipei 309）细胞作为看护培养细胞均不能再生（Tang et al.，2000）。分化培养基是再生植株不可缺少的培养基，然而分化培养基的使用方法可能会影响到植株再生，采用分步分化法（逐步降低生长素浓度或提高细胞分裂素浓度）比单一采用同一分化培养基更容易诱导植株分化，这一现象已在猕猴桃和水稻原生质体培养中观察到。例如，采用两步培养法获得了最难培养成功的水稻品种 'IR36' 的原生质体再生植株。

5. 渗透压调节剂 此类物质对原生质体分裂能产生较大的影响，如前所述，渗透压调节剂类型较多，其作用也不一样，主要依赖于所培养的植物类型。在一种植物原生质体培养中起促进作用的调节剂在另一种植物中则不一定能起到相同的作用。李韬和戴朝曦（2000）研究了不同类型渗透压调节剂对原生质体细胞分裂频率的影响，如表 6-4 所示。从表 6-4 中可以看出，以蔗糖为渗透压调节剂的效果最好，其分裂频率达 23.2%，而以甘露醇为渗透压调节剂的分裂频率只有 11.4%，甘露醇＋葡萄糖的效果居中，为 17.7%。蔗糖对枸杞原生质体分裂和细胞团的形成也起到了促进作用。但这并不表明蔗糖就是最好的渗透压调节剂，它在有些植物的原生质体培养中效果不如葡萄糖。例如，在构树、人参、当归、川芎和紫草等药用植物的原生质体培养中，以蔗糖和果糖作碳源和渗透压调节剂时，细胞不能持续分裂，而用葡萄糖时，原生质体能持续分裂并形成细胞团。在花椰菜下胚轴原生质体培养中，同样发现用蔗糖作为渗透压调节剂的效果不如葡萄糖。

表 6-4 不同渗透压调节剂对马铃薯原生质体分裂频率的影响（李韬和戴朝曦，2000）

渗透压调节剂	原生质体分裂频率/%			平均值/%
	I	II	III	
蔗糖	27.0	23.1	19.4	23.2
甘露醇＋葡萄糖	11.5	22.0	19.6	17.7
甘露醇	14.4	9.3	10.6	11.4

6. 微电流处理 人们已经发现微电流处理能够促进三叶草、白芷、石防风、梨属、李属、大豆属和茄属植物的原生质体细胞壁再生，提高分裂频率，促进细胞团的形成，其原因可能是植物体自身存在微电流，外加微电流可能加强了植物体自身微电流的作用，从而促进细胞的生长。

上述影响因素都是表观原因，深层次、更复杂的机制尚不清楚。近年来，国内外学者应用植物生理学、细胞和分子生物学等方法研究其再生机制，在各层次都取得了可喜的成绩。在生理水平上，希腊 Roubelakis-Angelakis 教授课题组通过比较可再生的烟草叶肉原生质体和葡萄叶肉原生质体在培养过程中的一系列生理变化，发现原生质体再生难与氧化胁迫密切有关，活性氧水平和抗氧化系统决定了原生质体的再生能力，多胺可促进原生质体再生。在柑橘的研究中发现，柑橘叶肉原生质体再生受阻于细胞壁再生位点；柑橘愈伤组织与叶肉原生质体在培养过程中，其活性氧含量、抗氧化酶活性和抗氧化物质含量存在差异，后者的氧化胁迫程度更高，抗氧化能力较弱。在细胞和分子水平上，以色列 Grafi 教授课题组经过 10 多年的努力，在烟草原生质体有关研究中取得了重大进展。他们以可再生的烟草叶肉原生质体为试材，通过检测细胞核和染色质形态及基因表达等方面的变化，发现分离后的烟草叶肉原生质体表现出类似动物干细胞的去分化状态，即染色质解凝聚，核仁与 rRNA 基因簇区域皱缩，转录因子基因大量表达。此外，Ondrej 等（2009，2010）在培养可再生的黄瓜叶肉原生质体过程中也发现了染色质解凝聚的现象，还注意到维生素 C（抗坏血酸）处理能降低氧化胁迫，促进染色质的再凝聚。这些结果表明，原生质体的再生一般都会经历染色质解凝聚过程。

四、原生质体再生植株的遗传变异及其利用

原生质体来自植物的外植体，不经过有性过程。理论上，原生质体再生植株与供体植株在遗传和形态上应该一致，但在很多植物原生质体再生植株中出现了一些与供体植株在遗传和形态上不尽相同的植株，这就是所谓的再生植株的变异，即原生质体无性系变异（protoclonal variation），它是体细胞无性系变异的一种。原生质体再生植株发生变异具有普遍性，并不限于某一种特定的植物，迄今为止，已在颠茄、水稻、猕猴桃、马铃薯、苜蓿、谷子、莴苣、烟草、甘蓝、番茄、柑橘、大麦、小麦、报春花、鄂报春、仙客来和矮牵牛等植物的原生质体再生植株中观察到变异（刘继红等，2003），再生植株产生的变异主要有以下几个方面。

（一）染色体方面的变异

染色体变异在许多植物，如颠茄、马铃薯、甘蓝、柑橘、猕猴桃、水稻等原生质体再生植株中有发生，变异类型主要有数目的改变和多核细胞的出现。Bajaj 等在 1978 年就报道了在颠茄原生质体培养再生植株中发现了染色体变异，在植株中出现了单倍体、多倍体和非整倍体。马铃薯原生质体再生植株细胞学检查结果表明，染色体存在不同倍性变化和非整倍性变异（李耿光等，1992；Jelenić et al.，2001）。熊新生等（1988）也发现在甘蓝原生质体再生植株中有二倍体、四倍体，同时也发现有部分非整倍体。何子灿等（1995）研究美味猕猴桃原生质体再生植株染色体数目时发现，再生植株染色体数目为 142～310 条，72.4%为非整倍体，六倍体占 20.7%，在有丝分裂的后期可观察到染色体桥、染色体断片和落后染色体。经过分析变异来源发现，可能是发生在愈伤组织继代过程中或是发生在原生质体培养过程中。Prange 等（2010）采用流式细胞仪检查了仙客来原生质体再生植株的倍性，发现约 20%的原生质体来源的愈伤组织经再生得到四倍体植株。

（二）形态及农艺性状方面的变异

染色体的改变在一定程度上难以观察，但在形态和农艺性状方面的变化较为直接，因而对这两方面变异的研究更为普遍。在马铃薯嫩叶原生质体再生芽无性系中，叶形、叶色、叶柄长度、叶片大小、茎叶茸毛、节间长度、分枝情况、茎蔓长度及生根和植株生长等均出现了较大的差异（李耿光和张兰英，1988）。甘蓝保卫细胞中的叶绿体数和形态结构上出现了差异。番茄品种'强丰'的原生质体再生植株在叶片形态上也出现了差异（范胜兰和马玉霞，1985）。美味猕猴桃原生质体再生植株最大的变异出现在叶片的形态上，不同的植株甚至同一株的叶片形态都有很大差异，节间和叶片长、宽及叶柄长度都与母株有很大的差别（蔡起贵和柯善强，1992）。Lee 等（1999）培养水稻原生质体再生出植株，但叶片、花、小穗、花序与种子来源的再生植株有所不同，除上述形态特征外，两种类型的植株几乎在所有被评价的形态学特征中均表现出不同，有的形态学特征表现出显著的不同，如植株高度、旗叶长宽及其比例、花序特征（如花序长、主枝数和每花序小穗数）等。原生质体再生植株每花序种子数比种子来源的植株要少得多，而且二者的种子在米粒长宽方面也表现出明显的不同。旱稻原生质体再生植株除了分蘖数明显增多，穗数也大大超过了对照株，穗枝数在原生质体再生株中差异较大，从穗实粒数和结实率来看，差异更显著，生长好的个别再生株最多的一穗可

达到 166 粒，而有的植株却不结实，但总的结实率普遍低于对照株，同时还出现较多的空穗和瘪粒现象。Eeckhaut 等（2020）在菊花原生质体再生植株上观察到了花数目、花大小、花重、花型、花色等方面的改变，为菊花育种及商业应用提供了新材料。

染色体变异与形态变异之间并无必然的联系，染色体发生变异的形态可能变异，也可能是正常的，而形态发生变异的染色体可能是正常的，也可能发生了变异。日本 Ogura 等（1987）报道，4 个粳稻品种原生质体再生植株出现了田间性状和染色体的倍性变异。Fish 等（1986）在马铃薯叶肉原生质体再生植株中发现，出现了 36.4% 的非整倍体植株，这些植株的高度与生长势下降，但同时发现部分植株发生了染色体结构变异，但形态与对照相似。在粳型水稻'77-170'品系原生质体再生植株中出现了形态变异的植株，但染色体分析表明其均为稳定的二倍体。

（三）抗性方面的变异

Heinz 等（1977）在 800 株马铃薯原生质体再生植株中筛选到 20 株抗疫霉菌 0 号小种植株，Shepard 等（1980）、Meulemans 等（1986）通过原生质体培养得到晚疫病抗性增强植株，这种抗性能通过无性繁殖或微繁殖传递给后代。Thomson 等（1982）利用原生质体培养再生过程中产生的无性系变异，在其再生植株中筛选到马铃薯 X 病毒（PVX）和马铃薯 Y 病毒（PVY）田间抗性增强植株。Sumaryati 等（1992）在烟草原生质体培养再生植株中得到了耐盐和耐湿的突变体。从柑橘原生质体培养再生植株中也获得了抗黑腐病突变体。此外，我国也从水稻原生质体培养再生植株中筛选出抗穗颈稻瘟病的植株（李向辉，1990）。

（四）其他方面的变异

由美味猕猴桃叶原生质体再生的植株存在性别分化，在已开花的美味猕猴桃原生质体再生植株中出现了 2 个雌株和 1 个雄株（何子灿等，1997）。再生植株性别性状发生变异可能是性别控制基因或染色体发生结构性变异所致。由猕猴桃胚乳原生质体培养的再生植株在性别表达、生长习性、生活力方面均出现了变异（Gui et al.，1993）。

（五）变异的原因及应用

导致原生质体再生植株发生上述变异的可能原因较多，有的认为是原生质体在培养过程中发生了 25S rRNA 或线粒体 DNA 突变，有的认为是原生质体培养在人工培养基中由于代谢过程与体内条件不完全相同，并且在培养时或在培养基中可能存在一些逆境，使得基因表达不同，最终导致变异的产生。产生变异是获得新材料或有价值品种的一个前提，但变异能否稳定遗传则是这些品种能不能进一步被利用的限制因素。虽然原生质体在培养过程中发生了体细胞无性系变异，但并不代表这些变异可以稳定遗传下去。此外，原生质体再生植株后代的群体变异系数较小，因为原生质体培养过程是一个筛选过程，只有少数细胞可以顺利再生成植株。原生质体再生植株的变异程度与基因型、培养基中的激素和原生质体来源等因素的影响有关。例如，由马铃薯块茎分离的原生质体出现非整倍性变异的频率比叶肉原生质体再生植株高（Jones et al.，1989）。

在植物原生质体培养或融合再生的植株中出现变异植株在植物育种中有如下应用。首先，产生变异为选择新优材料提供了可能，为品种选育提供了材料，因为可以从原生质体培养产生变异的植株中选出有利用价值的材料，这已在马铃薯和水稻中取得成功。马铃薯

'Russet Burbank'原生质体再生植株中出现了近千个变异类型,从中选出了 2 个或 3 个较有价值的品系(Shepard et al.,1980)。日本选出的一个矮秆水稻新品种'世锦'就是水稻原生质体培养产生的变异,与对照相比,变异品种增产 10%。其次,由于原生质体培养再生植株变异是在培养过程中发生的,不需经过其他特殊的操作和选择,因此,能够缩短育种年限、节约时间、加速育种进程。例如,阳体冰等(1991)报道从水稻原生质体再生植株 R_1 到 R_4 的培育和选择只需要 3 年,而常规育种育成新品种则需要 5 年,籼粳杂交育种需要 8~10 年。最后,在现有研究条件下,通过酶解法能够分离得到大量的原生质体,使得变异发生面广、幅度高、整齐度高、稳定快,因而可以获得大量的变异材料。例如,Shepard 等(1980)在马铃薯栽培品种'Russet Burbank'叶肉原生质体再生植株中观察到很多变异类型,因而可以用于选择的材料也就增多了。

自利用酶解法获得大量原生质体以来,有关原生质体的研究层出不穷,涉及的植物数目不断增加,研究的层次也在逐步深入,原生质体融合研究已逐渐到了能够应用于植物改良的阶段,原生质体操作在作物遗传改良中显示出巨大的应用前景。然而,在乐观的同时,我们必须清楚地看到,原生质体培养和融合及获得的新材料在农业上的应用还需一定的时日,同时,一些植物原生质体培养和融合未能取得成功,获得的体细胞杂种还未有真正的应用,这都需要在今后的研究中不断探索。

主要参考文献

李韬,戴朝曦. 2000. 提高马铃薯原生质体细胞分裂频率的研究. 作物学报,26(6):953-958

李向辉. 1990. 我国重要禾谷作物原生质体再生植株研究进展. 生物工程进展,10(5):35-38

刘继红,徐小勇,邓秀新. 2003. 原生质体再生植株变异及其在植物育种上的应用. 华中农业大学学报,22(3):301-306

许智宏,Davey M R,Cocking E C. 1984. 高等植物根原生质体的分离和培养. 中国科学 B 辑,11:1012-1018

张献龙. 2012. 植物生物技术. 2 版. 北京:科学出版社

Davey M R, Anthony P, Power J B, et al. 2005. Plant protoplasts: status and biotechnological perspectives. Biotechnology Advances, 23(2): 131-171

Dovzhenko A, Bergen U, Koop H U. 1998. Thin-alginate-layer technique for protoplast culture of tobacco leaf protoplasts shoot formation in less than two weeks. Protoplasma, 204(1-2): 114-118

Fowke L C, Constabel F. 1985. Plant Protoplasts. Boca Raton: CRC Press

Hu Q, Andersen S B, Hansen L N. 1999. Plant regeneration capacity of mesophyll protoplasts from *Brassica napus* and related species. Plant Cell, Tissue and Organ Culture, 59: 189-196

Kao K N, Michayluk M R. 1974. A method for high-frequency intergeneric fusion of plant protoplasts. Planta, 115(4): 355-367

第七章　植物原生质体融合

原生质体融合（protoplast fusion）是指不同来源的原生质体自发或在人工操作条件下（适宜的物理条件或化学试剂）融合为一个杂种细胞的过程或方法，也称细胞融合（cell fusion）、体细胞杂交（somatic hybridization）、超性杂交（parasexual hybridization）或超性融合（parasexual fusion）。植物原生质体融合建立在成熟的原生质体培养技术上，分为原生质体分离和纯化、原生质体融合、杂种细胞筛选和培养，杂种植株再生、鉴定及利用等步骤。在表述时用"＋"表示体细胞杂交，记为 A＋B，有性杂交则为 A×B。

第一节　植物原生质体融合的发展和研究意义

一、植物原生质体融合的发展

植物原生质体融合研究始于融合方法的探索，建立在植物原生质体成熟培养体系上。1970 年，Power 首次用硝酸钠为诱导剂进行了原生质体诱导融合；Kao（1974）利用聚乙二醇诱导植物细胞融合并建立了相应的融合技术；Zimmermann（1978）采用电脉冲诱导了细胞融合，首次提出了电融合概念，开创了细胞融合技术的新局面；Senda（1979）首次实现了电穿孔实验和电刺激原生质体融合实验；Schierenberg（1984）首次利用微束激光进行细胞融合，为细胞融合找到了一种新的有效方法；1987 年，德国海德堡理化研究所使用准分子激光器诱导哺乳动物细胞融合和植物原生质体融合。现在基于微流控芯片的细胞融合技术已成为重点领域，1987 年，Schweiger 建立了单对原生质体电融合技术。高通量细胞融合芯片利用微电极阵列高效进行了目标细胞的配对和融合，还可以结合化学诱导、电诱导融合等技术，大幅度提高融合频率。

20 世纪 70～80 年代，原生质体培养盛行于茄科植物，如烟草属（*Nicotiana*）、曼陀罗属（*Datura*）、矮牵牛属（*Petunia*）、茄属（*Solanum*）、番茄属（*Lycopersicon*）和颠茄属（*Atropa*）等，接着在十字花科芸薹属（*Brassica*）和拟南芥属（*Arabidopsis*）、伞形科胡萝卜属（*Daucus*）和欧芹属（*Petroselium*）等开展了原生质体融合，随后在作物、木本植物、观赏园艺植物和中草药植物中开展了原生质体融合研究，如水稻、大豆、小麦、油菜、棉花、谷子、高粱、玉米、马铃薯、柑橘、猕猴桃、樱桃、杨树、榆树、云杉、菊科、柴胡和黄芪等。

Carlson 等（1972）报道首例粉蓝烟草与郎氏烟草种间体细胞杂种植株再生后，Power 等（1976）在 *Nature* 上报道了矮牵牛（*Petunia hybrida*）和腋矮牵牛亚种（*P. parodii*）体细胞杂交结果。有意思的是，Melchers 等（1978）得到了番茄（tomato）与马铃薯（potato）属间体细胞杂种"pomato"，其外形倾向于番茄，花、叶、果实等具有杂种特点，但是地下部分没有长出希望的土豆。1983 年，Pelletier 等开展了十字花科原生质体融合，在芸薹属原生质体融合中获得了大量新异材料，已在拟南芥与甘蓝型油菜，白菜与甘蓝，甘蓝型油菜与萝卜、黑芥、芥菜、白芥，芥菜与刺甘蓝（*Brassica spinescens*），以及甘蓝型油菜之间获得了融合再生植株，为油菜遗传育种提供了宝贵的种质资源。Terada 等（1987）将稗草与水稻的原生质体融合，获得了杂种水稻植株，至 1999 年，已获得 17 例水稻体细胞杂交组合的杂种植株。Kisaka 等（1994）将番茄叶肉细胞与胡萝卜悬浮培养细胞原生质体电融合筛选获得了科间杂种。卫志明等（1995）进行了野生大豆和栽培大豆体细胞杂交，获得了增产和抗病的株系。从 1995 年开始，夏光敏等利用对称和不对称融合获得了小麦和其近缘种的杂种植株，创建了耐盐、抗旱、高产、优质小麦新种质及新品种，为小麦的种质资源创新做出了重要贡献。柑橘是木本植物中最早获得体细胞杂种的树种，Grosser 等（1990）和邓秀新等（1992）开展了大量的柑橘类体细胞对称和不对称杂交，得到 130 余例体细胞杂种，获得了抗寒、抗高温和抗病的杂种后代。现已获得木本植物柑橘、梨亚属、李亚属、猕猴桃、樱桃、柿、苹果、杨树、榆树等近 100 个组合的体细胞杂种植株；也在菊科植物，如向日葵属（*Helianthus*）、菊属（*Dendranthema*）、莴苣属（*Lactuca*）等几个属，获得近 20 例属间或种间体细胞杂种；多种观赏植物，如曼陀罗＋野生曼陀罗、黑心菊＋金光菊、千里光＋野生千里光、石竹＋康乃馨、紫花野菊＋菊花中等也获得了体细胞杂种。马铃薯野生种具有丰富的抗病、抗虫等目的基因，但野生种和栽培品种很难进行有性杂交，利用原生质体融合把野生种的抗晚疫病、抗细菌性病害、抗青枯病、抗真菌病、抗虫、抗盐等基因导入马铃薯品系，得到多个有价值的体细胞杂种。孙玉强和张献龙等从 2000 年开始开展重要经济作物棉花栽培棉和野生棉的体细胞杂种，获得了十余个种间体细胞杂种。迄今已获得多种植物的种间、属间和科间的体细胞杂种近 300 例。

植物细胞融合可分为体细胞杂交和配子-体细胞杂交（gamete-somatic hybridization），这两者都不经过有性杂交过程，而直接由体细胞或性细胞的原生质体融合产生杂种细胞，再生植株的过程，能克服有性杂交的不亲和障碍，配子-体细胞杂交产生三倍体杂种，成为三倍体育种的一条新途径。这里的配子主要指性细胞，没有有性杂交过程，只是用性细胞作为亲本材料，如小孢子四分体、精子、精细胞、幼嫩花粉、成熟花粉、卵细胞、助细胞和中央细胞等的原生质体和二倍体原生质体融合产生的三倍体杂种植株。

二、植物原生质体融合的研究意义

植物原生质体融合可以克服远缘杂交不亲和，实现遗传物质重组，创造物种新类型和培育植物新品种，在多基因控制农艺性状的改良上具有较大优势，还在转移抗逆性状、创制多倍体、实现远缘重组、定向转移胞质基因控制的性状和利用配子-体细胞杂交产生三倍体植物上显示出重要的应用前景，并对丰富种质、保持和促进生物多样性具有重大的意义。利用体细胞杂交转移的基因为亲本自身所携带，不存在生物安全性问题。

（一）突破生殖隔离，克服有性杂交障碍，创造新异杂种

有性杂交是通过雌雄配子结合，实现双亲遗传物质转移和重组的常规育种手段。不同遗传背景之间的有性杂交可获得比亲本更优良的杂交后代，但是远缘杂交中有性不亲和、双亲花期不遇、雌/雄不育等阻碍了这一技术在植物育种中的应用。植物体细胞杂交是人工诱导不同亲本原生质体融合，培养异核体产生体细胞杂种，可以克服有性杂交遇到的障碍。另外，体细胞杂交相比于传统远缘杂交有其优势，种间远缘杂交存在如下几个不足：一些组合不能进行有性杂交；杂种胚易败育，成活率低；杂种不育；杂种后代分离过旺；有性杂交向目标

亲本导入了有益性状，同时也导入了不良性状，难以兼顾个别性状上改良和其他农艺性状改良；由于分离比较剧烈，需多达 8～10 年的回交转育，育种周期太长。利用细胞融合将野生种中的优良性状基因向栽培种中转移具有较大的应用潜力，有希望创造出其他方法无法得到的新种质，如常规方法不能实现的远缘杂种和胞质杂种，而且细胞融合转移基因不存在基因安全性问题。

（二）转移优异的农艺性状，创造优异种质资源

细胞不对称杂交转移目标性状以改良作物的研究一直是热点。前期，体细胞杂种所改良的目标性状包括抗冻、抗干旱、抗病毒、耐真菌、抗虫、细胞质雄性不育（cytoplasmic male sterility，CMS）等，其中 90% 以上为双子叶植物。2000 年后，关注了耐盐、重金属吸收、药用成分、抗虫、高品质等性状改良，而且 85% 的体细胞杂交为属间杂交，通过对称或不对称细胞融合获得了抗病毒、抗线虫、抗真菌病等材料。尤其是单子叶禾本科，小麦与其多种近缘属间植物进行体细胞杂交，不仅获得了再生植株，而且这些新品系和株系存在一些优良的农艺性状，如高品质、耐盐和抗虫等。

Grosser 等（1990）将有性杂交不亲和的非洲樱桃橘与印度酸橘融合，成功地将非洲樱桃橘的抗枯萎病、抗线虫性状转移到了印度酸橘中。在多个柑橘和近缘种的体细胞杂种中，进行耐柑橘枯萎病菌、柑橘裂皮病毒（citrus exocortis virus，CEV）、橘树根枯病毒、疫霉菌、无籽、三倍体，改良砧木和提高生长势研究。在十字花科植物中，芥菜型油菜莫利（*Moricandia arvensis*）是一种介于 C_3 和 C_4 之间的植物，光合能力强，CO_2 补偿点低，水分利用率高又抗病。Ishikawa 等（2003）得到 *Brassica oleracea* 和 *Moricandia arvensis* 的杂种，获得 C_3-C_4 性状。利用细胞融合获得抗病和细胞质不育材料在作物育种中备受关注。Rasmussen 等（1998）通过马铃薯种内二倍体基因型间融合，创造了抗马铃薯晚疫病的新种质。Yan 等（2004）通过不对称融合把野生稻抗细菌枯萎病性状转移到栽培稻，提高了其抗病性。

（三）选择性转移细胞质基因和基因组，创造胞质杂种

高等植物叶绿体和线粒体基因组多数在有性杂交过程中表现为母性遗传，原生质体融合涉及了双亲的细胞质，相比于有性杂交，其最大的优势是同时转移细胞核基因组和细胞质基因组，这样不仅可以选择性地进行细胞核基因融合，把细胞质基因转移到全新的核背景中，还可使叶绿体基因组或线粒体基因组间重新组合。体细胞杂交时，核基因组、线粒体基因组和叶绿体基因组三者均既可以单亲传递，又可以双亲传递，还可以产生许多有性杂交难以产生的核-质基因组的新组合类型。胞质杂种具有一个亲本的细胞核和双亲细胞质，是研究胞质基因组的优良材料。作物的一些重要性状，如胞质雄性不育、抗除草剂基因、抗冻性、C_4 性状等都是由胞质基因控制的，通过原生质体融合进行细胞质基因重组，是一条可直接用于育种的简便途径，能够实现胞质基因控制的性状转移，而不育胞质的获得是培育杂种的重要途径。Baldev 等（1998）利用 *Trachystoma ballii* 与芥菜（*Brassica juncea*）融合创造了新型芥菜的胞质雄性不育系，新型胞质是双亲胞质重组的结果。枳（*Poncirus trifoliata*）与印度酸橘（*Citrus reticulata*）属间体细胞杂种的线粒体来自后者，而叶绿体则来自前者，是胞质杂合型。原生质体融合会产生核质杂种、部分核质杂种、部分胞质杂种、胞质杂种，这些材料是研究细胞质遗传、重组，不同背景核质条件下同源核-质、质-质、质-核，以及异源细胞器间互作和协调的良好材料。

第二节 植物原生质体融合方法和方式

一、植物原生质体融合方法

植物原生质体融合的发展，建立在成熟可靠的融合方法上，体细胞杂交从自然的自发融合，发展到化学试剂诱导、电刺激、微束激光、微矩阵芯片和空间物理场等各种化学和物理技术在细胞融合上的应用。其中比较常用的方法包括化学方法如高钙-高 pH 法和聚乙二醇（PEG）诱导法，以及电场诱导法即细胞电融合。除此之外，还有一些原生质体融合方法（拓展资源 7-1）。

拓展资源 7-1

（一）化学融合

化学诱导剂能使种或种间以上的各种类型及各种类型中不同分化程度的细胞原生质体集聚和促进它们融合，同时还能保持原生质体的活力。早期原生质体融合的方法有 $NaNO_3$ 法、高钙-高 pH 法、聚乙二醇诱导法，逐渐发展为 PEG 与高钙-高 pH 法相结合的方法。常用的诱导剂有 $NaNO_3$、KNO_3、$CaCl_2$、PEG、生物素等。这些化学诱导剂高效、毒性低、无专一性，被广泛用于植物、动物、微生物及它们之间。

1. 高钙-高 pH 法 Keller 和 Melchers 在 1973 年采用高浓度 Ca^{2+} 溶液处理烟草叶肉原生质体，可以使融合频率有较大幅度增加，达到 20%～50%。这是由于 Ca^{2+} 能促进两种原生质体的结合，而高 pH 则能改变质膜的表面电荷性质，有利于融合。采用此方法成功地获得了烟草种间和属间体细胞杂种。

2. 聚乙二醇诱导法 1974 年，高国楠发现聚乙二醇（polyethylene glycol，PEG）能促使植物原生质体融合，当加入一定分子质量的 PEG 时，融合效率较病毒诱导法可提高 1000 倍以上，PEG 在融合过程中起着稳定和诱导凝集作用。后来将其与高钙-高 pH 法结合使用，大幅度地提高了融合频率，最高可达 50%，使用较简便、经济。已利用此法获得了超过 100 例体细胞杂种植物，仍是目前最成功的融合技术。聚乙二醇是一种水溶性的高分子多聚体，有带负电荷的醚键，具有轻微的负极性，可以与具有正极性基团的水、蛋白质和碳水化合物等形成氢键，在原生质体之间形成分子桥，使原生质体发生粘连和融合，在高钙-高 pH 液的处理下，与质膜结合的分子被洗脱，导致电荷平衡失调并重新分配，使原生质体的某些阳电荷与另一些原生质体的阴电荷连接起来形成具有共同质膜的融合体。它的最大优点是无特异性，甚至动植物界间的界限也可以打破。用离子交换树脂纯化 PEG，在 PEG 中添加伴刀豆球蛋白、5%二甲亚砜、链酶蛋白酶都能大大提高融合频率。

（二）电场诱导融合

电场诱导融合主要是双向电泳法，基本流程是原生质体悬浮在低电导率融合液的融合小室中，小室的两极加有高频、不均匀的交流电场，原生质体两极的电场强度不同使其表面电荷偶极化而具有偶极子的性质，从而使得原生质体沿电场线运动，相互接触排列成珍珠串。当施加一次或多次直流方波脉冲电场时，相接触的原生质体发生可逆性击穿，最终导致融合。整个融合过程大致可以划分为以下几个阶段：原生质体排列，质膜融合，圆球化，核融合

（图 7-1）。原生质体的生理状态，包括材料的苗龄、形态和部位，组织或细胞的生长状况，栽培条件等，对原生质体的形成和活力都有影响；同时，制备原生质体的酶种类、活力和浓度，酶解温度和时间，稳压剂的种类，钙或其他离子的有无与多少，pH 也都会直接影响原生质体的生理状态和活力，从而影响融合频率、融合子活力和再生能力。两亲本原生质体的密度对融合频率的影响也很大，密度高的融合频率高。

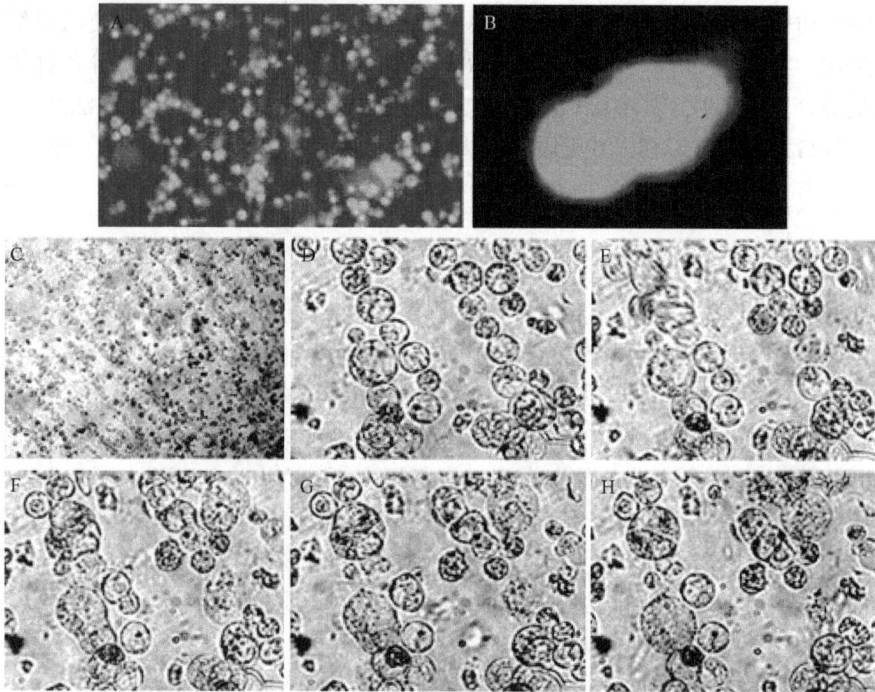

图 7-1　陆地棉和野生棉电融合过程和原生质体活性 FDA 检测（CCD 每隔 5s 拍摄）

A. 融合前原生质体活性 FDA 检测；B. 融合后原生质体活性的 FDA 检测；C～H. 原生质体融合过程

与聚乙二醇诱导法相比，电场诱导法是一种高效的细胞融合方法。电融合技术操作简单，融合频率高，重复性强，电参数（如脉冲强弱、长短等）容易精确调节，无化学毒性，对细胞的损伤小，可以免去细胞融合后的洗涤程序，可被应用于许多种不同的细胞。所以电场诱导法在短期内被广泛采用，融合更具目的性，大大减少了筛选的工作量，是细胞融合研究的一大进步，也成为细胞融合的主要技术手段。

二、植物原生质体融合方式

常见的原生质体融合方式有两种：对称融合（symmetric fusion）和非对称融合（asymmetric fusion）。对称融合是指两个完整的细胞原生质体融合，含有双亲所有的遗传物质；非对称融合利用物理或化学方法使某亲本的核或细胞质失活后再进行融合。其中对称融合产生核质双杂合杂种，配子-体细胞融合产生三倍体等；非对称融合又分为核不对称融合和胞质融合，产生非对称杂种、胞质杂种和异质杂种。

（一）对称融合

对称融合是指融合时双方原生质体均带有核基因组和细胞质基因组的全部遗传信息，而对称融合多形成对称杂种，其结果是在导入有用基因的同时，也带入了亲本的全部不利基因，因此需要多次回交才能消除进入杂种中的不利基因，降低了育种效率。早期的原生质体融合主要是对称体细胞融合，将两个亲缘关系较远物种的基因组结合在一起，创造植物新类型，如马铃薯番茄原生质体融合（图7-2）。然而虽得到了杂种植株，但其可育性及形态特征趋于非正常化，且双亲染色体出现不可控性排斥与丢失，或者获得的体细胞杂种愈伤组织难以分化。

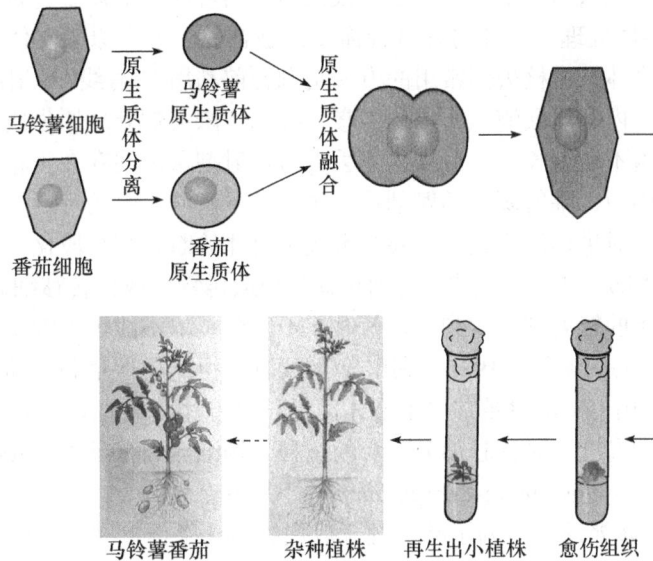

图 7-2　原生质体对称融合获得的理想马铃薯番茄体细胞杂种过程
虚线箭头表示未实现

在融合时，希望体细胞杂种同时拥有双亲的优异性状，同时具有多项功能和性状。但由于它综合了双亲的全部性状，在导入有利性状的同时，也不可避免地带入了一些不利性状。尤其在一些远缘组合中，融合使双亲的遗传物质均整合到杂种中，由于存在一定程度的不亲和性，杂种植株的表现并不如预期那样理想，最为典型的例子是番茄与马铃薯的体细胞杂种，虽然获得了二者的杂种植株，但并不能得到理想的地上部长番茄、地下部结马铃薯的植株。不过通过嫁接技术获得了马铃薯番茄，利用马铃薯作砧木采用插接方法把两者结合在一起，达到了既长地下薯块又结地上红果的一种多用效果，同时也可以提高产量，减少番茄的一些病害，同样嫁接可以实现茄子与土豆共生（拓展资源7-2）。远缘的体细胞杂交也受系统进化距离的限制，要考虑亲本的系统进化距离，保证双亲能同步分裂，是异种原生质体融合的关键，是否能同步分裂与亲缘关系有关，亲缘关系远会发生其中一方染色体被排除和丢失，往往仅保留部分基因组或一条染色体，甚至全部丢失的现象。

拓展资源 7-2

植物配子-体细胞杂交具有更明显的优势，雄性小孢子原生质体在四分体时较易制备，可以用来与体细胞原生质体融合。Desprez 等（1995）用烟草的成熟花粉原生质体和白花丹烟草体细胞原生质体进行融合得到了杂种植株。配子-体细胞杂交的成功克服了有性杂交的不亲和障碍，产生了三倍体杂种植株，成为三倍体育种的一条新途径。

（二）非对称融合

非对称融合是指一方亲本（受体）的全部原生质与另一方亲本（供体）的部分核物质或胞质物质重组，产生不对称杂种，即"供体-受体"系统。不对称杂种较对称杂种来说，至少亲本一方有部分染色体被消除，较胞质杂种来说，即使亲本一方染色体全部消除，仍保留着该亲本的某些核基因控制的性状，不对称体细胞杂交一直是原生质体融合的热点。因为不对称融合只有供体的少量染色体转入受体细胞，更有希望克服远缘杂交的不亲和性，可以转移部分核基因或者转移胞质基因得到非对称杂种，得到的杂种植株拥有实际所要求的性状，减少了回交次数，甚至免去这一步骤便能达到改良作物的目的，缩短了育种时间。

1. 原生质体供体处理　　非对称融合需要在融合前对亲本原生质体（供体和受体）给予一定的处理。使供体细胞核失活常用的方法是融合前利用 X 射线、γ 射线或紫外线（UV）辐射，或使用限制性内切核酸酶、纺锤体毒素、染色体浓缩剂处理原生质体，使其细胞核染色体部分破坏，细胞不能生长。一般染色体丢失与辐射剂量之间存在正相关关系，并且与很多因素有关，如基因型、辐射源、辐射剂量、融合亲本亲缘关系的远近、亲本和融合产物的倍性、培养条件等。对供体进行处理主要是造成染色体的断裂和片段化，从而使供体和受体融合后，供体染色体部分或全部丢失，达到转移部分遗传物质或只转移细胞质的目的。此外，当供体原生质体受到的辐射剂量达到一定值时，不能分裂，不能再生细胞团，从而减少了再生后代的筛选工作。Gleba 等（1988）利用 γ 射线融合得到了烟草和颠茄属间不对称杂种。Vlahova 等（1997）用 UV 辐射番茄原生质体，再和兰雪叶烟草（*Nicotiana plumbaginifolia*）原生质体融合，得到高度不对称且部分可育的杂种。杨细燕和张献龙（2007）获得了陆地棉和 UV 处理的野生棉（*Gossypium klozschianum*）不对称杂种。

2. 原生质体受体处理　　为了减少融合后代的筛选工作，利用一些代谢抑制剂处理受体原生质体以抑制其分裂。一般用碘乙酰胺（iodoacetamide，IOA）或碘乙酸（iodoacetate，IA）处理，IA 和 IOA 都可以与磷酸甘油醛脱氢酶上的—SH 发生不可逆的结合，抑制酶的活性，从而阻止 3-磷酸甘油醛氧化生成 3-磷酸甘油酸，使糖酵解不能进行。罗丹明 6-G（rhodamine 6-G，R-6-G）是一种亲脂染料，能够抑制线粒体的氧化磷酸化过程而使其细胞失活，单独培养不能生长和分裂，只有融合体发生互补作用才能生长，获得杂种。受 IA、R-6-G 和 IOA 处理的细胞和未受代谢抑制剂处理的细胞或核钝化的细胞发生融合后，代谢上就会得到互补，从而能够正常地生长。而代谢抑制剂处理的原生质体在培养过程中不能分裂，原生质体慢慢地变形，最终破裂。所以说不对称融合也是一种筛选杂种细胞的方法，用此法创造和筛选了很多体细胞杂种，集中于豆科、禾本科、茄科、十字花科、芸香科、伞形花科、旋花科和棉属等。

3. "供体-受体"系统　　原生质体"供体-受体"融合是目前最常用的非对称融合方法，由 Zelcer 等（1987）基于生理代谢互补，利用高于致死剂量的电离辐射处理供体原生质体使其核解或完全失活，细胞质完整无损；用碘乙酸或碘乙酰胺处理受体原生质体使其受到暂时抑制而不分裂，这样只有融合的杂合体能够实现代谢上的补偿，进行持续分裂形成愈伤组织或再生植株，产生各种核质组合的胞质杂种。此技术的优点是双亲不需任何选择标记，适用范围广，可行性强；缺点是难以掌握适宜的辐射剂量。周爱芬等（1996）以用碘乙酰胺处理的小麦原生质体为受体，以 ^{60}Co-γ 射线处理的继代后 4～5d 的簇毛麦愈伤组织原生质体为供体，得到不对称体细胞杂种。2009 年，付莉莉和张献龙等把陆地棉原生质体经过 0.5mmol/L

碘乙酰胺在室温下处理 20min，野生棉原生质体经过 38.7J/cm² 的紫外线处理 30s，得到的大部分再生植株表现出新形态，部分表现出亲本中间型，少数偏向受体亲本的棉属种间不对称杂种。

（三）胞质体-原生质体融合法

胞质体是指去核后的原生质体，利用胞质体进行原生质体融合得到胞质杂种，实现细胞器的转移，避免了电离辐射可能产生的不利影响，缺点是制备胞质体比较困难。现在获得胞质体的方法：一是采用细胞松弛素 B 处理；二是采用 Percoll 等渗密度梯度超速离心。由于细胞松弛素 B 对细胞有一定的毒害，现在分离胞质体普遍采用等渗密度梯度超速离心法。

由于胞质体是只具有细胞质而不含核物质的小体，被认为是最为理想的胞质因子供体，胞质体-原生质体融合也就被认为是获得胞质杂种、转移胞质因子最为有效的方法。Maliga 等（1982）从普通烟草突变体中分离胞质体，并将其与兰雪叶烟草（*Nicotiana plumbaginifolia*）原生质体融合，获得了胞质杂种，实现了胞质因子控制的抗链霉素特性的种间转移，这是开花植物中第一例报道。目前通过胞质体-原生质体融合，获得了烟草＋烟草、萝卜＋烟草、萝卜＋油菜、大白菜＋花椰菜等组合的胞质杂种，有效地实现了胞质因子的转移。

与非对称融合相比，胞质体-原生质体融合能更有效地转移细胞质基因组控制的农艺性状，如 CMS，胞质体通常只具有 CMS 供体的胞质，而不具有核物质，在胞质杂种中 CMS 供体核的干扰就降到了最低。Sakai 和 Imamura（1990）分离出萝卜 CMS 系胞质体，成功地将 CMS 从萝卜转到油菜中，获得了新的 CMS 型油菜。Spangenberg 等（1990）通过一对一微融合将含有 *Nicotiana bigelovii* 雄性不育的普通烟草胞质体与雄性可育烟草原生质体融合，实现了烟草品种间 CMS 的转移。Sigareva 和 Earle（1997）将抗寒的 Ogura 型 CMS 特性的花椰菜胞质体与大白菜原生质体融合，获得了抗寒的胞质雄性不育大白菜，实现了胞质因子的转移，相比传统回交方法，缩短了时间，加快了育种进程。

（四）亚原生质体-原生质体融合

亚原生质体包括小原生质体（miniprotoplast，具备完整细胞核但只含部分细胞质）、胞质体（cytoplast，无细胞核，只有细胞质）和微小原生质体（microprotoplast，只有一条或几条染色体的原生质体）3 种类型，其中用得比较多的是胞质体和微小原生质体。微小原生质体主要采用化学药剂处理结合高速离心获得，微小原生质体与原生质体融合，能得到高度非对称杂种。Ramulu 等（1996）将转基因马铃薯的微小原生质体与番茄原生质体融合，得到的再生植株均只含有 1 条供体染色体，具有全部的受体染色体。Louzada（2007）通过柑橘微小原生质体与原生质体融合，获得了只含有 19 条染色体（微小原生质体提供一条染色体）和 22 条染色体（微小原生质体提供 4 条染色体）的杂种植株。这种融合对于转移少量核物质、降低体细胞不亲和性具有一定的意义。

（五）自发形成的不对称性杂种

自发形成的不对称性杂种是指远缘种间诱导融合后由于离体培养过程中发生了两个亲本或一个亲本的基因组部分丢失而形成不对称的组合，对称融合和非对称融合再生的体细胞杂种均能够获得对称杂种、非对称杂种和胞质杂种 3 种类型。在拟南芥＋油菜、曼陀罗＋颠茄及烟草＋天仙子等体细胞杂种中，在器官分化前有机会发生一定程度的不对称化。另外，由于亲缘关系较远，杂种细胞及其克隆在离体培养或继代选育中，常发生某一亲本的染色体部分丢失以至全部丢失现象，最后形成了只有一个亲本的核基因组和双亲的胞质基因组，有的只能停留在杂种愈伤组织，不能分化得到再生植株，或得到的再生植株不育，这些就是自发形成不对称细胞杂种。Puppilli 等（1995）用四倍体苜蓿（$2n=4x=32$）和二倍体野生苜蓿（$2n=2x=16$）经原生质体诱导融合得到了细胞杂种（$2n=4x=48$）。虽然细胞杂种中有双亲的染色体，但通过 RFLP 分析，野生苜蓿的染色体组并未完全整合到融合产物中，多次杂交的后代双亲的染色体组是按孟德尔定律分离的。细胞杂种群体中染色体有不正常现象，常出现单价和迟滞现象。

第三节　体细胞杂种的筛选与鉴定

一、体细胞杂种的筛选

从含有单亲细胞和同源融合细胞等混合体中有效地筛选出杂种细胞是体细胞杂交成功的另一关键技术。目前融合方法主要以群体融合为主，还很难实现一对一融合得到异核子或得到异核子频率很低，所以在原生质体融合后的群体中，可形成各种遗传组分的异源或同源融合体。没有杂种细胞选择技术常不能有效地获得体细胞杂种，而缺乏有效的具普遍意义的选择系统，是制约体细胞杂交发展的瓶颈之一。杂种选择通常基于互补选择，以遗传标记、细胞对营养反应的差异及生化特性表现差异为基础建立，既可利用自然存在的遗传、细胞、生理、生化上的不同作为标记，也可利用人工诱变的突变体，如抗药性、对生态条件下的敏感反应、叶绿体缺失、营养缺陷等，巧妙地组成互补选择体系，构成一次性或多级性选择的程序。

（一）机械选择法

利用双亲原生质体的形态特征差异判断异核细胞，直观但准确度不高，主要利用融合亲本的物理特性差异进行筛选，如叶肉原生质体含有的叶绿体呈绿色，愈伤组织原生质体含有很多淀粉粒和浓厚的细胞质，融合后在倒置显微镜下可以根据颜色将融合子挑选出来。例如，野生棉幼胚原生质体和陆地棉胚性愈伤组织原生质体的融合产物异核子、幼胚原生质体融合子、愈伤组织原生质体融合子，在显微镜下很容易辨认出（拓展资源 7-3）。但这种选择方法的效率较低，且有一定的局限性，必须采用形态特征不同的材料作为融合亲本。

除了原生质体自身颜色可作为筛选指标，还可以利用荧光剂对没有形态和颜色差异的原生质体进行标记，即荧光激活细胞分拣术（fluorescence activated cell sorting，FACS）进行选择，此法基于原生质体由不同荧光染料染成不同的颜色，如用异硫氰酸荧光素（fluorescein isothiocyanate，FITC）和异硫氰酸罗丹明（rhodamine isothiocyanate，RITC）分别标记双亲原生质体，使细胞核发出不同颜色的荧光，在流式细胞仪中将杂种细胞区分开，此法已成功地被用于 FITC 和 RITC 标记的烟草叶肉原生质体，白菜型油菜与花椰菜等组合的体细胞杂种筛选中，分拣出来的细胞 80% 为体细胞杂种（拓展资源 7-3）。

拓展资源 7-3

（二）遗传互补选择法

该方法利用突变体间在生理和遗传上互补，选择杂种细胞及其愈伤组织，或利用一亲本功能正常的等位基因，纠正另一亲本的缺陷，让杂种细胞表现正常，已被应用在烟草种间、矮牵牛种间、曼陀罗属间、胡萝卜＋羊角芹属间、苔藓种间原生质体融合中，所用的生理和遗传特性有生长互补、营养缺陷型互补、抗性互补、雄性不育与雄性可育型互补、白化突变与野生型互补、非等位基因互补等。

隐性非等位基因互补筛选法也可以用于体细胞杂种的筛选，如 S 烟草和 V 烟草是两个光敏突变体，由不同的隐性非等位基因控制，二者在正常光照下生长较慢，且再生的突变体愈伤组织为淡黄色，其原生质体融合产物再生的愈伤组织在强光照下为绿色，表明为杂种。采用隐性非等位基因互补法还筛选出了烟草种间、洋金花种内、矮牵牛＋拟矮牵牛的体细胞杂种。Gleba 等（1988）研究蓝茉莉叶烟草与颠茄不对称体细胞杂交时，利用代谢突变体为材料，受体为硝酸还原酶缺失突变体，依据硝酸还原酶的补偿性选择杂种。夏光敏等（1995，1999，2001）利用融合产物的再生能力互补来选择杂种，即受体和供体愈伤组织都经过多年的继代，或供体经高剂量辐照后失去再生能力，但融合产物具有再生完整植株的能力，获得杂种植株，在小麦与簇毛麦、高冰草、新麦草的不对称融合中都出现了这种现象。这种互补再生的现象或许能为建立具有普遍意义的选择体系提供一条新的途径。不对称体细胞杂交也提供了一种选择方法，一般受体细胞核失活，单独培养不能生长和分裂；供体受到射线辐照，大部分染色体受到损伤，细胞不能生长，只有融合体发生互补作用才能生长，从而挑选出杂种，用此种方法进行筛选已有很多成功的例子。

利用抗生素的抗性互补性差异筛选体细胞杂种，从抗性材料分离原生质体，与不抗该抗生素的材料（大多数情况下具有再生能力）融合，通过抗生素抗性和再生能力互补即可筛选出体细胞杂种。Samoylov 和 Sink（1996）在进行番茄与茄子不对称体细胞杂交时，供体为抗卡那霉素转化系，辐照钝化，不能分裂，而受体对卡那霉素敏感，只有具受体全套基因组和供体抗卡那霉素基因杂种才能在含卡那霉素的培养基上生长。Sproule 等（1991）利用双抗抗生素基因系统筛选了烟草间的体细胞杂种。Kaendler 等（1996）采用二倍体马铃薯（*Solanum papita*）转 *rolC* 基因系，能够抗卡那霉素，但分离出的原生质体不能发育再生出植株，另一个融合亲本四倍体马铃薯（*S. tuberosum*）具有再生能力，在卡那霉素的培养基中不能生长，二者原生质体融合后，只有杂种细胞在添加卡那霉素的培养基中能够生长并再生出植株。

除上述筛选方法外，体细胞杂种还可以利用具有选择压（如柑橘原生质体融合中高浓度蔗糖）的培养基、特殊的转基因材料（如转 *GFP* 基因材料）、物理射线和化学药品（如罗丹明 6-G、碘乙酰胺、碘乙酸等）处理的原生质体等进行筛选。

二、体细胞杂种的鉴定

植物原生质体融合后，如果两个融合亲本的原生质体均具有再生能力，理论上融合后再生植株具有以下几种可能性：亲本原生质体的再生植株，亲本原生质体融合后的再生植株，体细胞杂种（异源二核和多核杂种）。因此，在融合再生植株中既有亲本类型植株，也有体细胞杂种，只有进行鉴定才能确定体细胞杂种。鉴定体细胞杂种的方法，除形态学（如花的颜色、形态，叶子的形态和大小等）比较，细胞学观察（核型、叶绿体数目、形态和 DNA 含量等）和生化分析（同工酶和次生代谢产物等）外，最直接的杂种证据来自分子生物学鉴定和基因组学分析。目前，用于体细胞杂种鉴定的分子标记包括但不限于 RFLP、RAPD、SRAP、SSR、AFLP 等分子标记，Southern 杂交，原位杂交等。

（一）形态学

形态学比较是最基本也是最直接的鉴定方法，主要观察叶片、花的颜色、植株生长习性等形态性状。一般情况下，对于亲缘关系较近的物种，融合再生植株的形态介于融合双亲之间或偏向一方亲本。例如，普通烟草和粉蓝烟草的种间体细胞杂种的叶片形态、表皮毛状体的密度、花的结构和颜色均介于二者之间；粗柠檬和哈姆林甜橙体细胞杂种花的颜色体现了两者的特征。远缘的体细胞杂种，尤其是有性杂交不亲和的组合，杂种形态变化较多，有亲本型、居中型、变异型等几种。由于形态学特征易受环境条件的影响，同时原生质体培养过程中的体细胞无性系变异也会造成形态的改变，因此，形态学鉴定只作为初步鉴定结果。

（二）细胞学

染色体数目和形态具有种属特异性，是鉴定杂种的主要细胞学证据，主要观察染色体的核型、染色体形态差异和染色体数量。如果融合亲本在染色体形态上差别较大，则通过细胞学方法较易将体细胞杂种鉴别开。例如，水稻染色体小，而大麦染色体大，二者融合后，从染色体大小上很容易将体细胞杂种鉴别出来。但有的植物染色体差别不大，则染色体核型和差异分析难以比较。就数量而言，在对称融合中，体细胞杂种染色体数量一般为双亲之和，但也有例外。例如，在韭菜和洋葱、柑橘和澳洲指橘的对称融合后代中，体细胞杂种染色体数均少于双亲之和。传统的染色体观察法为染色法（苏木精染色或洋红染色），现在分析体细胞杂种倍性的方法是采用流式细胞仪（flow cytometer）进行 DNA 含量分析。

（三）遗传标记

早期鉴定植物体细胞杂种的方法是同工酶。利用同工酶鉴定体细胞杂种表现在两方面：一是分析其活性，二是分析再生材料是否具有双亲的同工酶位点。同工酶鉴定体细胞杂种已经被用于茄属、烟草、柑橘、苜蓿、胡萝卜等作物中，用于鉴定体细胞杂种的同工酶有莽草酸脱氢酶、6-磷酸葡萄糖脱氢酶、过氧化物酶、天冬酰胺氨基酸转移酶、苹果酸脱氢酶、乳酸脱氢酶、谷氨酸转氨酶、乙醇脱氢酶、细胞色素氧化酶、脂酶、淀粉酶等。但同工酶的表现会受到植物生长阶段和发育时期的影响，因此在进行同工酶分析时，应使用同一发育阶段的植物组织。

分子标记是 DNA 直接表现形式，在植物体的各个组织、各个发育时期均可以检测到，不受季节和环境的限制，并且数量多，多态性高，目前开发的分子标记都可以很好地用于植物体细胞杂种的鉴定，常用的有 RAPD、RFLP、AFLP、SSR 和 ISSR，细胞质基因组 CAPS 和叶绿体 SSR。

采用同工酶和分子标记鉴定体细胞杂种，如果再生植株的带型为双亲之和，或在再生植株中均具有双亲的特异带，可以确定该植株为体细胞杂种。但是，在有些分子标记的带型图中，再生植株只具有融合亲本一方的特异带，而不具有另一个亲本的特异带，此时不能肯定是否为体细胞杂种，必须进行更多的分析，以确定是否存在第二个融合亲本的特异带。此外，在分子标记带型图中经常观察到有新带型出现，同时也可以观察到特征带的丢失（图 7-3）。当对叶绿体和线粒体的遗传物质进行鉴定时，可直接分离出 cpDNA 和 mtDNA 进行 RFLP、PCR-RFLP 分析，或用种特异基因序列作探针进行 Southern 杂交分析，或用叶绿体及线粒体特异重复序列探针或非特异重复序列探针，对杂种总基因组进行 RFLP 分析和 Southern 杂交分析。此外，还可以通过纯化的 cpDNA 和 mtDNA 获得的限制性图谱分析鉴定叶绿体和线粒体。

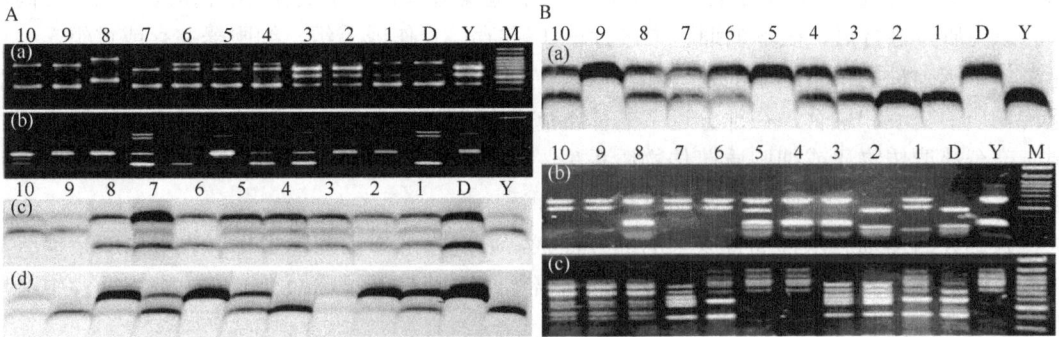

图 7-3 利用 RAPD 和 SSR 鉴定陆地棉和野生棉体细胞杂种（付莉莉等，2009）

Y. 陆地棉；D. 野生棉；M. 100bp 分子质量标准；数字代表体细胞杂种编号。A. 再生体细胞杂种植株 RAPD 和 SSR 检测：（a）和（b）为 RAPD 引物 S1038 和 S1019 扩增图谱；（c）和（d）为 SSR 引物 DPL511 和 DPL322 扩增图谱。B. 再生体细胞杂种植株 cpSSR 和 CAPS 检测：（a）为 cpSSR 引物 NTCP40 扩增图谱；（b）和（c）为叶绿体和线粒体 CAPS 扩增图谱，（b）为多态性引物/酶组合 *RbcL-RbcL/Hae* Ⅲ产生的 cpDNA 扩增酶切图谱，（c）为多态性引物/酶组合 *nad4* exon1-*nad4* exon2/*Mse* Ⅰ产生的 mtDNA 扩增酶切图谱

（四）原位杂交技术

染色体原位杂交（chromosome *in situ* hybridization，CISH）、荧光原位杂交（fluorescence *in situ* hybridization，FISH）和基因组原位杂交（genome *in situ* hybridization）在植物体细胞杂种遗传鉴定方面显示出优势，FISH 技术使信号检出率成倍提高，GISH 技术更直接、简便，可与整条染色体杂交，而且杂交位点可以在细胞分裂任何时期观察到，所以已经成为鉴定供体染色体及染色体片段最为有效而直观的方法。2006 年，夏光敏应用 GISH/FISH 染色体组型分析技术，将一抗旱基因定位在小麦与茅草杂交新品种'山融 3 号'5A 染色体的短臂上。番茄与二倍体马铃薯细胞融合，再生了四倍体和六倍体，对其中 4 个四倍体和 4 个六倍体进行 GISH 分析表明，4 个四倍体的染色体均等地来自双亲，而 4 个六倍体杂种的染色体中，一套来自番茄，另一套来自马铃薯（拓展资源 7-4）。

拓展资源 7-4

（五）蛋白质和蛋白质组学

采用等电点聚焦分析融合植株的叶绿体和核的基因组遗传情况，此法也已成功地被用于番茄、烟草种间杂种和番茄与马铃薯属间体细胞杂种分析。刘恒和夏光敏对普通小麦'济南 177'与高冰草不对称体细胞杂种后代 $F_5 \sim F_8$ 代进行高分子质量麦谷蛋白亚基的遗传、育种及基因分析，发现杂种后代中除具有亲本小麦及高冰草的高分子质量麦谷蛋白亚基（HMW-GS）或组合外，还具有不同于亲本小麦的 HMW-GS 及组合。

第四节　体细胞杂种的遗传分析

体细胞杂种含有双亲全部和部分细胞质或细胞核遗传物质，在杂种细胞群中存在多种组合和互作，如异源核-核、异源质-质、同源核-质、异源核-质，以及异源核背景中的同源核-质之间的互作和协调，后代遗传过程中的染色体丢失或重组等遗传行为，造成后代遗传的复杂性和不可预见性。其有别于有性杂交种母体细胞质遗传背景下的核-核互作及后代的分离规律。原生质体融合后，在单个细胞中进行核-核并存、互作或重组，细胞器并存或重组，并伴随着体细胞杂种的单个细胞的发育和植株再生，以及体细胞杂种后代必然伴随着不同来源的遗传物质的交流和融合，在部分远亲的体细胞杂种中可能由于核分裂的不同步，或核质不协调，部分核遗传物质或细胞质遗传物质丢失、替代或重组，形成新的一套核质遗传物质，并适应自身生长发育，形成更广泛的遗传变异和适应性。

大部分的体细胞杂种拥有双亲的部分性状，表现为形态上的趋中性并表现出双亲性状的共显性，遗传变异幅度很大，产生多个非整倍体，尤其是不对称融合，在体细胞杂种中会出现偏亲现象，尤其是体细胞杂种后代株系中。

一、体细胞杂种的遗传特性

（一）细胞分裂与染色体丢失

融合后的杂种细胞如果细胞分裂且核融合，则能获得对称杂种；如果核不发生融合，在以后的发育过程中就会有两种结果：一是细胞分裂几次后即停止生长，从而导致细胞凋亡；二是在发育过程中，某一亲本的细胞核部分或全部丢失，这样就会产生大量的非整倍体或胞质杂种。由于融合亲本存在不同程度的不亲和性，即使是原生质体对称融合，得到的异核体也有 5 种不同的发育途径：其一是双亲的细胞核同步分裂，并导致融合，体细胞杂种具有双亲的核物质，其染色体数为双亲染色体之和；这种途径主要是亲缘关系较近的组合，再生的体细胞杂种常常是稳定的双二倍体，其染色体数为双亲染色体数之和，杂种核 DNA 含量也是双亲的 DNA 含量之和。其二是双亲核能同步分裂并且发生融合，但融合后出现了染色体的丢失，形成的体细胞杂种只具有双亲的部分遗传物质，得到的是非对称杂种。其三是双亲亲缘关系比较远，导致核不能融合，中间产生新膜形成细胞，再生的植株就会出现分离，得到的材料可能是胞质杂种、异质杂种或亲本原生质体再生体。其四是两个亲本的核不能融合，形成多核体，仍为体细胞杂种，并且染色体数为双亲之和，但可能发生了染色体重组或重排，杂种植株的染色体发生基因组间或基因组内的重组现象。其五是亲本的核不能融合，并且其中一方的核被排除，得到的植株为胞质杂种或异质杂种，在柑橘原生质体融合中发生的较多，二倍体柑橘与二倍体澳洲指橘融合，再生植株为二倍体，分子标记分析表明是体细胞杂种。

（二）体细胞杂种基因或性状转移

染色体的部分丢失，常常使某个亲本的部分或个别基因与另一亲本的染色体发生整合，实现了亲本间的基因转移。基因转移通常是在后代中某些性状得以表达，有时基因的重组可能产生双亲均没有的新性状。Xu 等（1993）通过非对称融合将野生马铃薯抗病基因的染色体转移到了栽培种中；Gerdemann-Knörck 等（1995）通过非对称融合方法从黑芥中将抗黑胫病和根肿病基因转入了甘蓝型油菜中；Sherraf 等（1994）成功地将潘那利番茄（*Lycopersicon pennellii*）的耐盐基因转入大豆，杂种植株表现出明显的耐盐性；Binsfeld 等（2001）将向日葵野生种中的重要经济性状转移到了栽培种中。

（三）体细胞杂种遗传的不稳定性

体细胞杂种后代在遗传上常常不稳定，涉及多方面的因素，如亲缘关系的远近，培养过程中的染色体变异，细胞核、细胞质遗传物质的重组等。在非对称融合中，供体受到射线照射或其他处理，染色体会发生一定程度的丢失。不同的融合事件中供体染色体的丢失也不一样，有些非对称杂种中保留了很多供体染色体，但在另外一些非对称杂种中，供体染色体丢失相当严重。从同一个愈伤组织系再生丛芽的 DNA 含量也会出现不同。除了供体染色体丢失，有一些融合体也出现了受体染色体丢失的现象。胡萝卜与水稻的体细胞杂种存在大量的供体（胡萝卜）染色体，只有几条受体的染色体。在番茄（受体）与秘鲁番茄（*Lycopersicon peruvianum*）组合再生的大部分杂种中，受体基因组的一些等位基因，甚至是完整的染色体都出现丢失。由此可见，染色体丢失是一个相当复杂的过程。

染色体的丢失与所用射线的剂量具有一定的正相关性，即随着辐射剂量的增加，杂种中供体染色体的丢失也就相应地增多。在被 X 射线钝化的多花黑麦草原生质体和牛尾草原生质体融合实验中，当剂量为 10Gy 时，没有染色体的丢失；当剂量为 500Gy 时，有 85%的染色体丢失。但也有一些研究表明有一个阈值，高于此值，即使剂量再增加，染色体的丢失也不会趋于更严重。

融合亲本双方在亲缘关系上的远近比辐射剂量对染色体丢失的作用更大。亲缘关系愈远，染色体丢失也就愈严重，能得到高度非对称杂种；亲缘关系稍近（如种间或属内）的组合，非对称杂种中仍然保留有供体大部分的基因组。亲缘关系远的组合，高度非对称（即供体染色体严重丢失）可能是正常细胞分裂、器官分化和植株再生的前提条件，因而在有些组合中，只有当供体染色体丢失较多时，才得获得杂种植株。此外，亲缘关系也影响到剂量对染色体丢失的作用效果。在近缘组合中，染色体丢失与剂量呈正相关，而在远缘组合中，则不存在这种明显的相关性。

融合亲本的倍性是影响染色体丢失的一个因子。研究表明，倍性不同较倍性相同的组合会丢失更多的染色体，因为倍性增加，分裂速率减慢，在杂种中可能容易丢失。在马铃薯与其野生种（供体）融合的组合中，当受体亲本为二倍体时，杂种中供体 DNA 丢失最多为 50%；而当受体亲本为四倍体时，供体 DNA 丢失最大可达 86%。染色体丢失的多少还与再生植株的倍性有关，Oberwalder 等（1998）发现当再生植株 DNA 含量在二倍体和四倍体之间时，供体染色体丢失的少；而当再生植株 DNA 含量在四倍体与六倍体之间时，供体染色体丢失就增多。辐射导致供体染色体丢失的程度还取决于供、受体亲本的 DNA 含量比，供、受体 DNA 含量比值大（即受体 DNA 含量少）时，供体染色体丢失的就少；相反，如果供、受体 DNA 含量比值小，则供体染色体易发生丢失。

染色体丢失是一个经历时间长的持续过程，培养时间的长短对染色体丢失有一定的影响。在烟草种间非对称融合再生后代培养过程中发现，染色体丢失在融合再生愈伤组织培养的前 12 个月持续进行，到 18 个月时不再发生染色体丢失。供体染色体的丢失还在无性和有性繁殖过程中进一步发生。例如，残波烟草（*Nicotiana repanda*）（供体）和烟草（受体）融合后得到的杂种与烟草回交，发现供体的染色体在回交中继续丢失。选择压的使用也影响到供体染色体丢失。原生质体融合中将转基因系作为供体，提供了一种行之有效的选择体系，用得较多的转基因系是叶绿素缺陷型、抗卡那霉素等，这些选择系的使用更容易得到非对称杂种或胞质杂种。射线辐射钝化的林烟草与马铃薯原生质体融合，当未施加选择压时，细胞未进行分裂；施加抗寡霉素选择压后，再生的植株中供体染色体全部丢失，最终得到胞质杂种。使用选择压在一定程度上有利于目的基因（染色体）进入杂种中，Sjodin和 Glimelius（1989）进行芥菜和甘蓝型油菜的不对称融合时，在培养基中加入毒素进行选择，则得到非对称杂种抗黑胫病菌（*Phoma lingam*）；相反，在培养基中未加入毒素，则得到非对称杂种不抗 *P. lingam*，说明在使用选择压时，有利于保留与该选择压有关的染色体或基因。

此外，供体胞质基因组的存在也可能使得其染色体发生有限丢失。这可能是因为供体的核、质基因组已经处于一个细胞中，二者已经达到一种很好的平衡状态。因此，如果要使进入杂种中的供体胞质基因组行使正常的功能，就需要有与之相对应的供体核基因组，这样就导致染色体丢失不可能太多，否则在杂种中供体胞质基因组也会失去其功能。

二、体细胞杂种细胞质遗传

高等植物细胞质遗传物质主要包括线粒体基因组和质体基因组（叶绿体、淀粉体、白色体、色素体、前质体等），线粒体在有性杂交中一般认为是严格的母性遗传，而质体遗传则被划分为母系遗传（绝大多数被子植物）、双亲遗传（如天竺葵）和父系遗传（绝大多数裸子植物）3 种类型。由于某一特定植物中质体 DNA 序列不随质体类型而改变，一般都以叶绿体为代表。细胞质遗传系统控制着植物许多重要的农艺性状，大多数被子植物有性杂交中表现为严格的母性遗传。原生质体融合杂种植株的胞质遗传与有性杂交存在着较大的差异，出现的遗传类型较为复杂。

（一）体细胞杂种中叶绿体的遗传

Gleba 等（1988）报道，在兰雪叶烟草（*Nicotiana plumbaginifolia*）和颠茄（*Atropa belladonna*）种间不对称体细胞杂种出现了混合细胞质、前质体基因突变和核基因突变，由于其花斑性状能传递给后代，从而证明细胞质为杂合的，而不是嵌合所致。体细胞杂种中叶绿体单亲传递的现象发生于对称融合和非对称融合中，在马铃薯种间、烟草种间、油菜种间、柑橘种属间等体细胞杂种的叶绿体均为单亲随机遗传。此外，叶绿体单亲传送是一个随机过程，在体细胞杂种中有可能保留亲本任何一方的叶绿体。澳洲指橘和柑橘属间融合产物在胚性愈伤组织阶段时，叶绿体与供体或受体亲本相同，并且大多数表现出具有双亲的叶绿体特征性带型；再生植株后，则只有与供体或受体相同的叶绿体带型，表明原生质体融合中叶绿体的排除是一个快速的过程。体细胞杂种及胞质杂种中，叶绿体的分离似乎并非随机的，这种非随机的分离可能反映了核-质不相容或都用于原生质体融合的细胞类型的选择性。

体细胞杂种中叶绿体也可能发生重组，只不过重组的情况较少，在栽培番茄与野生种潘那利番茄（*Lycopersicon pennellii*）的部分体细胞杂种中发现有两融合亲本的叶绿体 DNA。大部分澳洲指橘与 Hazzara（Abohar）（*Citrus reticulata*）的体细胞杂种植株的叶绿体 DNA 来源于悬浮系亲本，但有一些植株具有来自双亲的叶绿体 DNA 物质。Miranda 等（1997）认为柑橘体细胞融合过程中叶绿体随机分离，或偏向来源于叶肉亲本，极少有重组发生。在陆地棉和野生棉戴维逊氏棉（*Gossypium davidsonii*）不对称体细胞杂种中，发现杂种的线粒体和叶绿体发生了重组（图 7-3B，SSR 标记）。

（二）体细胞杂种中线粒体的遗传

融合亲本的质体基因组只有细微的差别，而两个种之间线粒体的多态性很明显。同样，与叶绿体基因组的遗传相比，体细胞杂种和胞质杂种中线粒体基因组也表现出更为复杂的遗传行为。体细胞杂种中线粒体的遗传有单亲分离现象，柑橘体细胞杂种中的线粒体主要表现为定向单亲分离，几乎所有体细胞杂种的线粒体基因组均来自悬浮系亲本。但更多的情况下会出现重组和重排。线粒体重组发生于马铃薯种间、柑橘种间、烟草种间，矮牵牛、胡萝卜、油菜等植物体细胞杂种中。当然，在同一个组合再生的体细胞杂种中，线粒体基因组在有的植株中出现了重组，在有的植株中也可能与融合亲本一致。例如，在二倍体野生马铃薯和马铃薯进行融合再生的 19 个杂种植株中，19% 的植株线粒体与亲本之一相同，而其余的则表现出新的带型。

在体细胞杂种中，除了 mtDNA 重组，还会发生线粒体质粒丢失。Roger 等（1988）通过原生质体融合创造出了新的核-线粒体-叶绿体组成的油菜植株，发现 mtDNA 质粒有丢失（约 12.5%），此外还观察到一个原生质体群体中的线粒体被转移到另一群体中（约 6.1%），而含有新 DNA 组成的线粒体在再生植株中成为显性细胞器群体，通过广泛的有性世代研究发现，它们是严格的母性遗传，没有伴随线粒体染色体组成或核染色体数目的变化，在某些株系中的 13kb 线粒体质粒在原生质体融合体系中是不稳定的。在柑橘体细胞融合过程中发现叶绿体随机分离，或偏向来源于叶肉亲本，极少有重组发生；其胞质杂种中，线粒体都来源于悬浮系亲本，且发生重组。

第五节　植物原生质体融合与遗传改良

通过原生质体融合可以实现基因在远缘物种间转移和融合，可以避开有性生殖过程，有效地避免了远缘杂交中由亲缘关系远而导致的物种间杂交不亲和、杂交不能受精、杂种胚败育等问题。相对于传统的远缘杂交，体细胞杂交最为突出的一个优点就是在转移细胞核基因的同时转移细胞质基因组，可以创造性地得到胞质杂种和不对称杂种，实现人为转移核染色体片段和细胞质基因。在得到的体细胞杂种中，细胞质基因组控制着多个重要的农艺性状，如细胞质雄性不育（CMS）、抗除草剂和 C_4 高光效相关基因，并且核、质基因组互作能影响杂种植株的育性和其他农艺性状。更重要的是需要扩大和保存细胞质基因组的多样性，可以依靠体细胞融合转移细胞质基因组（拓展资源 7-5）。

拓展资源 7-5

一、克服生殖障碍，创造新种质

对于一些栽培品种来说，通常缺少野生植物所具有的抗性，而二者有性杂交不亲和，通过有性杂交和传统远缘杂交技术难以实现优异基因的交流，而且农作物的许多重要性状为多基因控制，采用遗传转化技术也难以实现多基因控制性状的转移。原生质体融合是克服生殖隔离、有性杂交不亲和、植物多胚特性、花期不遇、果树童期长、雌雄性器官败育等生殖障碍的有效手段，并且能够转移多基因控制的性状，实现远缘重组，创造新型物种。

原生质体融合可以在种间、属间，甚至科间植物中进行，自得到首例体细胞杂种以来，已得到很多有性杂交不亲和的植物种间、属间体细胞杂种，如陆地棉＋野生棉、亚洲棉＋野生棉、胡萝卜＋欧芹、小酸浆＋毛曼陀罗、柑橘＋蚝壳刺等，这些材料通过常规手段难以获得，并且在自然界中不存在。大部分柑橘品种具有多胚特性，通过有性杂交很难，甚至不能得到杂种，采用原生质体融合，则能够获得体细胞杂种，如酸橙＋甜橙、红橘＋甜橙，并且还有一些具有雌雄性器官败育，有性杂交根本不能进行。例如，温州蜜柑为雄性不育类型，脐橙为雌雄不育类型，二者根本不能进行有性杂交，采用原生质体融合，成功地得到了二者的体细胞杂种。采用配子体细胞原生质体融合获得三倍体，可以克服得到合子前后的有性杂交不亲和性。

二、转移有利性状，改善作物品质

作物受到外界环境、生物逆境（病害、虫害）和非生物逆境的影响，提高农作物的抗逆性对于扩大栽培面积、提高产量、增进品质具有很大的作用。栽培种改良所需的抗性性状往往存在于近缘种或野生种中，通过有性杂交难以实现抗性性状的转移，而采用原生质体融合则成功地实现了一些作物所需的抗性的转移（拓展资源7-5）。

原生质体融合能改善作物品质。例如，C_4 型植物与 C_3 型植物原生质体融合以提高后者的光合效率，在十字花科和禾本科（水稻）中取得了成功。Heath 和 Earle（1997）采用原生质体融合合成了低亚油酸的甘蓝型油菜（*Brassica napus*），其含量只有 3.5%，亚油酸含量最低的杂种油量从 R_0 代的 29.3%增加到 R_1 代的 36%。此外，原生质体融合能有效地恢复育性，获得优良特性互补的材料，Rasmussen 等（1996）将不能开花、抗白薯孢囊线虫苍白球腹线虫 Pa3 型（Pa3）的双单倍体番茄与雄性败育、抗 Pa2 的双单倍体番茄融合，体细胞杂种的染色体变化较大，所有的体细胞杂种雌性可育，能够得到有活力的种子，接近四倍体的体细胞杂种的种子数最多，种子大小正常，具有 58 条及以上染色体的体细胞杂种的种子数少且小。采用这些体细胞杂种的花粉授粉能够引起果实发育，体细胞杂种对 Pa2 和 Pa3 表现出较高的抗性。

三、转移部分染色体，获得非对称杂种

一个杂种中有两套不同来源的基因组并不是我们所期望的，在杂种中仍存在不同程度的不亲和性，常会导致杂种部分或完全不育，难以形成育种上有用的材料。而非对称融合一定程度上能克服体细胞不亲和现象，可以得到用一般的方法得不到的杂种。在融合前对供体原生质体进行处理，得到了非对称杂种，非对称杂种中只保留有供体部分遗传物质，可以在一定程度上减轻体细胞的不亲和性。小酸浆与胡萝卜有性杂交未能得到杂种，对称融合虽然得到了愈伤组织，却不能分化再生成植株，而通过非对称融合却得到了杂种植株。此外，非对称融合可以得到可育杂种，甚至不必多代回交就能够应用，缩短了育种进程。通过非对称融合技术还将胡萝卜的抗病性转到烟草中，得到了可育的非整倍体植株；烟草和颠茄原生质体

融合杂种细胞中供体（颠茄）的染色体丢失严重，再生植株育性正常。同时，将供体的部分遗传物质转移到受体中，能够实现由多基因控制的具有重要经济价值的性状（如抗病性等）的转移，且去掉一些不利性状的干扰。染色体丢失的程度在同一组合不同的杂种中是不一致的，导致融合后再生后代中所含的染色体量变化很大。花椰菜与白菜型油菜非对称融合杂种中保留有供体 25%～100% 的染色体；多花黑麦草与牛尾草（受体）的融合后代中，供体染色体丢失达 80%，还有一个细胞系的供体染色体全部丢失。这样非对称杂种成为遗传变异的重要来源，加之原生质体群体大，可供选择的机会多，变异的范围广，从再生后代中选出较为理想的类型而应用于生产实践的可能性就增大。

山东大学植物细胞工程实验室夏光敏教授等利用非对称体细胞杂交创建了多种小麦渐渗系，获得了耐盐、耐碱、抗旱、高产、优质、大穗、抗病等多个新品系，选育了一批耐盐碱、抗旱、优质的新品系和新种质，培育了国际首例高产、耐盐、抗旱的小麦体细胞渐渗系新品种'山融 3 号'，2018 年被选定为山东省盐碱地主导品种，还选育了高产品种'山融 1 号'和耐盐碱品种'山融 4 号'，挖掘了一系列抗逆重要基因，开展了小麦耐盐、抗旱和耐盐碱机制研究。

四、转移细胞质基因组，得到胞质杂种

植物细胞质中最为重要的两种细胞器是叶绿体和线粒体，细胞质雄性不育（CMS）是由线粒体基因组决定的，叶绿体基因组则编码了对一些抗生素的抗性特征、白化突变和 RuBPcase 组分 I 蛋白的大亚基，这些性状伴随线粒体或叶绿体遗传。如果这些抗性来自不同的亲本，通过有性杂交或基因工程难以实现二者的统一，因为在被子植物中，有性杂交的胞质基因组主要为母系遗传，杂种的细胞质来自母本，而父本的细胞质不能进入杂种中，杂交双亲的胞质基因组不能同时进入杂种中，而采用原生质体融合可同时将一方亲本由线粒体基因组编码的 CMS 和另一方亲本由叶绿体基因组控制的性状（如抗除草剂）综合在一起，这方面的研究主要集中在油菜中。Pelletier 等（1983）通过 PEG 融合获得了抗三嗪类（triazine）除草剂的 Ogura 型 CMS 的油菜胞质杂种。Barsby 等（1987）用射线辐射抗除草剂三嗪类的甘蓝型油菜原生质体，与经碘乙酸处理的 CMS 甘蓝型油菜原生质体融合，也得到了胞质杂种，综合了双亲波里马细胞质雄性不育（Polima CMS）和抗三嗪类的胞质性状，得到抗三嗪类的胞质雄性不育新型甘蓝型油菜。这些都表明原生质体融合技术在整合胞质基因组以改良作物方面具有广阔的应用前景。

转移胞质基因研究最成功的是 CMS，CMS 是一个在高等植物中普遍存在的母系遗传性状，由线粒体基因组编码，能够导致花粉没有功能，被广泛应用于生产 F_1 杂交种子，用常规方法转移 CMS 要经过 5～8 代甚至 8～10 代才能替换掉胞质供体的核基因组，而通过原生质体融合方法则可以缩短转移 CMS 的时间，转移 CMS 已在烟草、油菜、花椰菜、水稻、矮牵牛、胡萝卜、黑麦草等植物中获得了成功。野败型雄性不育被广泛用于水稻杂交种子的生产，Bhattacharjee 等（1999）采用原生质体电融合将野败型雄性不育转移到可育的恢复系中，获得的胞质杂种花粉粒败育，自交不能结实，与各自的可育亲本回交后也获得了不育的回交一代植株。虽然对称融合能够实现 CMS 的转移，但是转移 CMS 最为有效的融合方式是非对称融合和胞质体-原生质体融合。Menczel 等（1987）通过非对称融合将 Ogura 型 CMS 转移到了油菜中。Tanno-Suenaga 等（1988）通过非对称融合技术只用 16 个月就将 CMS 性状转移到了可育胡萝卜中。Yang 等（1988）将 CMS 从一个粳稻胞质雄性不育系 A-58 转入正常可育

的品种 'Fujiminori' 里，得到了不育的 'Fujiminori' 胞质杂种。非对称融合是一种直接转移胞质基因组（细胞器）得到胞质杂种的有效方法，Atanassov 等（1998）进行花烟草（*Nicotiana alata*）（供体）与烟草非对称融合，再生的 33 株植株中，有 29 株植株为 CMS 胞质杂种。射线可以造成供体核基因组完全丢失，使体细胞杂种中只有受体的核基因组，从而得到胞质杂种，减少了供体核对胞质基因组的干扰，有利于细胞器基因组更好地行使其功能。

五、作为育种材料直接应用

植物体细胞杂种的获得，一方面为直接改良品种提供了大量可供选择和利用的材料，同时也可以作为育种的中间材料，用作植物进一步改良，如细胞质雄性不育烟草和水稻的创制。细胞质雄性不育的水稻亲本与'日本晴'原生质体杂交，融合产物再生的杂种植株（$2n=24$）能够正常抽穗开花，但雄性不育，将其与'日本晴'回交获得了种子，由种子发育来的植株雄性不育。

自 1985 年得到首例柑橘体细胞杂种以来，国内外已获得近 200 例体细胞杂种。华中农业大学柑橘细胞工程与遗传改良研究团队邓秀新和郭文武教授等，针对柑橘常规育种遇到的珠心胚干扰、育种周期长、有性杂交难以获得杂种等技术障碍，建立了通过细胞融合实现果实无核的育种新技术，培育出国际首例柑橘胞质杂种无核新品种'华柚 2 号'，通过温州蜜柑（雄性不育）与'华柚 1 号'（果实有核）融合而得，果实可食率由 48%提高至 57%，育种周期缩短了 20 年以上；细胞工程技术创制出柑橘二倍体、三倍体和四倍体等不同倍性的新种质4500 余份，并从已开花结果的材料中评价筛选出无核优系 10 多个。这些体细胞杂种目前主要的用途有以下两方面：第一，直接用作砧木品种改良，获得的体细胞杂种中有一部分具有抗性互补性，或者具有较好的抗性，或者具有其他的特点（如矮化）；第二，由于获得的体细胞杂种大部分为四倍体，可以作为父本与二倍体杂交，结合幼胚抢救，获得了三倍体，以便从中选出可以利用的无籽品种。除柑橘外，体细胞杂种在其他作物中也多用作育种的中间材料。

体细胞杂种可以作为回交亲本，以创造新的优良品系。例如，Arumugam 等（2000）利用原生质体融合获得了具有"Oxy"CMS 的芥菜（*Brassica juncea*）（AABB）（有严重的褪绿症）与 *Brassica oleracea*（CC）的杂种，并且利用此杂种与甘蓝型油菜（*Brassica napus*）（AACC）和埃塞俄比亚芥（*Brassica carinata*）（BBCC）回交，得到了许多含 CMS 但无褪绿症的新品系。Zubko 等（2001）报道获得的烟草体细胞杂种花冠和雄蕊不正常，与野生种回交后，获得了正常的改良 CMS 品系。培育新植物，如细胞质雄性不育烟草、细胞质雄性不育水稻、马铃薯栽培种与野生种的杂种等；马铃薯与番茄野生种杂种，将马铃薯栽培种与抗青枯病、抗软腐病、抗疫病、耐热的番茄属野生种的原生质体融合，获得了地下部形成块茎、地上部结果实的杂种。利用棉属四倍体体细胞杂种亚洲棉（*Gossypium arboreum*）＋斯托克斯氏棉（*G. stocksii*）和亚洲棉（*G. arboreum*）＋比克氏棉（*G. bickii*）作为亲本构建陆地棉背景的渐渗系，获得了大批中间材料，进行抗逆（抗旱、抗黄萎病等）和纤维色泽改良。

六、细胞器的互作研究

体细胞杂种相较于传统的有性杂交而言，可以选择性地转移细胞核和细胞质基因，因此体细胞杂种是核质杂种，同时拥有不同来源的基因组，细胞质中的线粒体、叶绿体、质体等和不同背景的细胞核基因组在单个细胞与植株中进行互作和协调。对称杂种、不对称杂种和胞质杂种等是细胞器间和细胞质中细胞器与核质间互作研究的良好材料，同时也是研究倍性化后细胞质和细胞核基因组表达模式很好的材料，也可以应用于染色体定位或者进行染色体排除等机制研究。由于亲缘关系较远的物种进行融合后，会出现染色体排斥现象，这为此类研究提供了便利条件。

多倍化是植物进化过程中的一种自然现象，也是促进植物进化的主要动力。植物中虽存在着大量的多倍体种，但是有关不同亲本的基因组加倍形成多倍体后，亲代基因能否很好地表达的分子机制目前知道的还比较少。在天然和人工新合成的异源多倍体植物中都存在着许多遗传变异，可以引起多倍体植物产生一些重要的特征，包括基因加倍后表达的多样性，遗传学和细胞学上的二倍化，基因组间的相互协调，以及细胞核基因组和细胞质基因组间的相互作用和协调问题。

目前原生质体融合已能被应用于植物改良，原生质体操作在作物遗传改良中显示出巨大的应用前景。然而，在乐观的同时，我们也必须清楚地看到，原生质体培养和融合及获得的新材料能够在农业上应用需要一个复杂的改良过程，一些植物原生质体培养和融合未能取得成功，获得的体细胞杂种还未有真正的应用，仍然存在体细胞杂种再生困难或再生植株寿命短等问题，这都需要在今后的研究中不断探索。

主要参考文献

付莉莉，杨细燕，张献龙，等. 2009. 棉花原生质体"供-受体"双失活融合产生种间杂种植株及其鉴定. 科学通报，2009，54（15）：2219-2227

司怀军，王蒂. 2003. 马铃薯种间体细胞杂种的育性和遗传改良. 作物学报，29（2）：280-284

徐小勇，孔芬，王汝艳，等. 2009. 植物亚原生质体分离及融合研究进展. 中国生物工程杂志，29（9）：97-101

张献龙. 2012. 植物生物技术. 2版. 北京：科学出版社

Escalante A, Imanishi S, Hossain M, et al. 1998. RFLP analysis and genomic *in situ* hybridization (GISH) in somatic hybrids and their progeny between *Lycopersicon esculentum* and *Solanum lycopersicoides*. Theoretical and Applied Genetics, 96 (6-7): 719-726

Davey M R, Anthony P, Power J B, et al. 2005. Plant protoplasts status and biotechnological perspectives. Biotechnology Advances, 23 (2): 131-171

Liu S, Li F, Kong L, et al. 2015. Genetic and epigenetic changes in somatic hybrid introgression lines between wheat and tall wheatgrass. Genetics, 199 (4): 1035-1045

Sun Y Q, Zhang X L, Nie Y C, et al. 2004. Production and characterization of somatic hybrids between upland cotton (*Gossypium hirsutum*) and wild cotton (*G. klotzschianum* Anderss) via electrofusion. Theoretical and Applied Genetics, 109 (3): 472-479

Yang Z Q, Shikanai T, Yamada Y. 1988. Asymmetric hybridization between cytoplasmic male- sterile (CMS) and fertile rice (*Oryza sativa* L.) protoplasts. Theoretical and Applied Genetics, 76 (6): 801-808

Yu X S, Chu B J, Liu R E, et al. 2012. Characteristics of fertile somatic hybrids of *G. hirsutum* L. and *G. trilobum* generated via protoplast fusion. Theoretical and Applied Genetics, 125 (7): 1503-1516

Zubko M K, Zubko E I, Ruban A V, et al. 2001. Extensive developmental and metabolic alterations in cybrids *Nicotiana tabacum* (+*Hyoscyamus niger*) are caused by complex nucleo-cytoplasmic incompatibility. The Plant Journal, 25 (6): 627-639

第八章　植物离体细胞分化与发育机制

植物离体细胞分化与发育是指在离体培养条件下诱导植物外植体启动细胞分裂、脱分化、再分化等过程，并最终产生胚状体（胚胎发生途径）或产生不定根和不定芽（器官发生途径）从而形成完整植株的过程。

在进入本章主要内容之前，先明确几个概念。干细胞是具有无限的自我更新（self-renew）能力和保持着再生子代及进行器官分化等潜力的一类细胞。经典的干细胞（stem cell）的概念是基于处于特定细胞环境[干细胞微环境（stem cell niche）]的动物特定细胞行为提出来的。动物干细胞具有以下3个特点：①未分化（未发现任何分子和形态上相关的细胞分化标记）；②通过自我更新（控制繁殖）可以使其细胞群体维持在一定大小；③可再生各种细胞类型。具有这些特征的植物细胞称为植物干细胞。一般认为，胚细胞和合子是具有全能性的干细胞；植物的茎顶端分生组织（shoot apical meristem）、根端、维管分生组织、创伤分生组织（愈伤组织）都有干细胞存在，这些细胞一直保持分裂能力而不进行任何特殊分化，称为亚全能性细胞；当它们进行细胞分裂时，一个子代细胞保持干细胞特性，另一个子细胞开始发育阶段。后面也会提到，由植物的根、下胚轴等外植体诱导产生的愈伤组织，有些就来源于维管分生组织细胞。植物干细胞可进行分裂并分化成各种组织和器官。

另外，在植物中，不具有干细胞特征的细胞（已分化的细胞）在适当的条件下也能表达其全能性。例如，许多由植物叶片和根等分离的原生质体经过离体培养可再生成完整植株，有些创伤愈伤组织来源于表皮和皮层部分的细胞而不是维管分生组织细胞，在这些过程中，外部环境（培养基中的植物生长调节物质和其他成分）的刺激信号，能改变其发育命运，使其具有发育成完整植株的潜能。那么，在植物中，干细胞的实质可被认为是适当的环境信号（根端或茎端微环境或者离体培养条件）所调控的一种过渡细胞状态，所以，理论上，只要条件合适，所有的植物细胞都可表现出全能性。

第一节　植物体胚发生的分子机制

植物体细胞胚胎发生（植物体胚发生）的具体过程在第三章已有介绍。从体细胞向胚性细胞转变是体胚发生的前提，该过程中离体的植物细胞经历脱分化形成愈伤组织，然后脱分化状态的愈伤组织和细胞经历再分化过程，再度分化成不同类型的细胞、组织和器官，甚至最终再生成完整的植株。这一过程涉及细胞的重编程、激活细胞周期、细胞分化及器官发育过程，受到由众多转录因子、激素信号途径及表观遗传修饰等构成的复杂网络的调控，本节将介绍这一过程的主要调控机制。

一、胚性细胞的预决定与诱导决定

第三章中已经提到体细胞胚可直接发生，也可间接发生。经直接发生形成的体细胞胚来源于预决定胚性细胞（pre-embryogenically determined cell，PEDC），这类细胞主要是植物干细胞，它们具有很强的自我更新能力，并且具有分化成其他特化细胞的能力，仅要求合适的培养条件即可进行分裂并实现胚胎发生。在间接体胚发生中，体细胞需要外界条件的诱导先形成诱导胚性决定细胞（induced embryogenically determined cell，IEDC）。在棉花下胚轴诱导体胚发生过程中，一部分胚性细胞来源于维管形成层细胞，这类细胞一般可直接发育形成胚性细胞，被认为是预决定胚性细胞；另一部分胚性细胞来源于表皮、皮层等其他已分化的细胞在离体情况下改变发育轨迹，进入脱分化进而形成愈伤组织再进入胚胎发生阶段，这部分细胞需要外部培养环境（植物生长调节物质及其他培养基成分）的调控才能进行细胞的重编程，进入新的发育轨迹。

二、细胞周期的重启与脱分化

在诱导胚性决定细胞过程中，植物细胞要经历脱分化阶段，在这一过程中，细胞要重启细胞分裂，改变原有的分化状态和功能，成为具有未分化特性的细胞。细胞周期的激活是脱分化的前提，分化细胞在细胞周期中处于一种相对静置状态，脱分化调控的实质是 G_0 期细胞恢复分裂周期的调控过程。真核生物细胞中存在多种细胞周期调控因子，细胞周期蛋白（cyclin）和周期蛋白依赖激酶（cyclin-dependent kinase，CDK）是两类主要的调节因子。cyclin与 CDK 结合形成复合物对细胞周期进行调控，一种 cyclin-CDK 复合物只在细胞周期内的某个特定时期表现活性，从而对细胞周期的不同时期进行调节。CDC2A 是在体胚发生早期阶段起重要作用的周期蛋白依赖激酶，受生长素和细胞分裂素所诱导。在椰子愈伤组织培养中，其胚性愈伤组织的 CDC2A 被显著上调，在体胚发生的后阶段被下调，在体胚萌发时降至最低水平。*CDC2/CDC28* 基因是调节细胞分裂周期的重要基因，该基因产物为 $P34^{cdc2}$，控制细胞周期从 G_1 到 S 期和 G_2 到 M 期的转变。离体的胡萝卜子叶在诱导培养基中启动细胞分裂和脱分化形成愈伤组织时，其 $P34^{cdc2}$ 蛋白水平随之升高。

三、激素调控与植物体胚发生

（一）生长素信号转导及体胚发生

生长素（auxin）是诱导植物体胚发生的重要植物生长调节剂。其中 2,4-D 在诱导植物体胚发生中的应用较为广泛。生长素在体胚发生不同阶段均有一定的调控作用。外源植物生长调节剂可能是通过调节内源生长素的平衡进而调控体胚发生的，内源生长素是生长转换及刺激体胚发生的主要因素。一定浓度的生长素能够促进愈伤组织的诱导和增殖。在棉花体细胞到胚性细胞的转变中，伴随着内源生长素水平的升高，表现为生长素信号途径的激活。与生长素合成、极性运输和响应相关的基因被认为是植物体胚发生的关键基因。目前已从不同植物中克隆出多个生长素诱导表达的基因。这些基因包括 *GH3*、*PIN*、*AUX/IAA*（生长素吲哚乙酸蛋白基因）、*ARF*（生长素响应因子）和 *SAUR*（生长素上调小 RNA 基因，small auxin-up RNA）。生长素信号通过生长素响应因子特别是 ARF7 和 ARF19 激活 *LBD* 家族基因（*LBD16*、*LBD17* 等）的表达，*LBD* 基因诱导转录因子 E2Fa 的表达，促进愈伤组织的增殖（图 8-1）。另外，在体胚发生过程中，外源生长素能激活胚胎发育相关转录因子，包括 *LEC1*、*LEC2*、

FUS3 和 *ABI3* 等转录因子的表达。反之，*LEC* 等也可激活生长素合成或运输以调控体胚发生。生长素极性运输在胚性细胞的分化及极性的建立中起重要作用。在体胚发生过程中，生长素诱导 *WUS* 基因的表达，进而激活 PIN1 蛋白的极性定位，促进体胚的发生和发育。

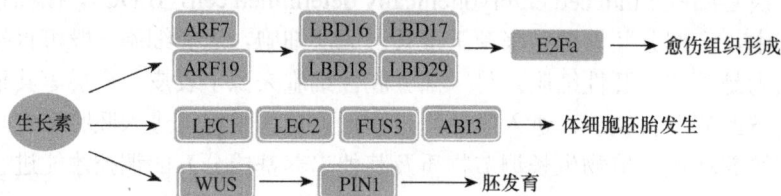

图 8-1　生长素信号转导及体胚发生

（二）细胞分裂素信号与愈伤组织的增殖

在植物体胚发生过程中，大部分情况下生长素不是独立起作用，只有当生长素和细胞分裂素维持在合适的比例时，才能促进愈伤组织的产生。细胞分裂素信号转导是一个"磷酸接力传递"过程。细胞分裂素结合受体组氨酸激酶（histidine kinase，HK）使其磷酸化，并将磷酸基团转移给胞质中的磷酸转运蛋白（histidine-phosphotransfer protein，HP），磷酸化的 HP 进入细胞核并将磷酸基团转移到 A 型和 B 型反应调节因子（response regulator，RR）上，进而进行信号的传递与激活。拟南芥中超表达 *ARR1* 以促进细胞周期相关基因的表达，从而促进愈伤组织的分裂和增殖。超表达细胞分裂素信号抑制基因 *ARR7* 和 *ARR15*，以抑制拟南芥根顶端分生组织的起始和拟南芥的体胚发生，当细胞分裂素受体基因突变时，在双突变体 *ahk2ahk4* 和 *ahk3ahk4* 中，再生的体细胞胚的根尖和茎尖发育畸形。

（三）脱落酸与体胚的发育

脱落酸（ABA）也参与调控植物体胚发生过程。在棉花中，胚性细胞中 ABA 的含量显著高于非胚性细胞，一定浓度的 ABA 处理可以诱导愈伤组织的形成，能够加快体胚发生进程和逆境响应相关基因的表达。一般认为，ABA 处理作为逆境因素在转录水平和蛋白质水平促进逆境相关的基因和蛋白质的表达。例如，ABA 处理能促进胚晚期丰富蛋白（LEA）的富集，对体胚的正常生长和发育具有促进作用。

（四）乙烯信号与体胚发生

植株的再生能力与乙烯的敏感性有一定的关联，乙烯含量的升高及其信号途径的激活有利于体胚发生。在拟南芥中的研究表明，用乙烯合成抑制剂处理或超表达乙烯合成抑制基因 *ETO1* 会降低外植体的再生能力，乙烯不敏感突变体（*etr1-1*、*ein2-1* 等）的再生能力下降，而乙烯响应负相关因子突变体（*ctr1-1*、*ctr1-12*）的再生能力增强。在大豆体胚发生过程中，一定浓度的乙烯合成前体 ACC（1-氨基环丙烷-1-羧酸）处理会显著促进大豆的体胚发生效率，而乙烯合成抑制剂 AVG（氨基乙氧基乙烯甘氨酸）等处理会显著抑制大豆的体胚发生效率；在棉花中，乙烯及其信号对愈伤组织的增殖起着正向调控作用。超表达 *GhSPL10* 促进乙烯合成酶相关基因 *ACO* 的表达，提高愈伤组织的增殖率，乙烯合成抑制剂 AVG 抑制处理能降低乙烯的含量并显著抑制愈伤组织的增殖；而乙烯合成前体 ACC 处理能显著促进外植体愈伤组织的增殖。

目前，五大激素和油菜素甾醇（brassinosteroid，BR）等均参与调控胚发生。激素对体胚的作用主要是通过胞外或胞内的激素受体将外界刺激信号转到细胞核内，从而调控基因的表达，启动发育程序。在体胚发生过程中，通过不同激素的配合使用可以有效调控体胚发生的各个发育阶段。例如，通过调节生长素与细胞分裂素比率促进脱分化和愈伤增殖，通过添加低浓度的乙烯促进体胚发生，通过 GA 调控胚性培养物到球形胚的转化，通过添加 ABA 来提高体细胞胚的质量等。因此，各种内源激素（生长素、乙烯、油菜素内酯、赤霉素、细胞分裂素和脱落酸）的代谢和动态平衡在体胚发生中起着重要而关键的作用（图 8-2）。

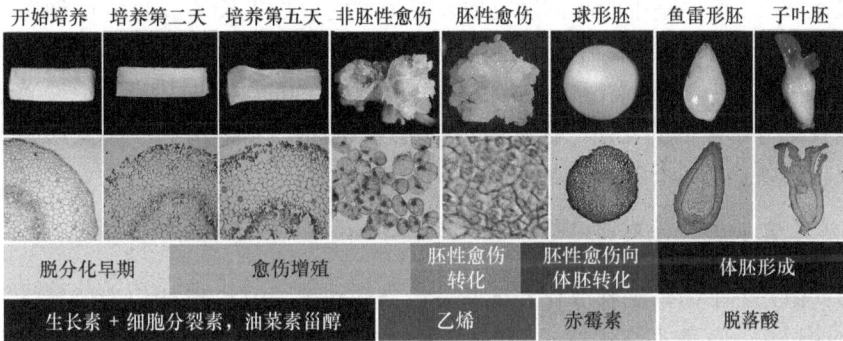

开始培养	培养第二天	培养第五天	非胚性愈伤	胚性愈伤	球形胚	鱼雷形胚	子叶胚

脱分化早期	愈伤增殖	胚性愈伤转化	胚性愈伤向体胚转化	体胚形成
生长素 + 细胞分裂素，油菜素甾醇		乙烯	赤霉素	脱落酸

图 8-2　植物激素与棉花体胚发生

四、逆境胁迫与愈伤组织再生

理论上，所有的离体植物细胞在合适的外界环境中均可表现出全能性。外界环境因素（特别是逆境因素）是体胚发生的重要影响因素。逆境因子（包括机械损伤）在体胚发生的几个主要阶段都起着重要的作用，很多研究者都将逆境因子的调控作为优化体胚发生体系的重要手段。在现有的诱导愈伤组织体系中，培养基多采用 MS 培养基，相对于维持植株正常生长或萌发胚生根成苗的低盐、低渗、低糖的 SH 培养基及 1/2MS 培养基来说，MS 培养基的无机盐含量较高，微量元素种类较全，其浓度也较高。另外，很多物种，包括胡萝卜、苜蓿、木薯、烟草等，都有关于通过逆境处理促进体胚形成及发育的报道，涉及的逆境条件多样化，主要有高温处理、饥饿处理、ABA 处理、渗透胁迫等。

（一）机械损伤与 *WIND* 基因

机械损伤是愈伤组织原初诱导触发因子（拓展资源 8-1）。再生的发生一般都是在创伤部位开始的。创伤可以诱导许多细胞反应，包括激素的产生、干扰细胞间远程通信等。拟南芥 WIND1（wound induced dedifferentiation 1）及其同源物 WIND2～WIND4 是这一过程的中心调节因子，WIND1～WIND4 是 AP2/ERF 转录因子家族成员，在愈伤组织诱导过程中受伤口诱导迅速表达，并促进细胞的脱分化及愈伤组织增殖。异位表达 *WIND1* 可使成熟的体细胞摆脱正常的分化程序而启动诱导在组织和结构上无定形的细胞增殖，以及保持其脱分化状态。转基因植株（*35S：WIND1*）细胞状态与 2,4-D 所诱导的愈伤组织细胞类似。WIND1 蛋白是细胞分裂素应答的正调节因子，通过调节细胞分裂素信号通路调控愈伤组织的形成（图 8-3）。

拓展资源 8-1

图 8-3　机械损伤通过调节因子 WIND 调控愈伤组织的形成

（二）生理逆境学说

早在 1991 年，Dudits 就认为体胚的形成是一个逆境效应。离体培养使原来的体细胞或组织脱离了其原有的环境（位置）而处于新的逆境环境（离体时造成的创伤环境、脱离母体组织形成的饥饿状态、培养基中的高浓度物质及高浓度的植物生长调节剂等）。创伤和逆境是诱导体胚发生的原初信号。在植物体胚发生过程中，参与体胚发生的一些基因也参与逆境的响应。多个热激蛋白（heat shock protein，HSP）在多个物种的体胚发生过程中被激活表达。热激蛋白可能具有分子伴侣的功能，在细胞发育轨迹改变时（如脱分化、胚性形成或者体胚发育时）保证相关蛋白质进行折叠和组装。

（三）活性氧平衡与体胚发生

活性氧（ROS）平衡与细胞分化和体胚发生密切相关。ROS 既能作为信号分子参与调控各种生理代谢过程，又能在高浓度水平下导致细胞周期停滞和细胞死亡。细胞全能性的发挥与细胞抗氧化的能力呈正相关，与体内及培养基中 ROS 呈负相关。在棉花中的研究表明，适量的过氧化氢（H_2O_2）能促进棉花的体胚发生，过量的 H_2O_2 会抑制脱分化过程；ROS 抑制剂 DPI（二苯基氯化碘盐）处理能抑制棉花脱分化及细胞增殖，而 H_2O_2 能部分恢复 DPI 对体胚发生的抑制；同样，谷胱甘肽（GSH）抑制剂 BSO（丁硫氨酸-亚砜亚胺）处理能使内源 H_2O_2 含量升高，并抑制脱分化和体胚发生，添加 GSH 能部分恢复 BSO 对脱分化的抑制；在枸杞、剑兰、小麦、云杉、香蕉、甘蔗等植物的研究中也发现了类似的结果。因此，合适的氧化环境对体胚的形成和发育具有促进作用。ROS 也可能与其他的多信号途径一起相互整合，来共同调控植物体胚发生的起始和发育。

五、转录因子与体胚发生

虽然体胚发生过程受诸多外界环境因素的影响，但归根结底是体细胞在各种因素的作用下，启动了某些特异基因的表达，从而使体细胞脱分化并再分化转变为胚性细胞，相应基因产物的合成是胚性细胞形成的分子基础。许多研究人员致力于体胚发生相关基因的分离和鉴定工作，并鉴定和克隆了大量与体胚发生相关的转录因子基因。其中许多参与调节合子胚发生、分生组织分化和维持的转录因子都在体胚发生过程中起着重要作用。

（一）核因子 Y

核因子 Y（nuclear factor Y，NF-Y），又称 CCAAT 盒结合因子（CCAAT box-binding factor，CBF）或亚铁血红素激活蛋白（heme activator protein，HAP），是一类普遍存在于酵母、动物、植物等真核生物中的转录因子，通常由 3 种不同的亚基组成，即 NF-YA（CBF-B 或 HAP2）、NF-YB（CBF-A 或 HAP3）和 NF-YC（CBF-C 或 HAP5）3 个家族。植物 NF-YB 对胚胎发生具有重要作用。拟南芥中 NF-YB 家族共有 13 个成员，分为 LEC1（leafy cotyledon 1）类和

非 LEC1 类蛋白，其中 LEC1 类包括 LEC1 和 L1L（LEC1-like），是植物胚形成的中枢调控因子。*LEC1* 在胚性细胞、体细胞胚和未成熟种子中高表达，可赋予体细胞向胚性细胞发育的潜能，在胚发育的早期能维持胚性细胞的命运，在很多物种中作为体胚发生的标记物。

（二）B3 结构域转录因子

B3 结构域转录因子家族属于植物特异性转录因子家族。LEC2、FUS3 和 ABI3 是含有 B3 结构域的胚发育相关的调控因子，是一类胚发育相关的标志物，与 LEC1 存在协同调控作用。*FUS3* 基因在顶端分生组织特异表达，可以促使转基因植物在顶端分生组织产生体细胞胚；同样，过量表达（或异位表达）*LEC2* 基因也促进了体细胞向胚性细胞的转变，从而使转基因植物具有了胚的特性。*LEC2*、*FUS3* 和 *ABI3* 的下调则显著抑制直接和间接体胚发生。*LEC2*、*FUS3* 和 *ABI3* 受生长素的诱导表达，然而 *LEC2* 也可以直接调控生长素合成基因 *YUC4* 和生长素响应基因的表达，激活生长素信号途径。

（三）AP2/ERF 结构域蛋白

AP2/ERF 结构域蛋白属于植物特异性转录因子家族，它们参与许多发育过程的调节。其中有几个 AP2/ERF 家族成员参与调控体胚发生。其中研究得最多的是 BBM。BBM 最初是从甘蓝型油菜花粉体细胞胚中分离得到的，该基因在花粉体细胞胚和合子胚中表达。在拟南芥、毛白杨、辣椒等物种中的研究表明，*BBM* 基因是植物细胞全能性的关键调控因子，该基因在体胚发生过程中能促进细胞分裂和形态发生，异位表达 *BBM* 基因或者拟南芥 *AtBBM* 基因能在没有外源植物生长调节剂或胁迫的情况下诱导体胚的发生。BBM 能结合 *LAFL*（*LEC1-ABI3-FUS3-LEC2*）基因的启动子，调控这些基因的表达；反过来，BBM 的表达也受到 LAFL 蛋白的调节，它们形成交互网络共同促进体胚发生。另一个成员是拟南芥 EMK（embryomaker），在胚发育的早期和成熟胚中表达，异位表达 *EMK* 能促进拟南芥子叶体胚发生的启动。在机械损伤部分提到过的 WIND1～WIND4 也是 AP2/ERF 转录因子家族中调控体胚发生的成员，WIND1 与 LEC 途径相互作用。比起单独激活 *WIND1* 或 *LEC2*，按顺序激活 *WIND1* 和 *LEC2* 在外植体中能诱导更多的胚性愈伤组织。

（四）同源异形域转录因子

同源异形域（homeodomain，HD）是指真核生物中一个由约 60 个氨基酸组成的高度保守的具有转录因子特征的 DNA 结合域。其最早是在果蝇体节发育中发现并命名的，之后在高等植物中发现包含该类结构域的基因具有重要作用。其中 WOX（WUSCHEL-related homeobox）转录因子家族在胚的形成、干细胞稳定性和器官形成中发挥着重要作用。WUS 是 WOX 家族中最早发现的成员，在分生组织阶段，该基因的表达受生长素和细胞分裂素的诱导，调控分生组织维持的特性；反之，*WUS* 基因调控体胚发生过程中生长素依赖的营养组织向胚性组织转变。过表达 *WUS* 可以诱导体胚发生及芽和根尖器官发生，异位表达 *WUS* 基因可使那些难以诱导体胚发生的顽拗型材料进行体胚发生。*WUS* 基因是细胞分裂素应答的负调节因子，抑制 A 型 *ARR* 基因的表达，与细胞分裂素信号途径协同作用决定胚胎发生过程中某些细胞的命运。另外，*WUS* 基因激活其负调控因子 *CLV* 的转录，这种调控作用维持干细胞库的稳定和顶端分生组织的发育。WOX 家族其他成员也被发现具有调控体胚发生的功能。STM（shoot meristemless）是同源异形域转录因子 KNOX1 家族的成员，STM 与 WUS

共同作用保持顶端分生组织的干细胞微环境，并调节其中细胞增殖和分化的平衡。甘蓝型油菜中 STM 的异位表达能促进拟南芥体胚发生。欧洲云杉的 *HBK*（homeobox of KNOX class）是其体胚发生重要的调节因子，被认为是其体胚发生的标记物。异位表达欧洲云杉的 *HBK3* 基因可增加体胚的数量。

六、体胚发生过程中的信号转导

（一）类受体激酶与体胚发生

体细胞胚胎发生类受体激酶（somatic embryogenesis receptor like kinase，SERK）是体胚发生过程中促进体细胞向胚性细胞转变的关键激酶。它首先是在研究胡萝卜体细胞向胚性细胞转变的过程中被发现的，其只在胚性细胞表达且只表达到球形期，而在非胚性细胞及球形期后的体胚中均不表达。SERK 属于富含亮氨酸重复序列受体类似激酶（LRR-RLK）亚家族的成员，当 SERK 在细胞内表达时，可以通过识别分子信号介导其蛋白 LRR 区与胞外蛋白结合，诱导细胞内部的信号级联放大，这些信号可识别不同的靶点，并通过染色质重塑增强体胚发生早期基因的表达（如 *LEC* 和 *BBM*），进而诱导组织或体细胞向胚性细胞发生转变。异位表达拟南芥 *SERK1* 基因可促进其体胚发生，该基因可作为体胚发生过程中具有胚性能力细胞的标记基因。CLV1 也属于 LRR-RLK 亚家族的成员，与 SERK 同属于一个系统发生组，但它们在体胚发生中的功能却是相反的，在芸薹属植物中，*CLV1* 抑制促进体胚发生转录因子（如 WUS）的表达而抑制体胚发生。

（二）钙信号与体胚发生

Ca^{2+} 是第二信使，在植物生长发育及环境响应中起着重要的作用。有研究者认为液泡 Ca^{2+} 浓度增加是识别胚胎发生细胞的原初信号，胚性细胞启动胚发育时伴随着较大的 Ca^{2+} 浓度的波动，Ca^{2+} 的梯度调控胚发育阶段极性分化及器官建成。较高浓度的 Ca^{2+} 可提高胚性愈伤组织的形成，并提高胚胎发生的频率，缺乏 Ca^{2+} 会阻止体细胞胚的形成。

细胞钙信号由钙感受器进行感受并传递。植物中存在 3 种主要的 Ca^{2+} 感受器。最著名的是钙调素（CaM）和类钙调素蛋白。*CaM* 受生长素诱导表达，并在诱导体胚发生后期（胚性愈伤到胚发育阶段）特异性表达，一般定位于发育中胚的分生组织区域。CaM 具有促进细胞增殖的作用；采用钙调素抑制剂 W7 [*N*-（6-氨基己基）-5-氯-1-萘磺胺盐酸盐] 处理会抑制体胚发生。钙依赖蛋白激酶（CDPK）是第二类 Ca^{2+} 感受器，它包含一个与 C 端 CaM 类似的结构域，可以直接结合 Ca^{2+} 并进行下游信号的传递，阻断 CDPK 介导的信号通路以抑制胚胎发生。第三类 Ca^{2+} 感受器是钙调磷酸酶 B 亚基类似蛋白 CBL 家族，与 CaM 不同，CBL 只在高等植物中存在，并特异地与蛋白质激酶家族（CIPK）相互作用进行钙信号转导。在棉花体胚发生过程中发现，*CBL* 和 *CIPK* 家族基因差异表达，超表达 *CIPK6* 基因会影响棉花体细胞的脱分化过程，并可能与生长素信号通路存在交叉互作。

七、胞外蛋白与体胚发生

为了在植物中诱导体胚发生，已经使用了多种诱导系统。这些系统中的一些分子有助于激发植物细胞的胚性潜能，也筛选到一些胚特异性基因作为区分胚性和非胚性细胞培养物的标记。另外，许多胞外蛋白也可作为胚胎发生潜力的标记物或调控体胚发生的信号分子。

（一）阿拉伯半乳糖蛋白

阿拉伯半乳糖蛋白（arabinogalactan-protein，AGP）是一类含有丰富羟脯氨酸或脯氨酸的结构复杂的糖蛋白，存在于细胞膜、细胞壁和组织的细胞间隙，并分泌到细胞培养基中。AGP能促进多个物种的体胚发生，有些可作为细胞能否进行体胚发生的早期标志。添加外源AGP能提高胡萝卜、仙客来、云杉、香蕉和小麦非胚性细胞系的胚性能力，增加体胚的数量。去除细胞壁上的AGP会降低原生质体形成体胚的能力，而添加胞外AGP则会部分逆转去除细胞壁的效果。添加胡萝卜种子AGP可使失去体胚发育能力的细胞系重新启动胚形成，添加与AGP特异结合的抑制剂Yariv [1,3,5-三（4-β-D葡吡喃糖基-氧化苯基-偶氮基）-2,4,6-三羟基苯] 会导致细胞增殖受阻，抑制体胚发生。AGP调节体胚发生的作用机制可能体现在两方面：①AGP一般存在于胞外或膜的界面，与细胞壁非共价结合，能快速移动、降解，可作为信号分子影响细胞识别和信号传递，进而影响细胞增殖、分化，导致发育轨迹的改变；②AGP可作为多种酶的底物，裂解后产生不同种类的寡糖分子，寡糖分子作为信号分子参与发育调控。有研究表明，同时添加几丁质酶和AGP能进一步加快体胚发生的频率，几丁质酶能裂解AGP的寡糖基链，产生信号分子，促进体胚的发生。

（二）脂质转运蛋白

脂质转运蛋白（lipid transfer protein，LTP）是一类分子质量小于10kDa的小分子可溶性碱性蛋白质。在动物中，有些LTP参与癌细胞增殖的调控。植物中LTP含量高，占可溶性蛋白质的4%左右，有些非特异性*LTP*基因在幼嫩组织、营养生长时期的分生组织、幼胚中优势表达，并在体胚发生过程中进行富集，被认为是体胚发生诱导的早期标记。EP2是胡萝卜胚性培养中第一个被分离和鉴定的编码LTP的基因，其分泌到胞外。该基因在原胚性细胞中高表达，而在非胚性细胞中不表达。在鸭茅草胚性悬浮系中发现了5种LTP，能够区分胚性细胞系和非胚性细胞系。棉花*LTP*基因在下胚轴、非胚性细胞组织和植株中不表达，但在胚性细胞、球形胚大量表达，而在球形后期体细胞胚中的表达量又下降。*LTP1*是葡萄体胚发育过程中表皮原形成的标志，异位表达*35S: VvLTP1*会导致胚严重畸形，导致表皮层出现异常。*EPZ*基因也编码LTP，只在胚状体表皮细胞和叶原始细胞与花器官的表皮层细胞中表达，是表皮细胞层建立的分子标记。

八、程序性细胞死亡与体胚发生

程序性细胞死亡（programmed cell death，PCD）是多细胞生物的一种生理性细胞死亡，该现象于1951年在研究动物发育过程中被发现和命名。在植物体胚发生过程中，细胞类型的转变和特化都伴随着PCD的发生，已完成功能、不再行使功能或发育不正常的细胞会进入PCD过程。胚性细胞首先经历不对称分裂形成顶、基两个细胞，顶细胞继续分裂形成胚，基细胞只进行少数几次细胞分裂或不分裂，进入PCD过程。另外，当胚细胞发育至多细胞原胚后，其周围的细胞也会进入PCD过程以除去早期阶段的多胚。PCD在胚发育后期也参与维管束的建成。也有一些蛋白质在PCD过程中起重要作用。例如，*LEC1*维持胚柄细胞发育；

WOX 家族不同成员会影响胚的极性，*WOX2* 在顶细胞中表达，而 *WOX8/9* 则在基细胞中表达。细胞中 ROS 的平衡与 PCD 的发生也有重要联系。

九、体胚发生的表观遗传调控

一般认为，植物体细胞比动物体细胞具有更强的可塑性，已分化的离体植物细胞在一定的培养条件下可脱分化并获得全能性或亚全能性，在这个过程中，植物细胞必须获得改变细胞发育命运的潜能，这一过程也伴随着染色质水平和基因表达水平的重编程，DNA 甲基化、组蛋白去乙酰化/甲基化、miRNA 等重要的表观调控因子也是影响体胚发生的重要因素。

（一）DNA 甲基化

植物体胚发生过程受 DNA 甲基化的调控。一般来说，非胚性愈伤组织基因组甲基化水平高，而胚性愈伤组织的基因组甲基化水平较低，这一现象在柑橘、甜菜、棉花、月季等中都能观察到。体细胞胚的发育过程也伴随着 DNA 甲基化水平的变化，胚发育早期阶段较低，随着体胚的发育逐渐增加，到子叶胚阶段达到最高值。体胚发生需要一定水平的 DNA 甲基化水平。甲基化抑制剂 5-氮杂胞苷（5-azacitidine，5-AzaC）处理能诱导 DNA 胞嘧啶甲基化水平降低，抑制非胚性愈伤组织的增殖或胚性愈伤组织的体胚发生能力。DNA 甲基化可通过引起胚胎发生特定基因的启动进而影响体胚发生。*LEC1* 基因启动子在体细胞中被甲基化，随着外源培养条件的施加，其甲基化状态被消除，促进体细胞向胚性细胞的转变及体细胞胚的产生，随后在胚发育成熟后再次被甲基化；施加 5-AzaC 到胚性品系中会降低 *LEC1* 的表达量并抑制其胚胎发生能力。DNA 甲基化受 2,4-D 的调控，在诱导阶段，高浓度的 2,4-D 通过 DNA 甲基化关闭原有分化细胞内基因的表达；去除 2,4-D 后使 DNA 去甲基化。当然，DNA 甲基化对体胚发生的调控因物种而异，有的甚至出现完全相反的情况。另外，其调控机制也极其复杂。

（二）组蛋白甲基化

组蛋白的修饰对细胞脱分化和增殖起着重要作用，组蛋白的修饰作用在动植物中通常都是保守的。其中 H3K27me3、H3K4me3 是两个研究得较多的组蛋白甲基化修饰，H3K27me3 是动植物发育重要基因的沉默基因转录标记物，而 H3K4me3 是转录激活标记物。在体胚发生过程中发现，DNA 甲基化变化的同时，相关的组蛋白甲基化也在发生变化。

组蛋白甲基化由组蛋白甲基化转移酶完成。在拟南芥中，染色体修饰复合体多梳抑制复合体 2（PRC2）通过组蛋白甲基化抑制相关基因的表达来促进细胞分化，反之则会引起细胞脱分化，诱导体胚发生。*PRC2* 基因 *CLF*（curly leaf）和 *SWN*（swinger）或 *VRN2*（vernalization 2）和 *EMF2*（embryonic flower 2）双突变体在茎尖上形成愈伤组织，进行体胚发生并形成异位根。大部分胚性相关基因 *LEC1*、*LEC2*、*AGL15* 和 *BBM* 及分生组织调节子 *STM*、*WUS* 和 *WOX5* 等基因染色质区域都含有 H3K27me3 等甲基化位点。PRC1 和 PRC2 与胚胎发生转录抑制因子 VAL1 和 VAL2 等互作，并通过表观修饰抑制胚胎发生相关靶标基因的表达，从而抑制愈伤组织的形成和体胚发生（图 8-4）。

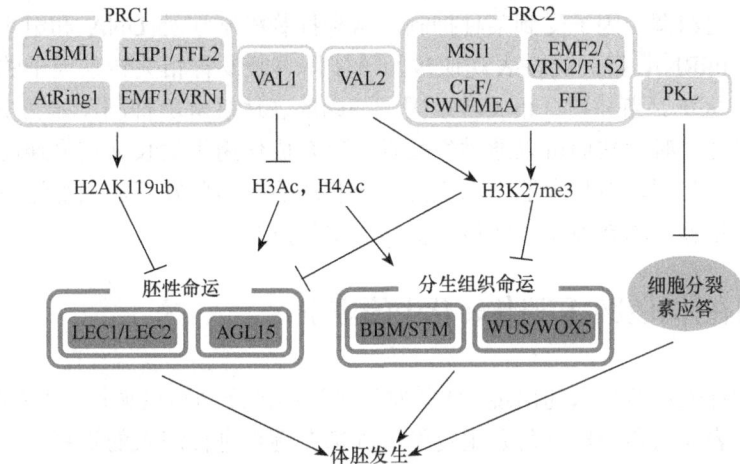

图 8-4　表观遗传修饰与体胚发生（修改自 Ikeuchi et al., 2013）

（三）组蛋白去乙酰化

组蛋白去乙酰化也是与体胚发生密切相关的表观遗传修饰。组蛋白乙酰化水平和组蛋白去乙酰化酶的活性在激素诱导的体胚发生中也会发生变化。组蛋白 H3 和 H4 的乙酰化对体胚发生有正向的调控作用。组蛋白乙酰化的水平和位置受到组蛋白乙酰转移酶（histone acetyltransferase，HAT）和组蛋白去乙酰化酶（histone deacetylase，HDAC）的严格调控。用 HDAC 抑制剂曲古抑菌素 A（trichostatin A，TSA）处理小麦培养物，可增加胚性愈伤组织诱导率和芽分化率。HDAC 双突变体 *hda6/hda19* 或 TSA 处理能诱导胚性标记基因 *LEC1*、*FUS3* 和 *ABI3* 的上调表达，促进体胚发生。HDA6 和 HDA19 分别特异性结合 VAL1 和 VAL2，并通过表观修饰抑制胚胎发生相关靶标基因的表达，从而抑制愈伤组织的形成和体胚发生。PKL（pickle）是拟南芥中主要的染色质重塑因子，在抑制细胞过度增殖中起核心作用。其突变体 *pkl* 在种子萌发后形成愈伤组织，在 *pkl* 突变体中，*LEC1* 和 *LEC2* 的 H3K27me3 水平下降导致甲基化抑制解除；其另一突变体 cytokinin hypersensitive 2 易诱导形成愈伤组织，而该表型可被外施 TSA 模拟。

（四）miRNA 的调控作用

植物的 miRNA 通过转录和转录后水平的基因沉默对植物细胞发育命运进行调控。植物体胚发生过程伴随着一些 miRNA 的差异表达。在水稻中发现 *miR156* 在分化的胚性愈伤组织比未分化的胚性愈伤组织中有更高的表达量；而 *miR397* 表达则相反。在柑橘和棉花中也发现了类似结果，同时发现 *miR168*、*miR171*、*miR159*、*miR164*、*miR390* 等也在体胚发生过程中差异表达。在棉花中对 *miR156* 及其靶标 *SPL10* 的研究表明，其通过调控乙烯信号和类黄酮生物合成调控逆境中棉花的体胚发育。与 miRNA 生物合成有关的一些关键酶的突变体会引起胚胎发生和分生组织的缺陷。胡萝卜 *AGO1* 在体胚发生时特异性表达。miRNA 可能通过两个方面调控体胚发生：①miRNA 参与植物激素信号的转导。植物体胚发生过程中多个激素信号途径相关基因被发现受到 miRNA 调控。②体胚发生过程中一些重要转录因子可作为 miRNA 的直接靶标。miRNA 可通过降解互补的 mRNA 或影响 mRNA 翻译降低蛋白质水平。

植物在正常生长条件下难以实现自发的体胚发生，可能是一些能够诱导体胚发生的发育调控因子或分生组织调控因子受到某种抑制。这种抑制机制涉及 DNA 和组蛋白甲基化、组蛋白去乙酰化、miRNA 等。这些表观遗传因子作用于胚发育相关转录因子的基因内部或其 mRNA 的启动子区域。当胚发育相关转录因子基因的表达被解除抑制（如表观遗传因子突变或基因异位过表达）时，它们可以通过生长素生物合成作用于生长素信号通路，生长素信号转导作用于下游靶基因，参与全能性细胞的形成和随后的体胚发育。当然这些表观调控机制相互关联、相互依赖，动态地调控胁迫下植物的生长发育。

十、关键基因在体胚发生和遗传转化中的应用

随着研究的深入和新技术的出现，体胚发生过程中涉及的转录调控、代谢组分动态变化、激素信号转导与表观遗传调控等复杂生物学过程都在逐步进行深入的阐释。然而，目前虽然通过组培方法、农杆菌侵染等条件的优化，水稻、拟南芥、杨树、棉花等植物的遗传转化获得了成功，但仍存在基因型依赖严重、转化效率低等问题。植物高效遗传转化仍存在巨大挑战，随着体胚发生机制研究的深入，一些关键的体胚发生调控基因被逐渐用于提高植物遗传转化和再生的效率。

BBM 和 *WUS* 是两个最常用于提高植物遗传转化体胚发生效率的关键基因。用 *ZmBBM* 和 *ZmWUS2* 基因共转化玉米未成熟胚时，转基因愈伤的比例显著提升，且在多个难转化的玉米近交系中均有明显效果。此外，*ZmBBM* 和 *ZmWUS2* 的共转化还可以在高粱、甘蔗和水稻中提高转化效率。在双子叶植物中，在甜椒中瞬时表达 *BnBBM* 基因可以高效地诱导细胞再生，并产生大量可发育成植株的体胚；将 *WUS2* 和 *IPT* 或 *WUS2* 和 *STM* 共转化到烟草、番茄、葡萄等植物中实现了芽的原位诱导。此外，利用体胚发生关键基因的功能与调控机制，开发更高效的体胚诱导和遗传转化方法，有望为更多植物的基因功能研究和遗传改良提供新的思路与技术。

第二节　植物雄核发育分子机制

第五章已经介绍了植物花药/小孢子培养。离体条件下雄核发育分为三个阶段：小孢子胚性能力的获得、小孢子分裂形成多细胞结构（multicellular structure，MCS）和 MCS 的分化形成胚。与体胚发生类似，这一过程是一系列基因在时空顺序上表达调控的结果。这些基因包括胚性能力获得相关调节基因（如 *BBM*、*LEC*、*AGL15*、*SERK* 等）、响应胁迫相关基因、抑制配子体途径基因等。

一、胚性能力获得相关调节基因

与体胚发生一样，小孢子体胚发生也涉及一些转录因子和调控蛋白的参与。研究人员在胁迫诱导 MCS 阶段分离得到了大量关键调控基因。*BBM* 是小孢子胚胎发生细胞分裂起始阶段中第一个被分离到的胚性相关基因，在小孢子和合子胚胎发生过程中都优势表达。另一个在小孢子胚胎发生细胞分裂起始阶段起作用的蛋白是 AGL15，它属于转录因子 MADS 域家族成员，在小孢子胚胎发生过程中的细胞起始分裂阶段转运到核内。在合子胚

和体胚中发挥作用的转录因子如 LEC1、LEC2、FUS3、WUS 等，也被认为参与小孢子胚胎发生的调控。*SERK* 基因在玉米小孢子及 MCS 形成初期参与小孢子胚性能力的获得和胚发育的启动。*BnROP5* 和 *BnROP9* 的表达被作为甘蓝型油菜小孢子是否获得胚性的标记。*BnCLEl9* 是油菜小孢子胚胎发生后期重要的调控基因。14-3-3 蛋白在大麦小孢子胚胎发生中具有重要的调控作用。

二、响应胁迫相关基因

第五章中已阐明逆境胁迫（高温、低温、营养饥饿、射线处理等）对雄核发育的诱导作用。这一过程与体胚发生类似，受到多种体内外因素的调节，涉及多种基因的表达调控。

HSP 是在小孢子胚发生过程中研究得最清楚的生物大分子。与体胚发生一样，热激和其他胁迫处理激发雄核发育过程中 HSP 的积累。*HSP* 有 3 类：第一类是发育阶段特异性表达的 *HSP*，第二类是与发育阶段和胁迫诱导都有关的 *HSP*，第三类是仅有胁迫诱导的 *HSP*。热激蛋白的作用机制分为以下 3 方面：①热激蛋白参与胚性潜能的获得，热激蛋白可以干扰小孢子向花粉分化时必需蛋白质的合成，参与小孢子命运的重排，油菜 HSP70 在胚性小孢子中含量更高。②热激蛋白作为分子伴侣，控制其他调节蛋白的亚细胞定位，提高细胞的热稳定性，热激和秋水仙素处理诱导油菜雄核发育的过程中，HSP 的表达并未提高，但是热激和秋水仙素处理改变了 HSP 的穿梭及亚细胞定位。③热激蛋白抑制胁迫造成的异常蛋白质的增长，同时抑制胁迫导致的小孢子细胞的凋亡。

另一个胁迫诱导雄核发育相关的基因家族是谷胱甘肽转移酶基因（glutathione *S*-transferase，*GST*）。该家族成员在大麦、小麦小孢子胚胎发生的起始阶段和胚形成早期均受诱导高表达，其作用主要在于保护细胞免受 ROS 的伤害。

ABA 常作为胁迫诱导信号，是雄核发育中研究得最清楚的激素。许多用于诱导小孢子胚发生的胁迫诱导（高盐、高温、低温）都能导致植物细胞产生 ABA。在用甘露醇处理诱导大麦雄核发育时，有活力的小孢子数量和植株的再生频率与渗透胁迫的强度及产生的 ABA 呈正相关。用低温对小黑麦小孢子进行处理也得出了相似的结果。在小孢子胚发生过程中存在 ABA 信号转导级联途径，一些特异性的基因可能通过 ABA 信号途径被激活进而影响雄核发育。

三、抑制配子体途径基因

花粉发育的典型特征之一是淀粉的合成和积累。淀粉的积累是在第一次有丝分裂之后发生的。抑制淀粉的生物合成能有效阻断花粉的发育。具有胚性潜能的小孢子在胁迫处理过程中，细胞周期会出现短暂的停止，这一时期细胞代谢受阻，淀粉积累受到抑制，淀粉合成的关键酶（蔗糖合成酶Ⅰ等）都下调表达，而与蔗糖和淀粉分解有关的酶上调表达，淀粉合成受抑制对小孢子胚胎发生有促进作用。另外，花粉特异蛋白下调或降解对小孢子脱分化很重要。饥饿处理导致"饥饿基因"的表达，这类基因与细胞组分的降解及营养成分的重新分配有关。这一过程中，不同的蛋白酶和泛素-26S 蛋白分解途径有关的酶的基因表达增加，这些酶用来清除小孢子中不利于胚胎发生的蛋白质，启动小孢子胚胎发生有利蛋白质的周转，使细胞周期调节因子失活，让细胞进入持续的细胞周期。

第三节 植物离体器官发生的分子基础

组织培养的主要目的是获得再生植株，植株再生主要有体胚发生和器官发生两种途径。植物离体器官发生不仅是获得大量无性繁殖植物和进行基因转化的重要途径，也是研究植物发育问题的主要实验系统之一。离体器官发生经历了 3 个连续的阶段：①外植体细胞对激素等外界环境进行识别、脱分化，获得向器官发育的潜能；②脱分化的细胞重启细胞分裂并进行器官原基的决定；③器官分化及形态建成。本节主要介绍培养条件下不定芽、不定根和离体花芽分化过程的重要调节因子和基因表达调控，揭示离体器官发生的分子机制。

一、离体不定芽发生及其调控

植物细胞具有全能性，在合适浓度的激素条件下，植物大部分组织来源的外植体均可以分化出不定芽并发育成完整植株。植物激素是影响植物离体器官发生的关键因素，各种器官的离体发生可以通过调节培养基中激素的种类和浓度而获得成功。生长素和细胞分裂素的比例可调控离体根和芽的分化。因此，离体不定芽、不定根与体胚发生过程存在一定的联系。生长素和细胞分裂素可能通过激活特定的激素信号转导途径启动不定芽的生长发育过程。拟南芥中不定芽发生通常采用"两步培养法"：先将拟南芥的根或者下胚轴等外植体在富含生长素的诱导培养基上培养一段时间诱导形成愈伤组织，然后将愈伤组织转入富含细胞分裂素的芽诱导培养基上诱导不定芽产生。在这个过程中，生长素调控器官发生起始细胞的特化、原基的决定，而细胞分裂素则控制器官原基发育成芽的过程（图 8-5）。不定芽发生所涉及的基因包括不定芽特异表达基因，生长素和细胞分裂素合成、代谢、运输及信号转导基因，创伤反应基因等。

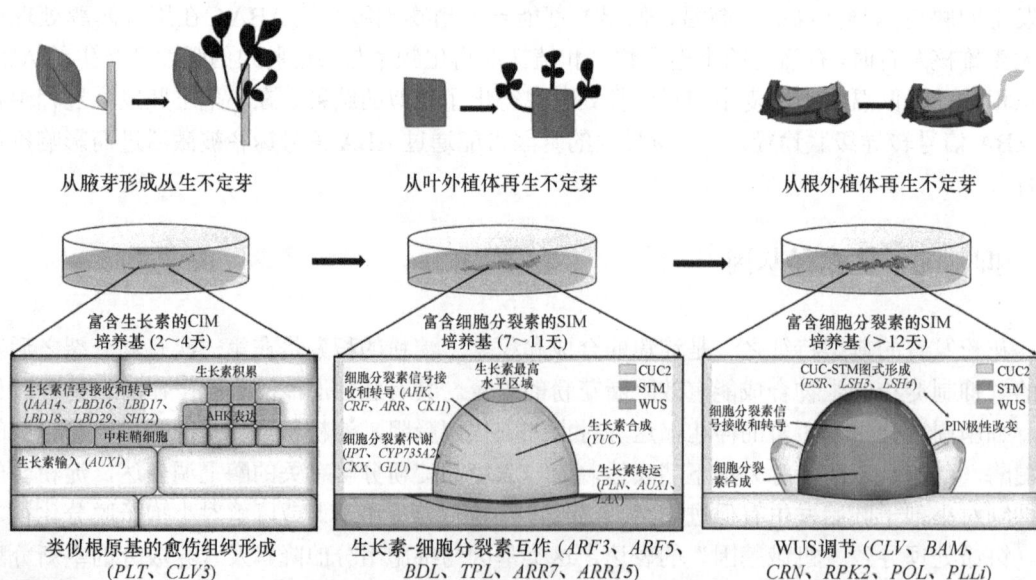

图 8-5 外植体通过"两步培养法"进行不定芽诱导的分子调控

（修改自 Motte et al.，2014 和 Ikeuchi et al.，2016）

彩图

（一）生长素的诱导与全能性细胞的表达

外植体在诱导培养基上培养时，外植体中柱鞘细胞开始分裂形成器官发生起始细胞，这种特化反应与在根中生长素最高水平局部区域的起始细胞特化相一致。拟南芥在诱导培养基上，AP2/ERF 类转录因子成员 *PLT3*（plethora 3）、*PLT5*、*PLT7* 的出现是最早的转录响应，从而导致根分生组织的关键调节因子 *PLT1* 和 *PLT2* 的激活，促进具有亚全能性的类似侧根分生组织的形成，以及由 NAC 转录因子家族的成员 *CUC1* 和 *CUC2* 所调节的芽发育的启动，同时也启动了 *ACR4* 等参与侧根和芽器官发生的顶端发生组织特异基因的表达。这些基因都可以作为亚全能性细胞的标记物。*CLV3* 在外植体愈伤诱导培养时就开始表达，可持续地在无芽端分生组织形成的深层细胞中和初形成芽端分生组织的大部分区域中表达。*CLV1* 只在特定的时期与特定的区域（新形成的端芽分生组织）表达，并且只在 WUS 表达区域的四周表达。

（二）细胞分裂素与芽分生组织特异基因的表达

细胞分裂素及其信号的传递可调节细胞发育命运的重新特化和不定芽分生组织结构的建成。芽分生组织特异性标记基因包括 3 类：①芽端分生组织特异性基因，如 *WUS*、*CLV1-3* 和 *STM* 基因；②根分生组织特异基因，如静止中心特异基因 *QC25*、静止中心周边干细胞特异表达基因 *PLT1*、根端分生组织特异表达基因 *RCH1*（root clavata-homolog 1）；③有丝分裂标记基因，如周期蛋白基因 *CYCB1* 和激素相关基因 *IAA20*、*DR5*、*PIN1*、*ARR5*、*IPT5* 等。关于细胞分裂素信号对细胞周期的调控在前面已有说明，这里就不再阐述。

WUS 和 *STM* 是启动不定芽发生的主效基因（拓展资源 8-2）。过表达 *WUS* 促进不定芽的形成，*wus* 突变体中不定芽形成减少，甚至不能形成不定芽。在芽诱导期，*WUS* 在形成不定芽的前体区域周围表达，在这一阶段，*WUS* 使细胞发育命运重新决定；之后 *WUS* 的表达受细胞分裂素受体基因 *AHK4* 的调控，与 *AHK4/CRE1* 共表达；另外，*WUS* 也受到组蛋白甲基化和小 RNA 分子介导的表观调控。STM 是 KNOX1 家族的成员，*STM* 的表达对于顶端分生组织中的分生细胞启动及其中心区未分化细胞的保留是必要的，受 *CUC1* 和 *CUC2* 激活，其突变导致芽端分生组织缺失，*WUS* 和 *STM* 联合过表达会引起不定芽的异位形成，但其中之一异位表达不会引起芽的异位形成。*WUS* 和 *STM* 的表达标志着芽器官决定的完成及不定芽属性的确定。细胞分裂素受体 *AHK4/CRE1* 也属于这一类标记。当拟南芥外植体转入芽诱导培养基时，细胞分裂素受体 *AHK4/CRE1* 和细胞分裂素相关基因 *CKI1*（cytokinin independent 1）可被迅速诱导。在完整的植株中，*AHK* 主要在维管束和根的中柱鞘细胞表达，但在离体培养条件下，该基因却积累在特定的部位以增加细胞分裂素的敏感性，使之预先成为芽再生的部位。*AHK4/CRE1* 的突变体 *cre1* 在正常浓度的外源细胞分裂素的条件下不能分化出不定芽。*CKI1* 基因的过量表达会促进无外源细胞分裂素条件下不定芽的分化。

拓展资源 8-2

这一过程也涉及生长素与细胞分裂素的交互作用。例如，细胞分裂素可调节生长素的合成，并通过调节生长素运输载体 *PIN* 的表达，以建立生长素浓度梯度；反之，生长素也可通过抑制 *STM* 和 *IPT* 的表达，影响细胞分裂素的合成和分布；两者的信号途径相关基因也存在互作。

二、离体不定根发生及其调控

不定根是指从植物非胚根端分生组织或非初生根所产生的根器官。本书主要是指在培养条件下诱导植物外植体（下胚轴、叶片、子叶、芽、花序茎段、薄壁细胞等）或外植体扦插产生的不定根。不定根起源于形成层、中柱鞘或薄壁细胞等具有潜在分裂能力的细胞，其发生模式有两种：直接发生和间接发生。直接发生模式中，形成不定根的细胞常常是形成层和维管束组织细胞，该群细胞称为根起始细胞（root initial cell），它们在经历一次有丝分裂后可直接形成根原基。间接发生模式中，不定根的发生可与间接体胚发生中胚性细胞共起源。总体而言，不定根的形成分为几个连续的时期：①诱导阶段，这一阶段也称为细胞脱分化阶段，内外源信号使不定根起始细胞处于全能性表达状态；②启动阶段，这一阶段已获得全能性的不定根起始细胞进行细胞分裂形成分生组织，并进入不定根原基的决定状态；③表达阶段，上一阶段分生组织中分化出的不定根原基进行生长成为不定根，并突破表皮，与维管系统建立联系。

扦插是植物不定根发生能力具体应用的一种方式，该技术虽然应用已久，但人们对于其上游信号及细胞命运转变的分子机制的了解还很有限。以下主要以培养条件下拟南芥不定根发生为例结合其他植物的研究阐述离体不定根发生的机制。培养条件下不定根的发生受到很多内部因素（遗传因素、母体的年龄等）和外部因素（生长素等植物生长调节剂、营养元素、光照等）的影响，由外部环境信号和内部遗传因子共同控制，下面主要从不定根形成的 3 个时期来介绍。

（一）诱导期关键事件及基因表达调控

在诱导阶段，离体的外植体（如茎段或叶片）感知一系列复杂的上游信号。伤口是启动再生的重要因素。首先，伤口阻断离体组织和母体之间的物质交流；其次，伤口释放很多信号用于提醒离体组织调动再生程序。目前对于激活再生的伤口信号中，膜电势、ROS 和钙离子的变化可能是最早的伤口信号，随后茉莉素被调动起来传递信号（拓展资源 8-3）。在矮牵牛的扦插过程中，伤口信号诱导茉莉素产生、快速调动并促进生长素的合成。在拟南芥离体叶片再生不定根过程中，茉莉素在拟南芥叶片剪下后 10min 内快速在离体叶片中积累，并激活 *ERF109*（ethylene response factor 109）基因的表达；随后 2h 内，ERF109 激活生长素合成通路基因 *ASA1*（anthranilate synthaseα1）的表达。

拓展资源 8-3

环境信号对再生效率也很重要。在拟南芥离体叶片再生不定根时，黑暗环境可以通过激活生长素合成通路基因 *YUC5/8/9*（yucca5/8/9）来促进生长素的产生，从而提高再生效率；发育状态也影响离体的茎段和叶片的再生效率。一般幼嫩组织比成熟组织更容易再生不定根。在这一阶段中，指导内源生长素的合成是主要的结果。

（二）启动期关键事件及基因表达调控

在启动阶段，在上一阶段指导合成的生长素被运输到伤口附近的形成层等干细胞中，干细胞在高浓度生长素指导下进行细胞命运的转变，形成不定根原基。生长素是使干细胞命运转变的主要推动者（拓展资源8-4）。阻止生长素的合成、极性运输或信号转导，都会阻断整个再生过程。ARF 作为生长素响应因子参与植物不定根的

拓展资源 8-4

发生，拟南芥中 *ARF6*、*ARF8*、*ARF17* 参与下胚轴不定根的生长发育，其中 *ARF6*、*ARF8* 对不定根起正向调控作用，而 *ARF17* 作为 *miRNA160* 的靶基因，对于不定根的发生起负向调控作用。而且生长素的极性运输总是从生物学上端运往生物学下端。因此，不定根通常都是在生物学下端的伤口处再生出来。

在这一阶段，很多维持根分生组织的特异基因都受到生长素的调节作用，包括静止中心标记基因 *QHB*（quiescent-center-specific homeobox）、*WOX* 基因家族、转录因子 GRAS 家族的基因 *SHR*（short root）和 *SCR*（scarecrow），*CRL*（crown rootless）基因家族成员 *CRL1*～*CRL5*，*ARL*（adventitious rootless）基因家族成员 *ARL1* 和 *ARL2* 等。拟南芥中生长素通过信号转导可以直接激活 *WOX11* 在不定根起始细胞中表达，启动根发育的程序。突变 *WOX11* 将导致再生不定根能力减弱，而过表达 *WOX11* 可以促进再生不定根。LBD 转录因子家族也参与植物根系发生的调控。*LBD16* 经 *WOX11* 的激活参与植物根中原形成层细胞向根原基原始细胞转化；*LBD4* 参与 *WOX14*、*TMO6* 等其他多个转录因子对植物体维管组织的形成，进一步调控植物体不定根的生长发育。

（三）表达期关键事件及基因表达调控

在这一阶段，根原基分化成为根端分生组织，之后成熟根尖形成并突破表皮。生长素运输载体 *PIN* 基因参与不定根的伸长显露。水稻 *OsPIN1* 在维管组织和根原基中表达，而且 *OsPIN1* RNAi 转基因株系不定根的伸出与伸长均受到抑制，不定根数目显著低于野生型，这与用生长素极性运输抑制剂 N-1-萘基邻胺甲酰苯甲酸（N-1-naphthylphthalamic acid，NPA）处理的效应相似，外施 α-NAA 能回复 *OsPIN1* RNAi 转基因株系不定根受抑制的表型。*AtNAC1* 转录因子能促进 *CEP* 基因表达，降解细胞壁伸展蛋白，促进不定根伸出表皮层，而抑制 *AtNAC1* 基因的表达会严重影响拟南芥不定根的伸出。

三、离体生殖器官发生及其调控

生殖生长是植物生活周期中的关键环节。离体开花（*in vitro* flowering）是利用组织培养缩短植物从幼龄阶段到开花时间的技术。离体开花与天然开花的重要区别在于合适的培养条件可以使植物从营养生长阶段转换为生殖生长阶段所经历的时间缩短。现在已经可以从植物的花器官（花梗、花药、柱头）、茎尖、叶片、原生质体等多种外植体的离体培养再生花芽。离体花芽分化主要有以下几种方式：①外植体经脱分化产生愈伤组织，愈伤组织中产生生殖器官。这类再生在小麦、水稻和千年木等植物中已获得成功。②外植体不经过愈伤组织直接分化出花芽。这类再生在烟草、风信子、黄瓜等多种植物中已获得成功。

（一）花器官特征决定基因的预决定

拟南芥中至少有 5 条途径参与调控开花，其中 ABC 模型（拓展资源 8-5）、ABCD 模型、ABCDE 模型及四聚体模型的提出为了解花器官发育的分子机制奠定了坚实的基础。与非离体开花过程类似，花器官特征决定基因在离体花器官发生过程中起同样重要的作用。MADS-box 基因家族在离体花芽分化中起重要作用。在风信子花器官离体再生的研究中，离体培养条件一方面诱导风信子 *HAG1*（拟南芥 *AG* 同源基因，MADS-box 基因家族）的表达，以促进再生花芽和花器官的分化，另一方面诱导 *MADS1* 的表达来促进再生胚珠的分化；*HAG1* 在拟南芥中的过量表达与 *AG* 基因在拟南芥中过量表达

拓展资源 8-5

产生的表型相似。在间接离体开花途径中，从花芽、花序轴、花瓣所诱导的愈伤组织容易再生花芽。以水稻幼嫩的子房为外植体，通过愈伤组织成功诱导了水稻离体雌蕊和稃片的产生，其 *OsMADS3* 特异表达。在拟南芥中，生长素通过作用于 *TFL1* 基因的启动子诱导其表达，从而调控离体条件下花序分生组织的形成。*LFY* 转录因子在拟南芥营养生长向生殖生长转变过程中发挥关键作用。地塞米松诱导 *LFY* 基因过量表达后，拟南芥的根经诱导直接形成花器官。

（二）激素调控与离体花器官发生

关于植物离体开花中生长调节物质的作用有较多的研究，但对不同的植物系统而言，其结果较复杂。细胞分裂素被认为是最重要的开花生理信号。一般来说，高浓度的细胞分裂素有利于花芽分化。绝大多数被研究的植物离体开花培养基中都要加入细胞分裂素。在石斛属植物原球茎中的营养性苗端分生组织中加入 6-苄基腺嘌呤（6-BA）可诱导其向花序分生组织转换。激动素能促进烟草各类器官原基的生长，当将仅带萼片原基的烟草花芽培养在附加一定浓度激动素的培养基中时，其花瓣、雄蕊及心皮原基可先后形成，培养基中不加激动素，其花芽或花芽原基均不能生长和发育。细胞分裂素参与控制花分生组织基因的表达，从而影响花器官的形成及分化。也有研究表明，细胞分裂素的处理对花的雌化有一定作用。

赤霉素（GA）一般能加速非离体条件下植物花芽的发育，有时还可以防止花败育和凋萎。在酸浆和欧活血丹等植物离体培养条件下，添加赤霉素可以促进花瓣、子房和胚珠的发育；GA 也有利于雄蕊中花粉粒的发育，使更多的花芽发育成带花粉的花，并增加花粉中花粉粒的数目。很多植物如罗勒、黄瓜、人参、非洲菊等都通过在培养基中添加 GA_3 来促进花序的产生。GA 促进开花的一个可能机制是其可降解 DELLA 蛋白，进而影响其与 *miR156* 的结合，释放 miR156 使其与 SPL 转录因子结合，进而调控营养生长向生殖生长的转换。

生长素对离体花芽分化的作用较复杂，在花芽诱导时需要较低水平的生长素，花芽发育时需要较高浓度的生长素；生长素的作用也取决于发育阶段和环境条件，一些光周期品种如苍耳属、藜属等的品种，在光周期诱导时或诱导前用生长素处理，则抑制花芽分化，在光周期诱导后处理则促进开花。

（三）开花抑制系统的阻断

植物开花是由复杂的基因表达调控网络通过遗传和表观遗传机制所控制的，这些基因整合了多种内源信号和环境信号。植物体内存在开花促进系统，也存在开花抑制系统。该系统通过开花抑制基因如 *EMF1* 阻止花分生组织属性基因的表达，这一抑制系统的激活将诱导营养生长，而当这一系统被阻断时，植物可快速开花。

2005 年，*Science* 杂志公布了 125 个最具挑战性的科学问题，植物细胞全能性被列为最重要的 25 个科学问题之一。2021 年 9 月，*Plant Cell* 公布了植物细胞生物学 15 个最重要的问题，其中多个问题都涉及植物细胞全能性和多能性的表达。离体植物细胞进行重编程，通过细胞分裂和分化发育成为一个独立的植株或器官是建立植物高效再生方法的基础。理论上，只要条件合适，所有的植物细胞都可以表现出全能性，得到再生。然而，实际上，植物细胞再生只能在有限的植物中实现；而且离体胚胎发生和器官再生的细胞学与分子机制的研究都不够完善。不定根、不定芽、体细胞胚的起源是单细胞还是多细胞？在不同的发生体系中究竟是哪一类或哪几类细胞如何被选中进行重编程，从而再生？虽然已有研究表明这些再生大都来源于植物的干细胞，植物的干细胞究竟如何界定？不定根、不定芽和体胚发生间的来源都有一定的相关性。例如，生长素和细胞分裂素的比例会产生一定的影响，那么这些离体组织器官再生间的关系如何？在细胞命运重编程中，各种调控因素的关系究竟如何？表观遗传修饰如何参与再生过程，各表观因素间如何协调再生过程？这些问题都有待进一步研究。目前单细胞测序技术（拓展资源 **8-6**）和基因编辑技术（拓展资源 **8-7**）等已经被越来越多地应用于植物细胞的发育谱系追踪及细胞命运决定的研究。通过对这些问题的研究和解答，结合基因组编辑和遗传转化技术的应用，将引领植物分子育种技术的变革，培育出更多高产、多抗、环境友好的未来作物，助推世界农业的可持续发展。

拓展资源 8-6

拓展资源 8-7

主要参考文献

黄学林，李栻菊. 2020. 植物离体发育及其调控. 北京：科学出版社

许智宏，张宪省，苏英华，等. 2019. 植物细胞全能性和再生. 中国科学：生命科学，49（10）：1282-1300

Ikeuchi M, Ogawa Y, Iwase A, et al. 2016. Plant regeneration: cellular origins and molecular mechanisms. Development, 143 (9): 1442-1451

Ikeuchi M, Sugimoto K, Iwase A. 2013. Plant callus: mechanisms of induction and repression. Plant Cell, 25 (9): 3159-3173

Kareem A, Durgaprasad K, Sugimoto K, et al. 2015. *PLETHORA* genes control regeneration by a two-step mechanism. Current Biology, 25 (8): 1017-1030

Lotan T, Ohto M, Yee K M, et al. 1998. *Arabidopsis* LEAFY COTYLEDON1 is sufficient to induce embryo development in vegetative cells. Cell, 93 (7): 1195-1205

Motte H, Vereecke D, Geelen D, et al. 2014. The molecular path to *in vitro* shoot regeneration. Biotechnology Advances, 32(1): 107-121

Verdeil J L, Alemanno L, Niemenak N, et al. 2007. Pluripotent versus totipotent plant stem cells: dependence versus autonomy？Trends in Plant Science, 12 (6): 245-252

Vogel G. 2005. How does a single somatic cell become a whole plant？Science, 309 (5731): 86

Xu L. 2018. *De novo* root regeneration from leaf explants: wounding, auxin, and cell fate transition. Current Opinion in Plant Biology, 41: 39-45

Xu J, Hofhuis H, Heidstra R, et al. 2006. A molecular framework for plant regeneration. Science, 311 (5759): 385-388

Zhou W, Lozano-Torres J L, Blilou I, et al. 2019. A jasmonate signaling network activates root stem cells and promotes regeneration. Cell, 177 (4): 942-956, e14

第九章　植物基因的克隆原理与技术

根据基因表达的产物可以把现有基因分为以下 3 种类型：①不转录也不翻译的基因，如广义上的调控序列；②可以转录但不翻译的基因，如 rRNA、tRNA、microRNA 等；③既可以转录又可以翻译的基因，如编码各种功能蛋白质的基因（如编码棉花乙醇脱氢酶的基因）。要清楚地了解植物是如何适应外界环境、抵抗病虫害危害，以及如何调节自身器官和组织的生长发育的，就有必要开展基因的功能研究。无论是利用正向还是反向遗传学开展基因功能研究，如果能够分离、克隆控制生物性状基因的编码序列，在已知序列的基础上开展功能分析或者对调控网络进行分析，对于最终阐明基因在植物生长过程中所扮演的角色无疑将十分有效。

简单地讲，植物基因克隆就是通过一定的分子生物学手段（如 RACE、PCR 扩增等），将植物基因组中编码基因的 DNA 分子或者 cDNA 分离出来。在此基础上，进一步对其基因的结构与表达、编码蛋白质定位及生理生化功能等诸多方面进行研究，从而获得有关该基因的全面信息。

从整个基因克隆的过程和定义我们可以看出，基因克隆涉及核酸分子的扩增、连接、转移等几个过程。这些基因工程的操作过程往往要求以不同功能的酶类和载体为基础进行操作。有关酶类包括核酸分子的重组酶类、切割酶类、连接酶类、扩增酶类及核苷酸的保护酶类等；载体包括质粒、噬菌体和人工染色体载体等类型。由于基因工程的有关酶类在生物化学等课程中多有介绍，本章着重对基因克隆所涉及的关键载体及相关的实验方法进行详细阐述。

第一节　基因克隆的主要载体

一、基因工程载体的种类

基因工程载体作为携带外源基因进行复制、表达的元件，通常具有以下结构特征。

（1）具有外源基因重组插入的多克隆位点。

（2）具有能够在宿主细胞中进行复制的有关元件。

（3）载体通常具有可用于阳性克隆鉴定或者重组子筛选所需要的选择标记。

（4）载体通常对受体细胞不具有毒性，同时对于人体和环境不存在致病性、毒害等显著影响。

现有的基因工程所使用的载体是根据野生型的质粒、病毒 DNA 或者染色体 DNA 改造后形成的。这些载体除了具有上述载体的普遍特征，依据不同的研究目的，载体通常还会增加一些其他的元件，如表达载体具有启动子和翻译的相关元件等。

基因工程所涉及的载体按照所改造骨架的来源可以分为质粒载体、噬菌体载体（包括以噬菌体和质粒为基础构建的 Cosmid 载体）、人工染色体载体（YAC、BAC、PAC 和 TAC）等。

按照应用对象的不同，基因工程载体又可以分为原核生物基因克隆载体、植物基因克隆载体和动物基因克隆载体等。按照表达的方式可以分为正向表达载体和反向表达载体。

随着时代不断发展，载体逐步向简单化、智能化及多用途发展。很显然，新载体的出现是根据研究方便和多用途需要逐步形成的，目的在于节约阳性克隆的筛选时间，促进研究工作的便利化和快速开展，同时实现多用途的研究目标。

二、质粒载体

质粒是存在于宿主细胞染色体之外的一种裸露的双链 DNA 分子（或者 RNA 分子）。一个质粒通常就是一个完整的环状 DNA 分子或者 RNA 分子。目前，细菌、藻类、酵母及植物的线粒体中都发现有质粒 DNA 分子的存在。这些不同的质粒大小各不相同，分子质量从几 kb 到 100kb，但是大多数质粒在 10kb 以下。

质粒 DNA 分子通常以共价闭合环状的超螺旋形式存在于宿主细胞体内，少数质粒 DNA 分子以开环或者线性形式存在。例如，眼虫、衣藻等的线形质粒 DNA，疏螺旋体和链霉菌中的双链线状质粒，它们在分子结构上具有末端发夹环、末端反向重复序列及附着的蛋白质等；在细菌和黏粒中还发现有一类 5′端附着 RNA 的多拷贝的单链 DNA 质粒；在酵母中存在的一种特殊的 RNA 质粒分子，如酵母的杀伤质粒（killer plasmid）。

在基因工程中，通常使用的已经商业化的质粒 DNA 大小为 3～5kb。这些商业化的质粒 DNA 分子已经具备了多种不同的生物学特性。这些生物学特性是根据质粒自身的特性和基因工程操作的需要发展形成的。

（一）质粒载体的一般生物学特性

1. 质粒 DNA 复制　　质粒是在宿主细胞中能够自我复制的遗传单元。它是存在于宿主染色体以外的非必要组成部分。质粒能够随着细胞的自我复制而分配到后代中。在宿主细胞内，按照质粒 DNA 所复制的拷贝数可以将质粒分为严谨型和松弛型两大类型。严谨型质粒的拷贝数通常在 10 个/细胞以下，而松弛型质粒的拷贝数在 100 个/细胞以上。质粒的复制过程受到基因的严格调控，不像病毒一样在宿主细胞内无限制地复制，从而导致宿主细胞死亡。

对于大肠杆菌的质粒而言，质粒的复制与质粒本身的基因有关，还与宿主细胞染色体上的基因有关。在质粒复制过程中，基因指令宿主细胞合成阻遏物。当质粒复制到一定的拷贝数时，同时合成的阻遏物的量也不断累积，当合成的阻遏物累积到一定程度时，细胞中的质粒复制就会停止。事实上，质粒复制过程远比基本的描述复杂得多。

质粒的复制与宿主细胞类型、外界条件、质粒大小等因素有关。例如，R1 质粒在大肠杆菌中的复制属于严谨型，而在变形杆菌中的复制属于松弛型。含松弛型质粒的细菌在含有氯霉素的培养基上培养时，质粒的拷贝数大量增加。例如，含 ColE 质粒的大肠杆菌在氯霉素处理的情况下，其拷贝数可以达到 3000 个/细胞以上，DNA 的含量达到细胞总 DNA 含量的 50%以上。对于 F 质粒而言，其复制过程有多种情况：在 37℃条件下，F 质粒进行自主复制；当大肠杆菌转入 42℃时，F 质粒的复制停止。当 F 质粒整合到宿主染色体上时，它的复制受控于细菌染色体。

2. 质粒的不亲和性　　质粒由于类型不同，其亲和性有所差异。不同类型的质粒可以在同一个宿主细胞中共存，也可能不在同一个宿主细胞中共存。能够在同一个宿主细胞中共存的不同质粒称为亲和性质粒，不能够在同一个宿主细胞中共存的质粒称为不亲和性质粒。

质粒的这种不相容的特性要求在构建质粒载体时，在同一个宿主的细胞中不应该含有两种不亲和的质粒类型。最好的情况是，在宿主细胞接受外来质粒时不应该有内源质粒。例如，在将 pBR322 质粒转化到 DH5α 的大肠杆菌细胞中时，大肠杆菌 DH5α 细胞不含内源质粒，便于对外来质粒进行分析检测。

3. 质粒的接合性　除了不亲和及自我复制特性，质粒的另外一个特性是能够进行接合转移。已经证实的具有接合转移特性的质粒包括 F、Ti、ColV2 和 IncP 等类型。质粒的接合和迁移作用与两类基因有关。一类基因是 *mob* 基因和 *bom* 位点。当宿主细胞内同时存在 *mob* 基因和 *bom* 位点时，*mob* 基因产物能够识别 *oriT* 位点，在结合质粒的 TRA 蛋白的协助下，使非接合质粒被动地迁移到受体细胞中。另一类基因是含有 *tra* 基因的质粒，这种质粒能够指令宿主细胞（如大肠杆菌）产生菌毛，合成表面活性物质，促使宿主细胞与受体细胞接合，从而使遗传物质从宿主细胞向受体细胞转移。含有 *tra* 基因的质粒通常称为接合型质粒。接合型质粒通常分子质量比较大，拷贝数比较少；而非接合型质粒通常分子质量比较小，拷贝数比较多。在基因克隆过程中通常使用的是非接合型质粒载体，这种质粒可以有效防止重组 DNA 分子转移，比较安全。

（二）质粒载体的构建

质粒载体是最为简单、最为常用的一种载体类型。用于基因克隆的质粒载体具有操作方便、易于检测、重组 DNA 插入以后能够稳定不丢失的优点。根据这个要求，质粒载体的构建有以下几个基本原则。

（1）质粒载体具有能够自我复制的元件。通常质粒载体上必须具有可识别的复制起点 *oriT*。同时，质粒复制最好是松弛型的，松弛复制的质粒能够保证质粒在宿主细胞中具有较高的拷贝，并能方便地提取载体质粒 DNA 分子。

（2）质粒载体上具有允许外源基因重组连接的多克隆位点。通常在质粒上具有 1～2 个多克隆位点。克隆位点可以是限制性内切核酸酶的位点，如 *Eco*R I、*Bam*H I 等多个限制性内切核酸酶位点；也可以是具有 TA 的接头，如 pGEM-T 系列的克隆载体；甚至可以是重组酶的识别位点，如 Gateway 系统的质粒载体。

（3）质粒载体上具有可供筛选的抗生素标记。已经在质粒载体上使用的抗生素标记基因包括 *Amp^R*、*Kan^R*、*Hgy^R* 等，以及可能根据克隆子蓝白斑选择的 *LacZ* 基因。

（4）构建的质粒载体应该足够小。由于质粒载体在进行遗传转化时，转化效率与载体大小有关。长片段载体的转化效率通常比较低，相反，小质粒载体的转化效率比较高，所以已经商品化的质粒载体的片段长度一般为 3～5kb。

选择合适的调控元件和出发质粒是成功构建质粒载体的关键，大多数原始出发质粒为 pBR322 质粒等。从出发质粒中获得复制起始位点、选择标记基因、启动子、终止子等，为质粒载体的构建提供一些基本序列和骨架基础。根据上述要求，目前构建的质粒载体有上百种，包括现在广泛使用的 pUC18 质粒（图 9-1）、pGEM-T 质粒等。其中变化最大的是外源 DNA 重组方法的变化带来的载体上的多克隆位点，以及选择标记基因的变化。例如，Gateway 系统的质粒载体通常含有 *ccdB* 致死基因以保证重组子的比例。

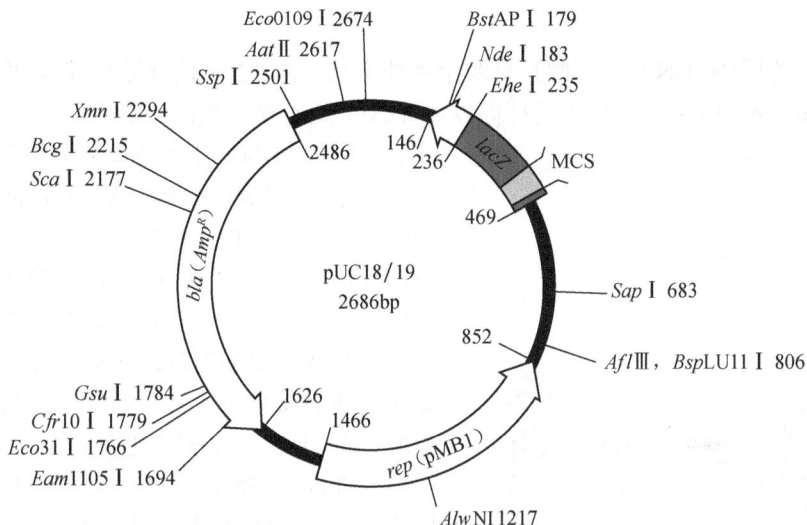

图 9-1 pUC18/19 质粒载体示意图

MCS 表示多克隆位点，Amp^R 表示氨苄青霉素抗性

三、λ噬菌体载体及其衍生载体

现有的 λ 噬菌体载体及其衍生载体（如 Cosmid、噬菌粒载体）都是以 λ 噬菌体 DNA 序列为基础构建完成的。为了更好地了解 λ 噬菌体载体及其衍生载体的特点和优越性，下面对 λ 噬菌体的生物学特性进行简单的介绍。

（一）λ噬菌体

λ 噬菌体是一种以大肠杆菌为宿主菌，具有极强感染能力的病毒。λ 噬菌体通常具有溶源和溶菌两种不同的生长途径。在溶源状态下，λ 噬菌体能够通过 *att* 基因的位点专一性重组整合在大肠杆菌的染色体上，以原噬菌体的形式长期潜伏在大肠杆菌中，随着大肠杆菌繁殖不断地进行复制。在一定的条件下，λ 噬菌体也能够转入溶菌状态，裂解大肠杆菌完成自我包装过程。

野生型 λ 噬菌体 DNA 是一种线状 DNA 分子，全长大约为 48kb。λ 噬菌体染色体上的基因主要包括以下几种：①噬菌体头部合成基因，编码 A、W、B、C、D、E、F 7 种不同的蛋白质，分布在 λ 噬菌体的左侧。②噬菌体的尾部合成基因，编码 Z、U、V、G、H、M、L、K、I、J 10 种不同的蛋白质。③与 λ 噬菌体的整合、重组等功能有关的基因，如位于 λ 噬菌体中部的 *att*、*int*、*gam*、*red* 等基因。④与 λ 噬菌体的表达调控有关的基因，如 *N*、*C* I、*C* II 等位于 λ 噬菌体右半部分的基因。⑤其他与 λ 噬菌体合成有关的基因，包括与 λDNA 合成有关的 *O*、*P*、*S*、*R* 等基因。

在上述基因中，有些基因可以缺失但不影响噬菌体的基本功能。因此，在野生型 λ 噬菌体改造成为噬菌体载体的过程中，大量生长非必需 DNA 区段被剔除。这些缺失的区段包括 *J* 基因到 *N* 基因之间的区段及 *P* 基因到 *Q* 基因之间的区段，这些 DNA 区段的总长度可以达到 20kb 左右。由于这些区段的剔除，λ 噬菌体载体可装载外源基因片段的能力随之大幅度增加。

　　野生型 λ 噬菌体 DNA 的两侧具有两个黏性末端（由 12 个核苷酸组成），称为 *cos* 位点（cohesive end site）。噬菌体侵染大肠杆菌以后，*cos* 位点能够将线性分子连接成为环状的 DNA 分子。环状的 DNA 分子被 λ 噬菌体头尾蛋白包装形成一个完整的噬菌体颗粒。通常而言，当两个 *cos* 位点之间的 DNA 长度为野生型 λDNA 分子大小的 75%～105%，即 36～51kb 时才能完成上述过程。换言之，剔除非必需基因后的 λ 噬菌体载体的可装载外源基因片段一般为 8～23kb。野生型 λ 噬菌体染色体上还具有大量的限制性内切核酸酶位点，已经知道野生型 λ 噬菌体上具有 50 多个限制性内切核酸酶位点。这些限制性内切核酸酶位点也需要剔除，防止外源 DNA 在多个位点插入，并最终改造成为基因克隆的载体。有关的具体剔除过程在此不加详述。

　　除了上述两个基本改造过程，根据基因克隆载体的基本要求，野生型 λ 噬菌体还需要经过以下改造方能成为可供使用的工具载体（图 9-2）：①引入可供筛选的标记基因。常用的标记基因是 *lacZ'* 基因，它能够在 IPTG 和 X-GAL 存在的情况下，通过 α 互补现象来确定是否是重组的噬菌体个体。②载体片段的连接。将上述片段按照一定的方向加以连接，然后将载体进行环化，将环化以后的载体转入宿主菌中进行繁殖。

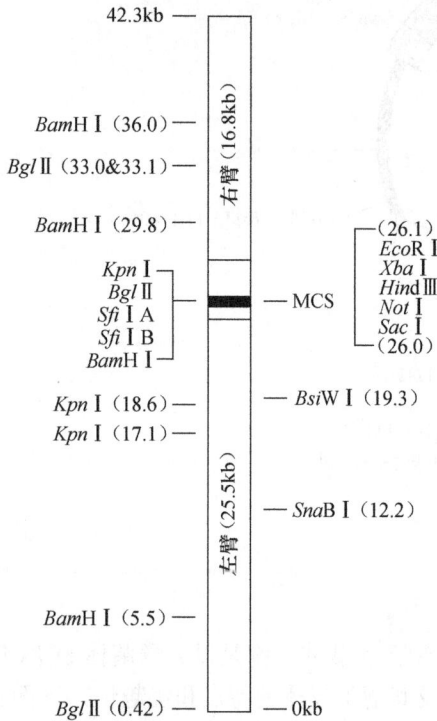

图 9-2　已经构建完成的噬菌体载体 λTriPX2 的左右臂结构

MCS 为多克隆位点，其他标识为限制性内切核酸酶位点

（二）Cosmid 载体

　　尽管 λ 噬菌体载体克隆外源片段的长度可以达到 20kb，但是在实际使用过程中最长的片段只能达到 10kb 左右。此外，λ 噬菌体载体不能够进行大量的扩增和繁殖，因此要获得大量的 λ 噬菌体载体 DNA 进行基因工程操作很困难。针对这个缺陷，1978 年，Collins 和 Hohn 等发展出一种新的克隆载体——Cosmid 载体。这种克隆载体具有 λ 噬菌体的优点，同时又结合了大肠杆菌质粒的一些特点（可以在大肠杆菌中繁殖，方便载体 DNA 的抽提）。这种载体本身含有 λ 噬菌体的 *cos* 位点及质粒的一些元件，因此被称为 Cosmid 载体。

　　Cosmid 载体与 λ 噬菌体载体、质粒载体相比具有以下特点。

　　（1）Cosmid 载体具有 λ 噬菌体的 *cos* 位点，*cos* 位点进行相互连接以后能够像 λ 噬菌体一样，高效转导大肠杆菌。Cosmid 载体进入大肠杆菌细胞以后，由于其装载有外源片段的载体上具有两个 *cos* 位点，因此能够实现自身的环化过程。

　　（2）Cosmid 载体上没有 λ 噬菌体生长的全部必要基因，不能够产生溶菌和溶源周期，因此 Cosmid 载体不能够产生子代噬菌体颗粒。但是，Cosmid 载体可以通过添加头尾蛋白完成包装过程。

　　（3）Cosmid 载体具有质粒载体的自我复制起点 *ori* 及抗生素的标记基因，因此 Cosmid

载体转化大肠杆菌以后，完全可以像质粒一样在大肠杆菌中进行繁殖。

（4）Cosmid 载体往往比较小，能够插入较大的外源基因片段。大多数 Cosmid 载体的长度小于 10kb。按照 λ 噬菌体的包装能力，λ 噬菌体最大承载外源片段的能力为：（105%×48kb）－Cosmid 载体的长度。由此可以计算出 Cosmid 载体可以克隆的外源片段长度为 15～45kb。由于 Cosmid 载体具有大片段克隆能力，因此其往往被用于基因组文库的构建，而 λ 噬菌体载体往往用于 cDNA 文库的构建（图 9-3）。

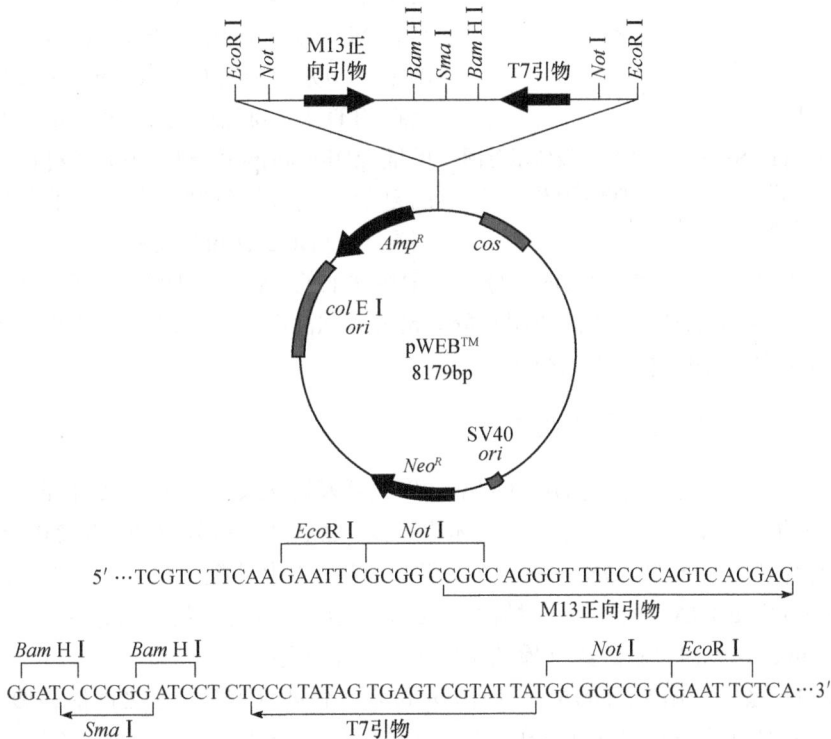

图 9-3 商业化的 Cosmid 载体示意图

（三）噬菌粒载体

除了 Cosmid 载体，在噬菌体和质粒载体的基础上发展起来的另外一种载体就是噬菌粒（phagemid）载体。噬菌粒载体与 Cosmid 载体存在许多共同之处。例如，它们都有抗生素基因、质粒的复制起点等。但也有很多不同之处。

（1）噬菌粒载体的分子质量更小，质粒的大小通常在 3kb 左右。

（2）复制的方式有所不同。Cosmid 载体通过 λ 噬菌体的 Ter 体系识别两个 cos 位点，并将外源片段和载体包装到噬菌体中。噬菌粒载体在大肠杆菌细胞内按照质粒的方式进行复制。当有辅助噬菌体存在的情况下，噬菌粒的复制方式发生改变，按照滚环的方式进行复制，并且包装成为噬菌体颗粒以后分泌出大肠杆菌的细胞。

（3）由于噬菌粒载体与质粒载体十分相似，噬菌粒载体所携带的外源片段可以通过提取质粒 DNA 以后进行直接测序。相反，噬菌体载体或者 Cosmid 载体上所携带的外源片段必须经过亚克隆以后才能进行序列测定。

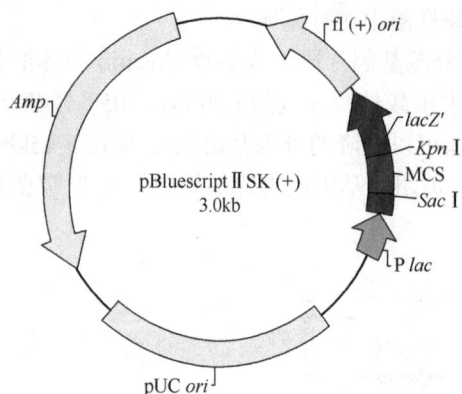

图 9-4　pBluescript Ⅱ SK（＋）噬菌粒载体示意图
MCS 为多克隆位点，*Amp* 为氨苄青霉素抗性基因，
其他标识是限制性酶切位点

现在已经构建的噬菌粒载体有很多种，最为常用的是 StrateGene 公司的 pBluescript Ⅱ SK（＋/－）（图 9-4）。pBluescript Ⅱ SK（＋/－）具有噬菌粒载体的一些普遍特征：①具有一个抗生素标记基因，用作转化子克隆的选择标记。②在多克隆位点上分别加入 T3 和 T7 启动子，用于定向插入外源片段。同时在多克隆位点中具有 M13 引物，用于外源片段或者基因的序列测定。③分别插入有 pUC 质粒的复制起点和 F 质粒的 f1 复制起点。pUC 质粒的复制起点能够保证 pBluescript Ⅱ SK 在大肠杆菌中按照质粒的复制方式进行复制。在有利于噬菌体存在的情况下，pBluescript Ⅱ SK 能够识别 F 质粒的复制起点并分别合成（＋/－）单链 DNA 分子。④载体上的 *lacZ'* 基因可以保证能够利用蓝白斑筛选的方法筛选 pBluescript Ⅱ SK 重组克隆。pBluescript Ⅱ SK 载体主要用于 cDNA 文库的构建和对插入的外源基因进行表达分析。

（四）λ 噬菌体载体及其衍生载体的用途

λ 噬菌体载体的主要用途是构建 cDNA 文库或者基因组文库。其主要过程是：某种生物体的某个组织的 cDNA 分子与 λ 噬菌体载体相连接，然后通过体外包装，直接转导受体细胞。通过体外转导作用，1μg 的 cDNA 分子可以获得 10^6 个以上的噬菌斑。这些不同的噬菌体中都携带了一条外源 cDNA 分子。这个噬菌体 cDNA 文库就可用于基因的克隆。

利用 Cosmid 载体构建基因组文库的基本过程如下所述。

1. 载体的制备　　由于 λDNA 上具有 *cos* 位点，不同 λDNA 分子之间能够通过 *cos* 位点进行相互连接形成多个 *cos* 的联体分子。λ 噬菌体中具有一种识别两个 *cos* 位点的酶切体系，该系统能够识别具有一定长度的含两个 *cos* 位点的 λDNA 分子，并通过末端酶将多联体的 λDNA 分子按照两个 *cos* 位点的区段切割成为一个 λDNA 单位。这种 λDNA 分子能够在噬菌体的包装作用下被包装到 λ 噬菌体中。

2. 基因组片段的酶切消化　　通过琼脂糖包埋的方法获得大片段基因组 DNA 以后，将这些大片段基因组 DNA 分子进行随机切割以获得较大片段的 DNA 分子用于文库的构建。现在比较常用的方法是利用限制性内切核酸酶对基因组片段进行部分消化，如 *Alu* Ⅰ、*Hae* Ⅱ、*Mbo* Ⅰ、*Sau*3A Ⅰ 等。由于这些限制性内切核酸酶的识别位点是 4 个碱基，因此平均每 246 个碱基就有一个酶切位点，利用这个特点就能够对整个基因组进行随机切割。在实际运用时，较多选用 *Sau*3A Ⅰ 作为限制性内切核酸酶对基因组进行不完全酶切。由于 *Sau*3A Ⅰ 酶切以后可产生 GATC 的黏性末端，可以直接插入同尾酶 *Bam*H Ⅰ 切割的载体中。

3. 酶切片段的分级　　经过部分酶切以后的片段大小不一。由于 Cosmid 载体的包装能力最低、最高的限度，因此最好将所获得的片段进行分级处理。一般的方法是将酶切以后的片段与蔗糖进行密度梯度离心，经过一个晚上的超速离心以后，DNA 片段按照一定大小与一定浓度的蔗糖呈梯度分布在试管中。按照实验设计的需要，取出所需密度的蔗糖，然后进行透析处理，就可以得到目标长度的酶切基因组 DNA 分子。

4. 基因组片段与载体的连接　　将目标片段的基因组 DNA 分子与载体片段连接，获得插入片段的载体分子。

5. 遗传转化　　将上述克隆载体进行化学转化或者电转化，就能够构建获得某个生物的大片段基因组文库。

一般基因组文库的构建都有相应的试剂盒和操作手册，因而可根据说明书进行工作。利用 Cosmid 载体构建基因组文库有很多优点，但也存在不少缺点。随着一些新型方便载体的发展，利用 Cosmid 载体构建基因组文库已不十分普遍，但文库构建的过程是相似的。

四、人工染色体载体

（一）人工染色体载体的组成

染色体在真核生物体内能够正常地进行复制、分离和有效地传递。染色体的这些特性可以充分应用到载体的构建中。要构建出可供基因工程操作的人工染色体，需要有行使正常染色体功能所必需的各种元件，主要包括着丝粒、复制起点和端粒等。

着丝粒是细胞有丝分裂中期与纺锤丝微管相结合的部分，牵动染色体有规律地分配到子细胞中。在酵母中，每个着丝粒只与一根纺锤丝相连。对已经分离的酵母染色体的着丝粒结构进行分析发现，酵母的着丝粒由 120bp 左右的保守序列组成，被称为着丝粒序列。着丝粒序列由 3 个不同区段组成：第 1 个区段由 8 个 PuTCACpuTG 组成；第 2 个区段由 78~86 个含有大量 AT 的碱基组成；第 3 个区段由一段非常保守的 26 个碱基的核苷酸序列组成，序列为 TGTPyT PyTGNT TTCCG AAAN NNAAAA。着丝粒 3 个不同的区段中富含 AT 碱基的序列被成功运用到酵母人工染色体的构建。

端粒是确保染色体正常复制和维持染色体长度所必需的元件。真核生物的端粒结构基本相同，大多数是由 5~8bp 的简单串联重复序列组成的一个蛋白质复合体。在拟南芥的端粒中，该序列由 CCCTAAA 7 个碱基组成。在酵母中，端粒的结构由 (TG)$_{1\sim3}$ 的基本碱基序列组成。这些重复序列延伸到染色体的末端与蛋白质形成一个复合体。端粒的作用是在端粒酶的作用下以能够与重复序列互补的序列作为引发体，完成染色体的末端复制，同时保证在每一次复制过程中染色体不至于缩短。

复制起点是所有生物进行 DNA 复制所必需的。原核生物通常只有一个复制起点，而真核生物具有多个复制起点。在真核生物中，识别复制起点的蛋白复合体能够识别复制起点并且能够在起始因子和复制因子的作用下完成 DNA 的解旋与延伸。就酵母而言，已经发现有能够进行自主复制的 DNA 序列，含有自主复制序列的环状 DNA 分子能够进行自主复制。酵母自主复制的起点序列中含有 4 个不同的复制起点序列区，其中最为保守的一段序列为（A/T）TTTTAT（G/A）TTT（A/T），这段序列在复制起点序列中高度保守。

（二）酵母人工染色体

1983 年，Murray 等以 pBR322 质粒为基础，加入酵母的着丝粒、自主复制元件和类似端粒结构的简单重复序列以后，构建了一条大约为 10.7kb 的环状质粒，成为第一条酵母人工染色体（yeast artificial chromosome，YAC）。随后，科学家又以 λ 噬菌体为基础，加上酵母的着丝粒、自主复制序列、四膜虫 rDNA 的末端重复序列及基因 *TRP1* 和 *HIS3*，构建了 55kb

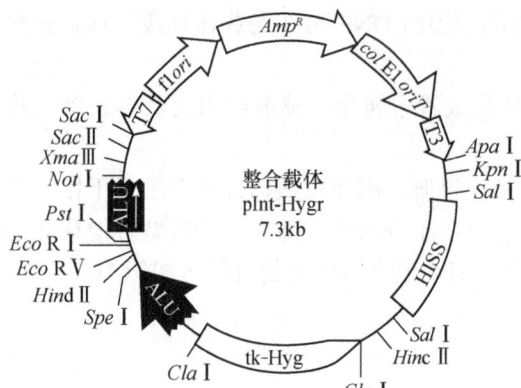

图 9-5 酵母人工染色体载体示意图
ALU 表示端粒序列

的酵母人工染色体 YLP21 和 YLP22。尽管这两个酵母的人工染色体在稳定性上存在一定的缺陷，但是它们为后来 YAC 载体的构建奠定了重要的基础。到目前为止，已经有多种不同类型酵母人工染色体的质粒被构建出来。

酵母人工染色体的最大优点是能够插入较大的外源片段，插入的片段长度可以达到 2000kb（图 9-5）。尽管 YAC 具有较大的容量，但也存在一些比较严重的缺陷。①嵌合现象的存在，嵌合克隆子占全部克隆的 40%～60%。在同一 YAC 克隆中嵌合的两个不连续的大片段，来自不同染色体或同一染色体不连续的区域，这些克隆很不适合测序和作图工作。②稳定性差。在一些克隆中存在序列重排和插入丢失现象。③插入 DNA 分离与纯化困难。④转化效率低。这些缺点限制了 YAC 的应用，科学家开始把眼光转向寻找更好的载体系统。

（三）细菌人工染色体

细菌人工染色体（bacterial artificial chromosome，BAC）是以大肠杆菌的复制元件为基础构建的一种人工染色体。1992 年，Shizuya 等以大肠杆菌的性因子小 F 因子为基本骨架构建了第一个 BAC 载体 pBAC108L，它可以插入达 300kb 左右的 DNA 片段。pBAC108L 已经具备人工染色体载体的一些基本结构，pBAC108L 载体主要包括控制质粒稳定性和拷贝数的 4 个功能区。这 4 个功能区分别是：①与 BAC 复制和分裂有关的基因，parA、parB、parC 是 parFIA 分裂所必需的 3 个基因，同时 parB、parC 与质粒的不相容性有关；②复制起点及相关的元件，oriS 是 RepFIA 单向复制子，repE 基因编码自 oriS 起始复制所必需的蛋白质 E；③抗生素标记基因，载体上携带的抗生素标记基因为氯霉素抗性基因，是载体的筛选标记；④cosN、loxP 分别来源于 λ 噬菌体和 P1 噬菌体。cosN 可以被 λ 噬菌体的末端酶切开，loxP 可由 P1 噬菌体的 Cre 蛋白在 loxP 寡核苷酸存在时切开。这两个位点可作为特定的切点以锚定插入 DNA 的一端，便于限制性内切核酸酶分析。T7、SP6 为 RNA 聚合酶启动子，可用来制备 RNA 探针和末端测序以便于染色体步移的研究应用。

pBAC108L 的构建完成为细菌人工染色体的进一步完善奠定了坚实的基础，但是 pBAC108L 也有一些缺陷，主要表现在载体上没有重组子选择的标记基因，重组子的选择必须进行分子杂交才能加以验证。为此，后来的研究者在此基础上做了一些改进。这些改进主要表现在以下几个方面。

1. 增强重组子选择的有效性 重组子的选择基因最开始利用的是 LacZ' 基因，可通过 LacZ' 基因的 α 互补形成的菌落蓝白色来筛选白色重组子，重组子的筛选更趋于直观、简便。但是由于挑取菌落的工作往往由机器人来完成，而机器人对蓝斑的蓝色背景不适应，因此后来又发展了一种新的重组子筛选系统。这类重组子筛选系统采用的是正向筛选的方法，在多克隆位点区域利用 SacB 基因（蔗糖-6-磷酸果糖转移酶）取代已有的 LacZ' 基因。在含 5% 蔗糖的 LB 培养基上，SacB 基因的催化产物对宿主菌大肠杆菌及农杆菌是致死的，外源 DNA 的插入使 SacB 基因失活，因此重组子能够在 5% 蔗糖的 LB 培养基上成活，而未插入外源片段的菌落死亡。因此，能够在培养基平板上生长的菌落都是重组的个体。机器人进行挑选重组子时不必进行菌落间的分辨。

2. BAC 的严谨型复制改变为松弛型复制类型　　尽管 BAC 以低拷贝形式存在于宿主菌，有利于重组子的稳定遗传，但是这不利于载体的大量制备，给应用上带来不便。为了改进这个缺点，研究者将 BAC 载体的复制启动子变为可诱导调控的启动子。例如，pYLTAC 有一个受 *lacZ* 控制的、可经 IPTG 诱导的 P1 裂解复制子，当培养基中加入 IPTG 后，pYLTAC 由严谨型复制转变为松弛型类型进行多拷贝复制。拷贝数的增加使质粒的制备和载体的纯化十分方便。

（四）穿梭细菌人工染色体载体

BAC 载体的构建完成极大地促进了基因组文库的构建、物理图谱的构建、基因的图位克隆和基因结构及组织表达性分析。但是 BAC 筛选获得的阳性克隆必须经过亚克隆和遗传转化才能验证阳性 BAC 克隆子是否含有目标基因。为了减少亚克隆和载体构建的工作，Hamilton 等在 BAC 基础上构建了可用于植物大片段转化的双元 T-DNA 载体 BIBAC2。BIBAC2 包含了在大肠杆菌和农杆菌中复制与进行遗传转化的多个元件。

穿梭细菌人工染色体载体（binary bacterial artificial chromosome，BIBAC）包括以下一些元件：①miniF 因子进行复制、稳定保持的功能区，以利于构建和鉴定基因组文库。②T-DNA 的左右边界序列，是农杆菌介导的植物转化所需的元件。③F 因子复制子 *oriS* 和 Ri 质粒复制子 *oriR*，它们使 BIBAC 在大肠杆菌和农杆菌中以一个或两个拷贝的形式稳定存在。另外，还有一个与交配转移相关的复制位点 *oriT*，在辅助质粒的帮助下，*oriT* 可以启动任何与之共价连接的 DNA 片段的交配转移。这样 BIBAC 既可以通过电击转化，又可以通过三亲交配进行转化。④BIBAC 将多克隆位点和重组选择标记基因 *SacB* 置于 LB 和 RB 之间，将用于鉴定转化的标记——新潮霉素磷酸转移酶 II 基因（*NPT II*）和 β-半乳糖苷酶基因（*GUS*）的嵌合体与 LB 相邻，利用 5%蔗糖和卡那霉素就可以筛选重组子和转化阳性个体。

BIBAC 能够轻易插入超过 100kb 的大片段，以 BIBAC 载体构建的大片段基因组文库与利用 YAC 载体构建的基因组文库相比具有多个优点：没有嵌合现象、稳定性好、易于分离插入的 DNA、操作简单、可采用高效的电转化体系等。除了上述人工染色体，TAC 作为一种新型大片段插入载体也得到应用（表 9-1）。

不同的载体具有不同的特性和用途，其携带外源片段的能力和宿主细胞的类型也不同，归纳为表 9-1。

表 9-1　不同载体类型特性及外源 DNA 装载能力比较分析

载体类型	装载能力/kb	宿主细胞	载体类型	装载能力/kb	宿主细胞
质粒载体	≤5	大肠杆菌、农杆菌	YAC	≥2000	酵母
噬菌体载体	≤15	噬菌体	BAC	≥300	细菌
Cosmid 载体	15～45	大肠杆菌	TAC	≥100	细菌、农杆菌
Phagemid 载体	15～45	大肠杆菌			

（五）大片段人工染色体载体在基因克隆及基因组中的运用

利用人工染色体载体构建的高质量的大片段基因组文库极大地方便了基因组的研究工

作。在大片段基因组文库的基础上，目前开展了大规模的染色体物理作图与测序、图位克隆基因及多基因转化、分子标记的发掘、着丝粒的研究、基因的定位及比较基因组的研究工作。具体如下。

1. 大规模的物理作图与测序 YAC、BAC、TAC 等文库的建立极大地方便了基因组物理图谱的构建，从而为大规模的测序打下了坚实的基础。分别于 2000 年 6 月和 2000 年 12 月完成的人类基因组及拟南芥基因组的测序工作就是借助大片段基因组文库完成的。这项工作首先是建立大片段基因组文库，借助指纹图谱及物理图谱和末端测序锚定克隆构建重叠群，之后将大片段克隆覆盖整条染色体乃至整个基因组。

2. 图位克隆基因 用该方法克隆基因不需要知道基因产物等信息，只需知道该基因在染色体上的位置。图位克隆有两个关键环节：一是与目标基因紧密连锁的分子标记；二是大插入片段基因组文库（YAC、BAC、TAC 等）。迄今为止，科学家用这种方法已经在拟南芥、番茄、水稻等植物中成功克隆出多个基因，该方法还在广泛使用之中。

3. 着丝粒的研究 着丝粒在细胞分裂中对染色体的行为有重大影响，是染色体的重要骨架结构之一，因此进行着丝粒研究的意义是显而易见的。Miller 等利用 BAC 文库分离出来自高粱着丝粒的 823bp 的重复序列。所有的这些关于着丝粒区的研究将极大地促进我们对着丝粒的了解，为进一步地研究全染色体及基因组分化奠定了基础。

4. BAC-FISH 对重要基因进行定位 在植物中，现有的原位杂交技术主要用于对重复序列、多拷贝基因家族作图。重要基因一般为低拷贝或单拷贝，传统的原位杂交技术难以检出杂交信号，含有目的基因的 BAC 克隆则因其片段大而与 FISH 技术结合使信号的检出率大为提高。特别值得一提的是，BAC 与 DNA 纤维原位杂交技术的结合，对重叠群的构建及目的基因的染色体作图将起到非常大的作用。

5. 利用 BAC-FISH 对近缘种进行比较物理定位和作图 由于几种主要禾本科植物的 BAC 文库已经基本建立，利用 BAC 克隆研究这些物种之间基因组的同线性将进一步推进对基因组的比较作图等领域的研究。

需要指出的是，随着基因组测序手段的不断发展，大片段文库在实际的研究中使用频率在不断减少。然而这些文库对于染色体的完整测序特别是着丝粒区等异染色质区的 DNA 分析仍然十分有效。

第二节　基因克隆及其主要方法

一、基因克隆概述

水稻和拟南芥等模式植物完成基因组测序后，有关基因的研究转向对基因功能的研究。基因功能研究的目的是要回答以下一些问题：①基因本身的结构如何，位置在哪里，拷贝数如何；②基因本身的表达特点如何，是否具有基因表达的组织性和发育阶段的特异性，在整个生物生长发育不同阶段的功能是什么；③该基因的突变、缺失等对生物体功能可能造成的影响等。可以看出，有关基因的克隆不再是单纯获得一段 DNA 序列或者 cDNA 序列的问题，而是对整个基因在植物整个生长发育、应答环境变化等诸多方面的功能与角色的全面认识。

很显然，要认识基因的功能及其在整个生物网络中作用的前提是获得基因的序列。如前文所述，基因的表达可以产生不同的产物甚至没有表达产物，因此基因序列既可以是 DNA 序列，也可以是 RNA 序列。

由于多个植物基因组序列的完成，基因克隆的方法已经从开始的几种发展到现在的数十种。根据不同基因克隆方法的不同，可将现有基因克隆方法归纳为以下六大类（表 9-2）。这些方法包括现在基因克隆过程中的主流方法，下文将对其中的一些常用方法进行介绍。

表 9-2　基因克隆常用方法与手段

克隆方法类型	具体方法	基因克隆的前提条件
1. 以已知序列为基础的基因克隆方法	文库杂交	基因组或者 cDNA 文库
	RACE	cDNA 序列
2. 以分子标记连锁图谱为基础的基因克隆方法	图位克隆	基因组文库
	分离群体分组分析法（BSA 法）	基因组序列、突变体
3. 以人工突变体为基础的基因克隆方法	T-DNA 标签	各类对应的突变体
	转座子标签	
	增强子标签	
	基因编辑突变体	
4. 以表达差异为基础的基因克隆方法	差减杂交	差异表达的 EST 序列
	代表性差异展示	
	芯片杂交	
	扣除杂交	
	转录组测序	
	单细胞转录组测序	
5. 以生物大分子相互作用为基础的基因克隆方法	酵母双杂交	已知蛋白质序列或者 DNA 序列
	噬菌体展示	
	酵母单杂交筛选	
6. 利用基因组关联分析的基因克隆方法	全基因组关联分析（GWAS）	基因组序列

二、基因克隆主要方法

（一）以已知序列为基础的基因克隆方法

以已知序列为基础的基因克隆方法是指在已经知道待克隆基因的氨基酸或者核苷酸序列的基础上分离基因全长的手段。早期的方法是将已经知道的序列合成 DNA 探针，然后利用探针筛选基因组文库或者 cDNA 文库。随着基因组序列的公布，PCR 技术及以 PCR 技术为基础的研究方法被广泛运用。

其中 cDNA 末端快速扩增法（rapid amplification of cDNA end，RACE）是在 20 世纪 80 年代发展起来的一种 PCR 技术，其基本过程包括 5′端 RACE、3′端 RACE、序列分析与拼接和全长 cDNA 的获得 4 个过程。

1. 5′端 RACE　　包括 3 个步骤：mRNA 反转录为一条链的 cDNA；利用 5′cDNA 的帽子结构设计的引物分别与基因的特殊引物进行 PCR 嵌套扩增，获得特异的 PCR 条带；PCR 产物测序及分析获得待克隆基因的 5′端片段。

2. 3′端 RACE　　3′端 RACE-PCR 扩增的原理与 5′端 RACE-PCR 的扩增原理基本相似。利用已知区段的序列设计出基因的特异引物，同时利用 cDNA 的尾巴 poly（T）作为扩增引物来获得基因的 3′端片段。

3. 序列分析与拼接 通过对 cDNA 两端的 PCR 扩增获得的待克隆基因的上游和下游序列测序以后，利用分析软件将两个片段序列进行拼接，在拼接的过程中将重叠的片段剔除掉就可以获得理论上的全长基因。

4. 全长 cDNA 的获得 由于 PCR 扩增的错误性和基因存在着不同的基因家族的可能性，这个拼接以后的全长基因还必须进行分析验证。按照理论上拼接的全长基因序列分别设计出可以扩增出全长基因的一对引物，利用这对引物扩增基因的全长片段，将该片段进行克隆测序。测序结果如果与拼接的序列完全一致，就得到待克隆基因的全长 cDNA 序列。否则重复上述步骤直到克隆出目的基因。

RACE 技术目前仍然是多数未获得高质量基因组数据的物种中常用的一种基因克隆方法。在某些获得高质量参考基因组的物种中，以同源序列为基础进行种内同源基因的克隆仍然是基因克隆手段的一个重要方面。

（二）以分子标记连锁图谱为基础的基因克隆方法

以分子标记连锁图谱为基础的基因克隆方法是分子标记发展的一个重要成果。以分子标记连锁图谱为基础的基因克隆又可以称为图位克隆（map-based cloning）或者基因定位克隆（positional cloning）方法。图位克隆方法的主要原理是根据基因在图谱上的相对位置并利用染色体步移进行基因克隆的一种方法。目前利用图位克隆方法已经在多种生物中克隆到大量的基因，如番茄果实重量基因 *fw2.1* 和水稻抗病基因 *Xa21* 等。

1. 图位克隆 传统的图位克隆方法的具体过程通常包括：目标基因的初定位、大片段基因组文库的构建、染色体步移、候选基因的确定、候选基因的功能鉴定等过程。随着大量植物基因组序列的公布，染色体步移的过程逐渐被基因的精细定位等过程所替代（图 9-6）。

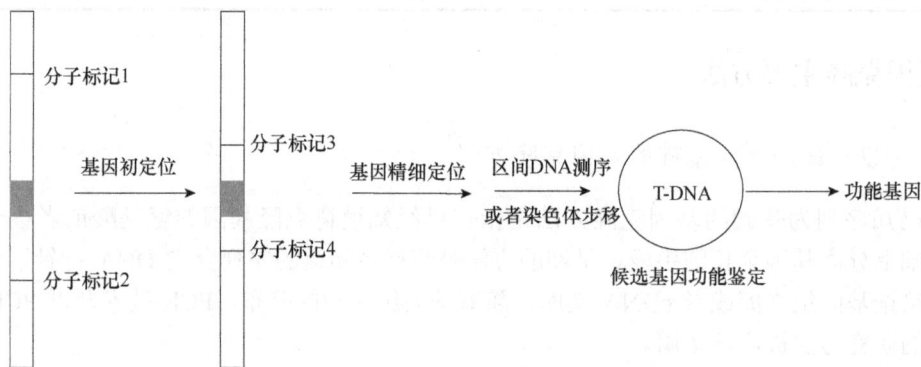

图 9-6 图位克隆的基本步骤和原理

1）目标基因的初定位 利用分离群体（F2、重组近交系等），采用全基因组分子标记快速定位目的基因，将目的基因锁定在某条染色体一定范围的区间。

2）目标基因的精细定位 利用更多单株的大分离群体，采用步骤1）获得区间信息以寻找分子标记。采用密集标记对大群体进行标记连锁分析以缩小目标基因所在的区间，确定候选基因的具体精细位置。

3）候选基因的确定 利用基因表达分析、基因组区间 DNA 测序的方法快速确定候选基因。通过比较野生型与突变体之间的 DNA 序列差异确定候选基因。当然，如果所分析的植物没有基因组的参考序列，也可以采用染色体步移的方法获得目的基因。

4）染色体步移与重叠群的构建　　对于没有参考基因组序列的植物而言，通过染色体步移法分离含有目的基因的候选克隆仍然是一种好的方法。染色体步移的基本思路是利用分子标记分离到与分子标记同源的插入克隆，然后通过重叠群的分析获得候选基因克隆。具体步骤是：利用已知的分子标记为探针筛选到与探针同源的一个克隆，再以该克隆的末端片段为探针从文库中筛选出另外一个同源克隆。依此类推，筛选获得的克隆的插入序列与前一个克隆的插入片段部分重叠。每一次步移都更加靠近目的基因，类似人的"步行"，因而被称为染色体步移。经过多次染色体步移后克隆的插入片段即目的基因。

染色体步移的方法通常以大片段的插入文库为步移的起始文库，选用这种文库可以大幅度地减少染色体步移的次数，从而减少工作量。如果选用插入片段较小的基因组文库作为染色体步移的起始文库，由于高等植物基因组中存在大量的重复序列，染色体步移工作变得十分艰难。

从原理上讲，染色体步移是一个比较简单的过程，并且在理论上可以分离任何一个基因。但在实际的工作中，由于每一个步骤都要求相对地精确，非常烦琐，而且比较费时和费力，因此在实际运用中对基因组比较小的植物可以采用，而对于基因组比较大的植物就显得非常困难。

5）目标克隆的测序　　将获得的 BAC 或者其他克隆进行测序和拼接，利用生物信息学和遗传学的方法确定候选基因。选取若干个候选基因的片段作为探针，根据探针在分离群体中与目的性状的连锁情况确定探针是否与表型发生共分离。如果分子标记探针与表型发生共分离，则要同时结合其他分子生物学辅助手段确定候选基因。

6）候选基因的功能鉴定　　无论是哪种方法获得的候选基因都需要通过功能互补分析、基因功能的缺失等方法来分析基因的功能并最终克隆基因。

图位克隆虽然步骤繁多，但是该方法是从基因的表型出发，能够分离到新的基因，原创性强。

2. 分离集团混合分析法　　分离集团混合分析法又称 BSA（bulked sergeant analysis），该方法利用一对目标性状具有显著差异但其余性状一致或差异较小的亲本构建一种分离群体，根据目标性状的表型挑选一定数量具有极端性状的个体构成两个亚群或者集团，将每个亚群的 DNA 等量混合，构成两个相对性状的"基因池"，然后通过比较两个混合池中的多态性标记，获得与目标性状连锁的分子标记，从而进一步定位控制目标性状的基因或者QTL。由于构建 DNA 分离池时使用了特定的分离群体，且在分组时仅对目标性状进行选择，这样可以保证其他性状的遗传背景基本相同，两个基因池理论上只在目标基因区段存在差异，因此两基因池又被称为近等基因池。

BSA 既可以用于质量性状基因的定位，也可以用于 QTL 的定位。BSA 使用的分离群体多种多样，如 F_2 群体、回交群体（back crossing，BC）、重组自交系（recombined inbred line，RIL）群体、近等基因系（near isogenic line，NIL）群体、巢式关联作图（nested association mapping，NAM）群体、多亲本高级世代互交（multiparent advanced generation intercross，MAGIC）群体、随机开放亲本关联（random-open-parent association mapping，ROAM）群体、染色体片段代换系（chromosome segment substitution line，CSSL）或者双单倍体（doubled haploid，DH）群体等。早期用于 BSA 定位的分子标记有限制性片段长度多态性（restriction fragment length polymorphism，RFLP）、随机扩增多态性 DNA（random amplified polymorphism

DNA，RAPD）、扩增片段长度多态性（amplified fragment length polymorphism，AFLP）和简单序列重复（simple sequence repeat，SSR）等。随着测序成本的降低，目前广泛采用 SNP/InDel 标记。

相较于传统的遗传学研究方法，BSA 最大的特点是不需对群体中个体进行基因分型，而是按照性状进行混合分析，从而极大地降低了工作量及成本。传统的 BSA 一般适用于 QTL 的初定位，通过寻找和突变表型连锁的分子标记，再在附近设计新的分子标记，利用作图群体进行精细定位，一步步缩小和突变表型连锁的染色体区段，直到鉴定出目标基因。随着 DNA 测序技术不断发展，BSA 结合基因组测序的方法也越来越多地用于基因与 QTL 的定位。在此过程中，BSA 也产生了多种不同的分析方法，如突变体作图（MutMap）、数量性状极端表型混合池测序（QTL-seq）、基于转录组测序的 BSA（BSR）、QTL 快速精细定位的 QTG-seq、利用分级池快速定位的 GradedPool-seq（GPS）等分析技术。其中最经典的方法就是突变体作图法，其基本原理是：在经过 EMS 诱变得到的突变体材料中，筛选目标性状的突变株。突变体经过多代自交性状稳定后与野生型杂交得到 F_1。F_1 单株经过自交得到 F_2，将 F_2 代中与野生型性状不同的个体进行 DNA 混合（20～50 株），然后进行 DNA 测序，同时将野生型测序作为参考序列。计算每个检测到的 SNP 位点的变异指数［与野生型参考序列不同的读长（read）数占总读长数的比例］，将 SNP 指数显著高于期望（可以通过 bootstrap 的方法检验显著性水平）的 SNP 位点作为引起该突变的候选位点。相对应的 SNP 位点所在的基因也就是候选的靶基因。突变体作图法由于引入了突变位点频率参数的概念，因此可以降低在 DNA 混合的过程中，由于单株性状鉴定不准确带来的背景噪声，达到快速锁定候选基因的目的。突变体作图法实际上是 QTL-seq 的一个极端的特例。下面以拟南芥开花性状为例简要介绍突变体作图法克隆功能基因的步骤（图 9-7）。

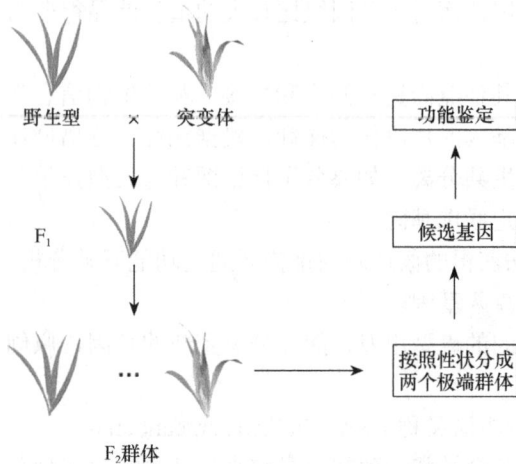

图 9-7   利用突变体作图法克隆基因示意图

假定在自然条件下发现一个极度晚开花的拟南芥突变体材料 *lf*，可能是单基因突变产生的。可以通过如下步骤克隆 *LF*（late flowering）基因。

（1）利用该突变体与野生型进行杂交获得 F_1 代植株，然后 F_1 自交获得 F_2 群体。

（2）对 F_2 群体的单株开花表型进行分析，发现 F_2 群体中存在极端晚花和正常开花两种类型的个体。将其中极端晚花的若干单株（20～50 株）组合构成晚花 LF 群体，将正常开花的若干单株（20～50 株）组合构成正常开花（normal flowering，NF）群体。

（3）将两个具有极端性状群体的单株进行 DNA 抽提，并将 DNA 进行等量混合。

（4）分别对这两个极端群体和野生型材料的 DNA 进行深度测序，以野生型测序结果为参考序列，并通过全基因组扫描，找到两个群体存在显著差异的 SNP 或 InDel 位点。

（5）计算每个检测到的 SNP 或 InDel 的变异指数，将显著高于期望 SNP 或 InDel 的位点作为引起该突变的候选位点。

（6）结合其他研究结果（如基因的精细定位、表达分析等）进一步筛选影响晚花性状的基因。

（三）以人工突变体为基础的基因克隆方法

突变体是遗传分析的基础，无论是经典的遗传学还是现代遗传学，对突变的分析都是遗传学永恒的主题。从理论上讲，任何一个野生型理论上都有对应的突变型。但是，由于生物体的进化特点（基因突变后可能产生的致死效应、基因之间的补偿效应等）或者人为条件的限制等因素，要在自然界中找到具有一个特定性状的突变体十分困难。因此，为了研究方便，采用人工的方法创造出突变体就十分必要。

创造人工突变体的方法多种多样，主要包括化学诱变、物理诱变和遗传学方法等。化学、物理法人工诱变可以在短时间内创造出大量的突变体材料，但是利用化学诱变、物理诱变所导致的突变方向性是随机的，突变位点的染色体周围没有携带标签。因此，要从得到的突变体基因组中克隆目的基因仍然需要通过图位克隆的方法进行。相反，利用 T-DNA、转座子等方法获得的突变体则完全不同。由于利用 T-DNA、转座子等方法获得的突变体突变位点附近含有"分子标签"，这些标签的存在为快速分离目的基因提供了极为有利的条件。近 10 年来，随着基因编辑技术的不断发展，利用基因编辑技术定点突变创制了大量的突变体材料，因此基因编辑材料日益成为遗传学研究的重要材料和基因功能分析的基础材料。我们将对以 T-DNA 标签法为基础的基因克隆方法进行介绍。

T-DNA 是存在于植物根癌农杆菌致瘤质粒（tumor-inducing plasmid，Ti 质粒）中的一段特殊的 DNA 序列，当根癌农杆菌感染了寄主植物细胞以后，T-DNA 分子在 VIR 系列蛋白的帮助下，会从细菌细胞转移到植物细胞中。通过 T-DNA 两端 25bp 左右的碱基重复序列，T-DNA 随机地整合到植物基因组中。如果 T-DNA 整合到功能基因的内部或者功能基因的调控区域，这种整合就可能导致功能基因的失活而产生各种不同的突变。利用 T-DNA 的随机插入特性，理论上只要遗传转化的次数不断加大，就可以获得覆盖全基因组的突变群体。

由于农杆菌的遗传转化在植物中已经十分成熟，转化阳性率比较高（烟草的转化率可以达到 30% 以上），并且可以产生大量的可以观察到表型特征的突变个体，因此 T-DNA 标签法在基因克隆过程中十分有用。利用 T-DNA 插入突变体分离克隆基因的步骤（图 9-8）如下所述。

1. T-DNA 插入突变体的获得　利用农杆菌介导方法将 T-DNA 插入目标植株。转化再生的植株通过抗生素的筛选和分子（PCR、DNA 测序）分析检测 T-DNA 是否被转化到受体植物中。

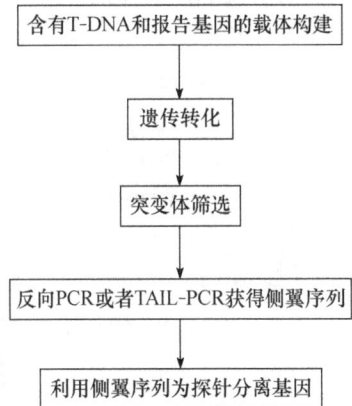

图 9-8　T-DNA 标签法克隆基因示意图

2. 突变体的鉴定　通过基因的表达方式确定是否引起基因的表达变化，也就是确定基因是否发生变异。如果由于 T-DNA 插入引起基因突变和表型变异，那么该突变体就可以用于遗传分析。

3. 候选基因的分离　由于 T-DNA 上具有 20bp 左右的特殊重复片段，那么就可以以该片段为引物通过反向 PCR 的方法扩增获得 T-DNA 插入区间的相连片段。再以该片段为探针对突变体的基因组文库进行筛选或者 PCR 扩增，就可以分离含有目的基因的克隆。

4. 功能基因的互作鉴定　通过回复突变的手段，可以方便地鉴定分离的基因是否调控目标性状。

（四）以表达差异为基础的基因克隆方法

植物种子萌发、形态建成、个体的自我繁殖及抵抗外界各种环境因素的侵害等过程都是基因的精密调控过程。在植物的整个生长过程中，有大量的基因参与表达，这些基因在表达时间、空间及表达的丰度等方面各不相同。由于植物体中这些不同基因在时空上存在表达变化，利用基因表达差异来分离控制这些差异的植物基因成为有效的技术手段。

依据表达变化克隆基因是基因克隆方法创新中最为活跃的一个领域，利用基因表达差异发展起来的基因克隆方法已达数十种之多，从传统的构建扣除杂交 cDNA 文库到现在对单个细胞所有基因进行表达分析的单细胞转录组测序，还包括差减杂交方法、代表性差异展示方法、芯片杂交、转录组测序（RNA-seq）等。下面选取转录组测序的方法进行介绍。

转录组测序，是指利用第二代高通量测序技术，将某个物种或者特定的细胞类型中的全部或部分的 mRNA 和非编码 RNA（non-coding RNA，ncRNA）进行测序分析的技术。其具有以下优势：①高通量，运用二代测序平台可得到几百亿个碱基序列，可以覆盖整个基因组或转录组；②高分辨率，能达到单核苷酸分辨率的精确度，同时不存在芯片杂交的荧光模拟信号带来的交叉反应和背景噪声问题；③高灵敏度，可以检测细胞中低拷贝的稀有转录本；④无物种限制，可以对任意物种进行全转录组分析，不需要预先设计特异性探针；⑤能测定 mRNA 和各种非编码 RNA，能检测未知基因，发现新转录本，并准确地识别可变剪切位点及 SNP、UTR 区域。因此，可以利用 RNA-seq 对不同样本（不同时间点或者不同处理下）间差异表达基因进行鉴定，后续进行基因克隆工作。目前常用的 RNA-seq 测序平台有 Illumina HiSeq、Roche 454 和 SOLiD。这些平台测序的基本步骤都是在提取高质量的 RNA 后，纯化、打碎、反转录成 cDNA，扩增后测序，每个测序读长（read）长度为 25～300bp。下面简要介绍转录组测序技术分离克隆基因的步骤（图 9-9）。

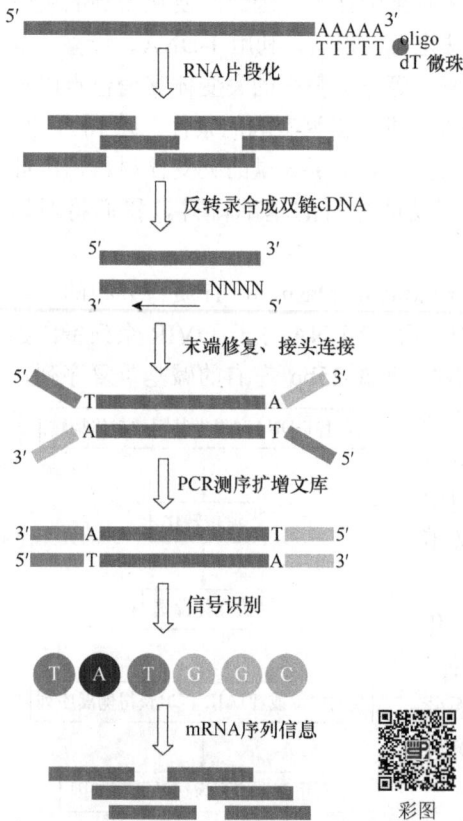

图 9-9　转录组测序（RNA-seq）
方法克隆基因示意图

1. RNA 样本制备　提取样本总 RNA，利用琼脂糖凝胶电泳检测提取效果，并进行质检［$1.9 \leqslant OD_{260}/OD_{280} \leqslant 2.1$，RNA 完整性值（RIN）$\geqslant 8.0$，28S/18S $\geqslant 1.5$］。

2. 测序文库构建　根据所测 RNA 种类进行分离纯化。以 mRNA 测定为例，使用 oligo dT 微珠纯化 mRNA 片段，之后进行反转录合成双链 cDNA，双链 DNA 末端修复及 3′端加"A"，使用特定的测序接头连接 DNA 片段两端，用高保真聚合酶扩增构建成功的测序文库。

3. DNA 成簇（cluster）扩增　对构建好的文库进行氢氧化钠变性，产生单链 DNA 片段，DNA 片段的一端与引物碱基接头互补，固定在芯片上，另一端随机与附近的另外一个引物互补，也被固定住，弯成桥状。进行 PCR 扩增，序列成倍增加，产生 DNA 簇，DNA

扩增子线性化成为单链。

4. 高通量测序　　加入改造过的 DNA 聚合酶和带有 4 种荧光标记的 dNTP，每次循环只合成一个碱基，用激光扫描反应板表面，读取每条模板序列第一轮反应所聚合上去的核苷酸种类，将"荧光基团"和"终止基团"化学切割，恢复 3′端黏性，继续聚合第二个核苷酸，统计每轮收集到的荧光信号结果，获知模板 DNA 片段的序列。

5. 数据分析　　拿到数据进行质量控制检查，过滤低质量的读长并去除测序接头；之后将序列比对到参考基因组或者参考数据库，并进行读长比对情况统计，获得不同样本中比对的结果；后续再分析不同样本间基因表达情况，获得样本间差异表达的基因用于基因克隆。

（五）以生物大分子相互作用为基础的基因克隆方法

生物大分子之间的相互作用包括 DNA-DNA/RNA，以及 DNA/RNA-蛋白质之间的相互作用。正是由于这些生物大分子之间的相互作用，其中的 DNA 或者蛋白质可作为诱饵分子，来分离相互作用的蛋白质或者核酸分子。例如，我们可以通过启动子区的 DNA 序列来分离与其结合的转录因子。利用酵母双杂交体系筛选文库的方法鉴定蛋白质之间的相互作用。酵母双杂交体系用于分析已知蛋白质之间的相互作用，或者是用于筛选与已知蛋白质相互作用的未知蛋白质分子。酵母双杂交系统的可行性和实用性经过多年的使用已经十分完善。

酵母双杂交的基本原理：真核细胞的转录激活作用是由功能相对独立的 DNA 结合结构域（DNA binding domain，BD）和转录活化结构域（transcription activation domain，AD）共同完成的。这两个结构域通过共价或者非共价连接建立的空间联系是导致蛋白质之间相互结合和转录激活的关键。利用这个特点，我们就可以进行蛋白质相互作用之间的分析。

假定两个不同的蛋白质分子 X 和 Y，它们之间存在相互作用。那么，我们可以将 X 和 Y 分别与酵母转录因子的两个结构域结合形成融合蛋白质，也就是 BD-X/AD-Y 或者 BD-Y/AD-X。当这两个蛋白质结构域（BD-X/AD-Y）单独存在时无转录激活功能。而当两个不同的蛋白质分子 X 和 Y 之间存在相互作用带动融合蛋白的 BD/AD 两个结构域靠近或者共价结合时，转录功能则恢复。

在通常情况下，已知的蛋白质 X 与 DNA 结合结构域相互融合形成 BD-X 融合蛋白，而待检测的蛋白质 Y 与转录活化结构域相互融合形成 AD-Y。BD-X 融合蛋白称为诱饵蛋白（bait protein），而 AD-Y 融合蛋白称为被诱捕蛋白（prey protein）。含有 X 和 Y 的蛋白质同时在一个酵母菌中表达，当 X（bait）与 Y（prey）之间能够发生相互作用时，诱饵蛋白和被诱捕蛋白之间能够在空间上相互靠近，报告基因得以激活。相反，如果 X 与 Y 之间没有相互作用，诱饵蛋白和被诱捕蛋白之间就不能够在空间上相互靠近，报告基因不表达。根据这个原理可以方便地检测蛋白质之间的相互作用。

酵母双杂交系统充分利用了酵母能够表达真核生物基因，不需要分离纯化蛋白质的优势，整个过程只需要对核酸进行操作，同时酵母具有生长速度快、容易操作等优点，因此酵母双杂交系统的应用十分广泛。常用的酵母双杂交体系包括以 Gal4 为基础的体系（图 9-10）和以 LexA 为基础的体系两种。酵母双杂交系统的基本用途主要包括以下两种。

1. 鉴定已知蛋白质之间是否存在相互作用　　鉴定两个已知蛋白质之间是否存在相互作用是酵母双杂交系统最为有效的方法。只需要将两个待研究的蛋白质分别与 AD 和 BD 相互融合，同时转化同一个酵母菌，通过检测报告基因是否表达来判定 X 与 Y 之间是否存在相互作用。

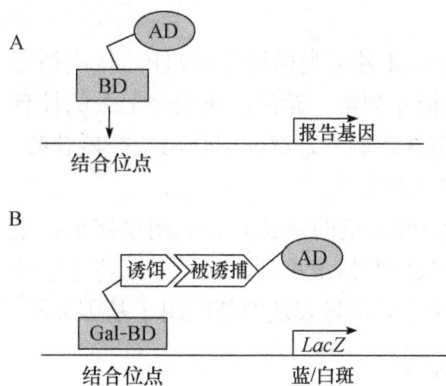

图 9-10 酵母双杂交示意图

A. 转录激活示意图；B. 酵母双杂交示意图。
AD 表示转录激活位点；BD 表示 DNA 结合位点

2. 寻找与某个蛋白质相互作用的未知蛋白质 研究蛋白质之间的相互作用可以鉴定出与已知蛋白质发生作用的新的蛋白质分子。寻找与目的蛋白质相互作用的蛋白质时，首先构建含有目的蛋白质基因的酵母菌表达质粒（BD-X），鉴定 BD 表达质粒的自转录活性。如果蛋白质 X 没有自转录活性，那么 BD-X 就可以用于酵母双杂交的筛选。

然后，将待分析的 cDNA 克隆到 AD 表达质粒中构建酵母双杂交的 cDNA 文库（AD-cDNA），将表达的质粒和杂交的文库共同转化酵母菌，获得表达的阳性克隆。抽提 AD 表达质粒并对阳性质粒的插入片段进行测序。测序完成以后，逐一分析所得到的候选蛋白质与 Y 蛋白之间作用的真实性。如果确实存在相互作用，那么就可以初步认定两个蛋白质之间为互作蛋白。结合分子生物学和遗传学的手段，我们可以最后找到蛋白质 X 的互作蛋白。

（六）利用全基因组关联分析的基因克隆方法

全基因组关联分析是在全基因水平上分析多态性差异位点与目标性状之间紧密程度的一种分析方法。具体地讲，就是对不同样品开展全基因测序，然后在全基因组范围内对不同的样本之间遗传变异多态性进行检测，并且对所有目标 SNP、InDel 进行基因分型；同时，在统一的试验条件下对所有的样本进行性状分析；在此基础上，将基因型与可观测的性状表型结果进行统计学分析，根据统计变量或者 P 值筛选出最有可能影响该性状的遗传变异。这种遗传变异所在的 DNA 区域可能就是控制目标性状的 QTL 位点或者功能基因。

利用全基因组关联分析克隆基因（图 9-11）通常包括以下几个过程：①不同样品或者群体不同单株的全基因组测序；②不同样品或者群体不同单株的表型鉴定；③不同样品全基因组多态性标记的分型；④基因型与可观测的性状表型关联分析及候选基因的确定；⑤候选基因的功能分析。

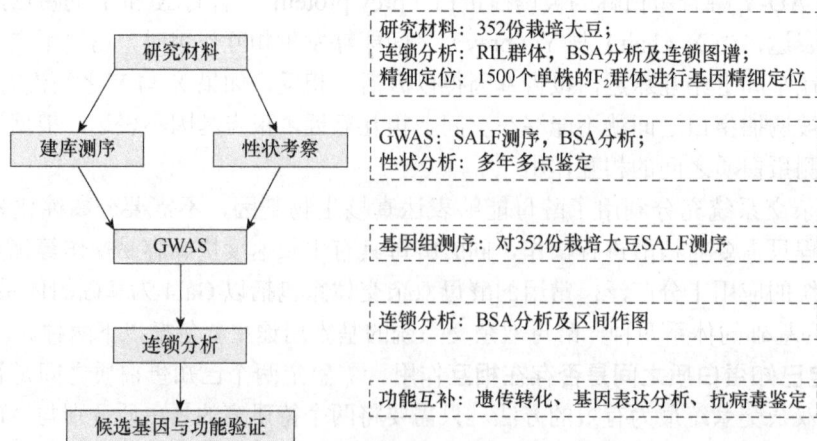

图 9-11 利用 GWAS 克隆基因示意图

尽管 GWAS 的步骤比较简单，但是实际操作过程中远比上述步骤要复杂得多。

首先，用于全基因组关联分析的样本材料，要求所选择的材料遗传变异和表型变异丰富。如果用于 GWAS 的是分析群体，那么要求群体内部的性状分化不能过于明显，并且不存在生殖隔离或者致死效应。

其次，要求用于分析的样本量通常比较大。当对目标性状变异解释率在 10% 左右、位点的检测达到 80% 以上时，所需要的数量达到 300 个以上。如果 GWAS 使用的是分离群体，那么要求亲本之间的遗传变异比较大，重组交换比较丰富。如果遗传变异不够丰富，重组交换事件有限，基因定位精度下降，甚至不能够定位到控制目标性状的关联基因。

最后，性状的表型调查十分关键，性状表型的定量化工作是全基因组关联分析最为关键的工作。一般要求统一的试验条件，并且能够精确控制试验条件，保证在统一的试验条件下提供每一个个体精确的测量数据。考虑到数量性状受环境的影响大，建议将所有材料在同一环境中种植，或者采用多年多点的数据分开分析后综合试验结果，或取最佳线性无偏预测（best linear unbiased prediction，BLUP）值作为性状值进行关联分析。对多指标性状进行分析时，需要找出代表表型数据变异的主成分因子，作为关联分析的表型数据。

GWAS 可以同时对多个性状进行基因定位和关联分析，也能解决部分 QTL 控制的复杂性状的 QTL 定位与分析问题。但是实际上复杂性状是由微效多基因 QTL 所控制的。SNP 位点可能通过影响基因表达量从而间接对这些数量性状产生轻微的作用，并且 SNP 可能与环境产生紧密互作，刺激调节基因的转录表达或影响其 RNA 剪接方式等。因此，用 GWAS 寻找编码区外的 QTL，以及远距离控制的数量性状有较大难度。为了解决上述问题，GWAS 采用多批次样本，发展了多种不同的统计方法解决复杂性状的诸多问题。

除了上述的一些基因克隆方法，随着基因组技术的发展，利用生物信息学手段来帮助和寻找新的基因是一种重要手段。由于越来越多植物基因组的全序列被测定，基因克隆与分离在技术上已经不存在大的障碍，基因功能研究进入功能基因组研究和后功能基因组研究时代。一般来讲，基因克隆的策略可分为正向遗传学和反向遗传学两种不同途径。前者以克隆基因所表现的功能为基础，通过鉴定其产物或某种表型的突变进行研究，也就是以序列为出发点的方法；后者则着眼于在基因组中的特定位置进行研究，如图位克隆方法。虽然在本书中对这些方法进行了逐一介绍，但在实际研究过程中根据研究的需要，多种方法往往是交叉或者同时使用的。

主要参考文献

萨姆布鲁克 J，格林 M R. 2017. 分子克隆实验指南. 4 版. 贺福初，等译. 北京：科学出版社

张献龙. 2012. 植物生物技术. 2 版. 北京：科学出版社

Fernandez-Calvo P, Chini A, Fernandez-Barbero G, et al. 2011. The *Arabidopsis* bHLH transcription factors MYC3 and MYC4 are targets of JAZ repressors and act additively with MYC2 in the activation of jasmonate responses. Plant Cell, 23 (2): 701-715

Huang X, Wei X, Sang T. et al. 2010. Genome-wide association studies of 14 agronomic traits in rice landraces. Nature Genetics, 42 (11): 961-967

Macosko E Z, Basu A, Satija R, et al. 2015. Highly parallel genome-wide expression profiling of individual cells using nanoliter droplets. Cell, 161 (5): 1202-1214

Takagi H, Abe A, Yoshida K, et al. 2013. QTL-seq: rapid mapping of quantitative trait loci in rice by whole genome resequencing of DNA from two bulked populations. The Plant Journal, 74 (1): 174-183

Tang F C, Barbacioru C, Wang Y Z, et al. 2009. mRNA-seq whole-transcriptome analysis of a single cell. Nature Methods, 6 (5): 377-382

Wang W, Hu B, Yuan D, et al. 2018. Expression of the nitrate transporter gene OsNRT1.1A/Os NPF6.3 confers high yield and early maturation in rice. Plant Cell, 30 (3): 638-651

第十章　植物遗传转化载体

课程视频

　　植物遗传转化的目的是将外源基因导入受体细胞中，使之稳定表达相应的蛋白质产物。自 1983 年第一例转基因烟草获得成功以来，已建立了多种植物遗传转化系统。大量有价值的工程菌株被广泛应用到植物转化系统中。鉴于此，需要根据不同的受体植物或不同的转化目的来选择相应类型的转化方法及转化载体。本章着重介绍植物转化载体的发展、载体的选择和载体设计的应用情况。

第一节　植物遗传转化载体的种类及特点

　　遗传转化方法的建立是植物基因工程要解决的首要问题。近年来发展起来的高等植物遗传转化的方法很多，大致可分为以下几类（图 10-1）：以转化的遗传特性为分类标准，可分为瞬时表达转化和稳定遗传转化两类；按载体特性划分，可分为非生物载体介导的遗传转化和生物载体介导的遗传转化（具体内容见第十一章）。生物载体介导的遗传转化又可以细分为病毒载体和质粒载体介导的遗传转化两大类。

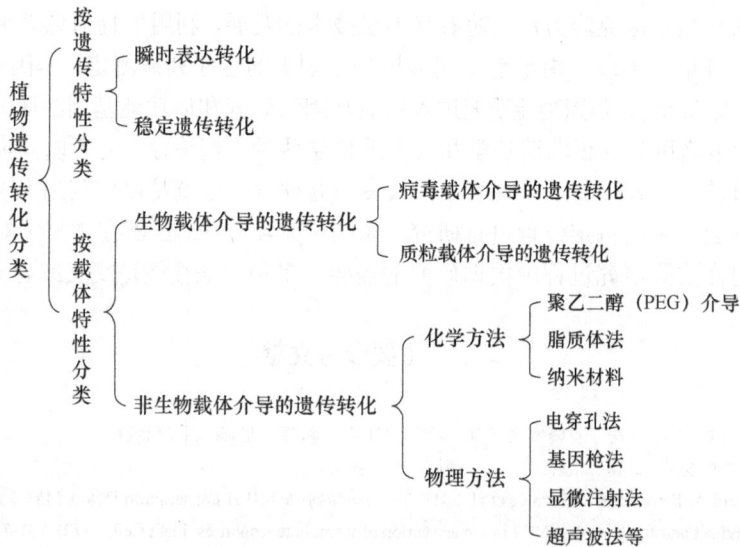

图 10-1　植物遗传转化方法分类

　　病毒载体介导的遗传转化属于瞬时表达转化，简单来说是利用病毒载体感染植株，高效表达目的基因（见本章第三节）。这种瞬时表达转化系统具有如下优点：①外源基因直接被植物病毒载体导入植物细胞，且系统分布于整个植株中，不需要经历从外植体到再生植株这样较长时间的转化过程，有助于快速预测外源基因是否能够在植株中成功表达；②病毒具有高效自我复制和表达能力，能够生产大量的外源蛋白质；③病毒载体的 DNA 一般不整合到植物细胞核基因组上，也就不会影响受体植物自身其他功能基因的表达；④能够通过控制接种时间点，保证目的基因在特定的植物生长阶段表达/沉默。当然，病毒载体也存在着明显的缺陷：①病毒载体不能将外源基因整合到染色体中，所以不能够按照孟德尔规律传递给后代，在长效表达外源蛋白质上没有优势；②由于病毒自身基因组发生突变的频率较高，因此具有致病的可能性，可能会诱发病害；③病毒载体自身的不稳定性容易造成外源基因丢失。鉴于此，病毒介导的遗传转化主要运用于两个领域：一个领域是将病毒诱导的基因沉默（virus-induced gene silencing，VIGS）等方法用于基因的功能研究；另一个领域是高效表达外源蛋白质。

与上述病毒载体介导的瞬时表达转化相对的是稳定遗传转化。它是指将一个或多个 DNA 拷贝导入植物细胞并整合到植物染色体上，通过筛选转化细胞并再生植株而稳定遗传。稳定遗传转化的优势很明显，利用稳定遗传转化体系，能够研究特定基因在植物细胞中的功能、生理和生态上的作用；能够分析基因中的特定序列或蛋白质的特定氨基酸序列的功能；更重要的是能够在植物中持续表达新的蛋白质，或是持续特异去除某个蛋白质的表达。在生物载体介导的转化系统中，研究者大多利用农杆菌（如根癌农杆菌和发根农杆菌）载体作为稳定遗传转化的载体。研究表明，这两种农杆菌带有 Ti 质粒或 Ri 质粒，具有把特定区域的 DNA 转入植物染色体的能力。研究者可以将外源的 DNA 构建到质粒的 T-DNA 区，转移到植物宿主细胞中，并获得能够表达外源基因的转基因植物。也正是对它们的深入研究及运用，才开创了今天植物基因工程的新局面。

不管是病毒载体还是质粒载体，作为植物转化载体需具备以下几个条件：①能够将目的基因成功导入受体植物细胞中；②具有能够被受体植物细胞的复制和转录系统所识别的有效 DNA 序列（包括复制子起始位点、启动子和增强子等顺式作用元件），以保证导入的外源基因能在受体植物细胞中正常复制和表达。

第二节 农杆菌质粒载体系统的结构、功能和构建

农杆菌介导的遗传转化已成为目前植物基因工程中应用最常用的策略。前面章节已经介绍过，农杆菌之所以可以介导基因发生转移，主要是依赖于农杆菌质粒的存在。随着研究的深入，人们对它们的认识也越来越清楚：农杆菌质粒是农杆菌染色体以外的遗传物质，是一种天然的能实现 DNA 转移和整合的遗传系统。根癌农杆菌的 Ti 质粒和发根农杆菌的 Ri 质粒在结构上有很多相似之处：首先，它们都是双股共价闭合的环状 DNA；其次，它们都属于巨大质粒，其中 Ti 质粒有 150~200kb，而 Ri 质粒有 200~800kb；最后，它们都有两个与致瘤有关的区域，即毒性区（Vir 区，编码能够实现 T-DNA 转移的蛋白质）和转移 DNA 区（T-DNA 区，能够插入植物基因组中并能够稳定表达的区域，位于该区的致瘤基因与肿瘤的形成有关）。下面分别介绍 Ti 质粒和 Ri 质粒的结构与功能。

一、根癌农杆菌 Ti 质粒的结构和功能

迄今为止，研究人员从不同植物中已分离出不同种类的农杆菌，对它们的 Ti 质粒结构

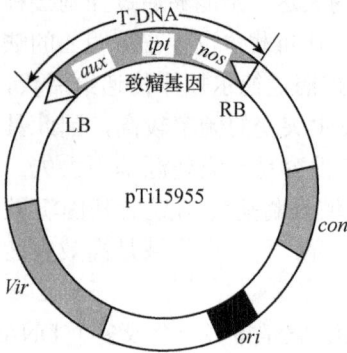

图 10-2   Ti 质粒结构示意图

的特性也有深入研究。根据其诱导的植物冠瘿瘤中所合成的冠瘿碱种类不同，Ti 质粒可以分为以下 4 种类型：章鱼碱型（octopine type）、胭脂碱型（nopaline type）、农杆碱型（agropine type）、农杆菌素碱型（agrocinopine type）[或称为琥珀碱型（succinamopine type）]。章鱼碱和胭脂碱是由氨基酸衍生的冠瘿碱，而农杆碱和农杆菌素碱属于单糖衍生的冠瘿碱。目前通过 Ti 质粒 DNA 的限制性内切核酸酶图谱和基因图谱，已经清楚地了解到不同类型的 Ti 质粒上的基因分布、结构和功能。研究人员发现，各种不同类型的 Ti 质粒都具有控制肿瘤诱发的且物理位置彼此相邻的 T-DNA 区和毒性区（Vir区），它们约占 Ti 质粒 DNA 总长度的 1/3。Ti 质粒其余部分包括：①含复制起点（origin, ori）的复制区（replication region），其基因编码的蛋白质调控 Ti 质粒的自我复制；②质粒接合转移位点（transfer by conjugation loci, con），该区段上存在着与细菌间接合转移的有关基因（tra），负责调控 Ti 质粒在农杆菌之间的转移；③对噬菌体 P1 的排他性（age）、细菌素 84 的敏感性（agr）和不相容性基因（incompatibility, inc）（图 10-2）。

（一）T-DNA 的结构特点及功能

T-DNA 是以单拷贝或多拷贝的形式整合在植物细胞核基因组中的，其长度占质粒 DNA 总长度的 10% 左右，但基因结构由于质粒类型的不同而有所不同。T-DNA 区由致瘤基因（oncogene, onc）和两端的边界序列（border sequence）两部分组成。胭脂碱 T-DNA 是一条大约 23kb 的连续 DNA 片段，两端各有一段 25bp 的重复序列 [分别称为左边界序列（LB-DNA）和右边界序列（RB-DNA）]，共编码 13 个基因。章鱼碱 T-DNA 的分子结构相对比较复杂，通常由两条独立的 T-DNA 片段组成（TL-DNA 区和 TR-DNA 区），这两条分开的 T-DNA 片段各自带有相应的左边界序列和右边界序列。其中左端的 T-DNA（TL-DNA）长约 14kb，共携带 8 个基因，主要是控制冠瘿瘤形成的基因（包括章鱼碱合成酶和致瘤基因）；右端的 T-DNA（TR-DNA）长约 7kb，共编码 5 个基因，主要含有参与编码冠瘿碱生物合成的蛋白酶类基因（包括甘露碱和农瘿碱合成酶基因），但是没有与冠瘿瘤维持相关的基因。章鱼碱 T-DNA 在结构上的这种复杂性可能是在最初整合后发生了重排、扩增和缺失的结果，但究竟有何意义，迄今仍不清楚。

在章鱼碱型和胭脂碱型的 T-DNA 区域都有一段 8~9kb 长的 DNA，称为核心区（或保守区），其序列同源性可达 90%。核心区主要包含一些 onc 基因及一些冠瘿碱合成相关的基因。第一类是由 8 个基因组成的 onc 基因簇。在核心区上的 iaaM、iaaH 和 ipt 基因都属于诱发根瘤的基因，且都与植物激素合成有关。其中 iaaM 和 iaaH 称为生长素基因（aux），后来也被称作肿瘤形态茎芽基因（tumor morphology shoot, tms）。iaaM（tms1）基因编码色氨酸单加氧酶，催化由色氨酸合成吲哚乙酸途径的第一步反应；iaaH（tms2）编码吲哚乙酰胺水解酶，催化由色氨酸合成吲哚乙酸途径的第二步反应，这两种酶一起合成吲哚乙酸；ipt 基因编码异戊烯转移酶（isopentenyl transferase），产生作为细胞分裂素的前体异戊烯基单磷酸腺苷（isopenteny AMP, iAMP），是细胞分裂素生物合成途径的第一步反应，也被称为肿瘤形态型根基因（tumor morphology root，*tmr*）。T-DNA 通过同时控制生长素和细胞分裂素合成破坏了植物体内正常的激素平衡，最终导致转化植物组织中无规则根瘤的形成。第二类是冠瘿碱合成相关的基因，这些基因在不同类型 Ti 质粒上的分布是不同的。胭脂碱型有两个基因，一个位于 T-DNA 右端，编码胭脂碱合成酶（nopaline synthase，nos）；另一个位于 T-DNA 左端，编码农杆菌素碱合成酶（agrocinopine synthase，acs）。章鱼碱型含有 4 个冠瘿碱合成基因，一个位于 TL-DNA 右端，编码章鱼碱合成酶（octopine synthase，ocs），将色氨酸和丙酮转变成章鱼碱；另外 3 个基因位于 TR-DNA 的右端，编码农杆碱合成酶（agropine synthase，ags）和甘露碱合成酶（mannopine synthase，mas 1′和 mas 2′）。同时还发现，*ocs* 基因和 *nos* 基因的启动子在各种不同的植物细胞中都有功能活性，因此被广泛地运用于植物基因工程的载体构建。

除此之外，在章鱼碱 T-DNA 上还带有一些具有其他功能的基因。例如，*ORF-6b* 基因被称为肿瘤形态学膨大基因（tumor morphology large，*tml*），对根瘤生长速率具有调控作用。自发的缺失突变和转座子插入突变的研究结果证明，这些基因的失活不影响大多数宿主菌的致瘤性，但对某些特定宿主植物的致瘤性是必要的。例如，从葡萄藤分离的菌株就与多数对广泛双子叶植物有诱导作用的农杆菌不同，它的根瘤诱导宿主范围是有限的。这类具有特定宿主范围的菌株（LHR）在其 TL-DNA 区上的 *ipt* 基因失活时会扩大宿主范围，诱导根瘤发生。研究表明，在 LHR 菌中，*ORF-6b* 基因影响 *ipt* 基因的活性，是对特定宿主植物的一个重要的致瘤基因。

T-DNA 左右两个末端的 25bp 正向重复序列属于保守序列。胭脂碱 T-DNA 的 LB 序列为 TGGCAGGATATTGTGCTGTAAAC，RB 序列为 TGACAGGATATATTGGCGGGTAAC；章鱼碱 TL-DNA 的 LB 序列为 CGGCAGGATATATTCAATTGTAAAT，TL-DNA 的 RB 序列为 TGGCAGGAATATACCGTTGTAATT。右边界核心部分是 14bp，可分为 10bp（CACGATATAT）及 4bp（GTAA）两部分。可见，右边界序列更为保守，左边界序列在某些情况下会有变化。实验表明，左边界缺失突变仍能致瘤；右边界缺失则不能再致瘤，T-DNA 的转移几乎完全没有发生，这说明右边界在 T-DNA 整合过程中比左边界更重要。此外，在章鱼碱型的 T-DNA 的右边约 17bp 处有一个 24bp 的超驱动序列（overdrive sequence，OD 序列，TAAGTCGCTG-TGTATGTTTGTTTG），是有效转移 TL-DNA、TR-DNA 所必需的，与转化效率有关，在胭脂碱型 T-DNA 边界上则未发现这一序列。如果去除该 OD 序列，则章鱼碱型农杆菌诱导肿瘤的能力就会降低，所以该序列也被称为增强子（enhancer）。将其置于 25bp 边界序列上游 6kb 处，仍有促进 T-DNA 转移的作用，可以提高土壤农杆菌的致瘤性。除了保守的左右边界，T-DNA 区域的其他基因和序列都与 T-DNA 转移无关，利用这一特点，我们在设计载体时可以用一段外源 DNA 插入或直接取代野生型 T-DNA 的部分基因来去除致瘤基因，从而导致转化的植物细胞不再具有成瘤能力。利用这种改造的具有非致瘤性的卸甲载体（disarmed vector），可以较容易地将目的基因转移到宿主细胞的染色体上，进而得到完整的转基因植株。

（二）*Vir* 区的结构特点和功能

Vir 区上的基因与 T-DNA 能否转移到植物细胞的遗传过程有关，*Vir* 区上的基因能够使农杆菌表现出毒性。*Vir* 区总长度大约为 35kb，至少由 6 个互补群组成，分别命名为 *VirA*、*VirB*、*VirC*、*VirD*、*VirE*、*VirG*。各个位点根据表达情况可以分为两种：一种是组成型表达，

在无诱导分子存在下依然保持一定的表达水平；另一种是植物诱导型表达，基因必须在土壤农杆菌感染植物受伤组织时，即只有在植物细胞分泌的信号分子作用下才能启动表达。其中 *VirB*、*VirC*、*VirD* 和 *VirE* 为植物诱导型表达；*VirA* 和 *VirG* 为组成型表达，但 *VirG* 在受到植物受伤组织分泌的信号分子的诱导下，表达量可以提高 10 多倍，也具有植物诱导型表达特征。

1. *VirA* 区　　*VirA* 区由单一基因组成，大小为 2.8kb，编码一个 92kDa 的多肽。*VirA* 区编码一种结合在膜上的受体蛋白（sensor），由周质结构域（periplasmic domain）、接头结构域（linker domain）、激酶结构域（kinase domain）和接收器结构域（receiver domain）组成，以膜通道的形式存在，可能起 ATP 酶的作用，可用于通道组装和输出过程，帮助接受植物信号分子启动毒性区表达。VirA 蛋白专一性富集在细菌内膜上。周质结构域位于细胞壁与细胞质之间的间隙中，与农杆菌染色体毒力（chromosomal virulence，*chv*）基因区段（11kb）编码的 ChvE 蛋白相互作用而起到感应外界信号的"天线"作用。VirA-ChvE 结合后，可使接头结构域暴露出来而感受酚类及糖类化合物信号；其功能是帮助植物细胞接受植物信号分子，然后启动 *Vir* 区表达。

2. *VirG* 区　　*VirG* 区具有单拷贝基因，有 1.2kb，编码 30kDa 的 VirG 蛋白［也称 DNA 结合活化蛋白（DNA-binding activator protein）］。当磷酸化的 VirA 蛋白将其磷酸基团转移到 VirG 蛋白上第 52 位点的天冬氨酸残基上时，VirG 蛋白被激活。VirG 与 VirA 构成了一种双因子调控体系（two-component regulatory system）。VirA 接受外界环境因子的信号，通过 VirG 对毒性区的其他基因进行正调节。VirG 的调节方式有两种：①它的全诱导表达需要具备正常功能的完整 VirA 和 VirG 区存在。②在乙酰丁香酮存在时，在 pH5.5 和磷酸饥饿诱导情况下，VirG 可以高水平表达，即在植物受伤时，VirG 会以其产生的酸性环境条件为第二信号进行两步式的调节：首先 VirG 被低 pH 诱导提高细菌体内的 VirG 蛋白水平；然后在乙酰丁香酮作用下使 VirG 磷酸化转变成活性形式，从而进一步调节自身基因和其他毒性区基因的表达。

3. *VirB* 区　　不同类型的 Ti 质粒的 *VirB* 区至少编码 11 个开放阅读框（ORF）。根据胭脂碱型 Ti 质粒的 *VirB* 区的 11 个 ORF 预测出来的蛋白质大小与实际观察到的蛋白质大小相近。章鱼碱型 *VirB* 区也有 11 个 ORF，它们的核苷酸序列和胭脂碱型 *VirB* 区有很大的同源性，但编码区长度不同。每个 ORF（除 *VirB6* 以外）前方都有蛋白质翻译所需的 Shine-Dalgarno（SD）序列。SD 序列一般位于 ATG 起始密码子前方 5～13 个核苷酸处，是细菌核糖体的识别位点。5 个 VirB 多肽编码区可能利用翻译偶联机制启动合成，即它们首先转录成一条大于 9000 个核苷酸的单链多顺反子转录子，当下游编码区的起始密码子靠近或者重叠相邻的上游编码区的终止密码子时，下游蛋白质的翻译依赖于相邻的上游蛋白质的翻译，核糖体结合到长链 mRNA 上，可以减少核酸降解系统的攻击。如果缺乏 SD 序列，这种偶联效应的能力将显著降低。

VirB 区编码的蛋白质属于膜转运蛋白，N 端带有信号或存在富含至少 20 个疏水氨基酸残基的疏水区，推测 VirB 蛋白的亚细胞定位就基于以上两个特性。胞质蛋白缺乏信号序列和疏水区；外周胞质蛋白带有 N 端信号序列，但无疏水区；内膜蛋白一般不含信号序列，但包含一到多个疏水区；外膜蛋白具有信号序列，但无明显的无间断疏水区。需要注意的是，这些推测是以 α 螺旋结构为基础的，不适用于 β 折叠结构。同时内膜蛋白的拓扑学特性可以用"膜内阳性区"规则来推导，即跨膜蛋白面向胞质的区域通常富含带正电荷的氨基酸残基，

带负电荷的氨基酸残基的分布情况不影响蛋白质的拓扑学特性。

N 端带有两种信号序列：一种是与细菌输出信号肽序列相似，具有共同的信号肽酶 I 酶切位点，符合"Heijine－3，－1 规则"，即酶切割位点的－1 位点为丙氨酸或甘氨酸，－3 位点则由丙氨酸、甘氨酸或其他小氨基酸组成；另一种是脂蛋白信号序列，为信号肽酶 II 所作用，切割位点的－1 位是丙氨酸或甘氨酸，＋1 位被甘油化半胱氨酸占据。－2 或－3 位的氨基酸决定了脂蛋白在内、外膜上的位置。若是负电荷氨基酸残基，则蛋白质位于内膜；若是不带电荷的氨基酸残基，则蛋白质位于外膜。可见，VirB 蛋白具有穿膜或跨膜相关的特性，所以可能具有改变细菌细胞膜结构的功能，从而产生一个膜穿透通道，使 T-DNA 转移到细菌细胞外。表 10-1 为 *VirB* 区中 11 个 ORF 所编码的蛋白质特性和作用。

表 10-1　*VirB* 区所编码蛋白质的特性和作用

VirB 区编码蛋白质	是否含信号序列	疏水氨基酸残基区	定位和作用
VirB1	有	无	周质或外膜
VirB2	无	有	插入细胞内膜中，带正电荷的 N 端面向胞质
VirB3	无	30~40 个疏水氨基酸残基连续区域	插入细胞内膜中，带正电荷的 C 端面向胞质
VirB4	无	无	以 β 折叠结构定位于毒性诱导后的土壤农杆菌菌膜上，帮助 T-DNA 复合物转移
VirB5	有	跨膜疏水区	在胞质、细胞膜（无法区分内、外膜）和周质中
VirB6	无	6 个跨膜疏水区	细胞内膜，N 端和 C 端都面向胞质
VirB7	脂蛋白的信号序列	无	细胞外膜，可能部分地水解毒性诱导后的土壤农杆菌膜，帮助 T-DNA 复合物的释放，也有可能作用于植物细胞表面，有利于农杆菌与植物间的相互反应
VirB8	无	有跨膜疏水区	细胞内膜上，C 端面向胞质
VirB9	有	无	周质，有实验表明主要在细胞膜中
VirB10	无	有	细胞内膜，C 端位于周质，N 端位于胞质
VirB11	无	无	细胞膜中，与细胞内膜蛋白紧密结合；是一种 ATP 酶，可以自发磷酸化；能够通过这一途径调节膜整合蛋白的结构和活性，形成 T-DNA 转移通道

可见，VirB 蛋白既可能形成膜通道，也可能作为 T-DNA 复合物的组分。因为 T-DNA 复合物覆盖一层疏水蛋白，对细菌和植物细胞膜与膜间的相互作用是非常有利的。

4. *VirC* 区　　*VirC* 区与 *VirD* 区分享共同的转录调控区，但转录方向相反，其是毒性区各位点中唯一以逆时针方向转录的位点。它含有两个开放阅读框 *VirC1* 和 *VirC2*，分别编码 25kDa 和 22kDa 的蛋白质。两个 ORF 间仅间隔两个核苷酸，前方都有与大肠杆菌核糖体结合位点同源的 SD 序列，*VirC2* 的这个位点就位于 *VirC1* 的编码区内，可见这两种蛋白质是翻译偶联的。

VirC1 可以和前面介绍的 T-DNA 末端序列外侧的超驱动序列（OD）结合，通过 VirD 操纵子在 T-DNA 末端序列负链特异性位点的缺刻式切割来实现。VirC1 与超驱动序列的结合是需要经过毒性诱导才能进行的。目前尚不清楚 VirC2 的功能，通过对 VirC2 突变子进行分析，预测其也可能对 T-DNA 的转移作用有一定贡献。

5. VirD 区 VirD 区至少包括 4 个 ORF（VirD1～VirD4），分别编码分子质量为 16.2kDa、47.4kDa、21.3kDa、75.7kDa 的 4 种蛋白质分子，均与 T-DNA 加工有关。

VirD1 编码一个 16.2kDa 的 DNA 松弛酶。与 DNA 拓扑异构酶 I 的作用类似，它的作用是在 DNA 链上切割一个缺刻，使得 DNA 解旋后再封闭，降低 DNA 超螺旋数目。该酶的作用不需要 ATP 参与，但催化反应必须在 Mg^{2+} 的帮助下方可进行。

VirD2 编码 47.4kDa 的蛋白质，它具有 N 端的 T-DNA 末端切割能力，以及与 T-DNA 复合物共价结合后引导复合物向植物细胞核方向运动的能力。VirD1 和 VirD2 蛋白是 T-DNA 边界加工内切酶，在 T-DNA 上的特定位点切割形成缺口后，T-DNA 链开始合成，形成 T-DNA-VirD2 复合物。

不同类型的农杆菌菌株之间 VirD3 蛋白的同源性很小，而且现在尚不清楚其功能。

VirD4 蛋白 N 端带有一段信号肽序列，对将 T-DNA 转移到植物细胞中是必需的。VirD4 的 C 端可能伸到内、外膜之间的周质空间中，与一些尚未证实的膜蛋白相互结合。

6. VirE 区 VirE 区包含两个基因 VirE1 和 VirE2。VirE2 编码 60.5kDa 的蛋白质，和 ssDNA 紧密结合，但不具有序列特异性。有研究者预测 VirE2 可能以共价的方式和 T-DNA-VirD2 复合物的 T-DNA 分子的 5′端结合，形成 T-复合物，以保护其免受核酸酶的降解作用，可能它们是在进入植物细胞时结合，然后借助 VirE2 导入植物细胞核内，最终整合到染色体基因组上。可见在 T-复合物的形成中，VirE2 不是必需的，但是它对 T-复合物的有效转移是必需的。VirE1 蛋白能确保 VirE2 蛋白的运输，但与 T-DNA-VirD2 复合物的运输无关。

7. VirF 区 在章鱼碱型的 Ti 质粒中有一个 VirF 基因，但在胭脂碱型的 Ti 质粒却没有。研究表明，VirE2 和 VirF 是通过 VirB 转运通道被运输到植物细胞中的，表明它们在植物中起作用，可以协助 T-DNA 转移到宿主植物细胞中。

8. VirH 区 VirH 区的原名为 pinF 区，在章鱼碱型农杆菌 Ti 质粒上有两个 VirH 基因，分别编码 47.5kDa 的蛋白质 VirH1 和 46.7kDa 的蛋白质 VirH2。VirH1 和 VirH2 蛋白的作用现在研究得还不是很清楚，根据对突变体的分析，认为它们可能对植物产生的某些杀菌或者抑菌化合物起解毒作用。

9. Tzs Tzs 为胭脂碱型农杆菌 Ti 质粒特有，编码与反玉米素合成（trans-zeatin synthesis）有关的细胞分裂素异戊（间）二烯基转移酶产物，在细菌中表达后将玉米素分泌到细胞外。该细胞分裂素被植物吸收后，能促进农杆菌感染部位的植物组织脱分化和细胞分裂，提高植物对农杆菌转化的感受性。

（三）Ti 质粒的生物学功能

通过前面的介绍不难发现，农杆菌中的 Ti 质粒有一套非常完备的能与植物细胞发生互作的系统：一方面，通过感染植物的细胞，诱导产生能被 Ti 质粒所在的农杆菌作碳源和氮源的冠瘿碱；另一方面，诱导产生的冠瘿碱又起到了一种分子"激发剂"的作用，诱导与其接触的 Ti 质粒上编码控制接合转移的基因和冠瘿碱分解代谢的基因的表达，从而激发 Ti 质粒转移到原先并不存在这种质粒的土壤杆菌中去。

简单来讲，Ti 质粒的功能可归纳为以下 7 个方面：①为农杆菌提供附着于植物细胞壁的能力；②诱导寄主细胞合成植物激素吲哚乙酸（IAA）和一些细胞分裂素；③诱发植物产生冠瘿瘤并决定所诱导的肿瘤的形态学特征和冠瘿碱成分；④赋予寄主菌株具有分解代谢各种冠瘿碱化合物的能力；⑤赋予寄主菌株对土壤杆菌素的反应性；⑥决定寄主菌株的植物寄主范围；⑦有的 Ti 质粒能够抑制某些根瘤土壤杆菌噬菌体的生长与发育，即具有对噬菌体的"排外性"。

二、发根农杆菌 Ri 质粒的结构和功能

发根农杆菌感染植物细胞，会使其产生许多不定根，这些不定根不断分枝成毛状，故称之为毛状根或发状根。发根农杆菌的寄主范围非常广泛，但大部分是双子叶植物和裸子植物，单子叶植物较少。其所携带的质粒被称为 Ri 质粒，和 Ti 质粒一样，也可以根据侵染后形成的冠瘿碱来分类。发根农杆菌有 3 种菌株类型，分别为农杆碱型（agropine type）、甘露碱型（mannopine type）和黄瓜碱型（cucumber type），共计可以诱导合成 7 种冠瘿碱。

（一）T-DNA 的结构特点及功能

Ri 质粒和 Ti 质粒在结构特点和功能上很相似，与转化相关的也有两个区域，即 *Vir* 区和 T-DNA 区。农杆碱型菌株的 T-DNA 具有两段不连续的边界序列（TL-DNA 区和 TR-DNA 区）。其中 TR-DNA 区中具有 *aux*（生长素合成）基因和 *ags*（农杆碱合成）基因，它们与 Ti 质粒的 *aux* 和冠瘿碱合成基因同源，其他形成毛状根及其形态特征的 *rolA*、*rolB*、*rolC* 和 *rolD* 基因（称为 core T-DNA）与 Ti 质粒的同源性很低。其中 *rolB* 基因在 Ri 质粒转化植物细胞发生发根过程中起着关键作用。缺失突变和定点突变表明，TR-DNA 上的生长素合成酶基因在转化初期具有重要作用，是产生不定根的关键，TL-DNA 上的基因（*rolA*~*rolD*）可能对毛状根的形态特征及其生长有着重要作用。而甘露碱型和黄瓜碱型 Ri 质粒上由于只有单一 T-DNA 区（与农杆碱型 Ri 质粒的 TL-DNA 同源），不具有生长素合成基因。

甘露碱型和黄瓜碱型 Ri 质粒的 T-DNA 区除 25bp 边界重复序列外，其他部分与 Ti 质粒的同源性不高，但和农杆碱型 Ri 质粒的 TL-DNA 区有较高的同源性。甘露碱型 Ri 质粒和黄瓜碱型 Ri 质粒在它们的单一 T-DNA 区上分别有编码甘露碱合成酶和黄瓜碱合成酶的基因，相当于农杆碱型 Ri 质粒的 TR-DNA 部分。这些合成基因只能在真核细胞中转录，不能在农杆菌中转录。

（二）*Vir* 区的结构特点和功能

Vir 区位于复制起点和 T-DNA 区之间，距离二者约 20kb 的范围。农杆碱型、甘露碱型和黄瓜碱型的 Ri 质粒的 *Vir* 区具有很高的保守性。*Vir* 区基因不发生转移，与致瘤性无关，但它在 T-DNA 转移过程中起着十分重要的作用。*Vir* 区由 7 个基因区组成，*VirA* 为组成型表达，其他 6 个基因区为诱导型表达，和 Ti 质粒 *Vir* 区上的基因类似：首先，发根农杆菌感染寄主后，被损伤的植物细胞合成特殊小分子如乙酰丁香酮等，*VirA* 直接或间接感受植物细胞分泌的这类酚类化合物并结合成复合体，然后 *VirG* 基因的表达被激活，之后 *VirA* 和 *VirG* 基因对其他基因有启动和调节作用，从而发生感染。研究者原认为单子叶植物不受 Ri 质粒侵染的原因可能就是缺少如乙酰丁香酮这类的酚类化合物，但最近有报道指出，在小麦的种子和胚、

玉米幼苗也有这种小分子酚类化合物的存在。*VirD* 基因编码两个分别为 16.2kDa 和 4.7kDa 大小的多肽，它们共同作用表现为限制性内切核酸酶活性，专一性地将 T-DNA 的两个 25bp 重复序列切断，使 T-DNA 转移。尽管其他基因的作用尚不明确，但已可见 Ri 质粒的 *Vir* 区与 Ti 质粒的 *Vir* 区同源，功能上也可能相似：将游离的 T-DNA 以某种方式转移并整合到植物核基因组中，对侵染有很重要的作用。*Vir* 区基因的表达也受到启动子的调控，因此可以利用强表达的启动子或相应的增强子来提高 *Vir* 区基因的表达而提高侵染力。

三、农杆菌介导的遗传转化系统中质粒载体的构建

尽管 Ti 质粒和 Ri 质粒是植物基因工程的一种天然载体，但在真正的实践应用中则存在如下障碍：①质粒分子质量过大，在基因工程中难以操作；②质粒上分布着各种限制性内切核酸酶的多个切点，难以找到可利用的单一限制性内切核酸酶位点，因而不能通过体外 DNA 重组技术直接向野生型质粒导入外源基因；③T-DNA 区内含有许多编码基因，其中致瘤基因（*onc*）的产物会干扰宿主植物中内源激素的平衡，阻碍细胞的分化和植株的再生；④野生 Ti 质粒和 Ri 质粒不能在大肠杆菌中复制，只能在农杆菌中进行扩增，但农杆菌的接合转化率只在10%左右，所以在常规分子克隆技术条件下很难实现；⑤质粒上还存在一些对于 T-DNA 转移不起任何作用的基因。鉴于上述原因，我们必须对其做相应的改造（如去除 *onc* 基因等）才有可能在植物基因工程中广泛使用。下面将以 Ti 质粒载体的构建为例来介绍农杆菌质粒载体的构建。

Ti 质粒载体可根据是否携带用于双交换（double crossing over）的同源重组序列而分为两种类型：一种类型是无同源序列的随机整合载体；另一种类型为同源序列重组后通过正选择或是负选择标记基因而进行定点整合的基因打靶载体。目前在植物核基因组中利用同源重组来进行的基因打靶效率极低，还有待进一步深入研究。并且由于 Ti 质粒载体是利用非同源末端连接（non-homologous end joining，NHEJ）的整合机制，所以在这里主要介绍无同源序列的随机整合载体。

用于随机整合的 Ti 质粒载体构建过程主要包括中间载体（intermediate vector）的构建、中间表达载体（intermediate expression vector）的构建和供体-受体载体（donor-recipient vector）的构建。

（一）中间载体

中间载体一般是将去除了 *onc* 基因的 T-DNA 片段克隆到多拷贝的大肠杆菌的质粒中，构建成卸甲载体。这样可以解决在体外操作中农杆菌中不能直接导入目的基因的困难。中间载体需要具有以下特征：①具有一个或几个细菌选择标记，利于筛选共整合质粒；②含有植物选择标记，以利于植物转化细胞的筛选（筛选标记将在本章第五节中详细介绍）；③含有多克隆位点（MCS），以利于外源基因的插入；④具有 *bom* 位点，在有诱导质粒存在的情况下，可以使中间载体在不同细菌细胞内进行转移。按照结构特点又将中间载体细分为两类：共整合载体（图 10-3）和双元载体系统中间载体（图 10-4），它们之间的区别就在于共整合载体必须含有与受体 Ti 质粒 T-DNA 区同源的序列，保证其可以高频地与受体 Ti 质粒的 T-DNA 进行重组，可以无 Ti 质粒的边界序列；而双元载体系统中间载体就不要求系统中两质粒具同源序列，但需要具有 LB 和 RB 边界序列，且具有在农杆菌中自主复制的复制子。

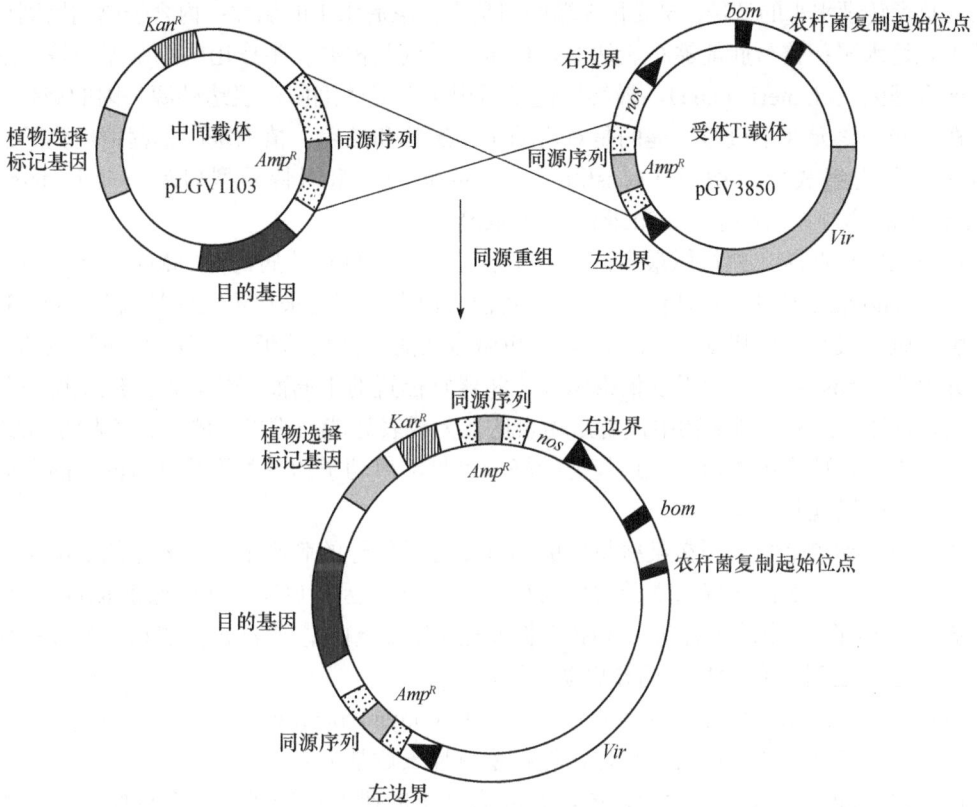

图 10-3　共整合载体系统示意图

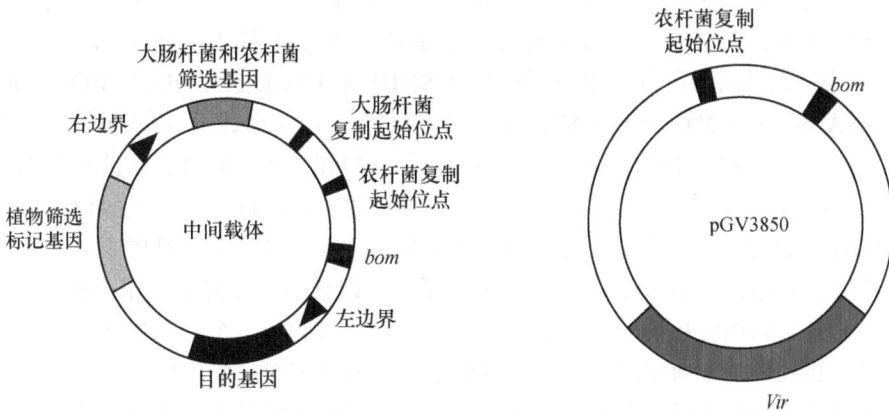

图 10-4　双元载体系统示意图

　　常用的受体 Ti 卸甲载体有 pGV3850，由胭脂碱型 pTiC58 衍生而来；pGV2250 是由章鱼碱型 pTiB6S3 衍生的质粒，其中包括 nos 基因在内的整个 T-DNA 及两侧的边界区均被 pBR322 的序列取代，所以彻底解除了武装，没有侵染能力和 T-DNA 转移能力。

（二）中间表达载体

　　带有重组 T-DNA 的大肠杆菌质粒衍生载体，将外源基因和植物表达元件（其中启动子和终止子负责转录水平的调控；5′端和 3′端序列负责转录后水平的调控；内含子的利用则可以提高基因表达水平；信号肽能够将表达的蛋白质引导到其需要发生作用的细胞器中等）连接，构成嵌合基因（chimeric gene），最终构建出适用于在受体细胞中表达外源基因的载体。

在这些表达元件中值得一提的是对启动子的选择和使用。植物基因工程中用到的启动子大致可以分为组成型启动子（constitutive promoter）、组织特异型启动子（tissue-specific promoter）和诱导型启动子（inducible promoter）3 类。

目前在农杆菌转化中使用最多的组成型启动子是烟草花叶病毒（CaMV）35S 启动子和玉米泛素（ubiquitin）基因的启动子，以及我们在前面提到的来自根癌农杆菌 Ti 质粒 T-DNA 区的胭脂碱合成酶基因启动子（nos）与章鱼碱合成酶基因启动子（ocs）。值得注意的是，最近研究表明，nos 启动子的强度依组织部位和器官位置的不同而变化，新生组织比成熟组织内要弱，同时它在禾本科植物中没有启动表达能力或表达能力难以检测。研究表明，ubiquitin 启动子在禾本科植物中的启动表达能力较好。可见，启动子的分类不是绝对的，随着研究的深入会有新的发现和变化。

诱导型启动子是指一类在某些特定的物理或化学信号的刺激下启动表达的启动子。其包括光诱导启动子（如核酮糖二磷酸羧化酶小亚基 *rbcS* 基因的启动子和叶绿素 a/b 结合蛋白基因 *cab* 的启动子）、热诱导启动子（如玉米和大豆热激蛋白基因 *Hsp* 的启动子）和损伤诱导启动子、乙烯/乙醇等化学物质诱导启动子等。

组织特异型启动子也称为器官特异型启动子（organ-specific promoter），即基因的表达多只发生在某些特定的器官或组织部位，如花粉特异表达基因启动子。

近年来，随着合成生物学的发展，合成启动子的研究已经成为一个重要的研究领域和研究热点。研究者在掌握启动子顺式作用元件功能的基础上，可根据研究目的将核心启动子和上游顺式元件进行人为设计和组合，从而实现对基因表达时期、部位和条件的精确调控。已有研究表明，顺式作用元件的种类、数量及排列方式都可能影响下游基因的转录水平。例如，4 拷贝的根特异型顺式作用元件（OSE1ROOTNODULE、OSE2ROOTNODULE、SP8BFIBSP8AIB 和 ROOTMOTIFAPOX1）以串联排列方式设计合成的一个根特异型模块（pro-SRS）与来自 CaMV 35S 启动子的核心启动子（Mini 35S）融合合成的一个人工合成启动子 SRSP 在转基因烟草中赋予了根特异性表达。研究者通过将 3 个促进绿色组织表达的顺式调控元件 GEATFLK、LPSE1、LSE1 和一个抑制启动子在种子和茎秆中表达的 LPRSE1 以不同的方式组合并连接 Mini 35S 启动子构建出了水稻绿色组织特异型人工合成启动子。

除了上面提到的单向启动子，近年来研究者在双向启动子这个领域也开展了研究。双向启动子泛指相邻且转录方向相反，呈"头对头结构"的基因对之间的序列。鉴定并利用双向启动子可以同时驱动两个靶基因表达，维持相同或相似的表达模式以达到对特定性状进行改良的目的，同时在载体构建和基因聚合过程中更加方便、省时，还可以减少重复使用单向启动子可能造成的生物体内基因表达沉默的可能性。Bai 等报道了 4 种人工合成的双向启动子（BiGSSP2、BiGSSP3、BiGSSP6 和 BiGSSP7）在绿色组织（叶、鞘、穗和茎）中表现出高度的双向表达效率。

（三）供体-受体载体

由于直接利用野生型 Ti 质粒进行基因克隆很困难，Ti 质粒功能表达载体包括含有 Ti 质粒 *Vir* 基因及切除 *onc* 基因的受体 Ti 质粒，以及含有启动子、终止子、选择标记和报告基因及 T-DNA LB/RB 的供体 Ti 质粒。在前面介绍中间载体时已经提到，当这两个 Ti 质粒载体被先后导入农杆菌时，根据它们之间是否含有同源序列可分为两种：共整合载体（图 10-3）和双元载体（图 10-4）。

（1）共整合载体系统具有两个独立的质粒，即农杆菌 Ti 质粒和大肠杆菌中间载体。中间载体与 Ti 质粒通过同源重组使外源基因整合到 T-DNA 区，共整合质粒在农杆菌中可以稳定存在（图 10-3）。

（2）双元载体系统具有两个质粒，即微型 Ti 质粒（中间载体）和卸甲 Ti 质粒，这些质粒可以自主性地共存于同一农杆菌细胞中。从大肠杆菌转移到农杆菌的频率比共整合质粒的转移频率高 10 000 倍。在前面已经知道，T-DNA 插入植物基因组是 T-DNA 两端 25bp 的重复序列作用的结果。所以微型 Ti 载体具有 T-DNA 边界重复序列、植物选择标记及用于外源基因克隆的多克隆位点，并且缺失 *Vir* 基因。卸甲 Ti 质粒是经过改造的 Ti 质粒，具有 *Vir* 基因和农杆菌复制起始子，但没有 T-DNA 序列。两个质粒在选择压力下可以自主共存于同一个农杆菌中。当农杆菌感染受伤的植物时，卸甲 Ti 质粒上的 *Vir* 基因受植物的创伤信号启动，与微型 Ti 质粒上的左、右边界序列发生反式相互作用，将微型 Ti 质粒的 T-DNA 切割下来，从而将 T-DNA 转移进入植物基因组（图 10-4）。双元载体的构建效率较高，操作简便，且外源基因在植物转化中的效率远高于共整合载体。目前载体构建中常见的策略是以双元载体为基础，以克隆载体为基本骨架，目前在植物基因工程转化中常用的质粒载体有 pBI121、pCAMBIA1300 等。

（四）多基因表达载体

在植物遗传改良的过程中，往往需要将参与复杂性状调控的多个基因或者多个性状基因导入植物以满足生产上的应用要求。传统育种方法通过杂交和回交的手段可以聚合多个基因，但是它费时费力，需要大量的人力、物力和较大的育种群体，育种周期长。随着基因工程技术的快速发展，研究人员开发了一系列的多基因转化方法和用于植物的育种改良系统。

目前多基因转化策略主要包括两种：①将多个基因分别装载在多个载体上，共转化到受体品种中；②将多个基因装载到一个载体上，一次性转入受体品种中。多个载体共转化策略的关键点是共转化效率，目的基因数量越多，需要的共转化载体的数量就越多，共转化效率越低；而且该系统存在基因转入的随机性和筛选困难等问题。Lin 等（2003）开发了一套有效的人工染色体载体（TAC）多基因组装和转化载体系统，该系统是将多个基因构建到同一个 TAC 的 T-DNA 区中，多个基因通过单个 T-DNA 转入受体植物基因组的一个位点中。

但 TAC 构建比较困难，祝钦泷和刘耀光（2017）改良了 TAC 多基因转化载体系统，把它命名为 TGS II。TGS II 系统由一个二元受体载体（pYLTAC380DTH）和两个供体载体（pYL322-d1 和 pYL322-d2）组成。利用 Cre/LoxP 重组系统，交替使用含有目的基因的两个供体载体，最终将多个基因依次组装到同一个受体中。在每个基因组装过程中，利用表达 Cre 重组酶的大肠杆菌 NS3529 菌株，可在体内连续的重组反应中完成质粒整合和供体载体骨架的去除。其中，通过受体载体和两个供体载体上的野生型 LoxP 位点之间的特异性可逆重组，将含有目的基因的供体载体整合到受体中；通过载体上的突变 loxP 位点之间的不可逆重组，实现中间重组质粒中的供体载体骨架的去除。利用这种迭代的 Cre/loxP 重组策略和 TAC 较大的装载能力，可以将多个目标基因组装到受体载体中，而不受载体中可用限制性内切核酸酶的酶切位点数量的限制。在载体构建的最后一步，需要通过 Gateway 重组反应将筛选标记基因表达盒和在组织特异型启动子控制下的 Cre 表达盒插入转化载体，允许通过植物中的重组反应，产生无标记基因（marker-free）的多基因转化植株（图 10-5）。

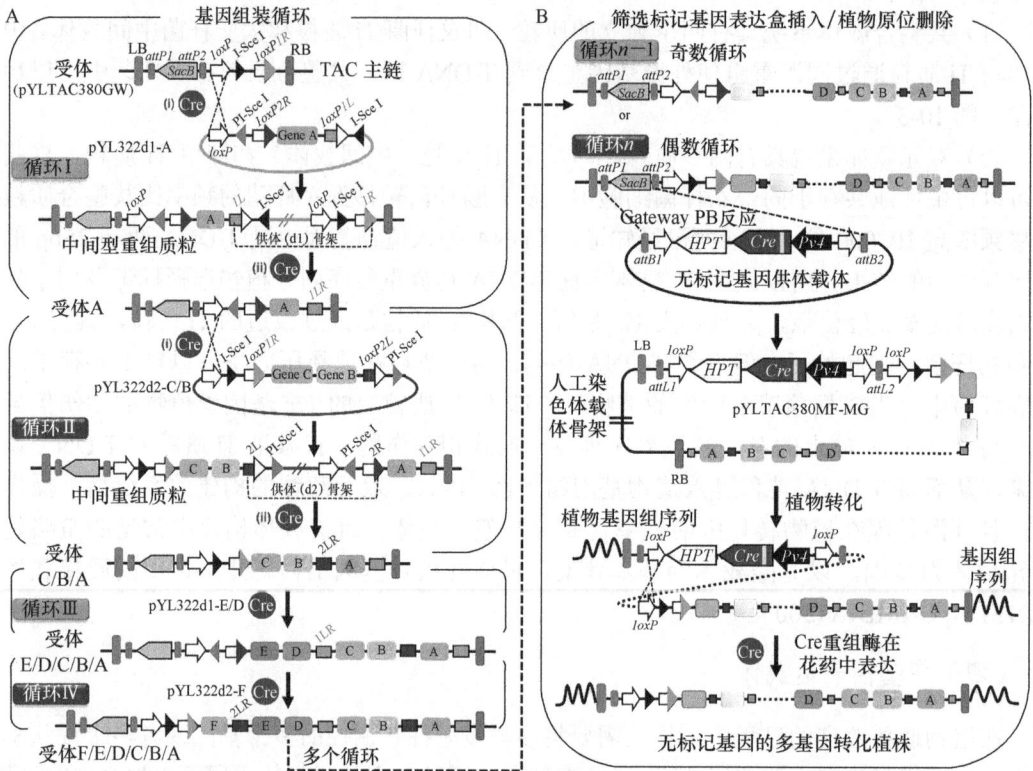

图 10-5　用于多基因组装的 TGS II 示意图（Zhu et al.，2017）

A. 多基因组装过程中的多个重组循环。每个基因组装周期（一轮重组）中，有 2 个由 Cre 介导的反应：第一个反应发生在野生型 loxP 位点之间，以将具有靶基因的供体载体整合到受体中（i）；第二个反应在突变 loxP 的位置（loxP1L 和 loxP1R 或 loxP2L 和 loxP2R）之间是不可逆的，这样就实现了供体载体骨架的去除（ii）。B. 当组装完所有靶基因时，通过 Gateway BP 反应将选择标记切除盒重组到受体载体中以产生最终的二元构建体。在转基因植物中，由 Pv4（或另一种合适的启动子）驱动的 Cre 表达，介导 loxP 重组以切除筛选标记基因

祝钦泷和刘耀光（2017，2018）利用该系统成功培育出了富含花青素的功能营养型水稻种质"紫晶米"、富含 β-胡萝卜素的"黄金大米"、橙红色的角黄素大米和虾青素大米新种质"赤晶米"（图 10-6）。

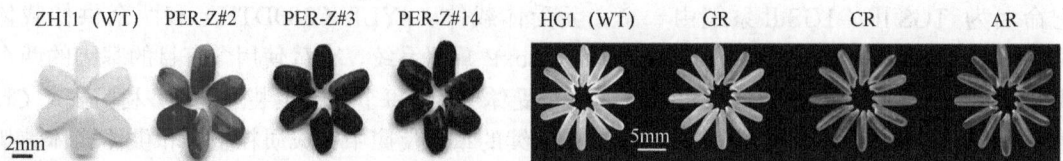

图 10-6　富含花青素的功能营养型水稻种质"紫晶米"（PER-Z）、富含 β-胡萝卜素的"黄金大米"（GR）、橙红色的角黄素大米（CR）和虾青素大米（AR）

第三节 植物病毒载体

植物病毒对植物细胞的侵染过程实际上是自然界一种自发的基因转移过程，其侵染寄主细胞的过程与农杆菌 Ti 质粒相似，所以其本身就是一种潜在的基因转化系统。病毒载体主要用于基因的功能研究及高效表达外源蛋白。但目前为止，还没有实验证明可以利用病毒载体来进行植物转化获得稳定遗传转基因的后代。目前正在研究的用作植物基因工程载体的病毒主要有 3 种不同的类型，即单链 RNA 植物病毒、单链 DNA 植物病毒和双链 DNA 植物病毒。

一、单链 RNA 植物病毒转化载体

单链 RNA 植物病毒占了植物病毒总数的绝大部分，它们的寄主范围很不一样，有的很广，有的就较窄，有的仅能感染双子叶植物，有的仅能感染单子叶植物，也有的能感染两者。单链 RNA 植物病毒在寄主细胞中的复制和表达效率很高，以烟草花叶病毒（tobacco mosaic virus，TMV）为例，每个烟草植物细胞中的病毒可以达到 $10^6 \sim 10^7$ 个。TMV 最早被用于构建抗原展示载体，曾成功地表达了流感病毒血凝素、艾滋病病毒抗原蛋白（HIV-Igp120）和疟疾抗原蛋白等。但有研究表明，TMV 衣壳蛋白仅能融合小于 23 个氨基酸的小肽，否则其组装会受到影响，且重组病毒的生长速度比野生型慢。这些特性也限制了它的广泛应用。

二、单链 DNA 植物病毒转化载体

小麦矮化病毒是一种能广泛侵染单子叶植物的单链 DNA 植物病毒。它的基因组大小为 2749bp，为环形单链 DNA 分子。根据序列推断有 5 个开放阅读框结构，可以编码 29.4kDa 的衣壳蛋白，另外的 30.1kDa 和 17kDa 的蛋白质与基因组复制有关。目前多用不同的外来基因代替衣壳蛋白基因，如与衣壳蛋白基因大小相似的新霉素磷酸转移酶基因（*npt II*）和氯霉素乙酰转移酶基因（*cat*），也有报道其可以被 3kb 的半乳糖苷酶基因代替。

三、双链 DNA 植物病毒转化载体

在植物病毒中只有两组双链 DNA 病毒，即花叶病毒（caulimovirus）和黄瓜脉黄化病毒（cucumber vein yellowing virus）。

花椰菜花叶病毒（cauliflower mosaic virus，CaMV）是花叶病毒中最具有代表性的一种。有关它的基因组结构、分子特性及功能都有较深入的研究。从外观上，该病毒为直径约 5nm 的球形颗粒，DNA 分子是双链环状分子，基因组大小约为 8kb。CaMV 的 35S 启动子由于具有高强度的表达能力，已在单子叶和双子叶转化系统中被广泛使用。尽管 CaMV 是一种潜在的转化载体，但由于其感染宿主植物的范围窄，接受外源 DNA 的容量很有限（一般不超过 250bp），因此与广泛应用还有一段很长的距离。

四、植物病毒转化载体的构建

植物病毒转化载体根据其构建类型可以分为置换型载体、插入型载体、基因互补型载体及抗原展示型载体 4 种。下面对其逐一作简单介绍。

置换型载体（gene replacement vector）：用外源基因置换病毒基因组中的外壳蛋白等非必需基因，保留和病毒的侵染及复制有关的基因，达到高效表达外源基因的目的（图 10-7B）。但这类载体仍存在一定的缺点：以外源基因替代病毒本身的基因可能会打破病毒本身的基因平衡系统，造成病毒整体基因组的紊乱，引起病毒不能在宿主体内系统运动或外源基因表达水平低等不利结果。插入的外源基因较小，容易发生重组而丢失外源基因，寄主范围有限。

插入型载体（gene insertion vector）：是指将外源基因插入病毒本身的启动子下游，或者将带有外源启动子的目的基因插入病毒载体基因下游，使外源基因随病毒的增殖而表达（图 10-7C）。通常选择将外源基因插入病毒的 *CP* 基因启动子位点之后。球状及二十面体等轴对称病毒由于包装的限制，不能插入较大的外源基因。而杆状和丝状植物病毒因包装限制较小，已知至少可容纳 1.8kb 的外源基因。马铃薯 X 病毒（PVX）因为具有寄主范围广、复制水平高、外源基因可以高效稳定表达、无昆虫传播媒介等优点，成为重要的插入型载体。

基因互补型载体：是指把外源基因插入有功能缺陷的病毒组分或亚病毒组分内，通过感染转基因植物或辅助病毒共侵染宿主来互补功能的缺陷。为了降低重组发生的频率，可采用两种交替突变的病毒，其中一个携带外源基因，另一个作为辅助病毒共侵染宿主，两种病毒可同时存在于宿主体内，并可以克服对外源基因的大小限制（图 10-7D）。

抗原展示型载体：是指在病毒的 *CP* 基因内选择性插入外源基因，在不影响病毒本身复制、包装、侵染的情况下将外源蛋白质多肽呈现在病毒粒子的表面（图 10-7E 和 F）。这样通过提纯重组病毒粒子即可获得大量抗原，并且这种方法可以大大增加一些小分子质量抗原的免疫原性，从而更易被哺乳动物的免疫系统识别，因此对于获得一些免疫原性较差的致病菌抗原蛋白具有重要的意义。但是这种载体也受外源基因大小的限制。例如，TMV 抗原展示型载体系统仅能融合表达小于 23 个氨基酸的小肽，否则就会影响病毒的组装，甚至减慢病毒的生长速率。这种缺点限制了抗原展示型载体的广泛应用，但以植物作为生物反应器来合成疫苗或药物，仍是今后研究的重要方向。

五、利用转录后基因沉默技术的植物病毒载体

虽然在早期的研究中，病毒载体是用来过量表达基因的，但是后来发现转录后基因沉默（post-transcriptional gene silencing，PTGS）机制具有抑制基因表达或使基因沉默的功能，可以利用这种特性研究基因功能。目前对 PTGS 产生的分子生物学途径已经比较清楚了。当外源的 DNA 或病毒的基因侵入细胞后，"异常" mRNA 或病毒的 dsRNA 被称为 Dicer 的特异酶降解成为 21～25nt 的小片段。这些短的双链 RNA 被称为干扰短 RNA（short interfering RNA，siRNA）。siRNA 与 RNA 诱导的沉默复合体（RNA-induced silencing complex，RISC）结合后，RISC 中的 siRNA 特异性地与目标 RNA 互补配对结合，然后 RISC 介导切割靶 mRNA 分子中与 siRNA 反义链互补的区域，以 21～23nt 的长度间隔切割目标 mRNA（Zamore et al., 2000）。这是生物在进化过程中形成的一种在分子水平上的免疫机制，帮助其自主地选择且特异性地

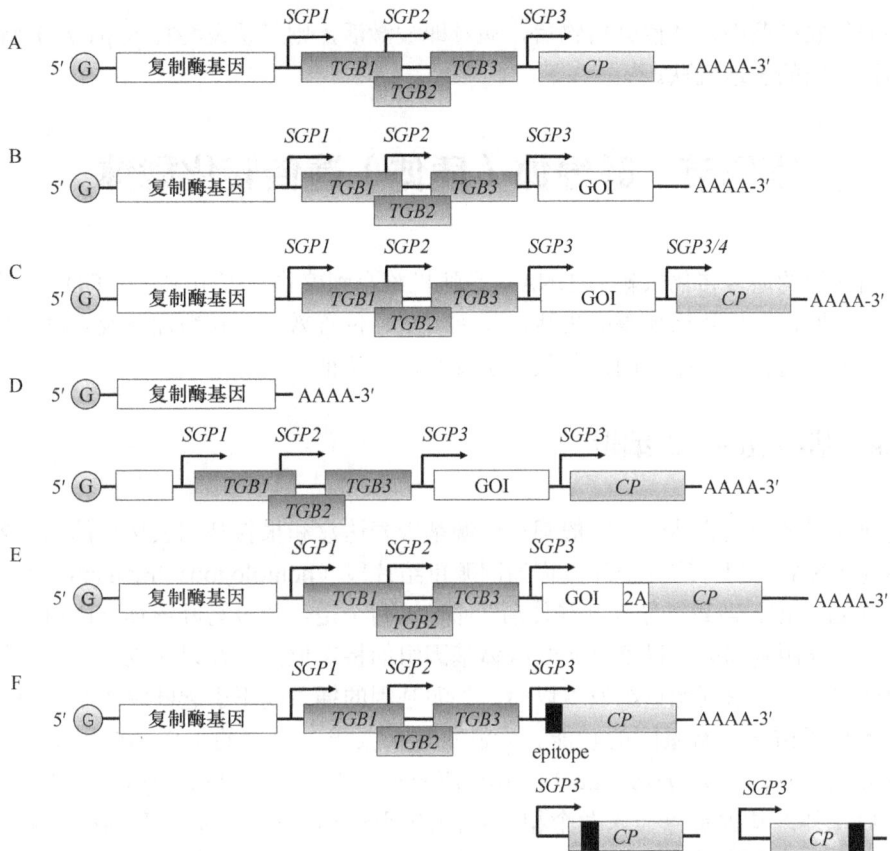

图 10-7　表达目的基因（GOI）的病毒载体构建策略（修改自 Abrahamian et al.，2020）

A. 马铃薯 X 病毒（PVX）含有一个带有 M7Gppp 帽子的 5′非翻译区（UTR）、复制酶（replicase）基因、三基因区（*TGB1*、*TGB2*、*TGB3*，与病毒运动相关的基因）、外壳蛋白基因（*CP*）和聚腺苷酸化的尾巴。亚基因组启动子（SGP）用相应基因上游箭头指示。*TGB3* 由 *SGP2* 启动表达。B. 置换型：将目的基因（GOI）替换病毒内源基因，通常是 *CP*。C. 插入型：将目的基因插入病毒基因组上，可利用病毒自身启动子 *SGP3*，也可利用异源 *SGP*（*SGP4*），避免由双 *CP* 亚基因组启动子序列引发的高频重组。D. 基因互补型。E. 自剪切片段策略：利用口蹄疫病毒（FMDV）的一个可以自我裂解的小片段肽 2A。将 2A 肽插入 GOI 的下游或上游，共表达后，2A 介导的剪切可实现上、下游两个蛋白质的独立表达。F. 直接或利用连接融合策略将外源蛋白质端肽（epitope）整合到 *CP* 序列中（内部、N 端或 C 端均可），将使其呈现在病毒粒子的表面

降解病毒或外源基因。目前烟草花叶病毒（TMV）、花椰菜花叶病毒（CaMV）及烟草脆裂病毒（tobacco rattle virus，TRV）都被改建为载体，被利用在这一领域。现在应用最多的是 PVX 改建的载体，其能够侵染除种子、分生组织和部分花器官以外的大部分植株组织，从而诱导基因沉默。由 TRV 构建的载体却能够侵染分生组织和种子并经种子传递，这刚好弥补了 PVX 载体的不足。下面以 TRV 载体为例进行简单介绍。

　　TRV 是二分子线型正链 RNA，呈直杆状，由 RNA1 和 RNA2 组成。RNA1 的大小和基因是高度保守的，RNA2 除编码衣壳蛋白外，还编码非结构性的 2b 和 2c 蛋白。2b 蛋白是一个辅助因子，传播根营养的线虫载体病毒。由 TRV 改建的 RNA1 与 RNA2 cDNA 的双元表达载体分别被命名为 pBINTRA6 与 pTV00，启动子均为 CaMV 35S。在 pBINTRA6 RNA1 的 RNA 依赖的 RNA 聚合酶（RdRp）中插入了拟南芥 Columbia-0 硝酸还原酶 *nia1* 基因，有利于该质粒在大肠杆菌中稳定存在。pTV00 中的 RNA2 cDNA 序列仅保留 5′和 3′非编码序列及病毒 CP 蛋白编码基因，并加入可插入目标基因序列的多克隆位点（MCS）。这两个载体分别

被导入不同的农杆菌中，共侵染植物后，病毒即被激活，则可诱发与插入 pTV00 MCS 片段同源的内源基因的表达沉默。

第四节　叶绿体（质体）遗传转化载体

农杆菌介导的遗传转化依赖 T-DNA，是随机整合到植物基因组中的，T-DNA 插入植物基因组的随机性，会导致诸如基因失活、基因沉默、位置效应、花粉漂移及多基因转化困难等弊端。叶绿体遗传转化则不同，其载体主要有以下特征。

一、叶绿体基因组的定点编辑

在构建叶绿体表达载体时，一般都在外源基因表达盒和报告基因表达盒的两侧各连接一段叶绿体的 DNA 序列，这两个片段称为同源重组片段（homologous fragment）或定位片段（targeting fragment）。当载体导入叶绿体后，通过这两个定位片段与叶绿体基因组上的同源片段发生重组，外源基因就可以整合到叶绿体基因组的特定位点。在以作物改良为目的的叶绿体基因组转化中，要求同源重组发生以后，外源基因的插入既不引起叶绿体基因原有序列的丢失，又不至于破坏原有基因的功能。为满足这一要求，已有的工作都选用相邻的两个基因作为同源重组片段，如 *rbcL/aacD*、*16strnV/rps2rps7*、*psbA/trnK*、*rps7/ndhB*。当发生同源重组以后，外源基因定点插入两个相邻基因的间隔区，保证了原有基因的功能不受影响（图 10-8）。在以研究基因功能为目的的叶绿体基因组转化中，通常以所研究基因的两段序列作为同源重组片段，将报告基因插入这两段序列之间。当发生同源重组以后，报告基因就插入目的基因的内部，造成插入失活，从而研究目的基因的功能。

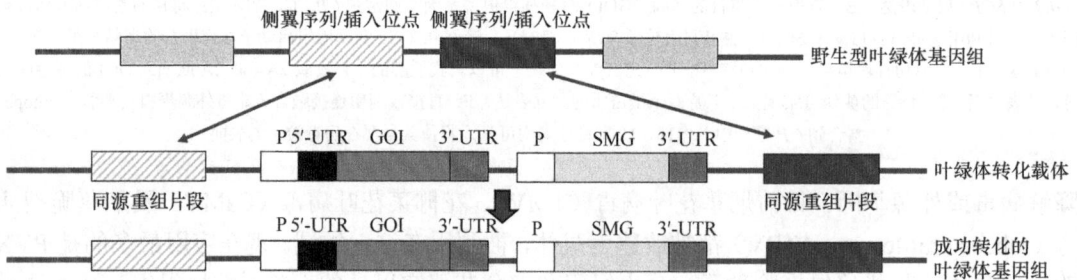

图 10-8　叶绿体遗传转化载体结构及同源重组示意图
SMG. 选择标记基因；GOI. 目的基因；3'/5'-UTR：3'/5'端非翻译区调控序列

二、特异表达元件实现外源基因的高效表达

为了使外源基因整合进叶绿体基因组后能够高效表达，在构建转化载体时，一般选用叶绿体来源的启动子和终止子。例如，常用的启动子为叶绿体的 16S rDNA 基因的启动子 *Prrn* 和光系统 II 作用中心的启动子 *PpsbA*；常用的终止子为叶绿体 *psbA* 基因的终止子 *TpsbA* 和

rps16 基因的终止子 *Trps16*。所使用的叶绿体来源的启动子和终止子，可以保证外源基因在叶绿体中正常、高效表达（图 10-9）。

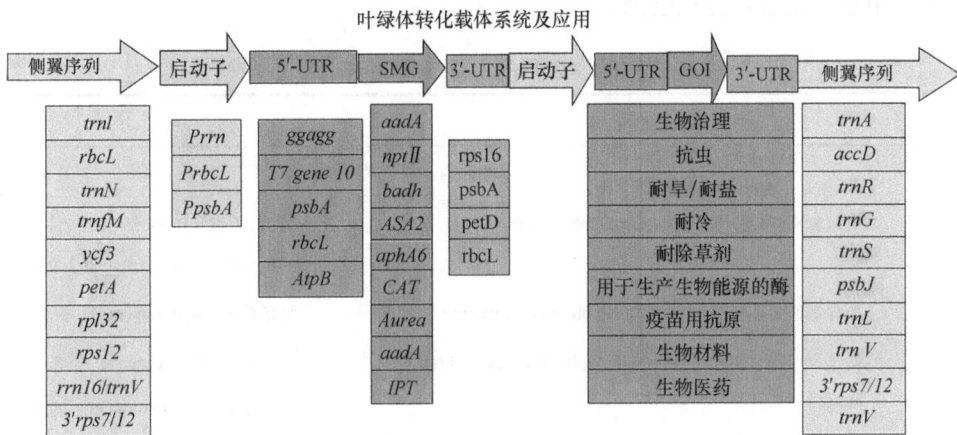

图 10-9　叶绿体遗传转化载体结构及同源重组示意图（Jin and Daniell，2015）

SMG. 选择标记基因；GOI. 目的基因；3'/5'-UTR. 3'/5'端非翻译区调控序列；
T7 gene 10. 叶绿体转化载体中常用的一段序列，可以提高下游基因的转录水平

三、特异筛选标记基因保障叶绿体基因组的同质化

叶绿体基因组以高拷贝数存在，一般每个细胞有成千上万的叶绿体基因组，因而同时转化这么多基因组几乎是不可能的，极易出现转化的和未转化的叶绿体组成的异质体（heteroplasmon），无法保证获得的转基因优良性状稳定遗传下去。因此，叶绿体基因组转化所面临的一个关键问题就是去除未转化的叶绿体基因组，即所谓的同质化。为了实现同质化可采取以下方法：在构建叶绿体遗传转化载体时，加入筛选标记基因（selectable marker gene，SMG），转化后在高浓度的选择压力下进行多轮次的筛选，淘汰未转化的叶绿体，以实现叶绿体基因组的同质化。在叶绿体的转化过程中，主要用 *npt II*、*aadA*、*bar*、*aphA2*、*aphA6* 基因和绿色荧光蛋白基因 *gfp* 等作为筛选标记基因，目前在叶绿体遗传转化过程中最有效的筛选标记基因为 *aadA* 基因。

第五节　遗传转化常用的选择标记基因及无选择标记基因转化系统

一、遗传转化常用的选择标记基因

构建了转化载体，不论是通过农杆菌质粒载体的稳定核转化系统，或是利用基因枪通过同源重组的叶绿体遗传转化系统，都需要通过选择标记基因使得大量非转化细胞在选择压力下无法继续存活，从而富集转化细胞，达到筛选和鉴定转化的细胞、组织和转基因植株的最终目的。选择标记基因多遵守下列特性：①一般不存在于靶标植物细胞中的蛋白质或酶；②基

因较小，易于分子克隆；③可以利用表达元件在植物中充分表达；④检测容易，并且能够定量分析。早期转化筛选体系中多用两种选择标记：抗生素选择标记和除草剂选择标记。表 10-2 中列出了常用的主要选择标记基因。

表 10-2　常用的主要选择标记基因

筛选标记基因	编码的蛋白质	表型
抗生素选择标记		
npt II	新霉素磷酸转移酶 II（neomycin phosphotransferase II）	卡那霉素（kanamycin）抗性 G418（遗传霉素，geneticin）抗性
hpt	潮霉素磷酸转移酶（hygromycin phosphotransferase）	潮霉素 B（hygromycin B）抗性
aadA	氨基糖苷腺苷酰转移酶（aminoglycoside adenyltrans-ferase）	链霉素（streptomycin）抗性 壮观霉素（spectinomycin）抗性
aac	氨基糖苷乙酰转移酶（aminoglycoside acetyltransferase）	庆大霉素（gentamycin）抗性
dhps	二氢叶酸合成酶（dihydrofolate synthase）	磺胺类（sulphonamide）抗性
dhfr	二氢叶酸还原酶（dihydrofolate reductase）	氨甲蝶呤（methotrexate）抗性
cat	氯霉素乙酰转移酶（chloramphenicol acetyltransferase）	氯霉素（chloramphenicol）抗性
除草剂选择标记		
epsps	烯醇丙酮莽草酸磷酸合酶（enolpyruvylshikimate phosphate synthase）	草甘膦（glyphosate）抗性
als	乙酰乳酸合酶（acetolactate synthase）	磺酰脲（sulfonylurea）抗性
bar/pat	草丁膦乙酸转移酶（phosphinothricin acetyltransferase, PPT-acetyltransferase）	双丙氨膦（bialaphos）、草胺膦（glufosinate）抗性
安全选择标记		
xylA	木糖异构酶（xylose isomerase）	在木糖中生长
pmi	甘露糖-6-磷酸异构酶（mannose-6-phosphate isomerase）	在甘露糖中生长
badh	甜菜碱醛脱氢酶（betaine aldehyde dehydrogenase）	解毒甜菜碱醛
ipt	异戊烯基转移酶（isopentenyl transferase）	无须激素 IAA 即可生长
hemL	谷氨酸-1-半醛转氨酶（glutamic acid-1-semialdehyde-aminotransferase）	解毒 3-氨基-2,3-二氢苯甲酸（gabaculine）
lysC	赖-苏-天冬氨酸激酶（lysine-threonine-aspartokinase）	赖氨酸不敏感

和核转化系统相比，适用于叶绿体遗传转化的选择标记基因数目比较少。目前常用的包括 *aadA* 基因、*npt II* 基因和 *aphA* 基因（编码氨基糖苷磷酸转移酶，具卡那霉素抗性）。最近，有研究表明，*ASA2*（编码丝氨酸代谢酶）及 *CAT* 也可以作为质体遗传转化的筛选标记。其中壮观霉素因高度特异性和对植物细胞无副作用，成为质体遗传转化的筛选标记。壮观霉素、链霉素和卡那霉素通过与质体原核类型的 70S 核糖体特异结合，从而阻止蛋白质的合成。最初的质体筛选利用 *rrn16* 基因上的两个点突变而改变核糖体的结构，从而阻止抗生素与核糖

体的结合达到解毒的目的。之后发现的 *aadA* 基因和 *nptⅡ* 基因编码的酶可以解毒抗生素，由于其得到的转化效率比利用 *rrn16* 的突变基因要高得多，因此现在成为常用的选择标记基因。但遗憾的是，单子叶植物水稻对壮观霉素具有一定的天然抗性，所以目前还没有合适的适用于单子叶植物如水稻、玉米的高效选择标记基因。

二、无选择标记基因转化系统

随着商业化植物转基因品种的不断出现，遗传工程生物所可能带来的环境安全和食品安全问题得到了越来越多的关注。所以研制不带有选择标记基因的转基因植物符合消费者的需求，也是从事转基因研究的工作人员的研究热点、重点。选择标记基因的去除，首先，可以解决为了获得某个转化植株所需复杂转化过程中面临的可用选择标记有限的问题；其次，可以减少选择标记对转化植物发育和分化带来的不可避免的代谢负担；最后，避免选择标记在与人类和动物相关的品种上出现，减少消费者的担忧。

目前有四大类不同的消除筛选标记的策略：位点特异性重组系统（site-specific recombination system）、正向重复介导的重组删除系统（direct repeat-mediated loop-out recombination system）、共转化与分离系统（co-transformation and segregation system）和转座子系统（transposon system）。

（一）位点特异性重组系统

位点特异性重组是利用重组酶催化两个特定 DNA 序列的重组，而消除选择标记基因。目前，已经使用的位点特异性重组系统包括 FLP/FRT 重组系统、Cre/Lox 系统和 R/RS 系统。FRT 是重组酶 FLP 的特异作用位点，Lox 位点是重组酶 Cre 的特异作用位点，RS 是 R 的识别位点。

来源于 P1 噬菌体的 Cre 重组酶有 34.1kDa，由 4 个亚基组成（两个大的 C 端亚基和两个小的 N 端亚基）。C 端亚基的结构与 λ 噬菌体来源的整合酶结构相似，也具有催化位点。Cre 可以专一识别由两个 13bp 的反向重复序列和一个 8bp 的间隔区域构成的 34bp 的 Lox 位点（图 10-10），从而介导两个 LoxP 位点的重组。LoxP 位点的双链 DNA 被 Cre

13bp　　　　8bp　　　　13bp

ATAACTTCGTATA-GCATACAT-TATACGAAGTTAT

图 10-10　LoxP 结构示意图

蛋白剪切后再通过 DNA 连接酶重连，实现 DNA 的剪切和倒位。在同一染色体上的两个 Lox 位点如果是反向重复序列，Cre 重组酶能介导两个 LoxP 位点间的序列倒位；如果是同向重复序列，Cre 重组酶可以有效切除两个 LoxP 位点间的序列；如果两个 LoxP 位点分别位于两条不同的 DNA 链或染色体上，Cre 重组酶则介导两条 DNA 链的交换或染色体易位。

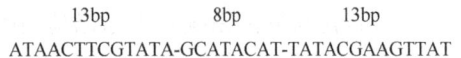

Dale 和 Ow 首先将该系统应用在转基因植物标记基因去除的研究中。在质体遗传转化系统中，插入质体基因组中的筛选基因的上下游带有两个同向重复的 LoxP 位点，带有质体前导肽的 Cre 重组酶通过核转化在细胞质中表达并进入质体中，识别 LoxP 位点，最终完成筛选标记基因的去除（图 10-11）。

目前通过农杆菌介导的稳定转化，病毒介导的瞬时转化将 Cre 重组酶转入转化植株中，或通过杂交的方法导入 *Cre* 都已有报道。

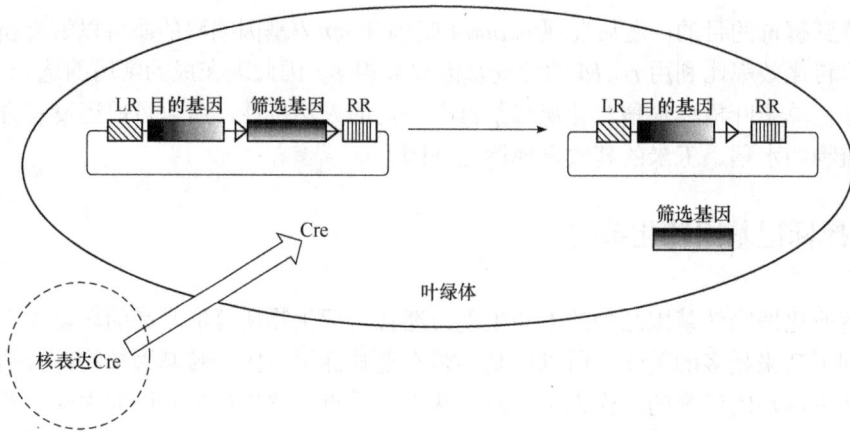

图 10-11 利用 Cre-Lox 系统消除质体遗传转化标记基因示意图

（二）正向重复介导的重组删除系统

通过链置换和单链侵入形成异源双链，借助细胞内的重组修复酶可使两条异源 DNA 链发生交换。该方法是在用选择标记进行筛选并获得转基因植株后，再重新导入一段序列，使标记基因置于两个 DNA 同源序列之间，通过染色体内重组将含有选择标记的 DNA 片段去除，获得无选择标记的转基因植株。该技术已较成功地应用于微生物和动物中，但在植物中的应用尚处于探索阶段。质体中发生同源重组的频率较高，同向重复序列可以引起序列间 DNA 的消除，反向重复序列就引起序列间 DNA 的倒置。可以首先在选择压力条件下得到转化植株，当去掉选择压力后发现筛选标记基因由于同源重组而被去除。目前在植物质体遗传转化系统中，Fischer 在衣藻中利用这种特性去除筛选标记基因；2000 年，Iamtham 和 Day 也在高等植物烟草中实现了标记基因的去除。

（三）共转化与分离系统

共转化与分离系统除去标记基因的原理是将选择标记基因和目的基因分别设计在两个不同的 DNA 分子上或 T-DNA 片段中，通过转化，转化基因进入植物将整合在基因组中的两个非连锁位点上，在植物杂交或自交及减数分裂过程中分离，在后代中获得除去标记基因的转基因植物。运用农杆菌转化这两种载体（分别含目的基因和标记基因）可以分别导入同一农杆菌菌株中，也可以分别导入两种不同类型的菌株混合后进行共转化。一般共转化植株率可达到 50%，McKnight 通过改进可达到 100% 的共转化植株率，在 T_1 代共转化基因出现分离的可能性也约为 50%。在基因枪转化中，两个基因共整合在连锁位点上的概率较高，不能有效地获得无标记基因的转基因植株。

1995 年，共转化法在烟草质体遗传转化中首次得到应用。2003 年，Ye 等通过将两个分别带有壮观霉素抗性的筛选标记基因 *aadA* 和抗杀虫剂基因的质粒共转化到烟草质体中，首先通过壮观霉素筛选，在转化植株中的抗杀虫剂含量达到一定量后，再通过杀虫剂筛选，在异质化植株中通过分离，得到了 20% 的带有抗杀虫剂而不具有筛选标记的转基因植株。

（四）转座子系统

转座子是指在生物细胞中的一段特殊的 DNA 序列，它们可以从同一染色体的一个位点转移到另一个位点，或者是从一条染色体转移到另一条染色体上。研究者利用转座子的流动性，可以使带选择标记基因的 DNA 片段和目的基因分离。目前，Ac/Ds 系统是研究得比较清楚的一个转座子系统。该系统由自主成员 *Ac* 基因编码转座酶，用于自身和非自主成员 *Ds* 基因的转座。*Ds* 基因不具备合成转座酶的能力，中间序列可被置换或是插入较大的外源基因，两端的数百个核苷酸是必需的，能被转座酶识别，所以外源基因能够和自主成员一起被转座酶转移。研究者通过把目的基因置于整个转座子的外部，将选择标记设于非自主成员内部，转化植物后可通过转座作用将选择标记转移，最后通过自交后代中的重组分离，得到无标记的转基因后代。但转座子系统的效率低，转座子切除有时并不是精确切除，可能会改变周围基因的结构；转座后往往偏向于插入原跳离位点附近区域。需要通过有性繁殖分离目的基因与选择标记基因，周期较长，适用于有性繁殖及生活周期短的植物。

尽管以上介绍的这些去除筛选标记基因的策略尚不完善，但针对消费者对遗传工程生物的环境安全和食品安全的担忧，利用安全标记和建立无选择标记基因转化系统势在必行。相信随着现代生物技术的不断发展，这些系统将会更加完善，适用范围将更加广泛，利于转基因植物的商业化发展。

主要参考文献

瞿礼嘉，顾红雅，胡苹，等. 1998. 现代生物技术导论. 北京：高等教育出版社：241-285

萨姆布鲁克 J，弗里奇 E F，曼尼阿蒂斯 T. 2002. 分子克隆实验指南. 2 版. 金冬雁，黎孟枫，等译. 北京：科学出版社：1-233

王关林，方宏筠. 2002. 植物基因工程. 北京：科学出版社：295-337

Abrahamian P, Hammond R W, Hammond J. 2020. Plant virus-derived vectors: applications in agricultural and medical biotechnology. Annual Reriew of Virology, 7 (1): 513-535

Bai J, Wang X, Wu H, et al. 2020. Comprehensive construction strategy of bidirectional green tissue-specific synthetic promoters. Plant Biotechnology Journal, 18(3): 668-678

Jin S, Daniell H. 2015. The engineered chloroplast genome just got smarter. Trends in Plant Science, 20(10): 622-640

Komari T, Hiei Y, Saito Y. 1996. Vectors carrying two separated T-DNAs for co-transformation of higher plants mediated by *Agrobacterium tumefaciens* and segregation of transformants free from selection markers. The Plant Journal, 10(1): 165-174

Lin L, Liu YG, Xu X, et al. 2003. Efficient linking and transfer of multiple genes by a multigene assembly and transformation vector system. Proceedings of the National Academy of Sciences of the United States of America, 100(10): 5962-5967

Zhou F, Karcher D, Bock R. 2007. Identification of a plastid intercistronic expression element (IEE) facilitating the expression of stable translatable monocistronic mRNAs from operons. The Plant Journal, 52(5): 961-972

Zhu Q, Yu S, Zeng D, et al. 2017. Development of "purple endosperm rice" by engineering anthocyanin biosynthesis in the endosperm with a high-efficiency transgene stacking system. Molecular Plant, 10 (7): 918-929

第十一章 植物遗传转化技术和方法

课程视频

植物遗传转化又称为植物转基因或植物基因工程，其研究的关键是利用重组 DNA、细胞组织培养或种质系统转化等技术，将外源基因导入植物细胞或组织，使之定向重组遗传物质，改良植物性状，培育优质高产作物新品种（王关林等，1998）。自 1983 年首例转基因植株诞生以来，植物基因工程已被广泛应用于人工控制条件下定向改良植物的遗传性状。与常规育种方法相比，它具有以下一些特点：①不受亲缘关系的限制，可实现动物、植物和微生物间遗传物质的交流，从而充分利用自然界存在的各种遗传资源；②有效地打破有利基因和不利基因的连锁，充分利用有利基因；③加快育种进程，缩短育种年限。

第一节　植物遗传转化的发展现状

早在 20 世纪 60~70 年代，人们就仿效细菌转化方法开展了植物转基因的尝试。1969 年，Ledoux 等用细菌 DNA 浸泡大麦的幼苗，通过对抽提 DNA 的沉降分析，发现转化大麦的 DNA 中存在中间密度的 DNA 带。1974 年，他们进一步用同种细菌的 DNA 浸泡维生素 B_1 缺陷型的拟南芥种子，结果观察到有少数浸泡的后代植株能在缺乏维生素 B_1 的培养基上生长，这是较早的可信的种子转化法。同年，Hess 等用来源于红花矮牵牛的总 DNA 浸泡白色矮牵牛的种子，观察到少数后代植株开红花。1976 年，Hess 等进一步用人工培养萌发的花粉与外源总 DNA 溶液混合授粉，结果在后代植株中发现了外源基因表达的性状，并检测到外源基因表达的酶活性，这为后来的花粉管通道法提供了理论基础。这些早期的研究虽然算不上完备的植物遗传转化，但为后来的植物转基因方法和体系的建立做了有益的探索。

1983 年，第一株转基因植株（Zambryski，1983）的获得标志着植物转基因时代的到来。这年冬季，在“植物和动物分子遗传学”讨论会上，有两篇关于植物基因转化的论文，一是 Montagu 和 Schell 把二氢叶酸还原酶基因转入烟草中，二是 Monsanto 公司将这个基因导入胡萝卜中；同年，Chilton 将 *NPT II* 基因转入植物细胞，获得抗卡那霉素的植物愈伤组织。1984 年，Paszkowski 将 *NPT II* 等嵌合基因克隆到 *E. coli* 质粒上，并用 PEG 法介导转化烟草获得成功。1985 年，Horsch 等创立了农杆菌介导的“叶圆盘法”转基因系统，大大简化了以往利用原生质体作为受体的转基因体系，具有里程碑的意义。这个转基因系统至今仍被许多双子叶植物和一些单子叶植物转基因工作采用。1986 年，Abel 等将 *TMV CP* 转入烟草获得转基因植株，树立了基因工程在实际应用上的里程碑；同年，McCormick 等转化马铃薯取得成功；次年，美国、欧洲首先批准 CP 抗病毒植株进入田间试验。1987 年，Jefferson 利用 *GUS* 作为报告基因，使转基因愈伤组织和植株检测变得方便、快速，大大缩短了转基因进程；其后，Umback 等利用农杆菌介导转基因系统转化棉花获得成功；1987 年，Fry 等转化油菜成功；1988 年，Hinchee 等转化大豆取得成功。1987 年，Sanford 等发明了基因枪；同年，Klein 等首次将其用于植物转基因研究，克服了当时农杆菌介导的转基因方法中受体种类和基因型的限制，开创了植物转基因方法的新领域。1988 年，McCabe 等利用基因枪法转化大豆幼胚和成熟胚的下胚轴获得了转基因再生植株。1989 年，杨虹等将 *GUS* 和 *Bt* 融合基因转入了水稻中。1990 年，Formm 等和 Gordon-Kamm 等利用基因枪法成功转化了玉米胚性愈伤组织；Kaeppler 用碳化硅纤维法将 *GUS*、*bar* 和 *NPT II* 基因转入玉米悬浮细胞。1992 年 Vadil 等转化小麦和 1994 年 Wan 等转化大麦相继取得成功。1994 年，Hiei 等通过使用农杆菌侵染诱导剂乙酰丁香酮（AS）及构建 *VirG* 和 *VirB* 高效表达的超双元载体，成功、高效地转化了水稻。在该转基因系统的基础上，Ishida 等（1996）、Tingay 等（1997）和 Cheng 等（1997）相继获得了玉米、大麦和小麦的转基因植株。

自第一例转基因烟草问世以来，植物转基因研究和应用发展迅速。迄今，全世界转基因植物涉及 30 多个科的 200 多个种，涵盖了绝大多数主要经济作物、观赏植物、药用植物、蔬菜、果树、树木和牧草等；目前投入商业化生产的转基因品种主要集中在大豆、玉米、棉花、油菜等作物。1996～2019 年，全球转基因作物品种商业化种植面积连续上升，2019 年种植面积为 1.9 亿 hm^2 [国际农业生物技术应用服务组织（ISAAA），2020]。

目前，植物转基因已成为植物分子生物学研究强有力的实验手段，更是基因克隆、功能基因组研究和基因编辑等必不可少的实验工具。近年来，遗传转化方法不断创新，按转化系统的原理大致可分为 3 类：①农杆菌介导的基因转移；②以原生质体、细胞或组织为受体的直接转移，如电激、微注射、PEG 介导转化原生质体等，基因枪和超声波转化法可把外源 DNA 直接导入带壁的植物细胞，从而避免原生质体再生植株的漫长过程，使转基因更为快速、简易；③种质系统的基因转移（germline genetic transformation），如利用子房注射、种胚、体细胞胚及花粉等途径导入外源基因。

第二节　根癌农杆菌介导的植物转基因

目前已发表的植物转基因操作体系有十余种，应用最多的是根癌农杆菌介导的转基因方法和基因枪介导的转基因方法。根癌农杆菌 Ti 质粒介导的转基因方法是目前研究最多、机制最清楚、技术方法最成熟的转基因方法。第一批能表达外源基因的转基因植物就是利用根癌农杆菌介导法获得的。迄今所获得的 200 多种转基因植物中，80% 以上是利用根癌农杆菌 Ti 质粒介导的转基因方法所产生的。

一、根癌农杆菌的研究简史

许多双子叶植物常患一种冠瘿瘤病，因肿瘤着生在近地面的根茎交界处，形似帽状而得名（图 11-1）。Smith 和 Townsent（1907）首先发现植物冠瘿瘤是由农杆菌诱发的。35 年后，Braun 等（1942）进一步研究冠瘿瘤与农杆菌的关系，发现农杆菌的不同菌株诱发不同的肿瘤，有的菌株不能诱发肿瘤。由于冠瘿瘤组织能在不加植物生长激素的培养基上无限生长，也不需要农杆菌的存在，因而人们对农杆菌诱发肿瘤的说法产生了怀疑。于是，Braun 提出了"肿瘤诱导因子"假说，即推测农杆菌中存在一种染色体外遗传因子。20 世纪 60 年代，Morel 等经研究发现，植物肿瘤组织中含有高浓度的特殊氨基酸，最常见的是章鱼碱和胭脂碱，总称为冠瘿碱（opine）。Petit 等证明了肿瘤组织合成的冠瘿碱种类取决于农杆菌菌株的种类，而与宿主植物无关；而且这些菌株能专一性地利用肿瘤组织合成的不同类型的冠瘿碱

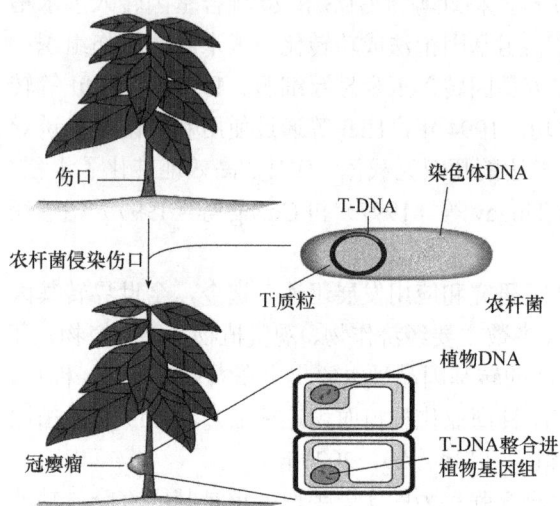
图 11-1 农杆菌侵染伤口、诱导根瘤模式图

作为菌株生存的唯一碳源和氮源。这一结果为肿瘤诱导因子假说提供了有力的证据。Petit 等进一步推测细菌携带的遗传因子进入了植物细胞，并认为这种遗传因子既能诱发肿瘤，又可决定肿瘤的形态和冠瘿碱的合成。Zaenen 等（1974）和 van Larebeke 等（1974）从致瘤农杆菌中分离出一类巨大质粒，称为致瘤质粒（tumor-inducing plasmid），简称 Ti 质粒。并经研究发现，一旦丢失 Ti 质粒，农杆菌的致瘤能力则完全丧失，从而证明了 Ti 质粒就是 Braun 假说中的肿瘤诱导因子。此后一系列研究结果进一步证明了冠瘿瘤的产生、冠瘿碱的合成和其他一些功能都是由 Ti 质粒携带的遗传信息决定的。Chilton 等（1978）利用分子杂交技术证明植物肿瘤细胞中存在一段外来 DNA，它与 Ti 质粒的 DNA 有同源性，是整合到植物染色体的农杆菌质粒 DNA 片段，称为转移 DNA（transferred DNA，T-DNA）。T-DNA 内部有致瘤和冠瘿碱合成酶等基因。有关根瘤农杆菌 Ti 质粒的结构与功能、Ti 质粒的改造和载体构建见第十章。

二、植物转基因研究中常用的农杆菌菌株及其特性

常用的农杆菌菌株及其特性归纳于表 11-1。一般来说，染色体背景为 C58 的菌株生长速率快、不结球，在转化实验中易于操作；染色体背景为 Ach5 的菌株生长慢，菌株培养过程中结球，在转化实验中难以操作，其培养后不易洗掉。

表 11-1　常用的农杆菌菌株及其特性

菌株类型	菌株	致瘤性	染色体背景	所含质粒
	C58	致瘤	C58	pTiC58
	ABI	非致瘤	C58	pTiMP90RK
胭脂碱型	A208SE	致瘤	C58	pTiT37-SE
	MOG301	非致瘤	C58	pTiC58/pBR322
	LBA958	非致瘤	C58	pTiC58
	GV3850	非致瘤	C58	pTiGV3850
	T37	致瘤	T37	pTi37
	Ach5	致瘤	Ach5	pTiAch5
章鱼碱型	LBA4404	非致瘤	Ach5	pTiAL4404
	MOG101	非致瘤	C58	MOG101/pMOG410

续表

菌株类型	菌株	致瘤性	染色体背景	所含质粒
	A281	超致瘤	C58	pTiB0542
	EHA101	超致瘤	C58	pTiB0542
农杆碱型或琥珀碱型		非致瘤	C58	pTiB0542
	EHA105	超致瘤	C58	pTiB0542
		非致瘤	C58	pTiB0542

三、农杆菌转化的机制

当农杆菌在生长培养基上大量繁殖时，所有的 T-DNA 区基因均处于非转录活性状态。当把植物受伤细胞提取液加入培养基时，所有的 T-DNA 区基因均被诱导和活化。所以，植物细胞分泌物（糖、氨基酸和酚类物质等）既是农杆菌定向附着到植物细胞表面的物质，也能诱导和启动毒性区基因的表达，为 T-DNA 的转运做准备。

Vir 区基因在接受植物细胞产生的创伤信号分子后，首先是 *VirA* 编码一种结合在膜上的化学受体蛋白。VirA 蛋白可直接对植物产生的酚类化合物发生感应，当酚类物质（如乙酰丁香酮）与感应位点结合后，会使整个 VirA 蛋白构象发生变化，其 C 端活化。C 端有激酶的功能，使蛋白质上的组氨酸残基发生磷酸化，从而激活 VirA 蛋白。被激活的 VirA 蛋白可以转移其磷酸基团至 VirG 蛋白，使 VirG 蛋白活化。

VirG 编码 DNA 结合活化蛋白。*VirG* 基因有两个启动子：第一个启动子对磷酸饥饿敏感，受磷酸缺乏的诱导；第二个启动子可被强烈的 pH 变化、DNA 损伤及重金属离子等因素所诱导。从总体上讲，*VirG* 基因属于组成型表达。当 VirG 蛋白活化后，以二聚体或多聚体形式结合到 *Vir* 启动子的特定区域，从而成为其他 *Vir* 基因转录的激活因子，打开 *VirB* 等基因簇（图 11-2）。

引起农杆菌趋化反应和诱导 *Vir* 区基因表达的酚类物质是植物抗毒素和木质素合成的基本成分，因此，有人认为农杆菌在侵染植物的过程中破坏了植物自身的防卫机制。

遗传分析表明，T-DNA 在植物染色体中的插入是随机的，它可插入任何一条植物染色体。但插入位点常有以下特点：①优先整合到转录活跃的植物基因位点；②T-DNA 与

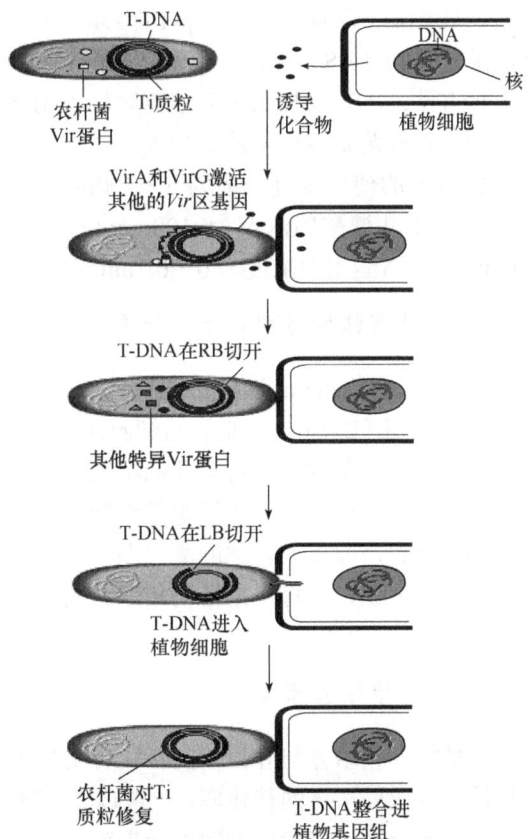

图 11-2 农杆菌侵染植物的过程

植物 DNA 连接处富含 A、T 碱基对；③植物 DNA 上的插入位点与 T-DNA 边界序列有一定程度的同源性。

四、农杆菌 T-DNA 转移的影响因素

（一）农杆菌菌株

由于农杆菌染色体基因的作用直接影响 T-DNA 转移的效率，不同的农杆菌菌株有不同的宿主范围，并有其特异侵染的最适宿主。不同类型的农杆菌菌株的毒力（侵染力）不同。一般而言，3 类农杆菌菌株侵染力的排列顺序为：农杆碱型（琥珀碱型）菌株（如 A281）＞胭脂碱型菌株（C58）＞章鱼碱型菌株（Ach5、LBA4404）。选择适宜的转化菌株对植物转基因工作来说非常重要。

（二）农杆菌菌株高侵染活力的生长时期

高侵染活力的菌株一般处在指数生长期，即 $OD_{600}＝0.3～1.8$（$OD_{600}＝1.0$ 相当于 $1×10^9$ 个细胞/mL）。一般用 $OD_{600}＝0.3～1.0$ 浓度的农杆菌菌液侵染植物材料。

（三）基因活化的诱导物

Vir 区基因的活化是农杆菌 Ti 质粒转移的先决条件。前面已提到：酚类化合物、单糖或糖酸、氨基酸、磷酸饥饿和低 pH 都影响 *Vir* 区基因的活化。在操作过程中，最常用的诱导物是乙酰丁香酮（AS）和羟基乙酰丁香酮（HO-AS），但 AS 的效果更佳。关于诱导剂的使用有 3 种方法：①在农杆菌菌液培养时加入诱导剂的时间一般是制备工程菌浸染液 4～6h 前，也有的在农杆菌制成浸染液时加入；②加在共培养基中；③在农杆菌液体培养基和共培养基中都加，AS 的使用浓度一般为 5～200μmol/L，培养基的 pH 为 5.1～5.7，共培养温度为 15～25℃，D-半乳糖酸的浓度为 100μmol/L，葡萄糖酸的浓度为 10mmol/L，葡萄糖的浓度为 10mmol/L，磷酸根的浓度为 0～0.1mmol/L。

（四）外植体的类型和生理状态

1997 年，Villemont 通过研究指出，转化只发生在细胞分裂的一个较短时期内，只有处于细胞分裂 S 期（DNA 合成期）的细胞才具有被外源基因转化的能力。因此，细胞具有分裂能力是转化的基本条件。发育早期的组织包括分生组织、维管束形成层组织、薄壁组织及胚、雌配子和雄配子体等，这些组织的细胞具有很强的分裂能力。当这些组织发生创伤或环境诱导时加速分裂，即处于转化的敏感期。已经分化的组织细胞的转化能力与其发育程度有重要关系。一般来说，发育早期（幼年期）的组织细胞转化能力较强，这已被大量的实验结果所验证。

（五）外植体的预培养

外植体的预培养与外植体的转化有明显关系，每种外植体均有其最佳预培养时间，时间太长反而降低外植体的转化率。一般以 2～3d 为宜。一般认为，外植体的预培养有以下作用：①促进细胞分裂，使受体细胞处于更容易整合外源 DNA 的状态；②田间取材的外植体通过预培养的驯化作用，使外植体适应于试管离体培养的条件；③有利于外植体与培养基平整接

触。外植体在开始培养过程中迅速生长而出现上翘和卷曲，使农杆菌的接种切面离开培养基，致使农杆菌生长受抑制而不能实现对受体的转化。

（六）外植体的接种及共培养

外植体的接种是指把农杆菌工程菌株接种到外植体的侵染转化部位。常用的方法是将外植体浸泡在预先准备好的工程菌株悬浮液中，浸泡一定时间后，用无菌吸水纸吸干，然后置于共培养培养基进行共培养。共培养即指农杆菌与外植体共同培养的过程。外植体的接种时间和接种农杆菌菌液的浓度因物种和外植体类型的不同而不同。接种时间过长及接种菌液浓度过高，容易引起培养物的污染。而接种时间太短和接种菌液浓度过低，又会造成转化效率低。一般接种时间为 $1\sim30min$，接种菌液浓度为 $OD_{600}=0.3\sim1.5$，具体数据见表 11-2。

表 11-2　不同作物适宜的接种时间和接种菌液浓度

种类	接种时间/min	接种菌液浓度（OD_{600}）
小麦未成熟胚和胚性愈伤组织	60	$0.5\sim1.0$
水稻胚性愈伤组织	约 15	$1.0\sim1.5$
玉米未成熟胚	约 10	1.0
棉花下胚轴	$1\sim3$	$0.3\sim0.6$
大豆子叶节	$10\sim30$	$0.3\sim0.6$

农杆菌与外植体共培养在整个转化过程中是非常重要的环节，因为农杆菌的附着、T-DNA 的转移和整合都在这个时期内完成，故掌握共培养技术和条件是转化成功的关键。前面已谈到，农杆菌附着在外植体表面后并不能立刻转化，只有在创伤部位生存 $8\sim16h$ 之后的菌株才能诱发肿瘤。因此，共培养时间必须长于 8h。但共培养时间不宜太长，否则，可能会由于农杆菌的过度生长，植物细胞受到毒害而死亡。一般共培养时间为 $2\sim3d$。大多数研究者使用相同的培养基悬浮菌液和共培养，且多采用低盐培养基。多数共培养基中加入 AS 和单糖类化学诱导物，并加入较高量的生长素类激素（如 2,4-D），而避免使用细胞分裂素类激素［如 6-BA 和噻苯隆（TDZ）］，因为生长素类激素能促进 T-DNA 的转移，细胞分裂素类激素能抑制 T-DNA 的转移。有关生长素的作用也有相反结果的报道。

五、转化细胞的选择和高频再生

（一）转化细胞的选择

选择转化细胞是基因转化的重要步骤。转化细胞和非转化细胞在非选择培养基上生长存在着竞争，而且往往非转化细胞在这种条件下生长更具优势，转化难以成功。一般在转化载体构建时就应该考虑后期转化细胞的选择问题。多在转化载体上加入一个选择标记基因。这样，在选择培养中加入选择试剂可以抑制非转化细胞的生长，而对转化细胞的生长无抑制作用，从而起到选择效果。

选择试剂的使用浓度，即选择压，应根据植物的特性来定，比较敏感的植物要用较低浓度的选择试剂。另外，一般选择试剂对植物材料有毒害，会影响植株的再生。倘若选用的某种植物中有很高的背景值，则需改换选择方案，所以在制订选择方案之前要先做抗生素敏感试验。

选择方法归纳起来有两种。第一种是先再生后选择，即在植株再生过程中不加选择压，待植株再生后再进行选择。这种做法最大的弊端是嵌合体严重，假转化体多，后期选择困难。第二种是先选择后再生，即在转化后愈伤组织诱导或不定芽分化培养一开始就加入选择剂。这种方法的嵌合体少，假转化体少。

（二）高效转化体再生

转化体系转化频率的高低在很大程度上取决于转化体再生系统的优劣，而再生系统的主要因素是培养基。培养基的选择主要依据以下 4 个方面。

（1）供体植物的背景。在确定培养基时，首先，要对供试植物的分类地位、生理特性、繁殖和栽培条件等有充分的了解，这些资料是确定候选培养基的重要依据。特别是应该了解供体植物对某种营养元素的特殊喜好。其次，应详细查阅前人对该种供试植物的研究工作，分析总结前人工作的成功和不足之处，在此基础上确定候选培养基类型。

（2）培养基选择原则：①同一物种的培养基有类同性，同一植物不同组织器官的培养基相同；②组织培养所需营养成分与田间栽培有相似性；③无机盐浓度是选择的主要目标；④合适的蔗糖浓度、有机添加剂等。

（3）激素的选择要依据培养的目的，以及受体材料对各种激素的敏感性而定。

（4）植株的再生方式则依据物种及外植体的类型而定。

六、各种农杆菌转化技术

（一）整株感染

一般采用种子实生苗、试管苗或活体组织器官（根、叶、花序）作为外植体，在整体植株上造成创伤，然后把农杆菌接种于创伤面上，或用针头把农杆菌注射到植物体内，或进行蘸根、蘸花等使其进行浸染转化。模式植物拟南芥的花序农杆菌转化法是该种方法的典型代表。这种方法充分利用了实生苗的生长潜力，有很高的转化成功率。同时，不经过组织培养的过程，对于难以再生的植物是一条好的途径。但其也有不足之处，即有许多转化逃逸的细胞，给筛选造成困难。

（二）叶圆盘法

叶圆盘法（组织器官法）是 Horsch 等于 1985 年建立的，应用于基因转化外植体，是双子叶植物较为常用的方法（图 11-3）。一般做法是选取健康的无菌苗利用打孔器打出圆形的叶片，将刚打出的带有新鲜伤口的叶

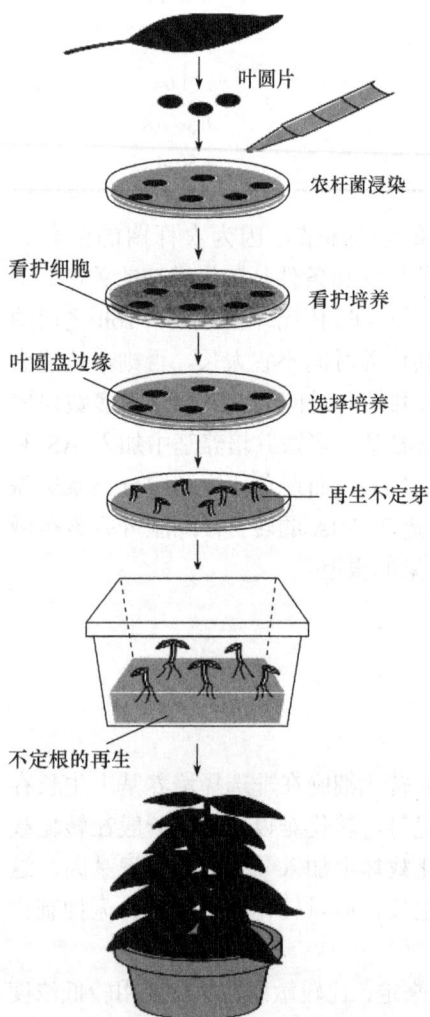

叶圆片

农杆菌浸染

看护细胞

看护培养

叶圆盘边缘

选择培养

再生不定芽

不定根的再生

图 11-3　叶圆盘法

圆盘与农杆菌进行短期的共培养，农杆菌通过伤口使携带外源基因的 **T-DNA** 进入植物细胞，使外源基因整合进植物基因组中。叶片、叶柄、茎、子叶、子叶柄、下胚轴是目前应用最广的外植体，使用哪种外植体应根据不同的植物而定。

（三）原生质体法

原生质体法是指将处于原生质体再生细胞壁时的原生质体与农杆菌一起培养，一段时间后进行除菌，并将其培养在含抗生素的选择培养基上，筛选生长出转化的细胞克隆块。这种转化所得的转化体一般不会是嵌合体，但必须有原生质体再生的工作基础。现在利用农杆菌转化的外植体不断增多，如胚性愈伤组织、幼胚、体细胞胚、下胚轴切段等。

七、根癌农杆菌转化的具体技术

比较成熟的遗传转化技术是拟南芥、棉花和水稻的遗传转化技术，下面对这 3 种植物的转化技术进行详述。

（一）农杆菌侵染拟南芥花序的转化方法

农杆菌菌株为 EHA105，用卡那霉素选择。转化过程如下所述。

（1）共转化农杆菌：于 12：00 接菌于装有 YEP 培养液的试管中，28℃、300r/min 摇动过夜培养，约 30h；翌日 18：00 将已摇活的菌按 1：400 转至 YEP＋卡那霉素（Kan）＋利福平（Rif）培养基中培养，28℃、300r/min 约 14h；翌日 8：00 测 OD 值，当菌液达到 OD_{600} 为 1.5～3.0 时，可收集菌体于离心瓶（灭菌）。用 10%蔗糖（含 0.2%高效有机硅表面活性剂）稀释至 OD_{600} 为 0.8～1.0 备用。

（2）先将开花期的拟南芥苗浇透水，在转化之前把已经结荚的果荚全部剪掉，再用宽胶带把花盆的土封好。

（3）将花序浸没到农杆菌菌液中 30s 左右，然后用真空泵抽真空。

（4）标记好，将转化好的苗平放于盒子内，上盖封口膜封好，避光培养 24h 后，将植株立起，正常培养直至收获种子。

（二）农杆菌转化棉花下胚轴的方法

采用农杆菌介导棉花下胚轴法，农杆菌菌株为 LBA4404，用卡那霉素选择。转化过程如下所述。

1. 农杆菌菌株的培养 挑取平板培养基（LB 或 YEB）上的农杆菌单菌落，接种于含卡那霉素 50mg/L、利福平 25mg/L 的 LB 或 YEB 液体培养液中。28℃振荡培养过夜至细菌生长到指数晚期。用 TGL 液体培养基稀释菌液，再振荡培养 4h，将菌液稀释至 OD_{600}＝0.3～0.5。

2. 无菌苗制备 用硫酸脱去棉花种子短绒，用自来水洗掉种子表面的硫酸，晾干。用 70%乙醇对种子进行表面消毒 1min；再用 10%～15%过氧化氢消毒 2～4h；然后用无菌水冲洗 2 次或 3 次；在无菌水中浸泡 18～24h，待种子露白；在无菌条件下剥去种皮，种入种苗培养基（1/2MS＋7g/L 琼脂，pH5.8）中；25～28℃光下培养 3～5d 备用。

3. 棉花外植体与农杆菌的共培养 选取无菌苗的下胚轴，用解剖刀切成 0.5～0.6cm 小段（即下胚轴切段），浸入稀释好的菌液中 5～10min，然后取出胚轴段，用灭菌滤纸吸干多余的菌液，放入共培养培养基上（MS＋0.1mg/L 2,4-D＋0.1mg/L KT＋30g/L 葡萄糖＋200mg/L AS＋7g/L 琼脂，pH5.8。培养基表面铺一层灭菌滤纸，被浸染过的下胚轴切段平放在滤纸上），用封口膜封口。22～25℃共培养 2d。

4. 诱导愈伤组织及抗性愈伤组织的筛选　　将经共培养的下胚轴段放入愈伤组织诱导培养基中（MS＋0.1mg/L 2,4-D＋0.1mg/L KT＋1.65g/L 硝酸钾＋30g/L 葡萄糖＋6.8g/L 琼脂），在常规条件下（温度 25℃，光照长度 12h/d，光照强度 2000lx）培养 2 个月。获得棉花抗性愈伤组织的频率一般为 50%～76%。

5. 愈伤组织的增殖继代　　将诱导出的抗性愈伤组织转入新鲜培养基中，培养基成分同诱导培养基，可根据需要适当降低 2,4-D 的浓度，在常规条件下培养，每个月继代一次，直到愈伤组织分化。

6. 愈伤组织的分化　　愈伤组织经继代几次后，部分愈伤组织转成米粒状颗粒，将其转入分化培养基（愈伤组织增殖培养基＋谷氨酰胺 1.0g/L＋天冬酰胺 0.5g/L）中，进一步分化成胚状体，胚状体长成小植株时再转入大的锥形瓶中，待根长到 5～7cm 时可进行移栽。

7. 再生植株的移栽　　低温移植法：营养土洗净晾干，灭菌后待用。洗去再生小苗根部的培养基，栽到蛭石中，浇足营养液。栽好的再生苗放入控温 22℃、控湿 80%～85%的人工培养箱中 5～7d，取出放入温室 10～20d，再移栽到土盆或大田中。

（二）农杆菌转化水稻愈伤组织的方法

1. 水稻愈伤组织的诱导

1）种子消毒　　将种子先在 70%的乙醇中泡 30s，倒掉乙醇后用灭菌水冲洗 3～5 次，加入 0.1%升汞溶液，泡 10～20min，中间晃动 3 次。最后用灭菌蒸馏水洗 4～6 次，用灭菌滤纸吸干种子上的水分。

2）接种　　把种子平放在 NB0＋2,4-D 培养基上，25℃恒温暗培养约 10d。

3）愈伤组织继代　　接种 10d 后，把种子上的愈伤组织剥下，接种到 NB0 上。25℃恒温暗培养约 21d。

2. 根癌农杆菌与水稻愈伤组织的共培养

1）农杆菌的准备　　从−80℃冰箱中取出农杆菌涂到 YEP 培养基（10mg/L 利福平＋50mg/L 卡那霉素）上，28℃培养 2d，直至长出单菌落。将单菌落接种到 YEP 培养基（10mg/L 利福平＋50mg/L 卡那霉素）中，在 28℃、250r/min 条件下摇菌至 OD_{600}＝0.5（一般摇 6～8h）。再把摇好的菌以 1/1000 的比例接种到 ABC 培养基（A 培养基＋B 培养基＋C 培养基＋10mg/L 利福平＋50mg/L 卡那霉素）中，在 28℃、250r/min 条件下摇菌至 OD_{600}＝0.8～1.0（一般摇一个晚上）。取摇好的菌液 30mL，于 25℃、3500r/min 条件下离心 40min，丢弃上清，再加入 30mL AAM 培养基重悬沉淀，再于 25℃、3500r/min 条件下离心 40min，丢弃上清，再加入 30nL AAM 培养基重悬沉淀，将农杆菌稀释到 OD_{600}＝0.4 用于浸染。

2）共培养　　选择松脆、生长状况良好且淡黄色的胚性愈伤组织，弄碎放入准备好的浸染液中，浸泡 30min，中间摇动数次。倒掉菌液，将愈伤组织接种于 NA 培养基上，在 25℃条件下暗培养 2～3d，直至愈伤组织被农杆菌包围。

3. 抗性愈伤组织的选择与植株再生

1）共培养愈伤组织的清洗　　将共培养的愈伤组织置于锥形瓶中，用灭菌水洗 5 次或 6 次，直至灭菌水完全变清为止，再加入灭菌水（含 1000mg/L 头孢霉素＋200mg/L 氨苄青霉素）于 25℃、120r/min 条件下摇动 3h，然后把灭菌水倒掉，将愈伤组织倒在灭菌的滤纸上吸干多余的水分，接种到筛选培养基 S1（2mg/L 2,4-D＋500mg/L 头孢霉素＋200mg/L 氨苄青霉素＋50mg/L 潮霉素）上。25℃恒温暗培养一个月后转接到 S2（2mg/L 2,4-D＋1000mg/L 头孢霉素＋50mg/L 潮霉素）上以使抗性愈伤组织增殖，于 25℃恒温暗培养。

2）预分化　　把抗性愈伤组织接种到 P 培养基上，于 25℃恒温暗培养约 20d。

3）分化　　把预分化好的愈伤组织移至 R 培养基上，在 28℃、2000lx 光强、12h 光照下培养至出苗。

4）苗的驯化　　把 R 培养基中已长根的苗移到 1/2MS 培养基上，在 28℃、2000lx 光强、12h 光照下培养。最后洗掉培养基，剪短根、叶后可移栽到田中。

第三节　基因枪介导的植物转基因

基因枪法又称为生物弹法、微粒枪法或微粒轰击法，是依赖高速的金属微粒将外源基因导入活细胞的一种转化技术。基因枪法是继农杆菌介导法之后又一应用较广的遗传转化技术。

美国康奈尔大学 Sanford 等最早于 1987 年研制出火药引爆的基因枪，并与该校工程技术专家 Wolf 及 Kallen 合作研究基因转移的新方法。自 Christou 等（1991）利用此项技术获得成功以来，利用基因枪已相继成功地转化了水稻、小麦、玉米、大豆、棉花等重要的粮食作物和经济作物，并获得了相应的转基因植株。基因枪法具有以下特点：①无宿主限制；②靶受体类型十分广泛，几乎包括所有具有潜在分化能力的组织或细胞；③有特殊的应用领域，可将外源 DNA 转入线粒体、叶绿体，也可用于花粉转化、作图法基因克隆、启动子研究、与根癌农杆菌协同转化等；④基因枪法的转化频率低、嵌合体较多、结果的重复性差且转化的外源基因以多拷贝居多而易导致基因沉默；⑤遗传稳定性差，实验成本较高。

一、基因枪在植物遗传转化中的应用

Klein 等（1987）首次以洋葱表皮细胞为材料，以钨粉为子弹，把 DNA、RNA 导入细胞，且观察到外源基因能表达，并发表了第一篇有关基因枪介导转化的文章，证明此方法是可行的。1988 年，McCabe 等用外源 DNA 包被的钨粒对大豆茎尖分生组织进行轰击，结果约有 2%的组织通过器官发生途径获得再生植株，并且在 R_0、R_1 代植株中检测到了外源基因的表达。1990 年以前，农杆菌介导法转化还不能在单子叶植物的遗传转化中使用，因此用基因枪法将外源 DNA 送入完整细胞成为单子叶植物遗传转化的主要手段。自 1988 年 Wang 等采用基因枪法成功转化水稻悬浮细胞以来，一系列受体材料的含不同外源基因的转基因工程水稻相继问世。1990 年，Goedon-Kamm 用基因枪法将 *GUS* 报告基因和 *CAT* 选择性基因导入玉米悬浮细胞系，且再生的转基因玉米植株能够结实，首次获得转基因玉米。1993 年，Koziel 等用基因枪将 *Bt* 基因导入一个优良玉米自交系的幼胚中。转基因植株能高水平表达 CryIA（b），在温室和大田栽培中表现出很强的抗玉米螟的能力，且能在后代中稳定遗传。

1994 年，Rasmussen 等将用质粒 pBC17 或 pBAR-GUS 转化的完整大肠杆菌 DH5α-F 和用质粒 pNY 转化的根瘤农杆菌 A208 作为微弹转化玉米细胞，用飞盘型氢动力基因枪轰击，每次得到数个瞬间转化体、6 个稳定转化体。1996 年，Sack 等将细菌的淀粉液化酶基因转入玉米，不仅能促进玉米合成具有较高经济价值的果聚糖，而且有助于研究玉米种子中蔗糖代谢和淀粉合成途径，显示出玉米遗传转化应用于农业生产的巨大潜力。1991 年，Christon 等以水稻的幼胚为材料用基因枪法获得了转基因水稻。在此之后，Cao 等（1992）和 Li 等（1993）对水稻的基因枪转化系统做了进一步改进，提高了转化频率。

小麦是世界上栽培面积最大的重要粮食作物，然而其却是最后一个被转化成功的重要禾谷类作物。1992 年，Vasil 等首次报道，将 *GUS* 基因和抗除草剂基因通过基因枪法导入长期培养过的小麦胚性愈伤组织中。1993 年，Vasil 用基因枪法直接轰击小麦幼胚，获得了可育的转基因小麦株系，效率比轰击小麦愈伤组织要高，转化率超过 1%。1993 年，Troy 等也报道通过基因枪法轰击愈伤组织获得了可育的转报告基因的小麦植株，14 次独立实验平均转化率为 0.1%～0.2%。Becker 及 Nehra 等分别报道，通过基因枪法轰击小麦幼胚盾片组织获得了转报告基因的小麦植株。1997 年，傅荣昭首次报道用基因枪法直接轰击小麦幼胚，将雄性不育基因 *TA29-Barnase* 导入小麦品种'豫麦 18 号'，获得了经 Southern 杂交证实的转基因小麦植株。

基因枪除了被应用于植物基因转化和外源基因导入植物细胞的细胞器，还被应用于种系转化（germ line transformation）。所谓种系（germ line），就是合子胚中特定细胞将来分化发育成植物体的特定器官和部位，这种预定的胚发育系统也称为细胞种系（cell germ line），目前研究最清楚的有玉米、拟南芥等植物。植物的种系包括茎尖分生组织、配子体及胚细胞。它们均可能作为外植体而被转化。1992 年，贾士荣等采用中国科学院生物物理研究所生产的 JQ-700 型高速基因枪，把 pBI121 质粒 DNA 轰击转化到玉米花粉和谷子花粉中，再进行人工授粉。1989 年，Twell 等用基因枪把 pLAT52-7 质粒（CaMV 35S/GUS）轰击转化到烟草花粉，获得了 *GUS* 基因的表达，但外源 DNA 没有传给子代。

基因枪法转化植物有其优点，但作为遗传转化的有效手段，其转化频率还有待提高。这里的转化频率是指再生出转基因植株的受体数与轰击受体数的百分比。影响基因枪法转化的因素较多，如轰击受体的材料和生理状态、外源基因的纯度和浓度、质粒的构建、微弹的材料、轰击次数等，找到这些因素的最佳组合将有助于提高转化频率。当然，这项工作的完成需要大量实验数据和分析来判别。

对单子叶和双子叶植物的研究表明，农杆菌介导转化法的转基因植株的转基因拷贝数相对少一些（平均为 2.1 和 2.3），而基因枪法转化产生的转基因植株的转基因拷贝数相对多一些（平均为 4.2 和 5.6）。并且农杆菌介导转化法的转基因植株的基因表达盒 DNA 重排概率低于由基因枪法转化产生的转基因植株的基因表达盒 DNA 重排概率：农杆菌介导转化法的 DNA 重排概率为 0.07～0.106，基因枪法转化的 DNA 重排概率为 0.57～0.66（Jackson et al.，2013）。

二、基因枪法的具体技术（以小麦幼胚的基因枪法转化为例）

基因枪法的具体过程如图 11-4 所示。小麦幼胚的基因枪转化程序可包括如下步骤。

（一）无菌材料的获得和培养

取大田小麦开花后 14～18d 的麦穗，剥出幼嫩种子，用 0.1%升汞灭菌 10min，于超净工作台上挑出幼胚，盾片朝上接种于诱导培养基 MS2（MS＋0.5mg/L 2,4-D＋0.5mg/L ABA＋

500mg/L 水解乳蛋白＋3%蔗糖）上，在 25℃条件下暗培养。14d 后将产生的淡黄色新鲜愈伤组织在转化前 4～6h 进行渗透处理，渗透培养基为 MS2＋0.2mg/L 甘露醇＋0.2mg/L 山梨醇。将轰击材料集中置于培养皿（直径 9cm）中心不大于 3cm 的范围内，在 25℃条件下暗培养。

（二）质粒及其制备

质粒的制备采用碱裂解法，经 PEG 纯化后，保存于 －20℃冰箱备用。

（三）基因枪转化

试验所用基因枪型号为 PDS-1000/He System（美国 Bio-Rad 公司）（基因枪型号有多种，均带有各自的参数）。按轰击参数进行转化：金粉直径为 1μm，包裹子弹的沉淀剂用 50μL 2.5mol/L Ca（NO$_3$）$_2$＋20μL 40% PEG4000，每枪轰击的金粉用量为 0.25μg DNA/125μg 金粉，可裂圆片压力为 1350psi（1psi＝6.89kPa），轰击距离为 12cm，每皿轰击一次。具体操作步骤见基因枪使用说明。

（四）转化体的筛选和再生

将轰击后的愈伤组织继续在渗透培养基中培养 16h，然后转到原培养基 MS2 中过渡培养 1～2 周。用含有抗生素或除草剂的继代培养基 MSJ（MS＋0.5mg/L 2,4-D＋500mg/L 水解乳蛋白＋0.5mg/L 维生素 B$_1$＋1000mg/L KCl＋200mg/L 谷氨酰胺＋3%蔗糖）筛选 2 次或 3 次，每 14d 继代一次。将筛选后的愈伤组织转入附加草丁膦（PPT）5mg/L 的培养基 MSK（MS＋0.5mg/L KT＋0.2mg/L NAA＋3%蔗糖）中进行分化，在每天光照 16h、1500～2000lx、23℃条件下培养。待分化出的绿芽长至 2～3cm 高时，转至生根培养基 MSI（MS＋5mg/L IBA＋5%蔗糖）中，附加 10～30mg/L PPT 进行生根和筛选。

不同植物、不同组织的转化可查找相应的参考文献，结合自己建立的培养程序进行修改。随着农杆菌介导转化法研究的深入，并不断地在不同科、属、种中的转化技术的突破，基因枪法转化技术被应用得越来越少，但该方法在基因亚细胞定位研究上的应用越来越受到重视，尤其是在基因瞬间表达的研究中。

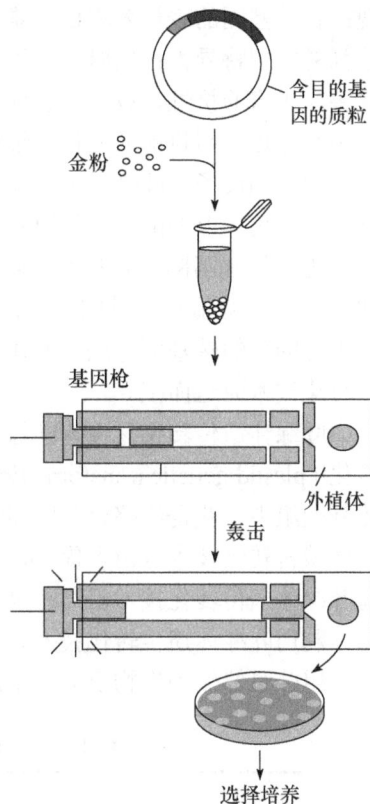

图 11-4　基因枪法转基因示意图

第四节　植物叶绿体遗传转化技术

高等植物细胞中除了细胞核，叶绿体（质体）、线粒体等细胞器中也存在 DNA，三者共同构成相对独立又紧密联系的遗传系统。自从 1983 年首例转基因植物烟草问世以来，向植物细胞核中转化外源基因已经成为植物基因工程中一种常规的方法，并在多种作物上获得了转基因产品。但是，随着研究细胞核转基因技术的不断深入，一系列难以解决的问题也随之出现：目的基因的表达效率低，难以表达出所期望的蛋白质量；在后代中表达不稳定，表现出较强的时空特异性；同时，由于高等植物的许多重要性状往往受多基因控制，如对除草剂、病害、虫害的抗性，以及完整代谢途径的调节等，其分子水平上的研究往往要对多个基因同时进行操作，而目前要在植物细胞核中如此操作还存在不少技术障碍。由于细胞核基因组难以处理多顺反子，目前要在高等植物细胞核中对多个基因进行转化的难度很大；而且 T-DNA整合到染色体上的随机性导致外源基因容易出现基因失活、基因沉默、位置效应等现象；另外，由于核基因随花粉扩散，转基因作物引发的环境安全问题令人担忧（Jin and Daniell，2015）。为了克服外源基因导入植物细胞核所带来的这些弊端，人们试图寻求一种可以弥补这些不足的新的转基因方法，而作为与植物细胞核转化有显著差异的转基因技术——叶绿体遗传转化技术应运而生。

叶绿体遗传转化又称为叶绿体基因工程（chloroplast genetic transformation）或质体遗传转化（plastid genetic transformation），是将遗传物质通过同源重组的方式定点插入整合到叶绿体基因组中，获得的整合基因能稳定遗传和表达的转基因技术。相对于细胞核转化技术，叶绿体遗传转化技术有诸多优势，因而该技术自问世以来在多个领域表现出旺盛的生命力。目前叶绿体遗传转化技术已经在藻类、烟草、生菜、马铃薯等十多个物种中成功实施，现已成功地利用叶绿体遗传转化技术表达抗病虫、抗旱、抗除草剂基因而显著提高了植物的抗性，并利用叶绿体作为生物反应器生产出人类生长激素蛋白、重大传染病疫苗等（表 11-3）。

表 11-3　目前已经成功实现叶绿体遗传转化的植物物种

植物物种	整合位点	整合的外源基因	转化效率
烟草	trnV-rps7/12	aadA＋uidAa	1/1（100.0%）
拟南芥	accD-rbcI	aadA	2/201（1.0%）
马铃薯	accD-rbcL-rrn16-rps7/3	aadA＋gfp	3/104（2.9%）
番茄	trnfM-rps14	aadA	1/20～3/20（5.0%～15.0%）
矮牵牛	accD-rbcL	aadA＋gusA	3/31（9.7%）
大豆	trnV-rps12/7	aadA	11/80（13.8%）
胡萝卜	trnI-trnA	aadA＋badh	1/7（14.3%）
棉花	trnI-trnA	aphA-6＋gfp	1/2.4（41.7%）
生菜	accD-rbcL	aadA＋gfp	5/85（5.9%）
杨树	rbcL-accD	aadA＋gfp	44/120（36.7%）
水稻	trnI-trnA	aadA＋gfp	2/100（2.0%）
花椰菜	accD-rbcL	aadA	1/5（20%）
卷心菜	trnI-trnA	aadA＋uidA	3/150～5/150（2.0%～3.3%）
甜菜	rrn16-rps12	aadA＋gfp	3/40（7.5%）
油菜	trnI-trnA	aadA＋has	19/82（23.2%）

一、叶绿体遗传转化系统的建立及发展

1987 年，Klein 等建立了基因枪法。1990 年，外源基因首次在高等植物叶绿体中获得瞬时表达（Daniell et at., 1990）（表 11-4）。Ye 等（1990）又对所创建的轰击转化系统进行改进，建立了一种较为有效的叶绿体遗传转化方法。此外，还涌现出许多将外源基因导入叶绿体的方法，如农杆菌介导转化法、PEG 法、显微注射法、玻璃珠法、电激法等。其中农杆菌介导转化法的成功例证极少，迄今为止仅有两例，PEG 法、电激法至今未能获得稳定的转化体，玻璃珠法还无法应用于高等植物，显微注射法近期有较大改进，但也还没有成功用于高等植物。目前，基因枪仍然是应用最广泛的叶绿体遗传转化工具。

表 11-4　植物叶绿体遗传转化领域里程碑事件

年份	叶绿体遗传转化领域里程碑事件	参考文献
1983～1986	分离的叶绿体中类囊体，大粒功能性 PS I、PS II 的合成	Daniell et al., 1983, 1984, 1986
1986	第一个叶绿体基因组（烟草）的完整序列发布	Shinozaki et al., 1986
1987	第一次在分离的叶绿体中表达外源基因（氯霉素乙酰转移酶、β-内酰胺酶）	Daniell and McFadden, 1987
1990	psbA 调控序列首次在叶绿体遗传转化载体中使用，随后在叶绿体中的大部分转基因表达研究中使用	Daniell et al., 1990, 1991
1990	首次在植物叶绿体中稳定表达外源基因氯霉素乙酰转移酶、β-葡萄糖醛酸酶，基因枪成为叶绿体遗传转化最有效的基因传递系统	Daniell et al., 1990, 1991；Ye et al., 1990
1991	aadA 基因首次作为叶绿体遗传转化的选择标记基因，随后被广泛应用	Goldschmidt-Clermont, 1991
1993	aadA 基因整合到烟草叶绿体基因组中的大单拷贝区域	Svab and Maliga, 1993
1995	抗虫基因 Cry1A 首次在叶绿体基因组中成功表达，赋予植物对害虫的抗性	McBride et al., 1995；Kota et al., 1999；Chakrabarti et al., 2006
1998	首次将转基因整合到叶绿体基因组的倒置重复区域，通过拷贝数加倍显著增强转基因表达，随后这一整合位点被后续众多实验所采纳	Daniell et al., 1998；Krichevsky et al., 2010
1998	叶绿体遗传转化的除草剂抗性基因的母系遗传，在后续研究中得到进一步证明	Daniell et al., 1998；Lutz et al., 2001；Ye et al., 2001
1999	生物聚合物、生物制药等许多生物制药大分子在叶绿体中成功表达	Guda et al., 1999；Staub et al., 2000
2000	获得了无标记基因的叶绿体遗传转化烟草，然后在大豆等叶绿体遗传转化材料中成功删除报告基因	Iamtham and Day, 2000；Dufourmantel et al., 2007
2001	在叶绿体中首先表达了外源操纵子（Cry2A）结构蛋白和 Bt 晶体蛋白，随后又表达了多个原核生物操纵子	de Cosa et al., 2001；Malhotra et al., 2016；Fuentes et al., 2016
2001	首次在叶绿体中表达疫苗抗原（CTB），随后抗炭疽、霍乱、登革热、艾滋病病毒、疟疾、鼠疫、脊髓灰质炎、破伤风等毒素或病原体的疫苗、抗原相继在叶绿体中成功表达	Daniell et al., 2001；Koya et al., 2005；Arlen et al., 2008；Davoodi-Semiromi et al., 2010；Gonzalez-Rabade et al., 2011；Chan et al., 2016；van Eerde et al., 2019；Daniell et al., 2019b；Tregoning et al., 2005
2001	叶绿体中首次成功表达抗菌肽	de Gray et al., 2001；Oey et al., 2009；Gupta et al., 2015；Lee et al., 2011
2003	叶绿体中首次报道细胞壁降解酶用作植物生物质水解、洗涤剂或纺织应用的酶制剂	Leelavathi et al., 2003；Verma et al., 2010；Agrawal et al., 2011；Petersen and Bock, 2011；Daniell et al., 2019；Kumari et al., 2019

年份	叶绿体遗传转化领域里程碑事件	参考文献
2003	首次利用叶绿体遗传转化技术进行植物修复，随后几项后续研究证实了这项技术的可行性	Ruiz et al.，2003，2011；Hussein et al.，2007
2004	首先通过体细胞胚胎发生和非绿色胡萝卜质体成功进行叶绿体遗传转化	Kumar et al.，2004；Dufourmantel et al.，2004，2007
2004	首次实现叶绿体的代谢工程研究	Viitanen et al.，2004；Harada et al.，2014；Apel and Bock，2009；Pasoreck et al.，2016
2004	首先在叶绿体中成功表达 Rubisco 的小亚基（SSU），然后是羧基体	Dhingra et al.，2004；Sharwood et al.，2008；Long et al.，2018
2005~2008	马铃薯、番茄、大豆、胡萝卜、咖啡、葡萄、橘子、棉花、木薯、可可、生菜等重要作物的叶绿体全基因组序列发布	Saski et al.，2005；Daniell et al.，2006，2008；Jansen et al.，2006，2008；Bausher et al.，2006；Samson et al.，2007；Lee et al.，2006；Ruhlman et al.，2006
2007	首次在可食用作物——生菜中建立叶绿体遗传转化系统并用于生物制药	Ruhlman et al.，2007，2010；Boyhan and Daniell，2011；Su et al.，2015；Kwon et al.，2016，2018；Park et al.，2020；Daniell et al.，2020
2007	叶绿体遗传转化植物进入田间试验阶段用于生物制药的生产，随后是酶的大田试验生产	Arlen et al.，2007；Schmidt et al.，2019
2008	首次在叶绿体中成功表达的膜蛋白，将叶绿体内膜增加到 8~19 层	Singh et al.，2008；Jin and Daniell，2014
2010	首先在叶绿体中成功表达可以口服的不引起过敏反应的蛋白质药物，随后是 FⅧ、Pompe 的成功表达	Verma et al.，2010；Sherman et al.，2014；Kwon et al.，2018；Su et al.，2015
2015	叶绿体中成功表达 dsRNA，提高植物的抗虫性	Zhang et al.，2015；Jin et al.，2015；He et al.，2020
2015	叶绿体中蛋白质药物的环磷鸟苷酸（cGMP）生产与评价	Su et al.，2015；Park et al.，2020；Daniell et al.，2020
2016	美国疾病控制与预防中心、美国食品药品监督管理局、盖茨基金会团队对叶绿体表达的脊髓灰质炎疫苗进行评估	Chan et al.，2016；Xiao and Daniell，2017；Daniell et al.，2019a
2016	使用>130 个叶绿体基因组进行密码子优化，在生菜叶绿体中成功表达最大人源蛋白质	Kwon et al.，2016，2018；Chan et al.，2016；Park et al.，2019；Daniell et al.，2020
2017	诺和诺德公司评估生菜叶绿体表达的 FIX 对血友病的治疗效果	Herzog et al.，2017
2019	首次在生菜叶绿体中表达无筛选标记的酶/生物制药	Daniell et al.，2019c；Kumari et al.，2019；Park et al.，2020；Daniell et al.，2020
2019	PhylloZyme 公司推出叶绿体表达的酶产品用于纺织品/洗涤剂行业商业化应用	Daniell et al.，2019c；Kumari et al.，2019
2019	在叶绿体中成功表达治疗 COVID-19 的生物制药，即将进入临床试验	Daniell，2020；Daniell et al.，2020
2019	首次使用碳纳米管技术实现叶绿体遗传转化	Kwak et al.，2019
2019	成功进行 Cas9/gRNA 叶绿体基因组编辑	Yoo et al.，2020；Zhan et al.，2019
2021	成功进行了叶绿体基因组点突变	Kang et al.，2021
2022	成功利用 TALED 新基因编辑平台在叶绿体中实现 A 到 G 碱基的转换	Mok et al.，2022

将外源基因导入叶绿体需穿过单层细胞膜和叶绿体双层膜，基因枪将附着目的基因的钨粒/金粉颗粒（直径 0.6μm）轰入叶绿体所需的技术较易掌握，对多种类型外植体都适用，且转化频率较高、重复性较好（Daniell，1997）。目的基因被送入叶绿体后，通过同源重组整合到叶绿体基因组。高等植物叶绿体基因组一般大小为 150kb 左右，结构也远比核基因组简单，适于应用同源重组。一般构建叶绿体遗传转化载体时在目的基因的左右两端各加一段与受体植物叶绿体基因组同源的大小合适的片段，载体进入叶绿体后与其基因组间发生两个同源重组反应，使目的基因及同源片段替换叶绿体基因组的相应部分，从而进入叶绿体基因组。为了既不引起叶绿体基因组原有基因的丢失，又不干扰邻近基因的正常功能，一般选用相互毗邻的两个基因作为一对同源片段，片段大小一般为 1.5kb 左右（见第十章叶绿体遗传转化载体相关内容）。

叶绿体遗传转化过程的同质化是叶绿体遗传转化材料外源基因高表达的重要遗传基础。所谓同质化，是指受体细胞中所有叶绿体、质体中 DNA 都含有外源整合的遗传物质，且能够稳定遗传和表达。叶绿体遗传转化系统自建立以来，一直以目的基因的导入和转基因植株的同质化为研究重点。植物细胞内含有 50～200 个叶绿体，而每个叶绿体中又含有 50～200 个叶绿体 DNA 分子（基因组），基因枪法及其他类型的转化方法都无法一次性使所有叶绿体基因组全部含有目的基因，目前可采取在转入外源基因之前降低叶绿体的拷贝数或利用抗生素标记基因赋予的抗性进行多轮再生筛选，使转基因植株实现同质化，因而筛选高效的标记基因成为研究的又一重点。目前作为筛选标记基因的编码壮观霉素和链霉素抗性的 *aadA* 基因是植物叶绿体遗传转化最有效的基因，可将质体遗传转化率提高 100 倍，几乎达到核转化水平。

二、叶绿体遗传转化系统的特点

1. 外源基因定点整合 叶绿体遗传转化体系中的目的基因以定点整合方式进入叶绿体基因组。而在细胞核转化的方法中，如被广泛使用的农杆菌介导转化法，T-DNA 的插入位点是随机的，T-DNA 插入的拷贝数都很难控制，需从大量转基因植株中选出单拷贝、外源基因表达量高的株系。目前的叶绿体遗传转化主要是利用叶绿体基因组序列，设计同源重组的左右臂，通过同源重组方式将目的基因定点插入叶绿体基因组的特定位置，能较好地解决 T-DNA 介导的细胞核转化中普遍存在的"顺式失活""位置效应"等导致的转基因沉默问题。

2. 原核基因可直接表达并能实现多基因转化 目前许多学者认为叶绿体起源于原核生物，其基因的编码、排列方式有明显的原核特征，因而原核基因无须改造就可在叶绿体中表达，原核启动子也能在叶绿体中正常行使功能。植物基因工程在许多方面需要同时表达多个基因，农业作物在生产上许多至关重要的性状都属于数量性状，如要加以改良，仅转入单个基因难以取得理想效果。以植物作为生物反应器合成的产品也往往是多基因共同作用的产物。核转化系统转入多个基因操作复杂、工作量大，而且易出现外源基因沉默的现象。在叶绿体中表达多个外源基因时则可采取"多顺反子"原核表达形式，通过一次转化就可将多个基因在一个启动子驱动（类似于操纵子结构）引入受体植物，既方便操作，又可避免由于存在多个相同启动子所带来的"共沉默"。

3. 可以避免花粉漂移造成的对环境的潜在威胁 叶绿体基因的遗传属于母系遗传，目的基因不会因孟德尔遗传规律而在后代中出现性状分离，在农业生产中只需将转基因植株作为母本就可获得含所需性状的后代。同时，有些目的基因如抗除草剂基因利用核转化系统时常会通过花粉传播到相邻的近源物种中去，产生"花粉飘移"现象，这种现象会使周围地区的生物安全性受到威胁。运用叶绿体遗传转化系统就不存在这些问题。Scott 等的研究表明，虽然转入叶绿体的基因仍然会通过某些途径产生扩散，但概率极低，基本上所转的基因会被限制在转基因植物中，从而保证植物基因工程的安全性（Scott and Wilkinson，1999）。

4. 可以大幅度提高外源基因的表达量　叶绿体基因组在植物细胞内以多拷贝形式存在（一个成熟的植物叶细胞中可含高达 40 000 份叶绿体基因组），如果每个基因组都能表达插入的转基因成分，理论上其表达量可以达到细胞核转化的数万倍，是目的基因能够超量表达的主要原因之一。McBride 等（1995）在烟草叶绿体中表达了 *cryIA（c）Bt* 基因，所获抗虫蛋白占可溶性蛋白质的 3%～5%。以叶绿体为"生物反应器"生产人类生长激素的产量可高达可溶性蛋白质的 7%（Staub et al.，2000）。Kota 等（1999）所获转基因烟草叶绿体中 cry2Aa 抗虫蛋白的表达量比商业应用的核转化植株高 20～30 倍。这些实验充分说明，叶绿体表达载体的构建和转化是实现外源基因高效表达的重要途径之一，有望解决当前转基因植株中外源基因表达量低、不稳定等难题。

三、叶绿体遗传转化系统的应用

叶绿体遗传转化技术可以同时应用于基础研究和应用研究，具体应用如下。

1. Rubisco 的组装研究　利用叶绿体基因组转化技术来改造或重新组合来自不同物种的 Rubisco 亚基，将可以探知这两个亚基如何在叶绿体中进行组装，以及其活性和功能的调控。例如，细菌深红红螺菌（*Rhodospirillum rubrum*）的 Rubisco 没有小亚基，是由一种蛋白质组成的同型二聚体。Kanevski 等（1999）用含有向日葵或蓝藻 *rbcL* 基因的叶绿体载体转化烟草，结果获得了 3 个稳定的含有外源的 *rbcL* 基因的烟草转化株系。含有蓝藻 *rbcL* 基因的转化株可以产生 mRNA，但不能形成大亚基蛋白。含有向日葵 *rbcL* 基因的转化株会合成一个有催化活性的杂合形式的 Rubisco。该杂合体 Rubisco 是由向日葵的大亚基和烟草的小亚基组成的。第三个转化株由于 *rbcL* 基因同源重组，形成了向日葵和烟草的嵌合大亚基，该 Rubisco 具有和杂合酶相似的特征。这就表明，把不同形式的 *rbcL* 基因组装在一个载体上对植株进行转化，在转基因植物叶绿体内通过同源重组可以产生有活性的嵌合酶。

2. 叶绿体基因的转录研究　在高等植物的光合作用中，叶绿体基因至少被两类 RNA 聚合酶所转录。第一类为叶绿体基因 *rpoA*、*rpoB*、*rpoC* 编码的质体 RNA 聚合酶。第二类为核基因编码的质体 RNA 聚合酶。*rpoA*、*rpoB* 和 *rpoC* 分别编码 RNA 聚合酶的 α、β 和 β′亚基。在烟草、水稻和玉米等植物中，*rpoC* 断裂成两个组分 *rpoC1* 和 *rpoC2*。利用叶绿体基因组转化技术的研究结果进一步地证实了这些观点。例如，Allison 等（1996）利用叶绿体基因组转化技术，把烟草叶绿体基因组中的 *rpoB* 基因删除，发现尽管转基因植株的光合作用存在一些缺陷，但仍可以正常生长和发育，这就证实叶绿体中存有另一套来自细胞核的 RNA 聚合酶。为了确定 NEP 和 PEP 是否共享必要的亚基，Serino 等（1998）通过进一步删除烟草 *rpoA*、*rpoC1* 和 *rpoC2* 基因，产生了光合作用缺陷的植株。这些植株缺少 PEP 活性，然而保持了 NEP 活性和 NEP 启动子的转录特异性。这就表明 *rpoA*、*rpoB*、*rpoC1* 和 *rpoC2* 编码的PEP 亚基对 NEP 转录不是必要的组成部分。

3. 叶绿体基因的翻译研究　为了验证 *petD* 基因 3′-UTR（3′-非翻译区）的功能，

Monde 等（1999）用 *GUS* 作为报告基因，在其两端接上烟草 *petD* 基因不同长度的 3′-UTR。再利用叶绿体基因组遗传转化技术，把嵌合的报告基因导入烟草的叶绿体，得到了一些含有不同 3′-UTR 的烟草转基因植株。结果表明，3′-UTR 影响翻译的效率。Kuroda 等（2001）用 *npt II* 基因作为标记，利用叶绿体基因组转化技术，也证实了翻译起点下游位置的 RNA 序列在蛋白质的翻译效率上起重要作用。

4. 利用叶绿体作为生物反应器　　由于叶绿体基因组的拷贝数非常大，整合在其中的外源基因也会以高拷贝数存在，这就为外源基因的高效表达提供了条件。因此，可以利用叶绿体转基因植株作为生物反应器来生产人生长激素、抗原和抗体等。Staub 等（2000）利用叶绿体基因组转化技术，将人生长激素基因导入烟草的叶绿体基因组中，转基因烟草表达出的人生长激素可以形成正确的二硫键，具有正常的生物活性。并且其表达出的人生长激素可达叶片总可溶性蛋白质的 7% 以上，其表达量是利用细胞核转化植株的 300 多倍。霍乱是人类严重的腹泻病，是由霍乱弧菌感染小肠后引起的。霍乱肠毒素和它的 β 亚基（cholera-enterotoxin B subunit，CTXB）可诱导动物和人类系统性与黏膜抗体的产生。Daniell 等（2001）将 *ctxb* 基因转入烟草叶绿体基因组中，表达出的蛋白质可以形成正确的四级折叠结构，具有正常的生物活性，所表达出的蛋白质比由细胞核转化得到的转基因植物高 400 多倍。

5. 改良植物的农艺性状　　从微生物苏云金芽孢杆菌中分离出的杀虫晶体蛋白——Bt 蛋白的基因是植物抗虫基因工程最常用的基因。但由于该基因的最适密码与高等植物细胞核的偏好密码并不完全一致，因此需用通过人工合成、修饰的 *Bt* 基因来转化植物细胞核，以增加其表达量，才能达到抗虫的效果。而叶绿体大多数基因的结构、转录和翻译系统均与原核生物类似，因此 *Bt* 基因无须修饰改造就可直接在叶绿体内高效表达。例如，Mcbride 等（1995）将 *Bt* 基因转入烟草叶绿体基因组，Bt 蛋白的表达量高达叶片总蛋白质的 3%～5%，而通常的核转化技术的蛋白质表达量只能达到 0.001%～0.6%。de Cosa 等（2001）把 *Bt* 基因导入烟草的叶绿体中，在成熟叶片中外源蛋白质的积累可以达到总可溶性蛋白质的 45.3%，在老的变白的叶片中可稳定地保持 46.1%。因此，在整个生长季节都能对靶标害虫进行有效抵抗，这是目前报道的转基因植株最高的外源基因表达水平。

金双侠等（2011）利用叶绿体遗传转化技术将 β-葡糖苷酶基因导入烟草叶绿体中，获得的烟草植株表现出营养体生长旺盛（株高显著升高、叶片增大），叶片表皮毛密度显著增加，转基因烟草对蚜虫、烟粉虱等害虫的抗性明显增强。利用同样的技术策略，金双侠等（2012）将半夏凝集素基因导入烟草叶绿体基因组中，获得的烟草叶绿体遗传转化植株对蚜虫、烟粉虱等刺吸式口器害虫及细菌和烟草花叶病毒（TMV）等病害产生了广谱抗性（图 11-5）。除了提高植物病、虫害抗性，叶绿体遗传转化技术还被广泛用于提高植物对除草剂抗性及对干旱、盐碱、重金属毒害等非生物逆境胁迫的抗性等。金双侠等（2014）利用叶绿体遗传转化技术，将 γ-生育酚甲基转移酶（γ-tocopherol methyltransferase，γ-TMT）导入烟草叶绿体中高效表达，γ-TMT 能够将植物中的 α-生育酚转化为 γ-生育酚，而 γ-生育酚的抗氧化活性要比 α-生育酚的活性高，转基因烟草种子的 γ-生育酚含量显著提高，从而赋予烟草植株对非生物逆境胁迫（高盐分）的抗性，其分子机制在于烟草植株中 γ-生育酚的显著增加提高了对逆境胁迫产生的活性氧的清除能力。

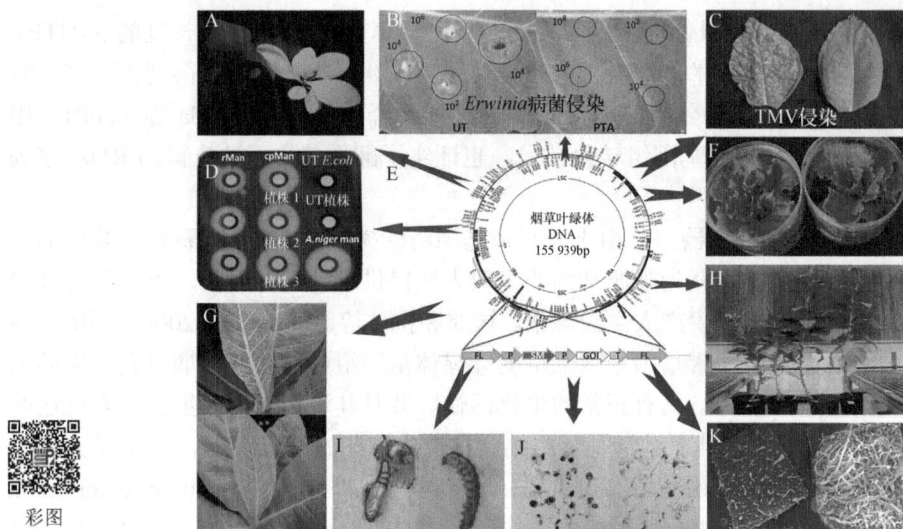

图 11-5　叶绿体遗传转化技术的应用——生物反应器、提高植物的抗性（Jin and Daniell，2015）

A. 抗菌肽 retrocyclin101 与 GFP 融合蛋白在烟草叶绿体中表达后显示强烈的绿色荧光，而未转化的叶片显示叶绿素红色荧光；B，C. 表达半夏凝集素的烟草叶片在受到细菌欧文氏菌属（*Erwinia*）或病毒（烟草花叶病毒，TMV）病原体侵染时表现出较高的抗性；D. 凝胶扩散试验显示叶绿体表达的内-β-甘露聚糖酶的活性类似于纯化的商业酶（黑曲霉，*Aspergillus niger*）；E. 烟草叶绿体基因组和表达盒的整合位点；F. 莴苣叶绿体中高效表达虾青素和类胡萝卜素；G. 表达凝集素基因的叶绿体转化植物表现出对鳞翅目、同翅目昆虫的广谱抗性及抗菌（*Erwinia*）和抗病毒（TMV）活性；H，K. 叶绿体中 β-葡糖苷酶的表达导致了烟草生物量和叶片表皮毛密度显著增加；I，J. 表达 dsRNA 的烟草叶片对棉铃虫的生长有抑制效果

四、烟草叶片为转化受体的叶绿体遗传转化程序

在植物叶绿体遗传转化研究中，为了避免每次称量微量金粉造成损耗及误差，一般以轰击 10 枪（或 10 枪的倍数）所需的金粉量来制备相关试剂或耗材。

1. 制备用于基因枪轰击的子弹（金粉颗粒）

（1）以电子天平称取 50mg 金粉（直径 0.6μm）并将其转入 1.5mL 硅化 Eppendorf 离心管（硅化离心管可以减少对金粉及 DNA 的静电吸附）。

（2）加入无水乙醇清洗金粉颗粒，高速振荡 1～2min。

（3）10 000r/min 离心 1min。

（4）重复上述无水乙醇清洗金粉颗粒步骤 3 次。

（5）加入 70% 的乙醇重悬、振荡金粉颗粒 1min，室温孵育 15min，中途振荡、重悬 3 或 4 次。

（6）5000r/min 离心 2min，倒掉上清液，加入 1mL 无菌双蒸水（ddH₂O），振荡数秒。

（7）10 000r/min 离心 1min。

（8）重复上述 ddH₂O 清洗步骤两次。

（9）最后加入 1mL 50% 甘油（*V/V*）重悬洗净的金粉颗粒，储存于 −20℃ 条件下备用。

2. 基因枪轰击配套耗材的准备工作　　将载体膜（macrocarrier）、固定器（holder）、阻挡网（stopping screen）、可裂圆片（rupture disk）浸泡在 95% 乙醇中 15min 后，在无菌条件下晾干备用。

3. 金粉颗粒与质粒 DNA 进行包裹、吸附处理（10 枪的量）

（1）取清洗过的金粉 100μL，加入 10μL DNA（1μg/μL）（使用硅化离心管），振荡 1min。

（2）加入 100μL 2.5mol/L CaCl₂，振荡 1min。

（3）加入 40μL 0.1mol/L 亚精胺（spermidine），在 4℃条件下振荡 20min。

（4）10 000r/min 离心 10s，倒掉上清液。

（5）用 500μL 70%乙醇和无水乙醇依次清洗。

（6）10 000r/min 离心 10s，倒掉上清液。

（7）加入 100μL 无水乙醇，混合均匀，每次取 10μL 滴在载体膜上，一次一滴，慢慢滴，确保含有质粒的金粉颗粒能够均匀分散在膜上。

4. 烟草外植体的准备　　将烟草种子用次氯酸钠（1.5%）消毒 10min，然后用无菌水冲洗 3 遍，将消毒后的烟草种子悬浮于 1.5mL 离心管中，然后用 1mL 的枪头吸取含有烟草种子的无菌水，均匀涂在烟草种子萌发培养基上，放置于 25℃的光照培养室或培养箱中培养，待烟草植株长到 5～6 片真叶时，即可用于基因枪轰击。

5. 基因枪轰击烟草叶片

（1）从苗龄在 2 个月左右（5～6 片真叶）的无菌苗上，每株切取 1～2 片完全展开叶（长度 3～4cm，宽约 2cm）。

（2）将叶片背面向上放置在圆形无菌 Whatman 滤纸（70mm）上，滤纸平铺在无抗生素的烟草丛芽诱导培养基平板上。

（3）接通基因枪和真空泵的电源。

（4）先将升降手柄外拉、下压并向前推到卡住位置，取下样品室及载体膜座。

（5）选择所需压力强度的爆破膜，将它放在爆破膜螺母的内圆孔台肩上，将爆破膜螺母旋在储气仓螺口上，用球形扳手将螺母旋紧，确保不漏气。

（6）把网膜座放入载体膜座内，依次放入网膜、网膜压圈。

（7）将样品皿放入基因枪样品架上。此样品架可在样品室内选择合适的位置（阻挡板下表面到样品平面之间的距离，在 45～125mm 设定）。

（8）将已涂 DNA 微弹的载体膜座装在已装好样品的样品室上方，并一起安装在升降底座上。将升降手柄拉出后，样品室上升，使三件体结合在一起，件与件之间都有密封圈密封。

（9）打开真空泵开关，按下真空开关，真空泵开始工作，真空表指示针指示真空度下降，当真空度达到−0.095～−0.085MPa 时，使样品室保持密封，达到所需要的真空度。

（10）按高压触发按钮向储气仓内充气，同时观察高压气体监测表的压力值。在达到爆破膜的压力时，瞬间产生一个气体冲击载体膜，同时载体膜表面上的微弹（包覆 DNA 微粒）通过网膜继续高速飞行射入烟草叶片靶细胞中。

（11）关闭真空开关，按下真空释放按钮，使系统卸荷并将样品取出。这时一次基因导入试验完毕。

（12）按操作步骤（4）取出样品室与载体膜座，从样品室的样品皿座上取出样品皿，盖上盖子、编号、记录试验内容及条件。

（13）从载体膜座圆孔穴中取出载体膜，接着拧下封口螺母，从圆孔台肩上取出穿孔的爆破膜。

（14）从步骤（5）开始重复操作，完成所有样品的处理。

（15）关机：基因枪用完后应关闭气瓶阀门，按下高压触发按钮使高压管内存余气体释放出来。关闭电源总开关，从插座上拔下电源线插头。

（16）试验完毕后进行整理、清洁工作。一般采用75%的乙醇清洗。样品室上下密封圈用真空脂涂上保存。

（17）轰击完毕的叶片连同培养皿一同置于培养箱中，在25℃温度下，暗培养48h待用。

注意事项：试验前样品室要用75%乙醇擦干，以防污染。钢瓶的保养和安全操作应严格按照钢瓶的使用说明书进行。使用氮气时系统中严格禁油。

6. 基因枪轰击烟草叶片后的烟草植株再生及叶绿体遗传转化植株同质化处理

（1）将每片被轰击的叶片（基因枪轰击后暗培养48h）切成小片（5mm^2），放置在背面（被轰击的一面）接触含有 500μg/mL 壮观霉素的烟草芽诱导培养基上培养。用封口膜密封每个培养皿，置于培养室中，使其处于 25℃温度下，在光照培养的生长条件下，培养 3～5 周，潜在的转化子（抗性芽）将出现。将抗性芽切取下来接种到烟草生根培养基中，诱导植株再生。利用设计的两套 PCR 引物，分别检测目标基因片段和叶绿体遗传转化载体的同源重组片段序列，两者均为阳性的植株，即叶绿体遗传转化的阳性植株。

（2）再次将 PCR 阳性叶绿体遗传转化的叶片切成小片（2mm^2），继续在烟草芽诱导培养基（添加 500μg/mL 壮观霉素）上进行第二轮选择，以实现所有叶绿体基因组都含有转基因成分，即所谓的同质化。

（3）在第二轮选择后将再生苗分离，转入含 500mg/mL 壮观霉素的烟草芽诱导培养基中进行第三轮选择。所获得的再生植株即认为是阳性且同质化的叶绿体遗传转化植株，将其移栽到温室中进一步生长，可以进一步用于目标基因的表型、功能验证。

第五节　其他植物转基因技术

植物的遗传转化技术研究一直方兴未艾，许多转基因技术不断被发明，虽然这些技术的可靠性和稳定性，甚至科学性均有待提高和明确，但这些技术的研究和建立也是植物转基因技术不断发展的动力源泉。下面对一些植物转基因方法或技术进行简单介绍。

一、PEG 转化法

（一）PEG 转化法的特点

PEG 转化法最早用于植物原生质体融合研究。1982 年，Kren 首次将其用于转化研究，其作用是在二价阳离子存在下促进原生质体对外源 DNA 的吸收，同时还保护外源 DNA 免受核酸酶的降解。PEG 转化法最早用于水稻遗传转化并获得转基因水稻植株。其原理是将植物原生质体悬于含质粒 DNA 的 PEG 中，由于渗透压的作用，质粒 DNA 透过原生质体膜进入细胞内，随机地整合到水稻的基因组中，经原生质体再生成完整植株。此法需要的设备简单，易于操作。但原生质体的分离和植株再生费时、费力，后代变异大，且受再生的基因型限制。

（二）PEG 转化技术的主要步骤（以 PEG 转化水稻为例）

1. 胚性悬浮细胞系的建立　　水稻成熟胚在固体培养基上诱导出愈伤组织，经多次继代后，选出颜色淡黄、由松散小颗粒组成的胚性愈伤组织转移到 AA 液体培养基中。在 90r/min 的摇床上暗培养（29℃），每周继代培养一次，建立起水稻胚性悬浮细胞系。

2. 原生质体游离及纯化　　将获得的悬浮细胞加入含有分解细胞壁结构的混合酶液中，在 27℃条件下暗培养 4h。悬浮有原生质体的混合酶液依次通过孔径为 40μm 和 20μm 的尼龙网。离心收集原生质体并用洗涤液洗涤一次。

3. PEG 转化　　原生质体悬浮于转化介质中，加入质粒 DNA 形成混合液。该混合液在室温下培育 15min 后，加入 40%的 PEG6000 溶液，使 PEG 的终浓度为 25%。再在室温下静置 15min 后加入终止溶液停止 PEG 处理，并用该终止溶液洗涤 3 次或 4 次彻底去除 PEG。最后用原生质体培养基洗涤一次并将原生质体以 $2×10^5$ 个/mL 的密度悬浮于该培养基中。

4. 原生质体培养　　悬浮有原生质体的液体培养基与预先溶化的 2%低熔点琼脂糖培养基等量混合，使琼脂糖的最终浓度为 1%，原生质体的接种密度为 10^5 个/mL。而后迅速将混合液滴到 60mm×15mm 的培养皿中。在琼脂糖珠完全冷却并固定在培养皿底部后，每皿再加入 2mL 液体培养基，使液体完全铺满皿底而又不淹没琼脂糖珠顶部。在液体培养基中加入少量悬浮细胞（每皿 50～100mg）作为看护细胞。培养皿封口后置于黑暗、27℃条件下培养。

原生质体培养 10d 后，将看护细胞洗掉，更换液体培养基。15d 后可以看到小细胞团产生。此时用含选择剂的液体培养基完全替代原来的培养基以筛选转化体。

二、电激法

（一）电激法的概念和特点

电激法（也称为电激穿孔法）是 20 世纪 80 年代初发展起来的一种遗传转化技术。该方法的主要原理是利用高压电脉冲作用，在原生质体膜上"电激穿孔"，细胞膜上会出现短暂可逆性开放小孔，为外源物质提供了通道，借此可以导入外源 DNA、RNA、蛋白质、病毒颗粒等多种生物大分子及核苷酸和染料等多种小分子。此法在动物细胞中应用较早并取得了很好的效果。李宝健等于 1985 年首次将其应用于植物细胞的转化，现在这一方法已被应用于各种单、双子叶植物中，特别是在禾谷类作物中更有发展潜力。电激法除了同样具有 PEG 原生质体遗传转化的优点，还具有操作简便、转化效率较高、特别适于瞬时表达的特点。其缺点是会造成原生质体的损伤，且仪器也较昂贵。近年来对电激法的应用又有新发展，通过电激法直接在带细胞壁的细胞上打孔，然后将外源基因直接导入植物细胞，已在水稻上获得转基因植株。使用该技术可以不制备原生质体，提高了植物细胞的存活率，而且简便易行。

（二）电激转化技术的主要步骤（以小麦幼胚电激转化为例）

1. 植物材料　　在大田小麦开花授粉 12～15d 后，将其穗子剪下并放在70%乙醇中浸泡约 1min，无菌水洗 3 次或 4 次，然后剥出幼胚待用。

2. 电激转化　　将幼胚用升汞灭菌后放入 HPES-3 电激仪的电激小室中进行电激。每个

小室装有 $100\mu L$ 的 Hepes 电激缓冲液（内含目的基因或大片段 DNA）和约 20 个幼胚。参照电激仪的电激参数（如脉冲数 $N_p=2^7$、脉冲强度 $Td=62\mu s$、电压 $Vp=10\ 000V$、循环数 $N_c=15$、循环间隔时间 $T_r=1s$、放电针尖至液面距离 $h=3\sim5mm$，长脉冲输出方式）进行电激。

3. 转化材料的选择培养与再生　　将电激转化的幼胚先放在无选择剂的愈伤组织诱导培养基上培养 3d。然后转入含有选择剂的培养基中进行选择与继代培养，继代时间为 10～14d，培养温度为 25～28℃，黑暗培养。经选择培养而存活下来的愈伤组织被转至再生培养基中，在 1600lx 光强下培养，每天光照 16h。当再生的小植株大于 2cm 高时，再转至 N_6 培养基进行生根壮苗培养。

三、激光微束穿刺法

利用激光微束穿刺法将外源基因导入植物细胞，因具有操作简单、定位准确、对细胞损伤小及外植体适用性广泛而受到重视。

（一）激光微束穿刺法导入外源基因的机制

子叶细胞在高渗液中浸泡一定时间后，细胞内外会形成一个渗透压梯度，内高外低，用激光微束进行细胞膜穿孔，外源 DNA 便通过直径 2～3nm 的穿刺孔顺着渗透压梯度进入细胞内，在很短时间内，细胞穿孔自然闭合，而进入细胞内的外源 DNA 便随机整合到植物基因组 DNA 上。这种方法适合于多种植物及其不同的幼嫩器官、悬浮细胞和愈伤组织等，尤其对单子叶植物的外源基因导入十分有用。

（二）激光微束穿刺法转基因的发展概况

近年来随着激光微束技术的发展，人们开始考虑用聚焦到微米级的激光微束给组织穿刺，从而导入外源 DNA。在 1987 年第七届国际原生质体学术讨论会上，Weber 报告了用微束激光单脉冲照射油菜细胞的方法，将外源 DNA 定向导入叶绿体、线粒体等细胞器中，因操作简便、转化频率高等特点引起了世界上这一领域科学家的极大兴趣。Weber（1988）用紫外激光对双苯甲胺标记的 DNA 转化细胞，证明外源 DNA 可被微束激光导入植物细胞。翌年进一步证实微束激光可定向穿透细胞壁与细胞膜，并将外源基因定向导入细胞器。近年来，王兰岚等在激光微束转化方面做了大量工作，并在世界上率先得到了有分子证据的稳定转化植株。他们采用激光微束穿刺法将外源基因导入小麦、百脉根、油菜、苹果等植物成功地获得转基因植株。利用微束激光将新霉素磷酸转移酶基因导入小麦幼胚，并使该基因得到了稳定表达。

从总体来看，本方法可以应用于多种植物，操作简便，对细胞的损伤小，可准确定位于被照射的细胞，实验重复性好。尽管如此，该体系还有许多需要进一步完善的地方，包括技术体系的完善和激光微束作用机制的理论研究。

（三）激光微束穿刺法的主要步骤（以油菜为例）

在激光微束穿刺前将材料进行预处理。将油菜子叶柄浸泡于高渗培养液中预处理 30min，迅速用液体培养基冲洗材料并用滤纸吸干。置于事先加入 2～5μg 质粒 DNA 的 Rose 小室中，在与激光微束仪相连的相差显微镜（10×物镜，12.5×目镜）下连续扫描照射，每个小室打 6000～8000 个脉冲。将照射后的子叶块接种于不含选择剂的 MS 培养基上培养 2～4d 后，转至含选择剂的 MS 筛选培养基上。有些子叶块在切口等边缘处出现突起，逐渐出现愈伤组织，在筛选培养基上培养约 40d 便分化出绿芽点，随后绿芽点分化成芽丛，这说明外源 DNA 通过微束激光的穿刺小孔转化到这些组织块细胞内，并整合到基因组中，使植物细胞可能具有抗生素抗性。绿芽丛逐渐分化出小苗，将这些小苗移至生根培养基。

四、超声波转化法

超声波具有较强的生物学效用，生物体对超声波作用的反应也是多方面的，目前超声波在生命科学领域已得到广泛的应用和发展。利用超声波将外源基因导入受体细胞即其中的一种。1990 年，许宁等首次报道用此技术实现了植物基因转移，它不需要复杂、昂贵的仪器设备，操作简便省时，转化率高，是一种比较理想的转基因方法。

（一）超声波的作用机制及转基因应用

超声波与媒质相互作用主要产生空化现象。在较高声强下较易导致空化泡的破裂，发生瞬态空化。然而这两种空化现象在超声波处理时几乎同时存在。空化泡破裂时发出的冲击波能引起空化泡周围物质的机械破坏作用，同时也引起围绕小泡的液体物质的剧烈流动，即微声流现象的发生，足以破坏大分子甚至细胞。

已报道超声波可用于转化植物原生质体、植物悬浮细胞、植物组织块、小麦幼胚及动物细胞。转化过程比较简单，将待转化的无菌生物体与质粒 DNA 加入有超声波缓冲液的容器中，迅速混匀后将超声波发生器变幅杆末端插入液面下 3～10mm，采用不同的声频、声强及时间进行处理。超声波可采用连续和脉冲两种方式。将处理后的生物细胞转到新鲜的培养基上培养，即可长出转化了的生物体。超声波被用来辅助提高农杆菌对植物的转化效率，并在一些植物上取得了成功。农杆菌转染时将转化材料浸在农杆菌悬液中，再用超声波处理可提高转化频率，这可能是由于在目标材料的表层和深层超声波的空化效应过程中，气泡闭合形成瞬间高压，连续不断的高压像一连串小"爆炸"不断地冲击材料表面，造成许多微损伤，从而明显提高了农杆菌的感染效率。

（二）超声波转化技术的主要步骤（以烟草的超声波转化为例）

白肋烟无菌试管苗生长在 14h 光照/10h 黑暗的培养室中，光照强度为 1500～2000lx，昼夜温度分别为 28℃和 22℃。

取无菌试管苗的中部展开叶片，切成 4mm×8mm 的小块，并在叶块上用针刺若干小孔，放入超声小室中。在超声小室中预先加入含5%二甲基亚砜（DMSO）的缓冲液 3mL、转化质粒 DNA 20μg/mL 及鲑鱼精 DNA 40μg/mL，室温下以声强为 0.5W/cm^2 的脉冲式超声波处理 30min。超声后叶块组织用不加 DMSO 的缓冲液洗涤 3 次，接种在 MS 无激素培养基（MS0）上，置于 LPH-200-RDSCT 生长箱中培养，光周期为 16h 光照/8h 黑暗、光强为 3000～4000lx，昼夜温度分别为（25±1）℃及（20±1）℃。

将对照及经超声波处理的叶片培养 3d 后转移至附加 100mg/L 卡那霉素的分化培养基上进行抗性选择。分化培养基的组成是 MS 基本成分附加 6-BA 1.0mg/L、α-NAA 0.1mg/L，pH5.8，用 0.7%琼脂固化。将再生芽转移至含 100mg/L 卡那霉素的培养基上诱导生根，培养物均于 LPH-200-RDSCT 生长箱中培养，培养条件同前所述。

五、低能离子束法

这种方法是由我国科学家创造的一种基因转移方法。余增亮等在研究低能离子束与细胞表面相互作用的过程中，发现离子束对细胞壁具有蚀刻作用，提出了离子束介导转基因的设想。在此基础上，我国在世界上率先开始离子束介导外源基因转移的研究。国外从 20 世纪 90 年代起也开始进行低能重离子注入生物的诱变效应和育种研究，但仅日本在 1997 年开始开展了离子束介导转基因研究。至今，离子束介导的遗传转化在水稻、小麦、棉花、烟草、西瓜等多种作物上都取得了成功。

余增亮等进行了离子束对生物样品刻蚀作用的研究，结果表明离子束对大豆子叶细胞表面会产生溅射现象，扫描电镜显示子叶表面有辐照损伤和离子刻蚀，并提出将离子束应用于转基因的可能性。人们进一步研究发现，离子束对生物样品的刻蚀程度与注入离子的能量和剂量等密切相关。注入离子能量、剂量增加，引起刻蚀程度的加深，有利于形成微通道，便于外源基因进入受体细胞。因此，发展了离子束介导遗传转化，其原理是：①一定能量和剂量的离子束对植物细胞壁的溅射作用会破坏细胞壁和细胞膜的结构，结果在局部产生刻蚀和穿孔，为外源遗传物质进入细胞提供微通道；②用于注入的荷电正离子降低了细胞表面的负电性，减弱了对带负电的外源 DNA 的静电斥力，从而促进了外源 DNA 的吸附和进入；③离子束的直接和间接作用打断了细胞内的染色体 DNA 结构，有利于将外源遗传物质整合到受体基因组中。

六、显微注射法

显微注射法是 Pena 等在 1987 年首创的，在用此方法进行基因导入时，通常需要先把原生质体或培养的细胞固定在琼脂或低熔点的琼脂糖上，或用聚赖氨酸处理使原生质体附着在玻璃平板上，也可以通过一固着的毛细管将原生质体吸着在管口再进行操作。

显微注射法是使用毛细微管（一般针尖的直径为 0.5nm）在显微镜下将外源 DNA 注射入植物细胞或原生质体的一种直接而完善的方法。这种方法首先在动物细胞的转基因中使用，由于植物细胞的细胞壁和原生质体具有弹性，此法得到了一些改进，即将细胞用琼脂糖多聚赖氨酸固定，也可用吸管吸取单个细胞固定。一般原生质体都有一个非常大的液泡，液泡膜很薄，注射操作时容易使其破碎，这样就会改变胞质的环境 pH，一些有毒物质会使胞质酶失活而引起细胞的死亡。因此在显微注射时最好避开液泡，甚至可以用一定的方法去除液泡，也可以在细胞分裂中期将外源 DNA 注射到细胞中期板上。

七、脂质体介导转化法

脂质体介导转化法是 Dellaporta 等于 1981 年创造的，原理如下：脂质体为人工构建的类脂（或胆固醇）与磷脂构成的小体，能跨膜转运，可将核酸包裹起来，免于核酸酶的作用而保持核酸的完整性，最终将外源 DNA 导入细胞中。但该方法的缺点是，在包装 DNA 时必须用短时间的超声处理，会使相当多的 DNA 断裂。同时，所用的材料必须使用具有全能性的原生质体作为受体细胞，并且转化效率较低，现在很少使用。该方法主要被用于动物的基因转化，其介导的基因转移在烟草、青菜等植物上有报道。

脂质体介导转化法就是将包含外源基因的带负电荷的脂质体与植物原生质体融合，从而达到转基因的目的。一般脂质体介导转化法分 4 个步骤：原生质体的分离和纯化、脂质体的制备、原生质体与脂质体的融合，以及转化体的培养、筛选和鉴定。

八、病毒载体遗传转化

病毒侵染植株后，其核酸分子可以进入植物细胞进行自我复制和蛋白质合成。正是由于这一特性，人们在 20 世纪 80 年代初期开始研究将病毒作为植物基因转移载体的可能性（图 11-6）。双链 DNA 病毒、单链 DNA 病毒和 RNA 病毒都可以把基因转移到完整的植物体或组织中，并得到表达。这种方法的基因转化效率比较高，但是它的安全性受到质疑，目前主要用于动物的基因转移。1984 年，Ahlquist 等将这一技术在雀麦草花叶病毒（brome mosaic virus，BMV）中率先进行研究，随后，Ahlquist 等于 1986 年用 “BMV-Russian” 株系构建了两种载体，并表达了氯霉素乙酰转移酶（CAT）基因。

植物病毒载体系统是将外源基因插入病毒基因组中，通过病毒对植物细胞的感染而将外源基因导入植物细胞。目前正在研究发展的植物病毒载体系统有 3 种：单链 RNA 植物病毒载体系统、单链 DNA 植物病毒载体系统和双链 DNA 植物病毒载体系统。

（一）单链 RNA 植物病毒载体系统

90% 以上的植物病毒的遗传物质都是具有感染性的正链 RNA。以单链 RNA 植物病毒作载体转化植物细胞的步骤是：首先，用反转录酶和 DNA 聚合酶将单链的病

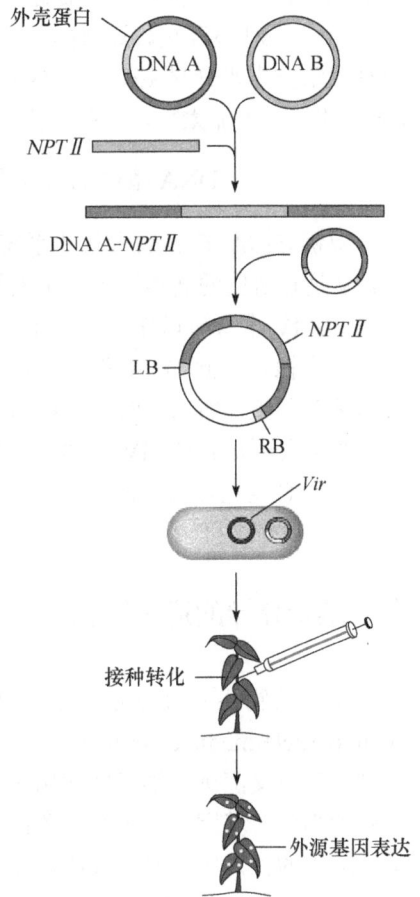

图 11-6　病毒载体遗传转化示意图

毒 RNA 合成双链的 cDNA 拷贝；然后，将其克隆到原核生物的质粒或黏粒（cosmid）载体上，通过常规的遗传操作和分子生物学的方法改造载体 DNA，将外源基因插入病毒的 cDNA 部分；最后，通过体外转录将带有外源基因的病毒 DNA 感染并进入植物寄主细胞。

Kozicl 和 Siegal 于 1984 年应用烟草脆裂病毒（TRV）首先发展了这种病毒载体系统。此后，研究得比较充分的是一种小型多组分的病毒——雀麦花叶病毒（BMV）。有报道将 γ-干扰素克隆到 BMV 的 RNA3 的 cDNA 中在体外转录，与其他基因组 RNA 共感染烟草原生质体，γ-干扰素的 mRNA 累积水平和表达水平都比用 CaMV 35S 启动子的表达系统高 5 倍。

（二）单链 DNA 植物病毒载体系统

双粒病毒是一类单链 DNA 植物病毒，它的病毒颗粒一般成对存在，双粒病毒的基因组比较小，其分子为 2.5～3.5kb，而且主要由单链的环状 DNA 分子组成，也有少量的复制型双链 DNA 分子。双粒病毒成对的两个颗粒所包含的基因组可以不同，但只有当两种 DNA 混合

时才具有感染性。这种二连基因组作为外源基因的载体具有的优越性为：如果病毒的复制基因只在一种 DNA 上，那么就可以在另一种 DNA 上插入外源基因而不影响基因组的复制。Ugaki 等于 1991 年用小麦矮缩病毒（WDV）的基因组为基础构建了穿梭质粒，其中有带 CaMV 35S 启动子的 *GUS* 基因，将这个质粒转到玉米胚乳原生质体中，检测到了 *GUS* 基因 6d 的表达情况，且产率比转入植物细胞的单拷贝非复制型质粒高 12 倍。

当然，发展双粒病毒载体系统也有缺陷，这些病毒的感染部位仅局限在植株的维管组织，而且大部分靠媒介昆虫传毒，不能机械转移接种；另外，这些病毒都是球形颗粒，插入外源 DNA 的片段不能太大。这些因素影响了双粒病毒载体系统的应用。

（三）双链 DNA 植物病毒载体系统

双链 DNA 植物病毒载体系统的研究和应用主要集中在花椰菜花叶病毒（CaMV）上。CaMV 是它所属的病毒组的一个典型成员，它的基因组是双链环状的 DNA，长度大约为 8.0kb。虽然 CaMV 本身可以作为承载小片段外源 DNA 的克隆载体，但由于在它的大多数限制性酶切位点中插入外源 DNA 都会导致病毒失去感染性，而且它不能包装大于原基因组 300bp 的重组体基因组。所以，按外源基因插入或取代的方法发展 CaMV 克隆载体有着难以克服的困难。近年来，关于 CaMV 载体系统的研究主要集中在两个方面：①由缺陷型的 CaMV 病毒同辅助病毒组成互补的载体系统；②将 CaMV 的 DNA 整合到 Ti 质粒 DNA 中组成混合的载体系统。

九、纳米介导的遗传转化

随着植物生物技术研究的深入，当前最亮眼的遗传转化技术是纳米介导的遗传转化（nanoparticle-mediated transformation）。虽然目前有关这方面的研究报道不是很多，但是其发展潜力和意义深远。纳米技术用来进行植物遗传转化具有强大的优势，主要包括克服细胞壁障碍和当前转基因传递系统相关的缺点，如基因型限制植株再生、烦琐的组织培养技术和大量劳动力的投入等。研究表明，带正电荷的纳米颗粒可以与带负电荷的核酸包埋或连接，并直接进入植物细胞（Demirer et al.，2019；Cunningham et al.，2018；Joldersma and Liu，2018；Mitter et al.，2017；Zhao et al.，2017）。在进入细胞和在细胞内的过程中，纳米颗粒能够保护 DNA 免受酶的降解攻击，到达细胞核时，纳米颗粒能够释放出外源 DNA。但是纳米介导的遗传转化机制尚不清楚，有待进一步研究。

（一）纳米材料直接介导遗传转化

Demirer 等（2018，2019）使用碳纳米管支架来传递线性和质粒 DNA 及 siRNA，将外源基因有效地输送到完整植物中并获得有效的表达。这个方法在烟草、芥菜、普通小麦和陆地棉中实现了高效的 DNA 传递和强大的蛋白质表达。有趣地是，这些纳米材料不仅能促进核酸分子进入植物细胞，而且能保护多核苷酸免受核酸酶降解。这个研究结果提供了一种无须转基因整合的、不受物种限制的传递遗传物质到植物细胞中的工具，这可能对植物转化技术的革新具有深远的意义。

Mitter 等（2017）将双链 RNA 与分层的双氢氧化物黏土纳米片包埋形成"生物黏土"（BioClay），通过喷雾将核酸纳米颗粒复合物施用于植物外部组织，获得在植物中表达和干扰的效果。利用纳米材料的特性，将含有抗病毒 dsRNA 生物黏土转入植物中，使植株获得了抗病毒能力。这种方法也避免了组织培养和复杂的转化过程。Demirer 等和 Mitter 等报道的纳米材料介导的遗传转化技术在未来可以让植物转基因技术变得更简单、更有效。

（二）磁性纳米材料介导花粉遗传转化

利用纳米材料包埋 DNA 转化花粉是一个令人兴奋的报道（Zhao et al.，2017），但是该方法仍然需要证据支持。该方法将 DNA 和纳米颗粒包埋形成复合体，然后利用磁力将 DNA 纳米颗粒复合体渗透到花粉粒中。随后通过转化花粉进行受精，将外源基因以杂合状态导入植物基因组中，通过进一步选育会产生稳定的转基因植株。理论上这种纳米介导的转化技术适合于各种传粉植物，取代了对组织培养的依赖，可以简单、方便地获得转基因植物。

总之，这些结果表明基于纳米颗粒的技术将在未来的植物遗传研究中发挥重要作用。这些技术的影响可能对从事非模式物种研究的实验室或农业应用的实验室尤其重要，因为在农业应用中，长时间的组织培养恢复期是不经济的。如果纳米转化技术能够为植物基因实验的成功做出贡献，那么它们将在人类应对对食物、纤维和能源需求不断增加的挑战方面发挥重要作用。

主要参考文献

Daniell H, Jin S X, Zhu X G, et al. 2021. Green giant-a tiny chloroplast genome with mighty power to produce high-value proteins: history and phylogeny. Plant Biotechnology Journal, 19 (3): 430-447

Daniell H, Vivekananda J, Nielsen B L, et al. 1990. Transient foreign gene expression in chloroplast of cultured tobacco cells after biolistic delivery of chloroplast vectors. Proceedings of the National Academy of Sciences of the United States of America, 87(1): 88-92

de Cosa B, Moar W, Lee S B, et al. 2001. Overexpression of the Bt cry2Aa2 operon in chloroplasts leads to formation of insecticidal crystals. Nature Biotechnology, 19(1): 71-74

Gelvin S B. 2000. Agrobacterium and plant genes involved in T-DNA transfer and integration. Annual Review of Plant Physiology and Plant Molecular Biology, 51: 223-256

Horsch R B, Fry J E, Hoffmann N, et al. 1985. A simple and general method for transferring genes into plants. Science, 227(4691): 1229-1231

Ishida Y, Saito H, Ohta S, et al. 1996. High efficiency transformation of maize (*Zea mays* L.) mediated by *Agrobacterium tumefaciens*. Nature Biotechnology, 14(6): 745-750

James C. 2019. Global status of commercialized biotech/GM crops: 2019 ISAAA briefs. http://www.isaaa.org [2022-08-20]

Jin S, Daniell H. 2015. The engineered chloroplast genome just got smarter. Trendsin Plant Science, 20(10): 622-640

Jin S, Kanagaraj A, Verma D, et al. 2011. Release of hormones from conjugates: chloroplast expression of b-glucosidase results in elevated phytohormone levels associated with significant increase in biomass and protection from aphids or whiteflies conferred by sucrose esters. Plant Physiology, 155(1): 222-235

Svab Z, Maliga P. 1993. High-frequency plastid transformation in tabacco by selection for a chimeric *aadA* gene. Proceedings of the National Academy of Sciences of the United States of America, 90(3): 913-917

第十二章 植物基因编辑的原理、方法与应用

第一节 基因编辑的概念与发展历史

传统的植物育种方法受到种源的限制，其过程需要耗费大量的人力、物力和财力，经历漫长的培育过程。利用基因工程技术进行品种改良，可以突破种源的限制及种间杂交的瓶颈，获取新种质，使育种更加高效、精准。获得有价值的基因突变体是植物育种的重要基础，目前获得植物突变体的常见方法是利用 T-DNA 或转座子构建大规模的随机插入突变体库，但是构建覆盖全基因组的饱和突变体库的工作量大且耗费的时间长。而通过定点突变的方法使目的基因完全失活，是一种最直接、有效的方法。

近年来，随着高特异性及更具操作性的人工核酸酶的出现和技术体系的完善，基因编辑技术获得了飞速发展，并将靶向基因精准操作推向高潮，使得定点基因敲除（knock out）、敲入（knock in）、敲高（knock up）及敲低（knock down）等变得更加简单、高效。

1. 基因编辑的概念 基因编辑（gene editing）是指对基因组中的目标基因（DNA）及其转录产物（RNA）进行定向改造，实现特定片段的删除、插入、替换等，以改变目的基因或调控元件的序列，从而对目标基因进行突变并改变其表达水平。此过程既模拟了基因的自然突变，又编辑了原有的基因组，真正实现了"编辑基因"。

2. 现代基因编辑技术的工作原理 借助特定的核酸酶和定位序列 [向导 RNA（guide RNA）] 产生特异性 DNA 双链断裂（DSB），进而激活细胞的天然修复机制，包括同源重组修复（homology-directed repair，HDR）和非同源末端连接修复（non-homologous end joining repair，NHEJR）两条途径，而在修复过程中往往会引入修复错误，进而导致靶标序列突变：①非同源末端连接修复，是一种具有低保真度的修复过程，在断裂的 DNA 修复、重连的过程中会发生碱基随机地插入或丢失，造成移码突变，使基因失活，实现目的基因的编辑；②同源重组修复，是一种相对具有高保真度的修复过程，在一个带有同源臂的重组供体存在的情况下，供体中的外源目的基因会通过同源重组过程完整地整合到 DSB 靶标位点，不会出现随机的碱基插入或丢失。同时在一个基因两侧同时存在同源供体的情况下，可以对目的基因进行替换。

3. CRISPR/Cas9 基因编辑技术获得诺贝尔奖 在基因编辑技术出现以前，在植物领域已经开发了一系列的工具用于植物基因功能研究。1983 年，Barbara McClintock 女士因发现了转座子基因而独享了当年的诺贝尔生理学或医学奖。她首先在玉米中发现了"会跳舞"的基因，她把这种会跳动的基因称为"转座子"，她发现能跳动的控制因子可以调控玉米籽粒颜色基因的活动，这是生物学史上首次提出的基因调控模型，影响非常深远，对后来操纵子学说的提出具有启发作用。通过转座子和转座酶，人类可以把目标序列随机转入动植物细胞中，并整合到基因组中，使获得转基因动植物成为现实。

Andrew Fire 和 Craig Mello 发现，植物、动物、人类都存在 RNA 干扰现象，这对于基因表达调控、参与对病毒感染的防护、控制活跃基因具有重要意义。RNA 干扰作为一种强大的基因沉默技术而出现，对于研究基因功能起到了重要作用。2006 年，这两位科学家因此共享了诺贝尔奖。

Mario Capecchi 等在 1987 年根据同源重组的原理，首次实现了胚胎干细胞的外源基因的定点整合，这一技术称为"基因打靶"或"基因敲除"，这项开创性工作使人们可以在哺乳动物的生殖细胞中进行特定的基因改造，并繁殖出成功表达这种基因的后代，为研究某些特定基因在发育、生理及病理等方面的作用提供了平台。这项技术避免了随机转基因转入位点、拷贝数未知的弊端，进而优化了基因改造动物的筛选和繁育。2007 年，Mario R. Capecchi、Martin J. Evans 和 Oliver Smithies 三位科学家共享了当年的诺贝尔奖。

CRISPR/Cas9 是最新出现的一种由 RNA 指导的 Cas9 核酸酶对靶向基因进行编辑的技术。2013 年 1 月，美国两个实验室在 *Science* 杂志发表了基于 CRISPR/Cas9 技术在细胞系中进行基因敲除的新方法，该技术与以往的技术不同，是利用靶点特异性的 RNA 将 Cas9 核酸酶带到基因组上的具体靶点，从而对特定基因位点进行切割导致突变。这项技术对生命科学产生了革命性的影响，可以高效、快捷、简便、低成本地进行基因功能的研究、基因修饰动物的构建和疾病的治疗。因此，CRISPR/Cas9 技术的主要发现者 Emmanuelle Charpentier 和 Jennifer Doudna 获得了 2020 年的诺贝尔化学奖，这项技术从诞生到获得诺贝尔奖只用了短短 7 年时间，足见这项技术的革命性影响力，该技术被认为是现代生命科学领域最重要的技术突破之一。

第二节 常用的基因编辑工具

目前基因编辑技术经历了 3 代的发展，分别为人工核酸酶介导的锌指核酸酶（ZFN）技术、转录激活因子样效应物核酸酶（TALEN）技术及 RNA 引导的 CRISPR/Cas 基因编辑技术，目前以 CRISPR/Cas9 系统应用最为广泛。

一、锌指核酸酶技术

锌指核酸酶（zinc finger nuclease，ZFN）是第一代基因组编辑工具，可实现基因序列的插入、删除或替换。ZFN 是人工设计的含有两个功能结构域的蛋白质核酸内切酶，包括 *Fok* I 切割结构域和由重复锌指（zinc finger）蛋白结构组成的 DNA 识别结构域。每一个锌指蛋白结构可以特异地识别 3 个连续的碱基，6 个锌指结构就可以特异地识别 18 个碱基，从而决定了识别位点的特异性。核酸内切酶 *Fok* I 必须形成二聚体才能够将 DNA 双链剪开，因此要在目的位点左右两端都设计锌指蛋白结构。当两个 ZFN 单体按照一定的距离和方向同各自的目标位点特异结合时，两个 *Fok* I 切割结构域恰好可形成二聚体的活性形式，在两个结合位点的间隔区切割 DNA（图 12-1）。断裂后的 DNA 通过非同源末端连接修复和同源重组修复两种方式进行修复，从而产生核苷酸的插入、缺失、替换或点突变等编辑形式。

ZFN 技术从 2009 年开始在动物基因编辑领域被应用，但是因为其技术体系较复杂，载体构建难度大，对基因组编辑位点的限制较多，故该技术并未得到广泛的应用。

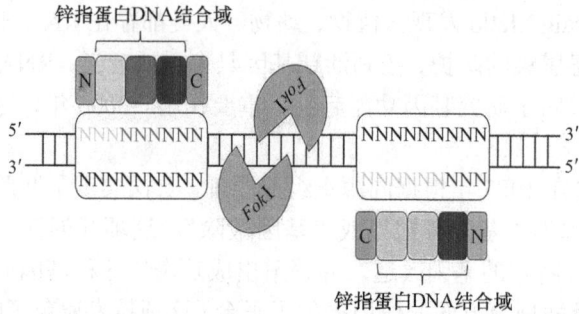

图 12-1 锌指核酸酶同靶序列结合实现 DNA 定点切割示意图

二、转录激活因子样效应物核酸酶技术

转录激活因子样效应物核酸酶（transcription activator-like effector nuclease，TALEN）是第二代基因编辑技术，由来自植物病原菌黄单胞菌的转录激活因子样效应因子 TALE 和核酸内切酶 *Fok* I 的催化区域融合而成。高度保守的 33～35 个氨基酸 TALE 重复组件决定了 TALE 结合 DNA 的识别特异性。TALEN 的性质与锌指核酸酶相似，能识别特异的 DNA 序列，将其剪切形成双链缺口，通过同源重组修复或非同源末端连接修复，造成了基因插入或缺失（图 12-2）。转录激活因子样效应物（transcription activator-like effector，TALE）是黄单胞菌属（*Xanthomonas*）植物病原体Ⅲ型分泌途径分泌的一种毒性蛋白，可激活目的基因的表达，增加植物对病原体的易感性。TALE 核酸酶是由 DNA 的结合域和核酸内切酶 *Fok* I 结构域人工融合而成的。TALE 蛋白的 N 端一般有转运信号（translocation signal），C 端有核定位信号（nuclear localization signal，NLS）和激活域（activation domain，AD），而中部则是 DNA 结构域。将 TALE 蛋白中的 AD 替换成核酸内切酶的切割结构域，就构成了 TALE 核酸酶。TALE 的 DNA 结合域包含一段很长的、串联排列的重复序列，重复序列通常是由含 33～35 个氨基酸残基的重复单位串联组成的。每一个重复序列识别一个碱基。每个重复单元中的第 12 位

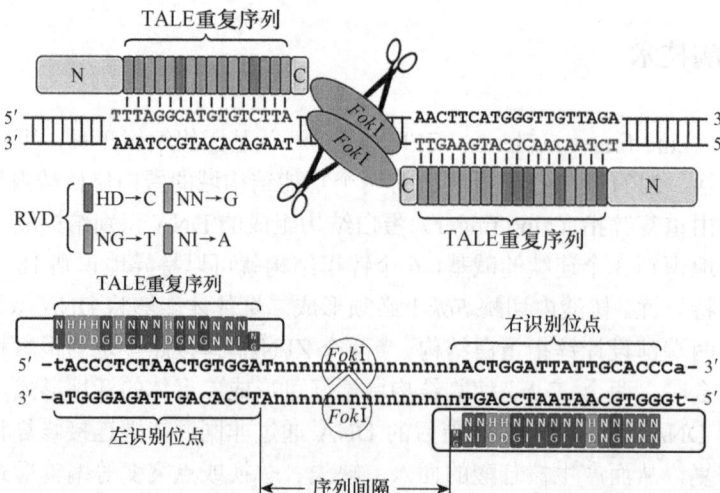

图 12-2 TALEN 系统定点切割 DNA 的原理示意图

和第 13 位氨基酸是可变的，称为重复可变双残基（repeat variable diresidue，RVD），决定着 TALE 蛋白的特异性。每个 RVD 与核苷酸 A、T、C、G 存在对应的关系，即 NI 识别 A、HD 识别 C、NG 识别 T 和 NN 识别 G。

早在 1989 年，人们就从细菌中克隆到第一个 TALE 家族成员的基因 *AvrBs3*。2009 年，Boch 等破译了 TALE 蛋白特异结合 DNA 的密码，即 RVD 与靶点核苷酸的对应关系。2010 年 6 月，Voytas 实验室将 TALE 的 DNA 结合域和 *Fok* I 切割结构域相结合，第一个 TALEN 在酵母中得以应用。2010 年底，Sangamo 实验室利用 TALEN 首次在体外培养的人类细胞系 HEK293 和 K562 中分别对 NTF3 和 CCR6 等两个人类内源基因成功进行了定点突变，效率高达 25%。此后，自 2011 年起，TALEN 技术在多个物种得到运用。2011 年，Jaenisch 实验室报道了可以通过同源重组在人的诱导性多能干细胞和胚胎干细胞中实现基因敲入，它的效率与 ZFN 相当。2011 年，Zhu 实验室利用 TALEN 技术抑制了拟南芥基因的表达。当 TALE 与 DNA 特异识别的分子密码被破译后，研究人员为了保证靶标在整个基因组上的特异性，减少脱靶率，一般选择大于 10bp 的靶标序列，这样就要求 TALE 至少要有 9.5 个重复单元。TALEN 系统中高度重复的序列影响其载体的构建，每一个靶位点的编辑都需要设计新的载体来进行构建，费时费力，这在很大程度上限制了 TALEN 技术的广泛应用。

三、CRISPR/Cas 基因编辑技术

CRISPR 全称是成簇的规律间隔的短回文重复序列（clustered regularly interspaced short palindromic repeat），是细菌、古细菌基因组中存在的与免疫相关的特定序列，该序列和 Cas 蛋白酶一起合称为 CRISPR/Cas 基因编辑系统，该系统被发现并改造后成为近年来最为流行、应用最广泛的基因编辑工具。Cas 蛋白酶是一个大家族，含有很多成员，其中 Cas9 是最先被鉴定，运用也最广泛的成员。CRISPR/Cas 系统是一种原核生物的免疫防御系统，主要分布在 40% 的已测序细菌和 90% 的已测序古细菌中，可用来抵抗外来遗传物质的入侵，如噬菌体病毒等。同时，它为细菌提供了获得性免疫（类似于哺乳动物的二次免疫），当细菌遭受病毒入侵时，会产生相应的"记忆"。当病毒二次入侵时，CRISPR 系统可以识别出外源 DNA，并将它们切断，阻止外源基因的表达，抵抗病毒的干扰。CRISPR/Cas 系统包含 CRISPR/Cas9、CRISPR/Cas12、CRISPR/Cas13 等众多系统（图 12-3），以及衍生出来的单碱基编辑器、转录激活等系统。

（一）CRISPR/Cas9 系统的发现

1987 年，Nakata 研究组在分析大肠杆菌（*E. coli*）中基因 *iap* 及侧翼序列时，偶然发现在位于 *iap* 的 3′端存在含有 29 个碱基的高度同源序列重复性出现，且这些重复序列被含 32 个碱基的序列间隔开。2000 年，Mojica 和同事通过比对，发现这种重复元件存在于多种细菌及古生菌中，并将这种核酸序列命名为短规律性间隔重复序列（short regularly spaced repeat，SRSR），因其具有高度保守性，推测其一定具有重要的生物学功能。2002 年，Jansen 实验室通过生物信息学分析，发现这种新型 DNA 序列家族只存在于细菌及古生菌中，而在真核生物及病毒中没有被发现，并重新将这种序列定义为成簇的规律间隔的短回文重复序列，将 CRISPR 附近存在的编码序列命名为 Cas 蛋白（CRISPR-associated）。2005 年，Mojica、Bolotin 和 Pourcel 三个研究组指出，CRISPR 中的间隔序列来自外来噬菌体或质粒，其中 Mojica 实

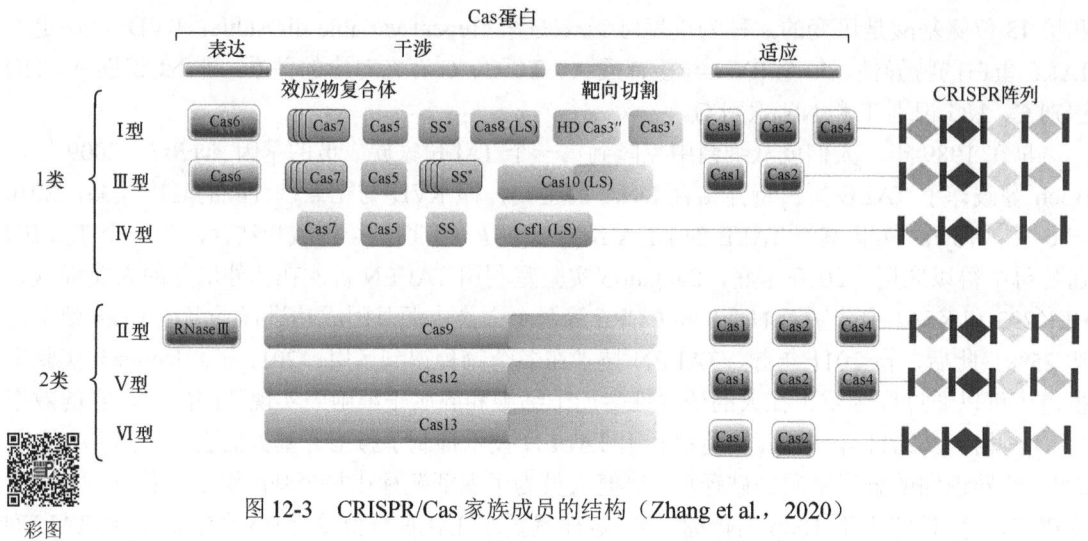

图 12-3　CRISPR/Cas 家族成员的结构（Zhang et al., 2020）

验室惊喜地发现病毒无法感染携带有与病毒同源间隔序列的细胞，而易侵入那些没有同源间隔序列的细胞，由此他们提出了 CRISPR 可能参与细菌免疫系统的假说。2011 年，Emmanuelle Charpentier 研究组通过对人类病原体化脓性链球菌的差异化 RNA 测序，首次揭示了反式激活 crRNA（trans-activating crRNA，tracrRNA）在 crRNA（CRISPR 区域第一个重复序列上游有一段 CRISPR 的前导序列，该序列作为启动子来启动后续 CRISPR 的转录，转录生成的 RNA 被命名为 CRISPR-derived RNA，简称 crRNA）加工中的作用。tracrRNA 通过 24 个核苷酸与 pre-crRNA 中的重复序列互补配对，结合形成 tracrRNA/crRNA 复合物，此复合物引导核酸酶 Cas9 在保守的内源性 RNA 酶Ⅲ和 CRISPR 相关的 Csn1 蛋白的参与下指导 pre-crRNA 的成熟过程，随后该复合物引导核酸酶 Cas9 蛋白与 crRNA 配对的序列靶标位点剪切双链 DNA。2012 年，Jennifer Doudna 和 Emmanuelle Charpentier 率先在 *Science* 杂志发表了基因编辑史上的里程碑论文，她们发现并证实来自化脓性链球菌（*Streptococcus pyogenes*）的 SpCas9 蛋白的 CRISPR 系统最适合用作基因编辑工具，并用它成功编辑了大肠杆菌基因，就此打响了 CRISPR 进军基因编辑领域的第一枪，揭示了 CRISPR/Cas 系统在 RNA 指导下进行基因编辑的巨大潜力。2013 年，美国麻省理工学院张锋在 *Science* 杂志发表论文，通过成功改造 CRISPR/Cas9 系统实现了在人类细胞和小鼠细胞中的基因组编辑，成为第一个用 CRISPR/Cas9 编辑哺乳动物细胞基因组的科学家。

　　从此开始，CRISPR/Cas9 技术给生命科学领域带来了巨大革命，相关研究成果频频登上 *Cell*、*Nature*、*Science*（学界称为 CNS）等顶级期刊，促进了基础科研、农业、基础医学及临床治疗的发展，为疾病治疗、疾病检测、遗传育种等领域的研究提供了便捷、快速、精准、高效的技术手段。到目前为止，在人细胞系和多种模式生物如酵母、果蝇、线虫、斑马鱼、小鼠、大鼠、猪和猴等生物中已经完成感兴趣基因的编辑，并在此基础上建立了多种疾病模型，为阐明疾病发生的分子机制和药物筛选提供了重要平台。其在植物方面已被成功地应用于水稻、小麦、棉花、大豆、玉米、高粱、大麦、油菜、番茄、柑橘、香蕉、烟草、草莓、苹果、猕猴桃等 60 多种主要的农作物、园艺作物。

（二）CRISPR/Cas9 系统的工作原理

CRISPR/Cas 系统是通过人工优化的具有引导作用的单链 gRNA 引导核酸酶 Cas 蛋白在 gRNA 配对的靶位点处剪切双链 DNA，引起 DNA 双链断裂（DSB），进而利用生物体内的非同源末端连接修复机制或同源重组修复机制修复 DNA，实现目标基因的突变。该系统由一系列编码 Cas 蛋白的基因座和 CRISPR 特异序列两部分组成，其中 CRISPR 基因座由前导（leader）序列、短回文重复（repeat）序列和间隔（spacer）序列构成，前导序列一般位于 CRISPR 基因座的上游，可作为启动子启动下游 repeat 序列和 spacer 序列的转录，转录产物为 crRNA。repeat 序列为 21～48bp 的高度保守的 DNA 序列，可形成发夹结构；spacer 序列由细菌或古细菌捕获的外源病毒或质粒 DNA 的序列组成，可作为抵御外源 DNA 或 RNA 的抗原，当含有同源序列的质粒或病毒再次入侵时，可引发细菌或古细菌的获得性免疫反应，从而将外源 DNA 或 RNA 清除（图 12-4）。

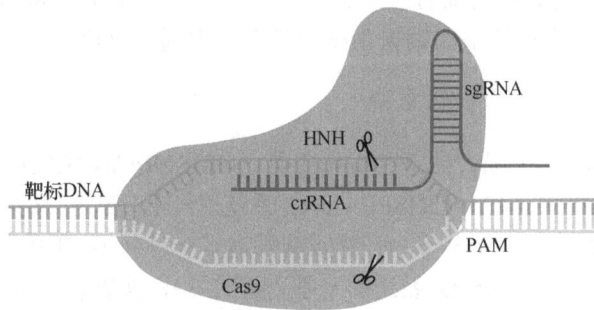

图 12-4　CRISPR/Cas9 工作原理示意图

2012 年，埃马纽埃尔·卡彭蒂耶研究组在保留二级结构的基础上，将 tracrRNA 与 crRNA 两种 RNA 连接成一种 RNA，称为单链引导 RNA（single guide RNA，sgRNA），通过体外实验发现，sgRNA 也可指导 Cas9 蛋白完成对靶标 DNA 的双链剪切。Cas9 蛋白包含约 1400 个氨基酸，菌种来源不同，蛋白质大小略有差异。Cas9 蛋白包含两个结构域：RuvC 和 HNH，具有 DNA 内切酶活性，通过人工设计的 sgRNA 与 Cas9 蛋白结合，形成核糖核蛋白复合体（ribonucleoprotein，RNP），对前间隔序列邻近序列（protospacer adjacent motif，PAM）进行识别及 crRNA 与靶标 DNA 的碱基互补配对，同时引导 Cas9 蛋白到达靶标位置，HNH 结构域识别并切割 crRNA 的互补链，RuvC 结构域参与非互补链的切割，最终形成 DNA 双链断裂。双链断裂后便可启动生物体自身的修复路径，主要包括同源重组修复（HDR）和非同源末端连接修复（NHEJR）。

（三）CRISPR/Cas9 基因编辑系统的工作过程

第一步是核定位 Cas9 蛋白的表达；第二步是根据基因组设计 20nt（核苷酸）能与靶基因互补的 sgRNA；第三步是复合物识别位于目标位点的 3′端附近的 PAM 序列。在 sgRNA 的指导下，sgRNA 和 Cas9 在全基因组中与靶标形成复合体，在 PAM 位点上游约 3 个碱基处双链断裂（DSB）并产生平末端，进而激活细胞的 DNA 损伤修复机制，细胞中的 DNA 损伤修复一般以 NHEJR 为主导，往往在修复过程中产生修复错误，产生 DNA 片段的缺失、插入及单个碱基的替换，从而产生靶标基因的移码突变或点突变。

（四）CRISPR/Cas9 系统的衍生

CRISPR/Cas 系统中，最为常用的是来自化脓性链球菌（*Streptococcus pyogenes*）的 SpCas9，其识别的 PAM 位点为 5′-NGG-3′，在一定程度上限制了其应用范围。通过对 SpCas9 进行突变获得了一系列可识别非 5′-NGG-3′ PAM 的突变体，其中 SpCas9（VQR）、SpCas9（EQR）、SpCas9（VRER）和 SpCas9（QQR1）突变体进一步扩大了 PAM 识别的范围；通过噬菌体辅助进化技术获得的 *x*Cas9 可识别 5′-NG-3′、5′-GAA-3′ 和 5′-GAT-3′ 的 PAM 位点；SpCas9-NG 系统可识别 5′-NGN-3′ 的 PAM 位点。以 SpCas9-VRQR 突变体作为支架，通过一种高通量 PAM 测定分析方法，对大量 SpCas9 突变体进行 PAM 偏好分析，成功地开发了 SpG 和 SpRY 基因编辑系统，几乎可以摆脱 CRISPR/Cas 系统对 PAM 位点的依赖。除了对 SpCas9 进行突变，也可以利用其他细菌来源的 Cas9 同源蛋白进行基因编辑，如 SaCas9 及其 KKH 突变体、St1Cas9 和 St3Cas9、NmCas9、FnCas9 及其 RHA 突变体、TdCas9、CjCas9、ScCas9、Smac Cas9 和 CasΦ。其中 CasΦ 是最新发现的一种超紧凑型核酸酶，有 70~80kDa，分子质量大约是 Cas9 的一半，在以病毒递送的基因编辑系统中具有重大利用价值。

（五）CRISPR/Cas12 基因编辑系统

除了 CRISPR/Cas9 这个强大的基因编辑工具，CRISPR/Cas 家族中还有一些非常出色的编辑工具，其中 CRISPR/Cas12、CRISPR/Cas13 系统已经展现出巨大的应用价值。

1. CRISPR/Cas12a　　2015 年，张锋团队报道了一种新型 CRISPR 效应蛋白 Cpf1（现称为"Cas12a"），属于 2 类 CRISPR 系统的 V 型（图 12-3），包括来自弗朗西斯菌（*Francisella novicida*）的 FnCpf1、氨基酸球菌属（*Acidaminococcus*）的 AsCpf1 和毛螺科菌（*Lachnospiraceae bacterium*）的 LbCpf1 三个高度同源蛋白。这些蛋白质的分子质量较 Cas9 蛋白小，FnCpf1、AsCpf1 和 LbCpf1 分别由 1300 个、1307 个和 1228 个氨基酸组成，比 Cas9 蛋白（SpCas9，1368aa）稍小，易于向细胞内输送（表 12-1）。

表 12-1　CRISPR/Cas9、CRISPR/Cas12a 和 CRISPR/Cas12b 系统分子特性分析

特征	SpCas9	Cas12a/Cpf1	Cas12b/C2c1
蛋白质大小	1368aa，分子质量较大	1288~1300aa，分子质量较小	1129aa，分子质量小
结构域	RuvC 结构域和 HNH 核酸酶结构域	RuvC 结构域和 Nuc 结构域，不含 HNH 结构域	RuvC 结构域
向导 RNA	需要 crRNA 和 tracrRNA，sgRNA 长度一般大于 100nt	只需要 crRNA，不用 tracrRNA，crRNA 长度为 42~44nt	需要 crRNA 和 tracrRNA，crRNA 长度为 42~44nt
PAM 序列	富含 G 序列：5′-NGG-3′	富含 T 序列：5′-TTTN-3′	富含 T 序列：5′-TTN-3′
剪切位点	PAM 上游第 3 位核苷酸外侧	PAM 下游靶标 DNA 链第 23 位和非靶标 DNA 链第 18 位核苷酸	PAM 下游靶标 DNA 链的第 14~17 位核苷酸和非靶标 DNA 链的第 23 位核苷酸
形成末端	平末端	5 个核苷酸突出的黏性末端	7 个核苷酸突出的黏性末端
酶切活性	具有 DNase 活性，需要 RNase III	同时具有 DNase 和 RNase 活性，不需要 RNase III	同时具有 DNase 和 RNase 活性，不需要 RNase III

Cas12a 作为一种 2 类核酸酶，是一种向导 RNA 引导的双链 DNA（dsDNA）断裂的多结构域蛋白。与 Cas9 蛋白一样，Cas12a 蛋白结构含有 RuvC 结构域和 Nuc 结构域，不含 HNH 结构域，同时具有 DNase 和 RNase 活性，因此不仅可以切割双链 DNA，还可以对 pre-crRNA 进行剪切形成 crRNA（图 12-5）。与 Cas9 蛋白最大的区别在于，Cas12a 蛋白不需要 tracrRNA 进行 pre-crRNA 加工，也不需要 Rnase III。其 crRNA 为 42～44nt，长度只有 sgRNA 的一半，引导序列长为 24nt，因此其 crRNA 不仅更易设计，而且有利于降低脱靶率。同时因为 crRNA 明显短于 CRISPR/Cas9 向导 RNA（sgRNA 或 crRNA＋tracrRNA），这允许在载体中构建多个串联的 crRNA，可同时靶向多个位点，进行多基因编辑。

图 12-5 氨基酸球菌属（*Acidaminococcus*）AsCas12a（AsCpf1）的结构特征

Cas12a 与 Cas9 蛋白存在的第二个显著区别在于：其识别 PAM 序列位于靶序列 5′端富含胸腺嘧啶（T）的 5′-TTTN-3′（AsCas12a 和 LbCas12a）和 5′-KYTV-3′（FnCas12a），因此 CRISPR/Cas12a 系统进一步拓宽了 CRISPR 系统基因组编辑的靶点范围。第三个区别是：Cas12a-crRNA 复合体对 PAM 序列进行识别互作，PAM 互作裂口会经历一个"从开到关"的构象改变，诱导 Cas12a 内部结构变化，以容纳 crRNA 有序的 A 型种子序列和靶 DNA 在正电荷通道内形成异源双链核酸分子，形成 Cpf1-crRNA-DNA 三元复合物，这种构象变化有利于降低基因编辑的脱靶效应。这时 Cas12a 蛋白的 Nuc 在靶向 DNA 链 PAM 序列下游第 23 位核苷酸的位置进行切割，RuvC 在非靶 DNA 链的第 18 位核苷酸处进行切割，形成一个有 5nt 突出的黏性末端，最终通过细胞内的 NHEJR 和 HDR 两种修复途径进行修复。这种切割方式与 Cas9 形成的平末端相比，更易引入 InDel，导致删除的碱基数量较多，可达 7 个碱基对，而且黏性末端的产生增加了 HDR 介导的基因敲入效率。第四个区别是：Cpf1 切口距离 PAM 位点较远，通过 NHEJR 方式引起的核苷酸的插入或缺失，不会导致 PAM 序列的改变，因此 Cpf1 对靶基因切割后，还可以进行多次识别和切割，对目标基因的编辑进行校正，提高编辑效率和准确率（图 12-6，表 12-1）。通过对 Cpf1 的两个功能域进行突变失活形成 dCpf1，也可用于构建单碱基编辑器、基因修饰及 DNA 成像等研究。

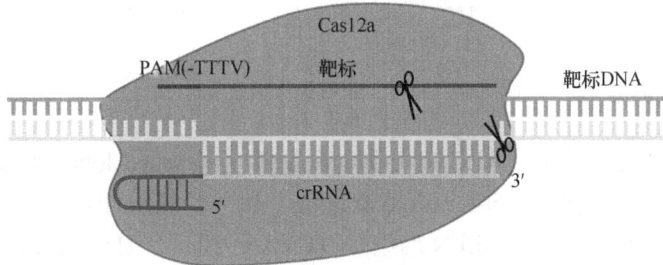

图 12-6 CRISPR/Cpf1 系统的工作原理

尽管 CRISPR/Cas12a 系统的开发比 CRISPR/Cas9 系统晚了几年，但是 CRISPR/Cpf1 以其分子质量小、靶点范围广、编辑效率高、脱靶率低、大片段删除及易于进行 HDR 介导的基因敲入等特点已被越来越多地应用于包括细菌、酵母、动物、人类细胞和植物等许多物种中。

2. CRISPR/Cas12b 在与 Cas9、Cas12a 同属 2 类 CRISPR 系统的 Cas 蛋白中，还有一个富有潜力的成员，就是 Cas12b（过去被称为 C2c1）。Cas12b/C2c1 是双 RNA 导向的核酸酶，识别 5′-TTN-3′的 PAM 序列，切割 DNA 后产生黏性末端。与之前报道的 Cas9 和 Cas12a/Cpf1 酶相比，Cas12b/C2c1 酶有若干优势与特点（表 12-1）：①Cas12b/C2c1 比目前应用最为广泛的 SpCas9 和 Cas12a/Cpf1 更小，因此更容易用于需要在体内递送的基因治疗及病毒载体介导的植物基因编辑系统；②Cas12b/C2c1 能够在较广的温度范围和 pH 范围保持高的酶活性，有望适用于具有不同生理温度的多个物种；③Cas12b/C2c1 很难耐受向导 RNA 与靶 DNA 之间的碱基错配，因此比 SpCas9 和 Cas12a/Cpf1 的脱靶效应更小，这意味着它在进行基因组编辑时更加安全。虽然有这样的优势，Cas12b 的应用却遇到一定的阻碍。Cas12b 来自一种嗜酸耐热菌酸土环脂芽孢杆菌（*Alicyclobacillus acidoterrestris*），它作为 DNA 裂解酶的最佳活力温度要高达 48℃。也就是说，如果放进哺乳动物细胞内，很难达到这种 Cas12b 的温度要求，酶活性就不能高水平发挥，但是在喜温作物如玉米、水稻、棉花等作物中有较好的效果。

（六）CRISPR/Cas13 基因编辑系统

研究人员发现部分 CRISPR/Cas 系统除了能对 DNA 进行编辑，也可以对 RNA 进行编辑，不仅可以修改基因表达活性，而且不会对基因本身造成永久性改变。2017 年，科学家从多种细菌中发现了可以靶向 RNA 的两类Ⅵ型 CRISPR 蛋白 Cas13。目前，已鉴定出 4 个亚型：Ⅵ-A（Cas13a/C2c2）、Ⅵ-B（Cas13b）、Ⅵ-C（Cas13c）和Ⅵ-D（Cas13d）。Cas13a、Cas13b、Cas13c 和 Cas13d 蛋白分别为 1250aa、1150aa、1120aa 和 930aa（图 12-7）。

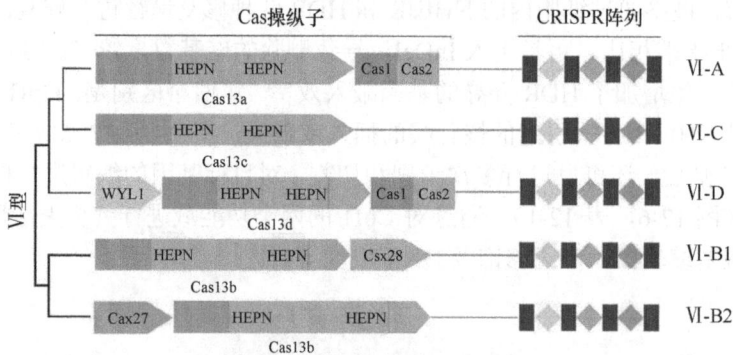

图 12-7 Cas13 系统家族成员结构图

Cas13a 由 crRNA 识别叶（REC 叶）和核酸酶叶（nuclease lobe，Nuc 叶）组成，其中 REC 叶包含一个 NTD 结构域（N-terminal domain）和一个 Helical-1 结构域，Nuc 叶包含两个 HEPN 结构域、一个连接两个 HEPN 的结构域（linker）和一个 Helical-2 的结构域（图 12-7）。这种双叶结构使 Cas13a 具有两种 RNA 酶活性，Helical-1 结构域负责对 pre-crRNA 进行剪切，形成成熟的 crRNA，HEPN 结构域负责对靶标 RNA 进行剪切。Cas13 系统与 Cpf1 系统一样，只需要 crRNA 便能实现对单链 RNA 的切割。另外，其自身蛋白质能加工 pre-crRNA，并产生成熟的 crRNA。成熟的 crRNA 具有 59 个核苷酸，位于 5′端的是由 31 个核苷酸的重复区域（repeat region）形成的颈环结构，3′端为 28 个核苷酸的引导区域（guide region）（图 12-8）。

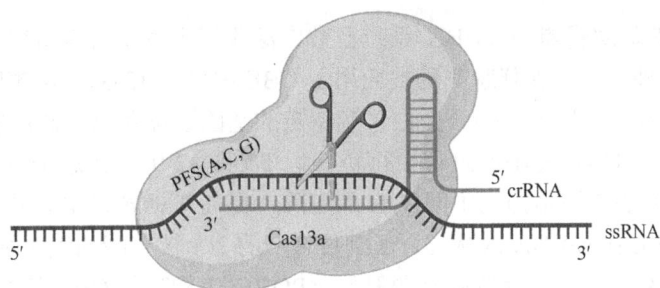

图 12-8　CRISPR/Cas13a 基因编辑系统结构示意图

彩图

Cas13a 识别的前间隔序列侧翼位点（protospacer franking sequence，PFS），相当于 Cas9 识别 DNA 的 PAM 序列，位于间隔区序列 3′端的 A、C 或 U 碱基。当 Cas13a-crRNA 复合物识别 PFS 后，crRNA 引导序列与靶向 RNA 发生碱基互补配对，诱导 Cas13a 发生协同构象变化，使无酶切活性状态的 Cas13a-crRNA 复合物表现出 HEPN-RNase 活性，特异性地对靶向 RNA 进行顺式切割，实现 RNA 敲除（表 12-2）。随后还以非特异性的方式对附近的 RNA 进行反式切割，特异性地对靶向 RNA 进行顺式切割，实现 RNA 敲除。

表 12-2　Cas13 成员的分子质量及 PFS 识别位点

Cas13 成员	PFS（PAM）	蛋白质大小/aa
Cas13a	3′-A，C 或 G	1250
Cas13b	5′-A，U，G 和 3′-NAN 或 NNA	1150
Cas13c	未报道	1120
Cas13d	无 PFS	990
Cas13X	无 PFS	775
Cas13Y	无 PFS	790

CRISPR/Cas13 系统在体外切割实验及在动植物的基因编辑实验中均得到了验证，结果表明各类 CRISPR/Cas13 蛋白能在 20～40℃的温度下实现 RNA 切割，说明 CRISPR/Cas13 系统能在植物适宜生长的温度下实现切割。另外，CRISPR/Cas13 蛋白至少需要 crRNA 引导序列与靶标匹配十几个碱基才能实现切割，使得其脱靶率较低，而 Cas13 蛋白的体外酶切实验也验证了 crRNA 引导序列与靶标匹配长度十分长，甚至达到 70 多个碱基时也能实现正常切割。

（七）单碱基编辑系统

单碱基编辑（base editing）是指能在基因组上引起单个碱基或者同一类碱基在靶标位点进行定向编辑的基因编辑技术。单碱基编辑技术可以不可逆地实现从一种碱基对到另一种碱基对的转变，而无须产生 DSB 或 HDR，因此是一种精准的编辑系统。碱基编辑器一般包含 sgRNA 和融合蛋白两部分。通过对 Cas9 核酸酶的 RucC 和 HNH 两个功能域突变，使其丧失 DNA 酶切活性，获得只保留其 DNA 结合活性 dCas9（dead Cas9）和只有单链切割功能的 nCas9（nickase Cas9），然后将突变型 Cas9、胞嘧啶脱氨酶和尿嘧啶糖基化酶抑制子融合形成融合蛋白。目前，广泛应用的单碱基编辑器主要有两类：催化胞嘧啶（C）脱氨转化为尿苷（U）的胞嘧啶单碱基编辑器（cytosine base editor，CBE）和可以实现腺嘌呤（A）脱氨基转化为鸟嘌呤（G）的腺嘌呤单碱基编辑器（adenine base editor，ABE）。

1. 胞嘧啶单碱基编辑器　　CBE 系统已被广泛应用于生命科学研究中。为了提高编辑效率和精确度，几种不同的胞苷脱氨酶被应用于 CBE 中（表 12-3）。胞嘧啶单碱基编辑器的工作原理：在 sgRNA 引导下，融合蛋白移到特定的基因组位置上，然后胞嘧啶脱氨酶将 C 转变为 U，然后 U 在 DNA 复制的过程中再转变为 T（图 12-9）。在这个过程中，尿嘧啶糖基化酶抑制子（UGI）的作用是抑制中间体 U 的切除，提高 T 的转换率。基于大鼠胞嘧啶脱氨酶 APOBEC1 的 CBE 在 sgRNA 内从位置 3 到位置 9 的 7 个核苷酸的编辑窗口中编辑胞嘧啶，根据靶标的碱基序列，基于大鼠胞嘧啶脱氨酶 APOBEC1 构建的 CBE 偏好于编辑 TC。源于海七鳃鳗的胞嘧啶脱氨酶 1（CDA1）和人类激活诱导的胞嘧啶脱氨酶（AID）在水稻中单碱基编辑中没有碱基偏好性，对 GC 序列也有很好的编辑效果。人类胞嘧啶脱氨酶 APOBEC3A（hAPOBEC3A）的 CBE 也具有较高的碱基编辑效率，编辑窗口在 sgRNA 中的位置 1 到位置 17，编辑窗口更广。最近，基于截短的人类胞嘧啶脱氨酶 APOBEC3B（hAPOBEC3B）的两种新开发的 CBE 在水稻植株中显示出高特异性和精确性。Cas9 识别的 PAM 为 NGG，目前 Cas9 直系同源物的变体已被开发，打破识别 NGG 的靶向限制，Cas9 变体结合胞嘧啶脱氨酶，扩大了植物中 CBE 的编辑范围。

表 12-3　CBE/ABE 的构成

单碱基编辑器	脱氨酶类型	Cas9 蛋白类型	编辑窗口
CBE	APOBEC1	nCas9（D10A）	3～9
	海七鳃鳗（Petromyzon marinus）CDA1	nCas9（D10A）	1～9
	人类 AID	nCas9（D10A）	3～12
	人类 APOBEC3A	nCas9（D10A）	1～17
	人类 APOBEC3Bctd-VHM	nCas9（D10A）	4～8
	人类 APOBEC3Bctd-KKR	nCas9（D10A）	4～7
ABE	wtTadA–TadA7.10	nCas9（D10A）	4～7
	TadA8e	nCas9（D10A）	4～9

2. 腺嘌呤单碱基编辑器　　受到 CBE 的启发，人们很快就利用腺嘌呤脱氨酶将腺苷 A 脱氨基产生肌苷 I，在 DNA 修复和复制过程中将肌苷 I 识别为鸟嘌呤（G），从而实现了 A·T 到 G·C 的转变，这就是 ABE 的工作原理（图 12-9）。天然的腺苷和腺嘌呤脱氨酶确实存在，但它们的底物仅限于各种形式的 RNA。为了构建 ABE，需要产生能作用于单链 DNA 的腺嘌呤脱氨酶。科研人员采用定向进化技术从腺嘌呤脱氨酶 ecTadA 进化出可作用于 DNA 的脱氨酶，鉴定出腺嘌呤脱氨酶变体 TadA 中的 14 个突变并创建了 ABE7.10 单碱基编辑系统。ABE7.10 被证明在活细胞中引入 A·T 到 G·C 的点突变，17 个基因组位点的平均编辑效率为 58%，编辑窗口在 sgRNA 中的 4～7 处。近期，多项研究表明，ABE 的 wtTadA 成分是不必要的，可以去掉而不会降低编辑效率，从而优化出具有更高编辑效率的 ABE8e 单碱基编辑器，值得注意的是，多项研究表明 ABE8e 具有较高的脱靶效应。

（八）引导编辑系统

引导编辑（prime editor，PE）系统是美国 Broad 研究所刘如谦团队开发的一种新型基因编辑方法，这种方法可以在不引入双链断裂（DSB）和供体 DNA 模板的前提下，实现靶标位点的插入、缺失和所有 12 种类型单碱基突变（目前 ABE 和 CBE 系统仅能实现 C→T、G→A、

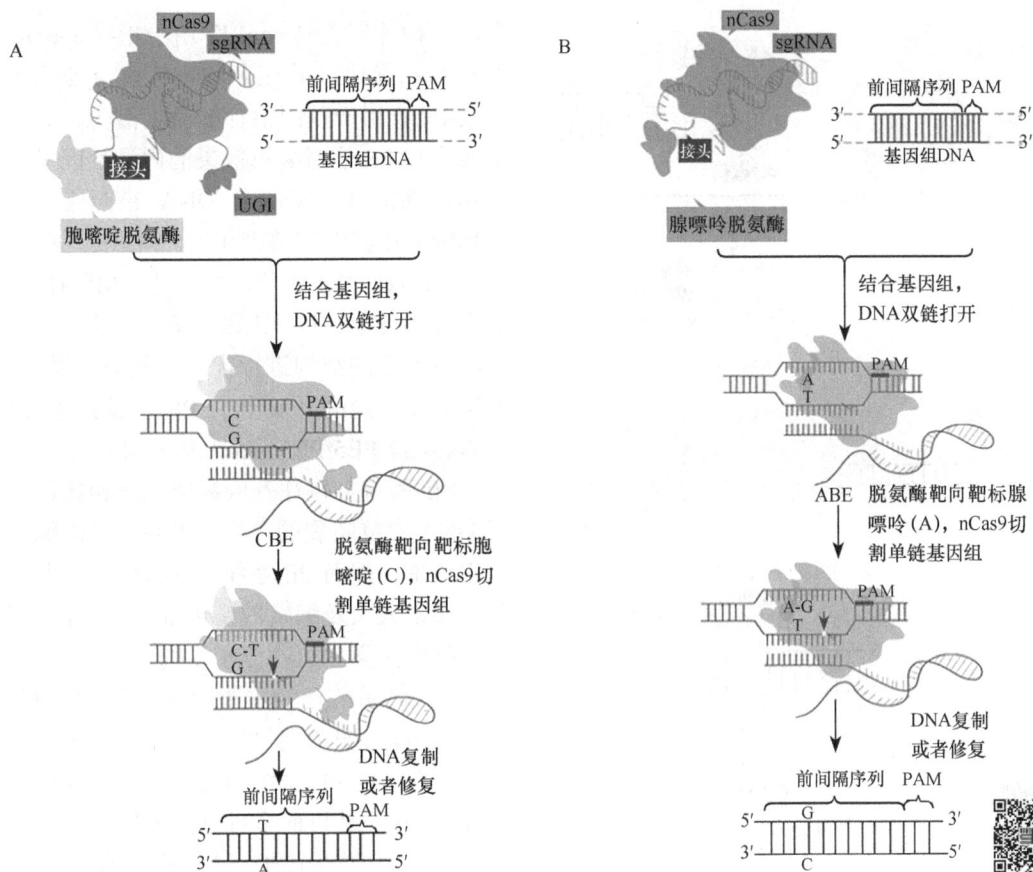

图 12-9　CBE（A）和 ABE（B）工作原理图

A→G、T→C 四种突变类型）。PE 系统是一种基于"搜索和替换"（search-and-replace）的基因组编辑方式。如图 12-10 所示，新工具 PE 是以 CRISPR/Cas9 系统为基础，在两方面加以改造：首先是改造单链引导 RNA（sgRNA），在其 3′端增加了一段 RNA 序列，新获得的 RNA 被称作 pegRNA；其次则是将 Cas9 切口酶（H840A 突变型，只切断含 PAM 的靶点 DNA 链）与反转录酶融合获得新的融合蛋白。pegRNA 的 3′端序列有双重角色，一段序列作为引物结合位点（PBS），与断裂的靶 DNA 链 3′端互补以起始反转录过程，另一端序列则是反转录的模板（RT 模板），其上携带有目标点突变或插入缺失突变以实现精准的基因编辑。

　　初期的 PE 系统有 3 个版本，即 PE1、PE2 和 PE3。3 个版本的区别在于，PE2 在 PE1 基础上对 M-MLV 反转录酶进行了定向的进化，提高了编辑效率，相比于 PE1，PE2 的点突变效率和碱基的增删效率提高了近 2 倍。对比于 PE1 和 PE2，PE3 系统则是在 pegRNA 下游附近，引入了一条与 pegRNA 方向相反的 sgRNA，可以实现切割非互补链的目的，提高了编辑效率。后期通过改变 pegRNA 中 PBS 和 RT 模板的长度，使用其他 RT，用核酶处理 pegRNA，提高细胞培养温度以促进反转录，使用增强的 pegRNA 启动子来提高引物编辑的表达效率，并富集转化细胞。通过基于解链温度设计 pegRNA 序列并使用双 pegRNA，也提高了 PE 系统的编辑效率。目前，已经在水稻中开发了自动化的 pegRNA 设计平台。研究表明，pegRNA 的 3′端易降解，会明显干扰 PE 的效率。研究人员在 3′端添加结构性 RNA 基序可增加 pegRNA 的稳定性，改造后的 pegRNA（epegRNA）可显著提升引导编辑的效率。此外，研究者还开

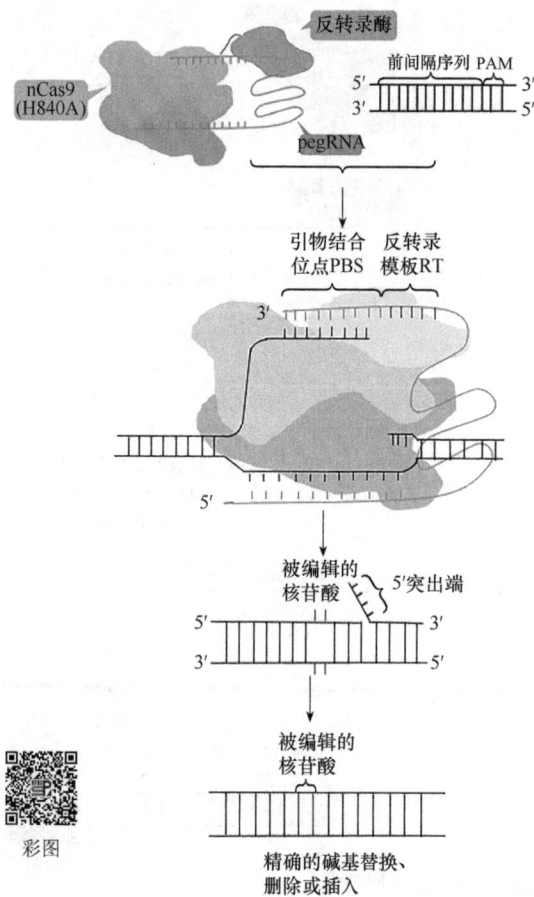

图 12-10　PE 系统基因编辑原理

发出一种计算工具 pegLIT 用于指导 epegRNA 的设计和优化，并在多种靶标位点处证实了 epegRNA 用于基因治疗的巨大潜力。研究人员对影响 PE 基因编辑效果的内源性因子进行了系统性筛选，发现了 DNA 错配修复通路（MMR）在其中的关键作用。MMR 通路关键因子 MLH1 的显性负性突变体（MLH1˜dn）能有效增强 PE 的基因编辑效率。而对 PE 系统融合蛋白的结构进行优化也能明显提升 PE 编辑效率。最终开发出了 PE 升级版本 PE4/PE4max 及 PE5/PE5max（表 12-4）。

PE 系统与以往基因编辑系统相比，避免了 DNA 双链断裂的产生，提高了基因编辑的适用范围。然而 PE 系统存在系统构件复杂、分子质量太大及编辑效率偏低等不足，限制了其在临床医学和植物分子生物学领域的应用。此外，反转录酶作为主要构成要件，在细胞中过量表达，其安全性仍然是一个需要考虑的问题。但考虑到 PE 系统编辑类型的多样性和灵活性，其几乎是目前多种基因编辑工具功能的集大成者，它几乎能够满足基因编辑研究所有需求。相信未来会有更多的研究着力于改进 PE 编辑系统以增加插入或缺失片段的编辑效率，提高该系统的可用性和兼容度。

表 12-4　PE 系统优化历程

PE 类型	反转录酶	反转录酶与 Cas9 之间的连接	Cas9 突变类型	pegRNA 3'端是否有保护接头	非编辑链是否有 sgRNA
PE1	M-MLV	无	Cas9n（H840A）	无	无
PE2	优化的 M-MLV	无	Cas9n（H840A）	无	无
PE3/3b	优化的 M-MLV	无	Cas9n（H840A）	无	有
PE4/PE4max	优化的 M-MLV	NLS	Cas9n（H840A，R221K，N394K）	有	有
PE5/PE5max	优化的 M-MLV	NLS	Cas9n（H840A，R221K，N394K）	有	有

（九）基因编辑与传统转基因技术的比较优势

转基因植物是指利用生物技术将优良性状功能基因整合进入目标植物的基因组中并表达，从而获得具有新的遗传性状的植物。人们可以利用转基因技术把抗除草剂、抗病、抗虫、抗逆等基因转入植物中，使作物获得具有抗除草剂、抗病、抗虫及抗逆等优良性状。植物基因编辑技术是在传统转基因技术上发展起来的新兴功能基因组研究及分子育种的工具之一。

基因编辑技术应用于作物遗传改良主要有两种方式:一是通过靶向敲除目标性状负调控基因,造成该基因功能缺失,以改良目标性状;二是通过对目标性状控制基因进行定点替换,导致该基因功能发生改变,从而获得新的目标性状。

转基因技术与基因编辑技术的共同点:基因编辑技术与转基因技术的应用一般都需要构建植物表达载体并借助组织培养、遗传转化及植株再生过程,将外源 DNA 导入植物受体细胞,在受体细胞中实现外源基因或 Cas 蛋白的转录或表达,产生特定的 RNA 或者功能蛋白,进而产生相应的生物学功能。

转基因技术与基因编辑技术的区别:传统的转基因技术将外源基因转入宿主细胞中发挥作用需使其稳定地整合在受体细胞基因组中,因在其基因组的整合位置通常是随机的,会产生一些非预期的不利结果,如破坏插入位置附近的内源基因的功能及位置效应导致的转基因沉默等。基因编辑技术利用核酸酶实现基因组定点编辑后,T-DNA 插入位点与编辑位点不连锁,在 T_1 及更高世代中可以发生遗传分离,产生无 T-DNA 插入但靶标位点有突变的基因编辑材料,这种突变体不含有转基因成分(transgene free),和植物天然突变体本质上一致,有助于消除公众对转基因安全性的担忧。在育种周期上,基因编辑技术也具有明显优势,传统的转基因技术在品种选育中要经过多年回交和选种,基因编辑育种则可以显著缩短育种周期。

(十)基因编辑脱靶问题

1. 基因编辑脱靶效应的概念及形成原因　　脱靶效应是指 Cas9 及其他 CRISPR/Cas 蛋白变体等核酸酶,在 sgRNA 的错误引导下,与靶标位点同源性较高的非靶标位点结合,并进行非靶标 DNA 序列切割,产生非预期的遗传突变。CRISPR/Cas9 系统的特异性主要取决于 sgRNA 的识别序列。因为在基因组中存在许多相似序列的 DNA 片段,由于设计的 sgRNA 可能会与非靶点 DNA 序列形成错配,导致非预期的基因突变产生脱靶效应。脱靶突变可能会导致基因编辑植物基因组不稳定,并破坏其他正常基因的功能(图 12-11)。

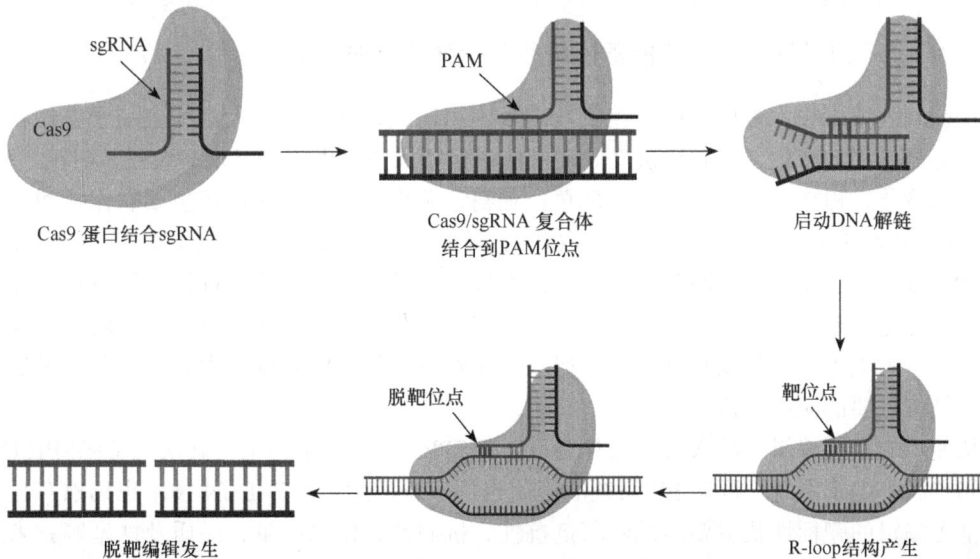

图 12-11　CRISPR/Cas9 基因编辑系统产生脱靶效应机制

(Manghwar et al., 2020)

彩图

现阶段，根据连续碱基不同错配、间隔碱基不同错配及 PAM 近端远端不同错配，可以将 CRISPR/Cas9 系统的脱靶类型简单分成 3 类。影响脱靶效应的因素主要有 PAM 序列和 sgRNA 序列。PAM 序列是区分靶序列与其他 DNA 序列、位于靶序列 3′端、高度保守的一小段序列，其长度一般为 2～5nt。在基因编辑过程中，Cas9 首先识别 PAM 序列，当 sgRNA 与靶序列特异性结合时，Cas9 才能完成对目的 DNA 区域的切割，因此 PAM 序列是 CRISPR/Cas9 系统发挥作用的先决条件。不同模式 PAM 序列的 CRISPR/Cas9 系统的切割效率不同，脱靶效应也不尽相同。sgRNA 与靶序列的错配是产生脱靶现象的最主要原因，sgRNA 由 crRNA 和 tracrRNA 组成，其中 crRNA 负责识别约 20bp 的靶序列，tracrRNA 能够指导 crRNA 与靶序列特异性结合。sgRNA 的结构和长度会对脱靶效应或切割效率产生一定的影响。由于 CRISPR/Cas9 系统是源于细菌等对噬菌体侵害的免疫机制，为保证将外源 DNA 全部清除，sgRNA 本身具有一定的容错能力，这也导致在应用过程中产生脱靶效应。减少脱靶效应的主要措施包括：使用高质量的参考基因组、选择和优化 sgRNA 设计、控制 Cas9-sgRNA 复合物的表达量、改造 Cas9 蛋白提高其特异性等。

2. 脱靶检测技术　　基因编辑系统存在脱靶现象，因此需要对基因编辑的材料进行脱靶检测。脱靶检测技术是一系列针对基因编辑系统作用机制研发的，用于确定在体内进行基因编辑准确性的检测工具。植物基因编辑脱靶检测主要利用以下两种方法。

1）脱靶位点预测＋测序　　利用生物信息软件对靶标在全基因组中的脱靶位点进行预测，获得可能的脱靶位点。然后根据软件预测的可能的脱靶位点，利用 PCR 方法对脱靶位点进行扩增，之后进行测序，以确定是否在这些位点发生了脱靶突变。这种方法非常简单、高效、成本低，缺点是不能在全基因大范围评估脱靶效应，容易漏检。

2）全基因组测序（whole-genome sequencing，WGS）　　对具有参考基因组序列的不同个体，采用 WGS 方法进行全基因组测序，经生物信息分析，对在全基因组范围内发生的 SNP 和 InDel 进行精确分析，以检测是否有脱靶现象发生。这种方法评估脱靶效应非常全面，但缺点是成本高、周期长、分析过程复杂。

（十一）基因编辑在植物功能基因组和分子育种中的应用

目前基因编辑技术被广泛用于植物功能基因组研究，同时也被大规模应用于农作物分子育种以提高作物的产量、品质和抗性等，目前在包括水稻、小麦、玉米、大豆、棉花、油菜、番茄、马铃薯、柑橘、黄瓜、生菜、烟草、葡萄、苹果、木薯、西瓜等主要农作物和园艺作物中都建立起基因编辑技术系统并取得显著成绩。自 2013 年以来，不同作物中的 CRISPR/Cas9 编辑系统已不断趋近成熟，能够快速、准确地对作物目标性状等各种功能性基因位点进行定点编辑，并能在短时间内获得稳定遗传的突变植株和纯合的不含转基因成分的突变株系，大大缩短了作物育种进程，提高了作物育种效率。对满足现有全球日益增加的粮食需求具有重要的应用价值。

从使用的基因编辑工具来看，依然是以 CRISPR/Cas9 系统为主，其次是 CRISPR/Cas12 系统和单碱基编辑系统，近期 PE 系统的应用也逐渐普及起来，TALEN 技术也仍然有少量报道。基因编辑的靶标性状主要涉及除草剂抗性、抗病性、作物产量、品质及株型等。未来基因编辑介导的定向进化、高通量基因编辑技术，基因编辑介导的基因定点敲入、转录激活等技术体系，将进一步释放基因编辑的巨大潜能，为植物分子育种提供更加丰富的工具和开拓更加广泛的应用前景。

第三节 CRISPR/Cas9 基因编辑技术操作实例
（以棉花基因编辑为例）

本节以棉花基因编辑（以棉花 *GhCLA* 为目的基因，该基因突变后，将产生白化的表型）为例，介绍了植物基因编辑的详细流程，包括 sgRNA 的设计及靶标位点的选择、载体构建、编辑效率检测、脱靶检测等多个环节，为广大科研人员提供了一个植物基因编辑的翔实案例。

一、sgRNA 的设计及靶标位点的选择

（一）sgRNA 的设计

为了提高 *GhCLA* 基因的编辑效率，在该基因不同的基因编码区（CDS）设计了两个靶向目标基因（*GhCLA*）不同位置的 sgRNA。通过 CRISPR-P2.0 网站进行 sgRNA 设计（图 12-12～图 12-14）。sgRNA 设计原则：①优先选择与其他非靶标基因错配值大于 2MMs 的 sgRNA；②优先选择 CG 含量在 40%～60% 的 sgRNA；③优先选择基因关键 CDS 的 sgRNA。

Sequence	Off-score ⑦	MMs⑦	Locus	Gene
CATAGGCCCACCGATTTGCTTGG	1.000	0MMs	D10:-45349952	evm.TU.Gh_D10G1640
CGTACACCCACCGATTTGATGGG	0.269	4MMs	scaffold77721:+477	evm.TU.Gh_Sca077721G01
CGTACACCCACCGATTTGATGGG	0.269	4MMs	D05:-9672122	evm.TU.Gh_D05G1031
CGTACACCCACCGATTTGATGGG	0.269	4MMs	D13:-60438136	evm.TU.Gh_D13G2453
CGTACACCCACCGATTTGATGGG	0.269	4MMs	A13:-79851565	evm.TU.Gh_A13G2052
CCTTGACCCACCGATTTGTTGGG	0.231	4MMs	A11:-26827821	
CATAGGTCGACCAATTTGATAGG	0.199	4MMs	A13:-70537331	
CATAGGCCGACAGTTTTACTTGG	0.163	4MMs	A03:+77546329	
TATAGGCCAATCGATTTGATGGG	0.113	4MMs	D06:+287403	evm.TU.Gh_D06G0028
CATAAGCACACCCATGTGCTTGG	0.082	4MMs	A03:-55285977	
CAAAGCCCCACCAATTTTCTTAG	0.078	4MMs	D13:+57392010	
CTTAGGCACACCCATGTGCTTGG	0.069	4MMs	A05:+75667156	
CATAAGCACACCTATGTGCTTGG	0.058	4MMs	A08:-35816938	
CATAGCCCGACCGATTAACTTAG	0.040	4MMs	D11:+22098632	
CATGGGCCAAGCGCTTTGCTGGG	0.029	4MMs	D01:-2192075	
CTTAGGCCCATCGATTTGGTGAG	0.007	3MMs	A01:-72539821	

图 12-12 *GhCLA* 基因 sgRNA1 搜索

（二）靶标位点的选择

靶标位点的选择主要考虑以下因素：①首先考虑靶标位点的位置，在有 PAM 位点的前提下，一般选择在基因的 5′端上游，这样对基因的敲除较为"彻底"；②如果要敲除的基因有同源拷贝，要考虑基因同源序列的删除，一般会设计一个共同的靶标，把同源基因尽量都能敲除，同时根据需要设计一些特异位点的敲除，这样可以对等位基因的功能分化进行研究；③为了提高基因编辑的效率，可以考虑在基因编码区设计两个甚至更多的靶标位点，提高基因敲除的效率（图 12-14）。

Sequence	Off-score ⑦	MMs⑦	Locus	Gene
GTGAAGTTCGATCCGGCAACTGG	1.000	0MMs	D10:+45350361	evm.TU.Gh_D10G1640
GTGGAGTTTGATTTGGCAACAGG	0.281	4MMs	A03:+62250581	
TTGAAGTTCGACCCAGCCACAGG	0.170	4MMs	A02:-932341	evm.TU.Gh_A02G0102
TTGAAGTTTGATCCAGCCACAGG	0.157	4MMs	D02:-1021105	evm.TU.Gh_D02G0126
TTGAAGTTTGATCCAGCCACAGG	0.157	4MMs	A02:-35250294	evm.TU.Gh_A02G0925
TTGAAGTTTGATCCAGCCACAGG	0.157	4MMs	D02:-31070965	evm.TU.Gh_D02G1107
GAGCAATTCGCTCCGGCAACGGG	0.119	4MMs	scaffold108059:+184	
GAGCAATTCGCTCCGGCAACGGG	0.119	4MMs	D09:+43060434	evm.TU.Gh_D09G1546
GAGCAATTCGCTCCGGCAACGGG	0.119	4MMs	A09:+68530416	evm.TU.Gh_A09G1528
GTGAAGTTCGAACCAGCTATGGG	0.113	4MMs	scaffold2735_A11:-73731	evm.TU.Gh_A11G3036
GTGATGTTAGAACCGGCAACTAG	0.065	3MMs	D02:-9493805	
GTGATGTTAGAACCGGCAACTAG	0.065	3MMs	A02:-9902843	
GGGAAGTTCGTGACGGCAACTGG	0.050	4MMs	D07:+11238779	
GTGAAATGCGATCCGGTTACTAG	0.044	4MMs	scaffold32265:-307	
GAGAAGTTGGATCCTGAAACTGG	0.035	4MMs	D13:-40294839	
GTGAAGTTCGACAAGGCACCTGG	0.026	4MMs	scaffold15239:+1516	
GTGAAGTTCGACAAGGCACCTGG	0.026	4MMs	A11:+56417863	
GTGAAGTTCGACAAGGCACCTGG	0.026	4MMs	A11:+56422783	
GTGATGGTCGATATGGCAACTAG	0.016	4MMs	D12:-27307200	
GTGAAGTTCGACGAGGCACCTGG	0.009	4MMs	A06:+96966848	

图 12-13 *GhCLA* 基因 sgRNA2 搜索

CTCGACGGACCTATACCACCTGTGGGAGCTTTGAGCAGTGCTCTCAGCAGGCTGCAAT
CAAACAGGCCTCTTAGAGAACTGAGAGAGGTTGCAAAGGTAAGTAGAAATGAATAG
AACCCAGAAAACTAATATAATTTTTACTAGAAACTAAAACTTACTAAGACTGGATGT
GGTTTGATTGCAGGGAGTTA**CCA*AGCAAATCGGTGGGCCTATG*CATGAACTGGCTGCA
   PAM ◄
AAAGTTGATGAGTATGCTCGTGGAATGATCAGTGGTTCTGGATCTACACTTTTCGAAG
AACTTGGACTATATTATATTGGACCTGTTGATGGCCACAACATCGATGATTTAGTTTC
TATTCTCAAAGAGGTTAAGACTACTAAAACAACGGGTCCGGTCTTGATCCATGTTGTC
ACTGAGAAAGGCCGAGGTTATCCATATGCAGAGAGAGCTGCTGACAAGTATCACGGT
AACATACAGAATAAGCCTTTTTAGAAGAGAGATCATTTCATATGATTTAATTTACTGG
TGCCTCGATATCTGACCTTAGTTTAGGGAATAAAAGAATAAACTGTACCTGGATTTCT
TTTCTCAGGAGTG***GTGAAGTTCGATCCGGCAAC***TGGAAAGCAATTCAAAGGCAATTCT
          ►   PAM
GCTACCCAGTCTTACACTACATATTTTGCTGAGGCTTTGATTGCGGAAGCTGAGGCAG
ACAAAAATATTGTTGCCATCCATGCTGCAATGGGAGGTGGAACCGGATTAAACCTCT
TCCTCCGCCGGTTCCCACAAAGATGTTTCGATGTGGGGATAGCTGAACAACATGCTGT
CACCTTTGCTGCAGGCTTGGCCTGTGAAGGCTTGAAACCTTTTTGTGCAATCTACTCA
TCATTCATGCAAAGGGCTTATGACCAG

图 12-14 *GhCLA* 基因（部分序列）及两个 sgRNA 靶标位点

二、载体构建

（一）载体构建的思路

本实验使用的载体是 pRGEB32-GhU6.7-NPT2，可以串联多个 tRNA＋靶基因 sgRNA。通过重叠延伸 PCR 获得目标序列，然后使用一步克隆法将目标序列连接在载体图方框所示的两个 *Bsa* I 酶切位点之间（图 12-15）。

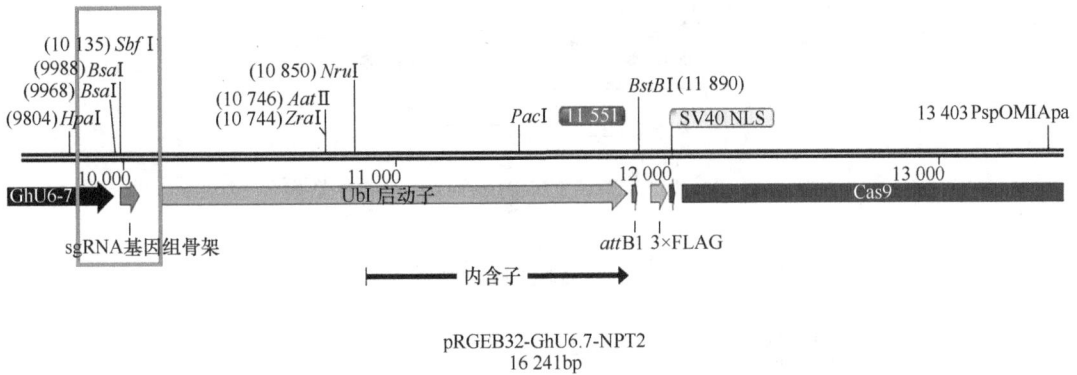

图 12-15　棉花 CRISPR/Cas9 基因编辑载体示意图（Wang et al.，2018）

（二）目标序列扩增引物的设计

GhCLA 基因靶标序列：aagcatcagatgggca<u>AACAAAGCACCAGTGGTCTAGTGGTAGAA</u><u>TAGTACCCTGCCACGGTACAGACCCGGGTTCGATTCCCGGCTGGTGCA</u>*CATAGGCCCAC**CGATTTGCT***TGTTTTAGAGCTAGAAATAGCAAGTTAAAATAAGGCTAGTCCGTTATCAA**CTTGAAAAAGTGGCACCGAGTCGGTGCA**<u>ACAAAGCACCAGTGGTCTAGTGGTAGAAT</u><u>AGTACCCTGCCACGGTACAGACCCGGGTTCGATTCCCGGCTGGTGCA</u>*GTGAAGTTCGATC**CGGCAAC***gttttagagctagaa……（载体 sgRNA）（注：小写部分是载体序列；下划线部分是 tRNA；加粗部分是 sgRNA；斜体部分是靶标位置）。

表 12-5 中的小写部分是固定序列，其他基因引物设计只需修改引物中的下划线标示的靶标序列即可。其中，inf pRGEB32-7 s、pRGEB32-7 s 为通用引物无须更改。pRGEB32-7 s 含有载体的一部分序列，方便 In-fusion 连接。因插入序列中有多个 tRNA，inf pRGEB32-7 s 为增强扩增特异性，序列长度比 pRGEB32-7 s 短。inf CLA as 含有载体序列接头，方便后续 In-fusion 连接。

表 12-5　*GhCLA* 基因及载体引物序列

引物名称	引物序列	备注
CLA1 as	5′-<u>AGCAAATCGGTGGGCCTATG</u>tgcaccagccgggaat-3′	靶标 1 互补序列
CLA2 s	5′-<u>CATAGGCCCACCGATTTGCT</u>gttttagagctagaaata-3′	靶标 1 序列
CLA2 as	5′-<u>GTTGCCGGATCGAACTTCAC</u>tgcaccagccgggaat-3′	靶标 2 互补序列
inf CLA as	5′-ttctagctctaaaac<u>GTTGCCGGATCGAACTTCAC</u>-3′	靶标 2 互补序列
pRGEB32-7 s	5′-AAGCATCAGATGGGCAAACAAAGCACCAGTGGTCTAG-3′	
inf pRGEB32-7 s	5′-AAGCATCAGATGGGCAAACAAA-3′	

（三）目标序列 PCR 扩增

1. 重叠 PCR 原理　　PCR 循环中，扩增产生的新链是引物和延伸产物共同组成的，而且新链可以作为下一循环的模板。如果在引物的 5′端加入接头，下一轮循环过后产生的链便会带有接头互补的序列。如此循环，最后的产物中，几乎所有的产物都含有接头序列。如果将接头序列设计得和待融合片段的引物互补，那么两个独立 PCR 的产物便可以借助这一区域产生配对，经 *Taq* DNA 聚合酶延伸成为融合片段（图 12-16）。

重叠延伸示意图

白化基因双靶标连接示意图

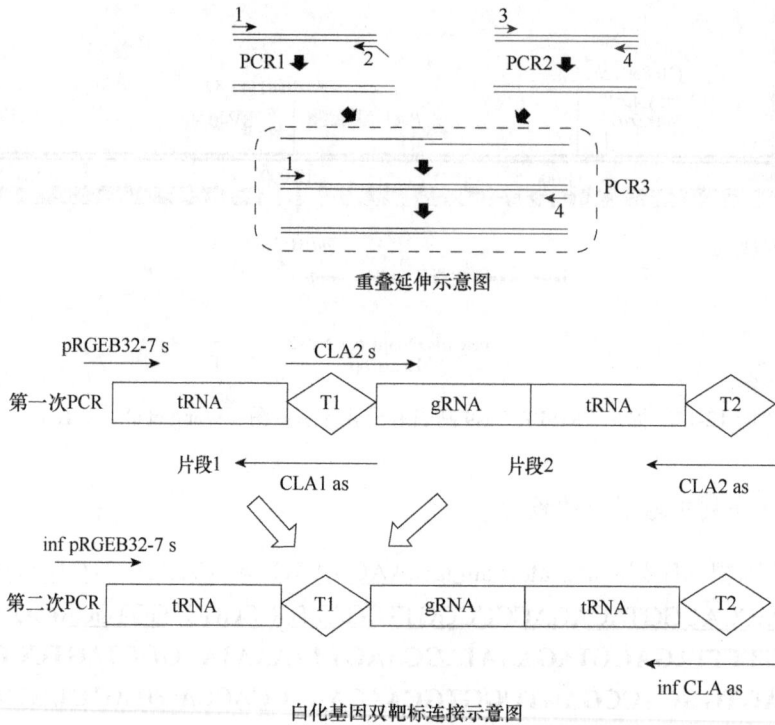

图 12-16 *GhCLA* 基因双靶标连接示意图

2. 第一次 PCR 扩增　　gRNA＋tRNA 组合序列已插入 pGTR4 载体，第一次 PCR 的 1、2 两个片段分别从含 pGTR4 载体的菌液或者质粒中扩增（表 12-6，表 12-7，图 12-17）。

表 12-6　第一次 PCR 体系　　　　　　　　　　　　（单位：μL）

试剂	片段 1（20μL 体系）	片段 2（20μL 体系）
ddH$_2$O	16.1	16.1
Buffer	2	2
dNTP	0.3	0.3
S 引物	0.2（pRGEB32-7 s）	0.2（CLA2 s）
AS 引物	0.2（CLA1 as）	0.2（CLA2 as）
Taq DNA 聚合酶	0.2	0.2
模板	1（PGTR）	1（PGTR）

表 12-7　第一次 PCR 条件

预变性	95℃	4min
变性	95℃	30s
退火	55℃	30s
延伸	72℃	20s
循环	3 个循环	

续表

变性	95℃	30s
退火	60℃	30s
延伸	72℃	20s
循环	27 个循环	
最后延伸	72℃	5min

3. 第二次 PCR 及纯化 使用重叠延伸 PCR 将两个小片段进行连接（表 12-8，表 12-9，图 12-18）。

表 12-8 第二次 PCR 体系 （单位：μL）

试剂	100μL 体系
ddH$_2$O	83.5
Buffer	10
dNTP	1.5
inf pRGEB32-7 s	1
inf CLA as	1
Taq DNA 聚合酶	1
片段 1	1
片段 2	1

表 12-9 第二次 PCR 条件

预变性	95℃	4min
变性	95℃	30s
退火	59℃	30s
延伸	72℃	20s
循环	28 个循环	
最后延伸	72℃	5min

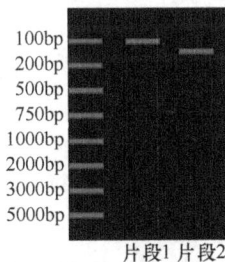

图 12-17 第一次 PCR 反应电泳检测示意图

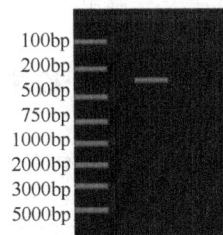

图 12-18 第二次 PCR 反应电泳检测示意图

使用凝胶回收试剂盒对 PCR 产物进行纯化、测定浓度。

（四）载体酶切

37℃酶切 5.5h（表 12-10），电泳检测酶切效果，使用凝胶回收试剂盒对酶切产物进行纯化、测定浓度。

（五）In-fusion 连接

In-fusion 连接（表 12-11）后，37℃水浴 30min，冰上放置 5min，可在−20℃冰箱保存备用。

表 12-10　基因编辑载体 P7N 酶切体系	
试剂	100μL 体系
P7N 载体	10μg
10×cut smart Buffer	10μL
BSA1	4μL
ddH₂O	加至 100μL

表 12-11　In-fusion 连接	
试剂	5μL 体系
目的片段	100ng
线性化表达载体	100ng
Exnase	0.5μL
CE Buffer	1μL

（六）转化感受态

将连接产物与感受态混合，冰上放置 30min，42℃热激 90s，冰上静置 5min。取 300μL SOC 加入新的 2mL 离心管，将热激产物加入 SOC 中，37℃振荡 45min，涂于 Kan 皿，37℃培养过夜，挑取单克隆于 500μL Kan 抗性 LB 液体培养基，37℃振荡 3h，使用 inf pRGEB32-7 s 和 inf CLA as 引物阳性检测，电泳跑胶，挑取阳性克隆送测序。

阳性检测引物/测序引物：U6-7 s（TGTGCCACTCCAAAGACATCAG）＋inf CLA as。

（七）电转

测序成功后，使用电转仪将质粒转入农杆菌。

阳性检测引物：U6-7 s（TGTGCCACTCCAAAGACATCAG）＋inf CLA as。

三、农杆菌介导的棉花遗传转化及植株再生

详细步骤见第十一章第二节中"农杆菌转化棉花下胚轴的方法"。

四、基因编辑后代的分子检测

（一）Sanger 测序检测编辑

（1）根据 *GhCLA* 基因全长序列，在靶标的上下游设计引物（图 12-19）。

（2）提取 T₀ 代突变体植株的 DNA，以其为模板用设计好的引物进行 PCR 扩增。

（3）将 PCR 产物通过 T₄ 连接酶连接到 T₄ 载体上进行 TA 克隆。

（4）挑取阳性单克隆进行 Sanger 测序，将测序结果与参考基因组进行比对，检测编辑情况。

靶标 1 引物：sgRNA1F, 5′-TAAGTAGAAATGAATAGAACCCAGA-3′; sgRNA1R, 5′-GCC ATCAACAGGTCCAATA-3′。

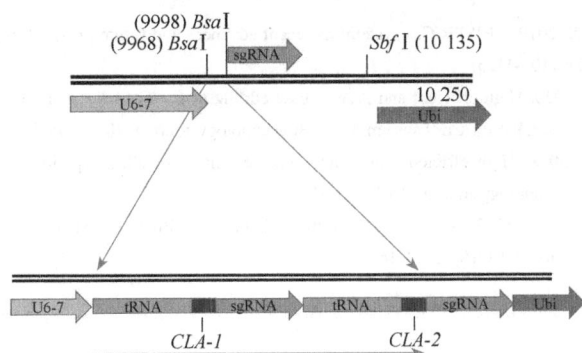

图 12-19　*GhCLA* 基因编辑载体图

（二）HI-TOM 测序检测编辑效率

为了更准确地检测突变体的编辑效率，需要进行高通量测序，一般采用 HI-TOM 测序的方法。可以参考网站 http://www.hi-tom.net/hi-tom/result/Hi-TOM_protocol.png 的要求设计引物。

（1）检测位点与上游或下游引物的距离必须为 10～100bp。

（2）扩增片段长度最好在 150～300bp。

（3）多倍体物种检测时应在保守处设计引物，分析测序结果时可以区分不同基因组的基因编辑。

（4）正向引物前加搭桥序列 5'-ggagtgagtacggtgtgc-3'，反向引物前加搭桥序列 5'-gagttggatgctggatgg-3'。例如，sgRNA1F，5'-ggagtgagtacggtgtgcTAAGTAGAAATGAATAGAACCCAGA-3'；sgRNA1R，5'-gagttggatgctggatggGCCATCAACAGGTCCAATA-3'。

五、脱靶检测

（一）预测脱靶位点

使用 BatMis 和 Cas-OFFinder 两个软件，将 *GhCLA* 的两个 sgRNA 靶点与棉花标准系 TM-1 参考基因组进行比较，预测出潜在的脱靶位点。

（二）脱靶位点编辑检测

对预测出的脱靶位点进行评估，挑选出评分最高的前 20 个脱靶位点。通过对这 20 个脱靶位点进行 HI-TOM 测序，分析是否有脱靶的情况出现。

主要参考文献

Li B, Rui H P, Li Y J, et al. 2019. Robust CRISPR/Cpf1 (Cas12a) mediated genome editing in allotetraploid cotton (*G. hirsutum*). Plant Biotechnology Journal, 17 (10): 1862-1864

Li J Y, Hakim M, Lin S, et al. 2019. Whole genome sequencing reveals rare off-target mutations and considerable inherent genetic or/and somaclonal variations in CRISPR-Cas9-edited cotton plants. Plant Biotechnology Journal, 17(5): 858-868

Manghwar H, Li B, Zhang X L, et al. 2020. Strategies to overcome off-target effects by CRISPR/Cas system. Advanced Science, 7(6):1902312

Manghwar H, Zhang X L, Jin S X. 2019. CRISPR/Cas system: its recent advances and future prospect in genome editing of plant species. Trends in Plant Science, 24 (12): 1102-1125

Qin L, Li J Y, Wang Q Q, et al. 2020. High efficient and precise base editing of C · G to T · A in the allotetraploid cotton (*Gossypium hirsutum*) genome using a modified CRISPR/Cas9 system. Plant Biotechnology Journal, 18 (1): 45-56

Wang P, Zhang J, Sun L, et al. 2018. High efficient multi-sites genome editing in allotetraploid cotton (*Gossypium hirsutum*) using CRISPR/Cas9 system. Plant Biotechnology Journal, 16(1): 137-150

Zhang D, Hussain A, Manghwar H, et al. 2020. Genome editing with the CRISPR-Cas system: an art, ethics and global regulatory perspective. Plant Biotechnology Journal,18(8): 1651-1669

第十三章 转基因植物的分子检测及
安全性评价

基因工程是 20 世纪 70 年代诞生并快速发展的一项生物领域的高新技术，又称重组 DNA 技术、遗传工程或转基因技术。其主要原理是按照人们的意愿，将某种生物的基因（外源基因）进行人工分离和体外重组后，导入并整合到另一种生物体的基因组中，有目的地稳定改变后者的遗传性状。经基因工程修饰的生物体常被媒体称为遗传修饰过的生物体（genetically modified organism，GMO），主要包括转基因植物、转基因动物和转基因微生物三大类。最近 20 多年来，全球通过基因工程开发了大量的、涉及众多领域的基因工程产品，给人们的生产和生活带来了巨大变化。

第一节 转基因植物的分子检测

一、外源基因整合的分子检测

（一）PCR 扩增外源基因片段

PCR 是聚合酶链式反应（polymerase chain reaction）的简称，由美国科学家 Mullis 于 1985 年发明，已经成为当今分子生物学研究的主要技术。其具有方法简单、样品用量少、快速和灵敏度高等特点，是转基因材料中外源基因整合最常用的初步检测方法。

1. 引物设计及合成 用于 PCR 扩增的引物一般为 15～30 个核苷酸，主要通过人工合成获得。高效而专一性强的引物是特异性扩增的关键。引物设计的基本原则是：①引物中的（G＋C）含量应在 45%～55%。②4 种碱基应随机分布，避免单一碱基的连续排列。③防止引物内部形成二级结构。④两个引物之间不应发生互补，尤其是在引物的 3′端要避免形成"引物二聚体"。⑤3′端末位碱基尽量不要选用 A。

扩增外源基因的引物设计在不严重违反上述原则时，最简单但不失为有效的方法是，以该目的基因 5′端的 20 个碱基序列作为 5′端引物，以该基因 3′端的 20 个碱基顺序的互补序列作为 3′端引物，扩增的产物即该基因。一般情况下，在设计外源基因整合的检测引物时，应该利用计算机程序设计。

2. 模板 DNA 的制备 PCR 对模板 DNA 的质量要求不高，有时可以简单到直接利用细胞裂解液。但由于细胞裂解液成分复杂，目的序列浓度相对又很低，这不仅会造成特异扩增产物量不足，而且产生错误的机会增多，所以对于外源基因整合的检测，一般要求制备出植物基因组 DNA。

植物基因组 DNA 的制备方法可以采用快速微量法，常用的有十六烷基三乙基溴化铵（CTAB）微量提取法和十二烷基硫酸钠（SDS）微量提取法。检测时要有阴性对照及阳性对照，所以需分别从转化植株及非转化植株中以同样的方法提取基因组 DNA。

3. 反应体系　　PCR 反应体系中包括以下成分。

1）*Taq* DNA 聚合酶　　1986 年，Erlich 从一种生活在温度高达 70～75℃环境中的水生嗜热菌（*Thermus aquaticus*）YT-1 中纯化出了耐热的 DNA 聚合酶，称为 *Taq* DNA 聚合酶。*Taq* DNA 聚合酶最大的特点是具有较高的热稳定性，在高温下酶活性的半衰期为：92.5℃、130min，95℃、40min，97℃、5min。该酶在 PCR 循环中可一直保持较高的活性。该酶的第二个特点是在相当宽的温度范围内都能催化核苷酸聚合，但速度有所不同，其活性在 70～75℃最高。不同温度下的 K_{cat} 值（每个酶分子每秒可延伸的核苷酸数目）大致为：75～80℃、150 个，70℃、60 个以上，55℃、24 个，37℃、1.5 个，22℃、0.25 个。温度超过 80℃时，合成速率明显下降，90℃条件下几乎不能合成。该酶的第三个特点是没有 3'→5'的外切酶活性，因而对核苷酸的错误掺入不具备校正功能，这也是 *Taq* DNA 聚合酶的致命缺点。在使用该酶的 PCR 扩增反应中，每次循环碱基错配的概率约为 $2×10^{-4}$。尽管 *Taq* DNA 聚合酶对错配碱基没有校正功能，但对错配的引物-模板的延伸效率却大大地低于正确的引物-模板，因而 *Taq* DNA 聚合酶的 PCR 产物仍具有较高的 DNA 序列的忠实性。该酶与其他的 DNA 聚合酶相同，都是 Mg^{2+} 依赖性酶，其活性对 Mg^{2+} 浓度十分敏感。

2）模板 DNA　　适宜的模板量是保证特异性扩增的前提。模板 DNA 的量需根据其分子质量大小来确定，一般需含有 10^2～10^5 个被检基因拷贝。植物基因组愈大，检测单拷贝外源基因时需要的样品量愈多。但要注意，模板过量会降低扩增特异性。

PCR 对模板 DNA 的纯度要求不高，但过多的乙二胺四乙酸（EDTA）、乙酸钠及样品 DNA 中的杂质仍然会影响扩增效率，必要时可用酚/氯仿抽提纯化。

3）引物　　引物浓度不宜偏高，一般为 0.1～0.5μmol/L。引物浓度过高会产生两个问题：一是易引起错配和产生非特异性扩增；二是易生成引物二聚体。对于转基因植株鉴定来说，这一点很重要，因为植物的基因组很大，而单拷贝的外源基因在基因组中所占的比例很小，DNA 提取又很粗放，这时若引物浓度过高，非特异性扩增极易发生。

4）dNTP　　与其他酶反应相同，底物 dNTP 浓度越高，则聚合反应速度越快。但对于 PCR 反应来说，dNTP 浓度过高，碱基的错误掺入率则增加，低浓度的 dNTP 有利于提高扩增的特异性。另外，反应中 4 种底物的浓度（当量数）应相同，若其中一种核苷三磷酸的浓度明显与其他 3 种不同时，不管是大于还是小于，都会诱发核苷酸的错误掺入，降低合成速度，以致过早地终止延伸。

dNTP 的终浓度一般为 50～200μmol/L。由于底物核苷酸溶液具有较强的酸性，使用时应将底物原液用 NaOH 调 pH 至 7.0，这样才能保证扩增时反应体系的 pH 不低于 7.1。

5）缓冲液　　PCR 反应缓冲液一般含有 10～15mmol/L Tris-HCl、50mmol/L KCl、1.5mmol/L $MgCl_2$。缓冲液的 pH 在室温下应为 8.4，在聚合反应的温度条件下（72℃），其 pH 为 7.2。缓冲液中的 Mg^{2+} 浓度对反应十分重要，它影响引物的退火程度、模板与引物链的解链温度、酶的活性、产物的特异性及引物二聚体形成等诸多过程。Mg^{2+} 浓度过高时非特异性扩增产物增加，浓度低时则产物量下降。因此，适宜的 Mg^{2+} 浓度是扩增成败的关键。反应体系中的 EDTA 及磷酸根会影响 Mg^{2+} 浓度，来自模板 DNA 溶液中的 EDTA 能与 Mg^{2+} 螯合，使其浓度下降。所以应考虑 DNA 样品中的 EDTA 浓度，若样品中含有 EDTA 或其他的螯合剂时，就要适当增加反应体系中的 Mg^{2+} 浓度。磷酸基团主要来自 dNTP，其分子中的磷酸基团能定量与 Mg^{2+} 结合，所以反应体系中 dNTP 的浓度将直接影响 Mg^{2+} 浓度。标准反应中，4 种 dNTP 浓度各为 0.2mmol/L，总浓度为 0.8mmol/L，1.5mmol/L $MgCl_2$ 中未与 dNTP 结合的只有 0.7mmol/L。一般原则是反应中 Mg^{2+} 的终浓度至少要比 dNTP 总浓度高 0.5～1.0mmol/L。

缓冲液中 KCl 的最适浓度是 50mmol/L，高于 75mmol/L 时，PCR 反应明显受抑制。

6）其他成分　　反应体系中还含有 100μg/mL 的白明胶或 BSA，也有的加入非离子去污剂 Triton X-100 或 Tween20，其目的是稳定 *Taq* DNA 聚合酶。

为防止反应时液体挥发，反应体系的液面上加有矿物油。使用具加热帽的 PCR 仪时，可不必加矿物油。

4. 循环参数　　PCR 扩增中，变性、退火、延伸 3 步构成一个循环。这 3 步是分别在 3 种温度条件下进行的，由 PCR 扩增仪自动完成。

1）变性　　第一轮循环前有一个较长时间的变性，其目的是让双链模板 DNA 充分解链，以及使样品 DNA 中含有的少量蛋白质变性失活。模板 DNA 充分变性对于扩增反应非常重要。对于多数 DNA 来说，使双链 DNA 完全解链的温度为 94℃左右，所以常采用在加入底物及酶前先使模板 DNA 在 94℃以上变性 5～10min，迅速冷却后再加入 dNTP 及 *Taq* DNA 聚合酶。当然，也可将反应物一次性全部加入，先进行几次长时间变性（2～3min）的循环，使模板充分变性后再缩短变性时间。循环中的变性时间一般不宜太长，多采用 94℃、30s～1min，也有采用 97℃、15s 的，就变性温度及时间两个参数来讲，充分变性主要取决于温度。

2）退火　　退火的温度及时间取决于引物的长度、GC 含量、引物浓度及引物与模板的配对程度。一般退火温度比引物 T_m 值约低 5℃。引物的 T_m 值可按下式计算：$T_m=4(G+C)+2(A+T)$（A、T、C、G 为 4 种碱基的数量）。

退火温度越高，所得产物的特异性越强，因而提高退火温度，可提高 PCR 扩增的特异性。需要注意的是退火时间不宜过长，过长也会影响反应的特异性。在标准反应中，引物的量是过量的，退火过程只需几秒钟就可完成。但 PCR 扩增中退火时间常设置在 30s～2min，主要目的是使整个反应达到所需的温度。

3）延伸　　延伸温度是由使用的聚合酶的最适活力温度决定的。*Taq* DNA 聚合酶在 70～75℃具有最高活力，并有较强的稳定性，所以使用 *Taq* DNA 聚合酶时，延伸温度多选用 72℃。延伸时间应根据待扩增片段的长度及原始浓度确定，在标准的反应体系中，*Taq* DNA 聚合酶合成速度大约为每分钟催化 2000 个核苷酸掺入，2kb 长的模板 1～1.5min 的延伸时间就可以了。确定延伸时间的一般原则是，在保证目的序列合成完整的前提下，延伸时间越短越好。

在循环结束后，应设置一次较长时间（8min 左右）的延伸，以保证扩增出来的片段都延伸完整。需要说明的是在 PCR 循环中，延伸反应并不是到达设定的延伸温度时才开始，由于实际上退火只需要几秒钟就可完成，并且 *Taq* DNA 聚合酶在退火温度下也具有相当的活性（其作用的温度为 20～85℃），所以往往是在退火条件下，延伸反应就已开始了。基于此点，有人将退火与延伸反应合并，只设两种温度完成整个扩增循环。例如，用 94℃变性，60℃退火与延伸，其优点是省时并可提高反应的特异性。

4）循环次数　　循环次数主要取决于 DNA 模板的浓度及待扩增片段（目的片段）在模板中的含量，如果扩增体系中目的片段的起始分子数目很少，增加循环次数，可明显增加产物量。但 PCR 扩增反应并不是无限的，在循环的起始，产物呈指数级数增长。但经过一定次数的循环后，产物不再呈指数增长，而是进入线性或静止状态，即进入平台期。多数情况下，PCR 扩增的平台期是不可避免的，它的出现源于随反应进程而发生的反应体系内各成分浓度的相对变化，如酶活性的下降、dNTP 浓度的降低、产物积累、非特异性产物的竞争抑制及产物退火。扩增反应应该在平台期到来之前停止，因为一旦进入平台期，非特异性扩增产物就会明显增加。平台期出现的早晚主要与 DNA 模板的拷贝数、扩增效率、酶的种类及活性有关。酶的专一性强、活力高，平台期就出现得晚。

5. 扩增产物检测　　扩增反应后，将反应物进行琼脂糖凝胶电泳或聚丙烯酰胺凝胶电泳（当目的片段小于 100bp 时）分离，经溴化乙锭染色，置于紫外透射仪观察或经硝酸银染色，若凝胶上出现明显条带即扩增的产物。根据分子质量标准确定条带的分子质量，分子质量与目的片段相同的条带为正确的特异性扩增产物，可初步判定外源基因已经整合进植物基因组。图 13-1 为利用 PCR 检测转基因阳性植株的电泳图。图 13-1 中显示原受体品种无 PCR 扩增带，而转化载体和转基因阳性植株有扩增带。

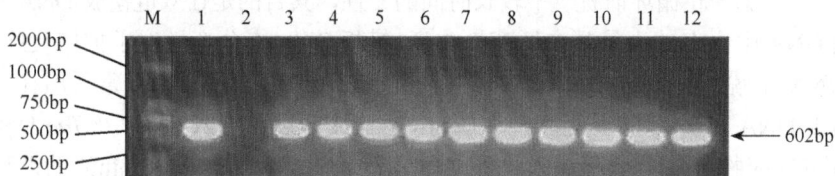

图 13-1　转基因阳性植株的 PCR 检测

对目的基因进行 PCR 检测，PCR 扩增产物大小为 602bp。M. 2kb marker（分子质量标准）；
1. 转化载体；2. 原受体品种；3～12. 转基因阳性植株

（二）Southern 杂交及转基因拷贝数检测

1. 植物总 DNA 提取　　原理及方法：植物总 DNA 的提取方法有很多，但从原理上看主要有两种：CTAB 法及 SDS 法。

1）CTAB 法　　十六烷基三乙基溴化铵（cetyl triethyl ammonium bromide，CTAB）是一种去污剂，可溶解细胞膜，它能与核酸形成复合物，在高盐溶液中（0.7mol/L NaCl）是可溶的，当降低溶液盐浓度到一定程度（0.3mol/L NaCl）时，从溶液中沉淀，通过离心就可将 CTAB 与核酸的复合物同蛋白质、多糖类物质分开，然后将 CTAB 与核酸的复合物沉淀溶解于高盐溶液，再加入乙醇使核酸沉淀，而 CTAB 能溶解于乙醇。

根据上述原理，提取中使用两种缓冲液：一种是含 1.5% CTAB、1.0mol/L NaCl 的高盐提取缓冲液，该缓冲液的作用是破除细胞膜和使核酸从核蛋白体中释放出来；另一种是含 1% CTAB，而不含 NaCl 的沉淀缓冲液。操作的主要程序是将植物材料冷冻研磨成粉后，加入 1.5% CTAB 高盐提取缓冲液，于 65℃保温 45min，使细胞破碎，核蛋白体解析，蛋白质变性。对于多酚类物质含量较多的材料可在提取液中加一定量的 β-巯基乙醇或聚乙烯吡咯烷酮（PVP）以防止多酚类物质氧化。然后用氯仿/异戊醇抽提，去除蛋白质。若一次抽提的效果不理想，可补加少量高盐、10% CTAB 溶液，继续用氯仿/异戊醇抽提。取上清液，加入两倍体积不含盐的 1% CTAB 沉淀缓冲液，使核酸与 CTAB 形成复合物沉淀。离心收集沉淀后再将沉淀溶于高盐溶液，在溶液中加入 RNase，水解去除 RNA，然后用氯仿抽提，最后用乙醇沉淀，经洗涤得到 DNA 样品。这样得到的 DNA 样品可直接用于限制性酶切及 Southern 杂交。

CTAB 法的最大优点是能很好地去除糖类杂质，对于含糖较高的材料可优先采用。该方法的另一个特点是在提取的前期能同时得到高含量的 DNA 及 RNA，如果后继实验对二者都需要，则可分别进行纯化，如只需要 DNA 则可用 RNase 水解掉 RNA。

2）SDS 法　　其原理是利用高浓度的 SDS，在较高温度 65℃条件下裂解细胞，使染色体离析，蛋白质变性，释放出核酸，然后采用提高盐浓度及降低温度的做法使蛋白质及多糖杂质沉淀（最常用的是加入 5mol/L 的 KAc 于冰上保温，在低温条件下 KAc 与蛋白质及多糖结合成不溶物），离心除去沉淀后，上清液中的 DNA 用酚/氯仿抽提，反复抽提后用乙醇沉淀 DNA。

SDS 法操作简单，温和，也可提取到分子质量较高的 DNA，但所得产物含糖类杂质较多。该方法所得的 DNA 样品也可直接用于 Southern 杂交，但在限制性内切核酸酶消化时需加大酶用量，并适当延长反应时间。如果用该方法提取的 DNA 因后续实验在纯度上有要求，必须用氯化铯密度梯度离心纯化的话，那么提取时应用十二烷基肌氨酸钠（sarcosyl）代替 SDS。因为十二烷基肌氨酸钠能溶解在低浓度的氯化铯溶液中。

2. 植物 DNA 样品纯度及浓度的检测　　用于 Southern 杂交的植物 DNA 样品在纯度、长度及浓度上均应达到一定的要求。纯度上应无蛋白质、RNA、多糖及抑制限制性酶切的杂质，并无提取时所用的试剂如酚及盐离子的残留。在长度上不应低于 50kb，浓度应为 $0.3\sim 1\mu g/\mu L$，所以提取的 DNA 在用于酶切前必须检测其纯度及浓度。目前主要采用琼脂糖凝胶电泳及紫外分光光度法进行检测。

1）琼脂糖凝胶电泳检测　　制备0.8%琼脂糖凝胶，取适量的被检 DNA 样品及分子质量标准 DNA 同时电泳，电泳后于紫外线下检测，所提植物 DNA 应呈现出一条分子质量较大的清晰条带，其迁移率应小于分子质量标准样品 λDNA/*Hind*III 中 23kb 条带的迁移率。如果所提 DNA 样品条带呈现长带弥散状，则表明提取过程中 DNA 已严重降解。如果在溴酚蓝处出现明亮的荧光区，则表明样品中含有较多的 RNA，可用 RNase 消化去除。如果在电泳梳孔内有荧光出现，则可能是因为样品中 DNA 未完全溶解或浓度过高，或样品不纯，有大量带正电荷的杂质与 DNA 样品结合。

至于样品浓度，对于清晰的条带，可通过与标准 DNA 样品的荧光亮度相比较来估计。例如，使用单一分子质量标准 DNA 的浓度为 $0.5\mu g/\mu L$，点样量为 $2\mu L$，则 DNA 量为 $1\mu g$。亮度与其相同的条带，DNA 量大致相同。

2）紫外分光光度法检测　　纯净的 DNA 溶液是透明的，用紫外分光光度计测定其 260nm 及 280nm 的吸收值比值应为 1.8，260nm 及 230nm 的吸收值比值应大于 2.0。若 OD_{260}/OD_{280} 大于 1.8，表明样品中含有较多的 RNA，这时应该用 RNA 酶重新处理样品；若比值小于 1.6，则说明样品中蛋白质杂质较多或混杂有提取时所用的酚试剂，这时需要用氯仿重新抽提样品进一步去除蛋白质杂质及酚；当 OD_{260}/OD_{230} 小于 2.0 时，表明溶液中有残存的小分子及盐类杂质，可用 70%乙醇反复洗涤 DNA 沉淀。DNA 样品纯化后，应根据其在 260nm 的吸收值确定样品的 DNA 浓度。$50\mu g/mL$ 的双链 DNA 对 260nm 紫外线的吸收值为 1.0。凡是浓度大于 $0.25\mu g/mL$ 的纯净 DNA 样品均基本符合此关系，测定 OD_{260} 值即可确定 DNA 样品浓度。

3. 植物 DNA 样品的保存　　根据所测的样品 DNA 浓度，用无菌 1×TE 将样品稀释或浓缩成 $0.5\sim 1.0mg/mL$ 的浓度。高分子质量的 DNA 溶液在 4℃条件下可贮存数周，所以近期使用时不必进行低温冷冻；需要长期贮存时，可置−20℃条件下冷冻，但冷冻样品从冰箱中取出时必须立即置于碎冰上，令其缓慢解冻，以防止 DNA 分子断裂。为防止溶液融化时引起 DNA 断裂，也可以将 DNA 样品以乙醇沉淀的形式保存在−20℃环境中。

4. 杂交探针的制备　　探针是指经特殊化合物标记的特定的核苷酸序列。用于 Southern 杂交的探针有 DNA 探针和 RNA 探针。根据探针是否有放射性，又可将探针分为放射性探针及非放射性探针，根据标记物掺入部位的情况又分为均匀标记探针及末端标记探针。

用于检测植物基因组中外源基因整合的探针应为同源探针，一般认为探针长度在 300 个核苷酸以上时杂交效果较好，染色体上基因定位的探针应较长，可达 2000bp，用于组织细胞内原位杂交的探针应具有较好的组织穿透性及较高的特异性，这时探针长度可短至几十个核苷酸。杂交探针制备包括探针核苷酸序列的获取及标记两大部分内容，下面分别进行介绍。

1）探针核苷酸序列的获取　　鉴定转基因植株应使用外源基因作探针。探针核苷酸序列一般从工程菌质粒或中间质粒上切取，短的几十个核苷酸的序列可用人工合成寡核苷酸探针的方法合成，甚至可用 PCR 扩增产物。

2）探针标记

（1）标记物。理想的标记物应满足以下几个条件：①标记前后探针的基本结构相同，标记物不影响探针的主要理化性质、杂交特异性、T_m 值及酶反应特征等。②检测灵敏度高、特异性强、本底低、重复性好，并且操作简便、省时。③稳定、安全、无环境污染。④经济。目前用于分子杂交的探针标记物已有 20 多种，可分为放射性及非放射性两大类。

Ⅰ．放射性标记物。由于原子的化学性质主要取决于核外电子，因此放射性同位素标记的化合物在化学性质上与其相应的化合物相同，同位素标记对酶促反应、碱基配对、分子杂交均无影响。

放射性同位素发出的射线主要有 α、β、γ 3 种。用于核酸探针标记的同位素大多都是发射 β 射线，但它们发射的 β 射线在最大能量、半衰期等方面有着不同，射线能量愈大，穿透力愈强，放射自显影所需时间愈短，但分辨力愈低。

制备核酸探针时直接使用的放射性标记物大多是三磷酸核苷酸（NTP）或脱氧三磷酸核苷酸（dNTP）。常用的放射性标记物有以下几种。①^{32}P 标记的三磷酸核苷酸：^{32}P 标记的三磷酸核苷酸有 ^{32}P-NTP 及 ^{32}P-dNTP 两种，前者用于 RNA 探针标记，后者用于 DNA 探针标记。制备探针应根据选用的标记方法的不同而选择不同的标记化合物，切口平移法或随机引物法应选用 α-位标记的三磷酸核苷酸；用多核苷酸激酶进行末端标记时必须选用 γ-位标记的底物。^{32}P 发射的 β 射线能量最大，其标记的核苷酸的放射性最高，因而放射自显影的灵敏度高，压片时间最短，可广泛用于各种杂交，尤其适用于植物基因组中单拷贝基因的印迹杂交检测。但由于其分辨力低，用 ^{32}P 标记的探针在进行原位杂交时较难获得清晰的细胞定位。此外，^{32}P 标记物的半衰期短，探针不能长期保存。②^{35}S 标记的三磷酸核苷酸：标记的原理是将核苷酸分子中磷酸部分的一个氧原子用 ^{35}S 原子取代，即转变成 ^{35}S 标记的核苷酸。由于 ^{35}S 的 β 射线较 ^{32}P 弱，因而其标记的探针检测灵敏度低，但分辨力高，其优点是放射自显影的本底低，相邻杂交带间的交叉小，能在底片上形成较密集的曝光带，适于核酸序列测定及细胞原位杂交。^{35}S 的半衰期较长（87.1d），辐射危害较小，所以 ^{35}S 标记的探针使用起来较为方便和安全，它存在的主要问题是灵敏度较低，放射自显影时粒子穿透力弱。③^{3}H 标记的三磷酸核苷酸：^{3}H 释放的 β 射线能量很低，因而分辨力高，放射自显影的本底低，但需较长的曝光时间。其最大优点是半衰期长，标记探针可较长时间保存，主要用于制备高分辨力的原位杂交探针。④^{125}I 标记的三磷酸核苷酸：其优点是标记物可以化学合成，探针分辨力高，较适用于原位杂交。但其标记的核苷酸较难获得，并在反应中有挥发碘产生，被人体吸收后，能在甲状腺中积蓄，造成较长时间的危害。这几种放射性标记物在 Southern 杂交中最常用的是第一种。

Ⅱ．非放射性标记物。为了避免放射性同位素对人体的危害及对环境的污染，非放射性标记物制备杂交探针的技术被开发出来。目前使用的非放射性标记物已有十多种，与放射性探针相比，多数非放射性探针的敏感性较差，但具有稳定性好、分辨力高、检测所需时间短的优点，尤其是不需要放射性防护设备，在安全性上大大优于放射性标记探针。

A．生物素（biotin）。生物素是一种水溶性 B 族维生素，又称维生素 H。其分子中的戊酸羧基经化学修饰可含有各种活性基团，它能与蛋白质、糖、核苷酸、核酸等多种物质发生偶联，从而标记这些物质。生物素标记的探针可通过生物素-抗生物素蛋白的亲和系统检出，也可以通过生物素-抗生物素抗体的免疫系统检出。

生物素是目前非放射性标记物中应用最多的一种。使用生物素标记核酸探针时，需注意纯化探针时不能用酚抽提，因为结合在探针上的生物素能使 DNA 进入酚相。

B．地高辛（digoxigenin）。地高辛是一种存在于洋地黄类植物的花和叶子中的类固醇类的半抗原，又称为异羟基洋地黄毒苷配基。其通过一个 11 个碳原子的连接臂与尿嘧啶核苷酸嘧啶环上的第 5 个碳原子相连，形成地高辛标记的尿嘧啶核苷酸。地高辛标记的 Dig-UTP 及 Dig-dUTP 主要通过酶反应标记 RNA 及 DNA 探针。

地高辛标记的探针杂交体的检出是利用抗地高辛抗体与地高辛发生免疫结合，抗地高辛抗体上带有酶标记，可通过酶反应检出。

C．荧光素（fluorescein）。荧光素物质能在激发光作用下发射出荧光。不同的荧光素物质最大激发光及发射的荧光有所不同。

D．酶（enzyme）。过氧化物酶和碱性磷酸酶是目前应用较广的两种酶标记物。使用酶标记物时有两种情况：一种是将酶直接标记探针，酶标记探针与同源序列杂交后，可以直接通过酶反应检出杂交体，这种探针主要用于原位杂交。另一种是用酶作检测系统的标记物，它不参与杂交过程，只参与杂交后的检出。这种用酶标记物构成检测系统的做法在目前非放射性标记物的检出中占有很重要的地位。

（2）标记方法。放射性标记有体内标记法和体外标记法，体内标记依靠活体体内代谢完成。例如，培养基中添加 ^{3}H-胸苷可以使生长在该培养基中的活细胞的 DNA 被标记。体内标记法受细胞中许多因素的影响，一般标记活性不高。体外标记法不需要活体生物，所得探针的放射性比较高。体外标记有化学法和酶法两种。化学法是通过标记物的活性基团与核酸分子中的某种基团发生化学反应而进行标记，标记物直接与核酸分子相连。酶法是先将标记物标记在核苷酸上，然后再通过酶促反应使带标记的核苷酸掺入核酸序列中，产生核酸探针，常用的酶法有切口平移法（nick translation）和随机引物法（random priming），这两种方法均为均一标记。此外，还有多核苷酸激酶的末端标记法，为不均一标记。

非放射性标记物的体外标记同样有化学法和酶法，不同标记物使用的化学标记方法不同，常用的还是酶法，先用生物素、地高辛、荧光素等标记物标记核苷酸，这些非放射性标记物标记的核苷酸与放射性同位素 ^{32}P 等标记的核苷酸一样，可按切口平移法、随机引物法及末端标记法制备成 DNA、RNA 及寡核苷酸探针，但不能用多核苷酸激酶进行末端标记。

虽然酶法在目前被使用得较多，但酶法标记程序复杂，费用很高。化学法的主要问题是试剂及操作因标记物的不同而不同，很难有一个通用的方法，但化学法一般来说较简单快速，而且费用低，因而人们仍在力求建立理想的化学标记法。

3）探针的纯化　　探针纯化即指在标记反应结束后，将标记的探针与未掺入探针的标记核苷酸分离，除去低分子质量的寡核苷酸及游离的核苷酸。纯化方法有层析法及沉淀法。放射性标记探针的纯化应在防护条件下进行并注意防止环境污染。

（1）分子筛层析法：其基本原理是利用凝胶颗粒的三维网状结构，使分子质量不同的分子分离。含不同大小分子的样品通过凝胶时，小分子扩散进入凝胶，大分子被排阻在外，洗脱时大分子组分先流出，小分子组分后流出，如此将同一样品中大小不同的组分分开。利用 Sephadex G-50 或 Bio-Gel P-60 可纯化大于 80bp 的核酸探针。纯化寡核苷酸探针时，应使用 Bio-Gel P-2。

（2）反相层析法：此层析法的原理与分子筛层析法不同，它利用树脂与 DNA 及蛋白质相结合的性质，洗脱时游离核苷酸先被洗出，探针结合在柱中，游离核苷酸洗出后，再用 50%的乙醇洗脱探针。

（3）沉淀法：利用标记的核酸探针可以被乙醇沉淀，而游离的标记核苷酸（dNTP）不被乙醇沉淀的性质进行纯化。沉淀法操作方便，效果好，对于一般实验室应为首选。操作时先用等量的酚/氯仿抽提标记反应的混合物，则 DNA 探针进入水相；转移水相至新离心管中，用 2.5 倍水相体积的 95%或无水乙醇沉淀，反复沉淀两次，可将 dNTP 几乎全部除去，然后用 70%乙醇洗涤沉淀。操作中最易出现的问题是溶液中探针 DNA 的浓度过小，不易沉淀下来，此时可加入微量的酵母 tRNA 进行共沉淀。

在实验条件有限时，标记的探针也可不经纯化直接使用。

5. Southern 印迹杂交　　Southern 印迹杂交由 Southern 于 1975 年建立，用来检测经限制性内切核酸酶切割的植物 DNA 片段中是否存在与探针同源的序列，并可分析外源基因在植物染色体上的整合情况，如拷贝数、插入方式及外源基因在转化植株 T_1 代中的稳定性等问题。

1）Southern 印迹杂交原理　　选择适当的限制性内切核酸酶酶切待检植株的基因组 DNA，并用琼脂糖凝胶电泳分离。碱处理使各酶切片段在凝胶上原位变性。利用印迹技术将变性的各酶切片段原位转移到固相膜上。经烘干或紫外线照射处理，使印迹的各片段与固相膜牢固结合。接着是预杂交处理，掩盖膜上的非特异性杂交位点。之后，加入含单链或经变性处理成为单链探针的杂交液，在适宜的温度条件下进行杂交。膜上存在的与探针同源的单链序列可通过碱基互补作用与探针杂交成双链，从而使探针固定在相应位置上，形成带标记的特异性杂交体。在杂交过程中或许也会发生一些非特异性的杂交及探针与膜上 DNA 序列非特异性地结合，这些非特异性的结合及未结合的游离探针可以通过杂交后的漂洗过程而逐步除去。最后根据探针的标记性质进行检出。

2）Southern 印迹杂交的实验样品　　Southern 杂交鉴定外源基因整合必须有阳性及阴性对照，实验前要准备好阳性对照、阴性对照、分子质量标准 DNA 样品及待检转化植株总 DNA 样品。

（1）阳性对照样品：含外源基因的中间载体质粒 DNA、农杆菌共整合载体的 Ti 质粒 DNA 或农杆菌双元载体小质粒 DNA。

（2）阴性对照样品：非转化植株总 DNA。

（3）分子质量标准 DNA 样品：λDNA/*Hind* III 或 λDNA/*Hind* III＋*Eco*R I。

（4）被检样品：各转化植株总 DNA。

3）Southern 印迹杂交的实验程序　　Southern 印迹杂交需要依次完成如下 8 个实验步骤：①植物总 DNA 的限制性酶切；②凝胶电泳分离各酶切片段；③凝胶中的 DNA 变性；④印迹；⑤预杂交；⑥杂交；⑦洗膜；⑧杂交信号的检出。将各程序中有关问题简述如下。

（1）植物总 DNA 的限制性酶切。

Ⅰ．限制性内切核酸酶的选择：多数情况下对植物基因组 DNA 进行单酶切，也可进行双酶切。酶的选用原则是消化后生成的 DNA 片段可提供出与探针杂交所需的足够信息，即限制片段中必须含有整个探针序列。要满足这一条件，使用的限制性内切核酸酶在探针序列内部（即目的基因内部）不应有切点，这样可以保证从杂交带中分析出外源基因的整合位点数。但有时为了进一步分析外源基因整合拷贝的详细情况，同一被检植物基因组 DNA 样品可以用两种不同的限制性内切核酸酶切割，一种在目的基因内无切点，而另一种在目的基因中有单一切点，对杂交后阳性带的数量进行比较，若为单位点单拷贝整合，则前者为一条杂交带，后者为两条杂交带；但若为单位点多拷贝整合，则前者为一条杂交带，后者为三条或三条以上的杂交带。

Ⅱ．酶切反应体系：植物 DNA 的用量一般为 5～15μg；酶切体积为 20～50μL。由于提取的植物 DNA 纯度往往不是十分高，在多数情况下或多或少含有一些抑制限制性内切核酸酶活力的杂质，故酶的用量要比消化质粒 DNA 时高一些，一般可增至 5～10U/μg DNA。限制性内切核酸酶保存在 50%的甘油中，如果酶切反应体系中甘油浓度超过 5%，则会引起限制性内切核酸酶专一性改变，产生星活性，所以酶的体积不得超过总反应体积的 10%。

Ⅲ．酶切效果检测：取部分酶切样品用 0.7%或 0.8%的琼脂糖凝胶分离，电泳后在紫外线灯下观察。酶切效果好的样品应呈现出一条连续的、荧光由深至浅的均匀条带（高分子质量区深，低分子质量区浅）。若样品 DNA 中含有可被限制性内切核酸酶切下的高度重复序列，则电泳谱上有可能在连续荧光背景的某一位置上出现集中的条带。如果荧光区仍集中在点样孔附近，则表明样品未被充分酶解。如果在荧光区带两边缘出现荧光较深的轨道，一般是点样量过大（15～20μg 甚至以上）造成的。前沿呈锯齿状，往往是样品不纯，含盐量较高。条带不均匀，时深时浅，应考虑酶解不完全。如果荧光区带中间出现较深的弯月面，则是由电泳时电压过高造成的。出现上述情况时应改变酶切条件、电泳条件或重新纯化 DNA。

（2）凝胶电泳分离各酶切片段。

Ⅰ．凝胶制备：供印迹用的凝胶应有一定的强度，否则在操作中很容易破碎。凝胶浓度取允许范围的上限。凝胶厚度在 0.5cm 以上。为提高分辨力，样品槽应用窄梳子制备，使样品呈细线状。胶板的长度可适当增加一些，保证样品足够的泳动距离。

Ⅱ．样品及样品量：前述的分子质量标准 DNA 样品、阳性对照、阴性对照与被检植物 DNA 样品要点在同一块胶上。阳性对照样品的上样量一定要小，阴性对照样品与被检样品的上样量应较大，并要保持一致。分子质量标准 DNA 样品一般点在最外侧。

Ⅲ．电泳条件：酶切片段分离时要采用低电压、长时间的电泳条件，一般为 1V/cm 电泳 16h。

（3）凝胶中的 DNA 变性。Southern 杂交必须是单链探针与单链同源 DNA 片段结合，因此，凝胶上的双链 DNA 片段必须经变性成为单链。将凝胶浸泡在 0.5mol/L NaOH、1.5mol/L NaCl 溶液中，在室温下置于脱色摇床上轻摇，其间更换一次变性液以使 DNA 充分变性。用硝酸纤维素膜印迹时，碱变性后需要中和。使用尼龙膜时，因尼龙膜对碱稳定，碱变性后不用中和，还可以不经碱变性处理直接用碱溶液进行转移。

（4）印迹。将凝胶上变性的 DNA 片段原位转移到固相支持物上的过程称为印迹。为满足印迹及杂交操作的要求，固相膜必须具有如下特点：①能很好地与 DNA 分子结合，要求每平方厘米能结合 10μg 以上的 DNA，同时又不影响 DNA 片段与探针杂交；②对探针及其他物质的非特异性吸附小；③具有良好的机械性能。

Ⅰ．固相膜的种类及选择。当前在分子杂交检测中常使用的固相膜有以下两种。

A．硝酸纤维素膜（nitrocellulose filter membrane）：该膜的特点是只能与单链DNA或RNA在高盐条件下结合。膜与DNA片段以疏水性结合，烘干后结合能力很强，可达到80～100μg/cm^2，但在杂交，尤其是在杂交后的洗涤过程中结合力下降，结合的DNA较易从膜上脱离，所以硝酸纤维素膜一般不能重复使用。该膜与核酸结合依赖于高盐条件，转移时必须使用高盐溶液，故不适于电转移法。该膜对小于200bp的DNA片段的结合力较差，并且质地较脆，烘烤后易碎裂，使用时要注意。它的优点是对探针及蛋白质的吸附作用较弱，因而杂交信号本底低。

B．尼龙膜：尼龙膜能与单链及双链的多核苷酸链结合，结合能力可高达500μg/cm^2。经烘烤或紫外线照射后，核酸分子中的嘧啶碱基与膜上的氨基相互交联，结合得十分牢固。尼龙膜在低离子浓度条件下对小分子的DNA片段（短至10bp）也具有较强的结合力，可用于电转移。该膜较硝酸纤维素膜的更实用之处是可重复使用。此外，碱可促进DNA片段与尼龙膜的结合，可以用NaOH溶液进行转移，在转移的同时进行了DNA的变性，转移后也就达到了固定的作用，因而使用尼龙膜可使DNA变性、印迹及固定一步完成，操作程序大大简化。尼龙膜的最大缺点是杂交信号本底高。克服的方法是加大预杂交液中封闭剂的用量，以充分掩盖膜上的非特异性位点。

Ⅱ．印迹方法及选择。

A．毛细管转移法：该方法是利用吸水纸的毛细管作用进行转移。将电泳后的凝胶倒放在两张两端浸入转移液中的滤纸上。凝胶上面铺放一张与凝胶大小相同的硝酸纤维素膜或尼龙膜，二者之间不能有气泡。膜上面放2～3层比固相膜略大的用转移液润湿的滤纸，滤纸上面放一叠干燥的吸水纸，吸水纸的大小与滤纸相同。吸水纸上面平放一硬塑料板且在其上加0.5kg左右的重物。在转移过程中，由于吸水纸的毛细管作用，缓冲液沿滤纸上升，形成经过凝胶、膜至吸水纸的液流，这样凝胶中的DNA片段即被转移到膜上（图13-2）。

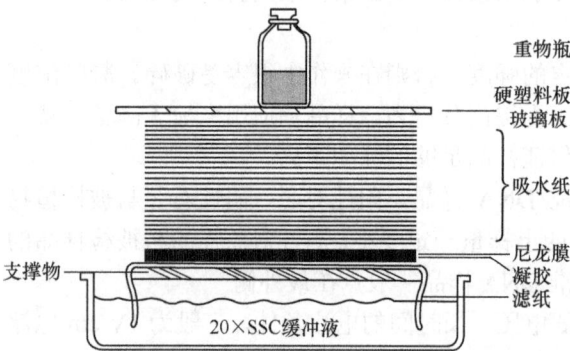

重物瓶
硬塑料板/玻璃板
吸水纸
尼龙膜
凝胶
滤纸
支撑物
20×SSC缓冲液

图13-2　Southern印迹杂交示意图

Southern印迹优点是操作简便，不需要复杂的仪器设备，成本低。不足之处是大片段DNA转移慢，效率低。为弥补这个缺陷，在实验操作中，转移前常采用弱酸处理。由于DNA分子中的嘌呤糖苷键对酸敏感，易发生脱嘌呤作用，而碱变性时脱嘌呤位点的磷酸二酯键容易发生断裂，使DNA分子片段变小，从而提高了大片段DNA的转移速度及效率。但这种做法必须保持一定的限度，一般只在DNA片段大于15kb时使用。

B．电转移法：电转移法是利用电泳的原理，凝胶上的DNA片段在电场作用下脱离凝胶，原位转至固相支持物上。电转移法应使用经正电荷修饰的尼龙膜或化学活化膜（ABM或APT纤维素膜），不能使用在高盐溶液中与DNA结合的硝酸纤维素膜。电转移前，凝胶用碱处理使DNA变性，然后浸泡在电泳缓冲液中进行中和。中和后的凝胶与尼龙膜贴紧，凝胶和膜外侧各贴一至两张滤纸，在其外是吸饱缓冲液的海绵。将此体系夹在多孔的支持夹中，固定在电泳槽内，浸泡在电泳缓冲液中。DNA转移的方向是由负极向正极，所以尼龙膜应放在正极侧，凝胶放在负极侧。采用 300～600mA 恒流电泳 4～8h。

C．真空转移法：真空转移法的原理是利用真空作用造成流经凝胶的液流，使凝胶中的 DNA 片段洗脱出来而沉积在凝胶下面的膜上。该方法的优点是快速，30min 能使 DNA 片段从 0.4～0.5cm 厚的凝胶中转移出来。DNA 的碱变性可预先进行，也可在转移的同时进行变性及中和。

在 3 种印迹方法中，毛细管转移不需要特殊设备，虽然转移时间较长，但很有效，常被实验室采用。电转移及真空转移需特殊设备。

（5）预杂交。预杂交的目的是在加入探针前用封闭剂封闭膜上的非特异性位点。固相膜对单链 DNA 有很强的结合力，不仅能与印迹过去的样品 DNA 结合，也能与探针结合。在印迹后的膜上，除样品占据的位置外还有空余，如不将这些空余部位封闭，探针就会被结合，掩盖了特异性杂交。常用的封闭剂有两类：一类是变性的非特异性 DNA，如鲑鱼精子 DNA、小牛胸腺 DNA 等；另一类是高分子化合物，如 Ficoll 400、聚乙烯吡咯烷酮（PVP）、小牛血清白蛋白（BSA），这 3 种试剂按一定比例配比，就构成 Denhardt 封闭试剂。

预杂交操作是将印迹后的固相膜放在含有封闭剂的预杂交液中，于 37～42℃温育 3～12h。

（6）杂交。预杂交结束后，取出杂交袋，在杂交袋的一角剪开一缺口；然后加入标记好并变性的探针，排除气泡，封口；于摇床65℃保温过夜。

杂交反应体系如下。

A．探针浓度：杂交反应速度主要由反应物的浓度（探针浓度与膜上同源的 DNA 含量）及反应温度决定。探针浓度愈高，反应速度愈快。但探针浓度过高易使杂交背景增高。要想降低杂交本底，探针的浓度要控制在 0.5ng/mL 或更低。

B．杂交反应温度：温度对杂交反应的影响也十分明显。在较低的温度范围内，杂交反应速度随反应温度的升高而升高，当温度升至低于杂交链 T_m 值 20～25℃时反应速度最大。若温度再升高，则杂交链解链而影响其稳定性。杂交双链的稳定性由其 T_m 值决定，T_m 值又与其 G+C 含量、探针长度、离子强度、碱基配对情况及杂交体系中有否甲酰胺等有关，大致的数值可由下面的经验公式得出：

$$T_m = 81.5℃ + 16.6（\lg [Na^+]）+ 0.41（G+C）\% - \frac{600}{n} - 0.63（甲酰胺\%）$$

式中，n 为探针的 bp 数。

这样的计算其实并无太大的必要。一般来说，不含甲酰胺时，杂交温度采用 65℃；有变性剂甲酰胺时，杂交温度采用 42℃。这对于多数杂交反应都是适宜的。

C．杂交时间：杂交时间主要由探针的长度及浓度而定。由于杂交过程是一个复性过程，一般杂交时间以半变 Cot 值（$Cot_{1/2}$）的 3 倍计算。

D．放射性探针比活：杂交反应的灵敏度主要取决于目的序列在膜上总 DNA 中的含量及探针的放射性活性。使用低浓度的探针时则要求探针具有高比活。从植物基因组中检测单拷贝外源基因序列时，探针的比活至少为 10^9 cpm/μg DNA。若探针浓度为 0.5μg/mL，则杂交液的放射性强度为 5×10^8 cpm/mL，10mL 杂交液的放射性为 5×10^9 cpm。

（7）洗膜。洗膜是指将杂交后的固相膜依次用不同浓度的洗膜液漂洗，以除去游离的及在非特异性位点上结合的探针的过程。洗膜液的温度、离子强度和洗膜时间是影响洗膜效果的 3 个主要因素。洗膜温度的确定应以使非特异性杂交体离析，而特异性杂交体保留为标准。

由于杂交体的 T_m 值与碱基配对的严谨程度有关，双链 DNA 的同源性每减少 1%，即错配率每增加 1%，其 T_m 值就下降 $1\sim1.5℃$，因此非特异性杂交链的 T_m 值低于特异性杂交链的 T_m 值。通常采用低于特异杂交体 T_m 值 $12\sim20℃$ 的温度洗膜。离子强度影响杂交链的稳定性，一般采用 $0.1×SSC\sim2×SSC$ 溶液洗膜。另外，洗膜液中还经常加入 5% 的 SDS 以促进非特异性杂交链的解离。降低洗膜液中的离子强度可提高洗膜效果。洗膜时间要根据洗膜效果来定，对于放射性标记的探针，洗膜过程中要用盖革计数器检测膜上的放射性强度，当放射性强度明显下降，膜上无 DNA 区已无明显的放射性信号检出时则洗膜完成。另外，为防止洗膜过度，可采用依次降低洗膜液离子强度、增加洗膜液温度的做法。

（8）杂交信号的检出。放射性标记的探针通过放射自显影检出。非同位素标记的探针则根据标记物的特有性质检出。

Ⅰ. 放射自显影。将洗好的杂交膜用保鲜膜包裹，装入暗夹，在暗室中于膜上压一张 X 线片，并用两张增感屏将膜与 X 线片夹住；然后，将暗夹盖紧，置于 $-20℃$ 或 $-70℃$ 条件下放射自显影。

Southern 杂交信号的检出主要使用 X 线片。需要注意的是，放射自显影应置于低温条件下，并应保持干燥和注意隔氧。

放射自显影后的 X 线片与其他曝光的光学胶片一样须经显影、定影、水洗处理。现将各过程的原理简述如下。

显影是一个将形成潜影的溴化银晶体还原成金属银颗粒的化学过程。显影液由显影剂、促进剂、保护剂及抑制剂组成。其中显影剂是显影液的主要成分，常用的显影剂有硫酸甲基对氨基苯酚和对苯二酚，这两种物质均为还原剂，起还原作用。常用的促进剂是碳酸钠、硼砂等，它们为碱性物质；因为显影剂在碱性条件下的还原力增强，故促进剂的加入可加速还原作用。保护剂的作用是中和还原剂的氧化产物。还原剂使银盐还原，而本身被氧化，保护剂使还原剂的氧化产物不断中和，持续保持显影液的效力；常用的保护剂是亚硫酸钠和重亚硫酸钠。抑制剂常用溴化钾，其作用是抑制未感光银盐释放溴，防止灰雾发生。

定影是将乳胶上未形成潜影的溴化银结晶溶去。经过定影，不透明的乳胶逐渐变得透明。定影液的主要成分是硫代硫酸钠。X 线片的定影时间大约是乳胶变透明所需时间的 2 倍，一般为 $8\sim10min$。

定影后乳胶中会残留一些定影液，如不用水冲去，保存日久则银粒变黄、褪色。充分水洗后才能使自显影像保持得长久。转基因植物 Southern 检测图见图 13-3。

Ⅱ. 非放射性标记探针的检出。酶反应检出法：目前大多数非放射性探针的制备都是采用分子杂交与酶反应相结合的策略。杂交后杂交信号的检出依赖于酶反应。但除酶直接标记的探针可直接通过酶反应检出外，其他的非放射性标记物，如生物素、地高辛等标记探针的杂交信号均不能直接检出，要先使杂交体与酶标记的检出系统特异结合后，再通过酶反应间接检出。

间接检出过程包括偶联反应和酶的显色反应两个阶段。第一阶段是使杂交体与检出系统专一偶联。偶联主要通过免疫机制或亲和机制来完成，有时也将这两种作用结合起来。当探针的标记物为半抗原时，则通过抗体与抗原特异结合的免疫反应实现偶联。例如，地高辛标记的探针，将碱性磷酸酶连接在抗地高辛配基的抗体上构成检出系统。该系统中的抗地高辛配基的抗体与地高辛配基抗原专一结合，从而使碱性磷酸酶与杂交体偶联。当标记物有某种

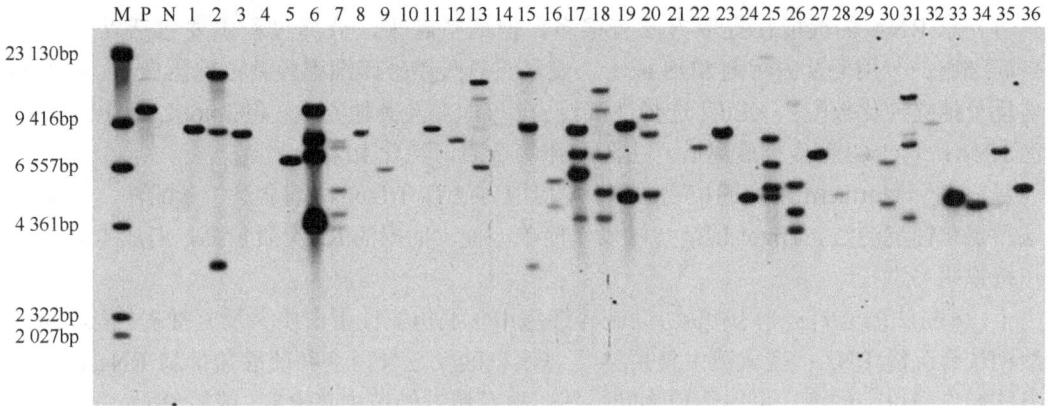

图 13-3 转基因植物 Southern 检测图

M. 标准分子质量；P. 阳性对照；N. 阴性对照；1~36. 测试样本

特异亲和物时，可通过亲和机制实现偶联，如对于生物素标记的探针，可将酶连接在抗生物素蛋白上构成检出系统。抗生物素蛋白与生物素亲和结合使酶与杂交体偶联，此为直接亲和法。有人采用的间接亲和法或间接免疫-亲和法的检出系统更加复杂。

检出的第二阶段是显色，通过酶反应生成不溶的有色产物将杂交信号检出。目前最常用的酶有碱性磷酸酶和辣根过氧化物酶，也有使用 β-半乳糖苷酶和酸性磷酸酶的报道。

二、外源基因的表达检测

（一）Northern 印迹杂交

转基因植株中外源基因的转录可以通过细胞总 RNA 或 poly（A）mRNA 与探针的分子杂交来分析，它是研究转基因植株中外源基因表达及调控的重要手段。

1. Northern 印迹杂交原理　整合到植物染色体上的外源基因如果能正常表达，则转化植株细胞内有其转录产物——特异 mRNA 的生成。将提取的植物总 RNA 或 mRNA 用变性凝胶电泳分离，则不同的 RNA 分子将按分子质量大小依次排布在凝胶上；将它们原位转移到固相膜上；在适宜的离子强度及温度条件下，用探针与膜杂交；然后通过探针的标记性质检出杂交体。若经杂交，样品中无杂交带出现，表明虽然外源基因已经整合到植物细胞染色体上，但在该取材部位及生理状态下，该基因并未有效表达。同 Southern 印迹杂交一样，Northern 印迹杂交则是将 RNA 或 mRNA 样品进行电泳分离然后转移到固相膜上，再与探针杂交。它可对外源基因的转录情况进行较详细的分析，如 RNA 转录体的大小及丰度等。

2. Northern 印迹杂交程序　Northern 印迹杂交程序也分为三大部分：①植物细胞总 RNA 的提取；②探针的制备；③印迹与杂交。

1）植物细胞总 RNA 的提取　植物细胞总 RNA 提取中的主要难题是如何防止 RNase 的降解作用。RNase 是一类水解核糖核酸的内切酶，它与一般作用于核酸的酶类有着显著的不同，不仅生物活性十分稳定，而且耐热、耐酸、耐碱，作用时不需要任何辅助因子。它的存在非常广泛，除细胞内含有丰富的 RNase 外，在实验环境中，如各种器皿、试剂、人的皮肤、汗液，甚至灰尘中都有 RNase 的存在。因此，内、外源 RNase 的降解作用是 RNA 提取中的致命问题。

（1）总 RNA 的提取：提取方法有很多，但概括起来，分离过程主要包括以下步骤：①破碎细胞；②用酚及去污剂 SDS 或十二烷基肌氨酸钠破碎细胞膜并去除蛋白质；③用酚、氯仿反复抽提纯化核酸；④LiCl 选择性沉淀去除 DNA 及其他物质；⑤3mol/L 乙酸钠（pH6）沉淀 RNA；⑥CsCl 密度梯度离心，去除多糖等杂质，纯化 RNA。

目前用于 Northern 杂交的植物总 RNA 提取方法有 Trizol 试剂盒法、苯酚法、异硫氰酸胍法及氯化锂沉淀法。Trizol 试剂盒法操作简单方便，抽提的 RNA 质量高，但成本高。具体操作按说明书进行。

Ⅰ. 苯酚法：该方法利用苯酚协助破碎细胞；酚/氯仿变性蛋白质并反复抽提核酸；3mol/L 乙酸钠选择沉淀 RNA；提取液中使用 4-氨基水杨酸及三异丙基萘硫酸盐抑制 RNase 活性。该方法操作简单、经济，可用于植物叶、茎、根及萌发幼苗中总 RNA 或核 RNA 的提取。

Ⅱ. 异硫氰酸胍法：传统的异硫氰酸胍法需利用 CsCl 离心分离 RNA。这种做法操作时间长、设备要求高。经改进，目前使用的方法使操作大大简化，并可同时提取多个样品。做法是将异硫氰酸胍、β-巯基乙醇、十二烷基肌氨酸钠三者合用，强有力地抑制 RNA 降解，增加核蛋白体的解离，将大量的 RNA 释放到溶液中，然后用酸性酚（pH3）进行抽提，既可保证 RNA 稳定，又可抑制 DNA 解离，使 DNA 与蛋白质一起沉淀，RNA 被抽提进入水相，用异丙醇沉淀 RNA 后，再次经酚/氯仿抽提进行纯化。该方法提取的 RNA 用于 Northern 杂交可以得到满意结果。

Ⅲ. 氯化锂沉淀法：该方法的主要原理是在一定的 pH 条件下，Li^+ 使 RNA 发生特异性沉淀，通过多级沉淀可提高 RNA 的纯净度。

利用氯化锂选择性沉淀时，因提取缓冲体系不同，有多种不同的氯化锂法，有的使用硼酸缓冲液，加入还原剂二硫苏糖醇（DTT）抑制 RNase 活性，用 SDS 变性核蛋白；有的使用 Tris-HCl 缓冲体系，用苯酚及蛋白酶 K 处理蛋白质；还有的使用高浓度尿素变性蛋白质，同时抑制 RNase。

氯化锂沉淀法虽也有效，但沉淀过程较为烦琐，并存在着 Li^+ 的污染问题。

（2）mRNA 的分离：从总 RNA 中分离 mRNA 主要是利用亲和层析的原理。植物 mRNA 的 3′端具有 poly（A）结构，可用 oligo（dT）-纤维素［寡聚（dT）-纤维素］或 poly（U）-sepharose［多聚（U）-琼脂糖］亲和层析技术来纯化 mRNA。总 RNA 在流经寡聚（dT）-纤维素层析柱时，在高盐缓冲液作用下，mRNA 3′端多聚（A）残基与连接在纤维素柱上的寡聚（dT）残基间配对，形成氢键，使 mRNA 被吸附在柱上。不具有 poly（A）结构的 RNA，不能发生特异性结合而从柱中流出。结合在柱上的 mRNA 可以用低盐缓冲液或蒸馏水洗脱。因为在高盐溶液中碱基间的氢键稳定，在低盐状态下易解离，蒸馏水可打破 poly（A）与（dT）间的氢键，使 mRNA 洗脱。

层析中涉及两种缓冲液：一种是上样缓冲液，也有人称之为结合缓冲液，其由 Tris·Cl、EDTA、氯化物盐类及去污剂组成。另一种是洗脱缓冲液，除 Tris、去污剂的浓度减半外（也有 Tris 量不减半的），最大的变化是不含氯化物或含低浓度的 LiCl。其作用是解除 Poly（A）与寡聚（dT）的结合，使 mRNA 洗脱下来。

（3）RNA 样品质量检测：用于 Northern 印迹杂交的 RNA 样品应是纯净的，无明显的 DNA、蛋白质污染，无小分子有机物，无提取试剂的污染，分子完整，无严重降解。

同 DNA 样品质量检测相同，主要有紫外吸收法及琼脂糖凝胶电泳法两种。

Ⅰ．紫外吸收法。

A．纯度检测：在分光光度计上分别测定样品在 230nm、260nm、280nm 的吸收值，计算 A_{260}/A_{280} 及 A_{260}/A_{230} 的值。纯净 RNA 样品的 A_{260}/A_{280} 值应为 1.7～2.0，若小于 1.7 则表明样品中有蛋白质或酚试剂污染。此时可用等体积的酚/氯仿重新抽提去除蛋白质；用氯仿、乙醚抽提去除残酚。A_{260}/A_{230} 的值应大于 2.0，如小于 2.0 则表明 RNA 被异硫氰酸胍污染，这时可以通过乙醇或异丙醇反复沉淀来去除。对于 DNA 杂质，紫外分光光度法不能予以明确说明其情况。

B．浓度测定：纯净 RNA 样品的 260nm 光吸收值等于 1.0 时，RNA 的含量为 37μg/mL。根据吸收值与浓度的关系可测出任一 RNA 样品的浓度。

$$RNA\ 含量（μg/mL）＝A×稀释倍数×37μg/mL$$

Ⅱ．琼脂糖凝胶电泳法。

RNA 的分子结构与 DNA 不同，RNA 为单链分子，链内碱基容易通过氢键结合形成二级乃至三级结构。不同的 RNA 分子空间结构不同，在未变性的条件下，RNA 分子质量与泳动率无严格的相关性。在变性条件下电泳，破坏 RNA 的空间结构，才能使 RNA 的泳动距离与其分子质量对数值成正比。变性后 RNA 的泳动速度比天然 RNA 小 1/2 左右。

总 RNA 样品中的主要成分是 28S rRNA、18S rRNA 及 5S rRNA。电泳后在胶板上呈现 3 条明显的条带。若在变性胶上，这 3 条带的迁移率分别与 5.1kb、2.0kb 及 0.12kb 的标准 RNA 的迁移率相近。从量上看，溴化乙锭染色后 28S rRNA 条带的亮度应为 18S rRNA 的两倍。如果 28S rRNA 的亮度不如 18S rRNA 条带，表明样品中 RNA 有降解。防止降解的方法是操作全过程在 4℃低温条件下或冰上进行。

2）探针制备　　杂交探针选定：检测外源基因转录的 mRNA，应使用同源 DNA 探针。研究基因表达调控时常以报告基因表达为对象，使用报告基因作探针。

探针标记物及标记方法与 Southern 杂交相同。

3）印迹与杂交　　Northern 印迹杂交程序中除第一步——总 RNA 或 mRNA 变性凝胶电泳分离与 Southern 印迹杂交不同外，其他步骤与之相同。

RNA 电泳时必须解决两个问题：一是防止单链 RNA 形成高级结构，故必须采用变性凝胶；二是电泳过程中始终要有效抑制 RNase 的作用。

（1）变性凝胶电泳：变性剂有甲醛、乙二醛、羟甲基汞、尿素和甲酰胺。尿素和甲酰胺会引起琼脂糖固化，不利于制胶。最常用的变性剂是甲醛和乙二醛。

Ⅰ．甲醛变性凝胶电泳：甲醛变性凝胶电泳的分离效果好、操作简便，能分离较高浓度的 RNA 样品。但使用前要检测其 pH，低于 4.0 时不能使用。制备时，先称取琼脂糖，加入焦碳酸二乙酯（DEPC）处理的双蒸水，加热溶化，当溶胶温度降至 50℃左右时加入甲醛及其他成分，也可直接加入缓冲液，加热溶化，当溶胶温度降至 50℃后再加甲醛。

Ⅱ．乙二醛变性凝胶电泳：乙二醛易氧化，因此使用前需经强酸强碱混合树脂处理，以除去其中的乙二酸、乙醛酸、甲酸等各种水合物及氧化物。配制时，称取琼脂糖，加入磷酸钠缓冲液加热溶化，当溶胶温度降至 50℃时加入乙二醛后倒胶。为防止胶中的 RNase 活性，有人采用在胶降至 70℃时加入 10mmol/L 碘乙酸钠的做法。

（2）样品及样品量：一般 Northern 杂交的植物总 RNA 用量为 10～20μg 或 mRNA 0.5～3.0μg。与前面介绍的检测方法一样，实验要有严格的阳性对照及阴性对照。为确定电泳分离的 RNA 分子的大小，还需要有分子质量标准样品。

（3）电泳条件：RNA 变性胶电泳时一般使用低电压，如 3～4V/cm。RNA 电泳过程中要注意监测电极液的 pH，由于电极缓冲液的缓冲容量有限，电泳一段时间后两电极槽中缓冲液的 pH 会发生变化，而 pH 超过 8 时，会引起甲醛-RNA、乙二醛-RNA 复合物的解离，因此在 RNA 变性电泳过程中，要不断循环缓冲液，无循环设备时，每隔半小时更换一次缓冲液或混合两槽的缓冲液。

（4）染色：甲醛变性凝胶电泳时，在上样缓冲液中可加入 1μg 的 EB，电泳后胶可以直接放在紫外线下观察、照相。如果条带不清晰，可先将胶浸泡在 0.1×SSC 溶液中约 20min，以除去甲醛，然后再将胶置于含 0.5μg/mL EB 的 0.01×SSC 溶液中染色 20min。对于丰度低的 RNA 及乙二醛变性时，采用电泳后染色。

3. RT-PCR 检测　　1992 年，Larrick 报道了用 RT-PCR（reverse-transcription PCR）方法检测外源基因在植物细胞内的表达情况。其原理是以植物总 RNA 或 mRNA 为模板进行反转录，然后再经 PCR 扩增，如果从细胞总 RNA 提取物中得到特异的 cDNA 扩增带，则表明外源基因实现了转录。

反转录有两种做法：一种是以 oligo dT 作引物，合成出各种 mRNA 的 cDNA 第一链，然后加入特异引物，利用 *Taq* DNA 聚合酶扩增出特异的 DNA 片段。另一种是以 mRNA 3′端的互补序列为引物，进行反转录，得到特异的 cDNA，再加入 3′端及 5′端的引物，进行 PCR 扩增，得到特异 cDNA 的扩增带。

该方法简单、快速。但对外源基因转录的最后确定，还需与 Northern 杂交结果结合起来分析。

（二）Western 杂交

1. Western 杂交原理　　在证明外源基因表达出特异的 mRNA 后，还需要进一步证明表达出的 mRNA 能翻译成特异的蛋白质。若外源基因的表达产物是一种酶，则可以通过测定转化植株中该酶的活性来达到检测该外源基因表达情况的目的。若表达产物不是酶，就要采用免疫学方法检测。

Western 杂交是将蛋白质电泳、印迹、免疫测定融为一体的特异蛋白质检测方法。其原理是：转化的外源基因正常表达时，转基因植株细胞中含有一定量的目的蛋白。从植物细胞中提取总蛋白或目的蛋白，将蛋白质样品溶解于含去污剂和还原剂的溶液中，经 SDS-聚丙烯酰胺凝胶电泳使蛋白质按分子大小分离，将分离的各蛋白质条带原位转移到固相膜上，膜在高浓度的蛋白质溶液中温育，以封闭非特异性位点。然后加入特异抗体（一抗），印迹上的目的蛋白（抗原）与一抗结合后，再加入能与一抗专一结合的标记的二抗，最后通过二抗上标记化合物的性质进行检出。根据检出结果，可得知被检植物细胞内目的蛋白表达与否、表达量的高低、大致的分子质量。

2. Western 杂交程序　　Western 杂交全过程包括转基因植株蛋白质的提取、SDS-聚丙烯酰胺凝胶电泳分离蛋白质、蛋白质印迹、探针制备、杂交及杂交结果的检出等 5 个步骤。

1）转基因植株蛋白质的提取　　提取过程中要保持蛋白质分子的结构完整。Western 杂交的蛋白质样品一般不需要制备出来，粗提液即可。植物细胞的功能蛋白质绝大多数都能溶于水、稀盐、稀酸和稀碱等溶液，其中稀盐溶液和缓冲液对蛋白质的稳定性好、溶解度大，在提取时最为常用。

提取的第一步是细胞破碎，可以采用核酸提取时的液氮冷冻研磨法，也可以采用砂或氧化铝研磨，加入样品体积的 3～6 倍提取缓冲液制成匀浆后离心，上清液为总蛋白质样品液。如目的蛋白含量极微，可经透析或用 PEG 浓缩。

2）SDS-聚丙烯酰胺凝胶电泳（PAGE）分离蛋白质　　PAGE 是根据蛋白质所带的电荷多少及分子大小两个因素来分离蛋白质的。当想通过电泳来测定蛋白质的分子质量时，单纯的 PAGE 不能达到目的，必须消除蛋白质分子的电荷因素，需采用 SDS-PAGE。其原理是用 SDS 处理蛋白质样品，使亚基解聚，在 DTT 或 β-巯基乙醇存在时，二硫键还原，多肽链由特定的三维构象转变成松散的伸展状。SDS 阴离子与松散的多肽链结合，平均每克蛋白质结合 1.4g SDS。由于 SDS 带有大量的负电荷，样品中的各种蛋白质与 SDS 结合后，都带上大量的负电荷，这样各蛋白质分子间原有的电荷差异就被掩盖，只剩下分子质量上的差异。这时，蛋白质分子的电泳迁移率就只取决于它们的分子质量。SDS-蛋白质复合物在水溶液中呈长椭圆棒状。不同分子质量的蛋白质与 SDS 形成的复合物，其短轴相同，长轴与分子质量成正比，相对分子质量为 1×10^4～2×10^5，复合物的迁移率与分子质量对数呈线性关系。用一组已知分子质量的蛋白质作标准，标准蛋白质的迁移率对分子质量对数作图可得标准曲线。利用标准曲线可求出在相同条件下进行电泳的蛋白质样品的分子质量。

为提高 SDS-PAGE 的分辨率，在均一浓度的基础上又发展出 SDS-PAGE 梯度凝胶电泳。蛋白质分子在电场作用下沿浓度由低向高泳动。泳动过程中凝胶的孔径越来越小，蛋白质分子所受阻力越来越大，不同大小的蛋白质颗粒将分别被阻滞在孔径与其分子大小相当的凝胶区段。样品中分子大小相同的同一组分将在电泳的过程中逐步集中在凝胶的同一区段而得以浓缩，形成狭窄而清晰的条带。谱带一旦形成后，其位置不因电泳时间延长而改变，这一点很符合印迹的要求。此外，梯度凝胶电泳的另一个优点是同一块胶分离蛋白质的分子质量范围增大。例如，一块 4%～30%梯度的凝胶可同时分离分子质量为 5×10^4～2×10^6Da 的不同蛋白质。

电泳方向为负极向正极。样品在浓缩胶中，使用较低的电压；当进入胶后，就可以提高电压。电泳时间一般为 1～2h。

3）蛋白质印迹　　蛋白质印迹是指利用某种动力（毛细作用、扩散作用或电动力），将经 SDS-PAGE 分离的蛋白质谱带由凝胶转移到固相膜的过程。

（1）固相膜的种类：蛋白质印迹使用的固相膜有硝酸纤维素膜、重氮化纤维素膜、阳离子化尼龙膜（Zeta-探针膜）和 DEAE-阴离子交换膜。

硝酸纤维素膜（NC 膜）使用最广泛。它可能是通过疏水作用与蛋白质非共价结合，结合容量为 $80\mu g/cm^2$。该膜的价格便宜，使用时无须活化。在 pH8.0 时，蛋白质较易吸附于膜上。存在的问题是小分子质量的蛋白质与 NC 膜的结合力较差。

（2）印迹方法：印迹方法有电印迹法及扩散印迹法两种，目前多采用电印迹法。该方法的优点在于经电泳转移，蛋白质可被浓缩地印迹在固相膜上，不产生扩散，而且原凝胶中的 SDS、巯基乙醇等干扰测定的物质在电转移时可被除去，蛋白质能恢复其天然构象及生物活性，从而可以使用酶标抗体及放射性标记的抗体灵敏地检测出极微量的抗原。

电转移后的凝胶需用印迹缓冲液洗涤、平衡，以除去胶中的 SDS，并使胶的 pH 及离子强度与印迹缓冲液一致，防止胶变形。固相膜、滤纸需用印迹缓冲液平衡。滤纸、胶、膜、滤纸各层之间要贴紧。膜一旦与凝胶接触后，就不要再拿起，仔细排除各层之间的气泡。凝胶一侧接负极，固相膜一侧接正极。印迹通常采用 pH8.3 的 Tris-甘氨酸缓冲液（含 20%的甲醇）。在进行快速转移及转移大分子蛋白质时应注意进行有效的冷却。电泳时采用恒定电流 20～100mA，电泳 4～16h。转移后可用考马斯亮蓝染液染凝胶，检查转移是否完全。为确定检出的蛋白质的分子质量，有人将 NC 膜置于丽春红 S 溶液中染色，然后照相，记录下分子质量条带的位置后，再用水洗，使滤膜脱色后进行杂交。

4）探针制备　　探针是针对目的蛋白的抗体，又称一抗。一抗探针的质量是影响杂交效果的主要因素之一。只有得到特异性强、效价高的抗体，目的抗原的检出才能达到一定的灵敏度。一抗可使用由目的蛋白制成的抗血清或单克隆抗体。

Western 印迹使用的一抗一般不标记，与一抗结合的二抗带有特定标记。标记物有放射性及非放射性两种。放射性标记主要使用 ^{125}I、^{32}P 等。非放射性标记主要是酶。酶标记中最常用的是过氧化物酶及碱性磷酸酶。酶可直接连接在二抗上，如碱性磷酸酶标记的羊抗兔 IgG。有时酶标记物不直接连在二抗上，而是二抗与生物素相连，酶与抗生物素蛋白相连，通过生物素与抗生物素的特异结合，使酶与二抗相连。不管哪种机制，目的蛋白的最终检出还是通过放射自显影或酶的显色反应完成的。有关知识已在前面做了介绍，此处不再重复。总之，Western 印迹的检出过程较复杂，要通过一系列的抗原-抗体的免疫反应、大分子与配基的亲和反应、酶催化的显色反应使转移到固相膜上的目的蛋白显示出来。

5）杂交及杂交结果的检出　　杂交及杂交结果的检出包括封闭、第一抗体反应、第二抗体反应、显色 4 步。

封闭也称猝灭。由于探针多是蛋白质，很容易与固相膜结合。加入探针后，探针不仅与结合在膜上的特异蛋白质（抗原）结合，也会与膜上未结合蛋白质的部位结合，造成很高的背景，使检出的灵敏度下降，因而在未加入探针之前必须将膜上的空白部位封闭。其方法是将印迹后的膜浸泡在一种非特异性蛋白质溶液中，使这种蛋白质与膜上的空白部位结合，然后加入探针，探针就只与特异蛋白质结合，消除了背景。此操作在印迹术中称猝灭。小牛血清白蛋白（BSA）、血红蛋白、酪蛋白、卵白蛋白、白明胶、脱脂奶粉及非离子去污剂如 Tween-20 等都可作封闭剂使用，应根据实验材料及实验方法加以选择。封闭后的固相膜经缓冲液洗涤后，加入第一抗体，于 37℃轻轻摇动，保温 1h，或室温条件下保温 2～3h，还可采用 4℃过夜的做法。可根据具体情况而定。结合了第一抗体的固相膜经洗涤后加入适宜浓度的二抗，于室温或 37℃轻摇保温 1h。封闭及与一抗、二抗反应均在密封的塑料袋中进行。此步的关键是反应时间及洗膜程度。最后显色时加入酶反应的底物，摇动至产生色带。此步的关键是掌握好特异条带颜色及背景的关系。一般显色至背景刚刚出现为止。显色后的膜用蒸馏水漂洗后晾干，照相。干燥后的膜可以封入塑料袋中保存。图 13-4 显示的是一个 Western 杂交结果。

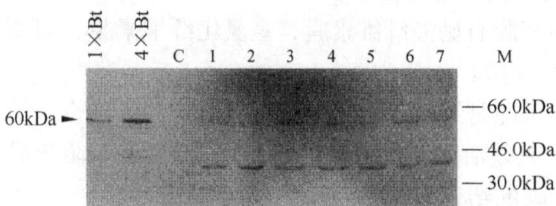

图 13-4　转基因植株表达 Bt 蛋白的 Western 杂交检测
M. 分子质量标准；C. 原品种对照；1×Bt 与 4×Bt.
杂交信号强度标带；1～7. 转基因阳性植株

3. Western 印迹实验设计　　实验中必须设置两个负对照和一个正对照。负对照包括以免疫前血清作不与目的蛋白反应的负对照和完全不含目的蛋白的同类蛋白质制品的负对照，负对照用来确定非特异性蛋白质条带；正对照是含已知量目的蛋白的同类蛋白质制品，正对照可确定被检样品中目的蛋白的位置，并估计大致的含量。

根据被测蛋白质的分子质量确定使用的凝胶浓度，20kDa 左右的蛋白质一般使用 15%的分离胶或 5.4%的浓缩胶。检测的各样品量为 1~100μg。上样前加入含 4% SDS 的上样缓冲液，95℃加热 3min。电泳条件采用稳流 30mA，电泳至蛋白质充分分离。

免疫学试剂应选择用变性目的蛋白免疫的高滴度的多克隆抗体，或单克隆抗体混合物。不过在多数情况下往往只需根据现有抗体来设计实验。

第二节　基因工程植物安全性评价

一、基因工程产品的安全性

胰岛素、乙肝疫苗、抗生素、色素和工业化酶等基因工程产品早已进入人们的生活，在医疗、制药、食品加工和工业制造等领域发挥着重要作用。根据国际农业生物技术应用服务组织（ISAAA）的最新报告，全球转基因农作物的面积已从 1996 年的 170 万公顷增加到 2019 年的 1.904 亿公顷，增长了约 111 倍。在转基因作物商业化的 24 年间，全球累计种植超过 27 亿公顷。根据 ISAAA 的报告，从 1996 年到 2018 年，基因工程技术累计提高全球农作物生产力达 8.22 亿吨，节省了 2.31 亿公顷的土地。从以上发展的态势我们可以看出，基因工程产品生产和应用是大势所趋。

那么，基因工程产品到底安不安全？在回答这个问题之前，首先要区分两个不同的概念，一是风险，二是有害或危害。风险是指潜在的或可能发生的对环境和人类健康的危害；而有害则是已经被科学证明，对环境和人类健康具有危害的客观事实。现在许多媒体都把这两个概念混淆起来，一讲到基因工程生物，就只凭臆测，不加分析，也不根据科学事实，把它说成是"洪水猛兽""危害巨大""甚至会影响到子孙万代"，这对不明真相的公众来说是一种误导。事实上，任何人类活动都有风险，任何科学技术发明都是一把双刃剑，既有有利的一面，也有不利的一面，最重要的是要权衡利弊，取其利，避其弊。电器、汽车、飞机、免疫、青霉素等都不是绝对保险，触电伤人、汽车尾气造成空气污染、飞机空难及青霉素过敏等事件已经是屡见不鲜。但难以阻挡人们对其正面作用的利用，通过一定的规范控制其负面作用的影响。

值得关注的是，在这场争论中，国际上有几起引起较大反响的事件，在一些学者和民间组织的参与下，经过一些媒体、杂志的渲染而显得扑朔迷离，使得不知真相的民众忧心忡忡。站在科学的立场上，辨证地分析这些事件是十分必要的。

（1）Pusztai 事件：1998 年秋天，英国 Rowett 研究所的 Pusztai 博士在英国电视台发表讲话，称用转雪花莲凝集素基因的土豆喂大鼠后，大鼠体重和器官质量减轻，免疫系统受到了破坏，此事首次引起国际轰动。绿色和平组织、地球之友等反生物技术组织把这种土豆说成是"杀手"，并策划了破坏转基因作物试验地等行动，焚烧了印度的两块试验田，甚至美国加利福尼亚大学戴维斯分校的非转基因试验材料也遭破坏。英国皇家学会对此非常重视，组织了同行评审，并于 1999 年 5 月发表评论，指出 Pusztai 的试验有 6 方面的错误：①不能确定转基因和非转基因马铃薯的化学成分有差异；②对食用转基因土豆的大鼠，未补充蛋白质以防止饥饿；③供试动物数量少，饲喂几种不同的食物，且都不是大鼠的标准食物，没有统计学意义；④试验设计性差，未作双盲测定；⑤统计方法不当；⑥试验结果无一致性等。

（2）斑蝶事件：1999 年 5 月，康奈尔大学的一个研究组在 *Nature* 杂志上发表文章，称转基因抗虫玉米的花粉飘到一种名叫"马利筋"的杂草上，用马利筋叶片饲喂美国大斑蝶，导致 44%的幼虫死亡。事实上，这一结果在科学上没有任何说服力。因为该试验是在实验室完成的，且没有提供使用花粉量的数据。现在这个事件也有了科学的否定结论：第一，玉米的花粉较重，扩散不远，在玉米地以外 5m，每平方厘米马利筋叶片上只找到一个玉米花粉。第二，2000 年开始，在美国和加拿大进行的田间试验都证明，抗虫玉米花粉对斑蝶并不构成威胁，实验室的试验中用 10 倍于田间的花粉量来喂大斑蝶的幼虫，也没有发现对其生长发育有影响。斑蝶减少的真正原因，一是农药的过度使用，二是墨西哥生态环境的破坏。

（3）墨西哥玉米事件：2001 年 11 月，美国加利福尼亚大学伯克利分校的两位研究人员在 *Nature* 上发表文章，称在墨西哥南部 Oaxaca 地区采集的 6 个玉米地方品种样本中，发现有 CaMV 35S 启动子及 Novartis Bt11 抗虫玉米中 *adh1* 基因的相似序列。绿色和平组织借此大肆渲染，说墨西哥玉米已经受到了"基因污染"，甚至指责坐落于墨西哥国际小麦玉米改良中心（CIMMYT）的基因库也可能受到了"基因污染"。文章发表后受到很多科学家的批评，指出其在方法学上有许多错误。所谓测出的 CaMV 35S 启动子，经复查证明是假阳性。所称 *Bt* 玉米中的 *adh1* 基因已经转到了墨西哥玉米的地方品种，也是假的。因为转入 *Bt* 玉米中的基因序列是 *adh1-1S* 基因，而作者测出的是玉米中本来就存在的 *adh1-1F* 基因，两者的基因序列完全不同。显然作者没有比较这两个序列，审稿人和 *Nature* 编辑部也没有核实。对此，*Nature* 编辑部后来发表声明，称"这篇论文证据不足，不足以证明其结论，原本不应该发表"。墨西哥国际小麦玉米改良中心也发表声明指出，经对种质资源库和新近从田间收集的 152 份材料的检测，在墨西哥任何地区都没有发现 CaMV 35S 启动子。当然，转基因玉米和栽培玉米之间发生基因漂流是可能的，但这不能渲染为"基因污染"，并作为禁止转基因作物的理由。

（4）孟山都转基因玉米事件：法国分子内分泌学家 Seralini 及其同事在 2009 年第 7 期《国际生物科学学报》上发表文章，文中指出，老鼠在食用转基因玉米 3 个月后，其肝脏、肾脏和心脏功能均受到一定程度的不良影响。该文章发表后，很快便受到了一些同行科学家及监管机构的批评。最大的质疑在于，Seralini 等的实验结果并非建立在亲自对老鼠进行独立实验的基础之上，文中进行统计分析的数据，其实来自孟山都公司之前的实验，他们仅仅是对数据选择了不合适的、不被同行使用的统计方法做了重新分析。法国生物技术高级咨询委员会同时指出，该论文仅仅列出了数据的差异，并没有给予生物学或毒理学上的解释，而且这种差异只是反映在某些实验用老鼠和某个时间点上，因此不足以说明问题。另外，澳大利亚新西兰食品标准局通过对 Seralini 等论文数据的调查分析指出，此论文的统计结果与组织病理学、组织化学等方面的相关数据之间缺乏一致性，且没能给予合理解释。该机构同时认为，喂食转基因玉米后老鼠表现出的差异性是符合常态的。

二、人们担心基因工程产品安全性的几类问题

1. 基因工程产品对人类健康是否会有影响　　人们担心基因工程产品可能对人体健康产生的潜在影响主要有以下几个方面：①担心外源基因是否会通过"异源重组"或"异源包装"进入人的遗传体系中。但专家认为这种可能性在理论上具有极小的概率。②担心由

"异源重组"或"异源包装"所产生的具有"超级抗性"的病原微生物会危害人类健康。此种现象的发生在使用"抗生素标记基因"时有很小的可能性，但随着"marker-free 技术"及更安全的标记基因的使用，这种担忧可被解除。③担心转基因食品是否具有毒性，以及能否引起人体的过敏反应。关于毒性问题目前只有一些相关的动物试验报道，尚无关于人体的研究报告。转基因食品引起人体过敏性反应的可能性是人们关注的焦点之一，如果转入的基因是一种新的蛋白质时，这些异性蛋白有可能引起食物过敏。可以通过法律限制转入已知是过敏源的基因蛋白的方法给予堵截，并加强相应的过敏源检测，完善转基因食品上市后的安全监测。

2. 基因工程产品对农业发展是否会有影响　基因工程产品目前主要在农业生产中研究和应用，公众对安全性问题可能给农业带来的种种影响十分关注。主要问题有：①担心转基因作物是否会成为"超级杂草"。一方面担心转基因作物自身是否会变成超级杂草，另一方面担心出现具有多种抗性基因的作物花粉与近缘属杂交，从而产生"超级杂草"。转基因水稻、转基因棉花等作物的田间试验结果表明，转基因植株在生长、种子活力、越冬能力等方面与非转基因植株的差别不大，在没有选择压力的情况下，转基因作物的生存竞争力和非转基因作物没有区别，其演变成杂草的可能性很小。即使是已报道的加拿大转基因抗除草剂油菜"超级杂草"事件，也被证实该种所谓的"超级杂草"可以被另外一种除草剂杀死。②担心出现具有高度抗药性的农业害虫。关于此类问题的报道有一定的实验依据。随着科学技术的进步，通过转入双价基因可以使害虫抗药性产生的时间推迟，通过改进种植方式也可以逐步解决。其实具有抗性害虫的出现不仅是由于抗虫转基因作物的种植，农药的使用也同样会使害虫的抗药性增强，这是人工选择抗性突变体的结果。③担心"病毒重组"或"异源包装"会产生新的农作物病原物。此类现象在自然界可以发生，在试验室中也曾获得验证，但在田间试验中尚无报道。这需要加强转基因作物大规模种植后的监测，并加强相关研究，提出科学的预防措施。

3. 基因工程产品对生态平衡是否会有影响　保护生态平衡是目前全球最为沉重的话题。在生物进化过程中，不同物种之间的遗传物质交流是极为缓慢的。基因工程技术的应用使这种"基因交流"的频率成倍提高。人们担心转基因生物的释放会对人类的生存环境产生不利影响。转基因生物进入自然环境的主要途径和影响有：①转基因植物被推广种植后，释放到自然环境中的机会加大，转基因植物因具有较野生种更为广泛的各种抗性，会迅速发展成为新的优势种群，从而影响生态平衡。虽然利用"终止因子技术"，以及"化学催化"技术可以限制转基因植物的扩散，但因为此项技术对农业生产的持续发展等诸多方面具有不利影响，所以受到大多数发展中国家的反对。②对非目标生物的危害将直接影响生物多样性的保护。Hilbeck 用转 *Bt* 基因玉米，以及 Birch 用转基因马铃薯进行的试验研究表明，转抗虫基因作物在降低虫害的同时，也会对有益昆虫的种群产生不良的影响。但英国农作物研究所（IACR）于 2003 年的研究表明，Bt 蛋白对小菜蛾寄生蜂的生存并无直接的不利影响。看来，对该问题进行更长期和更具体的研究将是十分必要的，而且个案之间存在一定差异也是完全可能的。

三、基因工程产品的安全性管理

基因工程产品一方面具有潜在的巨大经济效益，另一方面也可能存在一定的风险性，因此建立合理的风险评价是科学管理的基础。在基因工程产品的安全性管理方面,国际组织通过一定的努力,起到了关键性推动作用。1986 年和 1992 年,经济合作与发展组织(OECD)分别发布了有关重组 DNA 和生物技术安全的文件,重点关注风险评价标准;1993 年,经济合作与发展组织提出将实质等同性原则作为转基因食品安全评价的基本原则。1990 年,联合国粮食及农业组织和世界卫生组织(FAO/WHO)研究并建立了有关生物技术食品安全评估程序;1992 年,FAO/WHO 联合专家组制定了生物技术衍生食品的安全性评价原则和政策,强调转基因食品的安全性应以科学性为依据,对已经通过安全性评价并获准用于消费的转基因食品应有计划地进行市场后的人群健康监测。2004 年,FAO 公布了《植物生物风险防范纲要》,该纲要确定了转基因生物风险评估标准,目前已有 130 个国家采纳该标准。

基因工程产品安全性的风险评价原则包括实质等同性原则、个案分析原则、熟知性原则、预防原则等。目前普遍采用实质等同性原则和个案分析原则。实质等同性原则的含义是指:某一 GM 生物及产品与常规生物及产品相比较是否具有实质等同性。若没有实质差异,则认为是安全的;若某一 GM 生物及其产品与传统生物及产品有差异,则需要从营养和安全性等各个方面进行更加全面的评价。个案分析原则主要针对不同基因、不同转化事件、不同环境条件做个案分析。不能将某一特定的转基因生物或产品的安全性评价结论用在其他类型的转基因生物及其产品上。也就是说,对转基因生物及其产品的安全性评价结果不能一概而论。熟知性原则的定义不太精确,预防原则的含义和寓意则有许多问题,对这两个原则,特别是预防原则,目前仍有很大的争论。

1. 中国基因工程产品的安全性管理

1)我国转基因农作物的安全性评价和管理的法规体系　　我国政府十分重视转基因农作物的安全性评价和管理,在 1993 年 12 月,国家科委(现科学技术部)颁布的《基因工程安全管理办法》为我国转基因生物安全管理提供了基本框架。在这一框架的基础上,农业部(现农业农村部)于 1996 年 7 月颁布了《农业生物基因工程安全管理实施办法》,并于 1997 年上半年开始实施。为了加强农业转基因生物安全管理,保障人体健康和动物、植物、微生物安全,保护生态环境,促进农业转基因生物技术研究,2001 年 5 月国务院发布了《农业转基因生物安全管理条例》(以下简称《条例》),并于 2011 年、2017 年对《条例》进行了两次修订。该条例管理的对象是利用基因工程技术改变基因组构成,用于农业生产或者农产品加工的动物、植物、微生物及其产品。凡是在我国境内从事农业转基因生物的研究、试验、生产、加工、经营和进口、出口活动,都必须遵守《条例》。与《条例》相配套的还有 5 个《办法》,分别是农业农村部颁布的《农业转基因生物安全评价管理办法》《农业转基因生物标识管理办法》《农业转基因生物进口安全管理办法》和《农业转基因生物加工审批办法》,以及海关总署颁布的《进出境转基因产品检验检疫管理办法》。整体上,我国的农业转基因生物安全管理是从农业转基因生物研发到应用,从实验室到餐桌的全过程管理。近年来,我国进一步加强了农业转基因生物监管工作,严厉打击非法研究、试验、制种、经营、种植、加工和进口等行为,促进我国农业转基因生物技术研究和应用健康发展。

2)我国转基因农作物的安全性评价和管理的框架与制度　　我国对于农业转基因生物的管理框架分为两种类型的机构:管理机构和技术机构(图 13-5)。管理机构包括研究单位的转基因生物安全小组,县级以上农业行政主管部门负责本区域监管、生产、加工和标识许可;农业农村部负责全国农业转基因生物安全的监督管理工作;部际联席会议由农业农村部牵头，农业、科技、卫生、商务、环境保护、检验检疫等部门组成负责研究、协商农业转基因生物安全管理的重大问题。同时，海关总署动植物检疫司负责进出境转基因检验检疫，国家药品监督管理局负责转基因食品标识监管。技术机构包括农业农村部科技发展中心的评价处、管理处和检定处，国家农业转基因生物安全委员会负责农业转基因生物的评价工作，由从事农业转基因生物研究、生产、加工、检验检疫、卫生、环境保护等方面的专家组成。同时全国农业转基因生物安全管理标准化技术委员会开展转基因植物、动物、微生物及其产品的研究、试验、生产、加工、经营、进出口与安全管理方面相关标准的制订和修订。42 个转基因技术检测机构负责分子特征、环境安全、食用安全 3 个类别的检测。

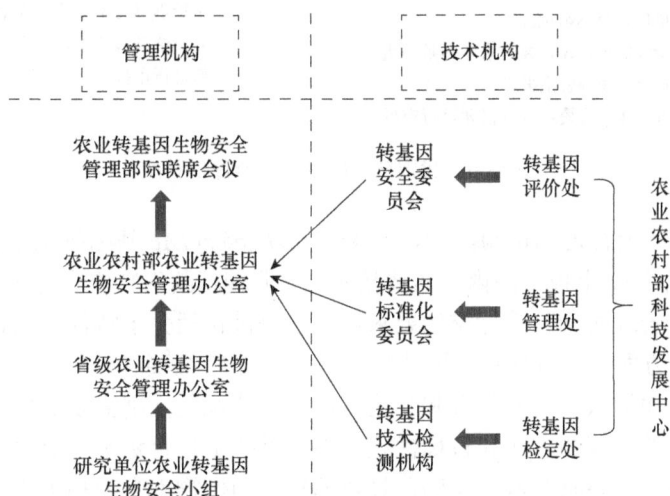

图 13-5　我国对基因工程产品的管理框架示意图

我国对基因工程产品的安全评价制度根据物种分为了 3 种类型：植物、动物、微生物。根据受体的生物学特征和基因操作对生物体安全等级的影响，将农业转基因生物安全性分为尚不存在危险（Ⅰ）、具有低度危险（Ⅱ）、具有中度危险（Ⅲ）、具有高度危险（Ⅳ）4 个等级。在基因工程产品商业化前需要对其从研究室研发到种植的各个阶段进行全过程管理，根据申请阶段分为 5 个阶段，分别是实验研究、中间试验、环境释放、生产性试验和申请安全证书。中间试验是指在控制系统内或者控制条件下进行的小规模试验。环境释放是指在自然条件下采取相应的安全措施所进行的中规模试验。生产性试验是指在生成和应用前进行的较大规模的试验。任何一个阶段出现问题都会要求立即终止。各个阶段按照要求都需要提交申报书给相应的管理机构，根据管理的模式分为报告制、审批制两种形式。中外合作、合资或外商独资，实行审批制，不可进行品种选育；除中外合作、合资或外商独资外，安全等级Ⅰ、Ⅱ级的实验研究由本单位管理，实验研究Ⅲ、Ⅳ级和所有等级的中间试验，实行报告制；环境释放、生产性试验和申请安全证书阶段实行审批制（图 13-6）。

3）我国转基因农作物的安全性评价申报流程　　无论是报告制还是审批制，都需要申请人撰写、提交所申请阶段的申报书。申报书是指研发人对其研制的转基因生物、申报试验的安全性做出的书面声明和承诺。声明其使用的技术和研制的转基因生物是安全的，并给出相应的证据；承诺将对其所申报的相关研究、试验采取相应措施，防止研究、试验对象逃逸、扩散，保障安全。因此，申报书的项目名称需要明确目的基因、转基因性状、受体生物、转

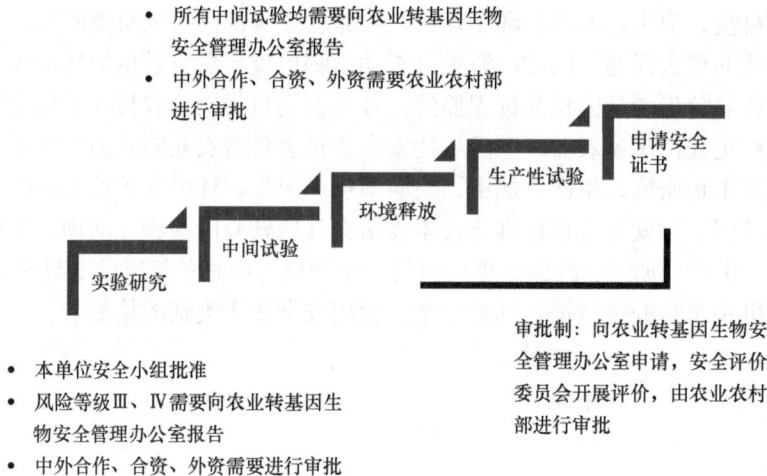

- 所有中间试验均需要向农业转基因生物安全管理办公室报告
- 中外合作、合资、外资需要农业农村部进行审批

申请安全证书

生产性试验

环境释放

中间试验

实验研究

审批制：向农业转基因生物安全管理办公室申请，安全评价委员会开展评价，由农业农村部进行审批

- 本单位安全小组批准
- 风险等级Ⅲ、Ⅳ需要向农业转基因生物安全管理办公室报告
- 中外合作、合资、外资需要进行审批

图 13-6　我国转基因生物安全评价程序

基因生物名称、试验所在地和试验阶段，如《转 *cry1Ab/cry1Ac* 基因抗虫水稻'华恢 1 号'等在湖北省的中间试验》。申报书的内容需要按照《农业转基因生物安全评价管理办法》和《农业转基因生物安全管理条例》等标准的要求填写，提供包括分子特征、遗传稳定性、环境安全、食用安全 4 个方面的评价材料（附录）。其中，分子特征要求提供从基因水平、转录水平和翻译水平考察外源插入序列的整合和表达情况；遗传稳定性则需要提供数据体现目的基因整合的稳定性、目的基因的表达和目标性状在不同世代中是否稳定。对生态环境安全性的评价需要考虑基因漂移（gene flow）及因此导致的转基因作物本身或相关物种的生存竞争性、杂草性和入侵性的改变；转基因作物对靶生物、非靶生物和生物多样性的影响；转基因作物对农业生态和自然生态系统的直接与间接影响等。各阶段安全评价材料应该完整、规范、翔实、具体，且对于不同的申报阶段要求的数据也不一样（附录 1），申报人需要对照要求撰写申报书。

　　属于报告制要求的申报书由申报人撰写后需要先提交本单位农业转基因生物安全小组进行审批和盖章，再提交到农业农村部农业转基因生物安全管理办公室进行形式审查和技术审查。审查后，审查员将《农业转基因生物安全评价报告制材料备案意见反馈表》反馈给申报人，由申报人对申报书进行修改，并再次提交。根据管理要求，中间试验（含）以上的任何一个阶段的申报书中都需要明确试验地点的地址和坐标，注明试验基地的监控设施、隔离措施、种植情况和试验地的仓储与销毁设施的详细情况。管理办公室也会根据申报书申报的试验地致函对应的省级农业农村行政主管部门协助核查试验点安全管理措施。合格后将由农业农村部农业转基因生物安全管理办公室发放备案意见给申报人所在单位的农业转基因生物安全小组和试验所在地的省级农业农村行政主管部门。申报流程示意图见图 13-7。

　　不同于报告制申报流程，审批制的申报需要在网上系统填报，撰写好后的申报书在本单位农业转基因生物安全小组审核盖章后提交到政务服务大厅进行形式和内容的初步审查，通过后方可受理，并出具《受理通知书》。审查合格后进一步由农业农村部科技发展中心进行技术审查，经过国家农业转基因生物安全委员会技术评审。最后，农业农村部根据安全委员会评审意见做出审查决定，并将约定书送达给申报人所在单位的农业转基因生物安全小组（图 13-8）。

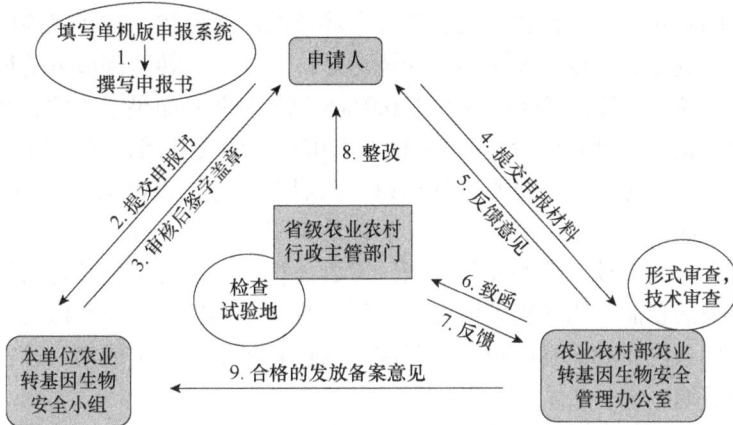

图 13-7　报告制申报流程示意图

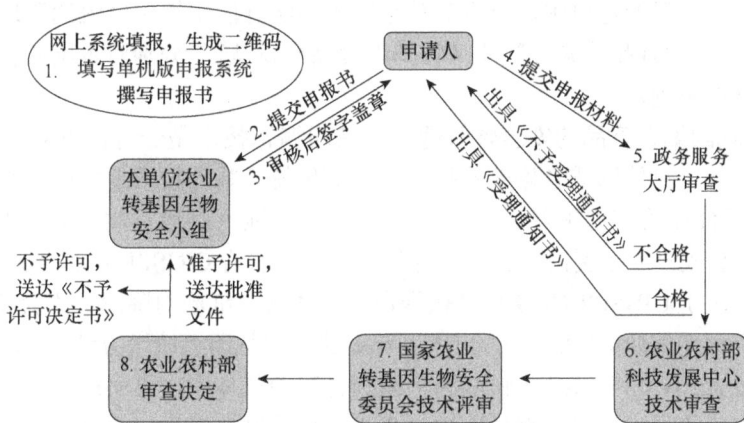

图 13-8　审批制申报流程示意图

转基因生物研究应当依法开展，中间试验需要依法报告，环境释放和生产性试验应当依法报批，申报人应该在收到备案意见/审批决议后开始试验，不得私自开展转基因生物试验和育繁种行为，不得擅自提前开展实验、改变试验地点，转基因试验应该管理规范、控制措施到位。

2. 其他国家和地区的基因工程产品的安全性管理

（1）以美国为代表的"宽松式"安全性管理。以美国、加拿大等基因工程产品生产和出口大国为代表。其认为基因工程产品的安全性与传统生物技术没有本质区别，管理应针对生物技术产品，而不是生物技术本身。美国在转基因食品安全上奉行实质等同性原则，将其与传统食品等同对待，因此并未针对转基因食品专门立法。美国实行转基因食品自愿标识制度，由生产者或销售者根据市场趋势或消费者偏好，自行决定是否对产品加以标识。美国对转基因种子采取备案制。经过安全性评价并被认为是安全的转基因种子可以进入市场销售。美国政府不要求品种审定，只要将转基因品种的优越性如实标注即可，让用户自己选择。

（2）以欧盟为代表的"严格式"安全性管理。其认为基因工程技术本身具有潜在的危险性，只要与基因工程相关的活动，都应进行安全性评价并接受管理。其对于 GM 植物的管理非常严格。欧盟基于"预防原则"，对转基因食品建立了上市审批制度、标识制度、追踪制度，以期通过对转基因食品生产、销售、流通等各个环节的严密监控，防止风险的发生。欧盟对转基因食品实行强制标签制度。免于标识的情形是：食品混入转基因成分的情况是偶然的，或在技术上不可避免，并且转基因成分低于0.9%可以不标识；如果混入的转基因成分来源于被欧盟食品安全局认为不具有风险，但尚未批准上市销售的转基因材料，只有含量低于0.5%，而且已经存在检测手段时，也可以不进行标识。欧盟委员会于2008年4月14日通过了一项修改欧盟新型食品法规的建议，对新型食品的评估和审批程序进行了简化，以促进新型食品更多、更快地进入欧盟市场。欧盟委员会当日发表公报，指出新型食品是指欧盟采用新技术和新工艺生产出来的食品，比如转基因食品。但这些改变仍然需要在欧盟现有转基因食品安全立法和监管的体系内受到严格的控制。各成员国也有权临时限制或禁止已被批准上市的转基因食品在本国流通。

（3）以日本为代表的"折中式"安全性管理。按照"谁开发，谁评价"的原则，日本主要由研发机构进行安全性评价检测，但环境安全检测隔离试验场必须通过农林水产省的认证。作为转基因食品及饲料的进口国，日本对转基因食品实行区别性生产流通管理，通过《食品安全基本法》《转基因食品检验法》和《转基因食品标识法》，分别对本国的转基因食品安全检验和标识制度做出规定。

3. 各国对基因编辑产品的安全性管理　　基因编辑技术是一种能够对生物体的基因组及其转录产物进行定点修饰或者修改的技术，是在传统转基因技术上发展起来的新兴功能基因组研究及分子育种的有力工具。基因编辑技术的实施可以通过将CRISPR/Cas9蛋白和gRNA在体外组装成核糖核蛋白复合体，再利用基因枪法将CRISPR/Cas9核糖核蛋白复合体转入植物细胞。由于CRISPR/Cas9核糖核蛋白复合体会在细胞内降解，不会遗传给下一代，因此这是一种全程无外源DNA插入的DNA-free的植物基因组编辑方法。但常规的基因编辑方法多是首先将sgRNA和Cas9蛋白基因构建到合适的载体中，再将载体导入细胞通过组织培养获得基因编辑的再生植株，然后通过自交或杂交的办法在后代中将外源插入片段剔除，从而获得没有外源基因插入的基因编辑植株。近年来，CRISPR/Cas9已被成功用于编辑超过50种植物和100多个基因。随着植物基因组编辑技术的不断优化，其在加速作物改良，改善作物的性状如抗逆性、抗病和抗除草剂，产量水平及营养价值等方面都有应用。

世界主要的科技大国对植物基因组编辑监管存在多种不同的政策。例如，在欧盟和新西兰，基因编辑产品和生物均基于创建它们的程序进行评估。这种基于过程评估的方法，基因组编辑植物被认为是转基因植物，并受转基因生物法规监管。相比之下，美国和其他大多数国家/地区根据最终产品的特征（基于产品的方法）评估基因组修饰的产品和生物。使用这种方法，如果最终产品不包含外来实体，如转基因，则不会将其归类为转基因，也不受转基因生物（GMO）法规的管制。

2016年，中国国家生物安全委员会内成立了一个工作组，对包括基因编辑在内的新技术进行风险评估及提供技术援助。2022年1月，中华人民共和国农业农村部发布了《农业用基因编辑植物安全评价指南（试行）》，该指南主要针对的是没有引入外源基因的基因编辑植物。

申报程序根据目标性状是否增加环境安全/食用安全风险进行分类：如果不增加风险，在中间试验后可直接申请生产应用安全证书；如果可能增加食用安全风险，中间试验后，可直接申请生产应用安全证书，但需提供食用安全数据资料；如果可能增加环境安全风险，在中间试验后，则需开展环境释放或生产性试验，积累环境安全数据资料，再申请生产应用安全证书；如果可能增加环境安全和食用安全风险，则需要开展环境释放或生产性试验，积累环境安全和食用安全数据资料后，再申请生产应用安全证书。

安全评价申报同样要求提供分子特征、遗传稳定性、环境安全、食用安全 4 个方面的评价材料（拓展资源 13-1）。如果目标性状不增加环境安全/食用安全风险，需提供相关的分析数据或资料；如果可能增加风险，则需要参照《转基因植物安全评价指南（2022 年修订）》提供相关数据资料。在分子特征相关数据方面，根据基因编辑作物的过程和特点，要求提供基因编辑工具的名称、类型和特性，详细描述基因编辑方法和流程，基因编辑导致的靶基因或（和）靶蛋白变化情况的数据资料。由于 Cas9 及其他 CRISPR/Cas 蛋白变体可能会在与靶位点同源性较高的非靶位点处进行切割，产生非预期的遗传修饰，从而出现脱靶突变，导致基因编辑植物基因组不稳定，并破坏其他正常基因的功能。因此，在分子特征的评价材料中强调分析基因编辑脱靶情况，包括试验方法、数据质量、分析方法、分析结论等。目前常用的试验方法主要有脱靶位点预测结合 PCR 测序和全基因组测序（WGS）两种。对具有参考序列的不同个体，多采用全基因组测序，结合生物信息分析，精确鉴定在全基因组范围内发生的 SNP 和 InDel，以检测是否有脱靶现象发生。在遗传稳定性相关数据方面，不要求目的基因整合的稳定性和表达的稳定性分析，突出了靶基因编辑的稳定性分析。

拓展资源 13-1

总体而言，相对于转基因植物的安全评价过程和申报，如果基因编辑植物的目标性状不增加环境安全/食用安全风险，那么其安全评价周期会在很大程度上缩短。

四、基因工程技术及其产品的发展前景

目前围绕基因工程技术及其产品引发的争论，并不仅仅是基因工程技术发展过程中的独有现象。纵观历史上科学技术的产生和发展过程，不难发现，任何新技术的形成与发展都不可避免地要受到社会因素的影响。社会需求引导了它的出现，社会生产、生活中的应用推动了它的发展，不同社会意识形态之间相互斗争的结果决定了它的发展方向，这一过程并不是事先可以预测的。

我们应当看到，基因工程技术及其产品具有无限的社会需求，它被人们寄予着缓解饥饿与贫穷的沉重期待，也凝聚着人们改善生活质量、提高生活水平的美好憧憬，这就是它赖以存在与发展的意义所在。ISAAA 等国际权威机构最近做出预测，鉴于全球粮食安全、节能减排、环境保护等需求增长，转基因作物面积迅速增长的趋势难以逆转；对转基因作物安全有疑问的人甚至反对者将通过更安全、更健康的转基因作物的商业化种植逐渐接受该作物。

而从技术竞争的角度来讲，谁要是害怕以基因工程技术为主的生物技术研究可能带来的负面效应而禁止其发展，必将使其国家蒙受巨大损失，甚至在国际竞争中败下阵来。这正如科学界的一些有识之士所言，对于任一项科学技术，零风险是不存在的，也没有什么是绝对安全的；因噎废食，无所作为才是最大的风险。

基因工程技术的应用在解决人类面临的农业问题和环境问题等方面发挥了巨大的作用。除在农业领域应用为农作物育种提供全新的技术和方法，培育出各种性能优越的植物新品种外，利用基因工程技术构建植物生物反应器，生产畜禽的植物基因工程疫苗也是新兴的研究领域，和其他疫苗相比，转基因植物疫苗具有廉价、安全、有效等优点。利用转基因植物作为环境污染监测的报警器，在环境出现重大生态损伤之前预告其可能存在的风险，同时还可以对污染地区修复效率做出评估，也是当前转基因植物利用的新方向。

以 CRISPR/Cas9 技术为代表的基因编辑技术是 21 世纪最有影响力的基因工程技术，给生命科学领域带来了巨大革命，促进了基础科研、农业、基础医学及临床治疗的发展，为疾病治疗、疾病检测、遗传育种等领域的研究提供了便捷、快速、精准、高效的技术手段。在植物方面，基因编辑已被成功地应用于水稻、小麦、棉花、大豆、玉米、油菜、番茄、柑橘、香蕉、草莓、苹果等 60 多种主要作物，用于提高作物抗性、产量和品质，相比较传统的转基因技术，基因编辑技术更加精准、高效、安全。未来基因编辑技术将在基因定点插入、高效/低脱靶单碱基编辑、无须组织培养的递送系统研发、单倍体诱导、大片段删除（诱导非整体、染色体重排等）、高通量编辑体系等领域持续突破，必将为植物基因工程提供更加强有力的工具，同时随着中国及其他主要科研大国对基因编辑技术安全性的认可，都纷纷降低对其监管门槛，势必推动基因编辑技术成果的商业化应用进入快车道！

近期，我国科学家主导的人工合成淀粉技术轰动了全球，其以二氧化碳为原料，不依赖于植物光合作用，直接人工合成淀粉，这是合成生物技术的一个经典成功案例。合成生物技术将是未来基因工程技术领域最重要的前沿发展方向之一，在未来农业领域的应用将十分广泛，为实现生物转化（生物质资源化）、未来合成食品（人造蛋白质等）、提高光合作用效率（高光效固碳）、提高生物固氮效率（节肥增效）、生物抗逆（节水耐旱）等世界性农业生产难题提供了革命性解决方案。

主要参考文献

樊龙江. 2001. 转基因作物安全性争论与事实. 北京：中国农业出版社

黄昆仑，许文涛. 2009. 转基因食品安全评价与检测技术. 北京：科学出版社

美国国家科学院，美国国家工程院，美国国家医学院. 2021. 遗传工程作物经验与展望. 张启发，林拥军，主译. 北京：科学出版社

吴乃虎. 1998. 基因工程原理. 2 版. 北京：科学出版社

《农业转基因生物安全管理条例》. 中华人民共和国国务院令第 304 号，2001

《农业转基因生物安全评价管理办法》. 中华人民共和国农业部令第 8 号，2002

《农业转基因生物进口安全管理办法》. 中华人民共和国农业部令第 9 号，2002

《农业转基因生物安全管理条例（2017 年 10 月 7 日修订版）》

《农业用基因编辑植物安全评价指南（试行）》. 农业农村部，2022 年 1 月

Global Status of Commercialized Biotech/GM Crops: 2018. ISAAA *Briefs* No. 54-2018

第十四章　植物遗传标记与性状基因定位

第一节　遗传标记

　　遗传标记（genetic marker）是指可以稳定遗传的、易于识别的、特殊的遗传多态性形式。在经典遗传学中，遗传多态性是指等位基因的变（差）异。在现代遗传学中，遗传多态性是指基因组中任何座位上的相对差异或者是 DNA 序列的差异。通过一定的检测手段，识别和研究这种遗传多态性，可以帮助人们更好地研究生物的遗传与变异规律。在遗传学研究中，遗传标记作为染色体上的界标，主要被应用于连锁分析、染色体变异检测、基因定位、遗传作图及基因转移等。在作物育种中，通常利用与育种目标性状紧密连锁的遗传标记对目标性状进行追踪选择、辅助选择及基因型鉴定等。

　　作物的大多数农艺性状均表现为数量性状的遗传特点。过去，由于缺乏足够的遗传标记，以至于长期以来有关数量性状基因的数目、在染色体上的位置及作用效果都不清楚，影响了数量性状的研究进展。近年来，随着分子生物学的迅速发展，分子标记技术已成为分子生物学技术的重要组成部分。以 20 世纪 50 年代同工酶的发现为开端，伴随着生命科学领域理论与技术的重大突破，尤其是 DNA 双螺旋结构的阐明、PCR 技术的诞生、全基因组的测序，分子标记技术从蛋白质向 DNA 分子水平逐步深化，至今已衍生出不下几十种、用于不同研究目的的分子标记。

　　随着基因组研究的开展，近 20 年来，在许多重要农作物中都建立了分子标记遗传连锁图，且遗传图谱上的分子标记数量远远超过过去几十年用形态和生理、生物化学标记（生化标记）构建的经典遗传图谱，人们已可以利用分子标记及其连锁图对复杂的数量性状进行分解研究，极大地推进了遗传学和作物遗传育种的发展。本章主要介绍遗传标记的发展、分子标记的分类及特点、分子标记遗传连锁图谱的构建及分子标记技术在作物遗传改良等方面的内容。

一、遗传标记的发展

　　遗传标记的发展与分子生物学的发展紧密相连，人类对生命现象的认识从外部形态水平深入分子水平的同时，遗传标记也从形态学标记发展到了 DNA 分子标记。

　　19 世纪 60 年代，孟德尔（Mendel）以豌豆为材料，利用 7 对外部形态特征差异明显、易于识别的相对性状，对杂种后代的不同个体依性状表现进行归类分析，提出了"遗传因子"假说，首创了形态学标记作为遗传标记的先例。

　　1910 年以后，摩尔根将孟德尔"遗传因子"的行为与染色体的行为结合起来进行研究，证实了"遗传因子"是染色体上占有一定位置的实体，由此推动了细胞遗传学的诞生。通过对不同物种染色体形态、数目和结构的研究，发现各种非整倍体、染色体结构变异及各种异形染色体等都有其特定的细胞学特征，可以作为一种遗传标记来测定基因所在的染色体及其相对位置，或通过染色体代换等遗传操作进行基因定位。这种能明确显示遗传多态性的细胞学特征，通称为细胞学标记。

1941 年，美国遗传学家 Beadle 和生化学家 Tatum 通过研究红色面包霉的生化突变型，对一系列营养缺陷型进行了遗传分析，提出了"一个基因一个酶"的假说，创立了生化遗传学。20 世纪 50 年代，许多科学家发现同一种酶可具有多种不同的形式。同时，由于淀粉凝胶电泳技术的发展和组织化学染色剂的使用，同一种酶的多种形式成为肉眼可辨的酶谱带型。1959 年，Markert 和 Moiler 通过对几种动物乳糖脱氢酶（ADH）的多种形式的研究，提出了用同工酶（isozyme）一词来描述具有同一底物专一性的不同分子形式的酶，并证实了同工酶具有组织、发育及物种的特异性。通过同工酶的电泳谱带可以清楚地识别同工酶的基因型，因此可以作为一种遗传标记加以利用，并且可以将编码酶的基因通过遗传分析定位在染色体上。同工酶标记是建立在生化遗传学基础上的，所以又称为生化标记或蛋白质标记。

1953 年，Watson 和 Crick 提出了 DNA 分子结构的双螺旋模型，圆满地解释了 DNA 就是基因的有机化学实体，宣布了分子遗传学时代的到来。1980 年，人类遗传学家 Botstein 等首先提出了 RFLP 可以作为遗传标记的思想，开创了直接应用 DNA 多态性发展遗传标记的新阶段。RFLP 标记的诞生大大加速了各种生物遗传图谱的建立和发展，同时也提高了基因定位的精度和速度。1985 年，聚合酶链式反应（PCR）技术的诞生，使直接体外扩增 DNA 以检测其多态性成为可能。1990 年，Williams 等和 Welsh 等两个研究小组同时应用 PCR 技术发展了一种新的 RAPD 分子标记。随后，基于 PCR 技术的新型分子标记不断涌现，使得 DNA 标记逐渐实用化和普及化。

由形态学标记向分子标记逐步发展的过程，体现了人类对于基因由现象到本质的认识发展过程。在这一过程中，传统的形态学标记和细胞学标记是遗传标记发展的基础，而蛋白质标记和 DNA 分子标记则是遗传学、生物化学和分子生物学的发展导致遗传标记发展的必然结果。随着科学技术的不断进步，新型的分子标记还将不断涌现，尤其是新一代测序技术的发展带来了 DNA 标记技术的新革命。

二、遗传标记的种类

如上所述，遗传标记包括形态学标记（morphological marker）、细胞学标记（cytological marker）、生化标记（biochemical marker）、分子标记（molecular marker）4 种类型。在植物遗传育种研究中可被应用的遗传标记应具备以下条件或特点：①多态性高；②表现共显性，能够鉴别出纯合基因型和杂合基因型；③对主要农艺性状的影响小；④经济方便，容易观察记载。下面将几种标记类型的特点做简要介绍。

（一）形态学标记

形态学标记是指那些能够用肉眼明确观测的一类外观特征性状，如植株高矮、花色、粒型、粒色、穗形、白化、变态叶等。从广义上讲，形态学标记还包括那些借助简单测试即可识别的某些性状［如生理特性、生殖（育性）特性、抗病虫性等］。形态学标记的优点是简单直观、经济方便、容易观察记载。长期以来，作物种质资源鉴定及育种材料的选择通常都是根据形态学标记来进行的，根据形态特征标记某一染色体区段，并对其他未定位的基因（或突变性状）进行连锁分析。

　　具有特定形态特征的遗传标记材料，一般是通过自然突变或物理、化学诱变方法获得的。形态性状材料多数仅带有一个标记基因，但有的则带有多个标记基因。利用不同标记基因材料间的相互杂交，选择具有多个标记分离的材料，通过二点、三点连锁测验法可确定标记基因与目标性状之间的关系。形态学标记材料在遗传研究和作物育种上都有重要的应用价值，因此对形态学标记材料的收集、保存和利用历来受到各国研究者的重视。据不完全统计，水稻、番茄中已鉴定出上百个形态学标记。国际水稻研究所和日本系统地收集了多达 300 多个形态学标记的水稻材料，并作为重要的种质资源加以保存。大量形态学标记的发现，不仅为遗传研究提供了宝贵材料，而且为作物育种提供了大量的筛选标记，提高了选择效率。

　　由于形态学标记数量少、可鉴别标记基因有限，因而难以建立饱和的遗传图谱。另外，许多形态学标记还受环境、生育期等因素的影响，还有一些形态学标记对植株表型的影响太大，并与不良性状连锁，使形态学标记在植物遗传育种中的应用受到一些限制。

（二）细胞学标记

　　细胞学标记是指能明确显示遗传多态性的细胞学特征。染色体数目的变化和染色体结构的变异（如缺失、易位、倒位、重复等）常常会引起某些表型性状的异常，染色体结构和数量变异常具有相应的形态学特征，它们分别反映了染色体结构上和数量上的遗传多态性。

　　染色体结构特征包括染色体的核型和带型。核型特征是指染色体的长度、着丝粒位置和随体有无等，由此可以反映染色体的缺失、重复、倒位和易位等遗传变异；带型特征是指染色体经特殊染色显带后，带的颜色深浅、宽窄和位置顺序等，由此可以反映染色体上常染色质和异染色质的分布差异。染色体数量特征是指细胞中染色体数目的多少，染色体数量上的遗传多态性包括整倍性和非整倍性的变异，前者如多倍体，后者如缺体、单体、三体、端着丝点染色体等非整倍体。

　　染色体数目和结构的特征可以作为一种遗传标记，将具有染色体变异的材料与正常染色体材料进行杂交，其后代常导致特定染色体上的基因在减数分裂过程中的分离和重组发生偏离，由此可以测定基因所在的染色体及其相对位置。例如，番茄三体，烟草单体，玉米 B-A 易位系，水稻初级三体，小麦整套单体、端体及缺体-四体系，棉花易位系、单体等材料在基因的染色体定位研究中发挥了重要作用。

　　细胞学标记虽然可以克服形态学标记的某些不足，但是细胞学标记材料需要花费较大的人力和较长的时间来鉴定培育，并且有些细胞学标记常常对生物体本身有害；同时，某些物种对染色体数目和结构变异反应敏感、适应变异的能力较差、材料的保存较困难。更重要的是，一些不涉及染色体数目、结构变异或带型变异的性状，难以用细胞学方法检测。用非整倍体进行定位，可以把基因定位到某一特定的染色体，但难以开展基因的精细定位。另外，到目前为止，可利用的细胞学标记仍屈指可数。

（三）生化标记

　　生化标记主要包括贮藏蛋白、同工酶等标记，也指以基因表达的蛋白质产物为主的一类遗传标记系统。用作遗传标记的蛋白质通常可分为酶蛋白和非酶蛋白两种。在非酶蛋白中，用得最多的是种子贮藏蛋白。目前，采用等电聚焦-聚丙烯酰胺凝胶电泳（IEF-PAGE）和 SDS-聚丙烯酰胺凝胶电泳（SDS-PAGE）等方法，对种子贮藏蛋白进行电泳分析，可以得到品种的指纹图谱。

在酶蛋白中，利用淀粉凝胶或聚丙烯酰胺凝胶及特异性染色来检测的同工酶，是另一类主要的生化标记。功能相同但结构及组成有差异的同工酶，通常是指一个以上基因位点编码的酶的不同分子形式，或指由一个基因位点的不同等位基因编码的酶的不同分子形式（也称等位酶）。它们的遗传学行为符合孟德尔规律，共显性表达，具有多型性等特点，因而是一种良好的遗传标记。编码同工酶的基因可通过遗传分析定位在染色体上，且可通过二点、三点测验法在同工酶基因与性状基因间进行连锁分析。

与形态学标记、细胞学标记相比，生化标记鉴定可以通过直接采集组织、器官等少量样品进行分析，它首次突破了把整株样品作为研究材料进行分析的方式，而且蛋白质是基因表达的产物，并可以直接反映基因产物的差异，且受环境的影响较小。基于这些优点，生化标记在过去的 20 世纪 70~80 年代受到相当的重视与发展。至今，在豆类作物中已经发展了近 70 种酶检测系统，可以鉴定 100 个左右的基因座位。在水稻等作物中，已鉴定出具有多态性的同工酶位点近 160 个。不过，在某个特定的作物群体中，可使用的同工酶标记的数目还相当有限，大多数作物不足 30 个，表现出多态性的同工酶种类和等位基因的同工酶标记就更少了。同工酶标记还存在其他不足。例如，每一种同工酶标记都需特殊的显色方法和技术；某些酶的活性具有发育和组织特异性；同工酶标记局限于反映基因组编码区的表达信息等。总之，同工酶提供的遗传标记数目和特点远远不能满足植物遗传育种多方面的要求。

（四）分子标记

DNA 分子标记是 DNA 水平上的遗传多态性，这里简称为分子标记。DNA 水平的遗传多态性表现为核苷酸序列的任何差异，甚至是单个核苷酸的差异。因此，DNA 分子标记在数量上几乎是无限的。当然，生物体的 DNA 序列差异（包括 DNA 片段差异、单核苷酸位点的差异等）需要通过一定的技术方法加以检测。自 1974 年 Grodzicker 等利用限制性内切核酸酶和核酸杂交技术原理建立 RFLP 标记技术以来，分子标记技术的发展十分迅速，数十种名称各异的分子标记技术相继问世。目前，DNA 分子标记技术已广泛应用于种质资源研究、系统分析、品种注册、专利保护、遗传图谱构建、基因定位和分子标记辅助选择等诸多方面。

理想的分子标记具有以下特点：①直接以 DNA 的形式表现，在植物体的各个组织、各发育时期均可检测到，而且不受环境限制，不存在是否表达的问题。②多态性高，自然界存在着许多等位变异，不需要专门创造特殊的遗传材料。③共显性遗传、遗传信息完整；由于分子标记通常是通过电泳以凝胶上的条带显现，因而可通过条带在父、母本及 F_1 中的表现来判别是显性还是共显性（图 14-1）。④数量多，遍及整个基因组，检测位点近乎无限。⑤在基因组中分布均匀。⑥表现为"中性"，即不影响目标性状的表达，与不良性状无必然的连锁。⑦稳定性和重复性好。⑧容易获得且可快速分析。⑨开发成本和使用成本低。尽管目前已发展出几十种分子标记，但没有一种分子标记完全具备上述理想特点。在具体实施时，可根据不同研究目的进行选择或将不同类型的分子标记结合使用。

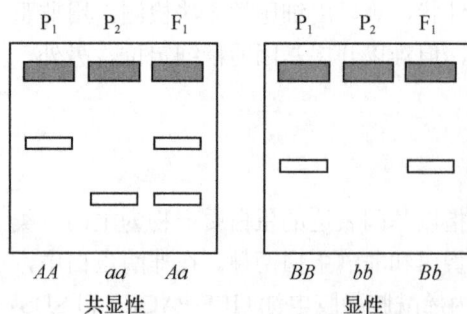

图 14-1　分子标记的共显性与显性

分子标记是以 DNA 为起始研究对象，目前主要的研究技术可归纳于图 14-2。电泳是最常用的分离核酸的技术，DNA 分子在凝胶中泳动时是通过电荷效应、浓缩效应和分子筛效应进行分离的。目前主要有两种凝胶介质：琼脂糖凝胶和聚丙烯酰胺凝胶。琼脂糖凝胶电泳是用琼脂糖作支持介质的一种电泳方法。琼脂糖凝胶具有网络结构，物质分子通过时会受到阻力，大分子物质在涌动时受到的阻力大，因此在凝胶电泳中，带电颗粒的分离不仅取决于净电荷的性质和数量，还取决于分子大小。普通琼脂糖凝胶分离 DNA 的分子质

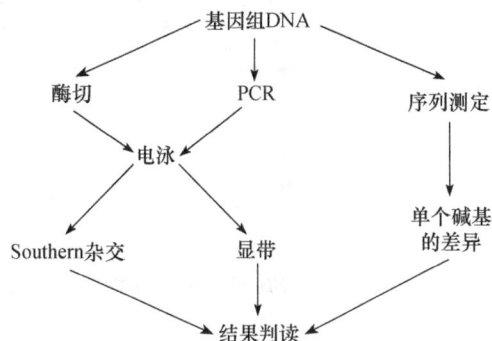

图 14-2　分子标记分析主要研究技术

量为 0.2～20kb。用低浓度的荧光嵌入染料溴化乙锭（ethidium bromide，EB）染色，在紫外线下可以检出 1～10ng 的 DNA 条带，从而可以确定 DNA 片段在凝胶中的位置。由于 EB 有剧毒，目前已出现多种无毒的替代染料。聚丙烯酰胺凝胶是丙烯酰胺单体和甲叉双丙烯酰胺交联剂在催化剂（如过硫酸铵）作用下形成的凝胶。凝胶孔径的大小可以通过制备时所使用的浓度和交联度控制。聚丙烯酰胺凝胶分离小片段 DNA（5～500bp）的效果较好，其分辨力极高，甚至相差 1bp 的 DNA 片段也能分开。聚丙烯酰胺凝胶通常使用硝酸银染色来显示 DNA 条带。

依据对 DNA 多态性检测手段的不同，DNA 分子标记大致可分为以下四大类。

第一类是基于 DNA-DNA 杂交的分子标记。该标记技术是利用限制性内切核酸酶酶解 DNA 及凝胶电泳分离不同生物体的 DNA 分子，然后用经过标定的特异 DNA 探针与之进行杂交，通过放射自显影或非同位素显色技术来揭示 DNA 的多态性。其中最具代表性的是 RFLP 标记。

第二类是基于 PCR 的分子标记，其代表性技术为随机扩增多态性 DNA（randomly amplified polymorphic DNA，RAPD）、简单序列重复（simple sequence repeat，SSR）、SSR 间区（inter-SSR，ISSR）及内含子长度多态性（intron length polymorphism，ILP）等。

第三类是基于 PCR 和限制性酶切相结合的分子标记。这类分子标记可分为两种：一种是通过对限制性酶切片段的选择性扩增来显示限制性片段长度的多态性，如扩增片段长度多态性（amplified fragment length polymorphism，AFLP）标记；另一种是通过对 PCR 扩增产物的限制性酶切来揭示多态性，如酶切扩增多态性序列（cleaved amplified polymorphic sequence，CAPS）标记。

第四类是基于芯片/测序技术的高通量分子标记，如单核苷酸多态性（single nucleotide polymorphism，SNP）标记和插入/缺失（insert/deletion，InDel）标记。

三、DNA 分子标记多态性的分子基础

DNA 变异能否成为遗传标记，取决于 DNA 多态性检测技术。目前，DNA 分子标记多态性的分子基础主要有：①碱基的变异导致的酶切位点或 PCR 引物结合位点的突变（图 14-3A），如 RFLP、AFLP、CAPS、RAPD 等；②酶切位点或 PCR 引物结合位点之间的插入或缺失突变（图 14-3B、C），如 RFLP、AFLP、CAPS、RAPD 等；③酶切位点或 PCR 引物结合位点之间串联重复单元的数目变化，如 SSR 等（图 14-3D）；④单核苷酸突变，如 SNP（图 14-3E）。

酶切位点或PCR引物结合位点的突变

A

酶切位点或PCR引物结合位点之间的插入突变

B

酶切位点或PCR引物结合位点之间的缺失突变

C

酶切位点或PCR引物结合位点之间串联重复单元的数目变化

D

单核苷酸突变

E

TTCTTCAACGCTCTCACTGGACGGAATCAAGACGCCAAG
TTCTTCAACGCTCTCACCGGACGGAATGAAGACGCCAAG

↓ : 酶切位点
→ : PCR引物
----- : 串联重复序列

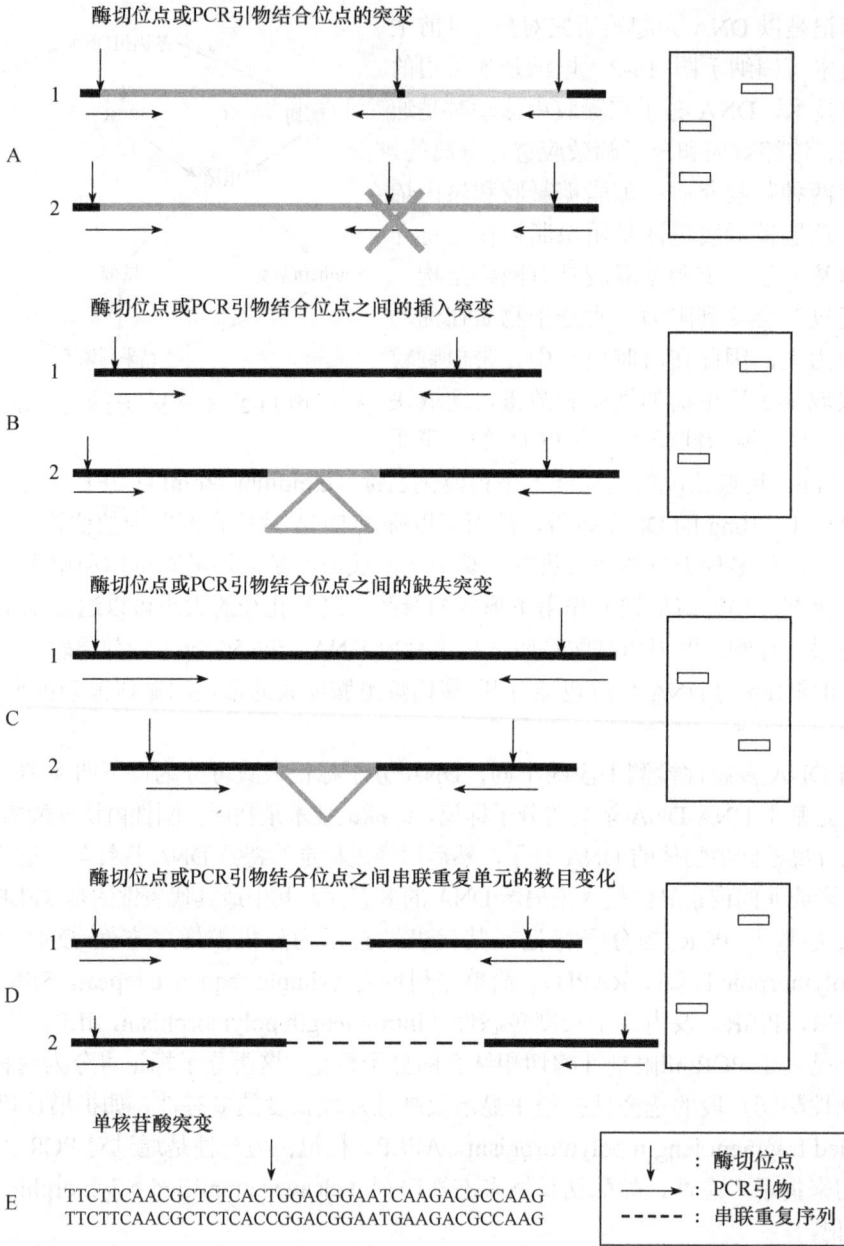

图 14-3　DNA 分子标记多态性的分子基础（左侧为原理示意图，右侧为凝胶检测结果示意图）

第二节　DNA 分子标记技术

一、基于 DNA–DNA 杂交的分子标记

　　RFLP 最早由 Grodzicker 等于 1974 年提出，也是最早发展起来、应用最广的分子标记技术，至今仍被广泛应用。RFLP 技术的基本原理是利用特定的限制性内切核酸酶识别并切割（消化）不同生物个体的基因组 DNA，得到许多大小不等的 DNA 片段，所产生的 DNA 数目

和各个片段的长度反映了 DNA 分子上不同酶切位点的分布情况。通过琼脂糖凝胶电泳将这些片段按大小顺序分离开，然后将它们按原来的顺序和位置转移至易于操作的尼龙膜或硝酸纤维素膜后，用放射性同位素（如 ^{32}P）或非放射性物质（如生物素、地高辛等）标记的 DNA 作为探针，与膜上的 DNA 进行杂交（即 Southern 印迹），若某一位置上的 DNA 酶切片段与探针序列相似，或者说同源程度较高，则标记好的探针就结合于这个位置上，后经放射自显影或酶学检测，可显示出不同材料对该探针的限制性酶切片段多态性情况（形成不同带谱），即反映个体特异性的 RFLP 图谱（图 14-4）。

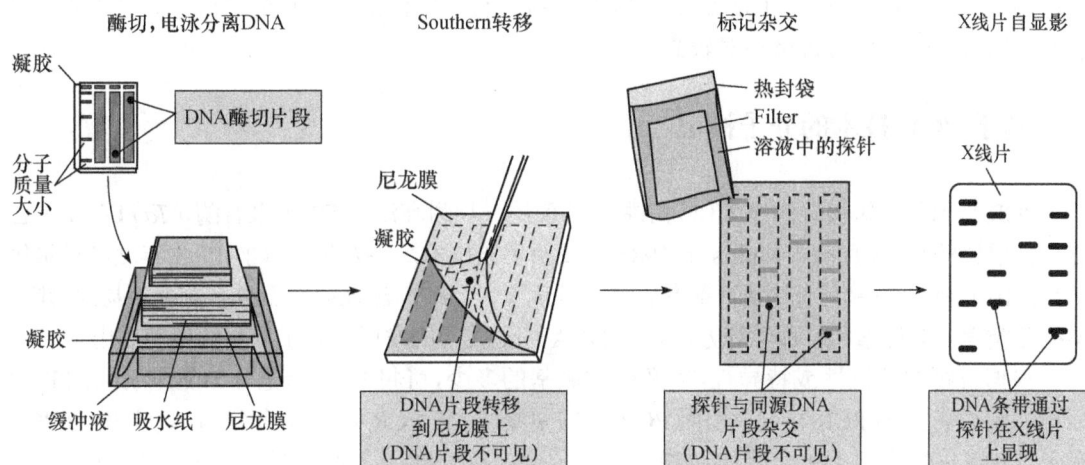

图 14-4 RFLP 技术的步骤（引自 Hartl and Elizabeth，2001）

它所代表的是基因组的 DNA 在限制性内切核酸酶消化后产生的片段在长度上的差异，不同个体等位基因之间碱基的互换、重排、缺失等变化导致限制性内切核酸酶识别位点发生变化，从而造成基因型间限制性片段长度的差异。因此，凡是可以引起酶切位点变异的突变［如点突变（新产生和去除酶切位点）］和一段 DNA 的重新排列（如插入和缺失造成酶切位点间的长度发生变化）等均可导致 RFLP 的产生。图 14-5 给出了酶切位点变异造成基因型间限制性片段长度差异的示意图。

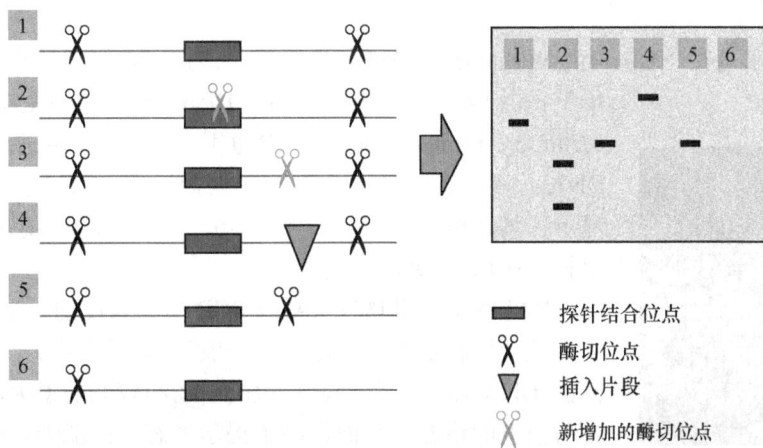

图 14-5 限制性内切核酸酶位点的变异产生的酶切片段长度多态性

RFLP 标记具有共显性、重复性和稳定性好等特点。RFLP 标记位点的数量不受限制，通常可检测到的基因座位数为 1～4 个。RFLP 探针主要有 3 种来源，即 cDNA 克隆、植物随机基因组克隆（random genome 克隆，简称 RG 克隆）和 PCR 克隆。RFLP 技术也存在一些缺点。例如，用于 RFLP 分析的探针必须是单拷贝或寡拷贝的，否则，杂交结果不能显示清晰可辨的带型，表现为弥散状，不易进行观察分析。另外，检测所需样本 DNA 量大（5～15μg），实验操作较烦琐，检测少数几个探针时成本较高，用作探针的 DNA 克隆制备较麻烦，检测中如要利用放射性同位素（通常为 ^{32}P），易造成环境污染，检测周期长。虽然也可以用非放射性物质［如 Biotin 系统、Dig 系统及 ECL 系统］替代同位素，但其杂交信号相对较弱，灵敏度较同位素标记低且价格相对较高。

二、基于 PCR 技术的分子标记

PCR 技术是以短核苷酸序列作为引物，并使用一种耐高温的 DNA 聚合酶（*Taq* DNA 聚合酶）扩增目标 DNA 序列。Mullis 于 1985 年发明了该技术，并为此获得了 1993 年度诺贝尔化学奖。由于 PCR 技术具有快捷、简易、灵敏等优点，已被广泛地应用于分子克隆、基因诊断、系统分类学、遗传学和育种学等方面，对 DNA 标记技术的发展起到了巨大的推动作用。

根据引物的随机性或特异性，以及引物碱基的多少，可将 PCR 标记分为随机引物的 PCR 标记和特异引物的 PCR 标记。按照 PCR 所需引物类型，PCR 标记又可分为：①单引物 PCR 标记，其多态性来源于单个随机引物作用下扩增产物长度或序列的变异，包括 RAPD 标记、ISSR 标记等技术；②双引物选择性扩增的 PCR 标记，主要通过引物 3′端碱基的变化获得多态性，如 SRAP 标记；③需要通过克隆、测序来构建特异双引物的 PCR 标记，如 SSR 标记等。

PCR 技术极大地降低了对样品数量和质量的要求，通常几十纳克（ng）以内的 DNA 样品就足以应付一般分析的需要。这为分子标记辅助育种、数量性状基因定位等研究带来了很大的便利。此外，PCR 还可以锁定特定的目标 DNA 区域进行扩增，有利于后续序列测定、功能研究等工作的开展。

（一）RAPD 标记

RAPD 技术是在 1990 年由 Williams 和 Welsh 提出的。该技术是用任意寡聚脱氧核苷酸单链的片段（通常长度为 8～10bp）作引物，也称为随机引物（arbitrary primer），通过 PCR 扩增基因组 DNA 获得长度不同的 DNA 片段，然后用琼脂糖凝胶电泳分离扩增片段，经 EB 染色来显示扩增片段的多态性（图 14-6）。扩增片段多态性反映了基因组相应区域的 DNA 多态性。

RAPD 所用引物只有常规 PCR 引物长度的一半，因此在 PCR 中必须使用较低的退火温度（一般为 36℃左右），才能使引物与模板 DNA 结合；此外，较短的引物和较低的退火温度增加了引物与模板的错配，从而提高了揭示多态性的能力。RAPD 所使用的引物量各不相同，但对任意一个特定引物，它在基因组 DNA 序列上有其特定的结合位点，一旦基因组在这些区域发生 DNA

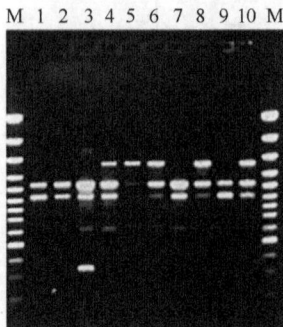

图 14-6　RAPD 扩增图谱
（引自 Lu and Myers，2002）

片段插入、缺失或碱基突变，就可能导致这些特定结合位点的分布发生变化，从而导致扩增产物的数量和大小发生改变，表现出多态性。就单一引物而言，其只能检测基因组特定区域DNA多态性，但利用一系列引物则可使检测区域扩大到整个基因组。因此，RAPD可用于对整个基因组DNA进行多态性检测，也可用于构建基因组指纹图谱。

RAPD具有以下优点：①技术简单，分析量大，操作自动化程度高，且免去了RFLP中制备探针、同位素标记、Southern印迹及分子杂交等步骤，分析速度很快。②所需DNA样品量少（一般5～10ng），对DNA质量的要求较RFLP低。③不依赖于种属特异性和基因组结构，一套引物可用于不同生物基因组分析；同时，RAPD标记还可转化为SCAR及STS等表现为共显性的分子标记。④成本较低。但RAPD也存在一些缺点：①RAPD标记通常表现为显性标记，不能鉴别杂合子和纯合子。②存在共迁移问题，凝胶电泳只能分开不同长度的DNA片段，而不能分开那些长度相同但碱基序列组成不同的DNA片段。③RAPD技术中影响因素很多，所以实验的稳定性和重复性差。

（二）SCAR标记

SCAR标记是在RAPD技术基础上发展起来的特异序列扩增区域标记。1993年，Paran等提出了一种将RAPD标记转化成SCAR的方法，其基本步骤是：在对基因组DNA作RAPD分析后，将目标RAPD片段（如与某目的基因连锁的RAPD片段）进行克隆并对其末端测序，根据RAPD片段两端序列设计特定引物，通常为18～24bp，一般引物前10个碱基应包括原来的RAPD扩增所用的引物。以此引物对基因组DNA片段再进行PCR特异扩增，这样就可以把与原RAPD片段相对应的单一位点鉴别出来。

由于分辨率等原因，回收后的DNA片段很可能混有一些杂带。因此，目标特征带被回收后，需用原来任意10bp引物重新进行扩增，用相应的亲本作为阳性、阴性标记，以确定目标特征带的位置。将扩增产物电泳，若凝胶上显示扩增产物仅一条带，则回收该带并将其直接克隆到目标载体上；若扩增产物为多条带，则依据阴、阳性对照确定目标特征带的位置，然后将其回收用于克隆。将连接产物转化大肠杆菌，涂平板，挑选含目的片段的单克隆，测序分析、设计引物，分析PCR扩增检测是否还能扩增出原来的多态性。这样转化成功的标记就称为SCAR标记。

SCAR标记一般表现为扩增片段的有无，为一种显性标记；但有时也表现长度的多态性，为共显性标记。相对于RAPD标记，SCAR标记所用引物更长，因而具有更高的重复性和稳定性。因此，它比RAPD和其他利用随机引物的标记方法在基因定位和遗传作图中有更好的应用前景。

（三）SSR标记

SSR即简单序列重复，又称为微卫星DNA，它是一类由1～6个碱基组成的基序（motif）串联重复而成的DNA序列，其长度一般较短，它们广泛分布于基因组的不同位置。例如，$(CA)_n$、$(AT)_n$、$(GC)_n$、$(GATA)_n$等重复，其中n代表重复次数，其大小为10～60。这类序列的重复长度具有高度变异性。其中最常见的是双核苷酸重复，如$(CA)_n$和$(TG)_n$，其多态性主要来源于串联数目的不同。SSR的产生是在DNA复制或修复过程中DNA滑动和错配（复制滑移）或者有丝分裂、减数分裂期姐妹染色单体不均等交换的结果。

对拟南芥、玉米、水稻、小麦等的研究表明，微卫星在植物基因组中的数量非常丰富，而且常常是随机分布于整个植物基因组中。但不同植物中微卫星出现的频率变化非常大。例如，在主要的农作物中，两种最普遍的二核苷酸重复单位（AC）$_n$和（GA）$_n$在水稻、小麦、玉米、烟草中的数量分布频率是不同的。在小麦中估计有3000个（AC）$_n$序列重复和约6000个（GA）$_n$序列重复，两个重复之间的平均距离分别为704kb和440kb；而在水稻中，（AC）$_n$序列重复约有1000个，（GA）$_n$重复约有2000个，重复之间的平均距离分别为450kb和225kb。另外，在植物中也发现了一些三核苷酸和四核苷酸的重复，其中最常见的是（AAG）$_n$和（AAT）$_n$。在单子叶和双子叶植物中，SSR数量和分布也有差异，平均分别为64.6kb和21.2kb中有一个SSR。研究还表明，单核苷酸及二核苷酸重复类型的SSR主要位于非编码区，但有部分三核苷酸类型位于编码区。水稻基因组测序结果表明，水稻全基因组中以两碱基、三碱基为重复单元的SSR分别占24%和59%，平均8kb就含一个SSR，显示出SSR作为遗传标记的巨大潜力。另外，在叶绿体基因组中，目前也报道了一些以A/T序列重复为主的微卫星。

SSR标记的基本原理见图14-7。由于基因组中某一特定微卫星的侧翼序列通常都是保守性较强的单一序列，因而可以将微卫星侧翼的DNA片段克隆、测序，然后根据微卫星的侧翼两端互补序列人工设计合成引物，通过PCR反应扩增微卫星片段。由于核心序列串联重复的数目不同，因而能够用PCR的方法扩增出不同长度的PCR产物，将扩增产物进行琼脂糖或聚丙烯酰胺凝胶电泳，不同个体的扩增产物在长度上的变化就产生长度的多态性，这一多态性又称简单序列重复长度多态性（SSLP）（图14-8）。

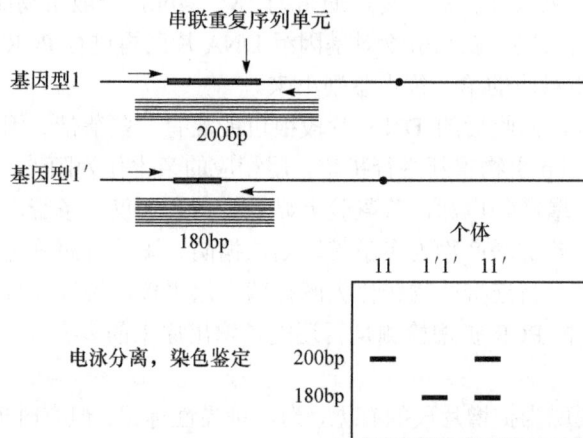

图14-7　SSR多态性示意图

由于聚丙烯酰胺凝胶显色所用的甲醛、硝酸银等化学试剂对环境的危害较大，人们不断尝试更加环保的显色方法，最常见的是采用荧光染料。早期的方法是在引物合成时，将荧光染料添加在一条引物的5'端，电泳结束后，用对应波长的激发光激发荧光显色。不同的引物可以添加不同的荧光染料，因此，多对引物的扩增产物可以混合，一起电泳，电泳后用不同波长的激发光激发不同的荧光，显示不同引物的扩增条带，大大提高了分析效率。这种方法的缺点是引物合成的费用非常高，限制了其大规模使用。近些年，出现了一种更加经济高效的荧光检测方法，如Fragment Analyzer^{TM}系统。该系统是将荧光染料混合于凝胶中，在进行毛细管电泳时，荧光染料与凝胶中的DNA结合，再进行荧光捕获，显示条带（图14-9），避免了对荧光标记引物的依赖，更加经济、环保。

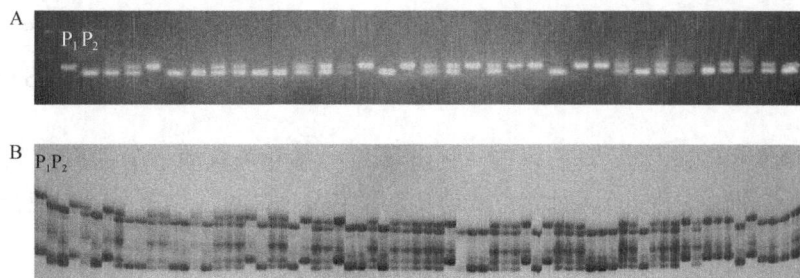

图 14-8 BNL3655（A，琼脂糖凝胶）和 BNL2921（B，聚丙烯酰胺凝胶）
对'DH962'×'冀棉 5 号'部分 F_2 群体的扩增图

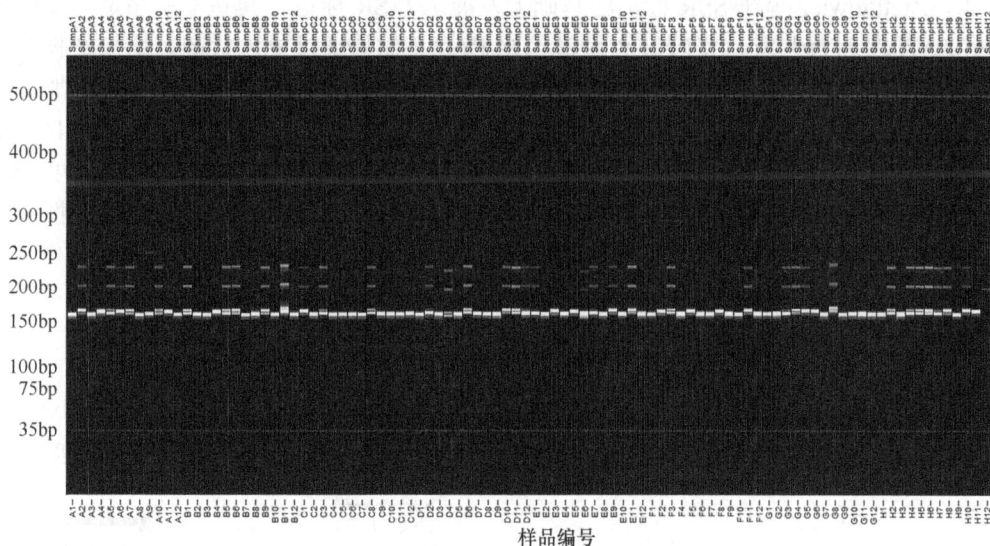

图 14-9 Fragment Analyzer^{TM} 系统电泳效果图

　　SSR 标记的关键是特异 PCR 引物的获得。目前，发展了很多 SSR 标记开发的方法，传统的 SSR 标记开发的一般程序是：①建立基因组 DNA 文库。②根据得到的 SSR 类型设计并合成寡聚核苷酸探针，通过菌落杂交筛选所需重组克隆。例如，欲获得模体为（GT）$_n$/（AC）$_n$ 的 SSR，则可合成（CA）$_n$/（TG）$_n$ 作探针，通过菌落原位杂交从文库中筛选阳性克隆。③对阳性克隆 DNA 插入序列测序。④根据 SSR 两侧序列设计并合成引物。⑤以待研究的植物 DNA 为模板，用合成的引物进行 PCR 扩增反应。⑥用高浓度琼脂糖凝胶、非变性或变性聚丙烯酰胺凝胶电泳检测其多态性。与此同时，人们也在不断探索能够简化技术环节、提高效率、降低成本的开发方法，并相继出现了多种采取富集步骤的微卫星标记开发方法，如基于 RAPD 的开发策略、引物延伸法、选择杂交法等。用以上方法开发出来的 SSR 称为 genomic SSR（gSSR），种属特异性较强。

　　除此之外，随着测序技术的发展，许多作物都开展了全基因组测序工作，随着各种作物 EST 的迅速发展，公共数据库中的现成序列越来越多，为 SSR 标记的开发提供了一种新途径。利用已有的序列，借助于一些 SSR 搜索软件如 Sputnik、微卫星识别工具（microsatellite identification tool，MISA）、SSR Locator 等可迅速筛选出含 SSR 的序列，并可根据侧翼序列设计引物。这种方法省略了文库构建、克隆筛选及测序的步骤和成本，使 SSR 标记的获得更加容易。从 EST 中开发的 SSR 称为 EST-SSR，由于其来源于比较保守的表达序列，与 gSSR 相比，EST-SSR 在不同种属间的通用性较高，可用于比较基因组学研究。但 EST-SSR 的多态性比 gSSR 低。

SSR 与其他分子标记相比具有以下一些优点：①一般检测到的是单一的复等位基因位点，提供的信息量高。②微卫星以孟德尔方式遗传，呈共显性，可鉴别杂合子和纯合子。③所需 DNA 量少。④数量丰富，覆盖整个基因组，揭示的多态性高。

（四）ISSR 标记

早期的 SSR 标记开发耗时费财，但其优点突出，尤其是在基因组中分布广泛、变异大。1994 年，Zietkiewicz 等在 SSR 标记的基础上发展了 ISSR 标记。其基本程序是，以锚定的微卫星 DNA 序列为引物，用 PCR 扩增基因组 DNA，然后通过电泳检测其扩增产物的多态性。ISSR 引物的特点是直接以不同重复次数的基序（motif）作引物，或在其两端加上几个非重复的锚定碱基组成随机引物对基因组 DNA 进行选择性扩增，如（AC）$_n$ X、（TG）$_n$ X、（ATG）$_n$ X、（CTC）$_n$ X、（GAA）$_n$ X 等（X 代表非重复的锚定碱基）；引物的长度一般要达到 15bp 或以上。SSR 标记揭示的是 SSR 自身的长度差异，而 ISSR 标记的多态性来自相邻 SSR 之间序列长度的差异（图 14-10）。

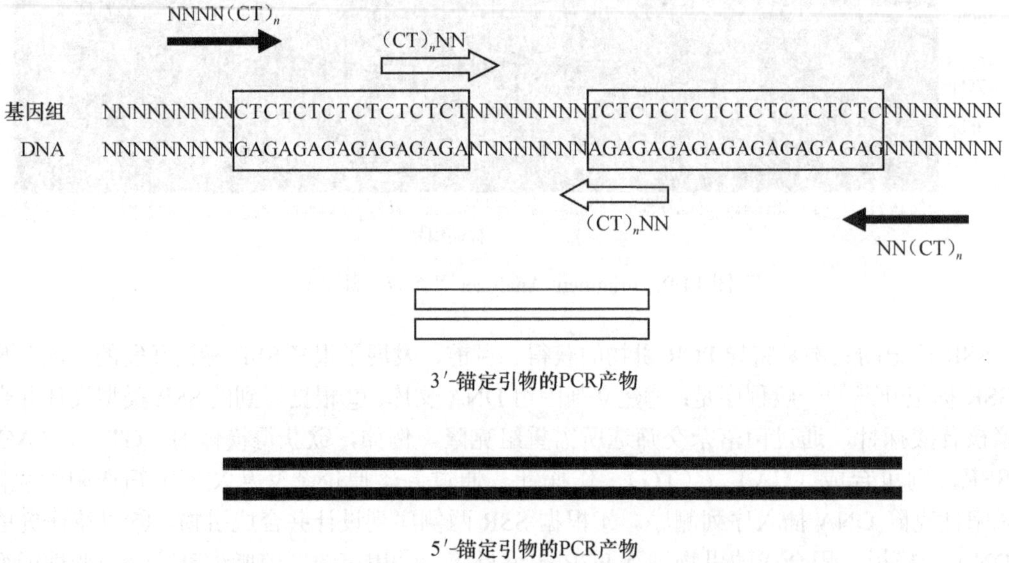

图 14-10　ISSR 标记示意图

与 SSR 不同的是，ISSR 不需要获得 SSR 的侧翼序列来开发引物，因而开发费用低；另外，ISSR 引物可以在不同的物种间通用，不像 SSR 标记那样具有较强的种间特异性。与 RAPD 和 RFLP 相比，ISSR 揭示的多态性较高，可获得几倍于 RAPD 的信息量，精确度几乎可与 RFLP 相媲美，检测非常方便。此外，当用不同基序作引物扩增同一基因组时，可根据扩增产物的多少间接衡量与引物基序互补的基序在基因组中的分布情况（图 14-11）。目前该标记已被用于遗传作图、品种鉴定、遗传分化等研究。

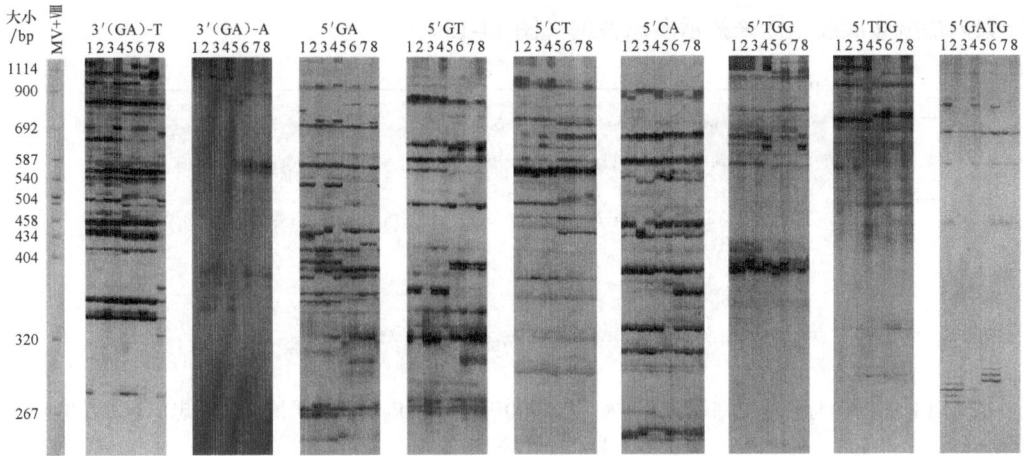

图 14-11 ISSR 标记扩增图谱（引自 Blair et al., 1999）

（五）STS 标记

STS 标记是对特异引物序列进行 PCR 扩增的一类分子标记的统称。通过设计特异性引物，使其与基因组 DNA 序列中特定位点结合，从而可用来扩增基因组中特定区域，分析其多态性。1989 年，华盛顿大学的 Olson 等利用 STS 单拷贝序列作为染色体特异的界标（landmark），即利用不同 STS 的排列顺序和它们之间的间隔距离构成 STS 图谱，作为该物种的染色体框架图（framework map），STS 在基因组中往往只出现一次，从而能够界定基因组的特异位点。

目前，STS 引物的设计主要依据单拷贝的 RFLP 探针，根据已知 RFLP 探针两端序列，设计合适的引物，进行 PCR 扩增，然后通过电泳揭示多态性，这也可称为 RFLP-PCR。与 RFLP 相比，STS 标记最大的优势在于不需要保存探针克隆等物质，只需从有关数据库中调出其相关信息即可。STS 标记的突出优点表现在：①共显性遗传；②很容易在不同组合的遗传图谱间进行标记的比较和整合，也是沟通遗传图谱和物理图谱的中介；③用特异序列的 STS 来确定物理图谱及 DNA 片段排序在染色体上的位置。然而，STS 标记的开发依赖于序列分析及引物合成，成本仍然较高，但一旦开发出来，同行受益无穷。目前，国际上已收集 STS 信息，并建立起相应的信息库。

（六）SRAP 标记

SRAP 标记是由 Li 与 Quiros 于 2001 年提出的。该标记通过独特的引物设计对开放阅读框（open reading frame，ORF）进行扩增。上游引物长 17bp，5′端的前 10bp 是一段填充序列，紧接着是 CCGG，组成核心序列及 3′端 3 个选择碱基，对外显子进行特异扩增。下游引物长 18bp，5′端的前 11bp 是一段填充序列，紧接着是 AATT，组成核心序列及 3′端 3 个选择碱基，对内含子区域、启动子区域进行特异扩增（图 14-12）。因不同个体、物种的内含子、启动子及间隔区长度不同而产生多态性。该标记具有简便、稳定、中等产率、可产生共显性标记、便于克隆测序目标片段的特点。SRAP 标记是通过 PCR 扩增、

上游引物

me1,5′-TGAGTCCAAAACCGGATA-3′
me2,5′-TGAGTCCAAAACCGGAGC-3′
me3,5′-TGAGTCCAAAACCGGAAT-3′
me4,5′-TGAGTCCAAAACCGGACC-3′
me5,5′-TGAGTCCAAAACCGGAAG-3′

下游引物

em1, 5′-GACTGCGTACGAATTAAT-3′
em2, 5′-GACTGCGTACGAATTTGC-3′
em3, 5′-GACTGCGTACGAATTGAC-3′
em4, 5′-GACTGCGTACGAATTTGA-3′
em5, 5′-GACTGCGTACGAATTAAC-3′
em6, 5′-GACTGCGTACGAATTGCA-3′

图 14-12 部分 SRAP 引物

变性聚丙烯酰胺凝胶电泳来揭示多态性的（图 14-13）。

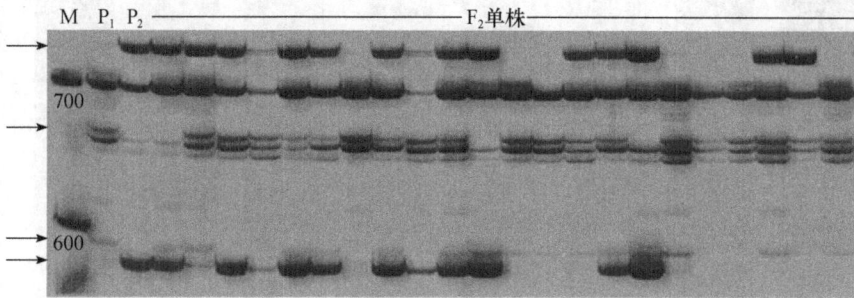

图 14-13　SRAP 标记对'邯郸 208'×'Pima90'及部分 F$_2$ 群体的扩增图（林忠旭等，2003）
箭头指示为多态性位点

由 SRAP 衍生的标记有靶位区域扩增多态性（target region amplified polymorphism，TRAP）标记，是由 Hu 和 Vick 于 2003 年开发的。TRAP 标记采用 SRAP 的上游或下游引物作为随机引物，固定引物根据公用数据库中的靶 EST 序列或特定基因设计而来。PCR 扩增条件、电泳及染色程序与 SRAP 相似。

（七）IGG 标记

基因组插入缺失群（InDel group in genome，IGG）标记是利用同一植物不同的基因组序列开发的（Toal et al.，2016），如 Columbia-0 和 Landsberg erecta-0 的拟南芥。因此，该标记的诞生是建立在基因组测序不断发展、基因组序列不断丰富的基础上的。IGG 是利用 k-mer 为基础的方法搜索两个或多个基因组序列来锚定适合设计 IGG 引物的多态性区域，从多态性的 InDel 侧翼序列设计引物。IGG 的开发流程简要如下。①鉴定独一无二的 k-mer：将两个基因组的序列重叠群进行比对，找到两个基因组序列之间单拷贝的、共同的、独一无二的 k-mer（common unique k-mer，CUK）；当 CUK 在每个基因组的单个重叠群上的顺序相同时，相应的区域被认定为局部保守区域（locally conserved region，LCR）（图 14-14 中的 c、d、f、g、h、i 和 j），含有 1～2 个 k-mer 的区域则不能被认定为 LCR（图 14-14 中的 a、b 和 e）。②基因组插入缺失群鉴定：从 LCR 中鉴定两个基因组序列间存在的 InDel，只有含有 InDel 的 LCR 才能被用来开发 IGG 标记（图 14-14 中的 f、g 和 i）。③引物设计：提取基因组插入缺失群的侧翼序列，这些侧翼序列在两个基因组间是相同的，不存在碱基变异；利用引物设计软件设计引物。④电子 PCR：对设计好的引物进行电子 PCR，剔除扩增产物大小非预期及扩增多位点的引物。IGG 可以扩增长度存在差异的等位基因的单位点序列，可以用琼脂糖凝胶电泳快速检测，并具有共显性遗传的特点。

三、基于限制性酶切和 PCR 的标记

（一）AFLP 标记

AFLP 标记是 1992 年由荷兰科学家 Zabeau 和 Vos 发展起来的一种检测 DNA 多态性的方法，具有专利权。AFLP 标记较其他分子标记有着明显的优越性，因此被迅速传播开。

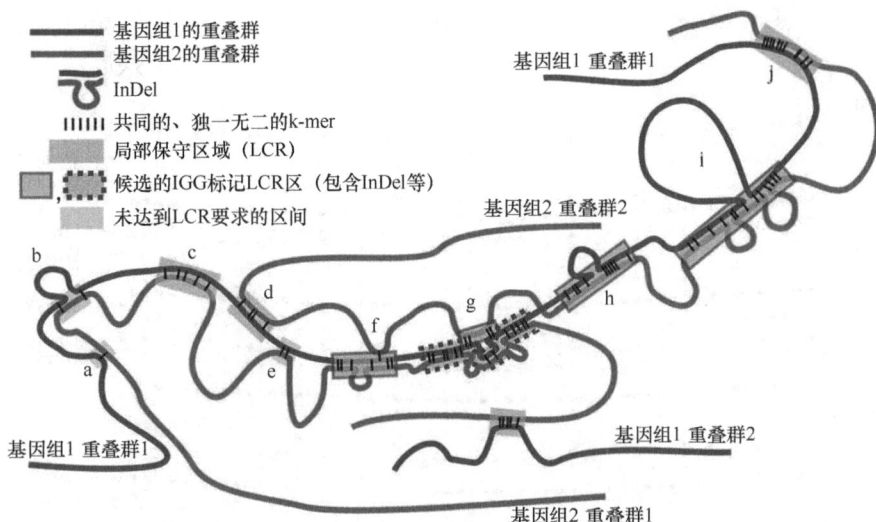

图 14-14　用于 IGG 标记开发的 LCR 的鉴定（引自 Taol et al., 2016）

彩图

Zabeau 和 Vos 不得不将其专利解密，并以论文形式正式发表出来。其基本原理是利用限制性内切核酸酶酶切基因组 DNA 产生不同长度的片段，并通过选择性扩增来检测 DNA 的多态性。其基本步骤是：首先用能产生黏性末端的限制性内切核酸酶对基因组 DNA 进行酶切，然后在所有的限制性片段两端加上带有特定序列的"接头"（adapter），用与接头互补的且 3′端有几个随机选择的核苷酸引物进行特异 PCR 扩增，只有那些与 3′端严格配对的片段才能得到扩增，即选择特定的片段进行 PCR 扩增，再利用高分辨率的测序胶分开这些扩增产物（图 14-15），扩增产物可用聚丙烯酰胺凝胶电泳分离并通过放射性方法、荧光法或银染染色法检测（图 14-16）。AFLP 揭示的 DNA 多态性是酶切位点和其后的选择性碱基的变异。

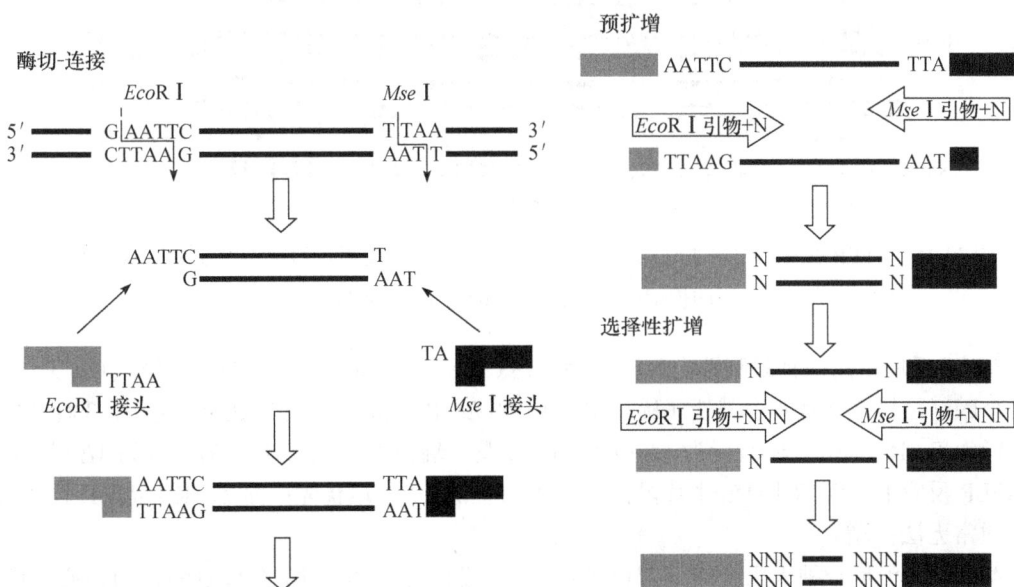

图 14-15　AFLP 的基本步骤

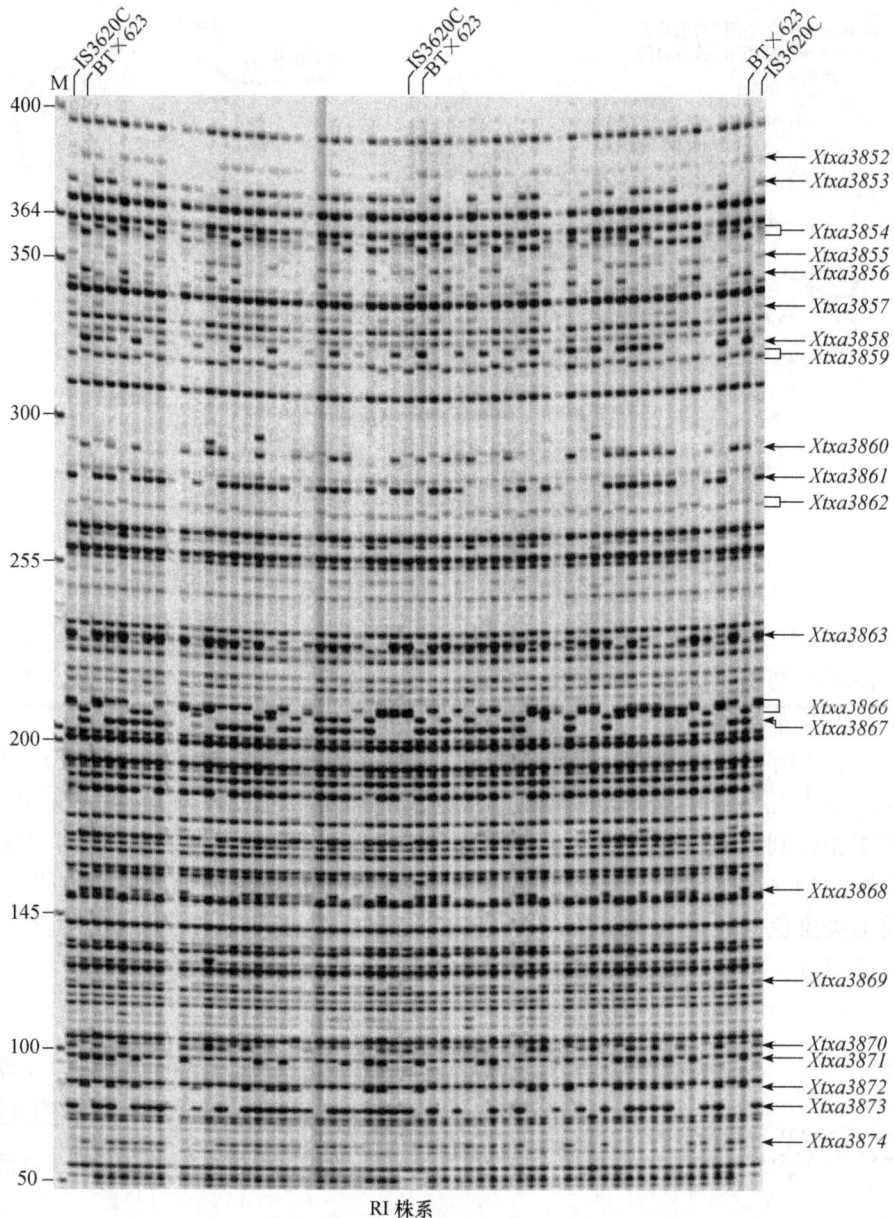

图 14-16　AFLP 引物 *Pst* I ＋TAG 和 *Mse* I ＋CAA 对重组自交系群体（BT×623 和 IS3620C）
的扩增图谱（引自 Menz et al.，2002）

AFLP 反应中用两种限制性内切核酸酶酶切（双酶切），通常一种酶的识别位点（常见切点）是 6 个碱基，另一种是 4 个碱基（稀有切点），如 *Eco*R I 和 *Mse* I，双酶切后产生 3 种片段：两端皆为 *Eco*R I 切口；两端皆为 *Mse* I 切口；以及一端为 *Eco*R I 切口，另一端为 *Mse* I 切口。在 AFLP 反应中，*Eco*R I -*Mse* I 片段扩增较 *Mse* I -*Mse* I 片段优先；而 *Eco*R I -*Eco*R I 片段太大，通常无法扩增。

AFLP 接头是一种人工合成的双链 DNA，一般长度是 14～18 个核苷酸，由核心顺序和内切酶位点特异顺序两部分组成。商品出售的 AFLP 试剂盒中用的多是 *Eco*R I 接头和 *Mse* I

接头。当然，接头与限制性内切核酸酶（如 *Eco*R I 和 *Mse* I）切口的结合是特异的，酶切和连接可在同一反应中进行。AFLP 引物是一种人工合成的单链寡核苷酸，一般长度为 18～20个核苷酸，由核心顺序（core）、内切酶位点特异顺序（ENZ）和选择性核苷酸顺序（EXT）3 部分组成。AFLP 引物除了含有能与接头及酶切位点互补的序列，其 3′端还添加有 1～3 个选择性碱基，从而达到选择性扩增的目的。选择性核苷酸的数目主要是由待测样品基因组大小决定的。理论上讲，每增加一个选择性碱基，将只扩增其中 1/16 的片段，两个引物上都有3 个选择性碱基时，仅会获得双酶切末端片段的 1/4096 的片段。以番茄为例，番茄基因组大小为 950Mb，双酶切后产生的 *Eco*R I-*Mse* I 片段数约为 475 000 条，采用都含有 3 个选择性碱基的引物扩增后，在凝胶上可获得约 115 个条带。

在实验中，酶切片段经过两次连续的 PCR 扩增，第一次 PCR 扩增被称为预扩增反应，所用的 AFLP 引物只含有一个选择性碱基，预扩增片段是上述两种酶共同酶切的片段，选择两种酶共同酶切可以产生比较小的酶切片段，经过 PCR 反应扩增出的产物主要在 1kb 左右，范围可能在 100～1500bp。预扩增反应条件与常规 PCR 反应条件大致相同。由于第一次扩增的选择扩增性能相对较差，大量的扩增产物在凝胶中往往形成连续的一片。通常预扩增反应的产物经过稀释后用作第二次扩增反应［即选择性扩增（selective amplification）］的模板。选择性扩增的反应条件与普通 PCR 有所不同，主要不同之处是复性温度，它是采用温度梯度PCR。其 PCR 开始于更高复性温度（一般采用 65℃，比常规 PCR 反应的复性温度高 10℃），以期获得最佳选择性；以后复性温度逐步降低，一直降到常规 PCR 的复性温度（一般是 56℃），然后保持在这个温度下复性，完成其余的 PCR 循环周期。选择性扩增反应所用的引物中，选择性碱基数目的多少是决定扩增产物特异性和数量多少的主要因子。作为商品出售的 AFLP选择性扩增引物，如 *Eco*R I 引物和 *Mse* I 引物，都是含有 3 个选择性碱基的引物，提供 8 种*Eco*R I 引物和 8 种 *Mse* I 引物，这两类引物可以组成 64 种扩增组合。对于不同作物基因组DNA 而言，不同的引物组合的扩增效果不同。酶切片段结合位点中能够与引物上的选择性碱基配对的，就被识别并用作模板而选择性地扩增出来。一般用含有 3 个选择性碱基的引物对稀释的预扩增产物进行第二次 PCR 扩增后，扩增片段将会大幅度减少（约为预扩增产物的1/256）。

该技术的独特之处在于人工设计合成了限制性内切核酸酶的通用接头，以及可与接头序列配对的专用引物。该设计思路也被用于二代和三代测序技术中。AFLP 利用双酶切可产生更好的扩增效果，在凝胶上产生适宜大小的适于分离的片段，不同的酶切组合及选择性碱基的数目和种类可灵活调整片段的数目，从而产生不同的 AFLP 指纹。其优点是信息量大，如在一次电泳凝胶上，通常可检测近百个不同长度的 DNA 片段。其缺点是对 DNA 质量的要求比较高；步骤烦琐，条件优化难；很多标记不能定位在连锁图上，定位到染色体上的标记易出现染色体聚集现象。

（二）CAPS 标记

CAPS 技术又称为 PCR-RFLP，它实质上是 PCR 技术与 RFLP 技术相结合的一种方法，所用的 PCR 引物是针对特定的位点而设计的。当 SCAR 或 STS 的特异扩增产物的电泳谱带不表现多态性时，可用限制性内切核酸酶对扩增产物进行酶切，然后通过电泳检测其多态性（图 14-17）。与 RFLP 技术一样，CAPS 技术检测的多态性其实是酶切片段大小的差异。

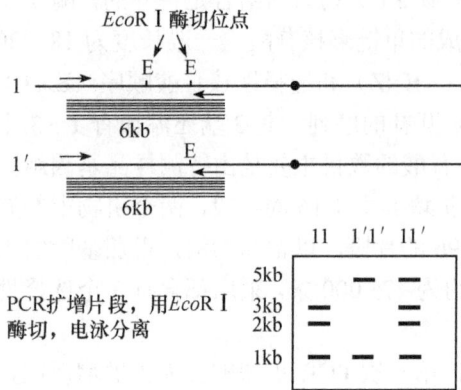

图 14-17　CAPS 的基本步骤

CAPS 标记有以下几个优点：①引物与限制性内切核酸酶的组合非常多，增加了揭示多态性的机会，而且操作简便，可用琼脂糖凝胶电泳分析；②在真核生物中，CAPS 标记呈共显性，即可区分纯合基因型和杂合基因型；③所需 DNA 量少；④结果稳定可靠；⑤操作简便、快捷。CAPS 标记最成功的应用是构建了拟南芥遗传图谱。Konieczny 等（1993）将 RFLP 探针两端测序，合成 PCR 引物，在拟南芥基因组 DNA 中进行扩增，之后用一系列 4 碱基识别序列的限制性内切核酸酶酶切扩增产物，产生了很多 CAPS 标记，并且只用了 28 个 F$_2$ 植株，就将这些 CAPS 标记定位在各染色体上，并构建了遗传图谱。不过，CAPS 标记必须使用限制性内切核酸酶，这增加了研究成本，限制了该技术的广泛应用。

以上 3 类分子标记主要是以凝胶电泳为检测手段，按通量可分为单位点与多位点标记。多位点标记（RAPD、AFLP 等）在技术上相对简单而高效，但存在显著的缺陷和局限性。例如，其显性遗传方式无法准确估计等位基因频率、杂合度等，在分子进化、种群遗传等结果准确性要求比较严格的应用中受到严重制约。而单位点标记（RFLP 等）虽然分析结果可靠，但工作效率较低，不可能在大规模的遗传分析中广泛应用。常见的分子标记及特点比较见表 14-1。

表 14-1　常见的分子标记及特点比较

指标	RFLP	RAPD	SSR	AFLP
基因组分布	低拷贝序列	整个基因组	整个基因组	整个基因组
遗传特点	共显性	显性	共显性	共显性/显性
多态性	高	较高	高	较高
检测位点数	1～3	1～10	1	20～200
探针/引物类型	gDNA/cDNA	9～10bp 随机引物	14～16bp 特异引物	16～20bp 特异引物
DNA 质量要求	高	低	中等	高
DNA 用量	2～10μg	10～25ng	25～50ng	2～5μg
同位素使用情况	通常用	不用	可不用	通常用/可不用
可靠性	高	中等	高	中等
成本	高	较低	中等	高

四、基于芯片/测序技术的高通量分子标记

分子遗传学和现代育种学的快速发展，如 QTL 的高精度定位、基因的精确克隆、全基因组选择育种等，对分子标记的通量要求越来越高。以凝胶为基础的分子标记可通过 384 孔 PCR 反应、多重 PCR、多重点样及利用自动测序仪进行电泳检测等方法来提高通量。然而，这些方法仍不能满足在遗传育种中的少样本多标记或多样本少标记的需求。在 SNP 芯片和重测序

技术还未普及之前,研究者开发了一些以芯片为基础的高通量分析平台,常见的有 SFP(single feature polymorphisms)、DArT(diversity array technology)和 RAD(restriction site-associated DNA)标记。随着基因组研究的不断深入,那些效率低、烦琐的检测方法逐渐被摒弃,分子标记更加趋向于自动化和大规模化。例如,以 DNA 芯片的方式,同时进行几万甚至上百万个 SNP 的分析,这样就可以以高密度的多点单倍型的方式进行分析。

高通量的分子标记主要是检测单核苷酸多态性(single nucleotide polymorphism,SNP)和插入/缺失(insert and deletion,InDel)两类变异。SNP 是指同一物种不同个体基因组 DNA 序列之间单个碱基的转换和颠换;就两个序列的比较而言,可指同一位点的不同等位基因之间个别碱基的差异;就遗传群体而言,是指在基因组内特定位置上存在两种不同的碱基且其出现频率大于 1%(若出现频率低于 1%,则视为点突变,是不可能作为标记的)。它又被称为第三代新型多态性标记。SNP 可分为两种:一种是遍布在基因组非编码序列中的碱基变异;另一种是分布在基因编码序列中的 SNP,这种基因编码区的功能性突变,又称为 cSNP。从理论上来说,SNP 是目前覆盖了基因组所有 DNA 多态性的唯一标记方法。早期的 SNP 发掘的方法是将已定位的序列标记位点(STS)和表达序列标签(EST)进行再测序;此外,可利用公共数据库的来自不同基因型的序列来寻找 SNP。当前,主要利用第三代测序技术和重测序进行大规模 SNP 的发掘。

SNP 有以下几个特点。①双等位型标记(biallelic marker):理论上,单碱基替换包括 1 个转换[C\T(G\A)]和 3 个颠换[C\A(G\T)、C\G(G\C)、A\T(T\A)],但它们的频率各不相等,其中转换和颠换之比为 2∶1,而且第三、第四种类型很少,几乎无法检出。②在 DNA 分子上分布不均匀:多在 CpG 位点上发生 C\T 的转换,约占总 SNP 的 25%,大多数的 C 是甲基化的,它能够自发脱氨基产生 T;在转录序列中,SNP 的频率低于非转录序列中 SNP 的频率,而且转录区的 SNP 非同义突变的频率比其他突变类型的频率要低得多。③密度高:人类基因组中平均每 1.3kb 就有一个 SNP;在模式植物拟南芥中,已有多达 37 344 个 SNP(https://www.arabidopsis.org/),在密度上达到了基因组"多态位点"数目的极限。④具有高的遗传稳定性:基于单核苷酸的突变,突变率为 10^{-9},与 SSR 相比,具有更高的遗传稳定性。⑤SNP 的检测和分析易实现自动化:由于是双等位型标记,只需+/-分析就可以确定,有利于发展自动化技术进行大规模的筛选或检测。

高通量的 SNP 检测方法主要是 DNA 芯片技术和重测序技术。DNA 芯片是由成千上万个核苷酸片段以预先设计的排列方式固定在载玻片或尼龙膜上而组成的密集的分子排列。首先将不同样品的 DNA 用不同的荧光探针标记,然后与芯片上的微阵列进行杂交,若它们与芯片上的寡核苷酸存在同源序列,则能杂交上并发出不同荧光,其荧光信号强度能被特别仪器如激光扫描荧光显微镜检测到。随着越来越多的基因组序列被公布、测序成本的降低,可通过重测序技术直接进行测序分型(genotyping by sequencing)(图 14-18)。除此之外,在基因/QTL 的精细定位和克隆及少量性状的分子标记辅助选择时,针对单个 SNP,可采用低通量、比较经济有效的方法。例如:①限制性内切核酸酶酶切技术,该方法将包含 SNP 的 PCR 扩增产物进行酶切来揭示多态性,其多态性基础是 SNP 位于限制性内切核酸酶识别位点序列内。②单链构象多态性(single-strand conformation polymorphism,SSCP)电泳,包含 SNP 的 PCR 扩增产物经 SSCP 电泳分析后,可产生多态性。SSCP 电泳的分析原理是单链 DNA 在凝胶中的迁移率除了与其长短有关,更取决于 DNA 单链间所形成的构象。在非变性条件下,DNA 单链内部可以折叠形成具有一定空间结构的构象,这种构象由 DNA 单链的碱基排列顺序所决定，即便是相同长度的 DNA 单链都会因其碱基顺序不同，甚至单个碱基的改变造成单链空间构象产生变化，引起单链在凝胶中电泳迁移率的差异，从而表现出多态性。③特异引物延伸法，该方法除了扩增 SNP 区域的通用引物，在 SNP 区域还设计了特异引物；特异引物只能与其中的一种碱基互补，因此，含错配碱基的序列只有一个扩增产物，否则有两个扩增产物。④高分辨溶解曲线（high resolution melting curve，HRM）分析，HRM 技术主要是基于核酸分子物理性质的不同。不同核酸分子的片段长短、GC 含量、GC 分布等是不同的，因此任何双链 DNA 分子在加热变性时都会有自己熔解曲线的形状和位置。HRM 技术的基本原理就是根据熔解曲线的不同来区分样品。

InDel 通常是指同一物种不同基因型的同一个位点序列间碱基的插入和缺失变异，大小通常是 1~20bp。在利用重测序技术开展群体遗传学时，除了大量的 SNP 被鉴定，数量众多的 InDel 也被鉴定出来（图 14-18）。由于 InDel 仍是表现出序列长度的差异，因此，在鉴定时要与 SSR 进行区分（SSR 表现为模体有规律地增减）。InDel 在基因组中数目多、分布广，仅次于 SNP。与 SNP 相似，InDel 在非编码区的分布高于编码区。除了利用重测序技术进行 InDel 分型，对于数量少的 InDel 标记，也可以利用 PCR 和电泳技术进行检测，方便快捷。首先将不同基因型的同源序列进行比对，找到序列之间的 InDel 差异；再在 InDel 位点的保守侧翼序列上设计 PCR 引物，引物长度约为 20bp；PCR 扩增后，利用琼脂糖凝胶或者聚丙烯酰胺凝胶即可完成标记的分型。InDel 标记具有数量多、扩增产物稳定、多态性高、易于检测等优点，在遗传育种研究中应用广泛，尤其是在基因的精细定位和克隆时，越来越受到广大研究者的青睐。

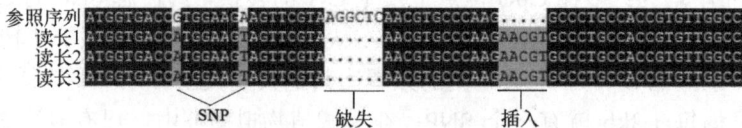

图 14-18 基于重测序的 SNP 和 InDel 标记的鉴定

第三节 分子标记遗传图谱

遗传连锁图是指通过遗传重组分析得到的基因（或遗传标记）在染色体上的线性排列图，基因间（或遗传标记）的距离通常用遗传重组值来表示。建立详尽的遗传连锁图一直是遗传学家研究的目标，也是基因组研究的一项重要内容。借助饱和的遗传连锁图，可快速定位、分离重要的经济性状基因，一旦分子标记显示与目标基因紧密连锁，就需要建立基因和基因附近区域物理距离之间的关系，为基因克隆和功能分析打下基础。这种基因在染色体上排列的实际空间位置，即物理图谱。目前，植物基因组有 4 种图谱，即遗传连锁图谱、物理图谱、核苷酸序列图谱和基因图谱。这里我们将重点介绍分子标记遗传连锁图的构建及应用。

一、遗传图谱研究的基本概况

从 20 世纪 80 年代起,植物遗传连锁图谱的研究大大推动了作物遗传育种的研究和发展。

遗传连锁图谱（genetic linkage map）简称遗传图谱，是指基因组内基因及专一的多态性 DNA 标记相对位置的图谱。构建遗传图谱的依据是同源染色体减数分裂过程中会发生交换，交换便使染色体上的基因发生重组，两个基因之间发生重组的频率取决于它们之间的相对距离。因此，只要准确地估算出交换值，进而确定基因在染色体上的相对位置，就可绘制遗传连锁图谱。其研究经历了从经典的基因连锁图谱到现代的分子标记连锁遗传图谱过程。经典的遗传图谱主要是研究基因及其在所构成的连锁群（linkage group）中的线性关系，它不能告诉人们某个基因的具体位置，更不能克隆这一基因。应用上节所述的 DNA 分子标记则可以绘制饱和的分子标记连锁图谱。

Botstein 最早提出利用 RFLP 标记构建基因与分子标记的连锁关系，进而确定基因的位置；1987 年，人类基因组第一张 RFLP 标记图谱在著名杂志 *Cell* 上发表。PCR 技术的发展和应用，多种其他分子标记（如 SSR）的开发利用，使得构建高密度的分子标记遗传图谱成为可能。在模式植物拟南芥和水稻等作物中，已成功地构建了多张高密度的遗传连锁图谱。在此遗传图谱的基础上，定位和克隆了多个符合孟德尔因子的重要基因；同时，高密度的遗传连锁图谱为全基因组的完全测序和基因组框架图的建立提供了重要的基础。

随着新的标记技术的发展，遗传作图的工作在许多物种中得到了飞速发展，图谱上标记的密度也越来越高。由于在植物上可方便地建立和维持较大的分离群体，分子连锁图构建工作的发展速度超过了动物的同类研究。迄今为止，已构建了包括各种主要农作物的高密度分子标记连锁图。拟南芥、番茄、水稻、小麦、大豆、马铃薯、大麦、黑麦、燕麦、玉米、高粱、棉花、油菜等作物中都构建了分子标记连锁图谱，并且随着新型标记的不断出现，位点数也在不断地增加。这些遗传图谱的绘制已使一些作物的遗传研究（如控制作物的各种病虫害基因的克隆，改良作物产量、品质性状等方面）取得了重大进展，并对分子标记辅助育种产生了巨大的推动作用。

近年来，人们的注意力又转向利用 SNP 等高通量的分子标记。由于 SNP 在基因组内的数量巨大，且目前各种新技术如 DNA 芯片或微列阵技术开发和检测手段的进步，可以允许人们迅速地检测大数量的 SNP；此外，基因组测序技术的发展，使得其他高通量的分子标记甚至直接测序的分子标记得到更多的应用，从而构建更趋饱和、覆盖全基因组的遗传连锁图。随着越来越多植物的遗传图谱趋于饱和，植物的物理图谱、核苷酸序列图谱乃至基因图谱的构建逐渐成为可能。

这里需要指出的是，生物染色体上基因之间的交换和重组除与遗传距离有关外，还受许多其他因素的影响。因此，遗传图谱中基于重组率所确定的遗传图距只能显示标记之间的相对距离，它并不能直接反映核苷酸对数。用含有 STS 对应序列的 DNA 的克隆片段连接成相互重叠的克隆片段重叠群，是物理图谱的基本形式。它能反映出核苷酸序列间的位置和距离。利用相互重叠、覆盖某一区域的 DNA 片段序列信息，便可在这一区域寻找基因或做这一区域基因组的研究。将以 STS 为路标的物理图谱与已建的遗传图谱进行对比，可以把某一区域遗传学上的遗传间距粗略地转换成物理间距。但在不同生物的遗传图谱上，或者即使同一遗传图谱上的不同区域，每一图谱单位代表的实际核苷酸对数（Mb/cM）往往存在很大的差异。因此，饱和遗传图谱的构建完成，并不意味着物理图谱或者序列图谱就能顺利完成。当然，遗传图谱的构建是其他图谱构建的基础。

二、分子标记遗传图谱的构建

分子标记遗传作图的原理与经典遗传作图一样，其理论基础是染色体的交换与重组。在减数分裂时，非同源染色体上的基因自由组合，而位于同源染色体上的连锁基因由于在减数分裂前期 I 非姐妹染色单体间的交换而发生重组。重组配子（或基因型）的比例与基因位点在染色体上的距离呈高度正相关。因此，重组类型配子出现频率的多少（即重组率）就可用来表示基因间的遗传距离，其图距单位用厘摩（centi-Morgan，cM）表示。1cM 的大小相当于 1%的重组率。如上所述，遗传图谱只显示基因间在染色体上的相对位置，并不反映基因在染色体上的实际距离。

（一）分子标记遗传图谱构建的原理

遗传图谱构建的基础是遗传学中分离重组、连锁交换等基本规律。在细胞减数分裂时，非同源染色体上的基因独立分配、自由组合，同源染色体上的基因产生交换与重组，交换的频率随基因间距离的增加而增大。位于同一染色体上的基因在遗传过程中一般倾向于维系在一起，而表现为基因连锁。它们之间的重组是通过一对同源染色体的两个非姐妹染色单体之间的交换来实现的。假设现有两个亲本 P_1 和 P_2，针对某同源染色体上存在的两个位点（$A\text{-}a$、$B\text{-}b$），它们的基因型分别可表示为 $AABB$ 和 $aabb$，两亲本杂交产生 F_1，在 F_1 与 P_2 进一步回交得到 BC_1F_1。由于 F_1 在减数分裂过程中应产生 4 种类型的配子，即 AB 和 ab（亲本型配子）与 Ab 和 aB（重组型配子），后两者是由于两位点基因发生交换而形成的；BC_1F_1 中应出现 4 种基因型（$AaBb$、$aabb$、$Aabb$、$aaBb$）。若这 4 种基因型比例符合 $1:1:1:1$，则表明两个位点呈独立遗传，若这 4 种基因型比例显著偏离于 $1:1:1:1$，则表明两位点可能连锁。若 $A\text{-}a$ 和 $B\text{-}b$ 位于同一染色体上，这两个基因在连锁区段上发生交换就会产生一定数量的重组型配子。重组型配子所占的比例取决于减数分裂细胞中发生交换的频率。交换频率越高，则重组型配子的比例越大。重组型配子最大可能的比例是 50%，这时在所有减数分裂的细胞中，在两对基因的连锁区段上都发生交换，相当于这两对基因间无连锁，表现为独立遗传。

（二）遗传图谱构建的群体

目前，遗传图谱构建包括以下 3 个主要环节。

（1）根据遗传材料之间的多态性确定亲本组合，构建作图群体，提取群体单株 DNA。

（2）选择适合的分子标记对亲本进行多态性筛选，利用多态性标记对群体进行基因型分析，建立标记-单株的数据集。

（3）借助计算机程序对标记基因型数据进行连锁分析，绘制遗传图谱。

因此，要建立好的遗传连锁图谱，首先应选择合适的亲本及分离群体，这直接关系到建立遗传图谱的难易程度、遗传图谱的准确性及适用性。亲本间的差异不宜过大，否则会降低后代的结实率及所建图谱的准确度。而亲本间适度的差异范围因不同物种而异，通常多态性高的异交作物可选择种内不同品种作杂交亲本，而多态性低的自交作物则需选择不同种间或亚种间的品种作杂交亲本。例如，水稻多选用籼、粳亚种间配置的群体；玉米的多态性高，一般品种间配置的群体就可成为理想的分子标记作图群体；而番茄的多态性较低，因而只能选用不同种间杂交的后代构建分子标记作图群体。

依据遗传的稳定性，一般将分子标记遗传作图群体分为两类：一类为暂时性分离群体，包括回交群体、F_2 群体及其衍生群体（如 $F_{2:3}$）等。F_2 群体是由所选择的亲本杂交获得 F_1，再自交得到的分离群体。该群体包含的基因型种类全面、信息量大、作图效率高、群体构建比较省时，不需要很长时间便可得到一个较大的群体。但由于每个 F_2 单株自交后就会发生分离，基因型不固定，因此只能使用一代（暂时性）。若 F_2 分离群体是通过远缘杂交而来的，则后代会向两极疯狂分离，标记比例易偏离正常的孟德尔分离比例，偏分离的标记会限制群体的作图准确性。回交群体是由 F_1 与亲本之一回交产生的群体。由于该群体的配子类型只有两种，统计及作图分析较为简单，但提供的信息量少于 F_2 群体，该群体同样只能使用一代。

第二类为永久性分离群体，包括重组自交系（recombinant inbred line，RIL）群体、加倍单倍体（doubled haploid，DH）群体等。RIL 群体是由 F_2 经单粒传（single seed descendant，SSD）多代自交或姐妹交使后代基因组相对纯合的群体。其基本选择程序是：用两个亲本杂交产生 F_1，自交得到 F_2，从 F_2 中随机选择数百个单株自交或姐妹交，每株只种一粒，直到 $F_6 \sim F_n$ 代，形成数百个重组自交系。除了两亲本的重组自交系，目前还发展了多个亲本的重组自交系，以 8 亲本的重组自交系最为常见；通过单籽传或姐妹交构建 RIL，可以增加 RIL 的遗传组成（图 14-19）。

RIL 群体一旦建立，就可以代代繁衍保存，有利于不同实验室的协同研究，而且作图的准确度更高。与暂时性群体相比，永久性群体至少有两方面特点：①群体中各品系的遗传组成相对固定，可以通过种子繁殖代代相传，可不断地增加新的遗传标记；②可以对性状的鉴定进行重复试验以得到更为可信的结果。这对于抗病虫的多年多点鉴定及受多基因控制且易受环境影响的数量性状的分析而言尤为重要。当然，建立 RIL 群体相当费时，而且有的物种很难产生 RIL 群体。

DH 群体是通过对 F_1 进行花药离体培养或通过特殊技术（如栽培大麦与球茎大麦杂交获得的杂种胚中源于球茎大麦的染色体逐步消失）而得到目标作物单倍体植株，再经染色体加倍而获得的加倍单倍体群体。DH 群体相当于一个不再分离的 F_2 群体，能够长期保存。但构建 DH 群体需组织培养技术和染色体加倍技术，由于 DH 群体个体数往往偏少，因而所提供的信息量常常低于 F_2 群体。

（三）分子标记在遗传作图群体中的分离

F_2 群体中有 3 种基因型，分别是两亲本纯合基因型和杂合型。回交群体中有两种基因型，即轮回亲本纯合基因型和杂合型。DH 和 RIL 群体都只有两种基因型，即两亲本纯合基因型。显性和共显性标记在各种类型作图群体中的分离情况是不同的（图 14-20）。显性标记不管是父本显性还是母本显性，在 F_2 群体中都呈现 3：1 的分离比例；共显性标记则是呈现 1：2：1 的分离比例。显性标记在回交群体中呈现 1：1 的分离比例（非轮回亲本表现为显性）或 1：0 的分离比例（即不分离，轮回亲本表现为显性）；共显性标记也是 1：1 的分离比例。显性和共显性标记在 DH 和 RIL 群体都呈现 1：1 的分离比例。

两亲本通过自交构建重组自交系　　　　两亲本通过姐妹交构建重组自交系

8亲本通过自交构建重组自交系　　　　8亲本通过姐妹交构建重组自交系

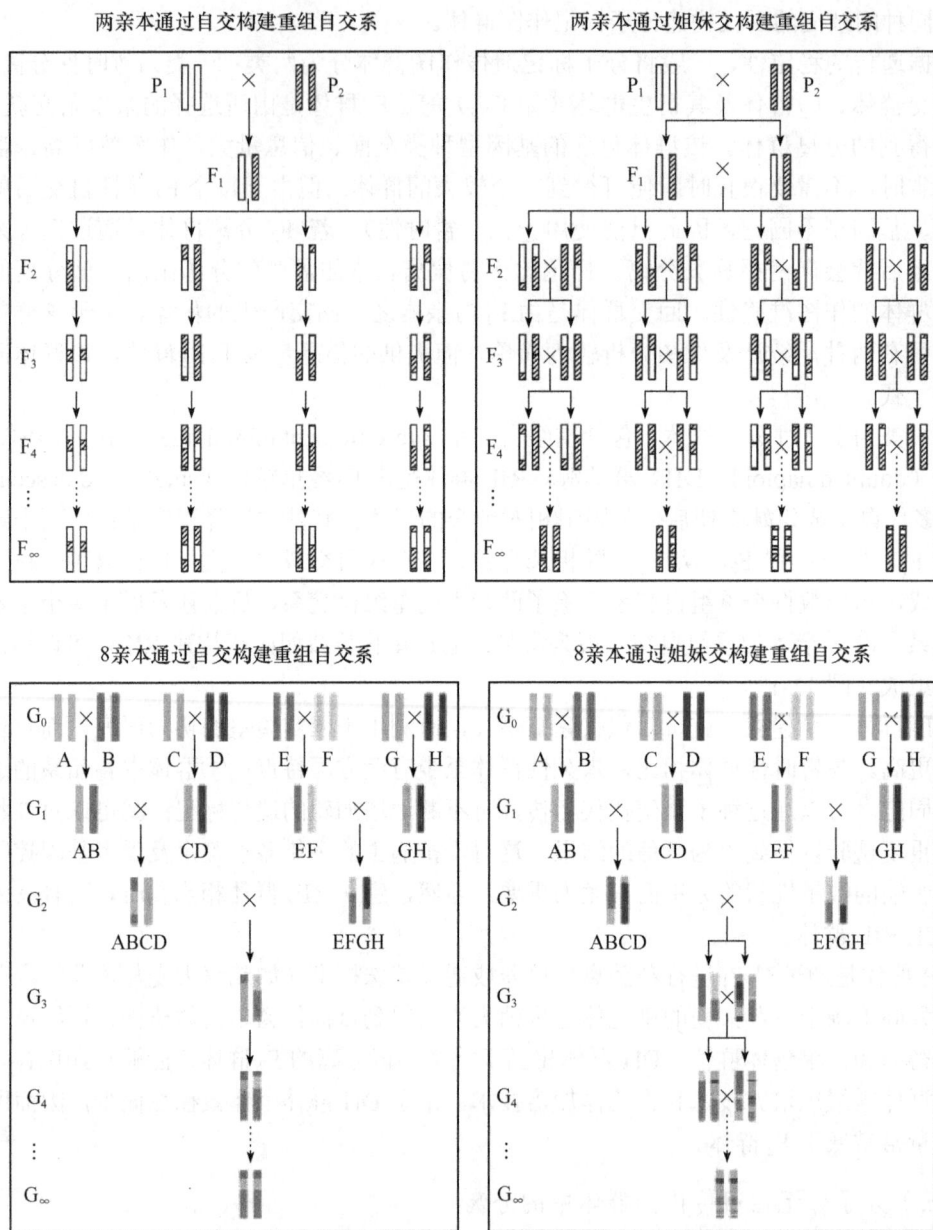

图 14-19　构建重组自交系示意图（引自 Broman，2005）

（四）分子标记遗传图谱的构建

　　在分离群体中，每一标记位点上的基因型可通过分子标记带型来确定。通过两位点上不同基因型出现的频率来估算重组交换值，或通过适当的统计方法（如似然比检验）对两个基因位点是否呈连锁遗传作连锁分析。存在连锁（$r<0.5$）与不存在连锁（$r=0.5$）的概率可用似然函数表示，其比值也称似然比。似然比取以 10 为底的对数，即 LOD 值。LOD 值的大小反映了两基因位点存在连锁可能性的大小，该值越大，则基因存在连锁的可能性越大。当然，在构建分子标记连锁图时，由于每条染色体上都涉及许多标记座位、多位点间的排列顺序和

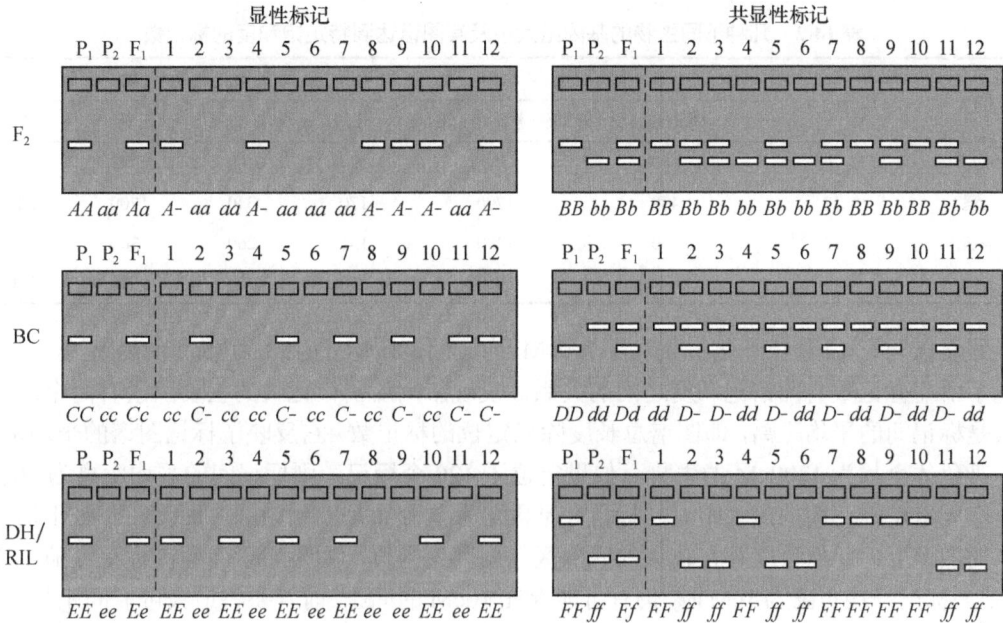

图 14-20　显性和共显性标记在各种类型作图群体中的分离情况

相互间的遗传图距，需要进行多个位点的联合分析，即多点测验。对大量标记位点间的连锁分析，需要借助计算机及相关软件作分析处理。目前，国际上已开发出多个作图软件。在植物遗传作图应用中，应用最为广泛的软件是 MAPMAKER/EXP、JoinMap 等。连锁分析后，要通过作图函数将重组率转换为遗传图距。目前，有两种作图函数：Haldane 作图函数和 Kosambi 作图函数，两者的区别是前者假定完全没有交叉干扰。Kosambi 作图函数算出的图距比 Haldane 作图函数的图距小，且更为合理，因此在遗传学研究中得到了更广泛的应用。

三、高密度（饱和）DNA 标记连锁图谱

遗传图谱饱和度是指单位长度染色体上已定位的标记数或标记在染色体上的密度，通常用标记平均间距来表示。由于标记往往是非均一地分布在染色体上，标记间距会或大或小，在整个基因组中，需要一个度量（即相邻标记最大距离）来反映这种情况。因此，衡量图谱饱和度，也会用最大间距这一指标。一般标记的平均间距和最大间距越小，连锁图谱越饱和。一个基本的染色体连锁框架图大概要求在染色体上的标记平均间距不大于 20cM。如果构建连锁图谱的目的是进行主效基因的定位，其平均间距要求在 10～20cM 或更小。用于 QTL 定位的连锁图，其标记的平均间距要求在 10cM 以下。如果构建连锁图谱是为了进行基因克隆，则要求目标区域标记的平均间距在 1cM 以下。不同生物的基因组大小有极大差异，因此满足上述要求所需的标记数是不同的。以人类和水稻为例，它们的基因组全长分别为 3.3×10^{10}kb 和 4.5×10^8kb，如果构建一个平均图距为 0.5cM 的分子图谱，所要定位的标记数就要分别达到 6600 个和 3400 个。几种不同生物的基因组大小及其图谱达到特定饱和度的标记数如表 14-2 所示。

表 14-2　几种不同生物的基因组大小及其图谱达到特定饱和度的标记数

生物	染色体（1n）	基因组大小		图谱饱和度/cM			
		碱基长度/Mb	图谱长度/cM	10	5	1	0.5
拟南芥	5	100	500	50	100	500	1000
水稻	12	450	1700	170	340	1700	3400
番茄	12	950	1300	130	260	1300	2600
玉米	10	2500	1500	150	300	1500	3000

假设以拥有 12 条染色体、每条长 100cM、全长 1200cM 的生物为例，Tanksley 等（1988）研究了所需标记数与图谱饱和度之间的关系，发现影响所需标记数的主要因素有两个：一个因素是标记间的平均距离，即图谱总长度除以定位的标记数，它反映了标记图谱的平均密度。对于染色体全长为 1200cM 的生物，如果定位了 120 个标记，则标记间的平均距离为 10cM。另一个因素是标记间的最大距离。标记在基因组上的分布是不均匀的。即使在一张平均密度很高的图谱上，仍然可能存在较大的间隙区。据理论推算，如果用于作图的标记是随机选择的，则当标记平均距离为 1cM 时，仍有可能存在 10cM 的间距。而若要将最大可能间距从 10cM 减小到 5cM，则需要另外增加 1000 个标记。因此，通过提高图谱平均密度的方法来缩小最大标记间距是很困难的。在实际研究中，为了填补间隙，应有针对性地在间隙区上寻找标记，或寻找该间隙所在区域上有差异的亲本构建作图群体。但由于没有一种标记在基因组中分布是完全随机的，如着丝粒区通常以重复序列为主，因而以单拷贝克隆为探针的 RFLP 标记就不可能覆盖这些染色体区域，因此，为了提高标记的覆盖程度，往往需要采用多种标记手段。

遗传图谱的分辨率和精度很大程度上取决于群体大小。群体越大，则作图精度越高。但群体太大，不仅会增大实验工作量，而且会增加费用。因此，确定合适的群体大小是十分必要的。合适群体大小的确定与作图的内容有关。大量的作图实践表明，构建 DNA 标记连锁图谱所需的群体要远比构建形态性状特别是数量性状的遗传图谱小。从作图效率考虑，作图群体所需样本容量的大小取决于以下两个方面：一是从随机分离结果可以辨别的最大图距，二是两个标记间可以检测到重组的最小图距。作图群体越大，则可以分辨的最小图距就越小，而可以确定的最大图距也越大。如果构建图谱的目的是用于基因组的序列分析或基因分离等工作，则需用较大的群体，以保证所建连锁图谱的精确性。在实际工作中，构建分子标记骨架连锁图可基于大群体中的一个随机小群体（如 200 个单株或家系），当需要精细地研究某个连锁区域时，需要有针对性地在骨架连锁图的基础上扩大群体。这种大、小群体相结合的方法，既可达到研究的目的，又可减轻工作量。

作图群体的大小还取决于所用群体的类型。例如，常用的 F_2 和 BC_1 两种群体，前者所需的群体就必须大些。这是因为，F_2 群体中存在更多类型的基因型，而为了保证每种基因型都有可能出现，就必须有较大的群体。一般而言，F_2 群体的大小必须比 BC_1 群体大约 1 倍，才能达到与 BC_1 相当的作图精度。所以说，BC_1 的作图效率比 F_2 高得多。在分子标记连锁图的构建中，DH 群体的作图效率在统计上与 BC_1 相当，而 RIL 群体则稍差些。总体来说，在分子标记连锁图的构建方面，为了达到彼此相当的作图精度，所需群体大小的顺序为 $F_2 > RIL > BC_1$ 和 DH。

第四节　质量性状基因的定位

基因定位一直是遗传学研究的重要范畴之一，基因定位与克隆是高密度分子图谱构建的重要应用目的，它对育种家的意义之大是不言而喻的。

在分离群体中表现为不连续性变异，能够明确分组的性状称为质量性状。质量性状通常受一个或少数几个主基因控制，不易受环境的影响。许多重要性状，如抗病性、抗虫性、育性等表现为质量性状遗传的特点。这些性状受单基因或少数几个基因位点控制，一般表现为显隐性特点。然而，典型的质量性状其实并不是很多，不少质量性状除了受少数主基因控制，还受到微效基因的影响，表现出数量性状的特点，使得有时无法明确地从表现型推断其基因型。特别是对那些虽然受少数主基因控制，但还受遗传背景、微效基因作用及环境条件影响的性状，就更难通过遗传学上普通的方法进行鉴别。而利用分子标记技术来定位、鉴别质量性状基因，通过与目标性状紧密连锁的分子标记来选择，则要容易得多，特别是对一些易受环境条件影响的抗性基因和抗逆基因进行选择就相对简单得多。

目前，质量性状基因的定位研究主要利用近等基因系分析法和分离集团混合分析法等途径。关于这两种途径在快速、有效地寻找与质量性状基因紧密连锁的分子标记方面已有许多成功的报道。

一、近等基因系分析法

两个或多个形态上相似，遗传背景相同或相近，只在个别染色体区段上存在差异的遗传材料，称为近等基因系（near isogenic line，NIL）。近等基因系的获得有多种方式，其中最常用的方式是通过将两个具有不同目标性状的品种杂交，再与亲本之一多次回交后筛选得到在目标性状上差异表现不同的品系。这样，品系间及品系与轮回亲本间就构成了近等基因系。

在育种中，当某一优良品种缺少一个或两个优良性状时，常采用回交方法将该优良性状从外源种质中转移到优良品种中。用于多次回交的亲本是目标性状的接受者，称为轮回亲本或受体亲本；只在第一次杂交时应用的亲本是目标性状的提供者，称为非轮回亲本或供体亲本。回交的结果是，将不断提高回交后代中轮回亲本的遗传成分，不断地减少供体亲本的遗传成分，使其后代向轮回亲本方向纯合，其回交过程一直持续到新培育的目标品系为止，在理论上除了含有目标性状基因的染色体区段，其他与轮回亲本几乎相同，因此，改良的品系与轮回亲本间实际上构成了一对近等基因系。

由于独立遗传有多个目标基因，如果不进行选择，在回交第 n 代，轮回亲本基因组所占比例为 $[1-(1/2)^n]^m$。可以看出，目标基因 m 越多，则轮回亲本基因组恢复得越慢。另外，当供体亲本的目标性状基因与其附近的其他基因存在连锁时，则轮回亲本置换供体亲本基因的进程将要减缓，其减缓程度依连锁的紧密程度而异。由于基因连锁的结果，在回交导入目标基因的同时，与目标基因连锁的染色体片段将随之进入回交后代中，这种现象称为连锁累赘（linkage drag）。为了加快回交后代基因组恢复成轮回亲本的速度，在每一代选择继续回交的植株时，除了要保证含有供体目标基因，应尽量选择形态上与轮回亲本接近的植株。

由上可知，要培育遗传背景纯合的近等基因系往往需要多个世代的选择和繁殖。

最早由 Young 等提出来的近等基因系分析法，是利用近等基因系寻找与目标基因紧密连锁的分子标记。如果近等基因系间存在目标性状的显著差异且发现存在多态性的分子标记，则该标记就可能位于控制目标性状基因的附近。这样可在不需要完整遗传图谱的情况下，先用两个近等基因系筛选分子标记，再用近等基因系间的杂交分离后代进行标记与性状的连锁距离的进一步分析，有效地筛选与目标基因连锁的分子标记。

利用 NIL 寻找质量性状基因的分子标记的基本策略是比较轮回亲本、NIL 及供体亲本三者的标记基因型，当 NIL 与供体亲本具有相同的标记基因型，但与轮回亲本的标记基因型不同时，则该标记就可能与目标基因连锁（图 14-21）。目前，利用近等基因系分析法标记和定位了许多质量性状基因，如番茄抗病毒病基因 *Tm-2d*（Young et al.，1988）和水稻半矮秆基因 *sdy*（Liang et al.，1994）。

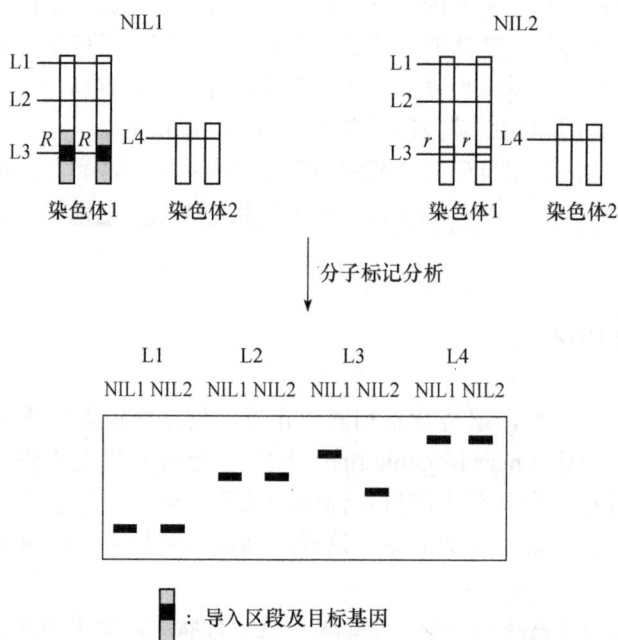

图 14-21　近等基因系分析法原理示意图（引自方宣钧等，2001）

在目标基因所在的染色体区域附近，检测到 DNA 标记的概率大小取决于被导入的染色体片段的长度及轮回亲本和供体亲本基因组之间 DNA 多态性的程度。检测概率随培育 NIL 中回交次数的增加而降低。当轮回亲本和供体亲本分别属于栽培种和野生种时，更有可能发现多态性的分子标记。相反，轮回亲本和供体亲本的亲缘关系越密切，其多态性的分子标记就越少。通过筛选大量分子标记可以增加获得与目标基因连锁的分子标记的机会。值得注意的是，在成对 NIL 间有差异的目标基因区段可能很宽，以致得到的标记座位可能与目标基因相距较远，甚至还有可能位于不同的连锁群上。另外，利用包含同一染色体区域的多个重叠 NIL，可以减少在非目标区域检测到假阳性标记的机会，增加在目标区段中检测到多态性的概率。

二、分离集团混合分析法

分离集团混合分析法，也称分离体分组混合分析（bulked segregation analysis，BSA）法。BSA 法最早是由 Michelmore 等在 1991 年建立的。它克服了许多作物没有或难以创建相应的 NIL 的限制，在自交和异交作物中均有广泛的应用前景。对于尚无连锁图或连锁图饱和程度较低的植物，利用 BSA 法也是快速获得与目标基因连锁的分子标记的有效方法。利用 BSA 法已标记和定位了许多重要的质量性状基因，如莴苣抗霜霉病基因、水稻抗稻瘿蚊基因及水稻抗稻瘟病基因。BSA 法根据分组混合方法的不同，可分为基于性状表现型和基于标记基因型两种。

（一）基于性状表现型的 BSA 法

根据目标性状的表现型对分离群体进行分组混合的 BSA 法，其基本思想是，在作图群体中，依据目标性状表型的相对差异（如抗病与感病），将个体或株系分成两组，然后分别将两组中的个体或株系的 DNA 混合，形成相对的 DNA 池。可以推测，这两个 DNA 池之间除了在目标基因座所在的染色体区域的 DNA 组成上存在差异，来自基因组其他部分的 DNA 组成是完全相同的，即该作图群体基因库的一个随机样本。因此，这两个 DNA 池间表现出多态性的 DNA 标记，就有可能与目标基因连锁（图 14-22）。在检测两 DNA 池之间的多态性时，通常应以双亲的 DNA 作对照，以利于对实验结果的正确分析和判断。为了可靠起见，在用 BSA 法获得连锁标记后，最好再回到群体上根据分离比例进行验证，同时也可估算出标记与目标基因间的图距。

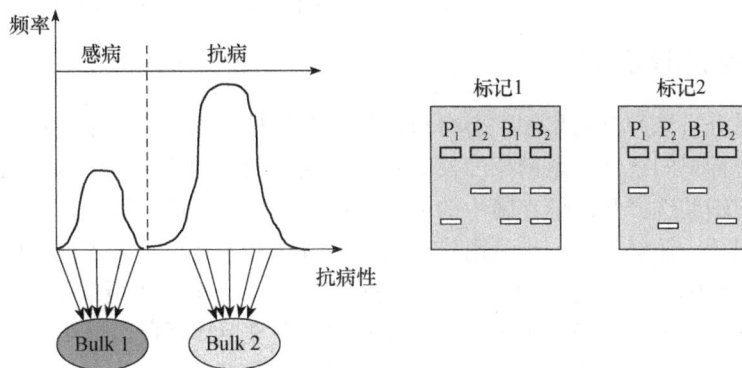

图 14-22　基于性状表现型的 BSA 法分析示意图

（二）基于标记基因型的 BSA 法

基于标记基因型的 BSA 法是根据目标基因两侧分子标记的基因型对分离群体进行分组混合。这种方法适合于目标基因已定位在分子连锁图上，但其两侧标记与目标基因之间相距还较远，需要进一步寻找更为紧密连锁的标记的情况。假设已知目标基因位于两标记座位 A 和 B 之间，即来自亲本 1 的标记等位基因为 A_1 和 B_1，来自亲本 2 的为 A_2 和 B_2。那么，在某个分离群体（如 F_2）中，标记基因型为 A_1B_1/A_1B_1 的个体中，目标区段（即标记座位 A 和 B

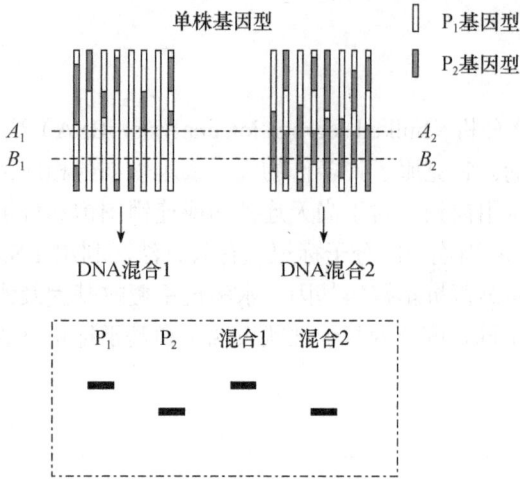

图 14-23　标记基因型混合分组
电泳显示的多态性标记应该存在于 A-B 区段

之间的染色体区段）将基本来自亲本 1，而 A_2B_2/A_2B_2 个体中的目标区段则基本来自亲本 2，除非在该区段上发生了双交换，而理论上，双交换发生的概率是很小的。因此，可以将群体中具有 A_1B_1/A_1B_1 和 A_2B_2/A_2B_2 基因型的个体的 DNA 分别混合，构成一对近等基因 DNA 池，它们只在目标区段上存在差异，而在目标区段之外的整个遗传背景是相同的。这样就为在目标区段上检测多态性的分子标记提供了基础。用两个 DNA 池分别作为 PCR 扩增的模板，利用电泳分析比较扩增产物，寻找两 DNA 池之间的多态性，就可能在目标区段上找到与目标基因紧密连锁的 DNA 标记（图 14-23）。

与前面所说的一样，获得连锁标记后，还可以进一步对它在群体中的分离情况进行验证，并确定它在目标区段中的位置。Goivannoni 等（1991）以番茄为例讨论了目标区段的两连锁标记间最佳的区间长度和混合个体数。研究表明，随着混合体所含个体数的增加，在混合体中，个体在目标区间内发生双交换的概率也将增加。在 F_2 群体中，对于 5cM 的区间，当混合体所含个体数不超过 40 时，双交换概率小于 10%。当目标区间增大到 10cM 时，混合个体数必须小于 10，才能保持 10%的双交换概率。但是随着样本数的减少，两类混合体间在除目标区段以外的区域出现差异的机会就会大大增加，从而导致 PCR 检测时假阳性的增加。因此，他们建议混合体所含个体数应大于 5，目标区间的长度应小于 15cM。

（三）极端集团-隐性群法

近等基因系分析法和分离集团混合分析法只能对目标基因进行分子标记分析，不能确定目标基因与分子标记间连锁的紧密程度及其在遗传连锁图上的位置，而这些信息对于估价该连锁标记在标记辅助选择和图位克隆中的应用价值是十分必需的。因此，在获得与目标基因连锁的分子标记后，还必须进一步利用作图群体将目标基因定位于分子连锁图上。

Zhang 等（1994）在分离集团混合分析法的基础上，提出了"极端集团-隐性群法"，其基本原理如下所述。①利用极端集团鉴别目标基因所在染色体区段；②用表现型为隐性的极端个体（隐性群）确定基因位点在分子标记连锁图上的准确位置。其基本做法是：首先，在分离群体中挑选表现型处于两个极端（如高度可育和高度不育）的个体组建两个极端集团，对极端集团及亲本进行分子标记分析，两集团间表现出多态性的分子标记（阳性标记）极有可能与目标性状基因连锁，因此阳性标记所代表的即可能为目标基因所在区间；然后，以阳性标记对表现型为隐性的极端个体进行分析，得到各位点分子标记基因型，鉴别出分子标记与目标基因位点间重组纯合个体或杂合个体，用极大似然法计算标记位点与目标基因的重组值（c）：

$$c = (N_1 + N_2/2)/N$$

式中，N 为所分析的表现型为隐性的极端个体总数；N_1 为分子标记为重组纯合带型的个体数；N_2 为表现双亲杂合带型的个体数。其方差由下式给出：

$$V_c = c(1-c)/2N$$

与一般的分离集团混合分析法相比，该方法具有以下优点：①利用极端集团可提高基因定位的灵敏度和准确性，因为以表现型极端的个体构成极端集团，避免了随机群体中对性状硬性分组所造成的误差。特别是对一些受环境影响较大，难以简单划分表型的连续变异性状（如育性等），通过极端表型个体分群，可提高研究结果的准确性。②利用隐性群估算基因位点间的重组值，其效率远远高于 F_2 随机群体，这是因为采用隐性类型以极大似然法估算的重组值的方差是采用 F_2 随机群体估算重组值方差的 $1/3\sim1/2$。换言之，隐性群中每个个体所提供的遗传重组的信息较 F_2 个体要大得多，在同样精确度下，利用隐性群估算重组值所需的个体数仅为利用随机群体所需个体数量的 $1/3\sim1/2$。因此，以隐性群进行定位可大大降低分析成本。除光敏不育基因外，此方法已被应用于如白叶枯抗性、广亲和性、野败型雄性不育系育性恢复基因等多个基因的定位研究。

测序技术的普及，为 BSA 法注入了活力，与传统筛选分子标记不同，可以对亲本和两个极端池进行重测序（BSA-seq），鉴定差异序列并将其锚定到参考基因组上，可快速锁定目标基因所在的染色体区段。另外，BSR-seq（bulked segregant RNA-seq）也比较常用。该方法是在转录水平上快速寻找和克隆基因的一种方法，利用亲本和极端池对研究性状的组织进行 RNA 测序，并将其锚定到基因组序列上，再寻找差异 SNP 位点和对应的染色体区段，锁定候选基因。

第五节 数量性状基因的定位

在作物中，大多数重要的农艺性状都是数量性状，如产量、成熟期、品质、抗旱性等均表现为性状连续变异的遗传特点，受许多数量基因座位和环境因子的共同作用。长期以来，研究者将控制数量性状的多基因作为一个整体，通过数理统计学的方法来剖析和描述遗传特征，无法确定控制数量性状的基因数目，更无法确定单个数量性状基因座（quantitative trait locus，QTL）的遗传效应，以及它们在染色体上的准确位置。从 20 世纪 80 年代以来，DNA 分子标记技术及分子连锁图谱的迅速发展，给数量遗传学带来了一场革命，使数量性状的遗传剖析开始成为现实。利用分子标记技术将一个复杂的多基因系统分解成一个个孟德尔因子，使人们能够像对待质量性状那样，对数量性状进行研究。这不仅大大加深了对数量性状遗传基础的认识，也大大增强了人们对数量性状的遗传操纵能力。目前，对 QTL 的遗传定位已在动植物中广泛展开，借助分子标记技术，对目标性状 QTL 在染色体上的位置、基因的效应、基因与环境互作等方面进行了全面的研究。对主效 QTL 的基因克隆工作也已开始并已取得重大进展，一些主效 QTL 的基因已被克隆分离出来。QTL 定位主要包括连锁分析和关联分析两种方法。这里，我们将对这两种方法做简要介绍。

一、连锁群体的 QTL 定位

QTL 定位分析实质上是确定数量性状位点基因与分子标记间的连锁关系，也称为 QTL 作图。早期的分子标记研究中，由于可以利用的标记数量有限，常采用单个标记作 QTL 定位研究。随着分子标记数量的增多及饱和遗传连锁图谱的构建，利用连锁图上多个标记的信息作 QTL 分析成为主流。不管如何，QTL 作图一般要经过分离群体建立、标记检测、数量性状值测定和统计分析等多个环节，其中如何分析标记基因型和数量性状值之间是否存在关联、发现 QTL 并准确估计 QTL 的遗传效应，不同作图方法所采用的遗传设计和统计原理有一定的差异。总体而言，大多作图方法都涉及大量表型数据与连锁标记的统计分析，需要相应的统计分析软件。常用的主要有单标记分析法、区间定位法、复合区间定位法和完备区间定位法等，并开发出一些计算机程序包，如 Mapmaker/QTL、MapQTL、WinQTLCart、QTLmapper、IciMapping 等。

（一）单标记分析法

如果某个标记与某个（些）QTL 连锁，那么在杂交后代中，该标记与 QTL 间就会发生一定程度的共分离，于是该标记的不同基因型在（数量）性状的分布、均值和方差上将存在差异。检验这些差异就能推知该标记是否与 QTL 连锁。单标记分析法是将群体中的个体按单标记基因型进行分组（每次只分析一个标记），同时度量各个个体数量性状的表型值。以单因素方差分析测验被研究数量性状在标记基因型间的差异显著性，或将个体的数量性状表型值对单个标记的基因型进行回归分析，若各标记基因型差异或回归系数达到统计测验的显著水平，则可认为该标记与 QTL 连锁。

以纯系 $P_1 \times P_2$ 得到的 F_1 与 P_2 的回交群体（BC_1）为例，设 Q-q 为控制某一数量性状的一对数量性状基因，M-m 为一对标记，亲本 P_1 的基因型为 $QQMM$，亲本 P_2 为 $qqmm$，在回交 BC_1 群体中，任一标记位点都只有 Mm 和 mm 两种标记基因型，μ_{Mm} 和 μ_{mm} 分别代表标记基因型 Mm 和 mm 在该数量性状的观测均值。若 Q 与 M 间的重组率为 r，Q 替代 q 的基因效应为 α，则

$$\mu_{Mm} = (1-r)\alpha$$
$$\mu_{mm} = r\alpha$$
$$\mu_{Mm} - \mu_{mm} = (1-2r)\alpha$$

从式中可以看出，仅当 $r=0.5$ 时，亦即标记与 QTL 没有连锁时，μ_{Mm} 与 μ_{mm} 的差异为零；而只要 $r<0.5$，即标记与 QTL 存在连锁，μ_{Mm} 与 μ_{mm} 间就会不等于零，即有差异；且 r 值越小，即标记与 QTL 连锁越紧密，则 μ_{Mm} 与 μ_{mm} 间的差异就越大。用 t 测验可以检验这种差异（与零比较）的显著性。如果每个标记位点在有些群体（如 F_2 分离群体）中存在 3 种基因型，则可采用单因素方差分析（F 测验）检验 3 种标记基因型间性状均值差异是否显著，根据其显著性同样在遗传上可以检测标记与 QTL 间存在的连锁关系。

统计上，可将个体的性状表型值对每个 QTL 的基因型建立线性回归关系。个体的性状表型值可用下列线性模型表示：

$$y_i = \mu + bx_i + e_i$$

式中，y_i 为第 i 个个体的性状表型值；μ 为模型均值；b 为 QTL 效应，在以上回交群体中，$b = \mu_{Mm} - \mu_{mm}$。x_i 为第 i 个个体的基因型指示变量，按第 i 个个体的 QTL 基因型为 Qq 或 qq 取值 1 或 0。由于被检测的 QTL 基因型是未知的，必须依据与之连锁的标记基因型来推断，通常 x_i 可根据 QTL 与标记的连锁程度推断取值 1 或 0 的概率大小；若连锁紧密，则 x_i 根据标记基因型为 Mm 或 mm 直接取值 1 或 0。e_i 为第 i 个个体的随机误差。由此，根据线性模型检测回归系数的显著性，即 μ_{Mm} 与 μ_{mm} 间的差异显著性。

其优点是简单直观，但不能估计 QTL 的具体位置和效应，且一般不适用于一条染色体上

存在多个 QTL 的情形，目前仅用于对数据的初步分析。

（二）区间定位法

区间定位法（interval mapping，IM）是利用染色体上一个 QTL 两侧的一对标记，建立个体数量性状测量值对双侧标记基因型指示变量的线性回归关系。若回归关系显著，则表明该 QTL 存在，并能估计出该 QTL 的位置和效应。QTL 的基因型需根据其相邻双侧标记的基因型加以推测。这里就涉及利用概率分布和正态分布的极大似然函数估计两标记间存在 QTL 的可能性和效应大小。回归模型的适合性检验通常采用似然比检验法，即存在 QTL 的概率与不存在 QTL 的概率之比（其对数为 LOD 值）。

Lander 和 Botstein（1989）以回交群体为例，阐述了区间作图的基本原理。对 i 和 $i+1$ 标记所构成的区间的 QTL 存在情况，可用上面的线性模型表示：

$$y_j = \mu + bx_j + e_j$$

同样，这里的 x_j 为第 j 个个体的基因型指示变量，对 i 和 $i+1$ 标记区间的任一位置 θ，x_j 的取值或为 1 或为 0，都有一个确定的概率（P_{kj}），即

$$P_{kj} = \mathrm{Pr}(Q_k/M_{i,\,i+1}) = \mathrm{Prob}(x_j = k/M_{i,\,i+1},\ \theta)$$

式中，$\mathrm{Pr}(Q_k/M_{i,\,i+1})$ 为条件概率；$k=1$，0（$k=1$ 时，Q_k 为 Qq；$k=0$ 时，Q_k 为 qq）。

于是，个体 j 具有表型值 y_j，可用似然函数表示如下：

$$L(y_j/M_{i,\,i+1}) = \sum k\varphi(u_{Q_k},\ \sigma^2)\,\mathrm{Pr}(Q_k/M_{i,\,i+1})$$

若在回交群体中，有 n 个个体，则有似然函数：

$$L(\alpha,\ \beta,\ s^2) = \prod^n \varphi(u_{Q_k},\ \sigma^2)\,\mathrm{Pr}(Q_k/M_{i,\,i+1}) = \prod^n [\varphi(y_j - u - b)/\sigma]\,\mathrm{Pr}(Qq/M_{i,\,i+1})$$
$$+ \mathrm{Pr}(qq/M_{i,\,i+1})\,\varphi(y_j - u)/\sigma]$$

式中，$\varphi(u_{Q_k},\ \sigma^2)$ 是服从方差为 σ^2，均值为 u 的正态分布密度函数。这里 L 表示极大化似然函数，括号内为被估计参数，α、β、s^2 分别为群体的均值、回归系数（加性效应）和随机误差的极大似然估计值。要检验某一区间是否存在 QTL，可用似然比取对数作为统计量进行统计检验，即

$$\mathrm{LOD} = \log L_1 - \log L_0$$

式中，L_1 为 θ 点上存在 QTL（备选假设 H_1 为真）的极大似然函数；L_0 为不存在 QTL（无效假设 H_0 为真）的极大似然函数。

当 LOD 值超过某一临界阈值时，可认为该区间存在 QTL。LOD 的临界值一般为 2～3，即有 QTL 的似然值相当于没有 QTL 的似然值的 100～1000 倍。当以染色体的遗传距离为横坐标，LOD 值为纵坐标作图时，可以得到一个 LOD 似然图谱，QTL 的存在与否可以形象地观察：一个显著的峰对应着一个可能 QTL 的位置（图 14-24）。Lander 等曾研制了专门的计算机软件（Mapmaker/TL），用来在全基因组范围内发现某点存在 QTL 并估计其相应的遗传参数。该

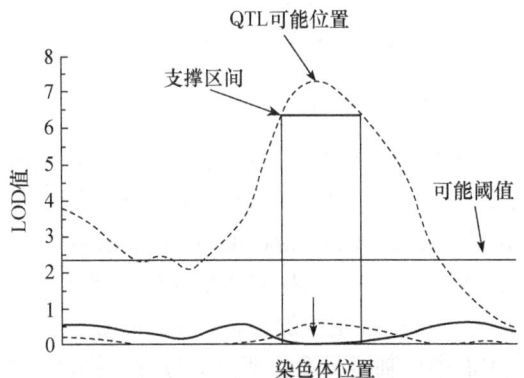

图 14-24　QTL 分析的 LOD 似然图谱
显示存在一个 QTL

方法曾被认为是 QTL 检测的标准统计方法。

在两个相邻标记所构成的区间内定位 QTL，比用单侧标记的方法（即单标记分析法）更加准确和有效。但 IM 法也存在着明显的缺点，当一条染色体上同时存在一个以上的 QTL 时，IM 法的估计结果常常是有偏的。因为它无法排除被检区间之外的 QTL 对被检区间的影响。如图 14-25 所示，当相邻区间存在两个效应方向相同的 QTL 时（图 14-25A），区间定位法只检测到一个 QTL，且位置和效应与真实情况不符；当相邻区间存在两个效应方向相反的 QTL 时（图 14-25B），区间定位法检测不到 QTL。为克服 IM 法的缺点，不少学者提出了改进方法，包括采用多个 QTL 回归模型，以及将 IM 与多标记分析相结合，用被检区间以外的部分或所有剩余标记来消除其他 QTL 对被检区间的影响。根据这一思想，已发展出了混合线性模型和复合区间定位法等。

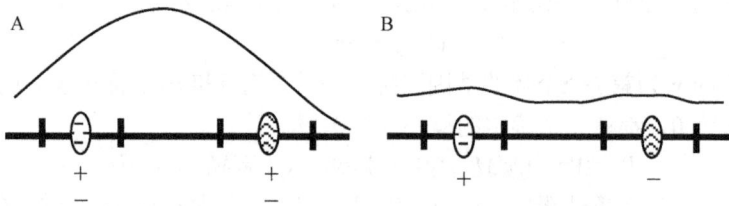

图 14-25　区间定位法对相邻区间 QTL 检测示意图

（三）复合区间定位法

复合区间定位法（composite interval mapping，CIM）是利用多元回归的特性，构建了不受区间以外的其他 QTL 影响的检验统计量，以此统计量进行区间检验，可将同一染色体上的多个连锁 QTL 的效应区分开。与 IM 法相比，CIM 法大大提高了 QTL 定位的准确度，但这在有些情况下是以降低灵敏度（检测能力）为代价的，且计算量也大大增加了。不过，与 IM 法的情况相似，也可以应用最小二乘法来配合 CIM 模型，这样可大幅度地提高计算速度。CIM 法还被推广到了多性状分析的情形，我们称之为多性状复合区间定位法（MCIM）。MCIM 法利用了性状间相关性的遗传信息，因而可能会提高 QTL 定位的灵敏度和准确度。它更为重要的优点是可以用来鉴别 QTL 的紧密连锁和多效性，也可用来分析多年多点试验数据，由此可以检测 QTL 与环境间的相互作用。基于混合线性模型的复合区间定位法可以同时处理多环境数据，并可以检测上位性效应。

（四）完备区间定位法

CIM 法在算法上可导致 QTL 效应被侧连标记区间之外的标记变量吸收，不同背景标记选择方法对作图结果的影响较大等。针对 CIM 法的不足，王建康（2009）开发了完备区间定位法（inclusive composite interval mapping，ICIM）。该方法是利用所有标记的信息，通过逐步回归选择重要的标记变量并估计其效应，然后利用逐步回归得到的线性模型校正表型数据，通过一维扫描定位加（显）性效应 QTL，通过二维扫描定位上位性互作 QTL。该方法简化了 CIM 中控制背景遗传变异的过程，提高了对 QTL 的检查功效。由于篇幅限制，其具体分析方法不在此细述，可在相应的软件说明书中进行查阅。

利用分子标记对控制数量性状的 QTL 进行定位和遗传效应估计是近 30 多年来数量遗传

学的重要发展。样本容量、标记密度、QTL 被发现能力及效应估计的准确度仍然是数量性状 QTL 研究主要关心的话题。采用计算机模拟数据和双侧标记基因型均值回归的 QTL 作图方法系统研究了分子标记密度、性状遗传力和样本容量 3 个因素对 $F_{2:3}$ 分离群体数量性状基因图谱构建的影响。结果表明，随着遗传力（从 1.4%到 51.3%）和样本容量（从 50 到 1000）的增大，QTL 被发现能力也随之增大，但其效率随之降低。因此，可在性状遗传力已知（通过性状表型的考察测定）的情况下确定某一保证度下的最适样本容量和标记密度，从而减少试验成本。例如，QTL 的遗传力为 10%，标记间距为 15cM，则 $F_{2:3}$ 群体的样本容量为 300，即可保证 QTL 的被发现能力达 80%以上。

利用相同分子标记进行不同物种间 QTL 的比较作图，在植物中已分别对禾本科（水稻、玉米、高粱、大麦、小麦、黑麦）、茄科（番茄、马铃薯、辣椒）、十字花科（拟南芥、甘蓝、花椰菜、油菜）等物种进行了比较作图分析。发现有些物种间的标记图谱和 QTL 图谱很相似。这种在不同物种中一致的基因位置和排序现象，也称同线性（synteny）。不同物种间同线性 QTL 的发现，使人们可以预测一些重要 QTL 在不同物种中的位置，从已知物种基因推测另一物种同源基因的位置及功能，通过 QTL 图谱的比较追溯物种的进化过程并开拓新的种质资源。这对农作物的重要农艺性状基因克隆及分子标记育种极其有利。随着越来越多植物全基因组测序工作的完成，人们将会在更宏观的角度研究重要性状基因位点，也将推动作物的遗传改良。

二、全基因组关联分析的 QTL 定位

基于连锁不平衡（linkage disequilibrium，LD）的全基因组关联分析（genome-wide association study，GWAS）是人类和动物遗传学常用的研究方法，因不能像植物那样一次杂交获得大量处于分离状态的群体，通常利用家系群体进行关联分析。由于该方法具有众多优点，随着植物基因组测序和重测序的普及，其在植物遗传学中逐渐开展起来，并迅速发展。除了在 DNA 水平上进行数量性状的遗传解析，全基因组关联分析结合转录组学、蛋白质组学、代谢组学等，可多方位解释从基因到性状的内在机制。

（一）连锁不平衡

关联分析是将目标性状与相关的遗传标记或基因进行关联，根据 LD 水平锁定控制目标性状的候选区间甚至候选基因。连锁不平衡指的是不同座位的等位位点或基因之间表现出非随机的组合规律，这种非随机性的组合在一定程度上能反映出这些位点或基因之间的连锁程度（杨小红等，2007），连锁的不平衡程度越强，连锁越紧密。连锁不平衡衰减可以用来衡量多个位点或基因的连锁不平衡程度与其对应的间距之间的关系，随着标记或基因座位间距的增大，连锁程度会降低，连锁不平衡程度会不断衰减。在关联分析应用中，一般用连锁不平衡衰减距离为标准来判断连锁不平衡的整体水平，一般取 r^2 衰减到 0.1 或 D' 衰减到 0.5 时对应的遗传或物理距离。不同作物连锁不平衡衰减距离相差很大，自交作物栽培水稻的衰减距离从 100kb 左右到 200kb 以上（Huang et al.，2010）；天然异交率在 95%以上的玉米，其衰减距离一般都小于 100kb，有的甚至小于 1kb（Hufford et al.，2012）。常异花授粉的棉花，其衰减距离为 300～1000kb（Ma et al.，2018）。

（二）关联分析的群体

关联分析通过检测基因组位点或片段与性状表型之间的遗传关联实现 QTL 定位，不需要构建遗传连锁图谱。关联分析群体的主要特征为包含丰富的遗传变异、具有一定的群体规模和累积了众多的历史重组事件，目前关联分析群体主要分为自然群体和人工构建的多亲本群体。自然群体一般由地理来源广泛、遗传多样性丰富的种质资源构成，主要包括野生材料、地方农家品种、育成的品种等；可以实现跨地域和跨历史时间阶段收集，能够很好地代表某个物种在特定的区域或时间阶段的遗传特征。较连锁分析而言，关联分析具有以下优点。①群体获得容易：不需要重新构建群体，只需要收集种质资源材料即可，省时省力。②检测效率高：自然群体的表型和遗传变异都比较丰富，可同时对多个性状、多个基因位点进行定位。③定位精度高：自然群体在长期进化中积累了丰富的重组和突变信息，重组的片段一般不会太大，加之可以实现较大的群体规模，可以使定位的分辨率大大提高，理论上有时甚至可以达到单基因、单碱基水平。由于自然群体的背景相对复杂，常常存在群体结构，即群体内部存在遗传聚集和亚群的情况。群体结构容易产生假阳性，因此，在进行关联分析时需要通过统计模型来控制群体结构的干扰（Yu and Buckler，2006）。

目前，人工构建的多亲本关联群体主要包含 3 类：巢式关联作图（nested association mapping，NAM）群体、随机开放亲本关联作图（random-open-parent association mapping，ROAM）群体和多亲本高世代互交（multi-parent advanced generation intercross，MAGIC）群体。这 3 类群体结合了连锁分离群体和关联作图群体的优点，其共同特征有：①群体包含多个亲本，能够携带相对较多的等位基因；②群体构建需要将不同亲本进行组合杂交，然后经过多代自交，此过程可以加速连锁不平衡衰减，提高作图精度；③子代群体为纯合自交系，可重复遗传试验；④群体无明显群体结构；⑤可有效地控制群体大小，以满足不同需求。

由多个亲本与同一个亲本杂交，将获得的 F_1 再分别用单籽传法构建 RIL 群体，这些 RIL 群体的集合即 NAM 群体（图 14-26A）。该群体最早在玉米中构建，由一个共同亲本 B73 和 25 个玉米自交系杂交构建了 25 个重组自交系，群体共包含 5000 个自交系（Yu et al.，2008）。NAM 群体对杂交过程中的共同亲本的依赖度比较高，这个亲本的遗传背景在群体中占了 50%，降低了其他亲本的遗传比例，从而降低了遗传多样性。NAM 群体杂交构建的多个 RIL 群体相对独立，依然可能产生微弱的群体结构。

ROAM 群体也是由多个 RIL 群体组成的混合群体（有或者没有共同亲本），亲本之间两两自由组合，产生的不同 RIL 群体遗传背景存在相互的交叉（图 14-26B），提高了遗传多样性，这类群体对亲本的组合没有特别严格的要求，可以根据自己的需要随时增加新的材料，因而可以显著提高对低效应位点和低频率位点的检测功效（Xiao et al.，2016）。ROAM 群体和 NAM 群体都是基于多个双亲本的组合杂交衍生出的群体，没有实现多个亲本遗传背景的同时交流。同时，其构建过程中仅发生一次杂交，对连锁的打破程度依然有限。

MAGIC 群体为多亲本聚合杂交构建的群体，最早在 2007 年被提出（Mackay and Powell，2007）。MAGIC 群体的亲本至少有 4 个，经典的 MAGIC 群体的亲本数为 8 个，而已报道最多的亲本数有 60 个（Thepot et al.，2015）。选择的亲本一般要求具有丰富的遗传多样性和表型多样性。如果遗传基础太窄，没有足够多的等位基因，单纯地提高重组次数，后代的遗传变异依然有限，相对于双亲本衍生群体没有优势。经典的杂交模型类似于漏斗状，被称为漏斗模型（"Funnel" 模型）（Cavanagh et al.，2008；Huang et al.，2015）。以 8 个亲本的 "Funnel"

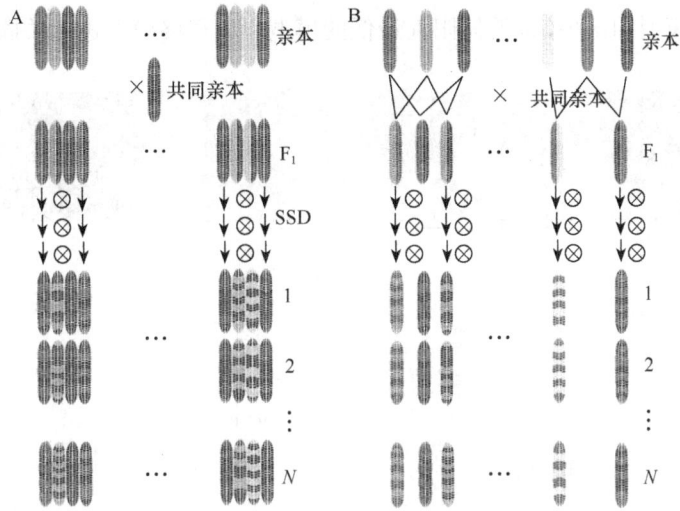

图 14-26 NAM（A）和 ROAM（B）群体构建过程（Xiao et al.，2017）　彩图

模型为例，其杂交模型为［（A×B）×（C×D）］×［（E×F）×（G×H）］，经过 3 代杂交即可获得包含 8 个亲本遗传物质的子代：ABCDEFGH（图 14-19 下图），子代通过连续多代自交即可获得纯合的稳定群体。该群体的特点是每个子代株系遗传组成丰富，但群体构建比较耗时。

（三）GWAS 的 QTL 定位

全基因组高通量分子标记的关联分析定位 QTL 主要包括以下步骤。①群体组建/构建：收集种质资源或人工构建多亲本群体。②群体表型鉴定：针对数量性状特点，开展多年多环境的性状调查，尽量考察更多的性状，也可以多家单位联合开展。对表型数据进行统计分析，如方差分析，计算其遗传方差（G）、环境方差（E）及它们之间的互作方差（$G×E$），用最佳线性无偏预测（BLUP）估测多个环境的综合表型值。③群体基因型分析：利用高通量芯片或重测序对群体进行分子标记检测，获取高质量的 SNP 基因型数据。④群体结构、亲缘关系和连锁不平衡分析：群体结构显示了每个个体的来源及个体的遗传背景组成信息，一般用协变量矩阵（Q）或主成分分析（principal component analysis，PCA）矩阵确定群体结构。利用基因型数据计算两个特定材料之间的遗传相似度与任意材料之间的遗传相似度的相对值，确定亲缘关系矩阵（kinship，K）。将成对的 SNP 之间的相关系数 r^2 作为 LD 水平的依据，r^2 值越大，表示连锁不平衡程度越强。绘制 SNP 间距和对应的 r^2 的拟合曲线作为 LD 衰减曲线，一般设置曲线衰减到 0.1 时为 LD 衰减距离（图 14-27）。⑤全基因组关联分析：将基因分型数据（genotype，G）和获取的表型数据（phenotype，P）结合进行全基因组关联分析。运算模型包括一般线性模型（general linear model，GLM）和混合线性模型（mixed linear model，MLM）。其中一般线性模型包括简单线性模型 $G+P$（GLM），加入 Q 矩阵或 PCA 矩阵作为群体结构矫正参数的 $G+P+Q$［GLM（Q）］和 $G+P+$PCA［GLM（PCA）］模型。混合线性模型中加入了亲缘关系系数矩阵（K）作为矫正随机误差的系数因子，也分为仅用 K 矩阵矫正的 $G+P+$K［MLM（K）］混合线性模型和加入群体结构矫正的 $G+P+Q+K$［MLM（$Q+K$）］和 $G+P+$PCA$+K$［MLM（PCA$+K$）］混合线性模型。绘制分位数-分位数图（QQ plot）并比较不同模型的结果，选择假阳性最低的模型作为最终模型进行关联分析（图 14-28）。

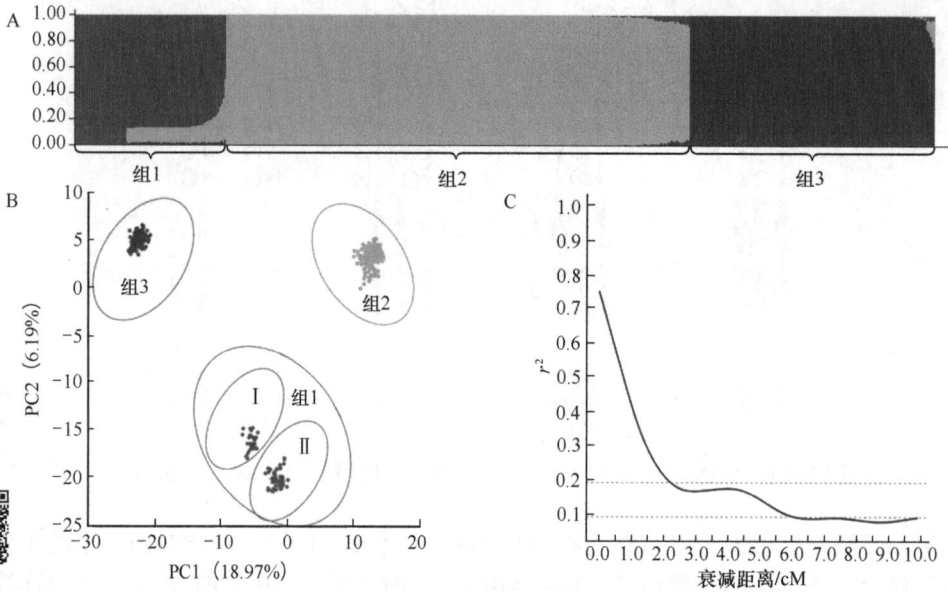

图 14-27　Q 矩阵（A）、PCA 矩阵（B）和 LD 衰减分析（C）（Huang et al.，2017）

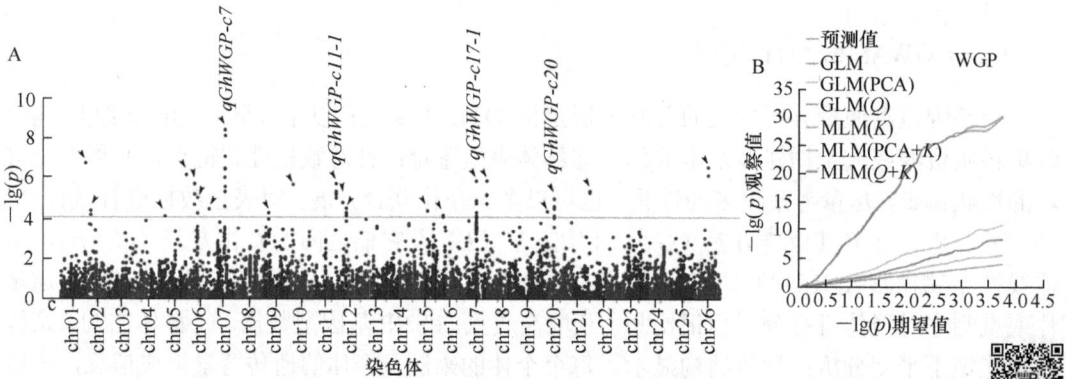

图 14-28　关联分析曼哈顿图（A）和分位数-分位数图（QQ plot）（B）（Huang et al.，2017）

GWAS 已被广泛应用于很多种植物的研究，GWAS 的结果可以与连锁群体定位的结果相互印证和相互补充。GWAS 不但印证了很多连锁定位的结果，还发掘了很多新的遗传位点；而要确定这些新的遗传位点是否真实有效，通常还需要用连锁群体进行重定位，才能作为基因克隆的依据。无可否认，GWAS 在群体演化、作物驯化、作物性状的遗传解析、新基因发掘等方面发挥了独特的作用，将会与连锁定位双剑合璧，共同促进数量性状的遗传解析和QTL 基因的克隆，为分子设计育种和遗传改良奠定了基础。

主要参考文献

陈佩度. 2001. 作物育种生物技术. 北京：中国农业出版社

方宣钧，吴为人，唐纪良. 2001. 作物 DNA 标记辅助育种. 北京：科学出版社

林忠旭，张献龙，聂以春，等. 2003. 棉花 SRAP 遗传连锁图构建. 科学通报，48（15）：1676-1679

王建康. 2009. 数量性状基因的完备区间作图方法. 作物学报，35（2）：239-245

杨小红，严建兵，郑艳萍，等. 2007. 植物数量性状关联分析研究进展. 作物学报，33：523-530

Andersen J R, Lübberstedt T. 2003. Functional markers in plants. Trends in Plant Science, 8(11): 554-560

Blair M W, Panaud O, McCouch S R. 1999. Inter-simple sequence repeat (ISSR) amplification for analysis of microsatellite motif frequency and fingerprinting in rice (*Oryza sativa* L.). Theoretical and Applied Genetics, 98(5): 780-792

Broman K W. 2005. The genomes of recombinant inbred lines. Genetics, 169(2): 1133-1146

Cavanagh C, Morell M, Mackay I, et al. 2008. From mutations to MAGIC: resources for gene discovery, validation and delivery in crop plants. Current Opinion in Plant Biology, 11(2): 215-221

Gupta P K, Rustgi S, Mir R R. 2008. Array-based high-throughput DNA markers for crop improvement. Heredity, 101(1): 5-18

Hartl D L, Elizabeth E W. 2001. Genetics: Analysis of genes and genomes. 5th ed. Boston: Jones and Bartlett Publishers Inc

Huang B E, Verbyla K L, Verbyla A P, et al. 2015. MAGIC populations in crops: current status and future prospects. Theoretical and Applied Genetics, 128(6): 999-1017

Huang C, Nie X H, Shen C, et al. 2017. Population structure and genetic basis of the agronomic traits of upland cotton in China revealed by a genome-wide association study using high-density SNPs. Plant Biotechnology Journal, 15(11): 1374-1386

Huang X H, Wei X H, Sang T, et al. 2010. Genome-wide association studies of 14 agronomic traits in rice landraces. Nature Genetics, 42(11): 961-967

Hufford M B, Xu X, van Heerwaarden J, et al. 2012. Comparative population genomics of maize domestication and improvement. Nature Genetics, 44(7): 808-811

Lee M. 1995. DNA markers and plant breeding programs. Advances in Agronomy, 55: 265-344

Lu H J, Myers G O. 2002. Genetic relationships and discrimination of ten influential upland cotton varieties using RAPD markers. Theoretical and Applied Genetics, 105: 325-331

Ma Z Y, He S P, Wang X F, et al. 2018. Resequencing a core collection of upland cotton identifies genomic variation and loci influencing fiber quality and yield. Nature Genetics, 50(6): 803-813

Menz M A, Klein R R, Mullet J E, et al. 2002. A high-density genetic map of *Sorghum bicolor* (L.) Moench based on 2926 AFLP®, RFLP and SSR markers. Plant Molecular Biology, 48(5-6): 483-499

Thepot S, Restoux G, Goldringer I, et al. 2015. Efficiently tracking selection in a multiparental population: the case of earliness in wheat. Genetics, 199(2): 609-621

Toal T W, Burkart-Waco D, Howell T, et al. 2016. Indel group in genomes (IGG) molecular genetic markers. Plant Physiology, 172(1): 38-61

Xiao Y J, Liu H J, Warburton M, et al. 2017. Genome-wide association studies in maize: praise and stargaze. Molecular Plant, 10(3): 359-374

Xiao Y J, Tong H, Yang X, et al. 2016. Genome-wide dissection of the maize ear genetic architecture using multiple populations. New Phytologist, 210(3): 1095-1106

Yu J, Buckler E S. 2006. Genetic association mapping and genome organization of maize. Current Opinion in Biotechnology, 17(2): 155-160

Yu J M, Holland J B, McMullen M D, et al. 2008. Genetic design and statistical power of nested association mapping in maize. Genetics, 178(1): 539-551

第十五章 分子标记辅助育种

近年来，我国植物育种取得了可喜的进展，已经培育了一批高产、优质、多抗新品种，为促进我国农业发展、保障粮食安全发挥了重要作用。但是，大多数品种是采用传统育种方法选育而成的，传统育种技术的选择效率较低，育种周期较长，已不能完全满足当前农业生产对优良品种的需求。随着分子标记辅助选择技术的发展，在分子水平上评价遗传资源、创制新材料、培育新品种的技术逐渐成为新一代植物育种的关键技术。本章对分子标记辅助选择技术的原理、策略及其在育种上的应用作介绍。

第一节　分子标记辅助选择的原理

一、分子标记辅助选择的遗传学基础

经过长期的自然选择和人工选择，作物种质资源中保存着大量的自然变异，发掘与利用优良的遗传变异是作物遗传育种研究的重要内容之一。针对育种目标，准确、高效地选择符合要求的目标性状是提高作物育种效率的关键。传统选择方法是对目标性状的表型直接进行评价和选择，或通过与目标性状连锁的形态学标记进行选择，这对简单的质量性状而言一般是有效的，但对复杂的数量性状则效率不高。

分子标记辅助选择（marker assisted selection，MAS）是随着现代分子生物学技术的迅速发展而产生的新技术，它可以从分子水平上快速准确地分析个体的遗传组成，从而实现对基因型的直接选择，进行分子育种。利用分子标记辅助选择技术检测与目标基因紧密连锁的分子标记的基因型，可以推测和获知目标基因型，直接对目标基因进行选择。相对于传统的选择方法，分子标记辅助选择可以大大提高选择效率。

在实施分子标记辅助选择时，需首要考虑对目标基因进行选择，即前景选择（foreground selection）。前景选择的可靠性主要取决于分子标记与目标基因间连锁的紧密程度。若只用一个分子标记对目标基因进行选择，标记与目标基因间的连锁越紧密，选择的准确率越高，所要求选择的个体数越少。反之，标记与目标基因间的遗传距离越大，选择的准确率越低，所要求选择的个体数越多。如果利用与目标基因共分离的分子标记或根据目标基因序列开发的功能性标记（functional marker）进行选择，则标记的选择直接就是基因的选择。

以 SSR 标记辅助抗病基因选择为例说明标记辅助选择的原理（图 15-1）。假设某标记座位（M/m）与目标基因座位（Q/q）连锁，标记与目标基因间的重组率为 r。其中携带抗病基因 Q 的供体亲本基因型为 QQMM，感病受体亲本基因型为 qqmm，F_1 代基因型为 QqMm。由于标记座位 M 与抗病基因 Q 连锁，因此可以在后代中通过 M 标记基因型来选择抗病基因 Q。在 F_2 代分离群体中，通过标记基因型 MM 而获得目标基因型 QQ 的概率为 $(1-r)^2$，目标基因为杂合基因型 Qq 的概率为 $2r(1-r)$，而目标基因为隐性纯合基因型 qq 的概率为 r^2。由此可见，通过标记基因型分析，从 F_2 代分离群体中可获得 3 类带型（MM、Mm、mm）的

个体。在 MM 基因型个体中，大多数个体携带抗病基因 Q，其中基因型纯合（QQ）的单株概率为（$1-r$）^{2}，而选择单株中不含抗病基因 Q 的错选率仅为 r^2。

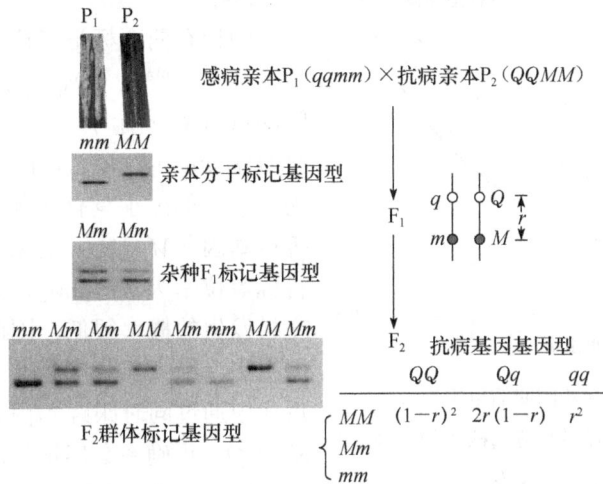

图 15-1　利用 SSR 标记辅助选择抗病基因示例

分子标记与目标基因之间的距离，即重组率是决定选择准确率的关键因素。图 15-2 显示了选择正确性与重组率之间的关系，显然，选择正确率随重组率的增加而迅速下降。若要求选择正确率达到 90%以上，则标记与目标基因间的重组率必须不大于 0.05。当重组率超过 0.10 时，选择正确率已降到 80%以下。如果我们不要求中选的所有单株都是正确的，而只要求在选中的植株中至少有 1 株是具有目标基因型的，那么，即使标记与目标基因连锁不紧密，对选择仍然会很有帮助。

根据目标基因型在后代出现的概率，可以预测需要选择个体的数量。假如要求至少选到 1 株目标基因型的概率为 P，则必须选择具有标记基因型 MM 的植株的最少数目（n）为

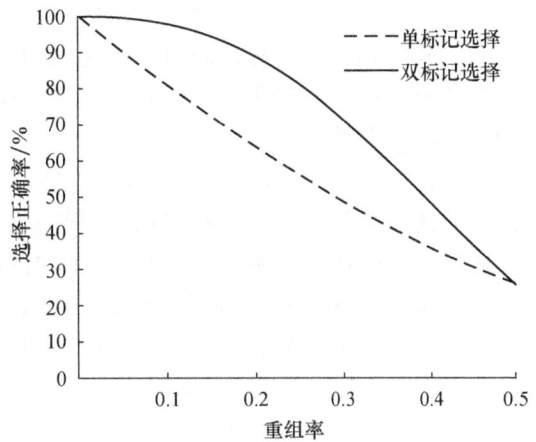

图 15-2　标记与目标基因间的重组率与
F_2 代群体中标记辅助选择正确率的关系
（引自方宣钧等，2001；并做修改）
双标记选择中 $r_1=r_2$

$$n=\log（1-P）／\log（1-p）$$

式中，$p=（1-r）^2$。图 15-3 给出了 $P=0.99$ 时，所要求的最少株数与重组率的关系。由图 15-3 可见，即使重组率高达 0.3，也只需选择 7 株具有基因型 MM 的植株，就有 99%的把握能保证其中有 1 株为目标基因型；而如果不用标记辅助选择（相当于标记与目标基因间无连锁，重组率为 0.5），则至少需选择 16 株。

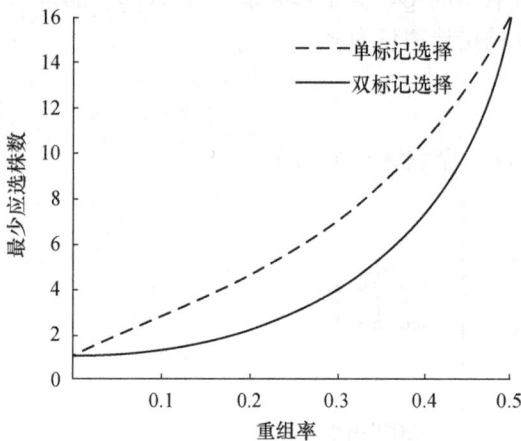

图 15-3 标记与目标基因间的重组率与
F_2 群体中标记辅助选择最少应选株数的关系
（引自方宣钧等，2001；并做修改）
双标记选择中 $r_1 = r_2$

若同时用两侧相邻的两个标记对目标基因进行跟踪选择，可大大提高选择的正确率（图 15-2）。

假设有两个标记座位（M_1/m_1 和 M_2/m_2）位于目标基因座位（Q/q）的两侧，且与目标基因间的重组率分别为 r_1 和 r_2，F_1 代的基因型为 M_1QM_2/m_1qm_2。那么，F_1 代产生的标记基因型为 M_1M_2 的配子具有两种类型，一种包含目标等位基因（M_1QM_2）的亲本型，另一种包含非目标等位基因（M_1qM_2）的双交换型。由于双交换发生的概率很低，因此双交换型配子的比例很小，绝大部分应为亲本型配子。所以，在后代中通过同时跟踪 M_1 和 M_2 来选择目标等位基因 Q，正确率必然很高。在单交换间无干扰的情况下，可以推得，在 F_2 代通过选择标记基因型 M_1M_2/M_1M_2 而获得目标基因型 QQ 的概率 p 为

$$p = (1-r_1)^2 (1-r_2)^2 / [(1-r_1)(1-r_2) + r_1r_2]^2$$

从上式可知，在两标记间图距固定的情况下，当 $r_1 = r_2$（即目标基因正好位于两标记之间的中点）时，选择正确率为最小。图 15-2 和图 15-3 分别显示 $r_1 = r_2$ 时的选择正确率及 $P = 0.99$ 时所要求的最少株数与 r_1（或 r_2）的关系。可以看出，双标记选择的正确率确实比单标记选择高得多。需要指出的是，在实际情况中，单交换间一般总是存在相互干扰，这使得双交换的概率更小，因而双标记选择的正确率要比上述理论期望值更高。

前景选择的作用是保证所选后代中均携带有目标基因。在开展标记辅助选择育种过程中，为了加快育种进程，使后代个体遗传背景尽快恢复成轮回亲本基因组，在开展前景选择的同时，还进行背景选择（background selection），即除目标基因外的整个基因组的选择。与前景选择不同的是，背景选择的对象几乎包括了整个基因组。在分离群体（如 F_2 群体）中，由于在上一代形成配子时同源染色体之间会发生交换，因此每条染色体都可能是由双亲染色体重新"组装"成的杂合体。所以，要对整个基因组进行选择，就必须知道每条染色体的组成。这就要求用来选择的标记能够覆盖整个基因组，也就是说，必须有一张完整的分子标记连锁图。当一个个体中覆盖全基因组的所有标记的基因型都已知时，就可以推测出各个标记座位上等位基因的可能来源，即来自哪个亲本，进而推测出该个体中所有染色体的组成。考虑一条染色体，如果两个相邻标记座位上的等位基因来自不同的亲本，则说明在这两个标记之间的染色体区段上发生了单交换（或奇数次交换）；如果两个标记座位上的等位基因来自同一个亲本，则可推测这两个标记之间的染色体区段也来自这个亲本。因为在这种情况下，该区段上只有发生偶数次交换时，两个标记之间才可能存在来自另一个亲本的染色体区段，但是两个相邻标记间即使发生最低的偶数次交换（即双交换），其发生的概率也是很小的。因此，根据两个相邻的标记基因型，可以近似推测出它们之间染色体区段的来源和组成。将这个原理推广到所有的相邻标记，就可以推测出一个反映全基因组组成状况的连续的基因型，这种连续的基因型能直观地用图形表示出来，称为图示基因型（graphic genotype）。也有一些专门用于绘制图示基因型的计算机软件，如常用的 GGT 软件（van Berloo，1999）（图 15-4）。

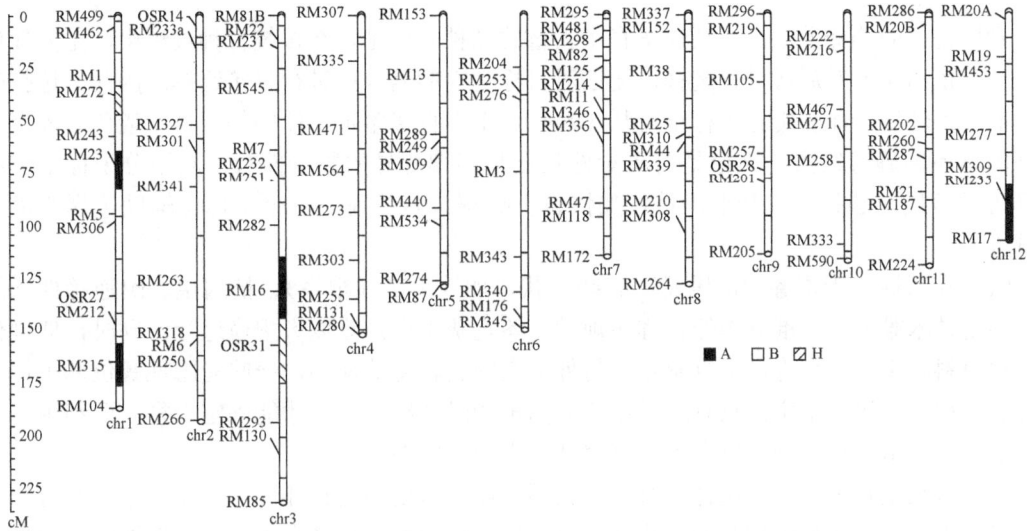

图 15-4　由 GGT 软件绘制的以栽培稻为遗传背景的野生稻渗入系图示基因型

黑色区间表示野生稻染色体片段；白色区间表示栽培稻染色体片段；斜纹区间表示杂合染色体片段

　　根据图示基因型，可以同时进行前景和背景的选择。由于目标基因是选择的首要对象，因此一般应首先进行前景选择，以保证不丢失目标基因，然后再对中选个体进行背景选择。这样既保证了目标基因不丢失，又加快了遗传背景回复成轮回亲本基因组的速度（称为回复率），大大缩短了育种年限。Young 和 Tanksley（1989）针对番茄基因组进行的计算机模拟研究显示，如果每一回交世代产生 30 个植株，那么用分子标记对整个基因组进行选择，只需 3 代即能完全回复成轮回亲本的基因型，而采用传统的回交育种方法则需要 6 代以上（图 15-5）。

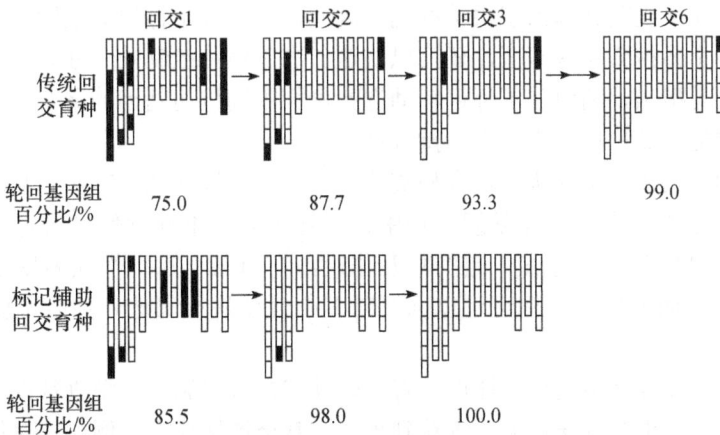

图 15-5　计算机模拟标记辅助选择显著提高基因组回复率

（引自 Young and Tanksley，1989；并做修改）

二、分子标记辅助选择的优越性

利用传统的选择方法，成功地培育了大量的品种。但是，在传统育种过程中，主要凭借育种经验依据表型对后代进行选择，无法对目标基因的基因型进行直接选择。因此，选择效率和准确性较低。而利用分子标记可从 DNA 水平上直接鉴定个体的基因型，避免了表型推测基因型不准确等缺点。无论是对质量性状还是连续变异的数量性状，利用分子标记辅助选择可显著提高选择效率和准确性，加快育种进程。具体而言，分子标记辅助选择有以下优越性。

（1）克服性状表型鉴定的困难。有些性状，如地下部（根系）、抗病虫、耐逆等性状的表型鉴定技术难度大、准确率低、程序烦琐、鉴定费用高，难以大规模进行。同时，低世代因育种材料较少，不允许做重复鉴定。另外，在回交转育的前期，一些受隐性等位基因控制的有利表型无法进行鉴定，只有通过后代分离出的隐性纯合个体才能确定表型。而利用标记直接选择目标基因型，则可以有效地克服性状表型鉴定的困难。

（2）可在生长发育早期选择。有些性状不仅需要特定的生长环境，还要在个体发育到一定阶段才能表现，如抽穗开花期耐热性、耐冷性、抗病性、经济产量、品质等性状只能在个体发育后期才能进行鉴定评价，用传统的选择方法很难准确选择，且效率低。利用分子标记进行基因型鉴定，可以在早期对幼苗（甚至对种子）进行检测和选择。特别是对多年生的作物或生长周期较长的果树或经济林木的选育，如果在早期利用分子标记鉴定基因型，可以将更多的群体纳入研究选择的对象之中，从而可以对其施加更大强度的选择压力。因此，利用分子标记选择技术可以减少田间种植群体的大小，节约人力、物力和财力，大大减少工作量，加快育种进程。

（3）可对控制同一性状的多个（等位）基因同时进行选择。在植物中，存在同一性状（如抗病、抗虫、株高、粒重等）受多个基因控制的现象。此外，在同一位点上也存在不同（复）等位基因，根据性状表型很难区分不同等位基因。例如，水稻中已知抗白叶枯病的基因就有40 多个。通常用多个不同生理小种接种鉴定，非常烦琐，且当一个品种中存在多个抗病基因时，利用抗性表现来判断其基因型很不准确。因此，利用分子标记对基因型的直接选择，不仅可以鉴定一个个体携带哪些基因，还可以快速、准确地将控制同一性状的多个基因进行聚合。目前已有报道指出，利用分子标记辅助选择进行不同抗病基因的聚合（累积）和多系品种的培育，可以提高品种抗病广谱性和持久性水平。

（4）允许同时选择多个性状。在育种实践中，对于目标性状（产量、品质、抗病性、抗虫性等）往往需要综合考虑。在常规育种中，虽然可以在不同世代对所有目标性状同时选择，但是由于各性状间可能存在一定的相互作用，在对某一目标性状做鉴定时，容易受到其他性状的影响。而应用分子标记可以同时对多个性状进行筛选，并且不受环境和表型鉴定的影响。

（5）性状评价和选择不具有破坏性。有一些性状在直接利用表型进行评价时，对植株具有一定的破坏性，严重的可导致无法收获到种子，甚至植株死亡。例如，对植株进行生物胁迫（病、虫等）及非生物胁迫（低温、干旱、盐碱等）抗（耐）性的鉴定时，对植株生长的影响很大，导致收获到的后代种子减少，甚至收获不到种子。另外，对种子品质性状的分析，往往以损伤种子的生活力为代价。而利用分子标记辅助选择技术只需少量组织或叶片，植株还可继续生长至成熟，以便育种工作者同时对该育种群体进行其他性状的选择。在育种项目的初期，育种材料较少，非常珍贵，进行非破坏性鉴定评价尤为重要，而利用分子标记辅助选择技术则可部分克服这些困难。

（6）可提高回交育种效率。将一个目标基因从一个亲本转移到另一个亲本中，传统方法是通过 5～10 代的回交转育来完成的。在每个回交世代中，不仅要选择被转移的等位基因的表型，还要选择轮回亲本的其他性状的表型。利用分子标记辅助选择技术，不仅可以直接选择目标基因，而且可以进行背景选择，缩短回交转育的周期。另外，从野生祖先种中发掘和利用有利基因已经成为当前遗传资源研究的热点。但是这些野生种质往往在农艺性状、生长习性等方面表现较差。如果通过传统的回交转育的方法，将野生种的优良基因导入栽培种中的同时，也将与其紧密连锁的不利基因一起导入，这种现象称为连锁累赘（linkage drag）。Tanksley 等（1989）的研究表明，利用传统回交方法将一个野生种的优良基因转移到栽培品种中，回交 20 代以上还有可能带有 100 个以上的其他非期望基因。利用分子标记可以允许选择出那些含有重组染色体（打破了连锁累赘）的个体，从而帮助减小不需要的染色体片段，可提高育种效率 10 倍以上。如果已经将目标基因精细定位，则利用目标基因左、右两侧 1cM 之内的标记，只需两个世代就能从分离群体中找到携带目标基因且供体染色体片段最小的个体，可将连锁累赘减轻到较小的程度，而传统的选择方法可能平均需要100 代才能完成（图 15-6）。

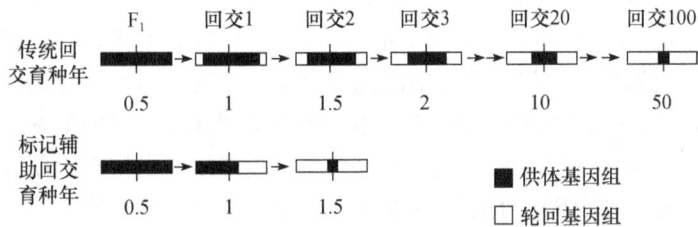

图 15-6　计算机模拟分子标记辅助选择显著消除连锁累赘

（引自 Tanksley et al.，1989；并做修改）

三、分子标记辅助选择应具备的条件

分子标记辅助选择是依据标记基因型推断目标性状基因存在与否，从而选择携带目标基因的个体。与以往的遗传标记相比，DNA 标记具有数量多、多态性高、无表型效应、不受环境限制和影响、检测手段简单快捷、分析效率高等特征。分子标记的出现大大弥补了形态标记、生化标记的局限性，为分子标记辅助选择育种提供了崭新的方法。

通常来说，分子标记辅助选择技术应用于辅助选择育种应具备以下基本条件。

（1）高效的分子标记基因型检测方法。在作物育种实践中，利用分子标记进行辅助选择，通常需要进行大规模的群体标记基因型分析，因而要求标记基因型检测方法具有简单、快速、准确、成本低廉、检测过程（包括 DNA 提取、分子标记的检测、数据分析等）自动化的特征。另外，也要求检测技术在不同实验室或使用者间具有很好的重复性。基于PCR 技术的分子标记，如 SSR、STS、SCAR、CAPS 等标记，检测步骤及基因型分析相对简单，可用于质量性状或主效基因（QTL）的辅助选择。另外，AFLP 标记可同时分析几十甚至上百个位点，检测效率高。但这些标记类型受到标记数量及自动化分析等因素的限制，均难以实现快速的全基因组辅助选择。目前，基因芯片（SNP 检测）和第二代基因组测序技术发展迅速，能够实现标记基因型的高通量检测和自动化分析，使得高密度遗传连锁图谱的快速构建和 QTL 的精细定位成为现实。目前水稻、玉米、小麦、油菜、棉花等 20 余种作物已有多款 SNP 芯片，并用于品种鉴定、基因定位、基因型选择，大大提高了效率，充分表明这种高通量的检测方法将成为分子标记辅助选择技术的主要发展方向之一。

（2）与目标基因紧密连锁的分子标记。如前所述，分子标记辅助选择的准确性取决于目标基因座位与标记间的连锁程度，二者之间连锁越紧密，分子标记辅助选择的准确性越高。除此之外，分子标记辅助选择的准确性也与 QTL 效应大小的准确估计有关。目前，主要作物，如水稻、玉米、小麦、大麦、棉花、油菜等均已经构建了高密度的分子遗传图谱。在此基础上，通过遗传群体构建和基因（QTL）定位分析，获得了大量与重要农艺性状紧密连锁的分子标记。近年来，随着植物功能基因组的发展，成功克隆了一大批控制重要农艺性状的 QTL，据不完全统计，至 2020 年 5 月，水稻中已经克隆了 177 个 QTL，玉米中克隆了 69 个 QTL，小麦中克隆了 37 个 QTL，大麦中克隆了 17 个 QTL，大豆中克隆了 24 个 QTL，可以根据影响表型的关键变异或单倍型，开发可用于辅助选择的分子标记，为分子标记辅助选择育种奠定了良好的基础。

（3）对于复杂的数量性状的分子标记辅助选择育种，不仅需要了解不同等位基因的遗传效应，而且需要了解控制相同性状的基因间的互作（上位性）关系及与环境的相互作用。

大多数农艺性状为数量性状，遗传基础比较复杂，表现为多基因控制的遗传特征。但是由于目前用于 QTL 作图的群体较小，QTL 上位性检测能力较弱，可能低估 QTL 上位性效应，进而影响了分子标记辅助选择的效率。因此，只有清晰地描绘出控制重要农艺性状的遗传调控网络，才有可能更好地发挥分子标记辅助选择在作物育种中的重要作用。

第二节　分子标记辅助选择策略

分子标记辅助选择的核心是将常规育种中表型的评价与选择，转换为分子标记基因型的鉴定与选择。选择效果除了受分子标记与目标性状之间连锁程度的影响，还与目标性状的性质即质量性状和数量性状有关。尽管质量性状和数量性状分子标记辅助选择的原理是一致的，但是采取的策略有所不同。

一、质量性状选择

传统的表型选择方法对质量性状而言多数是有效的，因为质量性状通常受一个或几个主效基因控制，不易受环境的影响，一般具有显隐性。但对许多重要的农艺性状，如抗病性、抗虫性、育性等性状通过表型进行选择往往受到一定的限制。例如，在以下 3 种情况下，采用标记辅助选择可提高选择效率：①当表型的测量在技术上难度较大或费用太高时；②当表型只能在个体发育后期才能测量，但为了加快育种进程或减少后期工作量，希望在个体发育早期就进行选择时；③除目标基因外，还需要对基因组的其他部分（即遗传背景）

进行选择时。另外，有些质量性状不仅受主基因控制，还受一些微效基因的修饰作用，易受环境的影响，表现出类似数量性状的连续变异（如植物抗病性）。这类性状的遗传表现介于典型的质量性状和典型的数量性状之间，所以有时又称之为质量-数量性状。而育种上习惯把它们作为质量性状来对待。这类性状的表型往往不能很好地反映其基因型，如果仍按传统育种方法，依据表型对其进行选择，效率很低。因此，分子标记辅助选择对这类性状就特别有用。

质量性状标记辅助选择包括前景选择和背景选择。前景选择是对目标基因进行选择，其可靠性主要取决于标记与目标基因间连锁的紧密程度。若只用一个标记对目标基因进行选择，则要求标记与目标基因间的连锁必须非常紧密才能够达到较高的正确率。若要求选择正确率达到90%以上，则标记与目标基因间的重组率必须不大于5%。当重组率超过10%时，选择正确率已降到80%以下。如果不要求中选的所有单株都是正确的，而只要求在选中的植株中至少有一株是具有目标基因型的，那么，即使标记与目标基因只是松弛地连锁，也会对选择有较大帮助。即使重组率高达30%，也只需选择7株具有标记基因型的植株，就有99%的把握能保证其中有1株为目标基因型；而如果不用标记辅助选择（相当于标记与目标基因间无连锁，重组率为0.5），则至少需选择16株。

同时用两侧相邻的两个标记对目标基因进行跟踪选择，可大大提高选择正确率。需要指出的是，在实际情况中，单交换间一般总是存在相互干扰，这使得双交换的概率更小，因而双标记选择的正确率要比理论期望值更高。

背景选择是对基因组中除目标基因之外的其他部分的选择。与前景选择不同的是，背景选择的对象几乎包括了整个基因组，因此，这就要求有一张完整的分子标记连锁图，使人们对每一个体的基因组成情况一目了然。孟金陵等（1996）认为，通过分子标记辅助选择技术，借助饱和的分子标记连锁图，对各选择单株进行整个基因组的组成分析，进而可以选出带有多个目标性状而且遗传背景良好的理想个体。借助基因组芯片可以同时对背景和前景进行选择，选择效率大大提高。

由于目标基因是选择的首要对象，因此一般应首先进行前景选择，以保证不丢失目标基因，然后再对中选的个体进一步进行背景选择，以加快育种进程。

二、数量性状选择

作物育种的目标性状（如产量、品质、抗逆等）多为数量性状，因此，对数量性状的遗传操纵能力决定了作物育种的效率。数量性状的表型与基因型之间往往缺乏明显的对应关系，表型不仅受生物体内部遗传背景的影响，还受外界环境的影响。理论上来说，运用分子标记辅助选择，育种者可以在不同发育阶段、不同环境直接根据个体基因型进行选择，既可以选择到单个主效QTL，也可以选择到所有与性状有关的微效基因位点，从而避开环境因素和基因间互作带来的影响。

原则上讲，对质量性状适用的分子标记辅助选择方法也适用于数量性状的选择，然而数量性状的选择要比质量性状复杂得多，数量性状往往涉及多个QTL，每个QTL对目标性状的贡献率不一样，性质也会有差异。因此，首先要确定最佳的技术路线，将各个QTL分类排列，在充分考虑各个QTL之间互作的基础上，画出图示基因型，然后根据图示基因型决选试材。在比较复杂的情况下，先针对少数主效QTL实施选择，更容易在短期内取得较为理想的效果。目前，QTL 的解析还不能完全满足育种的需要，这是因为多数 QTL 还停留在初级定位，只有部分 QTL 被精细定位和克隆。另外，上位性效应也可能影响选择的效果，使选育结果不符合预期的目标。不同数量性状间还可能存在着遗传相关，对一个性状选择的同时还要考虑对其他性状的影响。

数量性状的选择通常采用表型值选择、标记值选择、指数选择和基因型选择几种方法。表型值选择是传统育种的选择方法，标记值选择和指数选择都是依据个体的基因型值中的加性效应分量，而非个体的基因型本身，所以表型值选择、标记值选择及指数选择都不是所期望的标记辅助选择方法，并没有做到对基因型的直接选择。所以更有效的方法应该像质量性状的标记辅助选择一样，利用其两侧相邻的标记或单个紧密连锁标记的基因型进行选择。Hospital 和 Charcosset（1997）建议，对每个目标 QTL 最好用 3 个相邻的连锁标记进行跟踪选择。这 3 个标记的最佳位置应根据目标 QTL 位置的置信区间来决定。一般而言，中间一个标记最好处于非常靠近或正好位于估计的 QTL 位置上，而另外的两个标记则近乎对称地位于两侧。研究表明，在回交育种中，若用最佳位置的标记来跟踪目标 QTL，则一个包括几百个个体的群体就足以将 4 个互相独立的 QTL 的有利等位基因从供体亲本转入受体亲本。若 QTL 间存在连锁、QTL 定位精确或使用更大的群体，则可同时转移更多的 QTL。在选择 QTL 的同时，同样也可以利用分子标记进行背景选择，使背景更快地回复到轮回亲本的基因组，加快育种进程。

目前，在育种实践中，数量性状的分子标记辅助选择应以针对单个性状遗传改良的回交育种计划为重点，理论和操作上相对比较简单，因为这只涉及将有关 QTL 有利的等位基因从供体亲本转移到受体亲本的过程。在选育策略上，针对育种的目标性状，选择拥有多个有利基因的材料作为供体亲本，而以改良的优良品种作为受体亲本，在选育过程中，可以在回交一代对目标性状进行定位，然后以定位结果指导各世代中的个体选择，这样 QTL 定位和分子标记辅助选择就能够有机结合起来。Tanksley 和 Nelson（1996）提出高代回交 QTL 分析的策略，通过回交 2 代或 3 代，建立一套受体亲本的近等基因系，其遗传背景来自受体亲本，其中某个染色体片段来自供体亲本。通过分子标记分析，借助饱和的分子标记连锁图谱，可以确定各个近等基因系所拥有的供体亲本染色体片段。这样可以对有关的 QTL 进行精细定位，根据精细定位的结果可以提高标记选择的可靠性。在这些近等基因系中，有些优良的改良品系有可能直接被应用于生产实践。而且，对不同近等基因系进一步杂交选择，聚合有利基因，可能培育出新的优良品系。

数量性状的标记辅助选择技术还可以应用于同时改良多个品种的更为复杂的育种计划。这可以通过 3 个阶段来完成。第一阶段，针对育种目标，通过双列杂交或 DNA 指纹等方法，从优良的品种中选出彼此间在目标性状上表现为最大遗传互补的亲本系。第二阶段，将中选的亲本系与测交系杂交，建立一个作图群体和分子标记连锁图，并进行田间试验，定位目标性状的 QTL，同时，将中选的亲本互相杂交，建立一个较大的 F_2 代育种群体，然后根据 QTL 的定位结果，在 F_2 代育种群体中进行大规模的分子标记辅助选择，选出目标染色体上彼此互补的有利基因纯合的个体，目标个体自交建立 F_3 代株系。第三阶段，在标记辅助选择得到的 F_3 代株系的基础上，进一步应用常规育种方法培育出新的品系。

影响数量性状分子标记辅助选择的因素很多，关键是 QTL 定位的基础研究，包括分子标记与目标性状连锁程度、不同等位基因的遗传效应及不同 QTL 之间的互作关系。因此，对数量性状的选择难度要比质量性状大得多，尤其是对多个 QTL 进行选择。

三、基因转移

基因转移（gene transfer）或基因渗入（gene transgression）是指将供体亲本（一般为地方品种、特异种质或育种中间材料等）中的优良基因（即目标基因）渗入受体亲本遗传背景中，从而达到改良受体亲本个别性状的目的。育种过程中采用分子标记辅助选择技术与回交育种相结合的方法，可以快速地将与分子标记连锁的基因转移到另一个品种中，在这一过程中可同时进行前景选择和背景选择。

通过与目标基因紧密连锁的标记做前景选择，跟踪供体基因是否转移到后代，同时利用染色体上均匀分布的分子标记做基因组背景选择，使目标等位基因在回交过程中处于杂合状态，而其他位点的基因型与轮回亲本相同。从回交一代中选择出一些染色体纯合而目标基因是杂合的个体，进行再次回交（可以回交多次）。对在以前世代中已检测是纯合的染色体可少用或不用标记进行检测。前景选择的作用是保证从每一个回交世代中选出来的作为下一轮回交亲本的个体都包含目标基因，而背景选择则是为了加快遗传背景回复成轮回亲本基因组的速度，以缩短育种年限。

Tanksley 等（1989）的研究表明，在一个个体数目为 100 的群体中，以 100 个 RFLP 标记辅助选择，只要 3 代就可使后代的基因型回复到轮回亲本的 99.2%，而随机选择则需要 7 代才能达到这个效果。背景选择的另外一个重要作用是，可以避免或减轻连锁累赘（linkage drag）这个长期困扰作物育种的难题。连锁累赘是指由于目标基因与其他不利基因间的连锁，回交育种在导入有利基因的同时也带入了不利基因，常常造成性状改良后的新品种与预期目标不一致。传统回交育种难以消除连锁累赘的主要原因是无法鉴别目标基因附近所发生的遗传重组，因而只能靠碰巧来选择消除了连锁累赘的个体。利用高密度的分子标记连锁图就能够直接选择到在目标基因附近发生了重组的个体。理论上，若目标基因的片段在 2cM 的标记区间内，通过连续两个世代，每轮对 300 个个体进行分子标记分析，即可达到目的基因被转移，其他供体染色体片段被排除的目的。然后对这些回交个体进行自交，就可以得到目标株系。在整个分析过程中还可以用图示基因型方法监测基因组的变化，指导后代株系的自交或与轮回亲本的杂交。另外，由于可进行早期（如苗期）的分子标记分析，可以大量减少每个世代植株的种植数量。当然，应用分子标记消除连锁累赘的一个重要前提是必须对目标性状进行精细定位，找到与目标基因紧密连锁的分子标记。

需要指出的是，尽管利用分子标记对背景选择的效率很高，但在育种实践中，应将育种家丰富的选择经验与标记辅助选择相结合，依据个体表型进行背景选择的传统方法仍不应被摒弃。此外，基因定位研究与育种应用脱节是限制分子标记辅助选择技术应用到育种中的一个主要原因。大部分研究的最初目的都只是定位目的基因，在实验材料选择上只考虑研究的方便，而没有考虑与育种材料的结合，致使大部分研究只停留在基因定位上，未能应用到育种实践中。为了使基因定位研究成果尽快服务于育种，应注意基因定位群体与育种群体相结合。对于质量性状，其标记辅助选择的理论和技术都已比较成熟，今后研究的重点应是实际应用。例如，在定位一个有用的主基因时，杂交亲本之一最好为一个已推广应用的优良品种，这样，在定位目标主基因的同时，即可应用标记辅助选择，使原优良品种得到改良（图 15-7）。

受体亲本×供体亲本

（不含目标基因）（含目标基因）

F_1×受体亲本

BC_1 → 目标基因定位

标记辅助选择

中选BC_1×受体亲本

（含目标基因）

BC_2

标记辅助选择

中选BC_2×受体亲本

（含目标基因）

BC_3

中选BC_3

（含目标基因）

标记辅助选择 $\otimes$

新育成的优良品种

（受体亲本遗传背景+目标基因）

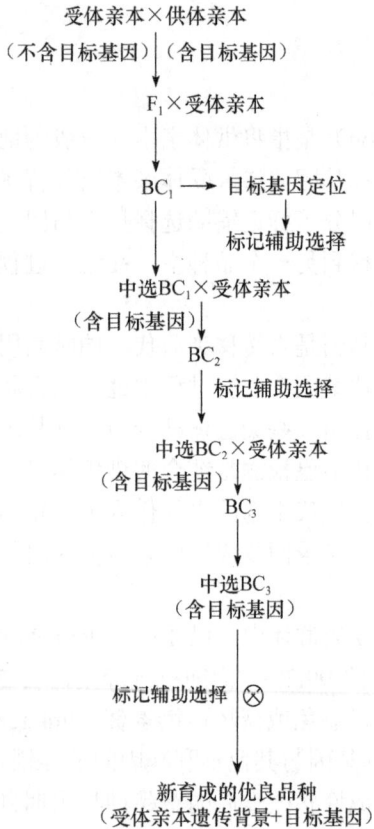

图15-7　目标基因的定位与标记
辅助回交育种相结合的技术路线受体
（引自方宣钧等，2001）
亲本应为符合育种目标的优良品种

四、基因聚合

作物的有些农艺性状的表达呈基因累加作用，即集中到某一品种中的同效基因越多，则性状表达越充分。例如，把抗同一病害的不同基因聚集到同一品种中，可以增加该品种对这一病害的抗谱，获得持续抗性。基因聚合（gene pyramiding）就是利用分子标记辅助选择技术，通过杂交、回交、复合杂交等手段将分散在不同供体亲本中的有利基因聚合到同一个品种中。为了提高基因聚合育种效率，最好以一个优良品种为共同杂交亲本，以便在基因聚合的同时，既使优良品种在抗性上得到改良，也可直接应用于生产，又可作为多个抗病基因的供体亲本，用于育种（图15-8）。在进行基因聚合时，一般只考虑目标基因，即只进行前景选择而不进行背景选择。

基因聚合在作物抗病育种上的应用最为成功，植物抗病性分为垂直抗性和水平抗性两种，其中垂直抗性受主基因控制，抗性强，效应明显，易于利用。但垂直抗性一般具有小种特异性，所以易因致病菌优势小种的变化而丧失抗性。如果能将抵抗不同生理小种的抗病基因聚合到一个品种中，那么该品种就具有抵抗多种生理小种的能力，亦即具有多抗性，不容易丧失抗性。多抗性还可指一个品种具有抵抗多种病害的能力，这同样也涉及聚合不同抗性基因的问题。传统的表型鉴定和分小种接种鉴定对试验条件和技术的要求较高，难以准确、快速选择具有两个以上抗性基因的个体。借助分子标记辅助选择技术，可以首先寻找抗病基因的连锁标记，通过检测与不同基因型连锁的标记来判断个体是否含有某一基因，这样不但可以通过多次杂交或回交将不同抗性基因聚合在一个材料中，而且避免了对不同抗性基因分别做人工接种鉴定的困难，是培育广谱持久抗性的有效途径。

五、全基因组选择

MAS 在应用中存在的一个问题是，在构成表型性状的所有变异中，分子标记辅助选择只能捕获其中很有限的一部分变异，即主效基因所带来的那部分变异，而小效应累加起来所带来的变异却被忽视了。为了捕获构成表型的所有遗传变异，其中的一个途径就是在基因组水平上检测影响目标性状的所有 QTL，并对其利用，这就是全基因组选择（whole genomic selection，WGS）。

WGS 首先利用测试群体（training population）中具有基因型和表现型的个体，基因型结合表现型性状及系谱信息，建立数学模型，再把候选群体里的基因型数据代入数学模型中，

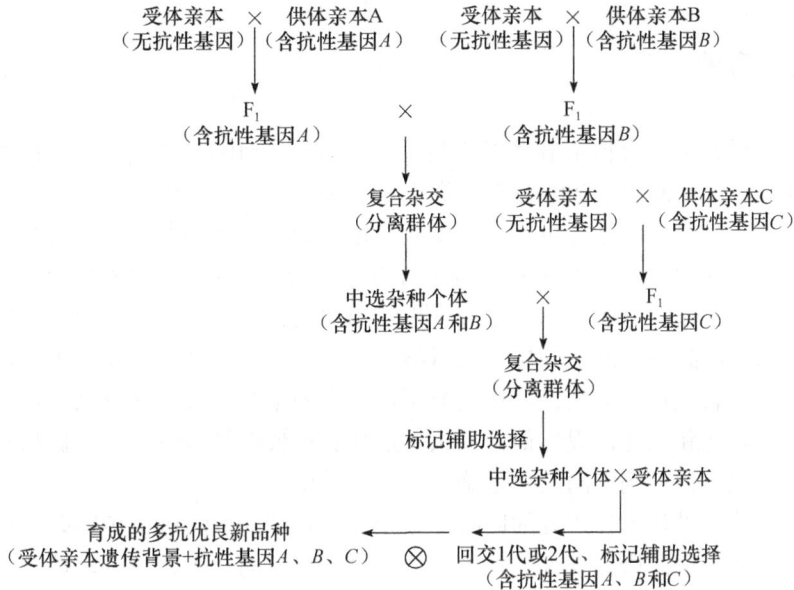

图 15-8 标记辅助基因聚合与品种改良相结合的技术路线
（受体亲本应为符合育种目标的优良品种）（引自方宣钧等，2001）

产生基因组估计育种值（genomic estimated breeding value，GEBV）。这些 GEBV 与控制表型的基因功能无任何关系，但却是理想的选择标准。模拟研究表明，只依赖个体基因型的 GEBV 十分准确，并且已在奶牛、小鼠、玉米、大麦中得到证实。随着基因型检测成本的下降，WGS 使个体的选择远远早于育种周期，将会成为动植物育种的一次革命。

全基因组选择的思路最早由 Meuwissen 等于 2001 年提出。全基因组选择简来讲就是全基因组范围内的标记辅助选择。具体来说，就是利用覆盖整个基因组的标记（主要指 SNP 标记）将染色体分成若干个片段，即每相邻的两个标记就是一个染色体片段，然后通过标记基因型结合表型性状及系谱信息分别估计每个染色体片段的效应，最后利用个体所携带的标记信息对其未知的表型信息进行预测，即将个体携带的各染色体片段的效应累加起来，进而估计基因组育种值并进行选择。

全基因组选择主要利用的是连锁不平衡信息，即假设每个标记与其相邻的 QTL 处于连锁不平衡状态，因而利用标记估计的染色体片段效应在不同世代中是相同的。由此可见，标记的密度必须足够高，以确保控制目标性状的所有的 QTL 与标记处于连锁不平衡状态。水稻、玉米、小麦、大豆等作物基因组测序及 SNP 图谱的完成，确保了有足够高的标记密度，而且由于大规模高通量的 SNP 检测技术也相继建立和应用（如 SNP 芯片技术等），SNP 分型的成本明显降低，因此使全基因组选择方法的应用成为可能。

基因组研究产生了一系列新的工具，如功能分子标记、生物信息学，能为育种提供高效和正确的统计与遗传信息，所有重要农艺性状遗传机制、调控网络的解析，为全基因组选择提供了巨大的潜力。在全基因组层次建立性状与标记的关联性，进一步通过全基因组选择，以实现功能基因组研究与育种实践的有效结合。分子标记辅助选择育种将逐步进入全基因组选择育种时代，以实现全基因组设计育种和选择。

六、分子设计育种

在传统育种过程中,育种家潜意识地利用设计的方法组配亲本,估计后代的种植规模,选择优良后代。Peleman 等(2003)首先提出了"设计育种"的概念,他认为以作物分子标记辅助选择技术及生物信息学分析技术为支撑,作物分子育种的发展可分为 3 步:①大量农艺性状的 QTL 定位;②数量性状位点的等位性变异评价;③依据计算机模拟及分子标记辅助选择开展设计育种。作物分子设计是以分子设计的理论为指导,通过运用各种生物信息和基因操作技术,从基因到整体的不同层次对目标性状进行设计与操作,实现优良基因的最佳配置,培育出综合性状优良的新品种。通过分子设计育种策略,育种家可以对育种程序中的各种因素进行模拟筛选和优化,提出最佳的亲本选择和后代选择策略,大大提高育种效率,实现从传统的"经验育种"到定向的"精确育种"的转变。

在开展作物分子设计育种研究的同时,分子设计育种的内涵进一步明确,分子设计育种技术体系初步建立起来。概括来说,首先,分子设计育种的前提就是发掘控制育种性状的基因,明确不同基因的表型效应、基因与基因及基因与环境之间的相互作用;其次,在 QTL 定位和各种遗传研究的基础上,利用已经鉴定出的各种重要育种性状基因的信息,模拟预测各种可能基因型的表型,从中选择符合特定育种目标的理想基因型;最后,分析达到目标基因型的途径,制订生产品种的育种方案,利用设计育种方案开展育种工作,培育优良品种。

近年来,主要作物的基因组学研究,特别是水稻、玉米、小麦、棉花、高粱的基因组学研究取得了巨大成就,基因定位、QTL 作图及功能解析研究为分子设计育种奠定了良好基础,计算机技术在作物遗传育种领域的广泛应用为分子设计育种提供了有效的手段。

第三节　分子标记辅助选择技术在育种上的应用

分子标记辅助选择内容包括用分子标记进行种质资源分类和遗传多样性分析,杂交育种亲本选择、杂交后代重组个体筛选等育种环节,以及利用 DNA 指纹进行新品种保护。

一、利用分子标记辅助选择技术评价亲本

(一)利用分子标记进行种质资源遗传多样性分析

作物种质资源所包含的遗传变异是育种的基础材料,对资源的合理分类与准确评价是资源高效利用的前提。种质资源遗传多样性一般用多态性位点数、各位点的等位基因数及等位基因频率等参数来描述。Yang 等(1994)利用 SSR 标记分析了来自中国和东南亚的 140 份水稻农家品种和 98 份改良品种的遗传多样性,发现改良品种的等位基因数约为农家品种的 60%,而 20 个在我国大面积种植的优良品种和 13 个杂交稻亲本的等位基因数约为全部改良品种的 60%。另外,根据中国农业大学水稻分子遗传课题组采用 RFLP 和 SSR 标记的研究,发现栽培稻等位基因数约是野生稻等位基因数的 60%。这些研究表明,在水稻驯化和改良的

过程中，大量的等位基因丢失，从野生稻及地方种中发掘优良基因资源具有较好的潜力。例如，控制水稻籽粒大小的基因 *GW2* 和抗稻瘟病基因 *Pi21* 等均是从地方种中分离出的，在优良品种中已经被选择掉。

（二）利用分子标记预测杂种优势

分子标记还可以用来对品种资源进行分类，确定亲本间的遗传距离，并有效划分杂种优势群，为提高育种效率提供依据。

Thomas 等用 AFLP 标记分析了欧洲 51 个早熟玉米硬粒型和马齿型自交系，并用之将自交系归入不同的杂种优势群；而后又发现 AFLP 标记不仅可用于自交系的不同杂种优势群的划分，而且可用于揭示自交系间的系谱关系。刘希慧等（2005）利用 SSR 分子标记分析了广泛应用的 12 个玉米自交系的遗传多样性，并划分了杂种优势群，结果表明用 SSR 标记划分的杂种优势群与自交系系谱关系基本一致。Smith 等（1990）为探讨不同位点等位变异与杂交种产量的关系，用 37 个优良玉米自交系配制了 310 个杂交组合，并用 230 个 RFLP 探针对这些自交系的等位性变异进行检测，发现杂交种的杂交位点数目与产量决定因子的相关系数高达 0.87。在水稻中，Zhang 等（2004，2005，2006）系统研究了分子标记基因型杂合度与杂种优势间的相关性，并提出用一般杂合度和特殊杂合度来度量杂种基因型杂合性的概念，一般杂合度是指由所有标记检测到的两亲本间的差异，特殊杂合度则指根据单因子方差分析确定的对某一性状有显著效应的标记计算的亲本间差异程度。研究结果表明，基因型杂合度与杂种表现及杂种优势的相关性在不同材料中有较大差异，在美国长粒型品种杂交组合中，一般杂合度与杂种产量呈显著正相关；我国优良杂交稻亲本杂交组合的特殊杂合度与杂种优势也有很高的相关性。李任华等（1998）用 92 个多型性的 RFLP 分子标记研究水稻籼、粳分化与杂种优势的关系，发现分子标记位点杂合度与杂种表现不显著，而用其中的 42 个与籼、粳分化有关的特异性标记位点计算的杂合度与杂种表现相关。

（三）利用分子标记建立品种 DNA 指纹

DNA 指纹（DNA fingerprint，DFP）技术是一种在单一实验中可以检出大量 DNA 位点差异性的分子生物学技术。1980 年，Wyman 和 White 首先在人类基因组文库的 DNA 随机片段中分离出高度多态的重复序列区域。1985 年，Jeffreys 等发现了小卫星位点的核心序列并以此为探针获得了第一个杂交图谱，由其具有和人的指纹相似的个体特异性而被称为 DNA 指纹图谱。DNA 指纹可以用于作物新品种登记和品种鉴定，作为该品种的"身份证"保护新育成品种及育种家的权益；此外，分子标记指纹图谱还可以进行品种纯度和重复性检验。当前用来作 DNA 指纹图谱的标记主要是 SSR 和 SNP，其中 SSR 比较理想，而 SNP 更易于自动化。

（四）利用分子标记辅助选择技术发掘作物野生近缘种优良基因

种质创新是作物育种的基础环节，利用分子标记结合常规回交育种技术，可以进行野生资源优良基因的发掘和利用。由于野生资源中不利基因的频率较高，很难直接利用，借助分子标记和高密度连锁图谱，构建渗入系是行之有效的方法。渗入系也被称为染色体片段代换系，是通过系统回交和自交，并利用分子标记辅助选择的手段使供体染色体片段渗入受体亲本中。由于渗入系的遗传背景与受体亲本大体相同，只有少数渗入片段的差异，渗入系和受体亲本的任何表型差异均是由渗入片段引起的，因此，渗入系的构建是野生近缘种优异基因挖掘和利用的重要途径。Tanksley 研究小组用该方法对番茄 5 个野生种基因组进行了筛选，在分子标记辅助下，育成了一系列含有野生种不同 QTL 的近等基因系，一些品系的产量、可溶性固体物含量、颜色和果重等指标分别比轮回亲本提高了 48%、22%、35% 和 8%。中国农业大学水稻分子遗传课题组构建了以优良栽培稻品种为遗传背景、以普通野生稻为供体亲本的基因渗入系，利用这些渗入系对野生稻的高产、耐冷、耐旱基因进行了定位，创制了一批高产、抗逆的新材料。

二、利用分子标记辅助选择技术改良作物品种

在作物育种过程中，对杂交后代进行准确鉴定和有效选择至关重要，但是由于基因间存在上位效应或掩盖效应，用传统的育种方法来实现基因的累加非常困难，甚至是不可能的，利用分子标记辅助选择技术可以实现有利基因的转移和基因聚合（或基因累加）。无论是基因转移还是基因聚合，依目标性状或目的基因不同，采取的策略及选择的效果会不相同。

（一）利用分子标记辅助选择技术改良作物的抗性

作物中许多重要的农艺性状，如抗病性、抗虫性、育性、株型等都受主基因的控制，因而常常表现为质量性状遗传的特点，不易受环境的影响，在分离群体中表现为不连续性变异，能够明确分组。近年来，作物质量性状基因的定位、克隆取得了重要进展，已经定位并克隆了一批控制抗病、抗虫、育性及株型的重要基因，为开展分子标记辅助选择创造了条件。

在分子标记辅助选择育种中，开始最早、进展最好的是水稻抗白叶枯病基因的转移和基因聚合。水稻白叶枯病是一种重要的细菌性病害，对水稻生产的危害十分严重。水稻白叶枯病抗性主要由主效基因控制，到目前已经报道的抗病基因有 40 多个，其中被克隆的基因有 11 个（*Xa1*、*Xa3/Xa26*、*Xa4*、*xa5*、*Xa10*、*xa13*、*Xa21*、*Xa23*、*xa25*、*Xa27* 和 *xa41*）。*Xa21* 是 Khush 等（1989）在长雄野生稻（*Oryza longistaminata*）中鉴定的白叶枯病广谱抗性基因，并育成了以 'IR24' 为遗传背景的近等基因系 'IRBB21'。*Xa21* 是最早被克隆的抗病基因，被广泛用于分子标记辅助选择育种。这里简单介绍 Chen 等（2000）利用分子标记选择将 *Xa21* 导入优良恢复系 '明恢 63' 的方法。

首先，利用 'IRBB21' / '明恢 63' 的 F_2 代群体的 200 个单株进行基因定位分析，构建了 *Xa21* 在 11 号染色体上的遗传连锁图谱。然后，利用与 *Xa21* 共分离的两个 PCR 标记（"21" 和 "248"）作正向选择，筛选携带 *Xa21* 的单株。在 *Xa21* 两侧还找到两个紧密连锁的分子标记 C189 和 AB9，它们距离该基因分别为 0.8cM 和 3.0cM，利用这两个选择标记 C189 或 AB9 与基因发生重组的单株，从而保证所转移的包含目标基因的外源片段小于 3.8cM。

在 BC_1F_1 中，通过共分离的分子标记和接种鉴定发现有 49 株含有 *Xa21*，并从中找出一株与 AB9 侧发生交换的阳性植株。将该单株与 '明恢 63' 作进一步回交得到 BC_2F_1；同样在 180 个含有 *Xa21* 的 BC_2F_1 中筛选到一株与 C189 侧有交换的阳性植株，该单株来自 'IRBB21'，含有 *Xa21* 的染色体片段应该小于 3.8cM。该植株与 '明恢 63' 进一步回交得到 BC_3F_1。选用 128 个在染色体上分布比较均匀且在亲本间具有多态性的 RFLP 标记对 250 株 BC_3F_1 作背景筛选，发现有两株除目标基因位点（RG103）附近区域外，其他位点上的基因型均与 '明恢 63' 相同。用菲律宾菌系 6（其代表生理小种 'Pxo99'）接种鉴定这两个单株，它们的抗

性反应与'IRBB21'一样，表现为高抗。将这两株自交，即获得 *Xa21* 纯合背景与'明恢63'完全一致的株系。进一步用多个菌系对它们分别作接种鉴定和农艺性状调查，表明这些株系具有与'IRBB21'对白叶枯病一样的广谱抗性，而农艺性状与'明恢63'基本一致。

　　在育种实际中，为了提高育种效率，往往将单个基因转移与基因聚合相结合。例如，国际水稻研究所 Huang 等（1997）利用 4 个含有不同水稻白叶枯病抗性基因（*xa4*、*xa5*、*xa13*、*xa21*）的近等基因系进行抗性基因的聚合，所产生的抗性基因累积的品系比含有单个抗性基因的品系具有更高的抗性水平和对病原菌更广的抗谱。黄廷友等（2003）利用携带 *Xa21* 和 *Xa4* 的'IRBB60'与'蜀恢527'回交，将 *Xa21* 和 *Xa4* 同时聚合于'蜀恢527'，大大提高了'蜀恢527'的抗性；何光明等（2004）将 *Xa23* 和抑制衰老的基因 *IPT* 聚合；桑茂鹏等（2009）利用分子标记辅助选择，将 *Xa21* 和香味基因 *fgr* 聚合；易懋升等（2006）将细胞质雄性不育恢复基因 *Rf3* 和 *Rf4* 与 4 个抗白叶枯病基因 *Xa4*、*Xa5*、*Xa13*、*Xa21* 聚合。

　　稻瘟病是水稻三大病害之一，如何提高抗病育种的效率是育种家面临的难题。目前，已经定位了 100 余个抗性基因，其中 37 个抗病基因被克隆。抗稻瘟病基因分子标记辅助选择育种也取得了重要进展。Jia 等（2002）利用抗病基因 *Pi-ta* 与感病基因 *pi-ta* 的序列差异，建立了能特异扩增抗病基因 *Pi-ta* 内部序列的显性分子标记 YL155/YL87、YL153/YL154、YL100/YL102。Robert 等（2004）利用抗稻瘟病基因 *Pi-b* 内部特异序列，建立了能特异扩增 *Pi-b* 基因内部序列的显性分子标记 PibDom。Hittalmani 等（2000）同时聚合了 3 个抗稻瘟病主效基因（*Pi1*、*Piz5* 和 *Pita*），发现三基因或两基因（均带有 *Piz5*）的抗性比单基因要高。Zheng 等将 *Pi1*、*Pi2* 和 *Pi4* 聚合到同一品种中。陈学伟等（2004）将来自不同亲本的抗稻瘟病基因 *Pid*（*t*）、*Pib*、*Pita* 同时聚合到了保持系'冈46'中。胡杰等（2010）将水稻抗褐飞虱基因 *Bph14*、*Bph15* 和抗稻瘟病基因 *Pi1*、*Pi2* 同时导入'珍汕97B'中，发现改良的杂交稻（聚合 *Bph14*、*Bph15* 或单基因）的褐飞虱抗性较对照（'汕优63'）显著提高；穗颈瘟田间自然发病结果也表明，聚合 *Pi1*、*Pi2* 的杂交稻发病率仅约为 6%，明显低于对照'汕优63'（约 90%）；田间农艺性状考察也表明改良型杂交稻的主要农艺性状与对照基本一致，产量高于对照或与对照相仿。

　　玉米茎腐病、锈病、矮花叶病是危害玉米生产的主要病害。李卫华（2008）通过分子标记辅助选择和传统育种手段相结合的方法将玉米抗茎腐病基因 *Rpi* 和 *Rfg1*、抗南方玉米锈病基因 *RppQ* 和抗玉米矮花叶病基因 *mdm1*（*t*）聚合，培育出兼抗多种病害的新材料。

　　小麦白粉病、锈病和赤霉病是小麦的主要病害，利用分子标记辅助选择技术，能够将多个抗性基因聚合。王新宇（2001）聚合了抗白粉病基因 *Pm2* 与 *Pm4b*、*Pm4a* 与 *Pm21*、*Pm8* 与 *Pm21*，并发现基因聚合系的抗性明显增强；张增艳等（2002）获得了 *Pm4*、*Pm13*、*Pm21* 基因聚合的材料；高安礼等（2005）获得了聚合 *Pm2*、*Pm4a*、*Pm21* 的材料；桑大军等（2006）将 *Pm13*、*Pm21*、*Pm30*、*Pm33* 等抗性基因聚合到了'郑麦9023'中；Parhe 等（2017）通过杂交将 4 个抗锈病基因 *Rpp1*、*Rpp2*、*Rpp3* 和 *Rpp4* 聚合了。最近南京农业大学马正强课题组在抗赤霉病基因 *Fhb1*、*Fhb2*、*Fhb64* 和 *Fhb5* 的近等基因系的基础上，将这些基因聚合到多个推广品种中，获得了分别携带不同抗赤霉病基因的材料，有些材料聚合了 6 个抗性基因。

　　利用分子标记辅助选择技术，还可以将多个抗虫基因聚合。Hu 等（2012）将水稻抗褐飞虱基因 *Bph14*、*Bph15* 同时聚合到'汕优63'的亲本'珍汕97B'和'明恢63'中，增强了'汕优63'对褐飞虱的抗性；Hu 等（2013）将 3 个抗褐飞虱基因 *Bph14*、*Bph15* 和 *Bph18* 聚合到优良恢复系'93-11'中，发现基因聚合对褐飞虱的抗性有累加效应。Liu 等（2016）将

Bph3 和 *Bph27*（*t*）导入了易感品种'京粳 3 号'中。Hu 等（2016）将 *Bph3*、*Bph14*、*Bph15* 聚合到华南的籼稻品种'合美占'中，获得了强抗性品系，也发现聚合的基因个数与抗性呈正相关。

利用分子标记辅助选择技术将抗病基因与抗虫基因聚合也有成果的案例。楼珏等（2016）将抗稻瘟病基因 *Pi-GD-1*（*t*）、*Pi-GD-2*（*t*）和抗白叶枯病基因 *Xa23* 及抗褐飞虱基因 *Bph18*（*t*）聚合，获得了兼抗稻瘟病和褐飞虱聚合系。Ji 等（2016）将抗稻瘟病基因 *Pi1*、*Pi2*、*Pita*，抗白叶枯病基因 *Xa23*、*Xa5* 和抗褐飞虱基因 *Bph3* 聚合，获得了具有 3 种抗性基因的水稻新品系。

对于质量性状的分子标记辅助选择技术已经成熟，一般是在回交第一代（BC_1F_1）开始进行前景选择，在随后的回交世代过程中继续对目标基因进行选择。但是，无论是基因转移还是基因聚合，一般还需要进行背景选择。从哪个世代开始背景选择既经济又高效是需要考虑的问题。在低世代开始背景选择，无疑能够减少后续回交的工作量，但是增加了回交一代的工作量。Chen 等（2000）在开展水稻抗白叶枯病 *Xa21* 的分子标记辅助选择研究时做出了有益的探索。他们在选择目标基因与两侧标记的重组类型时，从 BC_1F_1 开始连续选择两个世代，每次只选择单侧发生重组的单株，避免了在一个世代获得双交换类型可能需要筛选大量个体的问题。在 BC_3F_1 代进行背景选择，与更低世代（BC_1F_1）进行背景选择相比，分子标记辅助选择的次数减少、工作量减少，提高了分子标记辅助选择的效率。

在实施分子标记辅助选择时，还需要考虑回交次数、群体大小、标记的数目和距离、基因型数据量（marker data point，MDP）。Frisch 和 Hospital 等建立了数学模型模拟这些变量的变化，得出在一个回交世代鉴定目标基因与两侧 1cM 标记间发生的双交换需要筛选约 94 000 个单株，而经过两个世代分步检测，则只需要筛选 2000 株；回复轮回亲本 96% 的基因组需要 40 个单株经 3 个回交世代产生 2280 个基因型数据，而如果回交两代，则需要 200 个单株产生的 10 100 个基因型数据。

目前，对回交次数、标记数目和距离、群体大小、基因型数据量的模拟和预测的软件已经被开发出来了。但是需要引起重视的是，连锁累赘取决于目标基因附近的重组频率，而染色体不同位置重组频率的变异很大。

（二）利用分子标记辅助选择技术改良作物的农艺性状

作物多数农艺性状，如产量性状、成熟期、品质、抗旱性等表现数量性状的遗传特点，受多个微效基因控制，传统育种方法的选择效率低、周期长。近年来，由于分子标记辅助选择技术的发展，数量性状基因座（QTL）定位及基因克隆取得了长足发展，可将复杂的数量性状进行分解，像研究质量性状基因一样对控制数量性状的多个基因进行研究，为利用分子标记辅助选择技术对复杂农艺性状进行选择和改良奠定了重要基础。

产量性状是典型的数量性状，对产量性状基因定位、克隆及利用分子标记辅助选择技术对产量性状的改良一直受到重视。Ashikari 等（2005）利用籼稻'Habataki'和粳稻'Koshihikari'（越光）杂交后衍生的 96 个回交自交系和近等基因系，克隆了位于水稻 1 号染色体上的穗粒数控制基因 *Gn1a*，并利用分子标记辅助选择技术，将控制水稻株高的 *sd-1* 基因和增加穗粒数的 *Gn1a* 基因聚合到优良粳稻品种'Koshihikari'中，改良后的'越光'不仅产量增加，而且能抗倒伏，改良 *Hd1* 基因可扩大适宜的种植地区。Xiao 等（1996）在马来西亚普通野生稻 1 号和 2 号染色体上定位了两个主效增产 QTL（*yld1.1* 和 *yld2.1*），邓化冰等（2007）则利用与这两个增产 QTL 紧密连锁的 4 个 SSR 分子标记，通过分子标记辅助选择技术，将两个增产 QTL 导入超级杂交稻亲本'93-11'中，发现携带野生稻增产 QTL 的'93-11'改良系与'93-11'相比产量增加了，主要表现为有效穗数和每穗总粒数显著增加；携带野生稻增产 QTL 的稳定株系所配杂交组合也比对照显著增产。

像质量性状一样，复杂性状也采用分子标记辅助轮回选择（marker assisted recurrent selection，MARS）的策略。轮回选择是作物群体改良的有效方法，基本程序为从被改良群体中选株产生后代，对后代进行选择鉴定，优良后代自由授粉，基因充分重组形成新一轮群体。其目的在于为育种家提供改良了的种质，提高育种群体中的有利基因频率。同时，还可以改良外来种质的适应性，拓展和创造新的种质来源。

早期分子标记在轮回选择中的应用，主要集中在基础群体和改良群体遗传多样性的检测，评价轮回选择的效果。刘勋甲等利用 RAPD 标记检测亲本群体及基础群体和选择一轮后群体的遗传多样性，发现基础群体的遗传多样性比亲本群体的丰富，选择一轮后的群体保持了群体内广泛的遗传变异；黄素华等用 SSR 标记的研究表明，基础群体遗传变异丰富，经一轮或两轮选择后，群体的多态性位点、基因杂合度、群体内遗传距离和群体间基因型与基因频率都没有显著变化，表明适度轮回选择不会造成群体遗传基础过分变窄，而个体间遗传距离轻微增加，表明个体的某些变异有可能会为选择优良自交系提供机会。

利用分子标记辅助选择技术将多个有利 QTL 聚合到同一个品种是分子育种的重要内容。Dai 等（2016）以'华粳籼 74'为遗传背景，将恢复基因 *Rf34* 和 *Rf44*、籽粒大小基因 *gs3* 和 *gw8*、抗稻瘟病基因 *qBLAST11* 及 *Wx* 基因聚合。Zeng 等（2017）通过将来自'特青''93-11''日本晴'的 21 个水稻品质相关基因（*GS3*、*qSW5*、*Wx*、*ALK*、*AGPL1*、*SBE1* 等）和 7 个产量、株型、生育期相关基因（*Gn1a*、*SCM2*、*TAC1*、*sd1*、*Hd1*、*Ghd7*、*Ghd8*）进行聚合，获得了高产优质的水稻新品系。

利用分子标记辅助选择技术培育优良品种也有一些成功的案例。南京农业大学万建民院士团队利用分子标记辅助选择技术聚合了 3 个水稻广亲和基因（S^{5n}、S^{7n}、S^{17n}），培育出高产、抗逆、配合力好的强优恢复系'W107'。其选育过程大致是，以高产籼稻恢复系'镇恢 129'为母本，抗白叶枯病'抗 63'为父本进行杂交，再以 F_1 为母本，以带有粳稻广亲和品种'02428'血缘的'R437'为父本进行复交，利用分子标记在分离的三交群体中选择携带广亲和基因的植株再与恢复系'R437'回交，用同样的方法选择广亲和基因，同时兼顾产量性状、抗性和品质等其他农艺性状，选择目标植株与'R437'复交至 BCF_8 代，获得籼稻恢复系材料'W8733'，进行自交多个世代，最后获得恢复系'W107'。'W107'株型好，携带 3 个广亲和基因，与籼稻、粳稻和其他生产上应用的常规品种杂交，其杂交组合均表现良好的亲和性；用'W107'作父本与不育系'I1-32A'和'协青早 A'配置的'II 优 107'和'协优 107'，优势强，丰产性好。'协优 107'参加国家长江中下游杂交籼稻优质组区试，比对照'汕优 63'增产 7.34%，差异极显著。将其在云南省永胜县涛源乡进行精确定量栽培，实际亩产达到了 1287kg，刷新了世界水稻亩产新纪录。

中国科学院遗传与发育生物学研究所李家洋院士团队选育的优良粳稻新品种'中科 804'堪称是从科学理论到生产实践的典型范例，实现了高产、优质、多抗。'中科 804'以'吉粳 88'为底盘品种，耦合了粒型模块 *GS3*、稻瘟病抗性模块 *Pi5* 等，'吉粳 88'含 *Pita*、*Pikm*、*Pi2*、*Pi-d2* 和 *Piz* 等 5 个抗稻瘟基因，以及南方长粒粳中的粒型分子模块 *GS3*、稻瘟病抗性模块 *Pi5*、米质模块等。首先根据东北稻区的生产特点和需求，确定第一阶段育种目标是培育高产、抗倒伏、抗稻瘟病、米质优、长粒型的新型水稻品种。于是开展育种亲本组合的设计，选择长江中下游地区的优质晚粳品种'嘉禾 212'（带有长粒型基因 *GS3*）与丰产广适晚粳品种'嘉花 1 号'进行杂交，经过几代选择，筛选出一个长粒型优良株系（被命名为'南方长粒粳'），其不仅丰产性好、外观品质优，还携带长粒基因 *GS3*、稻瘟病抗性基因 *Pi5*。以'南方长粒粳'作为亲本之一，对后续材料提供长粒型、稻米品质、抗稻瘟病、丰产性的基因资源。同时，选择东北地区的超级稻品种'吉粳 88'作为亲本之二。该品种具有高产、抗倒伏强、口感好的优点，但粒型很小且圆，外观品质一般，稻瘟病抗性较差，是一个感温型品种。'吉粳 88'对后续材料提供抗倒伏、丰产性、东北地区适应性基因资源。将'南方长粒粳'和'吉粳 88'进行杂交后，首先对复杂性状感温性和感光性进行了筛选，南方长粒粳为感光型材料，'吉粳 88'为感温型品种，而目标是筛选不感光、弱感温型品种，为此在不同世代及不同地区进行种植，并淘汰感光及强感温的后代，并选取田间表型好的单株。经过首轮筛选后，对材料在室内进行抗稻瘟病、粒型和部分米质基因检测，选取聚合优异基因的材料移栽至大田，随后在大田中选取株型优、抗倒伏能力强的单株。再将这些聚合优异基因的材料进行几代筛选，得到高世代稳定材料，进行小区测产评比，最终选育出兼具高产、抗倒伏、抗稻瘟病、稻米品质优、粒型长、弱感温的新型水稻品种'中科 804'。'中科 804'的培育从 2009 年开始，到 2014 年稳定材料筛选成功，仅用了 5 年的时间，与传统育种相比大大提高了育种效率。

利用分子标记辅助选择育种已成为植物育种领域的热点。然而，我们应清醒地认识到，分子标记辅助选择技术只是起辅助作用，辅助选择离不开常规育种，只有将分子标记辅助选择技术与常规育种技术有机结合，才能提高育种效率。

主要参考文献

陈学伟，李仕贵，马玉清，等. 2004. 水稻抗稻瘟病基因 *Pi-d（t）1*、*Pi-b*、*Pi-ta2* 的聚合及分子标记选择. 生物工程学报，20：708-714

邓化冰，邓启云，陈立云，等. 2007. 野生稻增产 QTL 导入超级杂交中稻父本 9311 的增产效果. 杂交水稻，22：49-52

方宣钧，吴为人，唐纪良. 2001. 作物 DNA 标记辅助育种. 北京：科学出版社

何光明，孙传清，付永彩，等. 2004. 水稻抗衰老 IPT 基因与抗白叶枯病基因 *Xa23* 的聚合研究. 遗传学报，31：836-841

胡杰，李信，吴昌军，等. 2010. 利用分子标记辅助选择改良杂交水稻的褐飞虱和稻瘟病抗性. 植物分子育种，8：1180-1187

孟金陵，Lydiate D，Sharpe A，等. 1996. 用 RFLP 标记分析甘蓝型油菜的遗传多样性. 遗传学报，23：293-306

王健康，李慧慧，张学才，等. 2011. 中国作物分子设计育种. 作物学报，37：191-201

Chen S, Lin X H, Xu C G, et al. 2000. Improvement of bacterial blight resistance of 'Minghui 63', an elite restorer line of hybrid rice, by molecular marker-assisted. Crop Science, 40: 239-244

Hospital F, Charcosset A. 1997. Marker-assisted introgression of quantitative trait loci. Genetics, 147: 1469-1485

Tanksley S D, Nelson J C. 1996. Advanced backcross QTL analysis: a method for the simultaneous discovery and transfer of valuable QTL from unadapted germplasm into elite breeding lines. Theoretical and Applied Genetics, 92: 113-118

Tanksley S D, Young N D, Paterson A H, et al. 1989. RFLP mapping in plant breeding: new tools for an old science. Nature Biotechnology, 7: 257-264

Young N D, Tanksley S D. 1989. Restriction fragment length polymorphism maps and the concept of graphical genotypes. Theoretical and Applied Genetics, 77: 95-101

Zeng D L, Tian Z X, Rao Y C, et al. 2017. Rational design of high-yield and superior-quality rice. Nature Plants, 3: 17031